Theorie und Praxis der Nachhaltigkeit

Reihe herausgegeben von
W. Leal Filho, Faculty of Life Sciences, Hamburg University of Applied Sciences, Hamburg, Germany

Das Thema Nachhaltigkeit hat eine zentrale Bedeutung, sowohl in Deutschland – aufgrund der teilweisen großen Importabhängigkeit Deutschlands für bestimmte Rohstoffe und Produkte – als auch weltweit. Weshalb brauchen wir Nachhaltigkeit? Die Nutzung natürlicher und knapper Ressourcen und die Konkurrenz um z. B. Frischwasser, Land und Rohstoffe steigen weltweit. Gleichzeitig nehmen damit globale Umweltprobleme wie Klimawandel, Bodendegradierung oder Biodiversitätsverlust zu. Ein schonender, also ein nachhaltiger Umgang mit natürlichen Ressourcen ist daher eine zentrale Herausforderung unserer Zeit und ein wichtiges Thema der Umweltpolitik. Die Buchreihe Theorie und Praxis der Nachhaltigkeit beleuchtet Fragestellungen zu sozialen, ökonomischen, ökologischen und ethischen Aspekten der Nachhaltigkeit und stellt dabei nicht nur theoretische, sondern insbesondere praxisnahe Ansätze dar. Herausgeber und Autoren der Reihe legen besonderen Wert darauf, die Nachhaltigkeitsforschung ganzheitlich darzustellen. Die Bücher richten sich nicht nur an Wissenschaftler, sondern auch an alle in Wirtschaft und Politik Beschäftigten. Sie werden durch die Lektüre wichtige Denkanstöße und neue Einsichten gewinnen, die ihnen helfen, die richtigen Entscheidungen zu treffen.

Weitere Bände in der Reihe http://www.springer.com/series/13898

Walter Leal Filho
(Hrsg.)

Nachhaltigkeit in der Lehre

Eine Herausforderung für Hochschulen

Springer Spektrum

Herausgeber
Walter Leal Filho
Faculty of Life Sciences
Hamburg University of Applied Sciences
Hamburg, Deutschland

ISSN 2366-2530 ISSN 2366-2549 (electronic)
Theorie und Praxis der Nachhaltigkeit
ISBN 978-3-662-56385-4 ISBN 978-3-662-56386-1 (eBook)
https://doi.org/10.1007/978-3-662-56386-1

Die Deutsche Nationalbibliothek verzeichnet diese Publikation in der Deutschen Nationalbibliografie; detaillierte bibliografische Daten sind im Internet über http://dnb.d-nb.de abrufbar.

Springer Spektrum

Verantwortlich im Verlag: Stefanie Wolf

Gedruckt auf säurefreiem und chlorfrei gebleichtem Papier

Springer Spektrum ist ein Imprint der eingetragenen Gesellschaft Springer-Verlag GmbH, DE und ist
ein Teil von Springer Nature
Die Anschrift der Gesellschaft ist: Heidelberger Platz 3, 14197 Berlin, Germany

Vorwort

Neben Forschung und Betrieb ist es wichtig, dass das Thema Nachhaltigkeit auch in der Lehre eingebettet wird. An zahlreichen Hochschulen gibt es bereits viele interessante und attraktive Lehrangebote zu Nachhaltigkeit, die sowohl im Rahmen der verschiedenen Studienfächer als auch durch bspw. mehrtägige Sommerkurse umgesetzt werden. Dabei sollte es nicht nur um die Vermittlung von Sachwissen gehen. Nachhaltigkeit in der Lehre beinhaltet auch, dass sowohl Wissen als auch pragmatische Handlungskompetenzen bei den Studierenden durch inter-, trans- und multidisziplinäre Ansätze gefördert werden. Die bloße Vermittlung von Theorien bringt in der Regel wenig. Gerade jetzt, wenn die Länder der Erde anstreben, die *Sustainable Development Goals* (SDGs), die sog. „Nachhaltigkeitsziele", umzusetzen, ist es dringend erforderlich, dass Nachhaltigkeit in der Lehre durch eine Kombination von Theorie und Praxis eingeführt wird.

Doch obwohl es einerseits wichtig ist, dass das Thema Nachhaltigkeit in die Lehre einbezogen wird und über Ansätze und Umsetzungsmöglichkeiten diskutiert wird, zeigt die Realität, dass dieses Thema in vielen Hochschulen noch nicht so präsent ist und so konkret bearbeitet wird, wie es sein sollte. Es gibt also einen Bedarf darüber zu diskutieren, wie das Thema Nachhaltigkeit ganzheitlich in der Lehre eingeführt und bearbeitet werden kann.

Aus diesem Grund wird der Band *Nachhaltigkeit in der Lehre: eine Herausforderung für Hochschulen erstellt.* Der Band gilt als Dokumentation und Output einer Veranstaltung an der HAW Hamburg im Juni 2017.

Dieser Band verfolgt, wie alle anderen Bände in der Reihe *Theorie und Praxis der Nachhaltigkeit,* folgende Ziele:

i. Informationen über laufende Initiativen und Projekte, die das Einbeziehen des Themas Nachhaltigkeit in der Lehre umsetzen, verbreiten
ii. innovative Ansätze in der Präsenz- wie auch digitalen Lehre präsentieren
iii. den Erfahrungs- und Informationsaustausch zwischen Lehrenden aus Hochschulen und sonstigen Bildungseinrichtungen ermöglichen

Im Rahmen dieses Buches werden State-of-the-Art-Projekte und -Initiativen im Bereich „Nachhaltigkeit Lernen“ aus Deutschland und aus der Schweiz präsentiert sowie innovative Forschungsansätze über Lehrmethoden aufgezeigt, die Handlungskompetenzen vermitteln. Insbesondere Ansätze, die *„cross-sectoral“* und innovativ sind und als Beispiel für internationale Kooperationen dienen, werden in dem Band vorgestellt.

Wir hoffen, dass dieses Buch nicht nur informativ ist, sondern auch weitere Initiativen im Bereich Nachhaltigkeit in der Lehre anstoßen wird.

Winter 2017/2018

Prof. Dr. (mult.)., Dr. h.c. (mult.) Walter Leal Filho
Herausgeber

Inhaltsverzeichnis

1 Identifizierung und Überwindung von Barrieren für die Umsetzung einer nachhaltigen Entwicklung an Universitäten: von Studienplänen bis zur Forschung

Walter Leal Filho

Zusammenfassung

Obwohl es in den vergangenen 15 Jahren nachweisbare Fortschritte auf dem Gebiet der Hochschulbildung für nachhaltige Entwicklung gegeben hat, sind noch immer zahlreiche Herausforderungen zu überwinden. Zu erwähnen ist hier eine bessere Integration der Nachhaltigkeit in den Studienplan, die Forschung und vor allem ganzheitlich in ihre Systeme. In diesem wissenschaftlichen Artikel werden die wesentlichen Hindernisse für die Einbeziehung einer nachhaltigen Entwicklung an Universitäten analysiert. Er informiert über eine empirische Studie, die weltweit an Universitäten durchgeführt wurde, bei der einige der wichtigsten Barrieren ermittelt wurden. Es empfiehlt sich, diese Barrieren nicht nur als Hindernisse, sondern gleichzeitig als unternehmerische Chancen zu betrachten und entsprechend anzugehen.

Schlüsselwörter

Universitäten · Hochschulen · Nachhaltigkeit · Campus · Bildung · Studienplan

W. Leal Filho (✉)
Fakultät Life Sciences, World Sustainable Development Research and Transfer Centre, Forschungs- und Transferzentrum „Nachhaltigkeit und Klimafolgenmanagement", Hochschule für Angewandte Wissenschaften Hamburg, Hamburg, Deutschland
E-Mail: iusdrp@ls.haw-hamburg.de

W. Leal Filho (Hrsg.), *Nachhaltigkeit in der Lehre,* Theorie und Praxis der Nachhaltigkeit, https://doi.org/10.1007/978-3-662-56386-1_2

1.1 Einleitung und Literaturüberblick: Nachhaltige Entwicklung an Universitäten

Aufgrund der Art ihrer Aktivitäten und ihrer Mission haben Hochschulen eine wichtige Verantwortung, wenn es um den gesellschaftlichen Wandel geht, insbesondere um einen Beitrag zu mehr Nachhaltigkeit für die Menschheit zu leisten (Barth und Rieckmann 2012).

Hochschuleinrichtungen (engl. *Higher Education Institutions,* HEIs) können Nachhaltigkeitskonzepte implementieren und sie in verschiedenen Domänen in Praktiken umsetzen, wie z. B. in Bildung und Studienpläne, in die Forschung, den Betrieb von Einrichtungen und des Campus, Gemeinschaftsinitiativen, das Change-Management der Organisation und der institutionellen Rahmenbedingungen, Bewertungen und Berichterstattung (Lozano et al. 2015a; UNESCO 2012). Diese Institutionen können dies tun, indem sie einfach nur eine oder mehrere dieser Domänen angehen oder auch einen ganzheitlichen Ansatz verfolgen (UNESCO 2012).

Tatsächlich werden von den Universitäten weltweit bereits diverse Anstrengungen unternommen, um eine nachhaltige Entwicklung zum Bestandteil ihrer institutionellen Rahmenbedingungen zu machen, neue pädagogische Konzepte und Studienpläne vorzuschlagen, mit anderen Hochschulen zusammenzuarbeiten, ein von Nachhaltigkeit geprägtes Leben auf dem Campus zu fördern und Programme im Sinne von „Educating-the-Educators" durchzuführen (Lozano et al. 2013; Ramos et al. 2015). Weltweit, besonders aber in Europa, sind einige Universitäten in diesen Bereichen führend und verfolgen sehr gute Praktiken. Mit vielen dieser Bemühungen werden jedoch bedauerlicherweise nur ein oder zwei der Nachhaltigkeitsbereiche an Hochschulen angegangen, und statt eines ganzheitlichen Ansatzes (z. B. ein integrativer Ansatz, der den Input und das Wissen verschiedener Fachbereiche berücksichtigt) werden nach wie vor eher Konzepte im vorgegebenen Rahmen und nach traditionellen Systemen gefördert (Ramos et al. 2015). Lozano et al. (2015a) haben einen explorativen Literaturüberblick erarbeitet, um die verschiedenen Praktiken und Domänen an Hochschulen zum Thema Nachhaltigkeit zu identifizieren. Die Ergebnisse zeigten, dass die meisten hauptsächlich auf die Bildung und das Studium abzielen (einschließlich Studienpläne, pädagogische Methoden, Kompetenzen und „Educating-the-Educators"), gefolgt vom Campus-Betrieb, dem institutionellen Rahmen, Gemeinschaftsinitiativen sowie Bewertungen und Reporting. Der am wenigsten berücksichtigte Bereich scheint die Forschung zu sein. Die Praktiken zu den Studienplänen können variieren – von der einfachen Abdeckung einiger Umweltprobleme und Materialien in bestehenden Kursen bis hin zu Modulen oder neuen Kursen innerhalb eines Programms – sowohl auf Ebene der Bachelor-Abschlüsse als auch auf Ebene der Postgraduierten.

Obwohl es in den vergangenen 15 Jahren nachweisbare Fortschritte auf dem Gebiet der Hochschulbildung für eine nachhaltige Entwicklung gegeben hat, sind nach wie vor zahlreiche Herausforderungen zu überwinden (Leal Filho et al. 2015a) lo (Leal Filho et al. 2015a, b). Trotz einer Reihe von Initiativen für eine Bildung für nachhaltige Entwicklung (BNE) und obwohl sich einige Universitäten in diesem Prozess engagieren,

agieren viele Institutionen weiterhin nach traditionellen Strukturen und vertrauen auf reduktionistische und mechanistische Paradigmen (Lozano et al. 2013). Zu den Herausforderungen gehören u. a. eine bessere Integration der BNE in Studienpläne, Forschungsprojekte und, was am wichtigsten ist, eine ganzheitliche Einbindung in ihre Systeme. Auch die Stakeholder der Hochschulen sind zuweilen mit dem Problem konfrontiert, die Thematik Nachhaltigkeit in die Praxis und Theorie zu integrieren. Andererseits besitzen Hochschulen ein hohes Potenzial für schnelle Fortschritte bei der Umsetzung der nachhaltigen Entwicklung in ihren Betrieb (z. B. Cantalapiedra et al. 2006; Ferrer-Balas et al. 2009; Lozano und Lozano 2014; Verhulst und Lambrechts 2015), ihre Studienpläne (z. B. Alonso-Almeida et al. 2015; Aktas et al. 2015; Azeiteiro et al. 2015; Dlouhá und Burandt 2015; Lozano et al. 2015b; Rose et al. 2015; Verhulst und Lambrechts 2015; von Blottnitz et al. 2015; Watson et al. 2013) und ihre Forschung (z. B. Cantalapiedra et al. 2006; Ferrer-Balas et al. 2009; Lozano und Lozano 2014).

Obwohl die Ziele für eine nachhaltige Entwicklung (*Sustainable Development Goals,* SDGs) eine Vielzahl von Bereichen abdecken und dem entscheidenden Zusammenhang zwischen Good Governance und nachhaltiger Entwicklung auf institutioneller Ebene Rechnung tragen, verhindern eine Reihe von Hindernissen noch immer, dass die Nachhaltigkeit in den Betrieb der Hochschulen im ganzheitlichen Sinne einbezogen wird, wie zuvor bereits hervorgehoben wurde. Das Globale Aktionsprogramm (GAP) zur Bildung für nachhaltige Entwicklung, das Folgeprogramm zur Dekade der BNE (2005–2014), setzt sich dafür ein, Bildung für eine nachhaltige Entwicklung zu fördern und die Fortschritte auf dem Weg zur Nachhaltigkeit zu beschleunigen.

Da das Thema dieses Artikels, also die Nachhaltigkeit in der Hochschulbildung und schwerpunktmäßig die Hindernisse bei seiner Umsetzung, bisher kaum erforscht wurde, wurden Untersuchungen durchgeführt, die in diesem Artikel erörtert werden. Ziel dieses Artikels ist die Analyse und Beschreibung einiger der wesentlichen Hindernisse, die den Bemühungen um die Umsetzung der Nachhaltigkeit an Universitäten im Wege stehen. Die verwendete Methode ist eine internationale Umfrage, die weltweit an Fachleute an den Universitäten geschickt wurde, um der Frage auf den Grund zu gehen, wie diese Hindernisse zu überwinden sind. Auf der Grundlage der Ergebnisse werden zur Überwindung der festgestellten Hindernisse Empfehlungen ausgesprochen.

1.2 Neue Chancen, die sich durch die Ziele für eine nachhaltige Entwicklung (SDGs) ergeben

Hochschulen sollten in der Lage sein, „*to catalyze and/or accelerate a societal transition toward sustainability*“ (den Übergang der Gesellschaft zur Nachhaltigkeit zu katalysieren und/oder zu beschleunigen) (Stephens et al. 2008, S. 320). Fortschritte sind erkennbar, und zwar was die Prozesse und Fortschritte in der Beteiligung angeht (Disterheft et al. 2015, 2016), und die Barrieren für die betreffenden Maßnahmen und die Umsetzung von Nachhaltigkeitspraktiken werden von den Hochschulen angegangen (z. B. Aleixo et al. 2016a, b, 2017a, b).

Verhulst und Lambrechts (2015) stellen zu diesen Barrieren umfangreiche Informationen und Diskussionsmaterial zur Verfügung, und Aleixo et al. (2017a, b) lieferten in jüngster Zeit einen Überblick über diese Barrieren. Die Ziele für nachhaltige Entwicklung der Vereinten Nationen (UN-SDGs) sind eine Chance, diese Barrieren zu überwinden und Nachhaltigkeit in den Hochschulen umzusetzen. Zum Erreichen dieser Ziele sollten die Hochschulen aktiv an diesem Prozess teilhaben. Die 17 Ziele sollen in den Mitgliedsstaaten über einen Zeitraum von 15 Jahren einen Rahmen für die Politikgestaltung schaffen. Die Nachhaltigkeitsziele (SDGs) wurden auf dem UN-Gipfel in New York im September offiziell verabschiedet und sind seit Januar 2016 anwendbar. Das Ende der Laufzeit für die SDGs ist das Jahr 2030. Es gibt 17 Ziele für nachhaltige Entwicklung, die sich in sechs Kernbereiche eingruppieren lassen: Würde, Menschlichkeit, Umweltschutz, Partnerschaft, Gerechtigkeit und Wohlstand. Die Hochschulen sollten darauf eingestellt sein und zum Handeln motiviert werden. Auf folgende Punkte sollten sie vorbereitet sein: Gleichstellung der Geschlechter und Ermutigung aller Frauen und Mädchen, indem sie gleichberechtigten Zugang und Chancengleichheit fördern (Ziel 5); Vermittlung von Kompetenzen an Techniker, die in den Bereichen Ernährungssicherheit und verbesserte Ernährung agieren, und Förderung einer nachhaltigen Landwirtschaft (Ziel 2); Vermittlung von Kompetenzen an Techniker, die in den Bereichen Umwelt, öffentliche und menschliche Gesundheit tätig sind (Ziel 3); Sicherstellung einer umfassenden und gerechten qualitativ hochwertigen Bildung und Förderung der Möglichkeiten für lebenslanges Lernen für alle (insbesondere durch eine wesentliche Vergrößerung der Anzahl der für Entwicklungsländer verfügbaren Stipendien, speziell für die am wenigsten entwickelten Länder, kleine Inselentwicklungsländer und afrikanische Länder, um die Hochschulbildung sowie Berufsausbildung und Berufe in den Gebieten Informations- und Kommunikationstechnologie, Technik, Ingenieurswesen sowie wissenschaftliche Programme sowohl in den Industrieländern als auch in Entwicklungsländern zu fördern – z. B. durch Erweiterung des Zugangs zur Hochschulbildung, insbesondere für unterprivilegierte Gruppen) (Ziel 4); Vermittlung der Kompetenzen an Techniker, die in den Bereichen der nachhaltigen Verwaltung von Wasservorräten und sanitären Einrichtungen (Ziel 6) und im Bereich des nachhaltigen Konsums und von Produktionsmustern (Ziel 12) agieren; Einleitung von dringenden Maßnahmen zur Bekämpfung des Klimawandels und seiner Auswirkungen (Ziel 13); Erhaltung und nachhaltige Nutzung der Ozeane, Meere und Meeresressourcen im Sinne einer nachhaltigen Entwicklung (Ziel 14); Schutz, Wiederherstellung und nachhaltige Nutzung von terrestrischen Ökosystemen, nachhaltige Bewirtschaftung von Wäldern, Bekämpfung der Wüstenbildung sowie Aufhalten und Umkehr der Bodenverschlechterung und Stoppen des Verlustes von Biodiversität (Ziel 15).

Die Hochschulen haben damit auch die Gelegenheit, sich auf die Inhalte und Ziele der Nachhaltigkeitswissenschaften abzustimmen (Disterheft et al. 2013). Sicherstellung des Zugangs zu erschwinglicher, zuverlässiger, nachhaltiger und moderner Energie für alle (Ziel 7); Aufbau einer robusten Infrastruktur; Förderung einer integrativen und nachhaltigen Industrialisierung und Förderung von Innovationen (Ziel 9) und Erreichen, dass

Städte und menschliche Siedlungen integrativ, sicher, robust und von Nachhaltigkeit geprägt sind (Ziel 11). Das sind nur einige der vielen Chancen, die sich durch die Nachhaltigkeitsziele (SDGs) ergeben, um eine nachhaltige Entwicklung an den Universitäten durch die auferlegten Anforderungen an interdisziplinäre und transdisziplinäre Konzepte zu fördern, die über die Grenzen einzelner Fachbereiche hinausgehen und die Möglichkeit bieten, aus dem Wissen und der Expertise einer Vielzahl von Disziplinen der Sozialwissenschaften, Naturwissenschaften und Gebieten wie Kunst zu profitieren und die Einführung von Nachhaltigkeitsthemen über viele Kurse hinweg auf Ebene der Bachelor- und Postgraduierten-Abschlüsse zu fördern.

Die übrigen Nachhaltigkeitsziele sind z. B. Stärkung der Umsetzungsmittel und Belebung der globalen Partnerschaft für eine nachhaltige Entwicklung (Ziel 17); Förderung von friedlichen und integrativen Gesellschaften im Sinne einer nachhaltigen Entwicklung, Zugang zur Justiz für alle und Aufbau von leistungsfähigen, rechenschaftspflichtigen und integrativen Institutionen auf allen Ebenen (Ziel 16); Förderung eines dauerhaften, breitenwirksamen und nachhaltigen Wirtschaftswachstums, produktive Vollbeschäftigung und menschenwürdige Arbeit für alle (Ziel 8); Verringerung von Ungleichheiten innerhalb und zwischen den Ländern (Ziel 10). Diese Ziele gelten für verschiedene Ebenen (lokal bis global), verschiedene Zeit-Perspektiven (von kurz- bis langfristig) und verschiedene Dimensionen der nachhaltigen Entwicklung (ökonomisch, ökologisch, sozial und institutionell), wie bereits von Waas et al. (2010) erwähnt wurde.

Der Globale Süden und die am wenigsten entwickelten Länder (LDC-Länder) sehen sich gleich auf mehreren Ebenen und in mehreren Dimensionen vor Probleme gestellt (vgl. Klimawandel; Boko et al. 2007; Patt et al. 2010), die die Hochschulen in ihren Missionen und Strategien ansprechen sollten. Diese Herausforderungen erfordern eine neue Agenda und eine Neudefinition von Hochschulstrategien und Missionen zur Bewältigung der Thematik *„Transforming our world: the 2030 Agenda for Sustainable Development"* (Transformation unserer Welt: Die Agenda 2030 für nachhaltige Entwicklung).

Strategien und treibende Kräfte für die Nachhaltigkeit in Hochschulen implizieren ihre Beteiligung auf lokaler, regionaler und globaler Ebene, durch die das Erreichen der Nachhaltigkeitsziele durch die Förderung lokaler und regionaler Maßnahmen, Internationalisierung und Vernetzung vorangetrieben wird (internationale Kooperationen, Studentenmobilität und Wissensaustausch), und bei der sie stets mit hoher gesellschaftlicher Relevanz und für die Zwecke der Nachhaltigkeit agieren (über Pädagogik, Forschung und Wissenstransfer).

Die Möglichkeiten, die die Nachhaltigkeitsziele zur Stärkung der nachhaltigen Entwicklung an Universitäten bieten, die Relevanz dieses Themas und seine internationale Dimension erfordern, dass Hochschulen bereit sind, diese wichtige Rolle aktiv zu übernehmen. Darüber hinaus bieten die Nachhaltigkeitsziele den Universitäten die einzigartige Gelegenheit, über ihren Betrieb und ihr Handeln zu reflektieren, und können dazu ermutigen, weitere Anstrengungen zu unternehmen, um nicht nur in Bezug auf ihren Betrieb, sondern auch im Bereich Forschung und Lehre nachhaltiger zu werden.

sich stärker um eine nachhaltige Entwicklung zu bemühen. Doch in einer Zeit, in der die Diskussion über die Nachhaltigkeitsziele (SDGs) an Dynamik gewinnt, ist es wichtig, dass die Hochschulen zur Überwindung der Hindernisse für die Umsetzung einer nachhaltigen Entwicklung vorankommen. Sie sollten ferner in der Lage sein, von den vielen Chancen, die sie mithilfe von Neuerungen in den Studienplänen und in der Forschung zur Erreichung der SDGs eröffnen können, stärker zu profitieren.

Die Studie ist mit zwei wesentlichen Einschränkungen zu betrachten: Erstens konnte die Online-Umfrage nur einen kleinen Teil der Fachleute einbeziehen, die sich mit der Thematik der nachhaltigen Entwicklung in der Hochschulbildung auseinandersetzen. Zweitens gab es keine Befragungen, um persönliche Meinungen zu sammeln. Dennoch stellte das breite Spektrum der Studie und ihre starke internationale Basis einige nützliche Daten zur Verfügung, die die Erstellung eines groben Profils zu den Herausforderungen bezüglich Nachhaltigkeit an den Universitäten ermöglichte.

Nach den Ergebnissen dieser Arbeit wurden die größten Hindernisse für eine nachhaltige Entwicklung an Hochschulen in den Bereichen Verwaltung und Management festgestellt. Danach folgt mangelndes Interesse oder Verständnis für Nachhaltigkeitsfragen. Auch die fehlenden Strukturen, wie etwa Umweltausschüsse, tragen zum Problem bei. Eine wichtige Empfehlung, die aus diesem Artikel resultiert, ist daher die Schaffung von formalen Strukturen an den Hochschulen, um die Umsetzung von Strategien und Programmen für nachhaltige Entwicklung mit speziell dafür zuständigen Mitarbeitern zu begleiten, statt zu versuchen, sie auf Ad-hoc-Basis zu verfolgen, wie in vielen Fällen zu beobachten ist.

Obwohl die meisten der von den Befragten aufgeführten Hindernissen nach der Literatur bereits in früheren Studien festgestellt wurden, ist diese Arbeit sehr wichtig, da sie eine solide Basis von mehr als 300 Befragten von allen Kontinenten bietet und die Auffassung all dieser Interessenvertreter widerspiegelt.

Weitere Untersuchungen sind erforderlich, die in zwei Hauptbereichen erfolgen sollten: a) Ermitteln der einzelnen Konsequenzen jeder Barriere, um ihre spezifischen Auswirkungen beurteilen zu können und b) Identifizierung und Erprobung von Möglichkeiten, um sie zu überwinden. Und schließlich sind weitere Untersuchungen erforderlich, inwieweit sich die verschiedenen Barrieren auf öffentliche und private Universitäten auswirken, um festzustellen, ob hier Unterschiede vorhanden sind.

Anmerkungen Der Autor hat eine Forschungsgruppe geleitet, die das Projekt durchgeführt hat. Die Arbeit und die Ergebnisse, die hier präsentiert werden, wurden in dem Artikel „Identifying and overcoming obstacles to the implementation of sustainable development at universities“ (Walter Leal Filho, Yen-Chen Jim Wu, Luciana Brandli, Lucas Veiga Ávila, Ulisses Miranda Azeiteiro, Sandra Caeiro, Lucia Rejane Gama Madruga) als Open Source (also kostenlos verfügbar) 2017 im Journal of Integrative Environmental Sciences 14(1) http://www.tandfonline.com/doi/full/10.1080/1943815X.2017.1362007 veröffentlicht.

Die deutsche Fassung hier dient dem Zweck, die Methoden und Ergebnisse der Studie kontextuell zu präsentieren. Ein noch umfassenderer Artikel, nämlich „Barriers to innovation and sustainability at universities around the world" (Autoren: Lucas Veiga Ávila, Walter Leal Filho, Luciana Brandli, Collin MacGregor, Petra Molthan-Hill, Pinar Gokçin Ozuyar, Rodrigo Martins Moreira) wurde 2017 im Journal of Cleaner Production 164:1268–1278 veröffentlicht.

Anlage 1- Das Erhebungsinstrument

INNOVATION UND NACHHALTIGKEIT: POTENZIAL UND BARRIEREN AN HOCHSCHULEN

Wir laden Sie herzlich dazu ein, an einer Umfrage über Innovation und Nachhaltigkeit an Universitäten teilzunehmen. Die Studie ist Teil der Forschung für eine Dissertation, mit der untersucht wird, welche Barrieren den Entwicklungsprozess der Innovation und Nachhaltigkeit an Universitäten behindern, und die einen Einblick in das Potenzial geben möchte, wie die Hochschule von Innovationen und Nachhaltigkeit profitieren kann.
Vielen Dank für die Teilnahme.
Mit freundlichen Grüßen
Msc. Lucas Veiga Avila – Doktor der Betriebswirtschaftslehre der Bundesuniversität Santa Maria (Brasilien) und der Hochschule für Angewandte Wissenschaften Hamburg (Deutschland)
Dr. Walter Leal Filho – Professor und Forscher der Hochschule für Angewandte Wissenschaften Hamburg (Deutschland)
Dr. Lucia Rejane Madruga – Professorin und Forscherin an der Bundesuniversität Santa Maria (Brasilien)
Dr. Luciana Brandli – Professorin und Forscherin an der Universität Passo Fundo (Brasilien)

Profil des/der Befragten	
Name:	E-Mail:
Land:	Universität:

Sehr geehrter Forscher,
dies ist die zweite Phase der Studie, mit der analysiert werden soll, welche Barrieren den Prozess der Innovation und der Nachhaltigkeitsentwicklung an Universitäten behindern.
Bitte wählen Sie den Bereich, der größere Hindernisse darstellt, und berücksichtigen Sie dabei Ihre Erfahrungen und die Aktivitäten, die in Ihrer Institution hierfür eine Rolle spielen.
Der Wert 5 auf der Skala steht für eine größere Relevanz und mehr Gewicht.

	Barrieren	**Skala**				
1	Fehlende Planung und Fokus	5	4	3	2	1
2	Institutionelle Barrieren	5	4	3	2	1
3	Fehlender Umweltausschuss	5	4	3	2	1
4	Widerstand gegen Verhaltensänderungen	5	4	3	2	1
5	Fehlende Unterstützung seitens des Managements	5	4	3	2	1
6	Fehlende Anwendbarkeit und Kontinuität der Maßnahmen	5	4	3	2	1
7	Mangelnde Unterstützung seitens der akademischen Gemeinschaft	5	4	3	2	1
8	Fehlendes Engagement und mangelnde Disziplin	5	4	3	2	1
9	Fehlende Anreize für Innovationen	5	4	3	3	1
10	Mangelnde Schulung und Kooperation	5	4	3	2	1
11	Fehlen von definierten Praktiken und Regelungen	5	4	3	2	1
12	Einführung von Kontrollsystemen	5	4	3	2	1
13	Zahlreiche Restriktionen und bürokratische Hürden	5	4	3	2	1
14	Starke Kulturprägung und Konservatismus	5	4	3	2	1
15	Mangel an Wissen und Bildung zur Thematik	5	4	3	2	1
16	Mangel an Forschung und Entwicklung	5	4	3	2	1
17	Mangel an Bewusstsein und Interesse	5	4	3	2	1
18	Mangel an Kapazitäten und Entscheidungskraft	5	4	3	2	1
19	Mangel an Gebäuden mit nachhaltigen Leistungsmerkmalen	5	4	3	2	1
20	Mangel an geeigneter Technologie	5	4	3	2	1

21	Mangelnder Unternehmergeist und fehlende öffentlich-private Partnerschaften	5	4	3	2	1
22	Soziale Barrieren	5	4	3	2	1
22	Hürden durch die Politik	5	4	3	2	1
23	Mangel an Integration in die Lehre, Forschung und Ergänzungen	5	4	3	2	1
24	Mangelnde Dialogbereitschaft	5	4	3	2	1
25	Fehlende Gesetze und Richtlinien für Nachhaltigkeit und Innovationen	5	4	3	2	1
Vorschläge für Barrieren, die nicht in der Studie enthalten sind:______						

Literatur

Aktas CB, Whelan R, Stoffer H, Todd E, Kern CL (2015) Developing a university-wide course on sustainability: a critical evaluation of planning and implementation. J Clean Prod 106:216–221

Aleixo AM, Azeiteiro UM, Leal S (2016a) Toward sustainability through higher education: sustainable development incorporation into Portuguese higher education institutions. In: Davim JP, Leal Filho W (Hrsg) Challenges in higher education for sustainability. Springer, Berlin, S 159–187

Aleixo AM, Azeiteiro UM, Leal S (2016b) UN decade of education for sustainable development: perceptions of higher education institution's stakeholders. In: Leal Filho W, Azeiteiro UM, Alves F, Molthan-Hill P (Hrsg) Handbook of theory and practice of sustainable development in higher education. Springer, Berlin, S 417–428

Aleixo AM, Azeiteiro UM, Leal S (2017a) Sustainability practices in Portuguese higher education institutions: research on the Portuguese higher institution leaders. International. Sustain High Educ 19(3). https://doi.org/10.1108/ijshe-02-2017-0016

Aleixo AM, Leal S, Azeiteiro UM (2017b) Conceptualizations of sustainability in Portuguese higher education: roles, barriers and challenges toward sustainability. J Clean Prod. https://doi.org/10.1016/j.jclepro.2016.11.010

Alonso-Almeida MDM, Marimon F, Casani F, Rodriguez-Pomeda J (2015) Diffusion of sustainability reporting in universities: current situation and future perspectives. J Clean Prod 106:144–154

Azeiteiro UM, Bacelar-Nicolau P, Caetano FJP, Caeiro S (2015) Education for sustainable development through e-learning in higher education: experiences from Portugal. J Clean Prod 106:308–319

Bardin L (2011) Análise de conteúdo. Edições 70, São Paulo

Barth M, Rieckmann M (2012) Academic staff development as a catalyst for curriculum change towards education for sustainable development: an output perspective. J Clean Prod 26:28–36

Blottnitz H von, Case JM, Fraser DM (2015) Sustainable development at the core of undergraduate engineering curriculum reform: a new introductory course in chemical engineering. J Clean Prod 106:300–307

Boko M, Niang I, Nyong A, Vogel C, Githeko A, Medany M, Osman-Elasha B, Tabo R, Yanda P (2007) Africa (Working group II: Impacts, adaptation and vulnerability). In: Parry M, Canziani O, Palutikof J, Linden P van der, Hanson C (Hrsg) Fourth assessment report of the intergovernmental panel on climate change. Cambridge University Press, Cambridge, S 433–467

Brandli L, Leal Filho W, Frandoloso MAL, Korf EP, Daris D (2015) The environmental sustainability of Brazilian universities: barriers and pre-conditions. In: Leal Filho W, Azeiteiro UM, Caeiro S, Alves F (Hrsg) Integrating sustainability thinking in science and engineering curricula: innovative approaches, methods and tools. Springer, Cham, S 63–74
Cantalapiedra IR, Bosch M, López F (2006) Involvement of final architecture diploma projects in the analysis of the UPC buildings energy performance as a way of teaching practical sustainability. J Clean Prod 14:958–962
Dahle M, Neumayer E (2001) Overcoming barriers to campus greening: a survey among higher educational institutions in London, UK. Int J Sustain High Educ 2:139–160
Disterheft A, Caeiro S, Azeiteiro UM, Leal Filho W (2013) Sustainability science and education for sustainable development in universities: a way for transition. In: Caeiro S, Leal Filho W, Jabbour C, Azeiteiro UM (Hrsg) Sustainability assessment tools in higher education institutions. Springer, Cham, S 3–27
Disterheft A, Caeiro S, Azeiteiro UM, Filho WL (2015) Sustainable universities – a study of critical success factors for participatory approaches. J Clean Prod 106:11–21. https://doi.org/10.1016/j.jclepro.2014.01.030
Disterheft A, Caeiro S, Leal Filho W, Azeiteiro UM (2016) The INDICARE-model – measuring and caring about participation in higher education's sustainability assessment. Ecol Indic 63:172–186. https://doi.org/10.1016/j.ecolind.2015.11.057
Dlouhá J, Burandt S (2015) Design and evaluation of learning processes in an international sustainability oriented study programme. In search of a new educational quality and assessment method. J Clean Prod 106:247–258
Elliott H, Wright T (2013) Barriers to sustainable universities and ways forward: a Canadian students' perspective. In: Proceedings of the 3rd world sustain. Forum, 1–30 November 2013; Sciforum Electronic Conference Series, Bd 3, 2013, f006
Ferreira AJD, Lopes MAR, Morais JPF (2006) Environmental management and audit schemes implementation as an educational tool for sustainability. J Clean Prod 14:973–982
Ferrer-Balas D, Adachi J, Banas S, Davidson CI, Hoshikoshi A, Mishra A, Motodoa Y, Onga M, Ostwald M (2008) An international comparative analysis of sustainability transformation across seven universities. Int J Sustain High Educ 9:295–316
Ferrer-Balas D, Buckland H, Mingo M de (2009) Explorations on the university's role in society for sustainable development through a systems transition approach. Case-study of the Technical University of Catalonia (UPC). J Clean Prod 17:1075–1085
Garvin DA (1993) Building a learning organization. HBR 71(4):78–91
Hair JF, Black WC, Babin BJ, Anderson RE (2014) Multivariate data analysis. Pearson, London
Hoffman AJ, Henn R (2008) Overcoming the social and psychological barriers to green building. Organ Environ 21:390–419
Hoover E, Harder MK (2015) What lies beneath the surface? The hidden complexities of organizational change for sustainability in higher education. J Clean Prod 106:175–188
Leal Filho W (2000) Dealing with misconceptions on the concept of sustainability. Int J Sustain High Educ 1:9–19
Leal Filho W, Manolas E, Pace P (2015a) The future we want: key issues on sustainable development in higher education after Rio and the UN Decade of Education for Sustainable Development. Int J Sustain High Educ 16:112–129
Leal Filho W, Paço A do, Shiel C, Brandli L (2015b) Evaluating the engagement of universities in capacity building for sustainable development in local communities. Eval Program Plann 54:123–134. https://doi.org/10.1016/j.evalprogplan.2015.07.006
Likert R (1932) A technique for the measurement of attitudes. Arch Psychol 140:5–55

Lozano FJ, Lozano R (2014) Developing the curriculum for a new bachelor's degree in engineering for sustainable development. J Clean Prod 64:136–146
Lozano R (2006) Incorporation and institutionalization of SD into universities: breaking through barriers to change. J Clean Prod 14:787–796
Lozano R, Ceulemans K, Alonso-Almeida M, Huisingh D, Lozano FJ, Waas T, Lambrechts W, Lukman R, Hugé J (2015a) A review of commitment and implementation of sustainable development in higher education: results from a worldwide survey. J Clean Prod 108:1–18
Lozano R, Ceulemans K, Scarff Seatter C (2015b) Teaching organisational change management for sustainability: designing and delivering a course at the University of Leeds to better prepare future sustainability change agents. J Clean Prod 106:205–215
Lozano R, Lukman R, Lozano FJ, Huisingh D, Lambrechts W (2013) Declarations for sustainability in higher education: becoming better leaders, through addressing the university system. J Clean Prod 48:10–19
Montgomery DC (2001) Design and analysis of experiments, 5. Aufl. Wiley, New York
Moore J (2005a) Barriers and pathways to creating sustainability education programs: policy, rhetoric and reality. Environ Educ Res 11:537–555
Moore J (2005b) Seven recommendations for creating sustainability education at the university level: a guide for change agents. Int J Sustain High Educ 6:326–339
Moraes R (1999) Análise de conteúdo. Revista Educação 22:7–32
Morrison DF (1984) Multivariate statistical methods. McGraw-Hill, New York
Mozzato AR, Grzybovski D (2001) Análise de conteúdo como técnica de análise de dados qualitativos no campo da administração: potencial e desafios. RAC 15:731–747
Patt AG, Tadross M, Nussbaumer P, Asante K, Metzger M, Rafael J, Goujon A, Brundrit G (2010) Estimating least-developed countries' vulnerability to climate-related extreme events over the next 50 years. PNAS 107:1333–1337. https://doi.org/10.1073/pnas.0910253107
Pereira JCR (1999) Processamento e análise de variáveis qualitativas. In: Paulo S (Hrsg) Análise de dados qualitativos: estratégias metodológicas para ciências saúde, humanas e sociais. EDUSP, São Paulo, S 77–99
Pinkse J, Dommisse M (2009) Overcoming barriers to sustainability: an explanation of residential builders' reluctance to adopt clean technologies. Bus Strategy Environ 18:515–527
Ramos TB, Caeiro S, Hoof B van, Lozano R, Huisingh D, Ceulemans K (2015) Experiences from the implementation of sustainable development in higher education institutions: environmental management for sustainable universities. J Clean Prod 106:3–10
Reid M, Schwab W (2006) Barriers to sustainable development: Jordan's sustainable tourism strategy. J Asian Afr Stud 41:439–457
Richardson GRA, Lynes JK (2007) Institutional motivations and barriers to the construction of green buildings on campus: a case study of the University of Waterloo, Ontario. Int J Sustain High Educ 8:339–354
Rose G, Ryan K, Desha C (2015) Implementing a holistic process for embedding sustainability: a case study in first year engineering, Monash University, Australia. J Clean Prod 106:229–238
Segovia VM, Galang AP (2002) Sustainable development in higher education in the Philippines: the case of Miriam College. High Educ Policy 15:187–195
Sharp L (2002) Green campuses: the road from little victories to systemic transformation. Int J Sustain High Educ 3:128–145
Shephard K (2010) Higher education's role in "education for sustainability". Aust Univ Rev 52:13–22
Sibbel A (2009) Pathways towards sustainability through higher education. Int J Sustain High Educ 10:68–82. https://doi.org/10.1108/14676370910925262

Stephens JC, Hernandez ME, Román M, Graham AC, Scholz RW (2008) Higher education as a change agent for sustainability in different cultures and contexts. Int J Sustain High Educ 9:317–338
Stough T, Ceulemans K, Lambrechts W, Cappuyns V (2017) Assessing sustainability in higher education curricula: a critical reflection on validity issues. J Clean Prod. https://doi.org/10.1016/j.jclepro.2017.02.017
UNESCO (2012) Shaping the education of tomorrow: 2012 report on the UN Decade of Education for Sustainable Development. UNESCO, Paris
Velazquez L, Munguia N, Sanchez M (2005) Deterring sustainability in higher education institutions: an appraisal of the factors which influence sustainability in higher education institutions. Int J Sustain High Educ 6:383–391
Vergara SC (2005) Métodos de pesquisa em administração. Atlas, São Paulo
Verhulst E, Lambrechts W (2015) Fostering the incorporation of sustainable development in higher education. Lessons learned from a change management perspective. J Clean Prod 106:189–204
Waas T, Verbruggen A, Wright T (2010) University research for sustainable development: definition and characteristics explored. J Clean Prod 18:629–636. https://doi.org/10.1016/j.jclepro.2009.09.017
Watson MK, Lozano R, Noyes C, Rodgers M (2013) Assessing curricula contribution to sustainability more holistically: experiences from the integration of curricula assessment and students' perceptions at the Georgia Institute of Technology. J Clean Prod 61:106–116
Wright TSA, Wilton H (2012) Facilities management directors' conceptualizations of sustainability in higher education. J Clean Prod 31:118–125. https://doi.org/10.1016/j.jclepro.2012.02.030

2 Inter- und transdisziplinäre Integration von Wissen über sozial-ökologische Systeme als Grundlage für eine nachhaltige Entwicklung: das interdisziplinäre Seminar „Städte und Wasser“

Petra Döll und Karl-Heinz Cless

Zusammenfassung

Zur Identifizierung und Umsetzung nachhaltiger Handlungsoptionen ist eine transdisziplinäre Wissensintegration notwendig, die im Rahmen partizipativer Prozesse (PP) erfolgt. Dabei ist eine interdisziplinäre Wissensintegration zwischen den problemrelevanten wissenschaftlichen Disziplinen Grundlage für eine Integration mit sektoralem Stakeholderwissen. Beispiele sind das Management von Risiken des Klimawandels und das Wassermanagement. Um Studierende verschiedener Fächer zu einer transdisziplinären Wissensintegration zu befähigen, wurde an der Goethe-Universität Frankfurt ein interdisziplinäres Seminar mit dem Titel „Städte und Wasser: Sozial-ökologische Systeme im Wandel (gestern und morgen)“ durchgeführt. Dabei sollten die Studierenden sich mit Inhalten und Herangehensweisen fremder Disziplinen auseinandersetzen, Erfahrung mit interdisziplinärer Kooperation machen, integratives Systemdenken einüben sowie mit Methoden transdisziplinärer Wissensintegration in PPs vertraut werden. In interdisziplinären Gruppen (vorwiegend aus Umweltwissenschaftler_innen und Ethnolog_innen), die sich mit jeweils einer Stadt befassten, erarbeiteten die Studierenden im ersten Teil des Seminars die historische

P. Döll (✉)
Institut für Physische Geographie, Goethe-Universität Frankfurt,
Frankfurt am Main, Deutschland
E-Mail: p.doell@em.uni-frankfurt.de

K.-H. Cless
Institut für Ethnologie, Goethe-Universität Frankfurt,
Frankfurt am Main, Deutschland
E-Mail: k@cless-foundation.com

W. Leal Filho (Hrsg.), *Nachhaltigkeit in der Lehre,* Theorie und Praxis der Nachhaltigkeit, https://doi.org/10.1007/978-3-662-56386-1_2

Entwicklung des (wasserbezogenen) sozial-ökologischen Systems in diesen Städten (Amman/Jordanien, Dar es Salaam/Tansania und Varanasi/Indien). Im zweiten Teil entwickelte jede Gruppe basierend auf einer Stakeholderanalyse ein Design für einen PP in der jeweiligen Stadt, in dem Handlungsoptionen für ein nachhaltiges Wassermanagement identifiziert werden sollten. Die Evaluierung des Seminars mithilfe eines Fragebogens und eines mündlichen Austauschs ergab, dass die Lernziele erreicht wurden. Die Studierenden bewerteten ihre Erfahrungen mit der Interdisziplinarität als positiv. Sie lernten theoretische Grundlagen und praktische Methoden transdisziplinärer Wissensintegration kennen und fühlten sich am Ende des Seminars in der Lage, selbst PPs zu konzipieren. Diese Kompetenz ist beruflich relevant, da es zur Unterstützung einer nachhaltigen Entwicklung notwendig sein wird, viele PPs zu unterschiedlichen Problemfeldern durchzuführen.

Schlüsselwörter
Transdisziplinäre Wissensintegration · Partizipative Prozesse · Interdisziplinarität
Sozial-ökologisches System · Wasser

2.1 Einführung

Grundlage für eine nachhaltige Entwicklung der Erde und ihrer Bewohner_innen ist das Verständnis von Mensch-Umwelt-Systemen auf unterschiedlichen Skalen. Das Management von Ressourcen (z. B. Wasser) und Naturgefahren (z. B. Hochwasser) ebenso wie das Management der Risiken des Klimawandels und des Biodiversitätsverlusts muss sich mit Problemfeldern befassen, die durch die Verschränkung sozialer und ökologischer Prozesse gekennzeichnet sind. Es ist Stand des Wissens, dass eine breite Beteiligung unterschiedlicher Stakeholder und Wissenschaftler_innen notwendig ist, um nachhaltige Handlungsstrategien zu entwickeln und diese umzusetzen (IPCC 2014; WBGU 2011). Die auftretenden Probleme sind zumeist komplex und nicht ausschließlich durch Anwendung existierenden Wissens oder existierender Technologien zu lösen. Für ein adäquates Management dieser Probleme ist zum einen die Integration des Wissens verschiedener wissenschaftlicher Disziplinen (z. B. Geowissenschaften, Biologie, Bauingenieurwesen, Wirtschaftswissenschaften, Soziologie, Ethnologie, Politologie und Rechtwissenschaft) notwendig, d. h. eine interdisziplinäre Wissensintegration. Außerdem muss eine transdisziplinäre Wissensintegration erfolgen, in dem das wissenschaftliche Wissen mit dem Praxiswissen verschiedener Sektoren (z. B. von Wassernutzern, Wasserversorgern, Regulierungsbehörden und Nichtregierungsorganisationen) integriert wird. Das Wissen in den Problemfeldern, die für eine nachhaltige Entwicklung von Erdsystem und Gesellschaft relevant sind, zeichnet sich typischerweise durch ein hohes Maß an Unsicherheit aus (vgl. z. B. die quantitativen Auswirkungen von Treibhausgasen auf die Niederschläge). Neben dem unsicheren Wissen sind es auch die unterschiedlichen Problemperspektiven, Werte und Ziele der Stakeholder/Akteure, die eine breite Partizipation notwendig machen.

Unter diesen Umständen gibt es keine objektiv beste Problemlösung, sondern nur eine „zufriedenstellende“ (*satisficing*, Giampetro 2002), d. h. eine Lösung, mit der sich die für die Umsetzung von Nachhaltigkeitsstrategien notwendigen Akteure zufriedengeben können. Für die Gestaltung partizipativer Prozesse (PPs), in denen die transdisziplinäre Wissensintegration stattfinden soll, stehen eine breite Palette partizipativer Methoden zur Verfügung, und es gibt Vorschläge für dem Ablauf von PPs (Döll und Romero-Lankao 2016). Obwohl PPs im Rahmen von Risiko- und Umweltmanagement oder auch in der Entwicklungshilfe verbreitet sind und sie in Form von transdisziplinärer Forschung essenziell zur *Sustainability Science* gehören, bleibt noch viel über die optimale Durchführung von PPs zu lernen (Döll und Romero-Lankao 2016). Die Herausforderung ist, PPs zu konzipieren und durchzuführen, die an die jeweiligen Problemfelder und Kontexte angepasst sind. In solchen PPs wird zum einen das Wissen von disziplinären Wissenschaftler_innen und sektoralen Stakeholdern integriert und zum anderen die Werte und die legitimen Anliegen aller Stakeholder berücksichtigt (Renn et al. 2011).

Inter- und transdisziplinäre Integration von Wissen über sozial-ökologische Systeme ist also essenziell zur Unterstützung einer nachhaltigen Entwicklung, und transdisziplinäre Wissensintegration bedarf der Durchführung von PPs. Daher ist es sinnvoll, an den Hochschulen

1. Studierenden zu ermöglichen, dass sie problemspezifische interdisziplinäre Wissensintegration und das Zusammenarbeiten mit Studierenden anderer Disziplinen erfahren, und
2. sie zu befähigen, PPs zu konzipieren.

Dies hat die Autor_innen veranlasst, im Wintersemester 2016/2017 an der Goethe-Universität Frankfurt erstmals ein interdisziplinäres Seminar mit dem Titel „Städte und Wasser: Sozial-ökologische Systeme im Wandel (gestern und morgen)“ anzubieten. Die Autor_innen sind eine Professorin für Hydrologie (Döll), die sich in ihrer Forschung nicht nur mit der Modellierung der globalen Wasserressourcen und ihrer Nutzung, sondern auch mit Methoden der transdisziplinären Wissensintegration im Rahmen von PPs befasst, und ein Lehrbeauftragter der Ethnologie (Cless), der sich in Forschung und Lehre auf den Umgang mit Wasser in verschiedenen kulturellen Kontexten fokussiert. Im Folgenden wird das Seminar zunächst beschrieben und dann insbesondere im Hinblick auf die oben genannten Ziele evaluiert. Am Ende werden Schlussfolgerungen für eine zukünftige Seminardurchführung gezogen.

2.2 Beschreibung des Seminars

An dem in der Ausschreibung explizit als „interdisziplinär“ bezeichneten Seminar sollten Ethnolog_innen, Umweltwissenschaftler_innen und Geograph_innen mit physisch-geografischer und humangeografischer Ausrichtung teilnehmen; für diese Studiengänge konnte eine Vergabe von Kreditpunkten sichergestellt werden. In der Seminarankündigung wurde das Seminar wie folgt motiviert:

> Wasser spielt eine zentrale Rolle für die nachhaltige Entwicklung der Erde. Wie Menschen mit Wasser umgehen, hat Auswirkungen nicht nur auf das menschliche Wohlergehen, sondern auch auf den „natürlichen" Wasserkreislauf und damit auf das Wohlergehen anderer Lebewesen. Während noch immer viele Menschen durch eine unsichere Wasserversorgung sterben, haben Durchflussreduktion und Wasserverschmutzung aufgrund menschlicher Wassernutzung allein im Zeitraum 1970–2000 zu einer Halbierung der Anzahl der Süßwasserlebewesen geführt (Millenium Ecosystem Assessment 2005). Städte sind Orte, an denen Gesellschaft und Natur (Wasser) interagieren. Sie sind sozial-ökologische Systeme, in denen die physischen Wasserflüsse und Wasserspeicher durch den Menschen überformt werden, um dessen Bedürfnisse zu befriedigen. Gleichzeitig führt der geballte Konsumbedarf der Stadtbewohner_innen zu Auswirkungen auf Wasser und Ökosysteme im Umland und weltweit. Um eine nachhaltige Entwicklung von Städten und der gesamten Erde zu erreichen, ist inter- und transdisziplinäre Wissensintegration im Rahmen von partizipativen Prozessen erforderlich; diese werden zunehmend eingesetzt, um politische Entscheidungen zu unterstützen.

2.2.1 Lernziele

In der Seminarankündigung wurden folgende Lernziele genannt:
„Die Studierenden

1. lernen die historische Entwicklung von Städten als Entwicklung von ‚Wassersystemen' nach Tvedt (2016) verstehen (‚gestern'),
2. erwerben Wissen und Kompetenzen, die es ihnen ermöglichen, partizipative Prozesse zu gestalten, in denen durch transdisziplinäre Wissensintegration zwischen disziplinären Wissenschaftler_innen und Stakeholdern Strategien für eine nachhaltige Entwicklung von Städten erarbeitet werden (‚morgen'),
3. erfahren interdisziplinäres Arbeiten,
4. wissen, welchen Beitrag Ethnolog_innen, Geograph_innen und Umweltwissenschaftler_innen zur nachhaltigen Entwicklung (fokussiert auf Städte und Wasser) leisten können."

2.2.2 Interdisziplinäre Arbeitsgruppen

Das Seminar fokussierte sich auf drei Städte, Amman in Jordanien, Dar es Salaam in Tansania und Varanasi/Benares in Indien. Erst nach der ersten Hälfte des Semesters blieb die Teilnehmergruppe konstant, und jede Stadt wurde von einer Gruppe von drei (Amman, Varanasi) bzw. fünf (Dar es Salaam) Studierenden gemeinsam bearbeitet. Jede/r Studierende beschäftigte sich also aktiv nur mit einer Stadt. Die Stadtgruppen Amman und Varanasi setzten sich aus jeweils einer Studierenden des Bachelor Ethnologie und zwei Studierenden des Masters Umweltwissenschaften zusammen, die Gruppe

Dar es Salaam aus jeweils einem/r Studierenden des Bachelor Ethnologie, des Bachelor Humangeografie, des Masters Physische Geografie und aus zwei Studierenden des Masters Umweltwissenschaften.

2.2.3 Ablauf des Seminars

Da die Studiengänge der Studierenden auf zwei verschiedenen Campus der Goethe-Universität angesiedelt sind, fand, um keine Disziplin zu bevorzugen, das Seminar abwechselnd auf den zwei Campus statt. Der Ablauf des Seminars im Umfang von zwei Semesterwochenstunden ist in Tab. 2.1 dargestellt. In der ersten Hälfte des Seminars (Sitzungen 1–5) ging es um das Gestern, d. h. die historische Entwicklung der (auf das Wasser fokussierten) sozial-ökologischen Systeme in diesen Städten. Als Analysestruktur wurde das „Wassersystem" von Tvedt (2016) verwendet, mit den Ebenen 1) *The natural waterscape* (natürliches System), 2) *Human modifications of the waterscape* (anthropogene Modifikationen) und 3) *Ideas and managerial concepts of water* (Umgang mit Wasser und Wassermanagement). Im Laufe von vier zweistündigen Sitzungen und den entsprechenden Hausaufgaben lernten Studierende naturwissenschaftliche und ethnologische Ansätze zum Verständnis von Wasser in Städten kennen. Sie lasen vorgegebene wissenschaftliche Texte, fassten sie zusammen und diskutierten sie während der Sitzungen. Zudem arbeiteten sie ein multimediales Lernmodul zu Wasserkreislauf durch (WEBGEO-Modul „Wasserkreislauf", (http://www.uni-frankfurt.de/45217855/selbstlernmodule). Zu den „Wassersystemen" in Dar es Salaam und Varanasi standen Publikationen aus Tvedt und Oestigaard (2014) zur Verfügung, während Informationen zur Wassersituation in Amman insbesondere auf Webseiten der GIZ (Gesellschaft für internationale Zusammenarbeit) vorlagen. Zudem wurden den Studierenden modellbasierte Daten des Klimas, der Wasserverfügbarkeit und der Wassernutzung für die drei Städte (sowie für Frankfurt als Referenz) zur Verfügung gestellt, die ihnen eine quantitative Abschätzung der Wasserknappheit ermöglichten. Der erste Teil des Seminars wurde durch einen sechsstündigen Blocktermin abgeschlossen, an dem die Studierenden im Rahmen des Gruppenreferats I das „Wassersystem" ihrer Städte vorstellten. Zudem wurden die drei „Wassersysteme" vergleichend diskutiert und die Anwendung des „Wassersystem"-Ansatzes reflektiert.

In der zweiten Hälfte des Seminars (Sitzung 6–9, Tab. 2.1) ging es um das Morgen, d. h. wie nachhaltige Entwicklungsoptionen für die Städte im Bereich Wasser entwickelt werden können. Basierend auf den im Seminar vermittelten Kenntnissen über Transdisziplinarität, die Gestaltung von PPs und partizipative Methoden erarbeitete jede Stadtgruppe ein Konzept für einen PP in ihrer Stadt, in dem eine Strategie für einen nachhaltigen Umgang mit Wasser in der jeweiligen Stadt entwickelt werden sollte. Das Seminar endete mit einem achtstündigen Blocktermin, an dem die drei Gruppen im Rahmen des Gruppenreferats II das Design ihres PPs vorstellten (Sitzung 10). Das Gruppenreferat II umfasste 1) die spezifische Problemstellung des PPs in ihrer Stadt (z. B. Verschmutzung des Ganges durch ungeklärte Abwässer und durch religiöse Handlungen

Tab. 2.1 Struktur des Seminars „Städte und Wasser: Sozial-ökologische Systeme im Wandel (gestern und morgen)“. PL Prüfungsleistung, LN Leistungsnachweis

Sitzung	Thema der Sitzung	Hausaufgabe bis zur Sitzung
1 (90 min)	• Einführung • Cless: Ethnologische und kulturwissenschaftliche Perspektiven auf den Umgang mit Wasser • Döll: Wasser aus hydrologischer Sicht: natürliche und menschgemachte Wasserflüsse und Wasserspeicherung	
2 (90 min)	• Besprechung PL/LN 1 • Vorstellung der Anforderungen an Gruppenreferate zur historischen Entwicklung der urbanen Wassersysteme in einzelnen Städten • Bildung der interdisziplinären Gruppen	• PL/LN 1 machen und in die Sitzung mitbringen • Aufgabe 1: Tvedt (2016) lesen
3 (90 min)	• Diskussion über WEBGEO-Modul und Fragen in interdisziplinären Kleingruppen • Besprechung der Gruppenreferate I	• Aufgabe 2: Bearbeiten des WEBGEO-Moduls „Wasserkreislauf“ • Fragen über Unklares im Modul und anderer Fragen zur Hydrologie schriftlich formulieren • Entwurf des Gruppenreferats I vorbereiten, mit Nutzung der hydrologischen Daten und Publikationen in Tvedt und Oestigaard (2014)
4 (90 min)	• Diskussion über Text und Fragen zum Text Cless (2014) in interdisziplinären Kleingruppen • Besprechung der Gruppenreferate I	• Abgabe der digitalen vorläufigen Präsentationen zum Gruppenreferat I zwei Tage vor der Sitzung • Aufgabe 3: Cless (2014), S. 1–12, 217–239 lesen • Fragen über Unklares im Text und anderer Fragen zur Ethnologie schriftlich formulieren
5 (270 min)	• Gruppenreferate I • Synthese • Erfahrungen mit der Interdisziplinarität im Seminar	• Gruppenreferat I fertigstellen
6 (90 min)	• Döll: Einführung PP und transdisziplinäre Forschung (TDF)	
7 (90 min)	• Döll: Stakeholderanalyse und Methoden zur transdisziplinären Wissensintegration	• Aufgabe 4: Lang et al. (2012); Reed et al. (2009) und/oder Hauck et al. (2015) lesen
8 (90 min)	• Am Institut für Sozial-ökologische Forschung in Frankfurt stellt Dr. Engelbert Schramm die Praxis der TDF vor	• Aufgabe 5: Düspohl und Döll (2016) und/oder Siew und Döll (2012) lesen

(Fortsetzung)

Tab. 2.1 (Fortsetzung)

Sitzung	Thema der Sitzung	Hausaufgabe bis zur Sitzung
9 (90 min)	• Hinweise für die Gestaltung von PP durch Dozent*innen • Besprechung der Gruppenreferate II	• Abgabe der digitalen vorläufigen Präsentationen zum Gruppenreferat II zwei Tage vor der Sitzung • Aufgabe 6: Voinov et al. (2016) und/oder Strang (2005) lesen
10 (360 min)	• Gruppenreferate II • Schriftliche Evaluation des Seminars und mündliches Feedback • Erfahrungen mit der Interdisziplinarität im Seminar	• Gruppenreferat II fertigstellen

im Fall der Stadt Varanasi, Steigerung des Bewusstseins der Bevölkerung für die Wasserproblematik in Amman), 2) eine Darstellung des dazugehörenden sozial-ökologischen Systems in Form eines kausalen Netzes, 3) die Ergebnisse der Stakeholderanalyse (z. B. Abb. 2.1) sowie 4) den Verlauf des konzipierten PPs mit Zeitplan und partizipativen Methoden.

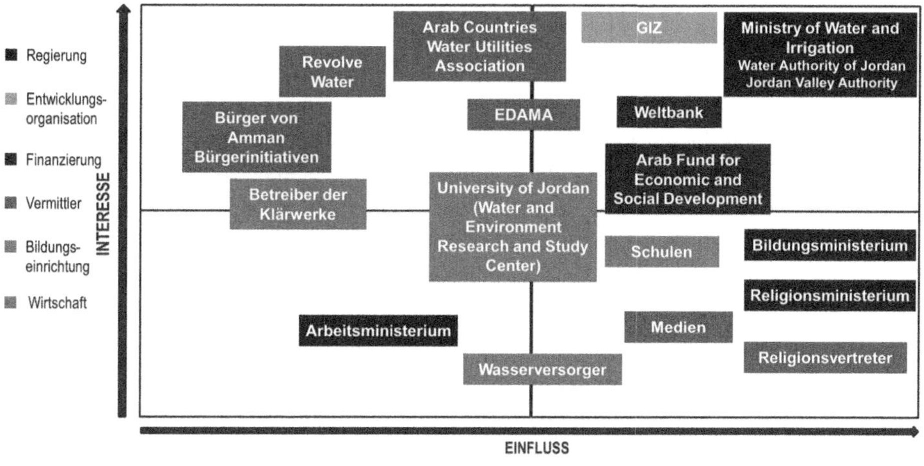

Abb. 2.1 Stakeholderanalyse mithilfe eines Interesse-Einfluss-Diagramms: Kategorisierung von Stakeholdern nach Interesse und Einflussmöglichkeit für einen PP in Amman, der die Bewusstseinssteigerung der Bevölkerung für die Wasserproblematik zum Ziel hat, mit Angabe der Stakeholderkategorie. Das Diagramm wurde von den Studierenden der Stadtgruppe Amman auf Basis einer Literaturrecherche erstellt. Im farbigen Original wurden unterhalb der Bezeichnungen der Stakeholder zusätzlich deren Beiträge zum PP genannt. (Eigene Darstellung)

2.2.4 Prüfungsleistungen und Leistungsnachweise

Die Studierenden der Ethnologie mussten aufgrund ihrer Prüfungsordnung unbenotete Leistungsnachweise (LN) erbringen, um sechs Leistungspunkte zu erhalten. Die anderen Studierenden mussten benotete Prüfungsleistungen (PL) erbringen, um vier Leistungspunkte zu erhalten. Folgende PL bzw. LN wurden erbracht:

- PL/LN 1: Zusammenfassung der Publikationen Wilk (2006); Hoff et al. (2014) mit persönlicher Stellungnahme (3 Seiten Text) (15 % der Note) (abzugeben vor der dritten Sitzung)
- PL/LN 2: Zwei Gruppenreferate (jeweils 15 %)
- PL/LN 3: 1) Beschreibung der städtespezifischen Problemstellung und des PPs (3 Seiten), 2) Beschreibung einer Phase der PP oder einer partizipativen Methode (2 Seiten), 3) Transdisziplinäre Wissensintegration (1 Seite), 4) Reflexion über die interdisziplinäre Kooperation im Seminar (1 Seite) (55 %) (abzugeben nach Ende des Seminars)
- LN 4 (nur Ethnolog_innen): Zwei Essays über jeweils 5 Seiten
  1) Essay zu Tvedt (2016)
  2) Essay zu frei gewähltem Thema im Rahmen des Seminars
  (abzugeben nach Ende des Seminars)

2.3 Evaluierung

Die Evaluierung der Lehrveranstaltung wurde im Hinblick auf die in der Einleitung genannten übergeordneten und die im Abschn. 2.2.1 genannten spezifischen Lernziele des Seminars konzipiert. Sie erfolgte in schriftlicher Form über einen von den Dozent_innen entwickelten Fragebogen, den die elf Studierenden in der letzten Sitzung nach den drei Gruppenreferaten ausfüllten. Später schloss sich ein mündlicher Austausch zu den Erfahrungen mit der interdisziplinären Zusammenarbeit sowohl innerhalb der Stadtgruppen als auch in den Seminarsitzungen an, der in ein Feedback zum Seminar überging. Die Evaluierung im Hinblick auf die Erfahrungen mit der Interdisziplinarität (Abschn. 2.3.1) und den Wissens- und Kompetenzzuwachs (Abschn. 2.3.2) basieren überwiegend auf der Auswertung der Fragebogen. Im Abschn. 2.3.3 erfolgt eine Evaluierung der allgemeinen Seminarqualität basierend auf dem Fragebogen, dem mündlichen Feedback und den Eindrücken der Dozent_innen.

2.3.1 Interdisziplinarität

Im Folgenden sind die Fragen 1 bis 5 des Fragebogens aufgelistet, mit jeweils nachstehend der Auswertung der Antworten der Studierenden.

Frage 1: Welche Erfahrungen haben Sie mit dem Lesen von Literatur der jeweils „anderen" Disziplin(en) gemacht (einschließlich Stadtdiagrammen)? Einige Studierende nannten einen erhöhten Aufwand beim Lesen der Literatur der „anderen" Disziplinen, auch aufgrund unbekannter Fachbegriffe. Dabei wurde die „andere" Literatur als durchweg interessant empfunden. Erwähnt wurde der ungewohnte Schreibstil der „anderen" Disziplin; so sei der Schreibstil in der Physischen Geografie/Hydrologie dichter als in der Ethnologie.

Frage 2: Was haben Sie über die Denk- und Herangehensweisen der jeweils „anderen" Disziplin(en) gelernt? Hier nannten die Studierenden, dass in der Ethnologie mehr mit Texten und Beobachtungen gearbeitet wird, es wird viel diskutiert, die Fragestellungen sind offener formuliert, es gibt nicht richtig und falsch, und es wird immer auf den Menschen fokussiert. In den Umweltwissenschaften/der Physischen Geografie wird sich auf quantitative Daten gestützt, analytischer und strukturierter vorgegangen, Vollständigkeit angestrebt und positivistisch gedacht.

Frage 3: Welche Erfahrungen haben Sie mit der interdisziplinären Zusammenarbeit in Ihrer Stadtgruppe gemacht? Alle Studierenden berichteten von positiven oder sehr positiven Erfahrungen. Durch die interdisziplinäre Zusammenarbeit erlangten die Studierenden neues Wissen, lernten neue Sichtweisen auf ein Problem kennen und erlangten damit ein verbessertes und integratives Problemverständnis, das für die Bearbeitung von Nachhaltigkeitsproblemen notwendig wäre. Allerdings schrieben zwei Studierende, dass in ihrer Stadtgruppe wenig disziplinäre Unterschiede merkbar waren, auch weil die Thematik für alle neu gewesen sei, ein/e andere/r, dass wenig naturwissenschaftliches Wissen eingebracht wurde.

Frage 4: In welcher Hinsicht war es vorteilhaft oder nachteilig, dass die Dozent_innen unterschiedlichen Disziplinen angehörten? Die meisten Studierenden fanden die oft unterschiedlichen Sichtweisen und Herangehensweisen der beiden Dozent_innen interessant und schätzten z. B., dass die Feedbacks zu den Entwürfen zu den Gruppenreferaten sich ergänzten. Einige hätten sich eine stärkere inhaltliche Synthese und „Vorklärung" zwischen den Dozent_innen gewünscht, auch im Hinblick auf die genaue Aufgabenstellung und die Erwartungen an die Arbeit der Studierenden.

Frage 5: Ist das Denken in sozial-ökologischen Systemen Ihrer Meinung nach geeignet, die nachhaltige Entwicklung zu unterstützen, und warum (nicht)? Alle Studierenden antworteten mit Ja. Die meisten Begründungen lassen allerdings vermuten, dass die Studierenden bei dem Begriff „sozial-ökologisches System" weniger an ein System mit Wechselwirkungen als an eine interdisziplinäre, integrative und holistische Herangehensweise dachten.

Die schriftliche und mündliche Evaluation ergab, dass der Grad der interdisziplinären Wissensintegration vom ersten zum zweiten Gruppenreferat zugenommen hatte. Im ersten Gruppenreferat, bei dem der Wassersystem-Ansatz von Tvedt (2016) verwendet wurde, um die Mensch-Wasser-Verhältnisse in den Städten zu beschreiben (Abschn. 2.2.3), waren die Verbindungen zwischen den drei beschriebenen Ebenen (natürliches System, anthropogene Modifikationen, Umgang mit Wasser/Wassermanagement) schwach. Die Stadtgruppen teilten die Bearbeitung der Ebenen entsprechend des disziplinären Hintergrunds der Gruppenmitglieder auf. So wurde die Analyse der dritten Ebene von Ethnolog_innen oder dem Humangeografen übernommen und nicht mit den vorherigen Ebenen in Verbindung gebracht, die von Naturwissenschaftler_innen übernommen wurden. Diese disziplinäre Aufteilung geschah beim zweiten Gruppenreferat nicht mehr (was allerdings auch an der Aufgabe lag, da eine Aufteilung der Themen nach „Herkunftsdisziplin" nicht möglich war), und die Referate waren integrierter und bauten stärker auf gemeinsamen Diskussionen auf.

2.3.2 Wissens- und Kompetenzzuwachs

In einem Likert-Test (Rost 2004) gaben die elf Studierenden an, inwieweit verschiedene Aussagen über ihren Wissens- und Kompetenzzuwachs durch das Seminar zutrafen (1: Trifft nicht zu, 2: Trifft eher nicht zu, 3: Teils-teils, 4: Trifft eher zu, 5: Trifft zu). Der Wissenszuwachs im Themenfeld Städte und Wasser wurde als groß bezeichnet (Likert-Wert 4,5). Die Studierenden fühlten sich durch das Seminar (besser) befähigt, Probleme integrativ zu betrachten und zu bearbeiten (4,5), interdisziplinär zusammenzuarbeiten (4,2), Problemstellungen im Bereich nachhaltige Entwicklung zu bearbeiten (4,1), in PPs, die transdisziplinäre Wissensintegration und die Identifizierung von Handlungsoptionen zum Ziel haben, teilzunehmen (4,5) sowie solche Prozesse zu designen und als Expert_in für partizipative Methoden zu leiten (3,7). In der mündlichen Evaluation äußerten alle Studierenden, dass sie sich durch das Seminar in die Lage versetzt fühlten, einen PP zu konzipieren. Sie bestätigten, dass sie durch das Seminar (besser) erkannt hatten, welchen Beitrag sie beruflich mit ihrem disziplinären Hintergrund zur nachhaltigen Entwicklung leisten könnten (4,1). Des Weiteren hielten sie den „Wassersystem"-Ansatz von Tvedt (2016) nach ihrer Erfahrung geeignet, die historische Entwicklung von Städten besser zu verstehen (3,6).

2.3.3 Allgemeine Bewertung der Seminarqualität

Gefallen hat den Studierenden die Thematik „Städte und Wasser", das durchgehende Bearbeiten einer stadtspezifischen Problemlage mit dem damit verbundenen Verständnisgewinn über das Semester hinweg, das Verbinden von Theorie und Praxis (d. h. das Konzipieren eines PPs) ebenso wie die interdisziplinäre Zusammenarbeit. Das Seminar hat insofern hohe Anforderungen an die Studierenden gestellt, als verschiedene Lern- und Arbeitsprozesse gleichzeitig geschehen mussten. Erstens wurde disziplinäres Wissen, das in den Sitzungen durch die Dozent_innen und über die zu lesende Literatur vermittelt wurde, aufgenommen. Zweitens recherchierten die Studierenden eigenständig Informationen zum Mensch-Wasser-System in den jeweiligen Städten. Drittens wurde das methodische und inhaltliche Wissen mit den städtespezifischen Informationen für die Erstellung der Gruppenreferate zusammengebracht, was eine ausführliche Diskussion in den Stadtgruppen außerhalb der Seminarsitzung notwendig machte. Manche Studierende erwähnten, dass der Erfolg einer gelungenen Problembearbeitung die Mühen lohnte, während von manchen der hohe Zeitaufwand als negativ betrachtet wurde. Ebenso empfanden viele die wenig genauen Vorgaben für die Konzeption des PPs als negativ, während andere die Freiräume schätzten. Zwei Studierende hätten sich eine stärkere Gewichtung ethnologischer Inhalte im Seminar gewünscht, eine Studierende eine noch stärkere Anregung zum Erkunden der anderen Disziplinen, z. B. über eine Aufteilung der Rollen in der Gruppenarbeit. Einige Studierende schlugen für ein zukünftiges Seminar vor, dass ein PP als Rollenspiel simuliert wird, in dem die Studierenden die Rollen verschiedener Stakeholder einnehmen.

Die nach den ersten Sitzungen im Seminar verbliebenen Studierenden waren stark am Thema Städte und Wasser, an Nachhaltigkeitsfragen und an interdisziplinärer Zusammenarbeit interessiert. Nicht nur die Dozent_innen schätzten die engagierte und ernsthafte Arbeit der Studierendengruppe in einer angenehmen, wertschätzenden Atmosphäre. Als positiv erwiesen hat sich die zeitliche Struktur des Seminars, mit acht wöchentlichen Sitzungen für Wissensvermittlung durch Dozent_innen sowie Besprechung von Hausaufgaben und Gruppenpräsentationen und zwei Blockterminen an Samstagen für die Gruppenreferate.

2.4 Schlussfolgerungen

In der Lehrveranstaltung „Städte und Wasser: Sozial-ökologische Systeme im Wandel (gestern und morgen)" haben Studierende aus vier Studiengängen mit naturwissenschaftlicher und kultur- bzw. sozialwissenschaftlicher Ausrichtung in interdisziplinären Gruppen an einer integrativen Analyse der Wassersituation in ausgewählten Städten gearbeitet und für „ihre" Stadt einen PP zur Identifizierung nachhaltiger Entwicklungsoptionen in einem lokal relevanten wasserbezogenen Problemfeld konzipiert. Dabei wurden sie von Dozent_innen aus der Ethnologie und der Physischen Geografie unterstützt. Die Lernziele (siehe Abschn. 2.2.1) wurden erreicht und so die Studierenden besser befähigt, in ihrer Berufstätigkeit nachhaltiges Handeln unterstützen zu können. Die Studierenden bewerteten ihre Erfahrung mit der Interdisziplinarität (Kennenlernen der Inhalte und Denkweisen anderer Disziplinen, interdisziplinäre Zusammenarbeit und Wissensintegration in den Stadtgruppen) ebenso wie das Seminar insgesamt als positiv. Insbesondere durch Anwendung des „Wassersystem"-Ansatzes (Tvedt 2016), die Erfassung des Problemfelds für den PP durch ein kausales Netz und die strukturierte Stakeholderanalyse übten die Studierenden systemisches Denken, das zur Erfassung komplexer Nachhaltigkeitsprobleme notwendig ist. Sie lernten theoretische Grundlagen und praktische Methoden transdisziplinärer Wissensintegration kennen und fühlten sich am Ende des Seminars in der Lage, an PPs teilzunehmen und diese auch zu konzipieren. Somit eröffnete das

Seminar ein Berufsfeld für die Teilnehmer_innen, da in Zukunft noch viele lokale und regionale PPs durchgeführt werden (müssen), um Risiken zu managen (z. B. die Risiken des Klimawandels oder des Biodiversitätsverlustes) und eine nachhaltige Entwicklung des Mensch-Umwelt-Systems zu erreichen.

Es erscheint sinnvoll, das Seminar in ähnlicher Form erneut anzubieten und ebenso an anderen Hochschulen. Die disziplinäre Zusammensetzung der Dozent_innen und Studierenden kann variieren, aber eine Kooperation zwischen Natur- oder Ingenieurwissenschaften und Kultur- oder Sozialwissenschaften ist essenziell, ebenso wie disziplinäres Interesse an Nachhaltigkeit. Statt der Thematik „Städte und Wasser" könnte eine andere, den beteiligten Dozent_innen und Disziplinen besser entsprechende Thematik gewählt werden, in deren Rahmen dann die PPs konzipiert werden.

Eine Lehrveranstaltung mit vier statt zwei Semesterwochenstunden würde eine Vertiefung und Erweiterung ermöglichen. Dann könnte zusätzlich ein PP in Form eines Rollenspiels simuliert werden. Sinnvolle Methoden, die in PPs angewendet werden, um nachhaltige Entwicklungsoptionen zu generieren und zu bewerten, könnten im Seminar behandelt und ausprobiert werden, wie beispielsweise die Erstellung qualitativer Szenarien (Düspohl und Döll 2016) oder die multi-kriterielle Analyse (Munda 2006). Des Weiteren können die Bedeutung von unterschiedlichen Formen und Graden der Unsicherheit für ein nachhaltiges Management sozial-ökologischer Systeme und die Gestaltung von PPs adressiert werden (Döll und Romero-Lankao 2016). Schließlich könnte bei der Analyse des „Wassersystems" der Städte nach Tvedt (2016) mehr Zeit für die Identifizierung von Wechselwirkungen zwischen den drei Betrachtungsebenen verwendet werden.

Literatur

Cless K (2014) Menschen am Brunnen: ethnologische Perspektiven zum Umgang mit Wasser. transcript, Bielefeld

Döll P, Romero-Lankao P (2016) How to embrace uncertainty in participatory climate change risk management – a roadmap. Earth's Future 5:18–36. https://doi.org/10.1002/2016EF000411

Düspohl M, Döll P (2016) Causal networks and scenarios: participatory strategy development for promoting renewable electricity generation. J Clean Prod 121:218–230. https://doi.org/10.1016/j.jclepro.2015.09.117

Giampetro M (2002) Complexity and scales: the challenge for integrated assessment. Integr Assess 3(2–3):247–265

Hauck J, Stein C, Schiffer E, Vandewalle M (2015) Seeing the forest and the trees: facilitating participatory network planning in environmental governance. Glob Environ Change 35:400–410. https://doi.org/10.1016/j.gloenvcha.2015.09.022

Hoff H, Döll P, Fader M, Gerten D, Hauser S, Siebert S (2014) Water footprints of cities – indicators for sustainable consumption and production. Hydrol Earth Syst Sci 18:213–226. https://doi.org/10.5194/hess-18-213-2014

IPCC (2014) Summary for policymakers. In: Field CB, Barros VR, Dokken DJ, Mastrandrea MD (Hrsg) Climate change 2014: impacts, adaptation, and vulnerability. Part A: global and sectoral aspects. Contribution of working group II to the fifth assessment report of the intergovernmental panel on climate change. Cambridge University Press, Cambridge, S 1–32

Lang DJ, Wiek A, Bergmann M, Stauffacher M, Martens P, Moll P, Swilling M, Thomas CJ (2012) Transdisciplinary research in sustainability science: practice, principles, and challenges. Sustain Sci 7:25–43

Millenium Ecosystem Assessment (2005) Ecosystems and human well-being: current state and trends, Kap. 4. Island Press, Washington

Munda G (2006) Social multi-criteria evaluation for urban sustainability policies. Land Use Policy 23:86–94. https://doi.org/10.1016/j.landusepol.2004.08.012

Reed MS, Graves A, Dandy N, Posthumus H, Hubacek K, Morris J, Prell C, Quinn CH, Stringer LC (2009) Who's in and why? A typology of stakeholder analysis methods for natural resource management. J Environ Manage 90:1933–1949

Renn O, Klinke A, Asselt M van (2011) Coping with complexity, uncertainty and ambiguity in risk governance: a synthesis. Ambio 40(2):231–246. https://doi.org/10.1007/s13280-010-0134-0

Rost J (2004) Lehrbuch Testtheorie – Testkonstruktion, 2. Aufl. Huber, Bern

Siew TF, Döll P (2012) Transdisciplinary research for supporting the integration of ecosystem services into land and water management in the Tarim River Basin, Xinjiang, China. J Arid Land 4(2):196–210. https://doi.org/10.3724/SP.J.1227.2012.00196

Strang V (2005) Common senses: water, sensory experience and the generation of meaning. J Mater Cult 10(1):92–120

Tvedt T (2016) The need for a paradigm shift. In: Tvedt T (Hrsg) Water and society: changing perceptions of societal and historical development. Tauris, London, S 1–18

Tvedt T, Oestigaard T (Hrsg) (2014) A history of water, Reihe III, vol 1. Tauris, London

Voinov A, Kolagani N, McCall MK, Glynn PD, Kragt ME, Ostermann FO, Pierce SA, Ramu P (2016) Modelling with stakeholders – next generation. Environ Model Softw 77:196–220

WBGU – Wissenschaftlicher Beirat der Bundesregierung Globale Umweltveränderungen (2011) Welt im Wandel. Gesellschaftsvertrag für eine Große Transformation. WBGU, Berlin

Wilk R (2006) Bottled water: the pure commodity in the age of branding. J Consum Cult 6(3):303–325. https://doi.org/10.1177/1469540506068681

DISKURS-ARENA: Nachhaltigkeit und Ethik in der Lehrerbildung

3

Sabine Anselm, Christian Hoiß und Markus Vogt

Zusammenfassung

Das Ziel des Projekts DISKURS-ARENA ist es, über die Integration von Nachhaltigkeit und Ethik in die Ausbildung von Lehramtsstudierenden diese – und damit indirekt ihre Schüler_innen – auf die ökosozialen Herausforderungen einer globalisierten Welt vorzubereiten. Das Konzept der DISKURS-ARENA lehnt sich an den von Jürgen Habermas geprägten Diskursbegriff an und folgt damit der Annahme, dass die Vermittlung von Ethik vor allem der Einübung von Diskursfähigkeit in Diskurs-Arenen bedarf. Deshalb sollen Nachhaltigkeit und Ethik in einem breiten, interdisziplinären Veranstaltungsangebot auf unterschiedliche Art und aus vielen unterschiedlichen fachlichen Perspektiven integriert werden. Mit diesem interdisziplinären Ansatz verbinden sich drei grundlegende Chancen für die Lehrerbildung: Erstens ermöglicht

S. Anselm (✉)
Fakultät für Sprach- und Literaturwissenschaften, Didaktik der deutschen Sprache und Literatur, Forschungsstelle Werteerziehung und Lehrerbildung, Ludwig-Maximilians-Universität München, München, Deutschland
E-Mail: sabine.anselm@germanistik.uni-muenchen.de

C. Hoiß
Fakultät für Sprach- und Literaturwissenschaften, Forschungsstelle Werteerziehung und Lehrerbildung, Ludwig-Maximilians-Universität München, München, Deutschland
E-Mail: christian.hoiss@lmu.de

M. Vogt
Katholisch-Theologische Fakultät, Lehrstuhl für Christliche Sozialethik, Ludwig-Maximilians-Universität München, München, Deutschland
E-Mail: soz.ethik@kaththeol.uni-muenchen.de

W. Leal Filho (Hrsg.), *Nachhaltigkeit in der Lehre,* Theorie und Praxis der Nachhaltigkeit, https://doi.org/10.1007/978-3-662-56386-1_3

er die ethische Bildung der Lehramtsstudierenden, indem er die fachwissenschaftliche Ausbildung mit didaktischer Reflexion um eine ethische Komponente erweitert. Zweitens trägt er zu einer Professionalisierung der Lehrenden bei, da die Entwicklung einer situationsangemessen authentischen Rolle aufgrund der Wirkung der Lehrerpersönlichkeit im Unterrichtsprozess auf die Schüler_innen für die Bildung für nachhaltige Entwicklung als unverzichtbar gelten muss. Drittens erhalten die Studierenden die Möglichkeit, in einer interdisziplinären Veranstaltung auf die Aufgaben innerhalb des Konzepts von Bildung für nachhaltige Entwicklung vorbereitet zu werden. Darum beschäftigen sie sich eingehend, kritisch und multiperspektivisch mit den ökologischen, sozialen und ökonomischen Herausforderungen unserer Zeit und reflektieren intensiv die eigenen Lebensstile. Diese Ziele werden durch die theoretische Grundlagenvermittlung, die praktische Durchführung im konkreten Veranstaltungsangebot, durch intensive Phasen der Reflexion sowie den engen Berufsfeldbezug erreicht. Dabei wird intensiv mit Partnern an der Universität und in der Zivilgesellschaft zusammengearbeitet.

Schlüsselwörter
Diskurs · Nachhaltigkeit · Ethik · BNE · Lehrerbildung

3.1 Ausgangspunkt

In der interdisziplinären Debatte wird die ökosoziale Herausforderung als „Große Transformation" (WBGU 2011) charakterisiert. Große Transformation wird hierbei als ein gesamtgesellschaftlicher Wandel hin zu einer nachhaltigen Gesellschaft verstanden, die „innerhalb der planetarischen Leitplanken der Nachhaltigkeit" (WBGU 2011, S. 1) verlaufen soll. Deren Ziel ist ein neu ausgehandelter Gesellschaftsvertrag im Sinne grundlegender Transformationen der sozioökonomischen und kulturellen Leitwerte sowie der globalen Kooperationsbedingungen. Selbstreflexion und Distanz zu gegenwärtigen Mustern der Lebens- und Wirtschaftsformen sind dafür Grundfähigkeiten mündiger Bürger_innen (vgl. Welzer 2013; Beck 2007) und müssen deswegen ein wichtiger Bestandteil jeder Bildung sein. Auch ein sich notwendigerweise wandelndes Mensch-Natur-Verhältnis, das es in einer modernen wissenschaftlich-technisch geprägten und pluralistischen Kultur zu entwickeln gilt, bedarf einer intensiven interdisziplinären Reflexion.

Die sich daraus ergebenden Anforderungen an eine Transformation der Bildungskonzepte sind gewaltig. Von zentraler Bedeutung ist dabei das Leitbild der Nachhaltigkeit, das von der UNESCO bereits in den 1970er-Jahren – und damit lange vor seinem politischen Durchbruch bei der UN-Konferenz 1992 in Rio – aufgegriffen und inzwischen vielfach mit weltweiten Programmen zur Bildung für Nachhaltigkeit entfaltet wurde (vgl. Vogt 2009; Schneidewind 2013; Leinfelder 2013). Stets wird dabei mit der Bildung ein hoher ethischer Anspruch verbunden. So postuliert die UN, Bildung für nachhaltige Entwicklung (BNE) solle „allen Menschen Bildungschancen […] eröffnen, die es ermöglichen, sich Wissen und Werte anzueignen sowie Verhaltensweisen und Lebensstile zu erlernen, die für eine lebenswerte Zukunft […] erforderlich sind" (UNESCO 2005). Anschließend an die Weltdekade für Bildung für nachhaltige Entwicklung (2005–2014) hat die UNESCO für die Jahre 2015–2019 das internationale Weltaktionsprogramm Bildung für nachhaltige Entwicklung ausgerufen, dem sich Deutschland verpflichtet hat.

Die im Weltaktionsprogramm geforderten Bildungsziele stellen auch für Hochschulen und Schulen eine enorme Herausforderung dar und werden entsprechend auf verschiedenen Ebenen aufgegriffen. So sind sie auch im Bericht der Bundesregierung zur Bildung für eine nachhaltige Entwicklung (2013) zu finden, der konstatiert, „dass trotz aller Fortschritte weiterer Handlungsbedarf besteht" (Deutsche Bundesregierung 2013, S. 3). Der Orientierungsrahmen für den Lernbereich Globale Entwicklung im Rahmen einer Bildung für nachhaltige Entwicklung (KMK 2016) liefert immerhin einen umfassenden Leitfaden für die organisatorische und strukturelle Implementation von Nachhaltigkeit an Schulen sowie für die Anbindung an Fachdidaktiken bzw. Schulfächer.

Bundesweit stellt beispielsweise die Nationale Plattform BNE, die im September 2015 von der Bundesregierung initiiert wurde, den Knotenpunkt für die Verankerung von BNE in den einzelnen Bildungsbereichen dar. Der von der Plattform ausgerichtete BNE-Agendakongress ist damit die zentrale nationale Konferenz zum Thema BNE in Deutschland, die sich um die inhaltliche wie strukturelle Verortung in der frühkindlichen Bildung, in Schule und Hochschule, der beruflichen Bildung sowie der non-formalen bzw. informellen Bildung bemüht (vgl. Nationale Plattform Bildung für nachhaltige Entwicklung 2017). Mit Fokus auf der Lehrer_innenbildung nimmt sich dieser Anliegen auch das Deutschsprachige Netzwerk LehrerInnenbildung für eine nachhaltige Entwicklung (LeNa) an. Es spricht Lehrer_innen eine Schlüsselrolle im Bereich BNE zu, denn „es hängt wesentlich auch von ihrem Wissen und ihren Kompetenzen ab, ob frühkindliche und schulische Bildungsprozesse und Schulen selbst als Bildungsinstitutionen zukunftsfähig gestaltet werden können" (Stoltenberg und Holz 2017, S. 14).

Auch auf kommunaler Ebene gewinnt das Thema zunehmend an Bedeutung, so unlängst bei der 7. Münchner Bildungskonferenz, die unter dem Motto „Lernen für die Zukunft. Perspektivwechsel – Bildung für nachhaltige Entwicklung"[1] stand und sich zum Ziel genommen hatte, Bildung für nachhaltige Entwicklung in die bestehenden Strukturen zu integrieren, somit zu institutionalisieren und aus Projekten etablierte Komponenten in der Bildung zu machen.

Ein ähnlicher Gedanke liegt dem Projekt DISKURS-ARENA zugrunde. Sie ist zunächst als Projekt an der LMU München konzipiert und soll wichtige Impulse für eine strukturelle Integration von BNE in die Lehrer_innenbildung geben. Das Projekt

[1]Die Konferenz fand am 08.03.2017 in München statt und wurde federführend vom Referat für Bildung und Sport der Landeshauptstadt München veranstaltet.

DISKURS-ARENA ist in der Lehrer_innenbildung, also im Bereich der Universität angesiedelt, wirkt aber über die Kooperationen mit diversen Schulen, Vereinen und anderen Organisationen auch in andere Bereiche der Bildung und der Gesellschaft hinein und soll im weiteren Verlauf als Modell für die Fortbildung von Lehrer_innen dienen. Die DISKURS-ARENA will zur Schließung einer gegenwärtigen Lücke in der Ausbildung von Lehramtsstudierenden beitragen, indem sie Bildungsakteure von morgen – also Lehramtsstudierende von heute – gezielt auf ihre mögliche Rolle als Change Agents in den gegenwärtigen ökosozialen Umbruchprozessen vorbereitet (vgl. Rupp 2014, S. 764–770) und dazu befähigt, die damit verbundenen Herausforderungen kritisch zu reflektieren sowie sich ihnen situationsspezifisch zu stellen.

3.2 Konzeption und Ziel der DISKURS-ARENA

Die momentane Studienstruktur fokussiert unabhängig voneinander eine fachliche, eine fachdidaktische und eine erziehungswissenschaftliche Domäne. Für die Bewältigung zukünftiger Aufgaben, wie sie mit dem Konzept der Nachhaltigkeit verbunden ist, erscheint eine Quervernetzung über die Disziplinen und Ausbildungsbereiche hinweg jedoch unverzichtbar, immerhin liegt den gegenwärtigen Umwelt- und Entwicklungsproblematiken eine enorme Menge verschiedenster Ursachen und Wechselwirkungen zugrunde. Aus diesem Anliegen heraus wurde ein Veranstaltungskonzept entwickelt, das man in Anlehnung an den von Jürgen Habermas geprägten Diskursbegriff als Diskurs-Arena bezeichnen kann. Leitidee ist dabei, dass die Vermittlung von Ethik vor allem der Einübung von Diskursfähigkeit und damit der Ermöglichung von „Diskurs-Arenen" für argumentative Reflexion und persönliche Aneignung der normativen Implikationen der jeweils verhandelten Themen bedarf (vgl. Habermas 1991; Horster und Oelkers 2005).

Das Bild der DISKURS-ARENA symbolisiert das Aufeinandertreffen von Inhalten aus verschiedenen Fachdisziplinen, einen offenen und neugierigen Umgang mit Studierenden aller Fachrichtungen und den damit verbundenen und für alle Beteiligten neuen Perspektiven, die so in den Diskurs eingebracht werden bzw. diesen gestalten. Eine Voraussetzung dafür ist die Bereitschaft der Dozent_innen, inhaltlich offen zu bleiben und den Stoff des jeweiligen Seminars gemeinsam mit den Studierenden auszuhandeln. Die „Arena" enthält als Bild sicherlich auch ein kämpferisches Element, was insofern zu den Anliegen des Projektes passt, als in normativen Diskursen (wie dem Nachhaltigkeitsdiskurs) immer auch Werte aufeinanderprallen. Gerade in zentralen ethischen Fragestellungen, die eine „Große Transformation" mit sich bringt, wie beispielsweise der nach einem „guten" oder „nachhaltigen" Lebensstil, bedarf es der Begründung verschiedener Standpunkte und der Aushandlung im Diskurs.

Ziel der DISKURS-ARENA ist es, das fachspezifische Verfügungswissen in ein didaktisches Orientierungswissen zu integrieren und damit (Persönlichkeits-)Bildung und Ausbildung enger zu verknüpfen. Dabei soll die Ethik als Reflexionsmethode und als Perspektive der Handlungsrelevanz eingebracht werden. Das Vorgehen ist also auf eine Zusammenführung von Grundlagen-, Orientierungs- und Handlungswissen angelegt. Ausschlaggebend hierfür ist die Rückbindung der Lernprozesse an die persönliche Lebenswelt der Studierenden mit ihren spezifischen Erfahrungen, Kommunikationsformen und Handlungsmöglichkeiten. Dabei soll die Praxis nicht bloß als nachträgliche Anwendung von (normativem) Wissen in den Blick genommen werden, sondern im Sinne des Pragmatismus auch als Ausgangspunkt epistemischer Prozesse dienen (vgl. Filipovic 2015). Methodisch wird dies durch Diskurs-Arenen zu fächerverbindenden Perspektiven und normativen Fragen im Kontext von Nachhaltigkeit als Bestandteil von Lernprozessen ermöglicht. Der reflektierte und argumentative Umgang mit moralischen Fragen wird in der DISKURS-ARENA erprobt.

Mit diesem interdisziplinären Ansatz verbinden sich drei grundlegende Chancen für die Lehrer_innenbildung:

Ethische Bildung der Lehramtsstudierenden

Kern des Projektes sind die gleichnamigen Seminarveranstaltungen, die in jedem Semester an der LMU München angeboten werden. Diese Seminare sind für Lehramtsstudierende aller Schulformen und Fachrichtungen in der ersten Phase der Lehrerausbildung offen. Sie erweitern die fachwissenschaftliche Ausbildung mit didaktischer Reflexion um eine ethische Komponente. Grundlegende ethische Probleme bzw. konkrete ethische Entscheidungskonflikte bilden dabei die Basis. Dies dient der Ausbildung einer ethisch-moralischen Kompetenz, deren Relevanz im Zeichen einer funktional verstandenen Kompetenzorientierung der Lehrerbildung langsam erkannt wird (vgl. Rupp 2014; Vogt 2013). Hierzu sollen in Seminaren Fragen der Ethik, also der Entstehung, Begründung und der Kontexte von Werturteilen, unter Einbeziehung verschiedener Fachperspektiven und mit einem Fokus auf die didaktische Umsetzung aufgegriffen werden. Lehrpersonen sollen für ihr zukünftiges Agieren befähigt werden, über Werthaltungen kritisch und verantwortungsvoll zu reflektieren. Auch die Analyse des eigenen Unterrichts- und Diskursverhaltens in Bezug auf normative Fragen soll zum Gegenstand intensiver Reflexion gemacht werden.

Integration des Konzepts von Bildung für nachhaltige Entwicklung

Die Lehramtsstudierenden erhalten die Möglichkeit, in einer interdisziplinären Veranstaltung auf die Aufgaben innerhalb des Konzepts von Bildung für nachhaltige Entwicklung vorbereitet zu werden. Gerade die Unterschiedlichkeit der Fachperspektiven kann als Chance für Diskurs-Arenen genutzt werden. Dazu bedarf es der Implementierung von inhaltlichen Angeboten, die Studierenden aller Lehrämter offenstehen sollten.

Dies beinhaltet zum einen die eingehende und zugleich kritische Beschäftigung mit den ökologischen, sozialen und ökonomischen Herausforderungen unserer Zeit, den Voraussetzungen für einen neu gestalteten Gesellschaftsvertrag im Sinne einer Großen Transformation und den eng damit verbundenen ethischen Fragestellungen.

Zum anderen ist eine intensive Selbstreflexion bezüglich der eigenen Lebensstile und der darin alltagsnah zum Ausdruck gebrachten Wertvorstellungen notwendig, die wiederum Voraussetzung dafür ist, Schüler_innen ebenfalls zu einer solchen Reflexion anleiten zu können. Studierende sämtlicher Fachdisziplinen beleuchten daher fächerverbindende Unterrichtsinhalte multiperspektivisch und bringen diese diskursiv mit ihren eigenen Disziplinen in Verbindung.

Professionalisierung der Lehrpersonen
Kompetenz von Lehrpersonen umfasst immer auch die Dimension einer Berufsethik, des „Wissens, wozu" – eine Art metakognitives Wissen in Bezug auf motivationale und auch moralisch-ethische Fragestellungen, die kognitive Dimension des deklarativen Wissens von fachbezogenen, fachdidaktischen, pädagogischen sowie unterrichtsbezogenen Wissenselementen und die operative Dimension des praktisch-prozeduralen Handlungswissens bzw. des Könnens, die sich aufgrund persönlicher Erfahrungsbildung konstituiert und nur selten artikuliert werden muss (vgl. Anselm 2011). Das Wissen um die implizite ethisch-moralische Prägung der Lernenden durch die Persönlichkeit und die Kommunikationsformen des/der Lehrenden ist in diesem Zusammenhang grundlegend. Von daher sind Anregungen zur Stärkung der Lehrer_innenpersönlichkeit und zur angemessen authentischen Rolle im Unterrichtsprozess eine zwar stets schwierige und an der Universität nur begrenzt zu leistende Aufgabe, die jedoch innerhalb des Rahmens von Bildung für nachhaltige Entwicklung unverzichtbar erscheint.

3.3 Struktur und Inhalte der DISKURS-ARENA

3.3.1 Theoretische Grundlagenvermittlung

Die theoretische Grundlagenvermittlung in den Seminaren setzt sich mit Konzepten von Nachhaltigkeit sowie Bildung für nachhaltige Entwicklung auseinander und beleuchtet die Rolle von Ethik und Didaktik in diesem Zusammenhang (vgl. Vogt 2013). Herausforderungen im werteorientierten Unterrichten werden dabei konkret und fachspezifisch thematisiert. Denn Bildung für nachhaltige Entwicklung will zwar durchaus affirmativ ökosoziale Werte vermitteln und bedarf insofern auch entsprechender „methodisch-didaktischer Innovationen" (Vogt 2013, S. 6). Zugleich kann und muss sie aber auch dazu befähigen, sich von politisch-gesellschaftlichen Vorgaben und moralischem Pathos zu emanzipieren. In der Ethik und in der Didaktik geht es immer auch um die Fähigkeit zu Kritik, wissensbasierter Urteilskompetenz und technisch stimmiger Argumentation. Die künftigen Lehrer_innen sollen befähigt werden, ökologische, entwicklungspolitische und ökonomische Diskurse kritisch zu hinterfragen, um diese Befähigung auch späteren Schüler_innen zu vermitteln. Die Durchführung der Seminarveranstaltungen geschieht u. a. durch die inhaltliche Zusammenarbeit und Koordination mit LMU-affiliierten Institutionen und Projekten wie dem Forschungsverbund „Fit for Change“,[2] dem Projekt „Hochschultage Ökosoziale Marktwirtschaft und Nachhaltigkeit“,[3] dem „Naturerlebniszentrum Burg Schwaneck“ und dem von der Stadt München mitgetragenen und in vielfältiger Weise praktisch-pädagogisch sowie zivilgesellschaftlich aktiven Verein „Bildung für nachhaltige Entwicklung München“ (BenE München e. V.).

3.3.2 Praktische Durchführung im konkreten Veranstaltungsangebot

Da die praktische Durchführung im konkreten Veranstaltungsangebot für Studierende aller Fachrichtungen konzipiert ist, bedarf es eines breiten inhaltlichen Spektrums, das je nach Themenfeld durch Impulse von Expert_innen abgedeckt und jeweils mit sozialethischer und/oder didaktischer Expertise bereichert wird. Die interdisziplinär ausgerichteten Veranstaltungen der DISKURS-ARENA speisen sich inhaltlich z. B. aus den Bereichen Geografie/Erdsystemforschung, Wirtschaftswissenschaften, Ökologie, Ernährungswissenschaften, Philosophie, Theologie, Soziologie oder den Sprach- und Literaturwissenschaften. So entstehen kooperative Veranstaltungen wie der Vortragsabend „Unsicherheit in der Vorhersage – Eine Herausforderung für Wissenschaft, Gesellschaft und Bildung“, der in Kooperation mit dem Münchner Klimaherbst ausgerichtet wurde, damit über die Studierenden hinaus einem breiten Publikum zugänglich war und Erkenntnisse aus der Klima- und Atmosphärenforschung mit gesellschaftlich-pädagogischen Fragestellungen verknüpfen konnte.[4]

3.3.3 Phasen der Reflexion

In Phasen der Reflexion soll den Studierenden Gelegenheit gegeben werden, die eigenen Werte, ihre Lebensstile und ihr Verhältnis zur Natur zu analysieren, Einstellungen und Haltungen zu reflektieren, Begründungszusammenhänge zu thematisieren und vor dem Hintergrund einer Großen Transformation zu diskutieren. Diese Arbeit an den sogenannten subjektiven Theorien ist elementare Voraussetzung des Lernprozesses in

---

[2]Der Bayerische Forschungsverbund ForChange befasst sich interdisziplinär und universitätsübergreifend mit der Frage, „ob und wie wir in existenziellen und komplexen Veränderungssituationen resilient – also überlebens- und anpassungsfähig – handeln können“ (ForChange).

[3]Mit Unterstützung der DISKURS-ARENA standen die 9. Münchner Hochschultage für Ökosoziale Marktwirtschaft und Nachhaltigkeit im Sommersemester 2016 unter dem Motto „Schöne Aussicht oder dünne Luft? Wie wollen wir weiter wachsen?“ Die 10. Münchner Hochschultage im Wintersemester 2016/2017 befassten sich mit dem Thema „Gerechtigkeit“.

[4]Der Vortrag von Prof. Dr. Mathias Rotach vom Institute of Atmospheric and Cryospheric Sciences der Universität Innsbruck fand am 27.10.2016 an der LMU München statt.

der Lehrer_innenbildung. Darüber hinaus gilt es zu reflektieren, wie das Verhältnis zwischen der eigenen Person und der Rolle als Lehrer_in beschaffen ist und welchen Stellenwert eine angemessen authentische Lehrerpersönlichkeit im Schulleben einnimmt. Dazu werden beispielsweise auch Methoden aus dem Kontext der Bildung für nachhaltige Entwicklung verwendet (vgl. Fairbindung e. V. 2014), die unter didaktischer Perspektive reflektiert und bewertet werden.

3.3.4 Berufsfeldbezug

Im Sinne eines gelingenden Berufsfeldbezugs werden zur gezielten Stärkung der Handlungskompetenz die kognitiven Lernprozesse mit individuellen Erfahrungen und praktischen Aktionen des sozialen und ökologischen Engagements vor Ort verbunden. Denn oft fehlt es weniger an Informationen als vielmehr an konkreten Ansätzen, um die Diskrepanz zwischen Wissen und Handeln zu überwinden. Um die Ethik in diesem Sinne motivierend in die Lernprozesse einbringen zu können, bedarf es eines intensiven Dialogs. Mit den vielfältigen fachwissenschaftlichen und didaktischen Möglichkeiten wird das Wirken der Lehrer_innenbildung in die Berufspraxis forciert.

Das Format der DISKURS-ARENA regt dazu an, das erworbene theoretische Wissen in eigenes pädagogisches Handeln zu übertragen. In den Veranstaltungen lernen die angehenden Lehrkräfte, ihre Aufmerksamkeit ausgehend von den Inhalten verstärkt auf den Erwerb von Wertungs- und Reflexionskompetenz der Lerngruppen auszurichten und dies handelnd zu erproben, indem die Studierenden ihre Unterrichtsideen umsetzen. Konkret konzipieren also die Studierenden Unterrichtsstunden mit BNE-Bezug im Kontext ihres jeweiligen Studienfachs und setzen die Konzeptionen nach Rückmeldung durch die Kommiliton_innen und Dozent_innen direkt in Schulklassen um.

Dies geschieht in zweifacher Weise: Die Durchführung des Unterrichts erfolgt zum einen in Zusammenarbeit mit Schulen in München bzw. im Münchner Umland. Zum Zwecke der Reflexion von Lehr-Lern-Szenarien werden einige dieser Stunden videografiert und analysiert. So entsteht Videomaterial von Beispielen, wie diskursive Methoden im Unterricht eingesetzt werden, um einschlägige Themen im Fachunterricht aufzugreifen. Dieses wird in Lehre und Forschung beispielsweise dazu genutzt, das Diskursverhalten der gefilmten Lehrpersonen zu analysieren und mit den im Seminar formulierten Anforderungen abzugleichen.

Zum anderen werden von den Studierenden vor Ort Kooperationsveranstaltungen in Bildungseinrichtungen angeboten, die zwar teilweise über das Spektrum der Sekundarstufen hinausgehen können, aber durchaus mögliche Einsatzorte der künftigen Lehrpersonen darstellen. Zu nennen wäre hier beispielsweise etwa ein halbjährlich von Studierenden der DISKURS-ARENA durchgeführter Themenabend beim Verein Siloah in München. Siloah ist ein Begegnungsladen für Menschen mit und ohne körperliche Behinderung. Jeden Dienstagabend findet dort ein Themenabend statt, der von Referent_innen angeleitet wird. Die DISKURS-ARENA stellt sich damit der gesamtgesellschaftlichen Herausforderung,

Inklusion lebendig zu machen und niemanden von gesellschaftsrelevanten Diskursen auszuschließen.

Eine Profilschärfung des Lehramtsstudiums entsteht dadurch, dass im Rahmen der DISKURS-ARENA die Ausbildung ethischer Kompetenz als Schlüsselkompetenz für den Lehrerberuf erfolgt. Der Auftrag einer Bildung für nachhaltige Entwicklung wird durch die inhaltliche und methodische Verortung realisiert. Ethik wird nicht als ein Segment neben der fachspezifischen und didaktischen Ausbildung vermittelt, sondern in diese integriert.

Damit hat das Konzept Modellcharakter, da die ethische und ökosoziale Reflexion – den Anforderungen einer Universität entsprechend – nicht additiv hinzugefügt, sondern in Forschung und Lehre belassen, jedoch zugleich mit innovativen Methoden der fachübergreifenden Integration, diskursiven Aneignungen und didaktischen Reflexion verknüpft wird. Den Studierenden wird unter Rückbindung an die jeweilige Fachlichkeit ermöglicht, mit wissenschaftlichem Blick die Ausbildung ethischer Kompetenz zu professionalisieren.

Eine langfristige Perspektive der DISKURS-ARENA besteht darin, die Bemühungen einzelner Akteure an der LMU, die sich in der Initiative LMUgrün zusammengefunden haben, bezüglich einer nachhaltigen Ausrichtung zu unterstützen und fest in die Lehrer_innenbildung einzubinden. Die Verknüpfung mit anderen Fachbereichen sowie die Zusammenarbeit zwischen Fachwissenschaft und Fachdidaktik wird dabei unerlässlich sein (Abb. 3.1).

3.4 Evaluation

Teil der Methode der DISKURS-ARENA ist die Aufzeichnung von Unterricht und deren Aufbereitung mit dem Ziel einer konkreten Reflexionsgrundlage für die Studierenden innerhalb der Veranstaltung. Darüber hinaus kann das Videomaterial zur Evaluation der Herangehensweise an wertereflexiven Unterricht genutzt werden, um zu erforschen, inwieweit die Studierenden die in der Veranstaltung diskutierten Aspekte realisieren konnten bzw. welche grundsätzlichen Effekte erzielt werden können. So gibt die Analyse des aufgezeichneten Videomaterials mittelbare Rückmeldungen über den Erfolg der Unterrichtsstunden, die zudem in die konzeptionelle Weiterentwicklung eingebunden wird (vgl. Anselm und Werani 2015; Riegger 2010; Riegger und Tott 2015; Werani und Anselm 2015). Darüber hinaus beschäftigen sich zwei Qualifikationsarbeiten mit der Integration von Themen der BNE im Unterricht und der Auswertung der aufgezeichneten Unterrichtsstunden. Die Arbeiten werden in der Deutschdidaktik und der Religionspädagogik verfasst und beleuchten die Thematik so aus zwei unterschiedlichen Perspektiven.

Ferner entspricht es dem Selbstverständnis des Projektes, die dem Diskurs zugrunde liegende Offenheit auch inhaltlich zuzulassen. So wird nach jedem Semester ein Konzeptionstag veranstaltet, zu welchem alle am Projekt beteiligten Personen eingeladen werden, inklusive der Studierenden aus den Seminaren. An diesem Tag wird das Seminar

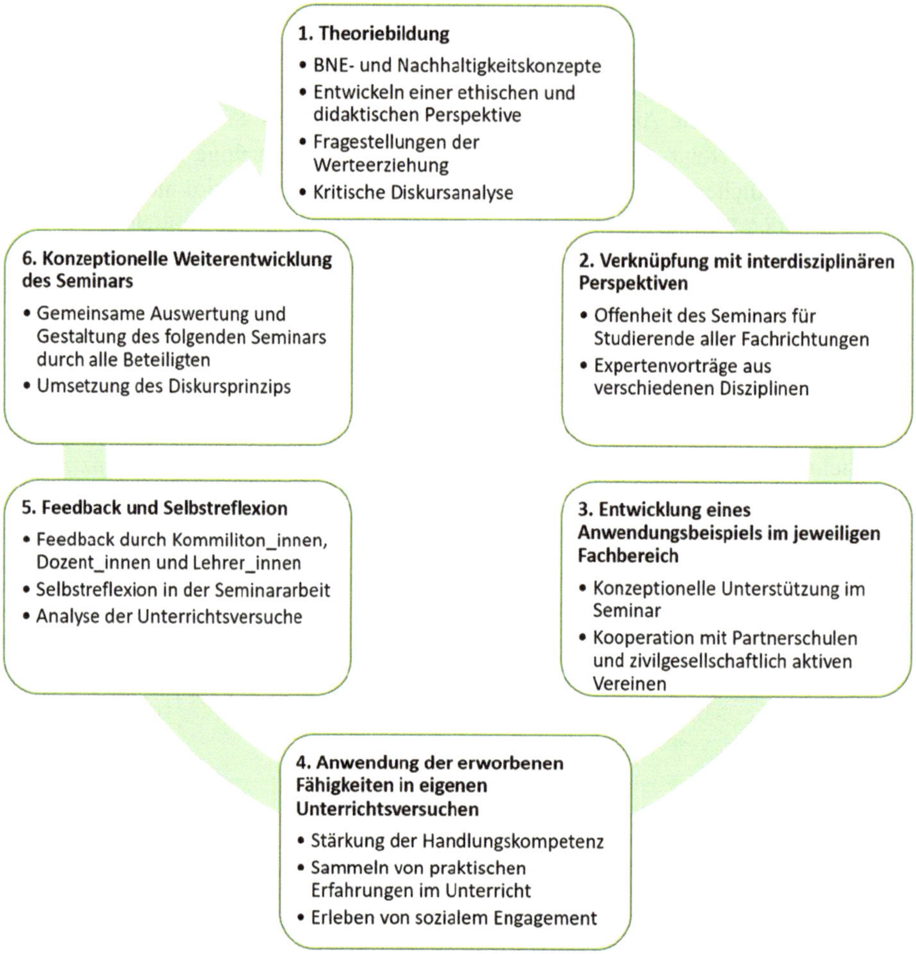

Abb. 3.1 Modellhafter Ablauf einer Seminarveranstaltung im Projekt DISKURS-ARENA

aus dem jeweiligen Vorsemester auf den Prüfstand gestellt und inhaltlich wie strukturell weiterentwickelt. Der partizipatorische Zugang nimmt dabei Impulse der „Großen Transformation" auf, die auch im Bildungsbereich von der gemeinsamen Suche nach neuen Wegen spricht und die Stärkung von Verantwortungsbewusstsein und Gestaltungskompetenz betont (vgl. WBGU 2011, S. 26).

Zusammenfassend lassen sich für die DISKURS-ARENA drei Leitgedanken formulieren, die nicht nur Inhalte der Lehrveranstaltungen darstellen, sondern nach denen sich vor allem auch die Arbeit im Projekt maßgeblich ausrichtet. Sie sind in folgendem Schaubild dargestellt (Abb. 3.2).

Abb. 3.2 Leitgedanken der DISKURS-ARENA

Dabei ist klar, dass diese Leitgedanken performative Ansprüche für Lehrende wie Forschende mit sich bringen. Gerade „wenn man den eigenen Unterricht [bzw. die eigene Lehre] als diskursives Ereignis ansieht, kommt man nicht daran vorbei, auch diesen kritisch zu hinterfragen. […] [Es] erfordert also auch eine kritische Beschäftigung, eine Selbstreflexion der Lehrenden mit dem eigenen Kommunikationsverhalten" (Hoiß 2016, S. 50 f.). Ebenso verhält es sich mit der eigenen Positionierung gegenüber Themen der Bildung für nachhaltige Entwicklung oder der „Großen Transformation". Die Selbstreflexion der Lehrenden (z. B. bzgl. ihrer eigenen Lebensstile) stellt einen weiteren performativen Anspruch dar und ist Voraussetzung für eine gelingende Diskurs-Arena. Zudem verlangt die thematische und inhaltliche Offenheit den Lehrenden ein hohes Maß an Flexibilität und Mut ab, wenn man interdisziplinär und multiperspektivisch mit den Studierenden arbeiten möchte – nicht zuletzt, weil man regelmäßig das Wagnis eingeht, den sicheren Boden der eigenen Fachdisziplin zu verlassen. Letztlich geht es bei der „Großen Transformation" aber eben gerade darum, den sicheren Boden zu verlassen, um den „gesellschaftlichen Suchprozess" (WBGU 2011, S. 23) überhaupt erst wagen zu können.

Literatur

Anselm S (2011) Kompetenzentwicklung in der Deutschlehrerbildung. Modellierung und Diskussion eines fachdidaktischen Analyseverfahrens zur empiriegestützten Wirkungsforschung. Lang, Frankfurt a. M.

Anselm S, Werani A (2015) Kommunikation im Klassenzimmer – zur Reflexion des personalen Sprechstils. In: Teuchert B (Hrsg) Mündliche Kommunikation lehren und lernen. Facetten der Rhetorik in Schule und Beruf. Schneider, Baltmannsweiler, S 1–11

Beck U (2007) Weltrisikogesellschaft. Auf der Suche nach der verlorenen Sicherheit. Suhrkamp, Frankfurt a. M.

Deutsche Bundesregierung (2013) Deutscher Bundestag – Dokumentations- und Informationssystem. Deutscher Bundestag. http://dip21.bundestag.de/dip21/btd/17/143/1714325.pdf. Zugegriffen: 15. März 2017

FairBindung e.V. und Konzeptwerk Neue Ökonomie e.V. (2014) https://www.endlich-wachstum.de/. Zugegriffen: 15. März 2017

Filipovic A (2015) Erfahrung – Vernunft – Praxis. Christliche Sozialethik im Gespräch mit dem philosophischen Pragmatismus. Schöningh, Paderborn

ForChange (o. J.) ForChange/ForChange. ForChange. http://www.forchange.de/?locale=de_DE. Zugegriffen: 15. März 2017

Habermas J (1991) Erläuterungen zur Diskursethik. Suhrkamp, Frankfurt a. M.

Hoiß C (2016) Kritisches Diskursbewusstsein in der Deutschlehrer_innenausbildung. In: Anselm S, Plien C (Hrsg) Lehrerbildung zwischen Vision und Praxis. Ideen – Vorschläge – Konkretionen. Mitteilungen des deutschen Germanistenverbandes, Jg 60, H 1. Vandenhoeck & Ruprecht, Göttingen, S 42–54

Horster D, Oelkers J (Hrsg) (2005) Pädagogik und Ethik. VS Verlag, Wiesbaden

KMK – Ständige Konferenz der Kultusminister der Länder in der Bundesrepublik Deutschland (2016) Orientierungsrahmen für den Lernbereich Globale Entwicklung im Rahmen einer Bildung für nachhaltige Entwicklung. Cornelsen, Berlin

Leinfelder R (2013) Verantwortung für das Anthropozän übernehmen. Ein Auftrag für neuartige Bildungskonzepte. In: Vogt M, Ostheimer M, Uekötter F (Hrsg) Wo steht die Umweltethik? Argumentationsmuster im Wandel. Beiträge zur sozialwissenschaftlichen Nachhaltigkeitsforschung, Bd 5. Metropolis, Marburg, S 283–311

Nationale Plattform Bildung für nachhaltige Entwicklung (2017) Nationaler Aktionsplan Bildung für nachhaltige Entwicklung – Der deutsche Beitrag zum UNESCO-Weltaktionsprogramm. Nationale Plattform Bildung für nachhaltige Entwicklung. http://www.bne-portal.de/sites/default/files/downloads/publikationen/Nationaler_Aktionsplan_Bildung_f%C3%BCr_nachhaltige_Entwicklung_neu.pdf. Zugegriffen: 15. Mai 2017

Riegger M (2010) Universität und Schule – unintegrierte Parallelwelten in schulpraktischen Studien? Verschränkung mittels einer mediären Veranstaltung und stellvertretender Deutungen. In: Krüger AK, Nakamura Y, Rotermund M (Hrsg) Schulentwicklung und schulpraktische Studien – wie können Schulen und Lehrerbildung voneinander profitieren? Schriftenreihe der Bundesarbeitsgemeinschaft Schulpraktische Studien, Bd 5. Leipziger Universitätsverlag, Leipzig, S 74–97

Riegger M, Tott M (2015) Wunder(n) und Wundererzählungen. Videobasierte wunderdidaktische Ein- und Ausblicke. RpB 73:68–79

Rupp G (2014) Deutschunterricht lehren weltweit. Basiswissen für Master of Edsucation-Studierende und Deutschlehrer/innen, Kap. 8: Deutschunterricht im Jahr 2050. Schneider, Baltmannsweiler, S 741–778

Schneidewind U (2013) Wandel verstehen – auf dem Weg zu einer „Transformative Literacy“. In: Welzer H, Wiegandt K (Hrsg) Wege aus der Wachstumsgesellschaft. Fischer, Frankfurt a. M., S 115–140

Stoltenberg U, Holz V (2017) LeNa – LehrerInnenbildung für eine nachhaltige Entwicklung. Stand und Entwicklungsperspektiven. Leuphana Universität Lüneburg, Lüneburg

UNESCO (2005) UN decade of education for sustainable development 2005–2014: The DESD at a glance. UNESCO. http://unesdoc.unesco.org/images/0014/001416/141629e.pdf. Zugegriffen: 15. März 2017

Vogt M (2009) Bildung für eine nachhaltige Entwicklung. In: Münk HJ, Durst M (Hrsg) Kirche, Theologie und Bildung. Theologische Berichte, Bd 32. Paulus, Freiburg, S 149–182

Vogt M (2013) Prinzip Nachhaltigkeit. Ein Entwurf aus theologisch-ethischer Perspektive, 3. Aufl. oekom, München

WBGU (2011) Welt im Wandel: Gesellschaftsvertrag für eine Große Transformation. Hauptgutachten. Wissenschaftlicher Beirat der Bundesregierung Globale Umweltveränderungen WBGU. http://www.wbgu.de/fileadmin/templates/dateien/veroeffentlichungen/hauptgutachten/jg2011/wbgu_jg2011.pdf. Zugegriffen: 15. März 2017

Welzer H (2013) Selbst denken. Eine Anleitung zum Widerstand. Fischer, Frankfurt a. M.

Werani A, Anselm S (2015) Authentizität und Funktionalität. Interdiziplinäre Anmerkungen zur Sprechstilforschung in Lehr-Lernkontexten. In: Anselm S, Janka M (Hrsg) Vernetzung statt Praxisschock. Konzepte, Ergebnisse, Perspektiven einer innovativen Lehrerbildung durch das Projekt Brückensteine. Ruprecht, Göttingen, S 125–158

4 Rollenkonflikte der Hochschullehrenden im Spannungsfeld zwischen Fach- und Orientierungswissen – Führungstheoretische Überlegungen

Georg Müller-Christ, Merle Katrin Tegeler und Carry Luise Zimmermann

Zusammenfassung

Nicht nur die Digitalisierung und die Ausdifferenzierung gesellschaftlicher Anforderungen begründen neue Herausforderungen für die Lehre an Hochschulen und Universitäten – Gleiches gilt für die Nachhaltigkeit. Welche Auswirkungen haben diese Veränderungen auf das Rollenverständnis von Hochschullehrenden und wie können die Hochschullehrenden den Veränderungen begegnen? Zunächst ist anzunehmen, dass sich die Hochschullehrenden durch den Wandel in einem Spannungsraum zwischen Fach- und Orientierungswissen auf der einen Seite sowie Freiheit und gesellschaftlicher Verantwortung auf der anderen Seite wiederfinden. Ein aus dem Leadership abgeleitetes Ordnungsangebot dient hier als Grundlage und wird in Zusammenhang mit dem Spannungsraum auf die Rolle der Hochschullehrenden angewandt. Es ergibt sich ein Rollenteam, das zukünftig von den Hochschullehrenden bedient werden muss, um den Anforderungen zu begegnen. Dieses Rollenteam setzt sich zusammen aus dem „Expert", dem „Achiever" und dem „Catalyst". Durch dessen Parzellierung wird es den Hochschullehrenden schließlich möglich, den Großteil des Spannungsfeldes zu bedienen und die Nachhaltigkeit im Hochschulsystem auf eine höhere Ebene zu transferieren.

G. Müller-Christ (✉) · M. K. Tegeler · C. L. Zimmermann
Bremen, Deutschland
E-Mail: gmc@uni-bremen.de

M. K. Tegeler
E-Mail: tegeler@uni-bremen.de

C. L. Zimmermann
E-Mail: c.l.zimmermann@gmx.de

W. Leal Filho (Hrsg.), *Nachhaltigkeit in der Lehre,* Theorie und Praxis der Nachhaltigkeit, https://doi.org/10.1007/978-3-662-56386-1_4

Schlüsselwörter
Nachhaltigkeit · Wandel in der Hochschullehre · Hochschullehrende im Spannungsraum zwischen Fach- und Orientierungswissen und Freiheit und gesellschaftlicher Verantwortung · Rollenverständnis von Hochschullehrenden · Leadership

4.1 Einleitung

Hochschulen befinden sich in einem grundlegenden Wandel (Strobel und Welpe 2017, S. 316). Dieser Wandel begründet sich neben der Digitalisierung und Vernetzung von Bildungsangeboten vor allem in den veränderten Anforderungen der Gesellschaft an Bildung und Lehrinhalte. Diese Anforderungen gilt es nicht nur in der Hochschule als Institution selbst umzusetzen, sondern auch die Lehrenden in der Institution mit in den Wandel einzubeziehen. Dieser Wandel stellt die Lehrenden vor die Herausforderung, ihr bisheriges, weitverbreitetes Rollenverständnis zu erweitern, um den sich verändernden Anforderungen seitens der Gesellschaft, im Speziellen der Lernenden gerecht zu werden. Ein Beispiel dafür ist die Nachhaltigkeit. Im Folgenden soll neben der Darlegung der aktuellen Situation ein mögliches Ordnungsangebot der unterschiedlichen Rollen des Hochschullehrenden unterbreitet werden.

4.2 Gegenwärtige Veränderungen im Lehr-Lern-Kontext an Hochschulen

Mit der Dringlichkeit der Integration von Nachhaltigkeit in den akademischen Bildungskontext ergeben sich auch neue Herausforderungen für die Hochschullehre. Diese liegen vor allem in der Fokussierung auf Transdisziplinarität und Interdisziplinarität, weil die Verwobenheit gegenwärtiger und in der Zukunft liegender wirtschaftlicher, gesellschaftlicher sowie politischer und sozialer Herausforderungen Vernetzung erfordert (Fischer 2010, S. 119). Zudem gilt es vom Teil zum Ganzen zurückzukehren, sich dem Sinn zu widmen und zu erforschen, wie die einzelnen Untersuchungsgegenstände in ihrer Komplexität miteinander in Wechselwirkung stehen (Weibel 1986, S. 25). Der Weg dorthin führt über eine integrative Wissenschaft und eine integrative Lehre. Neben der Vermittlung von Fach- bzw. Verfügungswissen, das sich der Frage „Was kann ich womit machen?" widmet (Hippler 2007), tritt daher die „Vermittlung" von Orientierungswissen in den Vordergrund, weil das Verfügungswissen allein nicht zu einem verantwortungsvollen Handeln führt. Für einen ökonomisch vernünftigen und verantwortungsvollen Umgang mit Ressourcen (gleich welcher Art) braucht es zudem Kompetenzen, die die richtige Verarbeitung und Anwendung des Wissens ermöglichen (Hippler 2007). Dazu zählen etwa kreatives Denken, kritisches Hinterfragen, Reflexionsfähigkeit sowie ethisch-moralische Entscheidungsfähigkeit (Strobel und Welpe 2017, S. 317). Zudem muss eine stärkere Förderung kognitiver Lernleistungen der höheren

Ebenen fokussiert (Schmidt und Tippelt 2005, S. 105) und die Handlungsfähigkeit der Studierenden geschult werden. Außerdem geht es vor allem auch um die Ausrichtung der Lehre auf die Förderung von Verstehensprozessen.

Wir gehen für die Überlegungen dieses Beitrags davon aus, dass diese Anforderungen die Hochschullehrenden in einen Spannungsraum zwischen Fach- und Orientierungswissen auf der einen Seite sowie Freiheit und gesellschaftlicher Verantwortung auf der anderen Seite treibt. Durch die immer kleinteiligere Spezialisierung der Wissenschaften in den vergangenen Jahren verengte sich auch der Blick auf das eigene Forschungsgebiet, und die Frage nach dem übergeordneten Sinn ging verloren (Weibel 1986, S. 24). Diese Brücke gilt es nun wieder zu schlagen – alle Teilkenntnisse müssen in ihrer vollen Tiefe berücksichtigt (Weibel 1986, S. 28) und gleichzeitig in Zusammenhang mit dem großen Ganzen gesetzt werden. Schließlich können Menschen den Sinn der Dinge erst erkennen, wenn sie die Einzelteile in das Bild des großen Ganzen einzuordnen vermögen (Weibel 1986, S. 25 f.). Hochschullehrer_innen stehen damit der Herausforderung gegenüber, zwar das eigene, vertraute Feld zu wahren, aber gleichzeitig die eigenen Paradigmen zu überwinden, um neben dem Fachwissen den Lernenden auch Orientierungswissen bereitzustellen. Ferner wird immer vehementer darauf hingewiesen, dass Hochschullehrer_innen eine gesellschaftliche Verantwortung tragen, weil sie maßgeblich an der Ausbildung zukünftiger Führungskräfte in unserer Gesellschaft mitwirken. Dieter Lenzen, Präsident der Universität Hamburg, spricht auch von „Bildung als das Integrationsmoment schlechthin“ (Müller 2017, S. 299).

Auf der anderen Seite unterliegt die Wissenschaft der Notwendigkeit von Freiheit in der Gestaltung ihrer Erkenntnisprozesse. Für neue Erkenntnisse bedarf es zwar eines vorbereiteten Geistes, mithin einer soliden Grundlage an Fachwissen. Die wirklich neue, unerwartete Erkenntnis an sich erfolgt jedoch eher zufällig, ohne dass eine Richtung vorgegeben werden könnte (Weibel 1986, S. 22). Als Grundvoraussetzung gilt damit auch das ständige Infragestellen, welches den Charakter der Wissenschaft ausmacht. Denn erst durch das kritische Hinterfragen ermöglichen wir uns selbst, verschiedene Perspektiven einzunehmen, Irrtümer der Gegenwart aufzudecken (Weibel 1986, S. 33) und eine holistische Haltung als Voraussetzung für eine nachhaltige Lehr-, Lebens- und Wirtschaftsweise einzunehmen. Diese kritische Haltung sowie die Perspektivvielfalt, die schon immer in den Wissenschaften angelegt war, gilt es den kommenden Generationen intensiver mitzugeben als je zuvor.

Auf der Ebene der Bildungsmodelle wird der Dringlichkeit von Transdisziplinarität und Interdisziplinarität bereits durch neue und innovative Studienformen begegnet. Hochschulen ohne festen Studienort, Kombinationen aus Projektarbeiten und virtuellen Studieneinheiten sowie Universitätskonzepte ohne starre Curricula (Strobel und Welpe 2017, S. 318) sind nur einige Beispiele auf der Modellebene. Zunehmend werden Hochschulmodelle als Plattformen gestaltet, sodass der Austausch und die Beteiligung zwischen unterschiedlichen Interessensgruppen ermöglicht und gefördert werden. Doch nicht nur die Bildungsmodelle und Methoden, auch ihre Anwender müssen sich auf dem Weg zur Hochschule der Zukunft in ihrem Rollenverständnis wandeln (Strobel und

Welpe 2017, S. 318). Denn die Integration von Nachhaltigkeit in die Lehre erfordert ein verändertes Beziehungsgefüge zwischen Lehrenden und Lernenden.

Für die Lehrenden bedeutet dies konkret, den Fokus vom Prozess des Lehrens hin zum Prozess des Lernens zu richten (Schmidt und Tippelt 2005, S. 106). Diese Umorientierung ist Voraussetzung für aktivierende Lernformen und eine handlungsorientierte Lehre, welche wiederum notwendig ist, um das Erlernte in einen handlungsrelevanten Bezug zu setzen und dadurch die Verkümmerung des Erlernten als träges Wissen zu vermeiden (Schmidt und Tippelt 2005, S. 106 ff.). Das Konzept des forschenden Lernens bspw. stellt eine Form des entdeckenden Lernens dar, die ein großes Lernpotenzial birgt und den Lernenden ermöglicht, ihren Lernprozess selbst zu organisieren. Gerade die Selbstorganisation des Lernens wird zunehmend an Relevanz gewinnen, denn erst durch die subjektive Erschließung des Lehrstoffs kann eine bloße Summierung des Wissens vermieden und die Förderung von Verstehensleistungen erzielt werden. Überraschungen und Irritationen sowie Begeisterung und Erschrockenheit wirken dabei als öffnende Momente für eine sinnliche und geistige Wahrnehmung der Unterrichtsgegenstände, sodass die Lernenden in eine lebendige Wechselbeziehung mit sich und der Welt treten können (Euler 2010, S. 133). Die Komplexität der Dinge und ihre wechselseitigen Beziehungsgefüge werden den Studierenden direkt (und emotional) erfahrbar gemacht und Widersprüchlichkeiten sowie gegenläufige Erwartungen aufgedeckt. „Ein Raum […] für Erstaunen, Suchen, Deuten und Befragen“ (Euler 2010, S. 133) kann sich eröffnen, der Möglichkeitsraum erweitert werden und Perspektivvielfalt kann entstehen. In Kombination mit einer anschließenden kritischen Betrachtung kann das Erkannte und Erlebte interpretiert, reflektiert sowie geistig nachvollzogen und damit die Grundlage für das Verstehen der Dinge geschaffen werden (Euler 2010, S. 133 ff.). Mit der Erweiterung des Möglichkeitsraums kann schließlich Neues und Kreatives entstehen (Görnitz 2010, S. 160). Die Lernenden werden damit bereits während ihrer Ausbildung mit den Herausforderungen der Nachhaltigkeit (insbesondere Vernetzung, Komplexität, wechselseitige Wirkungsgefüge, Kreativität) konfrontiert und Kompetenzen für eine nachhaltige Entwicklung können sich ausbilden. Gerade die eigenen emotionalen Erfahrungen im Lernkontext wirken als Katalysatoren für vernetztes und kreatives Denken. Eine neue Methode, die viele dieser Anforderungen in sehr effektiver Weise erfüllt, sind Systemaufstellungen in der Lehre (Müller-Christ 2014, S. 99 ff.).

Für die Lehrenden bedeutet das, den dominierenden Part im Lehr-Lern-Konstrukt zu verlassen und diesen an die Lernenden selbst zu übertragen (Schmidt und Tippelt 2005, S. 106). Vom allein aktiv Handelnden (Frontalvorlesung) werden die Lehrenden damit zu Lernumweltgestaltern und Lernbegleitern (Wimmer 2010, S. 21); in anderen Worten: zum Coach oder Moderator. Daraus ergibt sich eine Breite an Kompetenzen, aus der sich das Bild eines „spezialisierten Generalisten“ (Fischer 2010, S. 118) zusammenfügt. Neben der Fähigkeit, vernetzt, ganzheitlich und prozesshaft zu denken und zu handeln, liegt die Notwendigkeit in einer sowohl spezialisierten als auch interdisziplinären Vorgehensweise (Fischer 2010, S. 118). Darüber hinaus benötigt es empathische Fähigkeiten, weil es erst einem enthusiastischen und den Lernenden zugeneigten Lehrenden gelingt, einen Lehr-Lern-Kontext zu erschaffen, in dem sowohl Eigenständigkeit als auch die Selbstreflexion und das damit verbundene kreative Denken möglich wird (Görnitz 2010, S. 160). Zudem erfordern eine holistische Betrachtung und die Position des Lehrenden im oben beschriebenen Spannungsfeld das Aushalten von Unsicherheiten und Spannungen sowie einen reflektierten Umgang mit Irritationen. Diese Fähigkeiten können unter dem Begriff der Resilienz zusammengefasst werden. Resilient sind Menschen dann, wenn sie äußeren Störungen durch die Aktivierung diverser Ressourcen in toleranter Weise begegnen können (von der Oelsnitz 2017, S. 334). Eng verknüpft ist der Begriff der Resilienz mit dem Konzept der Salutogenese, welches auf die Gesunderhaltung von Systemen zielt. Genau genommen kann Salutogenese daher als die Perspektive der Nachhaltigkeit aufgefasst werden, denn auch hier geht es darum, das System Erde mit all seinen Subsystemen auf Dauer gesund zu erhalten (Müller-Christ 2014, S. 16 ff.).

4.3 Rollentheoretische Überlegungen zu den neuen Anforderungen an Lehrende in Hochschulen

Im Folgenden wollen wir darauf eingehen, welche Wirkungen sich mit diesen neuen Herausforderungen konkret an die Rolle der Lehrenden im universitären Kontext auftun und wie sich dadurch das Rollenverständnis von Hochschullehrenden zukünftig verändern wird. Es wird ein aus dem Leadership abgeleitetes Ordnungsangebot auf die Rolle des Hochschullehrenden angewandt werden.

4.3.1 Rollen und Rollenkonflikte von Hochschullehrenden

Vier Tätigkeitsbereiche haben Professorinnen und Professoren an deutschen Hochschulen, deren Gewichtung sich je nach Hochschultyp unterscheidet:

- Forschung
- Lehre, Studienberatung und Prüfung
- Akademische Selbstverwaltung
- Sonstige professionelle Tätigkeiten

Der Bereich Lehre, Studienberatung und Prüfung wird in diesem Beitrag im Fokus stehen. Es gilt Studierende durch die Gestaltung von Lernsituationen, die Vermittlung von Wissenschaft sowie durch die Beratung in Lern- und Arbeitsvorhaben zu qualifizieren und die Selektion der Absolventen und Absolventinnen vorzunehmen (Huber und Portele 1983, S. 206).

In den unterschiedlichen Tätigkeitsbereichen, die die Hochschullehrenden zu bewältigen haben, werden unterschiedliche Rollen verlangt. Die verschiedenen Rollen, die im System Hochschule gespielt werden müssen, beeinflussen sich wechselseitig, sind nicht überschneidungsfrei, teilweise aber sehr widersprüchlich. Wie bereits im ersten Absatz dargelegt, bedarf es einer Wandlung und Veränderung des Rollenbildes des Hochschullehrenden. Meist wird hier einer typischen Logik gefolgt, wie die Rollen zueinander in Beziehung gesetzt werden. Es ergibt sich ein ästhetisches Ganzes mit der Gleichwertigkeit aller Rollen. Die Realität sieht jedoch meist anders aus. Tatsächlich, so unsere Vermutung, wird die oben skizzierte Veränderung der Lehrendenrolle erhebliche Einflüsse auf das gesamte Rollensystem der Hochschullehrenden haben.

Über die unterschiedlichen Rollen und die zumeist knappen Ressourcen Zeit, Geld und Aufmerksamkeit können Rollenkonflikte entstehen, wie beispielsweise der Drahtseilakt zwischen einer guten Arbeitsbeziehung in der Betreuung von Abschlussarbeiten und der Notwendigkeit der Benotung oder zeitlichen Befristung von Stellen sowie der Verwertung der Ergebnisse für die Forschung (Schumacher 2012, S. 10). Darüber hinaus birgt die Hochschule eine Reihe von Strukturkonflikten, die es zu bewältigen gilt. Hinzu kommen Konflikte in der Lehre, die ganz unterschiedlichen Ursprungs sein können – beispielsweise der Wunsch des Lehrenden, nicht frontal zu unterrichten, jedoch eine Kohorte von 500 Studierenden bespielen zu müssen.

4.3.2 Komplexe Rollen in der Führungstheorie

Um diesen Anforderungen, die an die Hochschullehrenden gestellt werden, gerecht zu werden, soll ein neues Ordnungsangebot unterbreitet werden, welches seinen Ursprung in der Managementlehre hat. Die Managementlehre beschäftigt sich schon länger mit verschiedenen Rollen von Führungskräften und deren Wandel. Wir sehen eine Analogie zwischen den Herausforderungen von Führungskräften zur Bewältigung der heutigen Führungskomplexität und den Lehrenden an Hochschulen zur Gestaltung zeitgemäßer Lehr-Lern-Arrangements. Beide – Führungskräfte und Hochschullehrer_innen – müssen sich unter Wahrung ihrer Funktionslogik als Führende zur Bewältigung der heutigen Komplexität auf Augenhöhe mit den zu Führenden begeben und die Selbstkontexte gestalten. Während es in Unternehmen um moderne Selbstorganisation geht, wird in Hochschulen ein modernes Selbststudium adressiert und jedes Mal müssen gesetzte Wirkungen erreicht werden. Wir übernehmen im Weiteren die Führungstypen von Joiner und Josephs (2007), die insbesondere in Bezug auf Komplexitätsbewältigung unterschieden wurden, und leiten daraus mögliche Konsequenzen für die Rolle der Hochschullehrenden ab. Die Autoren unterscheiden zwischen den Führungstypen Expert, Achiever und Catalyst. Diese drei Typen werden wir im Folgenden auf Hochschullehrende übertragen und sie mittels eines Spannungsraumes als Analyserahmen vergleichen. Der hier genutzte Spannungsraum wurde bereits im ersten Teil hergeleitet. Er entsteht zwischen der Freiheit der Lehre und der gesellschaftlichen Verantwortung sowie dem Fachwissen und dem Orientierungswissen. Zurückzuführen sind die Ankerpunkte des Spannungsfelds auf die vier Anspruchsgrößen, die auf den Hochschullehrenden einwirken. Im Folgenden stellen wir diese noch einmal kurz dar: Zum einen besteht die Freiheit der Lehre, zum anderen wird erwartet, dass der Hochschullehrende seine gesellschaftliche Verantwortung wahrnimmt. Hinzu kommt, dass innerhalb der Lehre die Vermittlung von Fachwissen vollzogen wird, aber auch seitens der Studierenden immer mehr eine Kompetenzentwicklung in Richtung Orientierungswissen verlangt wird.

Tab. 4.1 zeigt im Überblick aus der Managementlehre heraus nach den Vorstellungen der Autoren Joiner und Josephs (2007) die Zergliederung der Führungskraft in ihre einzelnen Rollen. Die drei Rollen Expert, Achiever und Catalyst zeigen eine aufeinander aufbauende Entwicklung – beginnend beim Expert. Die obere Spalte macht dabei deutlich, dass ein Hin-und-her-Springen zwischen den einzelnen Rollen möglich ist. Die unterschiedlichen Rollen lassen sich vor allem auf die Größen Fokus, Denken und Handeln sowie Reden und Zuhören beziehen. Innerhalb dieser Größen wird deutlich, dass jeder Rolle eine unterschiedliche Ausrichtung zugrunde liegt. Der Expert ist maßgeblich taktisch und problemlösungsorientiert und agiert nach einer fachlichen Logik. Die Kommunikation zu seinem Team läuft ausschließlich über die „richtigen“ Ideen. Als Erweiterung ist die Rolle des Achievers zu verstehen. Dieser ist strategisch und ergebnisorientiert unterwegs. Das Fundament seiner Führung beruht auf herausfordernder und befriedigender Mitarbeit an einem größeren Ziel, sein Denken ist zielorientiert und auf der Sachebene verortet. Die Kommunikation hat eine Wandlung durchlaufen vom Expert zum Achiever und lässt auch Diskussionen zu. Der Catalyst stellt die anschließende Entwicklungsstufe dar, welche visionär und entwicklungsgeleitet ist. Der Catalyst verkörpert in seiner Rolle eine inspirierende und visionäre Idee, welche durch das Zusammenbringen

Tab. 4.1 Die drei Agilitätsebenen der Führungsrolle im Überblick. (Vgl. Joiner und Josephs 2007)

	>>> zunehmende Beweglichkeit im Führungshandeln <<<		
Agilitätsebene	Expert	Achiever	Catalyst
Fokus	*Taktisch und problemlösungsorientiert* Der Expert nimmt an, dass Führung aufgrund fachlicher Autorität respektiert und befolgt wird	*Strategisch und ergebnisorientiert* Der Achiever nimmt an, dass Führung durch herausfordernde und befriedigende Mitarbeit an einem größeren Ziel motiviert	*Visionär und entwicklungsorientiert* Der Catalyst glaubt, dass Führung eine inspirierende Vision vertreten sollte und die richtigen Leute zusammenbringt, um diese zu verwirklichen. Er befähigt andere und unterstützt aktiv deren Entwicklung
Denken und Handeln	In der fachlichen Logik	Zielorientiert, rational, analytisch, Fokus auf Sachebene (Zahlen, Daten Fakten)	Systemisches Denken in Perspektiven und zu balancierenden Spannungsfeldern
Reden und Zuhören	Kommunikation der „richtigen“ Idee	Diskussion, Wettstreit definierter Ideen	Kreative Betätigung zur Weiterentwicklung von Ideen

der richtigen Personen umgesetzt werden kann. Sein Denken und Handeln folgt dem systemischen Gedanken. Besonders die Kreativität stellt im Bereich Reden und Handeln eine feste Größe dar.

Die drei Führungsrollen, die ihren Ursprung in der Managementlehre haben, lassen sich nach dem Verständnis der Autoren auf die Person des Hochschullehrenden übertragen. Zentral ist es, den Anforderungen in der Gegenwart und in der Zukunft, welche sich an den Hochschullehrenden richten, gerecht zu werden und ein neues Ordnungsangebot anzubieten.

4.3.2.1 Hochschullehrende im Führungstyp des Experts

Dieser Abschnitt befasst sich zunächst tief gehend mit der Übertragung der Rolle des Experts auf die Hochschullehrenden. Die Rollenbeschreibung der Lehrenden war über viele Jahre klar festgelegt innerhalb der Hochschule: Das Fachwissen wurde seitens der Hochschullehrenden im frontalen Unterricht vermittelt. Dieser Prototyp hat das Wissen seiner Disziplin tief durchdrungen und weiß jede fachliche Fragestellung seitens der Studierenden zu beantworten. Die Rolle des Experts wird dahin gehend beschrieben, dass er für sich steht und nicht davor zurückschreckt, seine Position und seine Meinung zu vertreten (Joiner und Josephs 2007, S. 43). Ein Expert wird meistens als Einzelkämpfer auf seinem Gebiet beschrieben, der die Lösung eines Problems nicht in sein Team gibt, sondern sich im Stillen alleine damit auseinandersetzt (Joiner und Josephs 2007, S. 44). Auf den Hochschulkontext übertragen, wird hier das Wissen über Forschung generiert und anschließend über eigene Literatur an die Studierenden vermittelt. So werden die Studierenden lediglich dazu aufgefordert, das vorgetragene Wissen zu reproduzieren und innerhalb der Leistungsabfrage abzuliefern. Das so erworbene Wissen zeichnet sich besonders durch eine hohe Dichte von Fakten und Modellen aus und ist vergleichbar mit der oben beschriebenen bloßen Summierung von Wissen. Der Expert selbst definiert sich unterdessen durch ein sehr eigenständiges und analytisches Denken, welches seine eigene Perspektive auf den Sachverhalt manifestiert (Joiner und Josephs 2007, S. 45).

Diese Faktoren charakterisieren die Rolle des Hochschullehrenden als Expert. Dabei wird die Art der Hochschullehre meist nicht nur durch die Person des Hochschullehrenden ausgefüllt, sondern auch ein Stück weit von den äußeren Gegebenheiten gewünscht. Eine der Hauptaufgaben von Hochschullehrenden besteht in der Vermittlung von Wissen an Studierende. Abb. 4.1 stellt genau diese Position des Hochschullehrenden als Expert dar, innerhalb des Spannungsfeldes Freiheit der Lehre und Gesellschaftliche Verantwortung sowie Fachwissen und Orientierungswissen.

In der Rolle des Experts verortet sich der Hochschullehrende klar in dem Quadranten zwischen der Freiheit der Lehre und dem Fachwissen. Es stellt sich die Frage, ob ein Expert des Fachwissens auch die Anforderungen nach mehr Orientierungswissen erfüllen kann. Wie im ersten Teil beschrieben, bedarf es anderer Werkzeuge für die Vermittlung von Orientierungswissen als für die Vermittlung von Fachwissen – wobei als Werkzeug nicht nur die Art der Wissensvermittlung zu verstehen ist, sondern auch der Hochschullehrende in seiner Person. Indes wird deutlich, dass der Hochschullehrende in

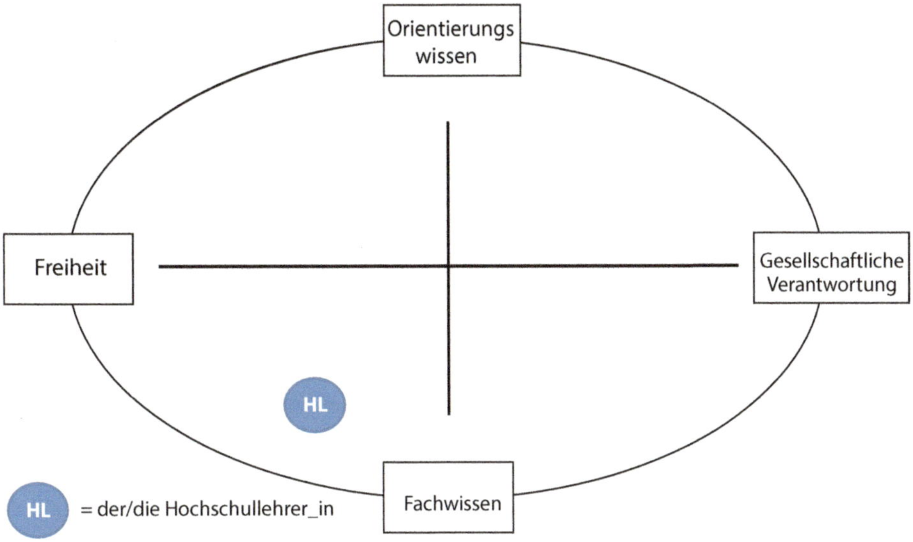

Abb. 4.1 Spannungsfeld der Hochschullehrenden. (Eigene Darstellung)

der Rolle des Experts allein es schwer hat, die Anforderungen aller Quadranten zu erfüllen. Es bedarf nicht einer einzelnen Rolle, sondern eines Rollenteams. So gelingt es dem Expert noch mittels Fachwissen, anteilig gesellschaftliche Verantwortung zu übernehmen; um jedoch auch die obere Hälfte des Spannungsfeldes auszufüllen, ist ein Rollenteam unerlässlich. Somit kommt zu der Rolle des Experts die Rolle des Achievers hinzu. Wichtig ist hier festzuhalten, dass die Rolle des Experts nicht verschwindet, sondern um eine weitere ergänzt wird. Aus dem Expert und dem Achiever entsteht ein Rollenteam, welches die Fähigkeiten des Experts und die des Achievers vereint.

4.3.2.2 Hochschullehrende im Führungstyp des Achievers

Während der Expert daran interessiert ist seine eigenen Vorstellungen umzusetzen, liegt bei dem Achiever der Fokus auf dem Team (Joiner und Josephs 2007, S. 65). Im Managementkontext steht bei der Rolle des Achievers das Team im Mittelpunkt, in welches sich der Achiever auch selbst eingebettet fühlt. Er ist daran interessiert, Fragen aus dem Führungskontext im Team zu entscheiden und sie gemeinsam zu lösen, anstatt sich allein mit der Problematik auseinanderzusetzen. Dem Achiever ist deutlich bewusst, dass innerhalb eines Teams unterschiedliche Menschen zusammenarbeiten; diese Unterschiedlichkeit heißt der Achiever bewusst willkommen. Durch die Teamorientierung kommt eine deutliche Balance zwischen Kontrolle und Vertrauen in dem Führungsverhalten des Achievers zum Tragen. Zudem führt die Tatsache, dass der Achiever detailreiche Einzelaufgaben in sein Team geben kann, dazu, dass der Blick frei für Querschnittsthematiken bleibt. Die daraus möglicherweise entstehenden Risiken managt der Achiever eher, als dass er sie vermeidet. Damit einher geht die Benennung von Emotionen, die im Team hochkommen (vgl. Joiner und Josephs 2007, S 67 f.).

Im Fall des Hochschullehrenden ist das Team die Gruppe von Studierenden, sowie die wissenschaftlichen Mitarbeiter. In der Rolle des Achievers kommen innerhalb einer Lehrveranstaltung andere Methoden der Wissensvermittlung zum Einsatz, welche die Studierenden mehr einbeziehen. Zudem werden Problemlösungen nicht als bereits vorhandenes Wissen angeboten, sondern Problemfragestellungen mit den Studierenden gemeinsam bearbeitet. Der Achiever nutzt das Faktenwissen des Experts, um eine geeignete Fragestellung an die Studierenden richten zu können, und überlässt die Lösung der Fragestellung weitestgehend den Studierenden (vgl. Joiner und Josephs 2007, S. 69). Hierbei hält der Achiever die Balance zwischen dem Vertrauen gegenüber den Studierenden, dass sie eigenständig handeln können, lässt ihnen jedoch nicht ein ganz freies Feld, sondern fungiert als Setzer_von Leitplanken, zwischen denen der Prozess eigenständig abläuft. Neben der Wandlung der eingesetzten Methoden vollzieht sich auch ein thematischer Wandel: Während der Expert vornehmlich disziplinäre Themen im Fokus hat, wendet sich der Achiever mehr interdisziplinären Themen zu. Es gilt die damit verbundenen Spannungen auszuhalten sowie die möglichen Risiken zu managen. Die Anzahl der Trade-off-Situationen (Müller-Christ 2014, S. 280) steigt. Während der Expert sehr sachorientiert handelt, bemüht sich der Achiever, die Emotionen zu nennen sowie diese als positiven Verstärker in den Prozess des Lernens einfließen zu lassen. Die Thematisierung der Emotionen und die anschließende Verbindung mit den fachlichen Inhalten ermöglicht ein vollkommen anderes Wahrnehmen der Lerninhalte seitens der Studierenden.

Wie in Abb. 4.2 zu sehen ist, bewegt sich der Achiever deutlich weg von dem Standpunkt des Expert hin zur gesellschaftlichen Verantwortung und hoch in Richtung Orientierungswissen. Von diesem Standpunkt aus kann es dem Hochschullehrenden gelingen,

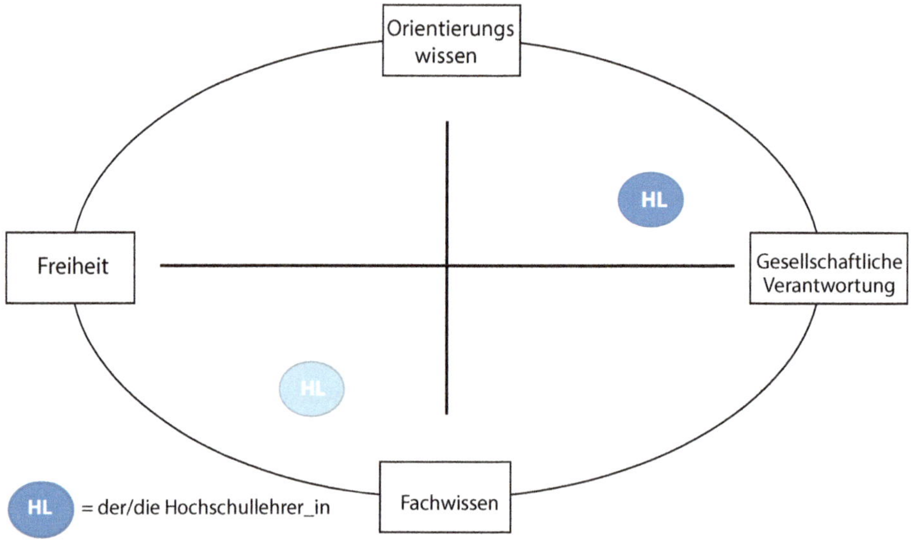

Abb. 4.2 Der Hochschullehrende im Spannungsfeld in der Rolle des Achievers. (Eigene Darstellung)

mehr Querschnittsthemen in den Fokus zu nehmen sowie mehr Unterschiedlichkeit zuzulassen. Diese Unterschiedlichkeit bezieht sich sowohl auf die Perspektiven der unterschiedlichen Rollen des Hochschullehrenden als auch auf die unterschiedlichen Perspektiven, die sich innerhalb des Spannungsfeldes befinden und zur Entwicklung von Orientierungswissen für die Studierenden beitragen. Durch den Wechsel des Hochschullehrenden in die Rolle des Achievers und die damit verbundene Entfernung von seinem Fachwissen entsteht eine neue Spannung, die durch die Reaktion des Systems der Hochschule auf den Rollenwandel der Hochschullehrenden aufkeimt. Die Rolle des Achievers lässt sich nur schwer mit der hierarchischen Struktur vereinbaren, die innerhalb der Hochschule vorherrscht. Die Hochschullehrenden sehen sich somit zwei neuen Anforderungen gegenüber: Zum einen gilt es die unterschiedlichen Rollen innerhalb ihrer Person zu vereinen, was sich durch einen inneren Konflikt darstellen kann. Wann wird eine der beiden Rollen von dem Hochschullehrenden verlangt und wie gelingt es dem Hochschullehrenden, diese glaubhaft zu transportieren und in ihrer Widersprüchlichkeit nebeneinander stehen zu lassen? Auf diese Widersprüchlichkeit soll im laufenden Text noch weiter eingegangen werden, zunächst werden wir uns aber der dritten Rolle, der des Catalysts, widmen.

4.3.2.3 Hochschullehrende im Führungstyp des Catalysts

Die Rolle des Catalysts definiert sich vor allem über ein Führungsverhalten, welches stark auf sich selbst entwickelnde Prozesse setzt sowie großes Vertrauen in diese hat. Das Ziel dieser Prozesse entsteht erst, während der Prozess schon gestartet ist. Dabei speisen sich die Prozesse aus einem Team, welches einen hohen Eigenantrieb hat. Die hohe Beteiligung aus der Gruppe garantiert eine hohe Integration von unterschiedlichen Perspektiven, die das Bild des zu erreichenden Ziels weiter ausgestalten. Hierzu trägt auch der seitens des Catalysts angestrebte interdisziplinäre Lösungsansatz bei. Zudem herrscht eine Metakommunikation vor, welche einen offenen Umgang mit Emotionen und Risiken einschließt (Joiner und Josephs 2007, S. 95 f.).

Der Hochschullehrende in der Rolle des Catalysts spannt für seine Studierenden lediglich ein Feld auf, innerhalb dessen sie agieren können. Hierbei setzt der Catalyst nicht Grenzen, wie es bei dem Achiever der Fall ist, der Catalyst drängt mittels seiner hierarchischen Stellung das außerhalb vorherrschende System zurück und ermöglicht somit einen Raum für Neues (Abb. 4.3).

In der Rolle des Catalysts entsteht das Bild beim Gehen, was bedeutet, dass die größte Herausforderung an den Lehrenden darin besteht, die Rolle des Experts sowie des Achievers weitestgehend zurückzuhalten. Er setzt vielmehr auf sich selbst entwickelnde Prozesse, die sich aus den Gruppenprozessen seitens der Studierenden speisen. Innerhalb dieser Gruppenprozesse gilt es immer wieder die Vogelperspektive einzunehmen, um eine hohe Integration von unterschiedlichen Perspektiven zu ermöglichen (Joiner und Josephs 2007, S. 97). Zudem müssen die Lehrenden lernen damit umzugehen, dass der Prozess nicht über die eigene Person und das damit verbundene Wissen gesteuert werden kann, sondern in die Wirkung des Prozesses vertrauen. Diese Situation aushalten zu können,

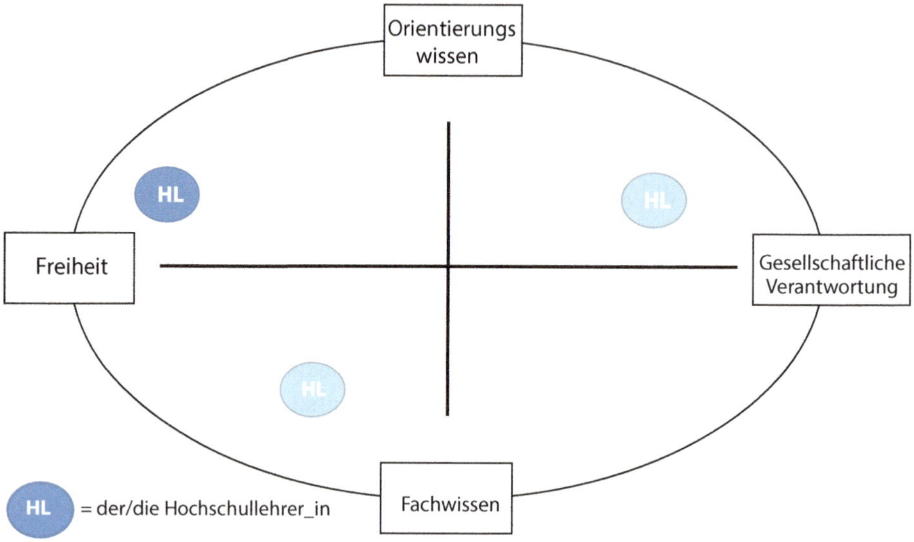

Abb. 4.3 Die Position des Hochschullehrenden im Spannungsfeld als Catalyst. (Eigene Darstellung)

verlangt von den Hochschullehrenden, sich zum einen über die Wirkung des eigenen Selbst im Klaren zu sein. Wenn davon ausgegangen wird, dass – angelehnt an die *Menschliche Kommunikation* von Watzlawick (1969) – es unmöglich ist, nicht zu kommunizieren, so kann davon ausgegangen werden, dass es auch nicht möglich ist, nicht zu wirken. Die zentrale Frage für den Hochschullehrenden ist somit, wie die eigene Wirkung auf das System – in diesem Fall die Studierenden – so gesteuert werden kann, dass ein Setting entsteht, welches eine hohe Eigendynamik entwickelt und viel Potenzial in der Situation freisetzt. Der Catalyst wandelt sich im Vergleich zum Achiever von den transdisziplinären Themen hin zu den interdisziplinären Themen. Als Leitgedanke des Catalysts kann daher der Satz von Albert Einstein „Probleme kann man niemals mit derselben Denkweise lösen, durch die sie entstanden sind" gesehen werden. Die Rolle des Catalysts hat sich zur zentralen Aufgaben gemacht, über Interdisziplinarität und neue Formen von Lehrveranstaltungen neues Wissen entstehen zu lassen, welches in der Lage sein könnte, die Probleme von morgen zumindest besser zu verstehen, eventuell auch mögliche Lösungen aufzuzeigen. Auf der anderen Seite birgt dieser Prozess ein hohes Risiko bezüglich der Frage, ob der Prozess gelingt und wie ein Ergebnis aussehen kann, welches den Prozess als erfolgreich bezeichnet. Die Rolle des Catalysts stellt an die Lehrenden in erster Linie die Herausforderung Unsicherheiten auszuhalten, die sich sowohl aufgrund der Reaktionen aus dem System auf die Rolle ergeben als auch innerhalb der Person der Lehrenden. In diesem Fall kommt die oben beschriebene Resilienz entscheidend zum Tragen. Ist eine Person überhaupt in der Lage, diese unterschiedlichen Rollen zu vereinen, und kann sie erkennen, wann welche Rolle verlangt wird?

Die Unterscheidung der drei Rollen, angewandt auf den Hochschullehrenden, stellt ein mögliches Ordnungsangebot dar, welches die Erwartungen und Anforderungen an den Hochschullehrenden in einem sich schnell verändernden Hochschulsystem bewerkstelligen lässt. Die Unterscheidung der drei Rollen Expert, Achiever und Catalyst soll darlegen, welch unterschiedliche Verhaltensweisen seitens des Hochschullehrenden zukünftig notwendig sein können, um den beschriebenen Herausforderungen vorbereitet entgegentreten zu können. Der Blick auf das Spannungsfeld verdeutlicht, welch großes Feld der Hochschullehrende zu bedienen hat und wie vielfältig die einzelnen Anspruchsgruppen sind, die sich hinter den Polen verbergen. Es braucht für die angemessene Bespielung des Raumes unterschiedliche Rollen, welche unterschiedliche Schwerpunkte haben, jedoch nie für sich allein stehen, sondern immer als Rollenteam auftreten. Dies ist einmal darin begründet, dass alle drei Rollen in der Person eines Hochschullehrenden verankert sind. Zum anderen bauen die einzelnen Rollen, beginnend beim Expert, aufeinander auf und sind somit fest miteinander verbunden. Dem Hochschullehrenden ist es mittels der Unterscheidung der drei Rollen möglich, situationsgerecht zu agieren und mit der passenden Rolle den größtmöglichen Effekt im System zu erreichen. Dabei ist auch auf die Entwicklung des Spannungsfeldes selbst zu achten. Wenn der Raum über den Expert mit Fachwissen gesättigt wurde, wird über die Rolle des Achievers und angeschlossen daran über die des Catalysts die Möglichkeit eröffnet, das System weiterzuentwickeln und auf eine neue Ebene zu transferieren. Gerade Fragestellungen, die sich mit der Nachhaltigkeit befassen, sind aufgrund ihrer Komplexität häufig auf die Weiterentwicklung des Systems angewiesen, um Lösungen zu generieren.

4.4 Die intrapersonelle Rollenkonstellation unter Berücksichtigung der Identität des Hochschullehrenden

Die Anforderungen die an den Hochschullehrenden gestellt werden, die drei Rollen in seiner Person zu vereinen, stellen intrapersonelle Herausforderungen dar. Es zeigt einmal deutlich die Anforderungen, die seitens der Gesellschaft an die Rollen einer Person, in diesem Fall an die Hochschullehrenden, gestellt werden. Hierbei ist nochmals festzuhalten, dass es sich um die Charakterisierung von Rollen handelt, die getrennt von dem Menschen, lediglich aus der Position heraus und den daraus resultierenden Anforderungen entstehen. Der andere Teil stellt die Identität des Hochschullehrenden dar. Auch können intrapersonelle Konflikte zwischen den einzelnen Rollen auftreten. Nach Neuberger (2002) sind die unterschiedlichen Rollen eines Hochschullehrenden dem Theater entlehnt und suggerieren, dass die Handelnden, ohne dass ihre Identität berührt würde, diese Rollen ausfüllen (vgl. Neuberger 2002, S. 315 f.). Diese Form des Rollenverständnisses lässt sich meistens in der Praxis nicht konsequent umsetzen, da die Identität und die Rolle ineinandergreifen. Zudem muss über die Identität zunächst festgestellt werden, welche Rolle die Hochschullehrenden innerhalb der Gesellschaft spielen und welche Erwartungen an diese gestellt werden. Auf das Rollenkonzept folgen die drei Paradigmen der

Rollentheorie, die sich aus struktureller, aus funktionaler und aus symbolisch-interaktionistischer Sicht dem Rollenkonzept nähern. Der Ansatz von Graen (1976) beschreibt den Prozess, wie der Hochschullehrende zu seinen verschiedenen Rollen kommt. Hierbei findet zunächst das *„role taking"* statt, welches lediglich die konforme Übergabe der formalen und informellen Erwartungen, die an eine Position geknüpft sind, umfasst. Das *„role making"* hingegen ist der aktive Versuch, die Erwartungen im eigenen Sinne zu gestalten (vgl. Neuberger 2002, S. 336). An dieser Stelle prägen sich die unterschiedlichen Rollen vom Expert über den Achiever hin zum Catalyst aus. Es wird nochmals deutlich, dass jeder Hochschullehrende in sich unterschiedliche Anteile der einzelnen Rollen vereint, da er die von außen an ihn herangetragenen Anforderungen im eigenen Sinne innerhalb seiner Person in Rollen umwandelt.

Abb. 4.4 veranschaulicht den Hochschullehrenden innerhalb des Systems der Hochschule. Angelehnt an Neuberger (2002) wird der Kern der Person dargestellt, welcher mit der Identität einer Person gleichgesetzt werden kann. Um den Kern der Person liegen die einzelnen Rollen, die die Person einnehmen kann beziehungsweise eingenommen hat. Hierbei stehen die Rollen des Experts, des Achievers und des Catalysts im Fokus, da die Autoren sich lediglich auf jene Rollen beziehen, die im System Hochschule relevant sind. Neben diesen Rollen ist angedeutet, dass in anderen Kontexten andere Rollen im Fokus stehen können. Deutlich wird, dass ein ständiger Austausch zwischen dem Kern der Person und den jeweiligen Rollen besteht. Dieser Austausch verläuft wechselseitig und kann zu interpersonellen Konflikten führen. Die Konflikte begründen sich zumeist darin, dass die Rolle zwischen der Außenwelt und dem Kern der Person agiert. Tritt der

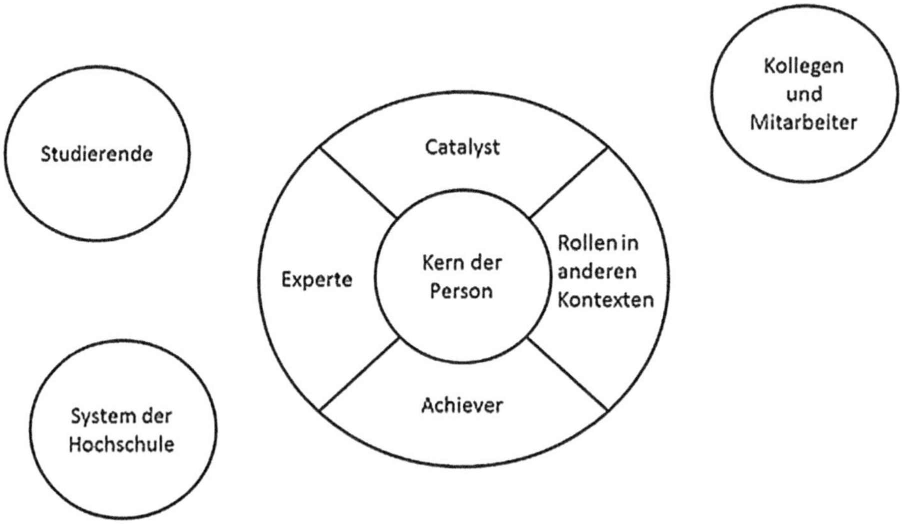

Abb. 4.4 Die Rolle des Hochschullehrenden in Bezug auf seine Person und das ihn umgebende System. (Eigene Darstellung in Anlehnung an Neuberger 2002)

Fall ein, dass die Rolle Verhaltensweisen aus der Außenwelt in sich aufnimmt, so kann dies konfliktär zu dem Selbstverständnis des Kerns der Person stehen. Diese dort auftretende Widersprüchlichkeit kann zu intrapersonellen Konflikten zwischen einer Rolle und dem Kern der Person führen. Neben der Kommunikation zwischen dem Kern und der Person besteht auch eine direkte Kommunikation zwischen den unterschiedlichen Rollen. Die drei Rollen aus dem vorherigen Abschnitt, Expert, Achiever und Catalyst, bieten aufgrund ihrer Verschiedenheit ein hohes Maß an intrapersonellem Konfliktpotenzial. Es gilt die drei Rollen so miteinander interpersonell zu verbinden, dass sie sich nicht behindern in ihrer Aufgabe, sondern gemeinsam, jede aus ihrer Position heraus, Wirkung erzielen. Es wird deutlich, dass bereits innerhalb der Person des Hochschullehrenden viele unterschiedliche Kommunikationswege vorhanden sind; zusätzlich werden diese beeinflusst von dem System, welches den Hochschullehrenden umgibt. So reagieren die Studierenden als Beispiel für dieses System auf die unterschiedlichen Rollen des Hochschullehrenden, indem sie aktiv Anforderungen stellen. Diese Anforderungen sollten seitens des Hochschullehrenden mit der effektivsten Rolle bearbeitet und beantwortet werden. Passiert dies nur unzulänglich, kann es zu Irritationen im System kommen, in diesem Falle bei den Studierenden. Beispielsweise kann eine fachspezifische Frage von Erstsemestern nicht gleich aus der Rolle des Catalysts bearbeitet werden. Zunächst bedarf es an dieser Stelle der Rolle des Experts und des Achievers. Ein Rollback ist jedoch, sobald erforderlich, möglich. Entstehen zu viele dieser interpersonellen Konflikte, die immer wieder über die Rollen den Kern der Person angreifen, steigt das Risiko der Rollenüberlastung, was sich nach außen als Burn-out zeigen könnte. Das größte Gefahrenpotenzial liegt hier klar in der Rolle des Catalysts, da dieser die höchsten Spannungen aushalten sowie mit einer Vielzahl an Trade-offs und Unsicherheiten umgehen muss. Dies lässt den Schluss zu, dass die Rolle des Catalysts nur zeitweilig ausgeübt werden kann und es durchaus einer gewissen Vorabstimmung mit dem Kern der Person bedarf. Die Vereinigung der drei Rollen in einer Person bedarf indes seitens des Hochschullehrenden einer hohen Kompetenz, sich dieser bewusst zu sein und zugleich darauf zu achten, sie stimmig zur Außenwelt zu nutzen.

4.5 Grenzen und Herausforderungen

Abschließend gilt es festzuhalten, dass keine der drei Rollen ohne die darunterliegende bestehen kann und es dem Hochschullehrenden immer wieder möglich ist, in die für ihn vertrautere Rolle zurückzukehren. Im Kontext von Nachhaltigkeit wird nochmals deutlich, dass das Ordnungsangebot des Rollenteams notwendig ist. Durch das dreiteilige Rollenteam wird der Hochschullehrende zum „spezialisierten Generalisten" und durch die separate Aktivierung der Rollen ist es den Hochschullehrenden möglich, den Großteil des Spannungsraumes abzudecken und situationsentsprechend in ihm zu agieren.

Der in Abb. 4.5 grün eingefärbte Bereich stellt den Raum dar, welcher mittels der unterschiedlichen Rollen der Hochschullehrenden abgedeckt werden kann, wenn alle

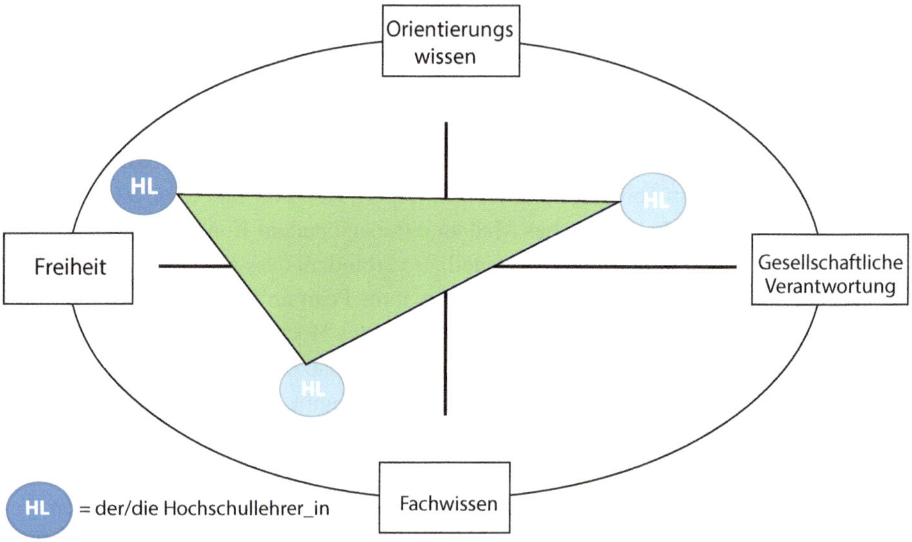

Abb. 4.5 Raum, der mithilfe der Rollen im Spannungsfeld abgedeckt wird. (Eigene Darstellung)

drei Rollen bedient werden. Durch die Fläche, die seitens der Hochschullehrenden ausgefüllt wird, kann das System deutlich wirkungsvoller bedient werden, als wenn lediglich nur eine der drei Rollen ausgefüllt würde. Während die Rolle des Experts es dem Hochschullehrenden ermöglicht, die Teilkenntnisse weiterhin in ihrer vollen Tiefe zu berücksichtigen, sorgt der Achiever für die gleichzeitige Überwindung der eigenen Paradigmen und gewährleistet so, dass den Studierenden neben dem Fachwissen auch Orientierungswissen bereit gestellt wird. Durch die Aktivierung der Rolle des Catalysts wird der Lehrende schließlich zum geforderten Lernumweltgestalter, sodass er den dominierenden Part im Lehr-Lern-Kontext verlassen und an die Lernenden selbst übertragen kann. Dadurch wird die Grundlage für wirklich neue, unerwartete Erkenntnisse geschaffen, die ebenso dringend nötig für die Transformation zu mehr Nachhaltigkeit sind. Auf der personalen Ebene steigert dies den Komplexitätsgrad der Hochschullehrenden enorm. Um sowohl Irritationen im System als auch eine Rollenüberlastung zu vermeiden und die Rollen langfristig situationsentsprechend aktivieren sowie in ihrer vollen Tiefe ausfüllen zu können, benötigen Hochschullehrende neben ausgeprägten empathischen Fähigkeiten einen hohen Grad an Resilienz. Hierin liegen zum einen die Grenzen des Ordnungsangebots als auch die künftigen Herausforderungen. Denn der Nährboden für die Fähigkeit zur Resilienz (Fröhlich-Gildhoff und Rönnau-Böse 2015, S. 7) wie auch für empathische Fähigkeiten entfaltet sich insbesondere in den primären Lebensjahren. Die Förderung dieser Fähigkeiten bei Hochschullehrenden ist daher ein weiteres Kapitel, das es zu erforschen gilt.

4.6 Schlussfolgerung

Mit der Anwendung des Ordnungsangebots aus dem Leadership auf die Rolle des Hochschullehrenden können viele der eingangs beschriebenen Herausforderungen bewältigt werden. Über die Parzellierung des Hochschullehrenden in unterschiedliche Rollen kann es gelingen, das System Hochschule zu transformieren, um gegenwärtig ungelöste Fragestellungen über die Ausbildung der Entscheider von morgen zu lösen. Die Autoren gehen davon aus, dass ohne den Expert kein disziplinäres Wissen da wäre, welches bearbeitet werden kann. Auf dem Expert aufbauend folgt der Achiever, welcher die ersten transdisziplinären Zusammenhänge knüpft und mehr Verantwortung in das System zurückgibt. Zudem wird der Achiever benötigt, um das System zu größeren Zielen zu motivieren. Wären diese beiden Stufen nicht erfolgt, würde die Wirkung eines Catalysts verpuffen, da das System nicht hinreichend vorbereitet wäre. Trifft der Catalyst jedoch auf ein vorbereitetes System, kann er seine Wirkung in Gänze entfalten und helfen das System zu modifizieren. In diesem Moment kann das Thema Nachhaltigkeit auf eine höhere Ebene transferiert werden und die Entfaltung von neuem Potenzial ist möglich. Die Hochschullehrenden haben über den Einsatz des Rollenteams die Möglichkeit und die Freiheit, mit ihrem Fachwissen die an sie herangetragene gesellschaftliche Verantwortung zu übernehmen, um für Studierende Orientierungswissen zu generieren. Auf der anderen Seite führt das Rollenteam zu höheren Komplexitätsgraden und eventuellen Spannungen auf der personalen Ebene der Lehrenden selbst. Der Förderung der Fähigkeit zur Resilienz bei Hochschullehrenden muss daher künftig besondere Aufmerksamkeit gewidmet werden. Diese Aufgabe bedeutet eine grundlegend neue Herausforderung an Hochschulen, ihre Lehrenden sowie Lernenden. Damit dies gelingen kann, bedarf es einer engen Zusammenarbeit aller Beteiligten sowie eines gemeinsamen übergeordneten Ziels.

Literatur

Euler P (2010) Verstehen als Menschenrecht versus Kapitalisierung lebenslangen Lernens oder: Lehre als Initiierung lebendiger Verhältnisse von Sache und Subjekt. In: Pazzini KJ, Schuller M, Wimmer M (Hrsg) Lehren bildet? Vom Rätsel unserer Lehranstalten. transcript, Bielefeld, S 125–146

Fischer A (2010) Lernaufgaben nachhaltig gedacht. In: Cremer-Renz C, Jansen-Schulz B (Hrsg) Innovative Lehre – Grundsätze, Konzepte, Beispiele der Leuphana Universität Lüneburg. UVW Webler, Bielefeld, S 117–130

Fröhlich-Gildhoff K, Rönnau-Böse M (2015) Resilienz, 4. Aufl. Reinhardt, München

Graen G (1976) Role-making processes within complex organizations. In: Dunnette MD (Hrsg) Handbook of industrial and organizational psychology. Rand McNally, Chicago, S 1201–1245

Görnitz T (2010) Menschenbilder und Konzepte des Lehrens. In: Pazzini KJ, Schuller M, Wimmer M (Hrsg) Lehren bildet? Vom Rätsel unserer Lehranstalten. transcript, Bielefeld, S 147–162

Hippler B (2007) Verfügungs- und Orientierungswissen. Ansprache zum „Großen Ehrungstag" der Uni Innsbruck am 23. 06. 2007. https://www.uibk.ac.at/ipoint/news/uni_und_auszeichnungen/files_2007/ansprache_hippler.pdf

Huber L, Portele G (1983) Die Hochschullehrer. In: Huber L (Hrsg) Ausbildung und Sozialisation in der Hochschule. Enzyklopädie Erziehungswissenschaft, Bd 10. Klett-Cotta, Stuttgart, S 193–218

Joiner B, Josephs S (2007) Leadership agility: Five levels of mastery for anticipating and initiating change. Reflections: The SoL Journal 8(1):44–51

Müller V (2017) Man kann bei der Wissenschaft nichts bestellen. Über Wissenschaft und gesellschaftliches Handeln. Forschung & Lehre. Alles was die Wissenschaft bewegt 4(17):298–299

Müller-Christ G (2014) Nachhaltiges Management. Einführung in Ressourcenorientierung und widersprüchliche Managementrationalitäten, 2. überarb. und erw. Aufl. UTB, Baden-Baden

Neuberger O (2002) Führen und führen lassen. Ansätze, Ergebnisse und Kritik der Führungsforschung, 6. Aufl. UTB, Stuttgart

Oelsnitz D von der (2017) Strenge Schule. Über Resilienz, Glück und Glaube. Forschung & Lehre. Alles was die Wissenschaft bewegt 4(17):334–335

Schmidt B, Tippelt R (2005) Besser Lehren – Neues von der Hochschuldidaktik? In: Teichler U, Tippelt R (Hrsg) Hochschullandschaft im Wandel. Zeitschrift für Pädagogik, 50. Beiheft. Beltz, Weinheim, S 103–114

Schumacher EM (2012) Coaching- und Beratungsanliegen von Hochschullehrenden. Organisationsberatung, Supervision, Coaching 19(1):7–19

Strobel M, Welpe IM (2017) Hochschule 4.0. Die Zukunft der Hochschule erfinden. Forschung & Lehre. Alles was die Wissenschaft bewegt 4(17):316–318

Watzlawick P, Beavin JH, Jackson DD (1969) Menschliche Kommunikation. Formen, Störungen, Paradoxien. Huber, Bern

Weibel ER (1986) Wissenschaft und Gesellschaft – Verantwortung und Vertrauen. In: Sitter B (Hrsg) Wissenschaft in der Verantwortung. Analysen u. Forderungen. Haupt, Bern, S 9–35

Wimmer M (2010) Lehren und Bildung. Anmerkungen zu einem problematischen Verhältnis. In: Pazzini KJ, Schuller M, Wimmer M (Hrsg) Lehren bildet? Vom Rätsel unserer Lehranstalten. transcript, Bielefeld, S 13–38

Nachhaltigkeit in den Naturwissenschaften – Beispiele und Ideen zur direkten Verknüpfung von Theorie und Praxis

5

Kerstin Hermuth-Kleinschmidt

Zusammenfassung

Eine Verankerung von Nachhaltigkeitsaspekten in der Lehre ist unerlässlich, um Studierende auf übergreifendes Denken vorzubereiten und ihnen die Möglichkeit zu geben, Probleme nachhaltiger Entwicklung in interdisziplinären Zusammenhängen erkennen und beurteilen zu können. In den Naturwissenschaften ist die praktische Arbeit im Labor fester Bestandteil des Studiums. Dies bietet die Möglichkeit, von Beginn an auf mehreren Ebenen für mehr Nachhaltigkeit in der Forschung zu sensibilisieren und somit, neben theoretischen Inhalten, Folge- und Handlungswissen praxisnah zu vermitteln und beides eng aufeinander abzustimmen. Konzepte wie die der „Nachhaltigen Chemie", *„green analytics"* oder *„green engineering"* sind fest in den Curricula zu etablieren und mit praktischen Beispielen zu verknüpfen. Dieser Artikel legt einen Schwerpunkt auf die „Nachhaltige Chemie", da es hier bereits eine Vielzahl an Entwicklungen und Lösungsvorschlägen gibt, die als Vorbild für andere Bereiche dienen können. Dazu kommt die Vermittlung von Bewertungswissen und das Arbeiten in einer „nachhaltig ausgerichteten" Umgebung von Anfang an. Als Beispiel werden die *„Green lab"*-Programme vorgestellt, die seit einigen Jahren an amerikanischen Universitäten fest etabliert und institutionell verankert sind. Schließlich können all diese Maßnahmen – direkt und indirekt – dazu beitragen, die Verantwortung für das eigene Tun zu schulen und Studierende empfänglicher dafür zu machen, „über den Tellerrand" zu blicken. Darüber hinaus sollten Themen wie Technikfolgenabschätzung, Verantwortung in der Forschung und gegenüber der Gesellschaft, fächerübergreifendes Denken und die Offenheit für neue Konzepte Teil des Lehrangebots

K. Hermuth-Kleinschmidt (✉)
NIUB-Nachhaltigkeitsberatung, Freiburg, Deutschland
E-Mail: hk@niub-nachhaltigkeitsberatung.de

W. Leal Filho (Hrsg.), *Nachhaltigkeit in der Lehre,* Theorie und Praxis der Nachhaltigkeit, https://doi.org/10.1007/978-3-662-56386-1_5

werden. Das Ziel eines modernen naturwissenschaftlichen Studiums sollte es schließlich sein, Nachhaltigkeitswissen, -kompetenzen und Bewertungswissen zu vermitteln, um entsprechende Lösungen entwickeln zu können.

Schlüsselwörter
Nachhaltige Entwicklung · Naturwissenschaften · Nachhaltige Chemie · *Green analytics Green lab* · *Green chromatography*

5.1 Bedeutung der Wissenschaften und ihr Beitrag zu einer nachhaltigen Entwicklung

Auf der UN-Klimakonferenz von Rio (1992) wurde in der dort verabschiedeten Agenda 21 der Wissenschaft eine Schlüsselrolle bei der Entwicklung von Möglichkeiten zu einer nachhaltigen Lebensweise zugeschrieben: „The sciences are increasingly being understood as an essential component in the search for feasible pathways towards sustainable development" (United Nations 1992).

Dieser zentralen Rolle versuchen die Wissenschaften gerecht zu werden und tragen in den unterschiedlichsten Disziplinen mit ihrer Forschung dazu bei: Sie analysieren Entstehung und Auswirkungen des Klimawandels, befassen sich mit möglichen politischen, ökonomischen und gesellschaftlichen Folgen oder entwickeln Modelle und Lösungsvorschläge, wie eine nachhaltige Ökonomie aussehen kann. Alternative Technologien und neue Materialien wurden und werden entwickelt, die weniger Ressourcen benötigen und umweltverträglich sind. Sollen Forschung und Innovationen zu einer nachhaltigen Entwicklung beitragen, können sie allerdings nicht nur aus einer einzigen – beispielsweise Effizienzperspektive – betrachtet werden. Genauso gehört die Betrachtung unter dem Blickwinkel einer Konsistenz- und Suffizienzperspektive dazu: Wie kann man dem Anspruch einer „naturverträglichen" Technologie gerecht werden oder wie kann ein sorgsamer Umgang mit knapper werdenden Ressourcen erfolgen?

Dies impliziert, die drei Nachhaltigkeitsdimensionen Ökologie, Ökonomie und Soziales in Entscheidungen mitzudenken und zu berücksichtigen. Es bedeutet, sich mit Themen wie Technikfolgen- und Risikoabschätzung auseinanderzusetzen, Möglichkeiten zur Bewertung nachhaltiger Technologien und Entwicklungen zu erlernen und anzuwenden sowie soziale Fragestellungen, wie die Auswirkungen neuer Techniken auf die Gesellschaft, ihre Akzeptanz sowie ihre Einbeziehung in wissenschaftliche Entwicklungen mit zu berücksichtigen. Gerade Letzteres bekam unter dem Begriff der *„Responsible Research & Innovation"* (RRI) und der Förderung eines gleichnamigen Programms durch die Europäische Union (RRI Tools 2014) in den letzten Jahren eine größere Bedeutung.

Um aber ein solches Denken von Beginn an zu fördern, ist eine breite Verankerung von Nachhaltigkeitswissen in der Lehre gleichberechtigt neben dem spezifischen Fachwissen erforderlich, um dadurch beide Bereiche langfristig zu verknüpfen. Allerdings sind Nachhaltigkeitsthemen in den technischen und naturwissenschaftlichen Studiengängen, mit Ausnahme der Umweltnaturwissenschaften und dem Umweltingenieurwesen, in den verschiedenen Kursen noch unterrepräsentiert, wie Hungerbühler und Praetorius (2013) in einer Auswertung verschiedener Studiengänge der TU München, TU Berlin und ETH Zürich zeigen konnten. Wenn sich aber nur unter 5 % der angebotenen Kurse im Masterstudiengang mit dieser Thematik befassen, werden sich die späteren Ingenieure und Naturwissenschaftler kaum mit der Entwicklung nachhaltiger Technologien beschäftigen bzw. nur unzureichendes Wissen dazu erhalten haben.

Ein Umdenken in der Ausbildung ist somit notwendig. Gleichzeitig ist aber auch schon ein großer Erfahrungsschatz vorhanden: In den folgenden Abschnitten werden bereits bestehende Methoden und Konzepte für die Lehre erläutert und auf weitere, unterstützende Aspekte, wie beispielsweise die Rolle einer nachhaltigen Laborumgebung, eingegangen. In den Schlussfolgerungen werden diese zusammengefasst; es wird darauf eingegangen, welche Herausforderungen für Lehrende und Universitäten bestehen und wie Rahmenbedingungen gesetzt werden können, um Lehrende und Forschende zu unterstützen.

5.2 Der Vorteil der Naturwissenschaften – Theorie und Praxis in einem

Nachhaltiges Handeln wird durch mehrere Kriterien bestimmt und gefördert oder gehemmt. Hier kann auf die Erkenntnisse der Umweltschutzpsychologie zurückgegriffen werden (Hamann et al. 2016), die neben der Informationsvermittlung und Sensibilisierung für Umweltproblematiken die Kompetenzvermittlung und das Aufzeigen von Möglichkeiten zur Förderung umweltschützenden Verhaltens in den Vordergrund stellen. Um nachhaltig handeln zu können, braucht es zunächst einmal Faktenwissen zu einem Thema bzw. einer bestimmten Problematik, danach Folgewissen, welches die Folgen des eigenen Tuns bewertet, und Handlungswissen, das dazu befähigt, das eigene Tun nachhaltig auszurichten (Abb. 5.1).

Naturwissenschaftliche Fächer können dies durch ihren Praxisbezug direkt nutzbar machen und zeitnah umsetzen: Den fachlichen Informationen, die vormittags in Vorlesung und Seminaren vermittelt werden, schließt sich in der Laborarbeit direkt das praktische Üben und das eigene Erfahren an, was die Bewertung von Versuchsdurchführungen unter Nachhaltigkeitsaspekten mit einschließen sollte. Auf diese Weise wird das rein informative Wissen (z. B. zu den Konzepten der Nachhaltigen Chemie, s. Abschn. 5.2.1) durch Handlungs- und Folgewissen ergänzt (z. B. durch die Bewertung einer Synthese, die auf unterschiedlichen Wegen durchgeführt wird, s. Abschn. 5.2.4), geübt und zur Gewohnheit. Die Bereitstellung einer nachhaltig ausgerichteten Umgebung hat Vorbildcharakter, wird gleichzeitig als „selbstverständlich“ etabliert und als Teil einer sozialen Norm bzw. eigenen Wertekanons („Forschung sollte nachhaltig sein“) etabliert. Die Beispiele in den folgenden Abschnitten sollen verschiedene Möglichkeiten und Anregungen

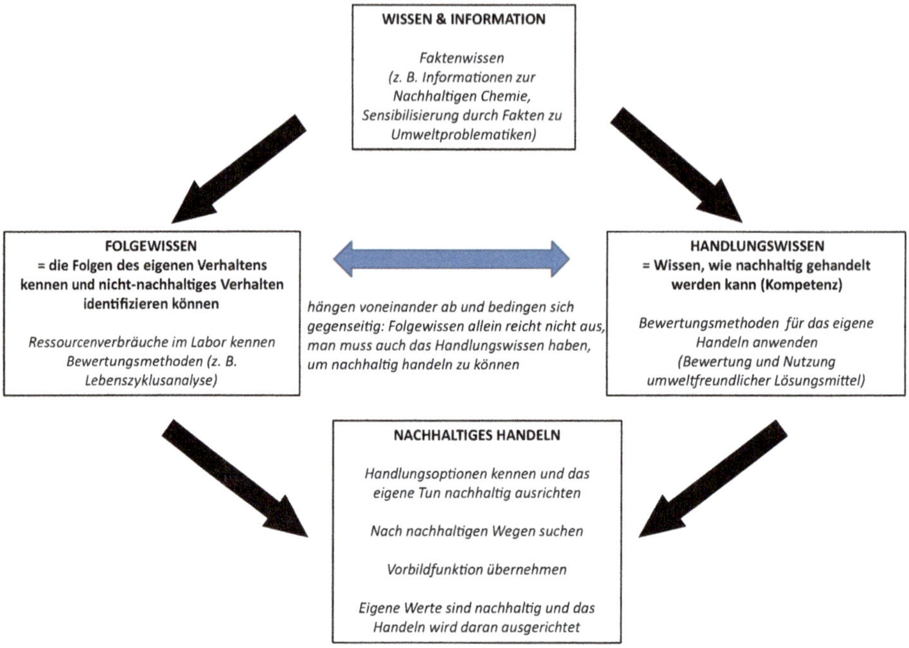

Abb. 5.1 Wissen und Information, Folge- und Handlungswissen sind notwendig, um nachhaltig handeln zu können. (Eigene Darstellung)

aus der Theorie (Lehre) und Praxis (Forschungsarbeit und Umgebung) aufzeigen, mit deren Hilfe dieses Ziel erreicht werden kann.

5.2.1 Nachhaltigkeitskonzepte in den Naturwissenschaften

Anastas und Warner (1998) haben im Jahre 1998 die 12 Prinzipien der *„green chemistry"* vorgestellt, die zu einer nachhaltigeren Arbeitsweise beitragen sollen (Abb. 5.2).

Durch Verringerung von Energie- und Ressourcenverbräuchen, Abfällen und toxischen Substanzen sowie durch die Entwicklung sicherer Prozesse soll das Ziel einer umweltverträglichen Chemie erreicht werden. Diese Prinzipien der Nachhaltigen Chemie wurden zwischenzeitlich auch auf andere Teilbereiche übertragen und angepasst. So folgten u. a. die *„green analytics"* (Galuszka et al. 2013) oder *„green chromatography"* (Płotka et al. 2013) als deren Teilbereich und damit auch die Überlappung zu anderen Fächern, wie Biologie, Physik und deren Teilbereichen. Schließlich erfolgt mit dem *„green engineering"* die Verknüpfung mit den Ingenieurswissenschaften – und damit der Sprung vom kleinen in den großen Maßstab. Beide Disziplinen ergänzen sich in vielen Bereichen und können in der anwendungsorientierten Forschung eigentlich nicht ohne einander gedacht werden (American Chemical Society o. J.). Alle aufgezeigten Ansätze

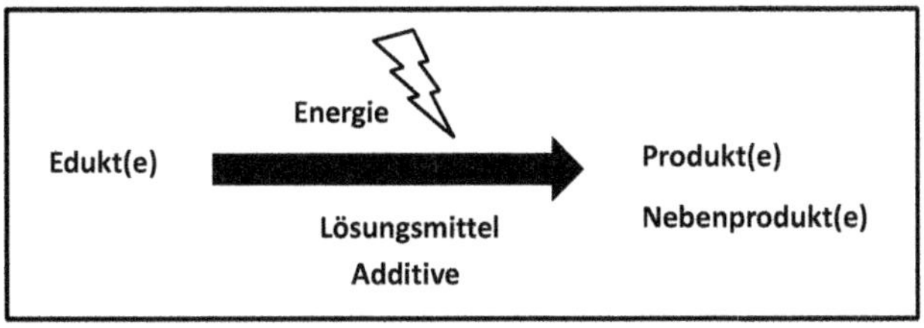

Abb. 5.2 Anforderungen der Nachhaltigen Chemie an eine typische chemische Reaktion. (Eigene Darstellung)

legen den Fokus auf maximale Ressourceneffizienz, ein intelligentes Design (von Reaktionen, Produkten, Versuchsdurchführungen), die Vermeidung schädlicher Substanzen sowie die Sicherheit der Prozesse. Schließlich wird von allen Beteiligten ein ganzheitliches Denken gefordert – was bedeutet, nicht nur den eigenen, kleinen Anteil zu berücksichtigen, sondern den gesamten Lebenszyklus der Produkte bzw. Prozesse von Beginn an mit zu berücksichtigen. Der Gedanke einer umweltverträglichen, nachhaltigen Forschung und Entwicklung steht im Vordergrund, und um dorthin zu gelangen, ist es notwendig, diese Prinzipien den Studierenden von Anfang an zu vermitteln und in die Curricula mit aufzunehmen. Nur so werden diese dafür sensibilisiert und entwickeln ein Problembewusstsein, übernehmen die nachhaltige Sichtweise in ihr Denken und integrieren sie später in ihre eigene Forschungsarbeit.

Dies sei an einem Beispiel erläutert: In der chemischen Synthese liegt der Fokus normalerweise auf der Produktausbeute, während entstehende Nebenprodukte zwar aufgeführt, aber nicht unbedingt als „störend“ empfunden werden – es sei denn, sie verringern die Ausbeute durch Nebenreaktionen oder sind schwer vom Produkt zu trennen. In der Nachhaltigen Chemie dagegen werden alle beteiligten Stoffe, die eingesetzten Mengen und deren Schicksal betrachtet (Prinzip 1 und 2):

Der E-Faktor beschreibt die Menge an entstandenem Produkt im Verhältnis zum entstandenen Abfall – je größer dieses Verhältnis, desto schlechter die Reaktion. Mit dem MI-Faktor wurde diese Betrachtung erweitert auf alle eingesetzten Stoffe in der Reaktion. Der MI-Faktor beschreibt das Verhältnis aus der Menge an allen eingesetzten

Stoffen (auch Lösungsmitteln oder Hilfsstoffen, wie Katalysatoren) zu der gebildeten Menge an Produkt (Tobiszewski et al. 2015).

Die Atomeffizienz wiederum betrachtet nicht nur die Ausbeute an gewünschtem Produkt, sondern wie viele der Ausgangsstoffe am Ende in diesem zu finden sind. Denn die Ausbeute kann zwar 100 % betragen, die Atomeffizienz dagegen nur 50 % (Abb. 5.3).

Die Betrachtung aller beteiligten Stoffe, weg von einer reinen Orientierung auf das Produkt, seiner Ausbeute und der Zahl an Syntheseschritten, erlaubt es, die gesamte Reaktion im Blick zu haben und diese quantitativ zu erfassen. Alle Folgen der „Syntheseentscheidung" werden direkt erfasst und dadurch der Blick auf das Ganze eingeübt (s. Abschn. 5.2.4). Schließlich kommt hier noch die Bewertung des Reaktionstyps hinzu. Normalerweise werden die verschiedenen Typen nebeneinander behandelt und nicht hinsichtlich ihres „Nachhaltigkeitspotenzials" bewertet. In der Atomökonomie kommt diese Bewertung dazu: So sind Additionsreaktionen, bei denen aus zwei Ausgangsstoffen ein Endprodukt wird und kein Nebenprodukt entsteht, besser als Substitutionsreaktionen, in denen ein Atom im Ausgangsstoff durch ein anderes ersetzt wird und Nebenprodukte entstehen. So können alle verschiedenen Reaktionstypen nach effizient und weniger effizient eingeordnet und bewertet werden. Alle 12 Prinzipien sollten den Studierenden von Beginn an nahegebracht, in die Lehre integriert und auf die verschiedenen Reaktionen und Reaktionstypen angewandt werden. Die Herausforderung besteht für die Lehrenden also darin, „nachhaltige Chemie" nicht als etwas Exotisches zu lehren, das es auch gibt neben der „normalen", sozusagen althergebrachten Chemie, die sich „nur" an der Ausbeute orientiert, sondern diese Prinzipien in den Fokus zu stellen und sich daran auszurichten. Nur auf diese Weise wird das Ziel unterstützt, von Beginn an einen auf Nachhaltigkeitskriterien beruhenden, kritischen Blick auf Syntheseentscheidungen zu trainieren (Andraos und Dicks 2012) und eine eigene Problemlösekompetenz zu entwickeln. Durch die Einführung weiterer Bewertungsmethoden – als wichtigste sei die Lebenszyklusanalyse genannt – werden später genauere und multivariante Analysen möglich, die fundierte Entscheidungen für oder gegen eine bestimmte Methode erlauben.

Schließlich sollten die zugrunde liegenden Ideen – umweltverträgliche, sichere und ressourceneffiziente Forschung – generell auf alle naturwissenschaftlichen Bereiche übertragen, angewandt und vermittelt werden. Auch wenn es (noch) nicht in allen Bereichen Lösungen gibt, sollte der _die Einzelne dafür sensibilisiert werden und gleichzeitig das Wissen und die Kompetenzen erlangen, um eigene Lösungsansätze entwickeln zu können.

$$H_3C{-}CH_2{-}CH_2{-}CH_2{-}OH + Na{-}Br + H_2SO_4 \longrightarrow H_3C{-}CH_2{-}CH_2{-}CH_2{-}Br + NaHSO_4 + H_2O$$

Abb. 5.3 Beispiel für eine Substitutionsreaktion: Bei der Umsetzung von Butan-1-ol mit Natriumbromid entsteht das Produkt 1-Brombutan in einer Ausbeute von 100 %; die Atomeffizienz beträgt dagegen nur 50 %. (Eigene Darstellung)

5.2.2 Umsetzung in der Praxis – Aufbau einer nachhaltigen Laborumgebung

Im vorherigen Abschnitt wurde die Notwendigkeit erörtert, nachhaltige Prinzipien und Konzepte in der naturwissenschaftlichen Lehre zu verankern. Neben dem theoretischen Wissen ist die praktische Umsetzung wichtig, die Erfahrung von Folge- und Handlungswissen sowie das Arbeiten in einer nachhaltig ausgerichteten Umgebung von Anfang an.

Zunächst einmal sollten Praktikumsversuche selber Nachhaltigkeitsaspekte berücksichtigen, Versuche nach diesen Kriterien ausgewählt und zusammengestellt sein. Hier kann auf das „Nachhaltig-Organisch-Chemische Praktikum“ (NOP), welches bereits vor einigen Jahren von mehreren Universitäten (TU Braunschweig, Universität Bremen, Universität Jena, TU München, Universität Oldenburg, Universität Regensburg) entwickelt wurde und immer noch erweitert wird, zurückgegriffen werden. Hier sind eine Vielzahl an Reaktionen zusammengestellt, bewertet und Hintergrundinformationen verfügbar (König 2013).

Dies kann als Vorbild für andere Fachbereiche dienen: Auch hier sollte die Auswahl der Versuche und verwendeten Reagenzien Nachhaltigkeitskriterien berücksichtigen. Durch die Zusammenstellung von Hintergrundinformationen werden die Studierenden darauf aufmerksam gemacht, an welchen Stellen bereits die entsprechenden Kriterien umgesetzt werden: So könnten in analytischen Praktika, die chromatografische Methoden anwenden, für die Probenvorbereitung Methoden der Mikroextraktion und andere Alternativen (Ultraschall, Mikrowellen) angewandt werden oder auf „grüne“ Methoden der Flüssigchromatographie, wie z. B. SFC, eingegangen werden (Płotka et al. 2013). Weitere Ideen, beispielsweise für die Analytik, haben De La Guardia und Garrigues (2012) zusammengefasst.

5.2.3 Ressourcenverbräuche im Betrieb

Neben der „eigentlichen“ Forschungsarbeit ist der Betrieb von Laborgebäuden selber extrem ressourcenintensiv. Einige Beispiele:

> Ein einzelner Abzug benötigt pro Jahr so viel Energie wie ein Einfamilienhaus (Max-Delbrück-Centrum 2011)

> An Universitäten werden 50 % des benötigten Wassers in den Laboren verbraucht (The University of Queensland, Australia o. J.)

> Gefrierschränke können in einem molekularbiologischen Labor für 5 % bis sogar 10 % des Energieverbrauchs verantwortlich sein (Hopkinson et al. 2011; Labs21 2012)

Genau diese Verbräuche – die in der täglichen Arbeit unsichtbar sind – sollten Studierenden als „Folgewissen“ – die Folgen des eigenen Tuns – vermittelt werden. Weshalb nicht durch eine Führung der Erstsemester durch die Gebäude- und Haustechnik? Dies kann einen bleibenden Eindruck hinterlassen: Wer gesehen hat, welcher Aufwand beispielsweise hinter der Lüftung steckt, denkt vielleicht eher daran, seinen Abzug zu schließen, wenn er nicht in Benutzung ist. Denn durch diese einfache Verhaltensänderung hat der_die Einzelne Einfluss auf den Energieverbrauch (s. Abschn. 5.3).

5.2.4 Bewertungsmethoden

Forscher_innen sollten die Nachhaltigkeit ihrer Arbeit bewerten und damit in der Lage sein, die nachhaltigste Arbeitsmethode aus zwei oder mehr Möglichkeiten auswählen zu können.

Für die Bewertung stehen verschiedene Methoden zur Verfügung, die entweder nur einen oder mehrere Faktoren berücksichtigen. Besonderer Fokus muss auf die Lebenszyklusanalyse gelegt werden, da mit ihrer Hilfe die umfassendste Bewertung möglich ist.

In Abschn. 5.2.1 wurden mit MI- und E-Faktor bereits zwei einfache Bewertungsmethoden für chemische Reaktionen erläutert. Diese reichen allerdings nicht aus, zumal andere Faktoren, wie Toxizität der verwendeten Reaktanden oder Energieverbräuche, ebenso berücksichtigt werden müssen, um die beste Methode auswählen zu können. Dies soll an einem Beispiel erläutert werden (Turner 2013):

Für die Extraktion von Carotinoid aus Karotten kann entweder das relativ ungiftige Ethanol verwendet werden oder THF, das wesentlich toxischer ist. Somit scheint klar, dass Ethanol genommen wird. Betrachtet man die Versuchsdurchführung genauer, ist dies nicht mehr so eindeutig: Für die Extraktion von 1 g Carotinoid werden 1,4 kg Ethanol als Lösungsmittel benötigt, durchgeführt bei einer Temperatur von 60 °C. Alternativ kann der Versuch mit 90 g THF bei Raumtemperatur ausgeführt werden. In der ersten Variante wird also ein ungiftiges Lösungsmittel verwendet, aber in relativ großer Menge und bei hoher Temperatur, während in der zweiten Variante zwar ein toxischeres Lösungsmittel verwendet wird, aber in viel geringerer Menge. Außerdem wird der Versuch bei Raumtemperatur durchgeführt anstatt bei 60 °C. Welcher Ansatz ist nun der bessere?

Für diese und ähnliche Fragestellungen sind Bewertungssysteme notwendig; gleichzeitig müssen die Studierenden lernen, die verschiedenen Möglichkeiten gegeneinander abzuwägen und die beste, d. h. nachhaltigste, auszuwählen.

Für die Bewertung stehen verschiedene Tools zur Verfügung, die sich in Anwendbarkeit, Komplexität und der Zahl an berücksichtigten Kriterien unterscheiden.

So können Lösungsmittel zunächst einmal auf der Grundlage von *Environmental-, Health-and-Safety*-(EHS)-Kriterien bewertet werden (Tobiszewski 2016). Das am wenigsten toxische ist hier das Lösungsmittel der Wahl.

Eine relativ einfache Bewertungsmethode aus der Analytik ist die analytische *Eco-Scale.* Dabei werden die Mengen an Reagenzien, der entstehende Abfall, die Energie der Reaktion sowie die Gefährdung der einzelnen Substanzen anhand der GHS-Kennzeichnung berücksichtigt und für jeden Bereich Punkte verteilt. Je gefährlicher die Substanz oder je höher Energieverbrauch und Abfallentstehung, desto höher die Punktzahl. Die errechnete Punktzahl wird von 100 abgezogen – je höher die Endsumme, desto umweltfreundlicher die Reaktion (Tobiszewski et al. 2015). In diesem Fall werden mehrere Faktoren mit einbezogen, die das Bild vervollständigen und z. B. auch gegenüber der reinen Betrachtung der Atomeffizienz ändern können.

Für die Einschätzung chemischer Reaktionen unter Einbeziehung der 12 Prinzipien der Nachhaltigen Chemie gibt es mit dem *„green star"*, dem *„green circle"* und der *„green matrix"* relativ einfache Möglichkeiten (Gabriela et al. 2013). Im Falle des *„green circle"* oder *„green star"* wird eine Reaktion „auf dem Papier" danach bewertet, inwieweit jedes einzelne Prinzip der Nachhaltigen Chemie erfüllt oder nicht erfüllt wird und wie gut sie unter Umwelt-, Sicherheits- und Gesundheitsaspekten abschneidet. (Als Grundlage hierfür dienen *material health and safety sheets*). Im Falle der *„green matrix"* werden diese Ergebnisse als SWOT-Analyse in eine Tabelle eingetragen. Unter den Gesichtspunkten von *Strength, Weaknesses, Opportunities* und *Threats* können Stärken und Schwächen einer Reaktion qualitativ betrachtet und Möglichkeiten zur Verbesserung erarbeitet werden. Diese drei Methoden eignen sich vor allem zur Einführung sowie schnellen Abschätzung, wie „grün" eine Reaktion ist.

Zusätzlich gibt es weitere Web-Tools, die chemische Reaktionen bewerten (Aken et al. 2006; The Ecoscale 2006), die helfen, Lösungsmittel nach Nachhaltigkeitskriterien auszuwählen sowie Experimente entsprechend zu designen (Molecular Materials Informatics Inc. 2014). Andere, wie das Tool HPLC-EAT (Gaber et al. 2011), unterstützen dabei, verschiedene Lösungsmittel und Laufbedingungen für die HPLC zu bewerten (Gaber et al. 2011). Gerade die Verwendung internetbasierter Anwendungen, die frei zugänglich sind, kann sinnvoll sein, um die eigene Arbeit zu bewerten, Verbesserungsmöglichkeiten zu finden und umzusetzen.

Für die Bewertung chemischer Reaktionen ist die Lebenszyklusanalyse schließlich die genaueste Methode, die unterschiedliche Umweltauswirkungen berücksichtigt. Sie wird heutzutage in vielen Bereichen der Industrie zur Bewertung von Produkten oder Prozessen angewandt und sollte auch aus diesem Grund einen festen Platz in der Lehre haben. (Kralisch et al. 2015). Jede_r Studierende sollte daher auch praktisch eine Lebenszyklusanalyse durchführen, um den besten Syntheseweg für eine vorgegebene Reaktion zu ermitteln. Ein Beispiel, wie eine solche Aufgabe aussehen und eine (vereinfachte) Lebenszyklusanalyse durchgeführt werden kann, wurde in der Literatur beschrieben (Mercer et al. 2012).

5.2.5 Das Chem21-Projekt – ein ganzheitlicher Ansatz für die *„green pharmacy"*

Das Chem21-Projekt war ein vierjähriges (2012–2016), EU-finanziertes Projekt, bei dem Universitäten, pharmazeutische Groß- und mittelständische Unternehmen gemeinsam Technologien und Methoden zur Umsetzung einer nachhaltigen Chemie in der pharmazeutischen

Industrie entwickelt haben (Chem21 2012a). Gleichzeitig sollten die Ergebnisse in die Ausbildung und Weiterbildung für junge Forscher und Chemieingenieure einfließen, damit die nächste Generation ein gutes Rüstzeug für die Bewertung nachhaltiger Synthesen und Prozesse erhält.

Ein Teilziel des Projekts war die Entwicklung eines „Toolkits", das es erlaubt, chemische Reaktionen von der Entwicklungsphase an bis zum industriellen Maßstab unter Nachhaltigkeitskriterien zu bewerten, falls nötig zu ändern und somit von Beginn an die beste, also nachhaltigste, Methode auszuwählen.

Für die Entwicklung des Toolkits wurden unterschiedliche Schlüsselparameter berücksichtigt (Abb. 5.4), die neben EHS-Kriterien und Lebenszyklusanalyse beispielsweise auch die Verfügbarkeit bestimmter Elemente und deren Einteilung in kritische und weniger kritische umfassen. Das Toolkit selber ist in vier Phasen eingeteilt, die sich in den Ansprüchen und der Komplexität der verwendeten Methoden steigern (Abb. 5.5). So werden im *„Zero Pass"* beispielsweise die Ausbeute, Atomeffizienz und *Health-and-Safety*-Kriterien beachtet. Auf diese Weise können vielversprechende Reaktionswege identifiziert werden. Im nächsten Schritt *(First Pass)* werden die Kriterien erweitert: Quantitative Auswertungen, wie die Menge an Energie, Lösungsmittel, Zahl der Aufreinigungsschritte kommen dazu oder die Frage nach der Nutzung kritischer Elemente. Bei den Schritten drei und vier geht es dann um größere Mengen an Syntheseprodukten: Hier werden Lebenszyklusanalysen verlangt, der Anteil an Reagenzien aus erneuerbaren Quellen, Nutzung von Katalysatoren oder genaue Sicherheitsstudien (McElroy et al. 2015).

Abb. 5.4 Schlüsselkriterien zur Entwicklung des Toolkits. (Bildquelle: McElroy et al. 2015)

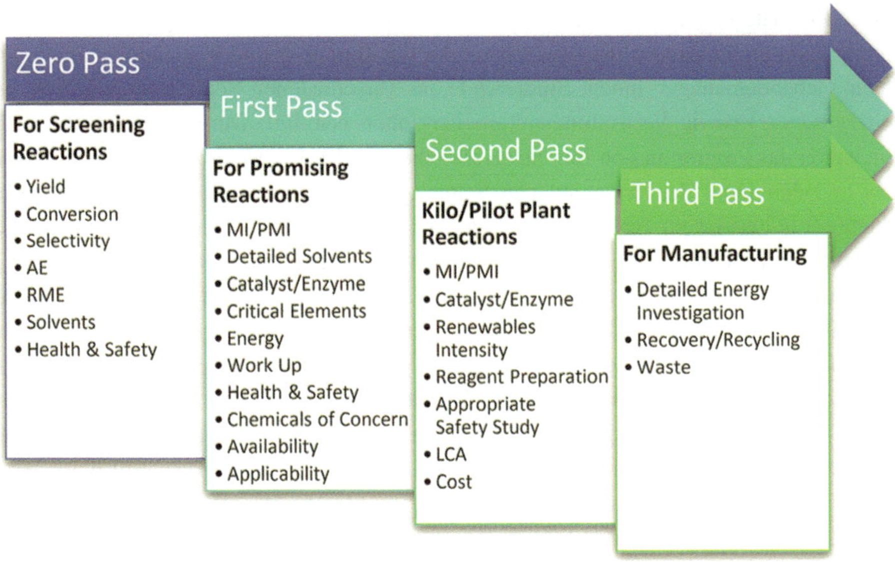

Abb. 5.5 Struktur des Toolkits und die einzelnen Entwicklungsphasen. (Bildquelle: McElroy et al. 2015)

„Zero pass" und „First pass" sind online frei verfügbar und können somit sehr gut für die Arbeit mit Studierenden, die bereits mit verschiedenen Bewertungsmethoden vertraut sind, bzw. in der Forschungsarbeit eingesetzt werden (Chem21 2012a). Begleitend wurde ein umfassendes Online-Tool entwickelt, das als „Nachschlagewerk" oder Online-Kurs genutzt und durchgearbeitet werden kann (Chem21 2012b). Es ist somit in Forschung als auch in der Lehre direkt und einfach einsetzbar.

5.3 Institutionelle Verankerung von Nachhaltigkeit: *„Green lab"*-Programme in den USA

An US-amerikanischen Universitäten gibt es bereits seit einigen Jahren fest etablierte und institutionell verankerte *Green lab*-Programme. Renommierte Universitäten wie Yale, Harvard oder Berkeley haben *Green lab*-Programme als einen Teil ihres Nachhaltigkeitsprogrammes installiert, aber auch andere, wie die University of Colorado Boulder, die University of Alabama oder die University of Illinois, Chicago (University of Colorado Boulder o. J.[b]).

Die UCSB (University of California Santa Barbara) war eine der Ersten, die im Jahr 2006 das sogenannte LabRATS- Programm aufgelegt hat (University of California Santa Barbara 2015). LabRATS steht dabei für ***Lab****oratory* ***R****esources,* ***A****dvocates, and* ***T****eamwork for* ***S****ustainability.* Ziel ist es, Forscher_innen und Studierende für die großen Ressourcenverbräuche von Laboratorien in den vier Bereichen Energie, Abfall, Wasser und

Verbrauchsmaterialien zu sensibilisieren, diese Verbräuche zu verringern und ökologischere Handlungsalternativen aufzuzeigen. An der Initiative sind Forschungsmitarbeiter_innen, Gebäudemanager_innen, Studierende aus verschiedenen Semestern (*graduate* und *undergraduate*) sowie Verwaltungsmitarbeiter_innen beteiligt. Durch diese breite Koalition wurde das Programm von Beginn an auf eine gute Basis gestellt. Sie bringt das Knowhow und den Input der verschiedenen Seiten zusammen und hilft dabei, die einzelnen Akteure miteinander zu vernetzen. In anderen Universitäten sind die Programme ähnlich aufgesetzt und zeichnen sich durch eine campusweite resp. landesweite Vernetzung aus.

Jede Universität hat ein *Green lab*-Team, das als Ansprech- und Vernetzungspartner wirkt. Hier sind nicht nur fest angestellte Universitätsmitglieder dabei, sondern auch Studierende. Innerhalb der einzelnen Laboratorien gibt es wiederum Verantwortliche, die als Ansprechpartner_innen intern und extern fungieren. Somit ist eine institutionelle Verankerung garantiert, während gleichzeitig Studierende als gleichberechtigte Partner_innen aufgenommen und mit verantwortungsvollen Aufgaben betraut werden. Auf diese Weise ist das *Green lab*-Programm der Universität Boulder breit aufgestellt (University of Colorado Boulder o. J.[b]; Abb. 5.6).

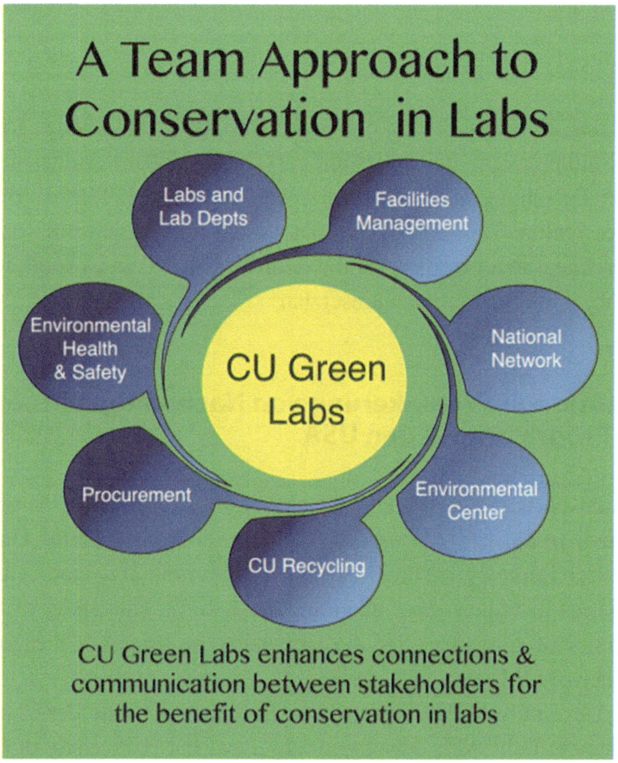

Abb. 5.6 Verankerung der *Green lab*-Initiative an der Universität Boulder. (Bildquelle: http://www.colorado.edu/ecenter/greenlabs – mit freundlicher Genehmigung von Ashlyn Norberg und Kathryn A. Ramirez-Aguila, University of Colorado Boulder)

5.3.1 Das *green lab:* Informationen und Best-Practice-Beispiele für alle

Auf den Websites der Universitäten sind umfassende Informationen und Anregungen zusammengestellt zum Thema Energie- und Wassereinsparungen, Abfallentsorgung oder Verbrauchsmaterialien, die der bzw. die Einzelne umsetzen kann.

So werden beispielsweise sehr einfache Möglichkeiten gezeigt, um Energie einzusparen, die aber einen großen Einfluss haben können: konsequentes Schließen der Abzüge im Labor (falls diese keine Automatik eingebaut haben), ein gut organisiertes Probenmanagement in Kühl- und Gefrierschränken, mit deren Hilfe Proben schnell gefunden werden, und ein regelmäßiges Überprüfen der Tiefkühlgeräte (University of California Santa Barbara o. J.). Diese vergleichsweise einfachen Tipps können, je nach Labor, große Auswirkungen haben: So machen in einem molekularbiologischen Labor Gefrier- und Kühlschränke 5 %–10 % des Gesamtenergieverbrauchs aus (Hopkinson et al. 2011).

Ein im Jahr 2009 durchgeführtes Pilotprojekt der Universität Stanford kam zu einem eindrücklichen Ergebnis: allein durch ein gut organisiertes Probenmanagement inklusive der Überprüfung aller gelagerten Proben sowie durch Nutzung neuer Technologien, die die Lagerung molekularbiologischer Proben bei Raumtemperatur statt bei -70° C erlaubt, könnte die Universität innerhalb eines Jahres 2,8 Mio. kWh an Energie und damit eine Summe von ca. 1 Mio. US-Dollar einsparen (Stanford University o. J.).

5.3.2 Campusweite Initiativen unterstützen Suffizienz- und Nachhaltigkeitsstrategien

Die Einrichtung von Gerätebörsen unterstützt das *Instrument Sharing* und vermeidet unnötige Doppelkäufe. Mittlerweile wurde das *Instrument Sharing* US-weit ausgeweitet und in Europa haben die Universität Basel, das Friedrich Miescher Institut, die ETH Zürich gemeinsam mit dem Institut Curie ein vergleichbares Programm aufgesetzt (IRIS o. J.) Analog gibt es Chemikalienbörsen, um Chemikalien zu teilen oder nicht mehr gebrauchte an benachbarte Gruppen abzugeben. Ein Chemikalientracking an der Universität Edinburgh führte auch hier dazu, das im ersten Jahr 100.000 Pfund eingespart werden konnten (The University of Edinburgh 2015).

5.3.3 Unterstützung und Auszeichnungen

Die meisten Universitäten, beispielsweise die UCSB, haben ein Programm erarbeitet, um die Nachhaltigkeit von Laboratorien zu prüfen und Verbesserungsvorschläge zu unterbreiten. Hierbei werden einzelne Bereiche, wie Energie- und Wasserverbräuche, Beschaffung, Nutzung nachhaltiger Methoden (Nachhaltige Chemie), Abfälle, Vernetzung und Kommunikation, untersucht und bewertet, wie gut diese Maßnahmen bereits umgesetzt werden. Jedes Forschungslabor erhält ein individuelles Feedback und

Anregungen, in welchen Bereichen Verbesserungsbedarf besteht. Damit haben Forschungslaboratorien die Möglichkeit, sich weiter zu verbessern. Gleichzeitig gibt es die Möglichkeit, das eigene Engagement nach außen zu tragen, Vorbild zu sein und andere zum Nachahmen anzuregen. Einige Universitäten haben zusätzlich Auszeichnungen eingerichtet für Einzelpersonen oder Labore, die sich besonders für nachhaltige Praktiken einsetzen und diese umsetzen, beispielsweise an der Universität Boulder (University of Colorado Boulder o. J.[b]). Schließlich gibt es mit der 2013 ins Leben gerufenen, gemeinnützigen *„My-Green lab"*-Initiative eine landesweit tätige Organisation, die das nachhaltige Arbeiten im Labor amerikaweit voranbringen möchte (My Green Lab o. J.). Auf der Website sind viele Informationen zusammengestellt, Forschungsinstitute und einzelne Labore können sich bewerten lassen und erhalten im Anschluss daran Verbesserungsvorschläge. Im landesweiten *„Freezer Challenge"* wetteifern Institute, Labore und Universitäten darum, das beste Probenmanagement für die Lagerung von Proben bei tiefen Temperaturen auszutesten oder auch ganz andere Methoden, wie die Lagerung bei Raumtemperatur. Es geht darum, möglichst viele der „Best Practices" umzusetzen, und damit gewinnen am Ende eigentlich alle (My Green Lab 2017). Die Gewinner werden außerdem in *Nature* veröffentlicht – auch dies sicherlich ein guter Ansporn, hier mitzumachen. Die Idee bleibt zudem nicht auf die USA beschränkt, sondern wird weltweit verbreitet: Bereits der von Ende 2017 bis April 2018 stattfindende *„Freezer Challenge"* wird als internationaler Wettbewerb ausgeführt.

Die von den Universitäten ausgehende Idee des *green lab* hat sich also bereits ausgebreitet und trägt hoffentlich weiter zu einem Kulturwandel innerhalb der Forschergemeinde bei.

5.3.4 Bewertung

In jedem Labor arbeiten Forscher_innen, Studierende, Doktoranden_innen und Postdoktoranden_innen – viele davon nur für einen begrenzten Zeitraum. Die Arbeit in einem nachhaltig ausgerichteten Labor prägt sicherlich jede_n Einzelne_n, sensibilisiert für die Nachhaltigkeitsthematik und macht mit einer Nachhaltigkeitskultur vertraut, in der ein solches Handeln selbstverständlich ist. Zudem werden in einer solchen Umgebung Kommunikation und Austausch gefördert sowie Raum für neue, kreative Ideen und Innovationen geschaffen. Die Auszeichnung guter Ideen und Honorierung von Engagement durch Preise ist ein weiterer Ansporn, sich dafür einzusetzen. Gleichzeitig hat die Auszeichnung Signalwirkung nach außen und regt andere zum Nachahmen an. All diese Einzelkomponenten (wie Umgebung, eigenes Erfahren und Selbstwirksamkeit, Motivation und Anerkennung) sind wichtige Bestandteile, um nachhaltiges Handeln zu unterstützen und langfristig zu festigen. Wer mit einem solchen Mindset ausgestattet ist und dieses in sein späteres Berufsleben mitnimmt – ob Industrie, Forschungseinrichtungen oder auch ein ganz anderes Umfeld – wird sicherlich offener sein, wenn es um die Entwicklung und Umsetzung eigener Nachhaltigkeitsmaßnahmen geht.

5.3.5 Übertragbarkeit

Hier liegt es an den Instituten, Fachbereichen und Universitäten zu sehen, inwieweit diese Initiativen des *green lab* als Vorbild dienen können. An vielen deutschen Universitäten und Instituten wird das Thema Nachhaltigkeit bereits sehr breit bearbeitet (Deutsche UNESCO-Kommission e. V. 2014): So sind in vielen Organisationen Nachhaltigkeitsmanagementsysteme installiert, Nachhaltigkeitsbeauftragte berufen, die sich um alle Belange in diesem Bereich kümmern, und einige Universitäten haben bereits eigene Nachhaltigkeitsberichte veröffentlicht (Leuphana Universität Lüneburg 2016). Im Laborbau und technischen Betrieb wurde und wird ebenfalls sehr viel umgesetzt – so gibt es ein eigenes Zertifizierungssystem, welches speziell für nachhaltige Laborbauten entwickelt wurde (Bewertungssystem Nachhaltiges Bauen [BNB] 2014). Ein institutionell verankertes, dem *green lab* vergleichbares Programm, wurde in einer umfassenden Internetrecherche nicht gefunden, dafür die Initiative einer Gruppe aus Studierenden und Doktoranden der TU Dresden, die sich mit ihren eigenen Ressourcenverbräuchen in der Forschungsarbeit auseinandersetzten. Im Rahmen eines internationalen Wettbewerbs erarbeiteten sie u.a. einen „GoGreenGuide" mit Tipps zum ökologischeren Arbeiten im Labor (iGEM goes green 2017). Genau hier könnten Green lab – Programme als Blaupause dienen, wie solche Initiativen aufgenommen, in vorhandene Strukturen integriert und verstetigt werden könnten. Und auch wenn die Voraussetzungen nicht zu 100 % mit den USA vergleichbar sind, lohnt es sicherlich, auch andere Ideen auf Praxistauglichkeit zu prüfen, um damit nachhaltiges Handeln und eine nachhaltige Forschungskultur zu fördern.

5.4 Soziale und ethische Aspekte

Neben der Abschätzung vor allem der ökologischen Auswirkungen des eigenen Tuns müssen auch soziale und ethische Aspekte im naturwissenschaftlichen Studium berücksichtigt werden. Aus Forschungsergebnissen von heute können Technologien für morgen entstehen, deren mögliche Folgen in ökologischer und sozialer Hinsicht bedacht und berücksichtigt werden müssen. Mit verschiedenen Bewertungsmethoden (s. Abschn. 5.2.4), vor allem mit der Lebenszyklusanalyse, werden negative ökologische Folgen von Anfang an vermindert bzw. ausgeschlossen. Weitergehende Betrachtungen und die Ausweitung auf andere Themenfelder, wie Risikobewertung und Technikfolgenabschätzung, insgesamt die Frage nach den sozialen und gesellschaftlichen Auswirkungen, sollten Teil der naturwissenschaftlichen Ausbildung sein. Naturwissenschaftler müssen ein Verständnis nicht nur für ihr eigenes Fach entwickeln, sondern ein allgemeines Verständnis für die aktuellen Probleme, um geeignete Antworten geben zu können.

Verantwortung bedeutet, die heutigen Probleme zu verstehen und die geeigneten Antworten darauf geben zu können (Dondi 2009). Ziel sollte es somit sein, auch hier eine Verantwortungskultur zu etablieren und dafür zu sensibilisieren, nicht neue Probleme durch nicht-nachhaltige Technologien und Produkte zu schaffen, sondern diese durch nachhaltigere Lösungen zu ersetzen und nur diese weiterzuverfolgen (Collins 2003).

5.5 Schlussfolgerungen

5.5.1 „Nachhaltige Forschung" als Leitbild

Studierende sind zukünftige Entscheider. Damit nachhaltige Technologien und Entwicklungen vorangetrieben werden, müssen alle neben dem Fachwissen ein Nachhaltigkeitswissen erhalten. Die vorgestellten Konzepte und Beispiele aus dem Bereich der Naturwissenschaften ergänzen und beeinflussen sich gegenseitig und können idealerweise als ein „integrierter" Ansatz gemeinsam genutzt werden (Abb. 5.7):

Die **Lehre** vermittelt die Grundlagen für Konzepte (Information & Faktenwissen), wie beispielsweise Nachhaltige Chemie, *green pharmacy* oder *green analytics,* vermittelt Bewertungsmethoden und macht Studierende damit vertraut. Gleichzeitig sollten diese für Problematiken, die sich aus Forschungsfragen ergeben, sensibilisiert werden und damit ein Problembewusstsein und Verantwortungsgefühl entwickeln.

Die **praktische Arbeit** ist an Nachhaltigkeitskriterien auszurichten. Dazu gehört die Durchführung von ausgewählten Versuchen (als Beispiel wurde das NOP aufgeführt, s. Abschn. 5.2.2), deren Bewertung und die Sensibilisierung für mögliche Risiken

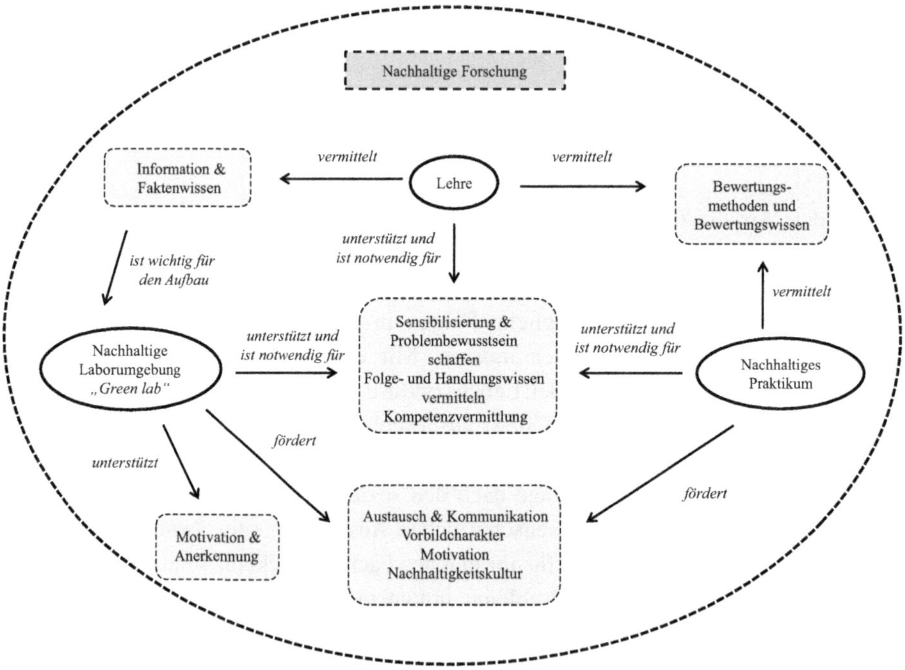

Abb. 5.7 Nachhaltige Forschung ist Leitbild für Lehre und Praxis. Jeder Bereich unterstützt und fördert verschiedene Nachhaltigkeitskompetenzen. (Eigene Darstellung)

(Umwelt und Sicherheit). Die praktische Arbeit hat auch Vorbildfunktion und zeigt, was möglich ist (s. Abschn. 5.2.3).

Die **Bewertungsmethoden** (s. Abschn. 5.2.4 und 5.2.5) helfen in der Praxis, verschiedene Synthesen und Methoden zu vergleichen und zu bewerten. Um nachhaltiges Handeln umzusetzen, ist genau dieses Folgewissen gemeinsam mit Handlungswissen notwendig, um einzelne Forschungswege und Technologien gegeneinander abzuwägen und eine fundierte Entscheidung treffen zu können.

Eine **nachhaltige Laborumgebung,** in der auf Ressourcenverbräuche geachtet, Best-Practice-Beispiele ausgetauscht und Handlungsmöglichkeiten aufgezeigt werden, hat Vorbildcharakter, dient der Wissens- und Kompetenzvermittlung und hilft insgesamt dabei, zu einer „nachhaltigen Forschungskultur" beizutragen und diese auch nach außen zu tragen (s. Abschn. 5.3).

5.5.2 Rahmenbedingungen herstellen und unterstützen

Die Umsetzung des oben aufgeführten Konzeptes zur Integration von Nachhaltigkeit in der naturwissenschaftlichen Lehre erfordert Engagement durch Lehrende und eine umfassende Unterstützung durch die Universitäten sowie die Schaffung geeigneter Rahmenbedingungen. Aufseiten der Lehrenden gibt es sicherlich zwei wichtige Herausforderungen:

Lehrende brauchen Zeit, um Curricula zu entwickeln bzw. abzuändern und auf dem neuesten Stand zu bleiben. Dies ist sicherlich eine der größten Hürden und Hindernisse, da Zeit heutzutage rar ist – hier sind Universitäten und Fakultäten gefragt zu unterstützen und die Rahmenbedingungen anzupassen.

Kommunikation und der Austausch untereinander – sowohl innerhalb der Fachbereiche als auch universitätsübergreifend – sind zwei weitere wichtige Faktoren innerhalb der Umsetzung. Dies ist nicht nur wichtig in Bezug auf fachlichen Austausch, sondern auch, wenn Unsicherheiten auftreten, die gemeinsam entschieden werden müssen.

Aufseiten der Universität geht es darum, die notwendigen Ressourcen bereitzustellen, wie beispielsweise Zeit, Informationen und Handlungshilfen, ökonomische Unterstützung oder Vernetzungsmöglichkeiten, und insgesamt organisatorisch zu unterstützen. Das Beispiel des *Green lab*-Programms zeigt, welche Partner an seinem Aufbau beteiligt waren (Abb. 5.6): So braucht es Informationen aus dem Gebäudemanagement, um für Ressourcenverbräuche zu sensibilisieren (s. Abschn. 5.3.2), oder den Einkauf, um ein nachhaltiges Beschaffungswesen aufzubauen.

Darüber hinaus besteht die Aufgabe der Universität darin, selber als Vorbild für Studierende und Mitarbeiter_innen zu dienen, für die Thematik zu sensibilisieren und durch die Nutzung der verschiedenen Instrumente des Nachhaltigkeitsmanagements eine nachhaltige Umgebung zu schaffen und damit nachhaltiges Handeln zu erleichtern (Abb. 5.8).

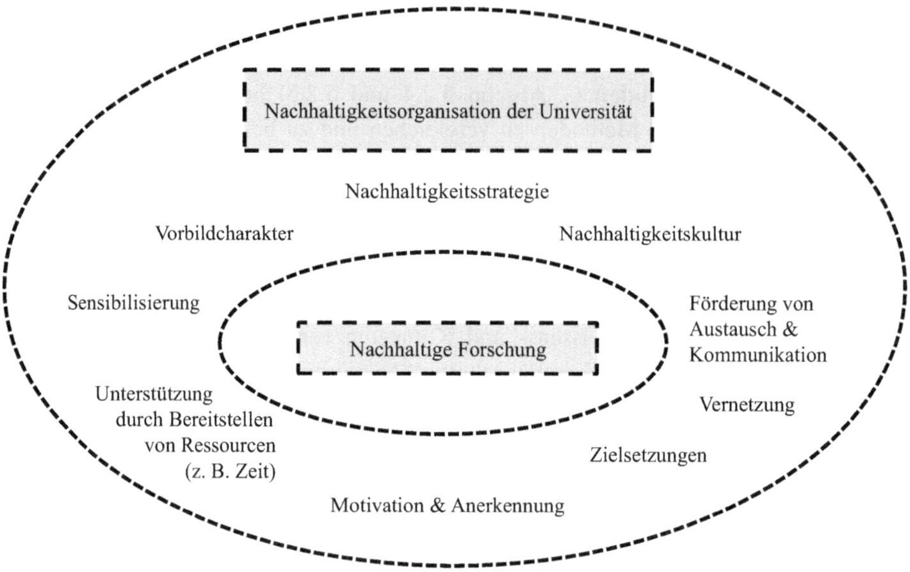

Abb. 5.8 Die Nachhaltigkeitsorganisation einer Universität kann nachhaltige Forschung auf verschiedenen Ebenen unterstützen. (Eigene Darstellung)

Die aufgeführten Beispiele und Konzepte sollen als Anregung für alle Beteiligten – Lehrende, Universität und Studierende – dienen, um Lehre und Praxis effektiv miteinander zu verknüpfen, Synergien zu nutzen und Studierende als zukünftige Entscheider mit dem notwendigen Nachhaltigkeitswissen umfassend auszustatten.

Literatur

American Chemical Society (o. J.) Design principles for sustainable green chemistry & engineering. https://www.acs.org/content/dam/acsorg/greenchemistry/resources/2015-gci-design-principles.pdf. Zugegriffen: 20. März 2017

Anastas PT, Warner JC (1998) Green chemistry: theory and practice. Oxford University Press, Oxford

Andraos J, Dicks AP (2012) Green chemistry teaching in higher education: a review of effective practices. Chem Educ Res Pract 13:69–79

Bewertungssystem Nachhaltiges Bauen (BNB) (2014) Kriterien – BNB Laborgebäude (BNB_LN) – Neubau. https://www.bnb-nachhaltigesbauen.de/bewertungssystem/bnb-laborgebaeude/bnb-ln-2014/kriterien-bnb-laborgebaeude-bnb-ln-neubau.html. Zugegriffen: 27. März 2017

Chem21 (2012a) Chemical manufacturing methods for the 21st century pharmaceutical industries. https://www.chem21.eu/. Zugegriffen: 24. März 2017

Chem21 (2012b) Welcome to the CHEM21 online learning platform. http://learning.chem21.eu/. Zugegriffen: 24. März 2017

Collins TJ (2003) The importance of sustainability ethics, toxicity and ecotoxicity in chemical education and research. Green Chem 5:G51–G52. https://doi.org/10.1039/b307694f

Deutsche UNESCO-Kommission e.V. (2014) Hochschulen für eine nachhaltige Entwicklung – Netzwerke fördern, Bewusstsein verbreiten. VAS-Verlag, Waldkirchen

Dondi F (2009) Why and how to teach ethics in chemical education. La Chimica e l'Industria 9:100–104

Gaber Y, Törnvall U, Kumar MA, Amin MA, Hatti-Kaul R (2011) HPLC-EAT (Environmental Assessment Tool): a tool for profiling safety, health and environmental impacts of liquid chromatography methods. Green Chem 13:2021–2025

Gabriela M, Ribeiro TC, Machado AASC (2013) Holistic metrics for assessment of the greenness of chemical reactions in the context of chemical education. J Chem Educ 90:432–439

Gałuszka A, Migaszewski Z, Namieśnik J (2013) The 12 principles of green analytical chemistry and the SIGNIFICANCE mnemonic of green analytical practices. Trends Anal Chem 50:78–84

Guardia M de la, Garrigues S (2012) Handbook of green analytical chemistry. Wiley, Chichester

Hamann K, Baumann A, Löschinger D (2016) Psychologie im Umweltschutz. Handbuch zur Förderung nachhaltigen Handelns. oekom, München

Hopkinson L, James P, Lenegan N, McGrath T, Tait M (2011) Energy consumption of university laboratories: detailed results from S-Lab audits. https://www.dropbox.com/sh/qnecrnr9u29sa6p/AAA67fXVEWirXR4DgdYSxT-xa/Publications%20%26%20Videos?dl=0&preview=Energy+Consumption+of+University+Laboratories_Detailed+Results+from+S-Lab+Audits.pdf. Zugegriffen: 26. März 2017

Hungerbühler K, Praetorius A (2013) Nachhaltigkeit und ihr Platz in der Ausbildung an einer Technischen Hochschule. In: Hacker J (Hrsg) Nachhaltigkeit in der Wissenschaft. Wissenschaftliche Verlagsgesellschaft, Stuttgart, S 49–52

iGEM – The international Genetically Engineered Machine Competition (2017) iGEM goes green. http://2017.igem.org/Team:TU_Dresden/iGEM-goes-green. Zugegriffen: 4. März 2018

IRIS (o. J.) Share, discover and collaborate for better science. http://iris.science-it.ch/landing/?ReturnUrl=%2f. Zugegriffen: 23. März 2017

König B (2013) Nachhaltigkeit im organisch-chemischen Praktikum. Universität Regensburg, Institut für Organische Chemie, Prof. Dr. Burkhard König. http://www.oc-praktikum.de/nop/de-entry. Zugegriffen: 23. März 2017

Kralisch D, Ott D, Gericke D (2015) Rules and benefits of life cycle assessment in green chemical process and synthesis design: a tutorial review. Green Chem 17:123–145

Labs21 (2012) UC Davis Animal Science DNA Lab Energy Breakdown. http://i2sl.org/wiki/equipment/index.php?title=Lab_Energy_Assessments. Zugegriffen: 26. März 2017

Leuphana Universität Lüneburg (2016) Schritte in die Zukunft. Nachhaltigkeitsbericht 2015. http://www.leuphana.de/fileadmin/user_upload/uniprojekte/Nachhaltigkeitsportal/Nachhaltigkeitsbericht/files/Leuphana_Nachhaltigkeitsbericht.pdf. Zugegriffen: 24. Apr. 2017

Max-Delbrück-Centrum (2011) Labore im 21. Jahrhundert – Der Weg zum Green Campus. http://mdc.helmholtz.de/38254398/de/about_the_mdc/science_and_society/green_campus/Green_Campus_dt.pdf. Zugegriffen: 23. März 2017

McElroy CR, Constantinou A, Jones LC, Summerton L, Clark JH (2015) Towards a holistic approach to metrics for the 21st century pharmaceutical industry. Green Chem 17:3111–3121

Mercer SM, Andraos J, Jessop PG (2012) Choosing the greenest synthesis: a multivariate metric green chemistry exercise. J Chem Educ 89:215–220

Molecular Materials Informatics Inc (2014) Green lab notebook. http://molmatinf.com/gln.html. (Last modified 19-Aug-2014). Zugegriffen: 23. März 2017

Molecular Materials Informatics Inc (2016) Green solvents. http://molmatinf.com/greensolvents.html. Zugegriffen: 23. März 2017

My Green Lab (o. J.) My green lab. http://www.mygreenlab.org/. Zugegriffen: 20. März 2017
My Green Lab (2017) Freezer challenge. https://www.freezerchallenge.org/about.html. Zugegriffen: 20. März 2017
Płotka J, Tobiszewski M, Sulej AM, Kupska M, Górecki T, Namieśnik J (2013) Green chromatography. J Chromatogr A 1307:1–20
RRI Tools (2014) About RRI. https://www.rri-tools.eu/en_GB/web/guest/about-rri. Zugegriffen: 20. Apr. 2017
Stanford University (o. J.) Fact sheet: room temperature biological sample storage. http://sustainable.stanford.edu/sites/sustainable.stanford.edu/files/documents/FactSheet_SampleStorage.pdf. Zugegriffen: 23. März 2017
The Ecoscale (2006) The Ecoscale – fast and transparent evaluation of organic preparations. http://ecoscale.cheminfo.org. Zugegriffen: 23. März 2017
The University of Edinburgh (2015) Chemical management: a worthy investment. http://www.ed.ac.uk/about/sustainability/news/chemical-management. Zugegriffen: 20. März 2017
The University of Queensland, Australia (o. J.) UQ laboratory water use. http://uq.edu.au/sustainability/docs/greenlabs/Grn_GrnWaterConsumption.pdf. Zugegriffen: 23. März 2017
Tobiszewski M (2016) Metrics for green analytical chemistry. Anal Methods 8:2993–2999
Tobiszewski M, Marć M, Gałuszka A, Namieśnik J (2015) Green chemistry metrics with special reference to green analytical chemistry. Molecules 20:10928–10946
Turner C (2013) Sustainable analytical chemistry – more than just being green. Pure Appl Chem 85(12):2217–2229
United Nations (1992) Our common future, chapter 2: towards sustainable development. http://www.un-documents.net/ocf-02.htm. Zugegriffen: 12. März 2017
University of California Santa Barbara (o. J.) Energy. http://www.sustainability.ucsb.edu/labrats-best-practices-energylabsync/. Zugegriffen: 23. März 2017
University of California Santa Barbara (2015/2016) Campus sustainability plan 2015/2016. http://www.sustainability.ucsb.edu/wp-content/uploads/2015-Campus-Sustainability-Plan.pdf. Zugegriffen: 23. März 2017
University of Colorado Boulder (o. J.[a]) Awards given. http://www.colorado.edu/ecenter/greenlabs/Greenlab-awards/awards-given. Zugegriffen: 24. März 2017
University of Colorado Boulder (o. J.[b]) Links to univ. green labs programs. http://www.colorado.edu/ecenter/greenlabs/campus-resources/links-univ-Greenlabs-programs. Zugegriffen: 24. März 2017
University of Colorado Boulder (o. J.[c]) Team contact info. http://www.colorado.edu/ecenter/greening-cu/cu-Greenlabs-program/team-contact-info. Zugegriffen: 24. März 2017
Van Aken K, Strekowski L, Patiny L (2006) EcoScale, a semi-quantitative tool to select an organic preparation based on economical and ecological parameters. Beilstein J Org Chem 2(3):1–7. https://doi.org/10.1186/1860-5397-2-3

6 Wie bildet man Change Agents aus? Lehr-Lern-Konzepte und Erfahrungen am Beispiel des berufsbegleitenden Masterstudiengangs „Strategisches Nachhaltigkeitsmanagement" an der Hochschule für nachhaltige Entwicklung Eberswalde

Benjamin Nölting, Nadine Dembski, Jens Pape und Peter Schmuck

Zusammenfassung

Die systematische Ausbildung von Change Agents an Hochschulen ist eine Voraussetzung für das Gelingen der Nachhaltigkeitstransformation. Der folgende Beitrag beschreibt am Beispiel des berufsbegleitenden Masterstudiengangs „Strategisches Nachhaltigkeitsmanagement", der 2014 an der Hochschule für nachhaltige Entwicklung Eberswalde (HNE Eberswalde) startete, wie die Herausforderung einer qualitativ neuartigen Ausbildung mit Blick auf Nachhaltigkeitstransformation aufgegriffen wurde und welche ersten Erfahrungen und Erfolge damit möglich waren. Zunächst werden vier aus Sicht der Autor_innen relevante Kompetenzfelder definiert: Fach- und Methodenkompetenzen, personale Kompetenzen, sozial-kommunikative Kompetenzen und Aktivitäts- und Handlungskompetenzen. Dann wird aufgezeigt, wie

B. Nölting (✉) · N. Dembski · J. Pape
Hochschule für nachhaltige Entwicklung Eberswalde, Eberswalde, Deutschland
E-Mail: benjamin.noelting@hnee.de

N. Dembski
E-Mail: nadine.dembski@hnee.de

J. Pape
E-Mail: jens.pape@hnee.de

P. Schmuck
Universität Göttingen, Göttingen, Deutschland

W. Leal Filho (Hrsg.), *Nachhaltigkeit in der Lehre,* Theorie und Praxis der Nachhaltigkeit, https://doi.org/10.1007/978-3-662-56386-1_6

unter den organisatorisch-formellen Rahmenbedingungen eines berufsbegleitenden Studiengangs mit einer sehr heterogenen Zielgruppe das Studienprogramm für die Masterausbildung konzipiert ist. Das entwickelte Lehr-Lern-Konzept des Studiengangs basiert auf den Elementen Anwendungsorientierung, Praxisbezug und Persönlichkeitsentwicklung. Diese werden durch den Einbezug von Praktiker_innen in der Lehre und im Curriculum verankerte Praxisprojekte sichergestellt. Drei der sieben Module werden zur Illustration der Umsetzung des Lehr-Lern-Konzepts detailliert dargestellt. Die ersten Erfolge des Studiengangs werden anhand konkreter Projekte, die im Rahmen des Studiums bislang bearbeitet wurden, aufgezeigt. Beschränkungen und Hürden wie die Finanzierung des Studiengangs durch Studiengebühren werden diskutiert.

Schlüsselwörter
Gestaltungskompetenz · BNE · Lehr-Lern-Konzept · Transformative Bildung

6.1 Einleitung: Vom Wissen zu Gestaltungskompetenzen – was gehört zur wissenschaftlichen Ausbildung von Change Agents?

Ein Beitrag von Hochschulen zu einer großen Transformation (WBGU 2011; Schneidewind 2013; Schneidewind und Singer-Brodowski 2013) ist die Ausbildung von Change Agents (zu Change Agents vgl. John et al. 2017, S. 19). Diese qualifizierten und engagierten Personen stellen ihre Organisationen auf die Herausforderungen nachhaltiger Entwicklung ein, zeigen Entwicklungsmöglichkeiten auf und entwickeln Transformationsstrategien für Unternehmen und Non-Profit-Organisationen. Dafür schaffen sie Spielräume und nutzen diese (Kristof 2013).

Change Agents benötigen breit gefächerte Kompetenzen, die sowohl fachlich in die Tiefe gehen als auch Organisationsentwicklungsprozesse in ihrer Breite abdecken (Hesselbarth 2016; Nölting et al. 2013). Das erfordert Überblickswissen zu nachhaltiger Entwicklung und die Fähigkeit, dieses mit spezifischen Aufgaben und Funktionen der jeweiligen Organisation zu verknüpfen. Für die Umsetzung sind Managementkonzepte und -methoden, aber auch Führungs- und Prozesskompetenzen gefragt, denn Veränderungsprozesse lösen oftmals Ängste aus und/oder rufen Widerstände hervor. Es gilt, interne und externe Stakeholder mitzunehmen, Netzwerke aufzubauen, Konflikte konstruktiv zu wenden und Mitstreiter_innen zu motivieren.

Wie kann die Ausbildung an Hochschulen die Studierenden angemessen auf diese Aufgaben vorbereiten? Angesichts der Komplexität ist eine Ausbildung auf dem wissenschaftlichen Stand der (Nachhaltigkeits-)Forschung notwendig. Den Schwerpunkt gängiger Hochschullehre macht derzeit die Vermittlung von kognitivem Wissen aus, also die theoretische, fachliche und methodische Ausbildung. Angesichts der dargestellten Aufgaben von

Change Agents wird deutlich, dass dies nicht ausreicht. Sie müssen in der Lage sein, Veränderungen der dominanten, nicht-nachhaltigen Strukturen vorzudenken und anzuleiten.

Dazu braucht es Hochschulen – und das ist unsere Ausgangsthese (Nölting et al. 2015, S. 132) –, die sich auf dem Weg zu nachhaltiger Wissenschaft zunächst selbst transformieren, damit die Studierenden vor Ort an der Hochschule die Transformationsprozesse hautnah erleben. An Fachhochschulen können solche Prozesse gut gestartet werden, da von ihnen eine Praxisorientierung in der Lehre und eine Anwendungsorientierung sowie Praxiskooperationen in der Forschung erwartet werden.

Die Rahmenbedingungen in einer Hochschule, die sich selbst transformiert, bieten u. E. eine wesentliche Voraussetzung, um Schlüsselkompetenzen von Change Agents, wie von Wiek et al. 2011 genannt, zu entfalten: normativ-ethisches Reflexionsvermögen, emotionales Mitfühlen, systemisches Denken, interpersonelle Kompetenz wie Motivations- und Moderationsfähigkeit, vorausschauendes strategisches Denken und Handeln sowie Entscheidungsfähigkeit unter Unsicherheit. Vor diesem Hintergrund können kompetenzorientierte Lehr-Lern-Konzepte umgesetzt werden, die Lernen nicht allein als Weitergabe von kognitivem Wissen verstehen, sondern Handlungskompetenz in einem mehrdimensionalen und wechselseitigen Prozess vermitteln.

Die von de Haan (2008) genannten zehn Teilkompetenzen der BNE lassen sich, mehr oder weniger trennscharf, vier Kompetenzfeldern zuordnen (Erpenbeck und von Rosenstiel 2007; Grothe und Fröbel 2010):

- *Fach- und Methodenkompetenzen* wie systemisches Denken, Prozess- und Wissensmanagement entsprechen den BNE-Teilkompetenzen „weltoffen und neue Perspektiven integrierend", „Wissen aufbauend", „interdisziplinäre Erkenntnisse gewinnend und handelnd", „vorausschauend denken und handeln"
- *Personale Kompetenzen* wie Werte identifizieren und leben, Reflexionsfähigkeit, Begrenzungen (an)erkennen, Umgang mit Widersprüchen und Unwissen, Führung entsprechen den BNE-Teilkompetenzen „die eigenen Leitbilder und die anderer reflektieren können", „Empathie und Solidarität für Benachteiligte zeigen können"
- *Sozial-kommunikative Kompetenzen* wie Kooperation, Dialogfähigkeit, konstruktiver Umgang mit Konflikten entsprechen den BNE-Teilkompetenzen „gemeinsam mit anderen planen und handeln können", „an Entscheidungsprozessen partizipieren und andere motivieren können", „aktiv werden"
- *Aktivitäts- und Handlungskompetenzen* verstanden als die Kombination der ersten drei Kompetenzfelder und die Realisierung dieser Disposition z. B. in der Gestaltung von Entscheidungsprozessen und der Umsetzung getroffener Entscheidungen entsprechen den BNE-Teilkompetenzen „sich motivieren können", „aktiv werden", „selbstständig planen und handeln können"

Je mehr die Kompetenzvermittlung ganzheitlich und integrativ ausgerichtet ist, desto stärker müssen die Lehr-Lern-Konzepte zu didaktischen Lernsettings mit einem realitätsnahen Austausch zwischen Hochschule und Praxis weiterentwickelt werden. Das gilt zunächst für die Vermittlung von Fach- und Methodenwissen. Die deutsche Lernzieltaxonomie macht deutlich, dass es weniger um die Menge des Wissens als um einen souveränen Umgang damit geht (Merk und Braun 2010, S. 27) (vgl. Abb. 6.1). Diese Lernzieltaxonomie bildet jedoch andere Kompetenzfelder wie sozial-kommunikative und personale Kompetenzen nicht angemessen ab. Der Komplexitäts- und Schwierigkeitsgrad von BNE-Teilkompetenzen wie „andere motivieren können" oder „Solidarität für Benachteiligte zeigen" muss über andere Zugänge und Kriterien abgebildet werden. Hier ist beispielsweise die Trias aus Wissen, Handeln und Sein bzw. Kopf, Hand und Herz hilfreich. Bei Wissen *(knowing)* geht es um verschiedene Wissensformen, beim Handeln *(acting)* um praktische und professionelle Fähigkeiten und Fertigkeiten, beim Sein *(being)* um Mindsets und Haltungen (John et al. 2017). Es liegen Lehr-Lern-Konzepte für die Hochschulausbildung zu nachhaltiger Entwicklung vor, die dieser Komplexität gerecht werden (Barth et al. 2016).

Neben inhaltlichen Erwägungen ist die Kompetenzvermittlung auch von organisatorischen und formellen Bedingungen geprägt (John et al. 2017, S. 43–46). Zentrale Herausforderung ist zunächst, die Zielgruppe zu berücksichtigen, um eine studierendenzentrierte didaktische Planung zu verwirklichen, die das Vorwissen, die Lerninteressen und -ziele sowie die Zusammensetzung der Lerngruppe berücksichtigt. Zweitens sind organisatorische Aspekte wie die Gruppengröße und Lehrkapazitäten, die didaktische Ausbildung der Lehrenden, die Ausstattung sowie die institutionell vorgeprägte Lehr- und Lernkultur maßgeblich. Drittens haben die formellen Rahmenbedingungen der Studien- und Prüfungsordnung Einfluss.

Vor dem Hintergrund der adressierten Nachhaltigkeitskompetenzen und des organisatorischen Rahmens lassen sich verschiedene didaktische Formate wie Vorlesungen,

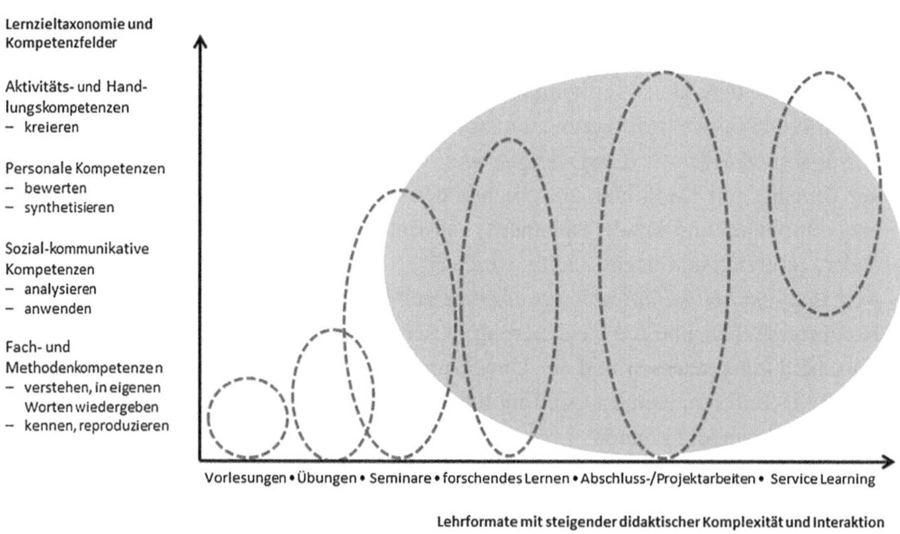

Abb. 6.1 Zusammenhang von Kompetenzvermittlung und Lehrformaten. (Eigene Darstellung)

Übungen, Seminare, Projektarbeiten, forschungsbasiertes und forschendes Lernen, Qualifizierungsarbeiten, Service Learning etc. zuordnen (vgl. Abb. 6.1). Diese Spannbreite sollte sich auch in kompetenz- und praxisorientierten Prüfungsformaten widerspiegeln (Walzik 2012).

Abb. 6.1 verdeutlicht, dass es für unterschiedliche Zwecke und Rahmenbedingungen verschiedene didaktische Formate gibt, die in ihrer gesamten Bandbreite genutzt werden sollten. So gibt es an Hochschulen einzelne Unterrichtseinheiten und Module zu nachhaltiger Entwicklung z. B. in Standardstudiengängen der Wirtschafts-, Sozial- und Ingenieurwissenschaften. Sie haben aber häufig den Status von methodischen Experimenten und stellen Insellösungen dar, die i. d. R. lose in den jeweiligen Ausbildungskontext integriert sind.

Weitergehende, integrierte Lehr-Lern-Konzepte gibt es für ganze Studiengänge zum Thema Nachhaltigkeit. Dazu zählen Studienangebote zu den Themen Umwelt und Energie in den Ingenieurwissenschaften oder zu Nachhaltigkeitsmanagement in Wirtschafts- und Sozialwissenschaften. Auch wenn die Zahl solcher Angebote in den letzten Jahren erkennbar gestiegen ist, so befinden sie sich noch immer in der Nische. Besonders wirkungsvoll sind solche Studienangebote dann, wenn sie in ein Konzept transformativer Hochschulen eingebettet sind, bei dem sich Forschung, Lehre, Betrieb und Transfer für nachhaltige Entwicklung gegenseitig befruchten.

Die Beschreibung von Gestaltungskompetenz für nachhaltige Entwicklung mittels der vier Kompetenzfelder und einzelner BNE-Teilkompetenzen bleibt jedoch sehr abstrakt. Sie müssen konkretisiert und in didaktische Lehr-Lern-Konzepte übersetzt werden. Wie das möglich ist und welche Schwierigkeiten dabei auftreten können, stellen wir nachfolgend für den berufsbegleitenden Master „Strategisches Nachhaltigkeitsmanagement" vor – vom übergreifenden Lehr-Lern-Konzept bis hin zur didaktischen Umsetzung in einzelnen Modulen.

6.2 Vermittlung von Gestaltungskompetenz im „Strategischen Nachhaltigkeitsmanagement"

Im folgenden Abschnitt werden Rahmen und Anspruch des Weiterbildungsmasters „Strategisches Nachhaltigkeitsmanagement" an der HNE Eberswalde entlang den Inhalten des Studienprogramms, der Zielgruppen und der organisatorisch-formellen Rahmenbedingungen skizziert.

6.2.1 Inhalte und Kompetenzorientierung im Studiengang

Die Inhalte des Masterprogramms zielen darauf ab, die Studierenden dazu zu befähigen, eine Geschäftsidee zu entwickeln oder einen Organisationswandel vorauszudenken, die zu einer Nachhaltigkeitstransformation beitragen. Es geht somit eher um

Nachhaltigkeitsinnovationen und weniger um operatives Management in einer Nachhaltigkeits- oder CSR-Abteilung. Voraussetzungen dafür sind ein ganzheitlicher, systemischer Zugang, interdisziplinäres Denken und eine Auseinandersetzung mit ethischen Fragen nachhaltiger Entwicklung einschließlich konstruktiver, aber grundlegender Systemkritik (Hesselbarth 2016; Hesselbarth und Schaltegger 2014; Schmuck 2012). Dies erfolgt idealtypisch in drei Schritten: Orientierung und Positionierung (im 1. Semester), Strategieentwicklung und Managementkonzepte (im 2. Semester) sowie Umsetzung und Prozessgestaltung (im 3. Semester), wie es dem nachstehenden Curriculum zu entnehmen ist (Nölting et al. 2013, Tab. 6.1).

Im Studium werden Kompetenzen wie Analysefähigkeit, Beurteilungsvermögen, Selbstreflexion, Kommunikationsfähigkeit und Empathie trainiert. Dies geht über die üblichen Formen der Wissensvermittlung an Hochschulen hinaus. Viele der Kompetenzen lassen sich nicht rein wissenschaftlich ableiten, sondern haben auch eine normativ-ethische Komponente, die im Lehr-Lernprozess reflektiert wird.

6.2.2 Zielgruppen des Studiengangs

Das Studium ist konzipiert für Berufstätige mit Bachelor- (und Master-)Abschluss. Durch die Kombination von Präsenzphasen an der Hochschule sowie Selbstlernphasen kann karrierebegleitend studiert werden. Der Weiterbildungsstudiengang wendet sich an Fach- und (künftige) Führungskräfte aus Unternehmen, Verwaltungseinrichtungen und Non-Profit-Organisationen, die zuständig sind für die strategische Planung und Steuerung von Organisationsentwicklungsprozessen. Generell richtet sich das Angebot an alle Interessierten, die in ihrer beruflichen Praxis gesellschaftliche Ziele verfolgen und soziale, ökonomische und ökologische Aspekte verankern möchten. Die Teilnehmer_innen weisen einen sehr vielfältigen fachlichen (Wirtschaftswissenschaften, Politikwissenschaften, Verwaltungswissenschaften, Jura, Ingenieurwissenschaften oder Ökologie) und

Tab. 6.1 Curriculum „Strategisches Nachhaltigkeitsmanagement“

1. Semester: Orientierung	2. Semester: Strategische Entwicklung	3. Semester: Handeln	4. Semester
Modul 1: Kartierung von nachhaltiger Entwicklung (6 ECTS)	**Modul 4: Konzeption einer robusten Strategie** (6 ECTS)	**Modul 6: Prozesskompetenz** (6 ECTS)	**Modul 8: Masterarbeit** (15 ECTS)
Modul 2: Orientierung, Positionierung und ethische Reflexion (6 ECTS)	**Modul 5: Management der Nachhaltigkeitsstrategie** (6 ECTS)	**Modul 7: Reflexion: Nachhaltigkeit als Prozess** (6 ECTS)	Masterthesis Kolloquium Aufgabe z. B. aus einer/der eigenen Organisation
Modul 3: Nachhaltigkeitsprojekt (9 ECTS; über 3 Semester à 3 ECTS)			

beruflichen (verschiedene Branchen, Unternehmensgrößen und -typen sowie Selbstständige, NGOs und Verwaltungen) Hintergrund auf, was beabsichtigt ist, um gesellschaftliche Vielfalt in den Modulen abzubilden.

Die Studierenden sind hoch motiviert und lassen sich mit dem Motto „Gestaltungsinteresse sucht Gestaltungskompetenz" charakterisieren. Aufgrund ihrer Berufserfahrungen und ihrer Entscheidung für die Weiterbildung bringen sie ein großes Vorwissen ein und stellen hohe Ansprüche an das Studienangebot. Hinderlich ist, dass sie aufgrund ihrer Berufstätigkeit engen zeitlichen Restriktionen unterliegen und Studiengebühren zu entrichten haben.

6.2.3 Organisatorische Rahmenbedingungen für die Lehre

Der Weiterbildungsstudiengang muss sich über die eingenommenen Studiengebühren finanzieren, was eine Hürde für die Teilnahme darstellt. Die Gestaltung des Lehr- und Lernsettings berücksichtigt weiterhin die berufsbedingte zeitliche und räumliche Beanspruchung der Studierenden, die in ganz Deutschland verteilt leben und arbeiten. So ist der Studiengang als Blended-Learning-Angebot konzipiert: Im Semester wechseln Präsenzphasen mit Fern- und Selbststudienphasen ab, um den Berufstätigen zu ermöglichen, zeitlich und räumlich flexibel zu lernen. In der Regel finden drei Präsenzphasen pro Semester mit jeweils 3–5 Tagen an der Hochschule für nachhaltige Entwicklung Eberswalde statt. Die Seminare in den Präsenzphasen sind als Ideenlabor konzipiert, in der die Teilnehmer_innen ihre Fragen zum Nachhaltigkeitsmanagement aus der beruflichen Praxis einbringen. Gemeinsam mit Nachhaltigkeitsprofis aus Wissenschaft und Praxis entwickeln sie Lösungsansätze und bewerten diese.

Die Fern- und Selbststudienphasen dienen dazu, die Präsenzveranstaltungen vor- und nachzubereiten, neue Ansätze zu erproben, sich Wissen anzueignen und zu vertiefen. Neben klassischer Lektüre werden auch online-basierte, interaktive Lernelemente genutzt (wie Online-Übungen, Webinare, webbasierte Gruppenarbeit, Foren etc. wie auch ein eigener Studiengangs-Blog). Die Online-Lernumgebung wird von den Studierenden inhaltlich und visuell mitgestaltet. Die Aufgabenstellungen und Lernformate sind aktivierend gestaltet.

6.3 Lehr-Lern-Konzepte zur Ausbildung von Change Agents und didaktische Umsetzung

Vor diesem Hintergrund werden nachfolgend zunächst das Lehr-Lern-Konzept des Studiengangs und dann dessen didaktische Umsetzung exemplarisch für drei Module (vgl. Tab. 6.1) dargestellt. Das übergreifende Lernziel ist, die Studierenden zu befähigen, passgenaue und robuste Nachhaltigkeitsstrategien für ihre Organisation zu entwickeln und praktisch umzusetzen – auch gegen Widerstände. Sie lernen, Ansatzpunkte für einen

Organisationswandel zu identifizieren, eine Nachhaltigkeitstransformation vorzudenken und zu initiieren sowie die Umsetzungsprozesse zu gestalten. Der Studiengang leitet zum ganzheitlichen Denken an und befähigt die Studierenden, fachlich und ethisch begründete Richtungsentscheidungen zu treffen.

Für das Lehr-Lern-Konzept des Studiengangs sind zwei Elemente zentral. Erstens sind *Anwendungsorientierung und Praxisbezug* für den Erfolg berufsbegleitender Weiterbildung wesentlich. Diese werden durch den Einbezug von Praktiker_innen in der Lehre und ein Praxisprojekt (Modul 3 Nachhaltigkeitsprojekt) gewährleistet. Tandems aus Wissenschaftler_in und Praxisexpert_in übernehmen gemeinsam die Modulverantwortung. Auch der engagierte Praxisbeirat mit Expert_innen aus Unternehmen, Wissenschaft und Bildung, Verbänden, Stiftungen und Kommunen sichert den Praxisbezug und unterstützt das Studiengangsteam bei der kontinuierlichen Begleitung und Verbesserung des Weiterbildungsangebotes. Durch diese transdisziplinären Lehrkooperationen wird das Studium für gesellschaftliche Anforderungen an nachhaltige Entwicklung geöffnet.

Zweitens wird die *Persönlichkeitsentwicklung* angeleitet und gefördert. Es wird der Umgang mit Dilemmasituationen und Risiken, die für Nachhaltigkeitsprobleme typisch sind, reflektiert und trainiert. Dazu gehört eine ethische Reflexion über Werte und Menschenbilder sowie über Wirtschafts- und Gesellschaftssysteme. Die Studierenden nehmen verschiedene Perspektiven ein, üben in Rollenspielen mit Dilemmata umzugehen und werten die Ergebnisse vor dem Hintergrund ihrer persönlichen Erfahrungen und des Stands der Nachhaltigkeitsforschung aus. Dadurch werden die Studierenden als Treiber_innen für nachhaltige Entwicklung angesprochen und gestärkt. Indem ein ganzheitliches Verständnis von Gestaltungskompetenz für Nachhaltigkeit in den Mittelpunkt des Lehr-Lern-Konzepts gestellt wird, werden auch Schlüssel- und Teilkompetenzen jenseits von (kognitivem) Wissen und Fähigkeiten adressiert. Dabei wird zugleich die Verbindung zwischen sozial-kommunikativen sowie personalen Kompetenzen mit Fach- und Methodenwissen aufgezeigt und hergestellt. Normative Fragen und ethische Aspekte nachhaltiger Entwicklung werden einer wissenschaftlich-systematischen Reflexion zugänglich gemacht. Sie werden in die Diskussions-, Bewertungs- und Lernprozesse explizit mit aufgenommen und dort thematisiert. Auf diese Weise lernen und trainieren die Studierenden, wie sie die normativen Ziele nachhaltiger Entwicklung hinterfragen und in den komplexen und teilweise unübersichtlichen Veränderungsprozessen, die sie in Richtung nachhaltiger Entwicklung anstoßen (wollen), kritisch prüfen können, ob die Entwicklungsprozesse in die angestrebte Richtung gehen. Damit wird die wissenschaftliche Ausbildung um zusätzliche Qualitäten erweitert.

Nachfolgend wird die didaktische Umsetzung am Beispiel von drei Modulen des Studiengangs dargestellt, wobei jeweils a) der Hintergrund des Moduls und dessen Funktion im Studiengang, b) die Lehrenden, c) die Lernziele bzw. -ergebnisse, d) die Studieninhalte und deren didaktische Umsetzung in den Präsenz- und Selbstlernphasen sowie e) die kompetenzorientierte Prüfungsleistung erläutert werden.

6.3.1 Modul 5 „Management der Nachhaltigkeitsstrategie"

Rolle des Moduls im Studiengang: Anknüpfend an das Modul 4 „Entwicklung einer Nachhaltigkeitsstrategie" erwerben die Teilnehmenden im Modul „Management der Nachhaltigkeitsstrategie" Wissen zu Methoden, mit denen sie eine Nachhaltigkeitsstrategie im Unternehmen bzw. in der Organisation umsetzen und steuern können.

Die *Lehrenden* gestalten das Modul im Teamteaching: Ein Professor der HNE Eberswalde teilt die Modulverantwortung mit einem Nachhaltigkeitsexperten der Otto Group. Darüber hinaus sind erfahrene Praktiker_innen der Firma WBN – Büro für Kommunikation und des Verbandes UnternehmensGrün eingebunden.

Studieninhalte und didaktische Umsetzung: Das Management der Nachhaltigkeitsstrategie wird in drei Schritten vermittelt. Erstens lernen die Studierenden bestehende standardisierte und normierte Managementsysteme und -ansätze kennen und können diese auf konkrete Unternehmen und Non-Profit-Organisationen anwenden. Die Studierenden eignen sich das Wissen in Vorbereitung auf die erste Präsenzphase durch das Selbststudium ausgewählter Literatur (Müller-Christ 2014; Baumast und Pape 2013) an, begleitet von einem Online-Meeting und der Nutzung der Lernplattform. Vorteile und Grenzen, aber auch Entwicklungsperspektiven werden dann in der Präsenzphase zusammen mit Lehrenden der Hochschule und Anwender_innen herausgearbeitet und diskutiert.

In einem zweiten Schritt werden Controlling-Instrumente für das Management der Nachhaltigkeitsstrategie behandelt: Neben der Implementierung von Managementstrukturen bzw. -systemen und der damit intendierten Gewährleistung einer belastbaren Aufbau- und Ablauforganisation zum Nachhaltigkeitsmanagement in Unternehmen und Non-Profit-Organisationen sind Controlling-Instrumente, d. h. entscheidungsunterstützende Tools in Fragen der Betriebs- und Produktökologie zentrale Themenfelder des Moduls.

Das dritte Themenfeld adressiert die Nachhaltigkeitskommunikation und -berichterstattung, also die interne und externe Kommunikation der Ergebnisse des betrieblichen Nachhaltigkeitsmanagements. Dabei geht es ebenso um die Vermittlung bestehender Berichtsformen (z. B. ISO, DNK, GRI) wie um die Entwicklung von tragfähigen Nachhaltigkeitskampagnen. Hier zeigen Fallstudien und die Auswertung von Praxisbeispielen Chancen und Grenzen der Nachhaltigkeitskommunikation auf.

Aufgrund der zahlreichen Methoden, die jeweils unterschiedliche Funktionen und Einsatzbereiche haben, wird im Rahmen des Moduls rasch deutlich, dass es nicht „die" Methode für das Management einer Nachhaltigkeitsstrategie in Unternehmen oder Organisationen gibt. Umso wichtiger ist es – gemeinsam mit ausgewiesenen Expert_innen – anhand von Fallbeispielen und Erfolgsbeispielen mit den Studierenden zu erarbeiten, welche Management- und Controlling-Instrumente zur Verfügung stehen, und deren Stärken und Schwächen im Hinblick auf die konkreten Organisationen und Branchen der Studierenden abschätzen zu lernen.

Als weitere wichtige Themen werden die Prinzipien von Leadership und Teamführung als zentrale Hebel für die Umsetzung der Nachhaltigkeitsstrategie adressiert. Intendierte *Lernergebnisse* des Moduls sind somit, dass die Teilnehmenden

- wirtschaftliche, soziale und ökologische Auswirkungen der Nachhaltigkeitsstrategie beschreiben und analysieren können,
- Erfolgskriterien für die Nachhaltigkeitsstrategie benennen können und Systeme für Nachhaltigkeitsbewertung und -kommunikation (ISO, GRI, DNK, Global Compact sowie weitere Accounting- und Reporting-Ansätze für Organisationen etc.) und deren Stärken und Schwächen kennen,
- bestehende Managementsysteme (u. a. EMAS, ISO14001, ISO50000, ISO 26000) und Controlling-Instrumente zur Implementation und Steuerung von Nachhaltigkeitsstrategien und deren Einsatzfelder in Unternehmen (u. a. PCF, CCF, OEF/PEF, Supply Chain Management, Ressourcenmanagement, Balanced Scorecard) und in Non-Profit-Organisationen kennen,
- die Stärken und Schwächen ausgewählter Instrumente abschätzen können, deren Passfähigkeit für die eigene Organisation beurteilen und deren Einsatz und Timing exemplarisch auf die Managementplanung zur Implementierung des Geschäftsmodells bzw. neuer Organisationsziele übertragen können,
- Strategien kennen, wie sie mit Nichtwissen, Risiken, Entscheidungen unter Unsicherheit oder den Folgen von Nichthandeln umgehen können,
- Prinzipien von Leadership und Teamführung kennen und diese für sich reflektieren.

Neben der betrieblichen bzw. auf die eigene Organisation gerichteten Sichtweise wird die Perspektive mit Blick auf ein erfolgreiches Management der (eigenen) Nachhaltigkeitsstrategie erweitert, indem mit der Etablierung von strategischen Allianzen und ausgewählten Unternehmensinitiativen zentrale Erfolgsfaktoren für das Nachhaltigkeitsmanagement adressiert und an Fallbeispielen erörtert werden.

Neben unterschiedlichen Lehr-Lern-Formaten, die in der Präsenz- und Online-Phase zur Anwendung kommen, ist ein weiterer zentraler methodischer Ansatz die Fallstudie. Hier kann die Komplexität der Probleme in angemessener Tiefe bearbeitet werden, denn Fallstudien sind eng an der Praxis ausgerichtet, sodass praxisrelevantes Wissen erarbeitet wird. Dabei werden die Fallstudien so ausgewählt, dass diese übergreifend in den beiden parallelen Modulen „Entwicklung einer Nachhaltigkeitsstrategie" und „Management der Nachhaltigkeitsstrategie" zur Anwendung kommen und dadurch zusätzlich Synergie- und Lerneffekte erschließen. Damit verfolgen beide Module eine eher induktive Vorgehensweise, bei der ausgehend von konkreten Fällen allgemeine Methoden und Verfahren der Strategieentwicklung gelernt werden.

Die *Prüfungsleistung* für das Modul ist eine Klausur, in der anhand eines Fallbeispiels Fragen zu den Lernzielen gestellt werden.

6.3.2 Modul 6 „Prozesskompetenz“

Rolle des Moduls im Studiengang: Nachdem im ersten Semester die Orientierung und im zweiten Semester die Strategieentwicklung innerhalb der Nachhaltigkeitstransformation im Vordergrund standen, geht es im dritten Semester mit den Modulen „Prozesskompetenz“ und „Reflexion“ im Schwerpunkt um die Umsetzung von Nachhaltigkeitsprojekten. Das Modul „Prozesskompetenz“ beinhaltet psychologische und sozialwissenschaftliche Aspekte der Transformation sowie deren ethisch-philosophische Einbettung.

Die *Lehrenden* unterrichten im Teamteaching: Ein Dozent, der an der HNE Eberswalde und der Universität Göttingen tätig ist, teilt die Modulverantwortung mit einer Dozentin, die für e-fect eG als Beraterin und Prozessbegleiterin tätig ist. Darüber hinaus sind erfahrene Praktikerinnen der Firmen Terra Institut (Brixen) sowie der Berliner Stadtreinigung im Modul tätig.

Lernziele und Lernergebnisse: Die Studierenden erwerben im Modul zum einen Fachkompetenzen. Sie kennen nachhaltigkeitsrelevante individuelle Motivationen, Kognitionen und Emotionen und können daraus Grundprinzipien einer Prozesssteuerung ableiten, die auf einen schrittweisen Wandel der Organisationskultur abzielt. Sie können anhand von praktischen Beispielen und Fallstudien Ansätze konzipieren, wie Organisationsentwicklung und Nachhaltigkeitsstrategien an den Praxisalltag in einer Organisation anschlussfähig gemacht werden können. Sie kennen Grundlagen des Change Managements und können diese zur Planung und Initiierung von Veränderungsprozessen anwenden. Sie kennen Strategien und Instrumente zur Gestaltung von Prozessen und können diese auf Beispiele anwenden: Kommunikation, Beteiligungsformen, Netzwerkarbeit und Umgang mit Konflikten. Sie können Moderationsmethoden einsetzen, um typische Nachhaltigkeitskonflikte produktiv zu bearbeiten. Sie verfügen über umweltpsychologisches Basiswissen und können dieses zur Gestaltung und Planung von Maßnahmen in Organisationen oder Kommunen einsetzen.

Zum anderen werden personale Kompetenzen erworben und trainiert. Die Studierenden kennen Instrumente des Change Managements und Konzepte der lernenden Organisation und können diese auf Wandlungsprozesse auf persönlicher, organisationaler und gesellschaftlicher Ebene und auf den Umgang mit Emotionen übertragen. Sie lernen, Hindernisse und Konflikte, die beim Prozessmanagement und der Implementation auftreten können, frühzeitig zu erkennen. Sie haben die eigene Rolle bei Moderation und Konfliktmanagement geklärt. Sie sind in der Lage, die Rolle der eigenen Person und der Organisation als Treiber einer nachhaltigen Entwicklung zu reflektieren und ethisch zu begründen. Sie kennen Ansätze der Prozesskompetenz wie z. B. Übertragung von Führungsverantwortung auf die Gruppe oder Motivierung von Mitarbeitenden. Sie kennen Erfolgsfaktoren des Change Managements wie z. B. Edukation, Partizipation und Integration und können diese auf (eigene) Praxisbeispiele anwenden.

Studieninhalte und didaktische Umsetzung: Systemisches Handeln basiert auf individuellen Motivationen, Kognitionen und Emotionen. Individuelles Handeln ist wiederum in soziale und gesellschaftliche Zusammenhänge eingebettet. Auf dieser Grundlage wird die Anschlussfähigkeit der Nachhaltigkeitsstrategie und Organisationsentwicklung an den Praxisalltag hergestellt. In Bezug auf Prozesskompetenz werden Aspekte behandelt wie Innovation, Lernen und Implementation als sozialer, emotionaler Prozess sowie Kommunikation, Beteiligung, Netzwerkarbeit, Umgang mit Konflikten. Die psychologische Abbildung ethischer Reflexionen in Form von egoorientierter, sozialorientierter und ökologisch orientierter Motivation wird vermittelt und in Bezug zu aktuellem Vokabular der Nachhaltigkeitsdiskussion gesetzt, wie z. B. Partizipation und Gerechtigkeitsprinzipien in Partnerschaften, starke und schwache Nachhaltigkeit. Prozesskompetenz wird als personale Kompetenz vermittelt, welche auf Wahrnehmung und Umsetzung von Führungsverantwortung, auf nachhaltigkeitsorientierten Motivationen beruht und Moderationstechniken und Konfliktmanagementmethoden einsetzt, welche auf emotionaler, kognitiver und motivationaler Transparenz basieren.

Die didaktische Umsetzung baut auf einen Wechsel zwischen vor- und nachbereitenden Aktivitäten zwischen den Präsenzphasen und der direkten Kommunikation während der Präsenzphasen auf. Hier gibt es Abschnitte der Vermittlung von Grundkenntnissen in Vorlesungs- und Seminarform. Den Schwerpunkt bilden jedoch interaktive und von Dozierenden, aber auch Studierenden moderierte Ideenlabore, Diskussionen und Bewertungen bezogen auf von den Teilnehmenden und Lehrenden thematisierte konkrete Prozesse der Nachhaltigkeitstransformation in Organisationen. Forschungsbasierte Lehre wird aktuell und konkret umgesetzt, indem z. B. im Rahmen einer ganztägigen Exkursion ein Aktionsforschungsprojekt der Lehrenden aufgesucht wird und vor Ort mit verantwortlichen Praxisvertreter_innen aus Wirtschaft, Lokalpolitik, Verwaltung und der ansässigen Bildungseinrichtung die Planung, Umsetzung und Bewertung einer konkreten Nachhaltigkeitstransformation angeschaut und diskutiert wird (Projekt TransformBar in der Stadt Treuenbrietzen, gefördert vom BMBF im Rahmen des Programms „Kommunen innovativ").

Am Beispiel der *Prüfungsleistung* für das Modul soll das Zusammenspiel von Online- und Präsenzelementen sowie die Orientierung an den Handlungsfeldern der Studierenden illustriert werden: Sie werden in der ersten Präsenzphase des Moduls eingeladen, einen selbst ausgewählten Nachhaltigkeitsveränderungsprozess in einem Unternehmen oder einer Organisation zu analysieren und kritische Punkte in diesem Prozess zu benennen. Sie beschreiben Methoden und Verfahren, mit denen dieser Veränderungsprozess so gestaltet werden kann, dass kritische Punkte überwunden werden und der Prozess produktiv weiterentwickelt wird. Diese Analyse wird in Form eines eigenen Textes bis zwei Wochen vor der letzten Präsenzphase in die Lernplattform eingestellt. Die Analyse enthält kurze Informationen zu folgenden Punkten: Akteurskreis, Vision/Ziel, Umsetzungsplan, Schwierigkeiten bei der Umsetzung und (wie) wurden diese überwunden? Abschließend folgt eine eigene Einschätzung, inwieweit Inhalte des laufenden Moduls zur Prozesskompetenz angewendet wurden und welche möglichen Optimierungen für den weiteren Prozess gesehen werden. In den verbleibenden Tagen bis zur mündlichen Prüfung in der letzten Präsenzphase formulieren die Studierenden je eine Rückfrage zu jedem der anderen Projekte. In der mündlichen Prüfung wird dann das Projekt vorgestellt und anhand der bereits vorliegenden Fragen der Kommiliton_innen diskutiert. Die Bewertungskriterien für die Prüfungsleistung werden vorab sehr detailliert transparent gemacht. Dieses Vorgehen führt zu einer für die Beteiligten als konstruktiv und fair empfundenen Prüfungssituation, die sich gut in das Blended-Learning-Konzept des Studienganges einbettet.

6.3.3 Modul 7 „Reflexion: Nachhaltigkeit als Prozess"

Rolle des Moduls im Studiengang: Das Modul „Reflexion: Nachhaltigkeit als Prozess" steht am Ende des Studiums und stellt eine Klammer für das gesamte Studium und die individuellen Lernprozesse der Teilnehmenden dar. Im Rückblick werden die in den Modulen 1–6 vermittelten Konzepte, Strategien und Methoden – also Fach- und Methodenwissen – sowie die personalen, sozial-kommunikativen und Handlungskompetenzen nochmals aufgerufen und den gesellschaftlichen Anforderungen nachhaltiger Entwicklung und von Nachhaltigkeitsmanagement gegenübergestellt. In diesem Modul reflektieren die Studierenden ihre erworbenen Kompetenzen und ihre persönliche Entwicklung.

Die *Lehrenden* sind zwei Dozierende der HNE Eberswalde, eine Praktikerin des Ecologic Instituts mit Personalverantwortung und eine Initiatorin der zivilgesellschaftlichen Plattform Forschungswende.

Lernergebnisse: Die Studierenden können ihren Lern- und Entwicklungsprozess im Studium beschreiben und Zusammenhänge zwischen Modulen herstellen. Sie können ein Kompetenzprofil „Strategisches Nachhaltigkeitsmanagement" formulieren, ihr persönliches Profil erheben und daraus Schlussfolgerungen für ihre persönliche Weiterentwicklung ziehen.

Didaktisch werden diese Lernergebnisse in drei Schritten erreicht: In einem ersten Schritt formulieren die Studierenden gemeinsam als Kurs ein allgemeines Kompetenzprofil zum strategischen Nachhaltigkeitsmanagement, in dem alle aus ihrer Sicht erforderlichen Kompetenzen zusammengestellt werden. In der Präsenzphase entwickelt bzw. adaptiert die Gruppe auf Basis wissenschaftlicher Texte eine Struktur für das Kompetenzprofil, indem sie verschiedene Schlüsselkompetenzen zueinander in Bezug setzen. Anschließend sammeln die Studierenden Teilkompetenzen mittels einer Fantasiereise durch ihr bisheriges Studium sowie in Kleingruppenarbeit zu den Kompetenzen, die für die Realisierung ihres Nachhaltigkeitsprojekts (Modul 3) erforderlich sind. Weiterhin diskutieren sie, welche Anforderungen sich aus gesellschaftlichen Megatrends wie Beschleunigung (vgl. Rosa 2012) oder einer funktional ausdifferenzierten Arbeitsteilung entsprechend der Systemtheorie an Nachhaltigkeitsmanagement ergeben und welche Teilkompetenzen dies jeweils erfordert.

Die Teilnehmenden differenzieren zwischen verschiedenen Kompetenzebenen, handeln aus, welche Schlüsselkompetenzen sie für maßgeblich erachten und verständigen sich über die Auswahl und Zuordnung der Teilkompetenzen. Am Ende der ersten Präsenzphase haben die Studierenden ein idealtypisches, sehr umfängliches Kompetenzprofil beschrieben, das die Gruppe bewertet. Dazu stellen die Lehrenden die Fragen, a) ob eine einzelne Person realistisch ein solches Kompetenzprofil ausfüllen kann und b) was das Kompetenzprofil für strategisches Nachhaltigkeitsmanagement von dem eines Mafiabosses unterscheidet. Auf diese Weise diskutiert die Gruppe, welche Bedeutung Werte und eine ethische Ausrichtung im Kompetenzprofil haben. Didaktisch wird im Plenum mittels Visualisierung (Moderationsmethode mit Kärtchen) gearbeitet. Die Teilnehmenden gestalten diesen Strukturierungsprozess weitgehend selbst organisiert, aber unter Anleitung der Lehrenden. Im Nachgang vertiefen die Studierenden dieses idealtypische Kompetenzprofil durch Fachtexte und ein Webinar und verschriftlichen es als ein Teil der Prüfungsleistung.

Im zweiten Schritt erheben die Studierenden anhand des Kompetenzprofils ihren individuellen Kompetenzstand. Sie wählen für sie zentrale Teilkompetenzen, geben dazu eine Selbsteinschätzung ab und erfragen eine Fremdeinschätzung. Didaktisch werden Methoden zur Erhebung von Kompetenzen (z. B. Verhaltensanker, Fragemethode) sowie zur Darstellung eines Kompetenzprofils (z. B. Spinnendiagramme) vermittelt. Die Teilnehmenden erheben ihr Kompetenzprofil eigenständig und befassen sich dabei u. a. mit folgenden Fragen: Wo stehen sie persönlich? Was ist ihr Menschenbild? Wie passen ihre Wertvorstellungen und diejenigen ihrer Organisation zusammen? Die Studierenden werden dabei ermuntert, sich untereinander zu ihren Ergebnissen auszutauschen.

Im dritten Schritt leiten sie daraus Fragen und Handlungsfelder für ihre persönliche Weiterentwicklung ab und formulieren dazu mit Unterstützung der Lehrenden Ziele für ihre individuelle Kompetenzentwicklung. Dabei machen die Lehrenden den Teilnehmenden deutlich, dass es kein wissenschaftlich ableitbares, objektiv „richtiges" Kompetenzprofil gibt, sondern die Studierenden müssen sich selbst über ihre Ziele und das von ihnen angestrebte Profil klar werden. Das schließt auch Lücken und „Schwächen" ein. In der letzten Präsenzphase begleiten die Lehrenden die Teilnehmenden bei diesem Klärungsprozess und leiten sie dabei an, personale und sozial-kommunikative Kompetenzen weiterzuentwickeln. Dies erfolgt didaktisch durch eine Reflexion der eigenen Erfahrungen und anhand von Beispielen gelungenen Handelns in Partnerarbeit und kollegialer Beratung. Wichtig in dieser Arbeitsphase ist eine sehr vertrauensvolle und geschützte Lernatmosphäre, damit die Studierenden sich auf diesen anspruchsvollen Prozess der Selbstreflexion einlassen und für die Partnerarbeit – soweit sie wollen – öffnen können. Bei diesem dritten Schritt coachen die Lehrenden die Teilnehmenden dabei, die gesellschaftlichen Anforderungen an Nachhaltigkeitsmanagement, ihre individuellen Ansprüche und ihre persönlichen Wertvorstellungen einander gegenüberzustellen und für sich zu entscheiden, in welchen Bereichen sie Schwerpunkte setzen wollen. Das Modul leitet damit Lernprozesse, die über das Studium hinausreichen, an.

Die *Prüfungsleistung* für das Modul ist eine Hausarbeit. Die Teilnehmenden erstellen ein Lernportfolio zu ihrem individuellen Studien- und Lernprozess mit jeweils einer Einlage zu den vier zentralen Studienabschnitten (mit Ausnahme der nachfolgenden Masterarbeit). Eine Einlage ist das gemeinschaftlich erarbeitete allgemeine Kompetenzprofil zum Strategischen Nachhaltigkeitsmanagement (vgl. Download unter: http://snm-hnee.de).

6.4 Schlussfolgerungen: Weiterentwicklung der wissenschaftlichen Ausbildung von Change Agents

Das Lehr-Lern-Konzept des berufsbegleitenden Weiterbildungsmasters „Strategisches Nachhaltigkeitsmanagement" ist anspruchsvoll – ganz entsprechend der Zielgruppe, die mit hohem Engagement, aber auch hohen Erwartungen am Studienangebot teilnimmt. Es setzt auf erfahrene und engagierte Lehrende aus Wissenschaft und Praxis, eine experimentierfreudige Einstellung zu innovativen Lehr- und Lernmethoden mit klar definierten Feedbackschleifen zur Evaluation des Lernerfolges, die Schaffung einer vertrauensvollen Atmosphäre in den Lehrveranstaltungen, eine Kultur des gegenseitigen Respekts bei unterschiedlichen Auffassungen und Werthaltungen sowie eine kritisch-konstruktive Haltung gegenüber den zu überwindenden, nicht-nachhaltigen Strukturen und Prozessen in der Gesellschaft. Hier ist anzumerken, dass die viel beschäftigten Nachhaltigkeitsexpert_innen aus der Praxis seit vielen Jahren in der Lehre tätig sind, was ein Qualitätsmerkmal des Studienangebots ist. Sie empfinden die Lernprozesse mit den Studierenden als anregend, was ein Anzeichen dafür ist, dass das Konzept des Ideenlabors aufgeht.

Wie die Darstellung von drei Modulen des Studiengangs zeigt, werden Kompetenzen sehr breit vermittelt und trainiert. Im Modul „Management der Nachhaltigkeitsstrategie" bilden Methodenkenntnis und Fachwissen, aber auch Kommunikation und Leadership den Schwerpunkt. Im Modul „Prozesskompetenz" werden sozial-kommunikative Kompetenzen trainiert, die unabdingbar sind für das Verständnis und eine Gestaltung von Organisationsentwicklungs- und Veränderungsprozessen. Im Modul „Reflexion: Nachhaltigkeit als Prozess" stehen personale Kompetenzen im Mittelpunkt; es geht um das individuelle Kompetenzprofil und die persönliche Entwicklung. Auf dieser Basis werden schließlich aktivitäts- und handlungsorientierte Kompetenzen gefördert, also aktives, selbstständiges Handeln der Personen zur Umsetzung von Vorhaben und Zielen im Nachhaltigkeitsmanagement, das allein, im Team oder in einer Organisation erfolgt (Grothe und Fröbel 2010, S. 19). Hierzu geben insbesondere das Modul 3 „Nachhaltigkeitsprojekt" mit seiner praktischen Ausrichtung und der intensive Austausch in allen Modulen mit den Praxisexpert_innen wichtige Impulse. Nicht zuletzt bietet die Hochschule, die sich als Ganze am Leitbild nachhaltiger Entwicklung ausrichtet und durch Nachhaltigkeitstransfer in die Gesellschaft wirken möchte, einen unterstützenden Rahmen für diese Lernprozesse. Die klare Ausrichtung in Lehre, Forschung und Betrieb fördert ein breites Engagement der Hochschulangehörigen.

Das spiegelt sich auch im Studiengang wider; die Studierenden wirken bereits als Change Agents, erkennbar an den ersten Masterarbeiten z. B. zum Widerspruchsmanagement im Kontext der Nachhaltigkeit von Großunternehmen oder zur Erfassung und Bewertung positiver sozialer Beiträge von Nachhaltigkeitsmaßnahmen multinationaler Handelsunternehmen. Auch in den Projektarbeiten im Modul 3 wurden anspruchsvolle Vorhaben umgesetzt, z. B. die Erarbeitung eines Nachhaltigkeitsfahrplans für einen mittelständischen Kartoffelverarbeitungsbetrieb, ein Konzept für die Öffentlichkeitsarbeit einer Bürgerenergiegenossenschaft, die Auswahl geeigneter Baumpflanzprojekte für eine grüne Suchmaschine, die Organisation und Durchführung eines deutsch-polnischen Nachhaltigkeitssommercamps für Jugendliche zum interkulturellen Wissensaustausch und gemeinsamen Pflanzaktionen, die Entwicklung einer Online-Austauschplattform für einen nachhaltigen Lebensstil oder ein Beitrag zur Gemeinwohlbilanzierung der HNE Eberswalde.

Als Hindernisse stehen dem Lehr-Lern-Konzept die hohen Studiengebühren entgegen, die dem Zugang zu Bildung für nachhaltige Entwicklung, die immer auch einen Beitrag zum Gemeinwohl impliziert, oftmals eine gravierende Hürde entgegensetzt. Außerdem ist wissenschaftliche Weiterbildung in Deutschland noch wenig verbreitet, sodass viele Studierende wegen ihrer beruflichen, familiären und anderen Anforderungen großen Belastungen ausgesetzt und daher insbesondere zeitlich stark eingeschränkt sind. Die anspruchsvollen Lernergebnisse, die Ausrichtung an den Zielgruppen und die organisatorischen Rahmenbedingungen verleihen dem Studium einen exklusiven Charakter, der nicht intendiert ist.

Das bedeutet zugleich, dass das Lehr-Lern-Konzept und die didaktischen Formate kleine Gruppen und einen sehr guten Betreuungsschlüssel sowie ein großes Vorwissen, Engagement und eine hohe intrinsische Motivation aller Beteiligten erfordern. Der Studiengang ist in Abb. 6.1 entsprechend als farbige Ellypse über alle Kompetenzfelder hinweg einzuordnen. Die Übersicht verdeutlicht, dass das ganzheitliche, integrative Lehr-Lern-Konzept nicht für jeden Kontext und jede Zielgruppe geeignet bzw. umsetzbar ist. Vielmehr zeigt sie, dass für verschiedene Rahmenbedingungen, Zielgruppen und Inhalte jeweils unterschiedliche Lehr-Lern-Formate angemessen sind, und weist auf verschiedene Anschlussmöglichkeiten und Schnittstellen zwischen den Formaten hin. Gerade diese didaktische Vielfalt eröffnet Möglichkeiten, ganz unterschiedliche Angebote zur Vermittlung von Gestaltungskompetenz für nachhaltige Entwicklung miteinander zu verbinden und einzubetten.

Eine solche Verortung verschiedener Lehrangebote zur Nachhaltigkeitstransformation zeigt auch mögliche Verknüpfungen mit Initiativen und Netzwerken zum Thema auf. So können die von der Virtuellen Akademie Nachhaltigkeit bereitgestellten online-basierten Module für das Selbststudium sehr flexibel und breit eingesetzt werden, weil sie keine hohen organisatorischen Voraussetzungen erfordern. In Deutschland ist die Auseinandersetzung über Hochschullehre und Kompetenzvermittlung für Nachhaltigkeit bereits einige Schritte vorangekommen: Im Rahmen des Verbundprojekts „Nachhaltigkeit an Hochschulen: entwickeln – vernetzen – berichten" ($HOCH^N$) werden etwa Ansatzpunkte für Lehre, Forschung, Governance, Betrieb und Transfer erarbeitet – mit dem Ziel, ein breites Netzwerk von deutschen Hochschulen für Nachhaltigkeit auf den Weg zu bringen.

Dennoch wird das große Potenzial von Lernsettings mit der Praxis, die Lernenden und Lehrenden als Inspiration und Herausforderung dienen können, bei Weitem noch nicht genutzt. Solche Lernsettings führen zu einem Perspektivwechsel von inside-out zu outside-in (Dyllick und Muff 2016) und stärken die Kompetenzorientierung der Ausbildung, weil Studierende mit den Unwägbarkeiten der Lebenswelt konfrontiert werden. An diesen Erfahrungen können die Lehrenden ihre didaktischen Konzepte weiterentwickeln und gewinnen Anregungen für die Nachhaltigkeitsforschung. Allerdings ist die Nachfrage von Unternehmen nach Change Agents für eine Nachhaltigkeitstransformation noch nicht sehr ausgeprägt, Gestaltungskompetenz für nachhaltige Entwicklung gilt bislang kaum als Einstellungskriterium. Umso wichtiger ist es daher, dass Hochschulen quasi ungefragt Change Agents ausbilden, die dann von sich aus Unternehmen und Non-Profit-Organisationen auf den Pfad der Nachhaltigkeit bringen können.

Förderhinweis
Der Beitrag entstand im Rahmen des Projekts „Konzeption berufsbegleitender Weiterbildungsangebote an der Hochschule für nachhaltige Entwicklung Eberswalde – durchlässig, nachhaltig, praxisnah“ mit dem Förderkennzeichnen 16OH12037, das im Rahmen des Bund-Länder-Wettbewerbs „Aufstieg durch Bildung: offene Hochschulen“ aus Mitteln des Bundesministeriums für Bildung und Forschung gefördert wurde

Literatur

Barth M, Michelsen G, Rieckmann M, Thomas I (Hrsg) (2016) Routledge handbook of higher education for sustainable development. Routledge, London

Baumast A, Pape J (Hrsg) (2013) Betriebliches Nachhaltigkeitsmanagement. UTB, Stuttgart

Dyllick T, Muff K (2016) Clarifying the meaning of sustainable business: introducing a typology from business-as-usual to true business sustainability. Organ Environ 29(2):156–174. https://doi.org/10.1177/1086026615575176

Erpenbeck J, von Rosenstiel L (Hrsg) (2007) Handbuch Kompetenzmessung. Erkennen, verstehen und bewerten von Kompetenzen in der betrieblichen, pädagogischen und psychologischen Praxis. 2., überarb u. erw. Aufl. Schäffer-Poeschel, Stuttgart

Grothe A, Fröbel A (2010) Kona – Kompetenzentwicklung für nachhaltiges Handeln. Entwicklung von beruflichen Qualifizierungsinstrumenten im Kompetenzfeld Nachhaltigkeit. Abschlussbericht Forschungsassistenz 2008/2009. HWR, Berlin

Haan de G (2008) Gestaltungskompetenz als Kompetenzkonzept für Bildung für nachhaltige Entwicklung. In: Bormann I, Haan de G (Hrsg) Kompetenzen der Bildung für nachhaltige Entwicklung. Springer, Wiesbaden, S 23–43

Hesselbarth C (2016) Was muss ein Nachhaltigkeitsmanager können? Kompetenzen in der akademischen Aus- und Weiterbildung im Nachhaltigkeitsmanagement. In: Antes R, Müller M, Siebenhüner B (Hrsg) Umweltmanagement im Nachhaltigkeits- und Verhaltenskontext. Metropolis, Marburg, S 155–172

Hesselbarth C, Schaltegger S (2014) Educating change agents for sustainability – learnings from the first sustainability management master of business administration. J Clean Prod 62:24–36
Jahn T (2013) Wissenschaft für eine nachhaltige Entwicklung braucht eine kritische Orientierung. GAIA 22(1):29–33. https://doi.org/10.14512/gaia.22.1.9
John B, Caniglia G, Bellina L, Lang DJ, Laubichler M (2017) The glocal curriculum: a practical guide to teaching and learning in an interconnected world. Critical Aesthetics, Baden-Baden
Kristof K (2013) Wege zum Wandel: Ressourcenkultur als gesellschaftliche Bewegung. In: Klinke S, Rohn H (Hrsg) RessourcenKultur. Vertrauenskulturen und Innovationen für Ressourceneffizienz im Spannungsfeld normativer Orientierung und betrieblicher Praxis. Nomos, Baden-Baden, S 367–382. https://doi.org/10.5771/9783845240138-367
Merck J, Beermann M (2014) Wissensintegration auf Augenhöhe. Die Bedeutung praxisnaher, transdisziplinärer Lehre im Kontext nachhaltigkeitsbezogener Studienfächer. UmweltWirtschaftsForum 22:227–231. https://doi.org/10.1007/s00550-014-0313-8
Merk HJ, Braun S (2010) Handbuch „Lehre" an der Dualen Hochschule. DHBW, Heidenheim
Molitor H, Nölting B, Rieken H (2014) Praxisnetzwerke für die Lehre. In: Deutsche UNESCO-Kommission e.V. (Hrsg) Hochschulen für eine nachhaltige Entwicklung – Netzwerke fördern, Bewusstsein verbreiten. Deutsche UNESCO-Kommission, Bonn, S 60
Müller-Christ G (2014) Nachhaltiges Management. Einführung in Ressourcenorientierung und widersprüchliche Managementrationalitäten, 2., überarb. u. erw. Aufl. UTB, Baden-Baden
Nölting B, Pape J (2015) Ein Ideenlabor für Nachhaltigkeit: Forschendes Lernen im berufsbegleitende Masterstudiengang Strategisches Nachhaltigkeitsmanagement. UmweltWirtschaftsForum 23(3):123–128. https://doi.org/10.1007/s00550-015-0358-3
Nölting B, Schäpke N, Pape J (2013) Nachhaltigkeitskompetenzen in Unternehmen und Organisationen. Konzeptionelle Überlegungen zur Gestaltung eines karrierebegleitenden Weiterbildungsmasters. Die Unternehmung 67(2):174–189. https://doi.org/10.5771/0042-059x-2013-2-174
Nölting B, Pape J, Kunze B (2015) Nachhaltigkeitstransformation als Herausforderung für Hochschulen – Die Hochschule für nachhaltige Entwicklung Eberswalde auf dem Weg zu transdisziplinärer Lehre und Forschung. In: Leal Filho W (Hrsg) Forschung für Nachhaltigkeit an deutschen Hochschulen. Springer, Berlin, S 131–147. https://doi.org/10.1007/978-3-658-10546-4_8
Rosa H (2012) Weltbeziehungen im Zeitalter der Beschleunigung. Umrisse einer neuen Gesellschaftskritik. Suhrkamp, Berlin
Schmuck P (2012) Anforderungsanalyse für einen Studiengang „Nachhaltigkeitsmanagement". Interviews mit 16 NachhaltigkeitsmanagerInnen von deutschen Großunternehmen und NGOs. Unveröffentlicher Forschungsbericht im Auftrag der HNEE
Schmuck P (2015) Die Kraft der Vision. Plädoyer für eine neue Denk- und Lebenskultur. oekom, München
Schneidewind U (2013) Transformative Literacy – Gesellschaftliche Veränderungsprozesse verstehen und gestalten. GAIA 22(2):82–86. https://doi.org/10.14512/gaia.22.2.5
Schneidewind U, Singer-Brodowski M (2013) Transformative Wissenschaft. Klimawandel im deutschen Wissenschafts- und Hochschulsystem. Metropolis, Marburg
Walzik S (2012) Kompetenzorientiert prüfen. Leistungsbewertung an der Hochschule in Theorie und Praxis. Budrich, Leverkusen
WBGU – Wissenschaftlicher Beirat der Bundesregierung Globale Umweltveränderungen (2011) Welt im Wandel. Gesellschaftsvertrag für eine Große Transformation. WBGU, Berlin
Wiek A, Withycombe L, Redman CL (2011) Key competencies in sustainability: a reference framework for academic program development. Sustain Sci 6(2):203–218. https://doi.org/10.1007/s11625-011-0132-6

Vernetzung und Weiterentwicklung des Wissenspools zu Nachhaltigkeit in Theorie und Praxis: Umsetzung des Teaching-Research-Practice Nexus an der Hochschule Magdeburg-Stendal

7

Petra Schneider, Gilian Gerke, Lukas Folkens und Michelle Busch

Zusammenfassung

Obwohl es bereits an zahlreichen Hochschulen interessante Lehrangebote zu Nachhaltigkeit gibt, besteht nach wie vor ein unzureichender Einbezug der in den letzten Jahren in der Praxis erarbeiteten Erfahrungen. Zahlreiche Behörden und Ingenieurbüros führen bereits praktische Anwendungen zur Implementierung nachhaltiger Planungslösungen durch, deren Ergebnisse und Erfahrungen in der akademischen Lehre multipliziert werden sollten. Insbesondere betrifft dies die Bereiche Integriertes Wasser- und Abfallmanagement, Ökosystemrenaturierung und Ökosystemleistungen, aber auch nachhaltiges Landmanagement und den Water-Energy-Food Nexus. Den Rahmen für die inhaltliche Planung bildet die Mitteilung der EU-Kommission vom 06.05.2013 „Grüne Infrastruktur (GI) – Aufwertung des europäischen Naturkapitals". Dabei spielt im Zusammenhang mit der Vermittlung des Wissens zu Nachhaltigkeit nicht nur der bekannte Teaching-Research Nexus (TRN) eine maßgebliche Rolle, sondern auch die Ergänzung durch die Praxis, weil in der Wirtschaft insbesondere in den letzten Jahren oftmals ein System selbstlernender Wissenserweiterung praktiziert wird. Der TRN ist im Hinblick auf den dreipoligen Nachhaltigkeitsansatz erweiterbar, um den Bezug zur Praxis hinreichend zu berücksichtigen. Daher schlagen wir als Rahmenansatz für die Umsetzung von Nachhaltigkeit in der angewandten Lehre in Anlehnung an das *„research-teaching-practice triangle"* nach Kaplan (1989) die Begrifflichkeit Teaching-Research-Practice Nexus (TRPN) vor. Für die praktische Umsetzung wurde an der Hochschule Magdeburg-Stendal das Projekt „Umweltmanagement und Umweltzertifizierung in Theorie und Praxis" realisiert, an dem die

P. Schneider (✉) · G. Gerke · L. Folkens · M. Busch
Fachbereich Wasser Umwelt, Bau und Sicherheit, Hochschule Magdeburg-Stendal, Magdeburg, Deutschland
E-Mail: petra.schneider@hs-magdeburg.de

W. Leal Filho (Hrsg.), *Nachhaltigkeit in der Lehre,* Theorie und Praxis der Nachhaltigkeit, https://doi.org/10.1007/978-3-662-56386-1_7

Studierenden mit großem Interesse teilnahmen, da es darum geht, den eigenen lebensweltlichen Kontext des Studiums mit Bezug auf das Umweltmanagement in der eigenen Institution in die wissenschaftlich fundierte fachliche Ausbildung zu integrieren.

Schlüsselwörter
Nachhaltigkeit in der Bildung · Teaching-Research-Practice Nexus (TRPN)
Umweltmanagement und Umweltzertifizierung von Hochschulen

7.1 Einleitung

Nachhaltigkeitsbewusstsein spielt eine entscheidende Rolle für die praktische Umsetzung von Strategien zur nachhaltigen Entwicklung in einer globalisierten Welt. Die Vereinten Nationen haben 2015 Ziele nachhaltiger Entwicklung (die sogenannten *Sustainable Development Goals,* kurz SDGs) verabschiedet (United Nations 2015). Hochschulen tragen in Zusammenhang mit ihrem Bildungsauftrag in Bezug auf die Schaffung von Nachhaltigkeitsbewusstsein eine besondere Verantwortung, wie im Nachhaltigkeitsziel SDG 4 zu Hochschulbildung und lebenslangem Lernen festgeschrieben ist. Nachhaltigkeit in der Bildung hat verschiedene Facetten. Gemäß dem UNESCO-Weltaktionsprogramm „Bildung für nachhaltige Entwicklung" ist damit eine Bildung gemeint, die Menschen zu zukunftsfähigem Denken und Handeln befähigt (UNESCO-Weltaktionsprogramm „Bildung für nachhaltige Entwicklung" 2017). Um dieses Wissen nicht nur glaubwürdig, sondern auch sachgerecht zu vermitteln, muss die akademische Bildungseinrichtung selbst mit nachhaltigen Strukturen vorangehen.

Ausgehend von einem Prinzip der Forstwirtschaft hat sich Nachhaltigkeit mittlerweile zu dem Leitbild für das 21. Jahrhundert entwickelt, basierend auf dem Leitmotiv, dass die Gesellschaft auf lange Sicht nicht auf Kosten der Menschen in anderen Regionen der Erde oder zukünftiger Generationen leben darf. Hannß-Carl von Carlowitz formulierte 1713 als Erster das Prinzip der Nachhaltigkeit in seinem Buch über die Ökonomie der Waldkultur *Sylvicultura oeconomica* (von Carlowitz 2009): „Schlage nur so viel Holz, wie der Wald verkraften kann! So viel Holz, wie nachwachsen kann!" Seit Hannß-Carl von Carlowitz hat sich der Begriff der Nachhaltigkeit weit über einen reinen Umweltbegriff hinausentwickelt, basierend auf der Erkenntnis, dass Umwelt, Wirtschaft und Gesellschaft sich gegenseitig beeinflussen: Während es langfristig keinen wirtschaftlichen und gesellschaftlichen Fortschritt ohne intakte Umwelt geben wird, wird es ebenso wenig gelingen, die Umwelt effektiv zu schützen, wenn Menschen um ihre wirtschaftliche Existenz kämpfen müssen (UNESCO-Weltaktionsprogramm „Bildung für nachhaltige Entwicklung" 2017). Jenseits von konkreten Inhalten soll nachhaltige Bildung Menschen Gestaltungskompetenz vermitteln. Diese geht über reines Faktenwissen hinaus, vermittelt Fähigkeiten und Werte und ermöglicht das Erlernen des vorausschauenden Denkens, des interdisziplinären Wissens, des autonomen Handelns sowie die Aufforderung zur Partizipation an gesellschaftlichen Entscheidungsprozessen.

Bildung für nachhaltige Entwicklung ermöglicht es somit, die Auswirkungen des eigenen Handelns auf die Welt zu verstehen und verantwortungsvolle Entscheidungen zu treffen (UNESCO-Weltaktionsprogramm „Bildung für nachhaltige Entwicklung“ 2017).

Obwohl es bereits an zahlreichen Hochschulen interessante Lehrangebote zu Nachhaltigkeit gibt, die sowohl im Rahmen verschiedener Studienfächer als auch durch beispielsweise mehrtägige Sommerkurse umgesetzt werden, besteht nach wie vor ein unzureichender Einbezug der in den letzten Jahren in der Praxis erarbeiteten Erfahrungen. Zahlreiche Behörden und Ingenieurbüros führen bereits praktische Anwendungen zur Implementierung nachhaltiger Planungslösungen durch, deren Ergebnisse und Erfahrungen in der akademischen Lehre multipliziert werden sollten. Insbesondere betrifft dies die Bereiche Integriertes Wasser- und Abfallmanagement, Ökosystemrenaturierung und Ökosystemdienstleistungen, aber auch nachhaltiges Landmanagement vom Flächenrecycling bis zum Water-Energy-Food Nexus (Hoff 2011). Einen geeigneten Planungsrahmen für den inhaltlichen Rahmen bildet die Mitteilung der EU-Kommission vom 06.05.2013 „Grüne Infrastruktur (GI) – Aufwertung des europäischen Naturkapitals“ (European Commission 2013).

Ein wesentliches didaktisches Merkmal, welches die Lernmotivation von Studierenden erheblich fördert, ist, dass sie die Bedeutung eines Lerninhalts in Bezug auf ihren lebensweltlichen Kontext und ihre Zukunft verstehen und auch praktisch beeinflussen können. Bei einer akademischen Ausbildung kommt der Anspruch hinzu, die spätere berufliche Praxis auch wissenschaftlich fundiert ausüben zu können. Hierbei sind Elemente der didaktischen Formate des Forschenden Lernens sowie des Service Learning enthalten. Service Learning ist eine Lehr- und Lernstrategie, die einen sinnvollen gemeinnützigen Dienst mit Unterricht und Reflexion integriert, um die Lernerfahrung zu bereichern, die bürgerschaftliche Verantwortung zu lehren und die Gemeinschaften zu stärken (Gerholz et al. 2015). Service Learning kombiniert kognitives Lernen *(learning)* mit der Übernahme von Verantwortung im Lernumfeld *(service)* (Seifert und Zentner 2010). Forschendes Lernen beschreibt ein didaktisches Konzept, bei dem die einzelnen Phasen des Forschungsprozesses wesentlicher Bestandteil studentischer Lernprozesse sind (Tremp und Futter 2012). Dies beginnt an Hochschulen bereits auf der Ebene des Bachelors (Bartz-Beielstein 2006).

Auf internationaler Ebene wurde hierfür der Begriff „Teaching-Research Nexus“ (TRN) geprägt, der eine Beziehung zwischen den beiden akademischen Aktivitäten beschreibt, die für beide Seiten vorteilhaft ist, und zum Ausdruck bringt, dass beide Schwerpunkte gleichwertig in die akademische Ausbildung integriert werden müssen (Boyd et al. 2010; Magnell et al. 2016). Ziel ist es dabei, die Studierenden auf der Basis integrierten Denkens mit Fertigkeiten zur Entscheidungsfähigkeit und zum Entscheidungswillen auszustatten, um später in der Praxis tragfähige dem Allgemeinwohl dienende Entscheidungen treffen zu können (Locke 2009). Von der Lehre her gesehen zeigt sich Forschung als Basis *(research-based teaching),* als verknüpfte Aufgabe (Teaching-Research Nexus) oder beispielsweise als Orientierung und Gehalt *(research-oriented teaching, research informed teaching, research enriched teaching).* Zwar gibt es Versuche, die unterschiedlichen Konzepte und Begriffe zu ordnen, doch sieht sich dieses Unterfangen mit der Schwierigkeit konfrontiert, dass die Begriffe „Forschung“ und „Lehre“ und „Nexus“ unterschiedlich verwendet werden (vgl. Trowler und Wareham 2008; Visser-Wijnveen et al. 2010). Außerdem ist dieser Ansatz im Hinblick auf den dreipoligen Nachhaltigkeitsansatz unvollständig, da der Bezug zur Praxis unzureichende Berücksichtigung findet. Gegenstand des Beitrags ist die Istzustandsbestimmung in Bezug auf nachhaltiges Lernen an der Hochschule Magdeburg-Stendal sowie die Ableitung von methodischen Ansätzen zur Vernetzung und Erweiterung des Wissenspools zu Nachhaltigkeit in Theorie und Praxis. Einen wesentlichen praktischen Schwerpunkt bilden hierbei Umweltmanagement und Umweltzertifizierung als vorbereitende Teilschritte zum Nachhaltigkeitsmanagement.

7.2 Methodischer Ansatz

Die methodische Vorgehensweise für die Istzustandsbestimmung und die Maßnahmenableitung bestand aus einer Hintergrundanalyse mit einer Literaturrecherche, ergänzt durch die Sammlung empirischer Nachweise. Weiterhin wurde die Hintergrundanalyse mit dem Werkzeug der SWOT-Analyse untersetzt. Die SWOT-Analyse *(Strengths, Weaknesses, Opportunities, Threats)* ist ein Instrument zur Position und Strategieentwicklung (David 1993; Helms und Nixon 2010). Die bestehenden Stärken, Schwächen, Chancen und Risiken eines Systems werden verglichen. Das Ziel ist die Selbsteinschätzung mit dem Ziel der Ableitung von strategischen Entscheidungen, welche auf der Basis von Stärken (bereits im System beinhaltet oder zu erweitern), Schwächen (zu reduzieren), Chancen sowie Risiken (zu beseitigen) abgeleitet werden. Die SWOT-Analyse wird in Bildungseinrichtungen als Instrument zur Analyse der Gesamtposition des arbeitsbezogenen Lernens und seiner Umgebung eingesetzt. Im Allgemeinen wird die SWOT-Analyse nach Feststellung von Verbesserungsbedarf im Sinne des Deming-Zyklus (Deming 1982) vor der Planungsphase durchgeführt, um Defizite und Verbesserungspotenziale zu beurteilen. Auch wenn die Methodik ursprünglich für strategische Entscheidungen in der Wirtschaft entwickelt wurde, erfolgte in den letzten Jahren die Erweiterung ihrer Anwendung auf sozio-wissenschaftliche Fragenstellungen (Hovardas 2015).

7.3 Istzustandsbestimmung unter der Nexus-Perspektive

Das Modell der nachhaltigen Entwicklung, visualisiert im Nachhaltigkeitsdreieck, geht von der Vorstellung aus, dass nachhaltige Entwicklung durch das gleichzeitige und gleichberechtigte Umsetzen von umweltbezogenen, wirtschaftlichen und sozialen Zielen erreicht werden kann, welche einander bedingen (SMI EBS Business School und Logica 2011). Eine Erweiterungsmöglichkeit ist die um die politisch-prozessuale Komponente

„Institutionen“ bzw. „Partizipation“, wie es beispielsweise ein Modell der Kommission für nachhaltige Entwicklung der Vereinten Nationen vorsieht. Die Partizipation stellt eine zentrale Komponente in allen Nexus-Ansätzen dar. Aus unserer Sicht spielt im Zusammenhang mit der Vermittlung des Wissens zu Nachhaltigkeit nicht nur der TRN eine maßgebliche Rolle, sondern auch die Ergänzung durch die Praxis, da in der Wirtschaft insbesondere in den letzten Jahren oft ein System selbstlernender Wissenserweiterung praktiziert wird. Das Themenfeld der „Grünen Infrastruktur“ bildet hierfür ein typisches Beispiel. Während groß angelegte Grundlagenforschung zum Thema „Klimawandel und Klimaanpassung“ läuft, haben zahlreiche Praktiker aufgrund der massiven Auswirkungen insbesondere im Bereich Landwirtschaft und Siedlungswasserwirtschaft bereits umsetzbare Anpassungslösungen gefunden, die letztlich über „Learning-by-Doing“-Ansätze entstanden sind, eine Form des lebenslangen Lernens. Während die theoretische Fundierung für diese Ansätze noch erarbeitet wird, probieren Praktiker Lösungsansätze aus, die nach ihrer (teils intuitiven) Erfahrung funktionieren sollten, da sie generell auf ingenieurtechnischen Regeln und Techniken basieren.

Der TRN ist im Hinblick auf den dreipoligen Nachhaltigkeitsansatz erweiterbar, um den Bezug zur Praxis hinreichend zu berücksichtigen. Daher schlagen wir als Rahmenansatz für die Umsetzung von Nachhaltigkeit in der angewandten Lehre in Anlehnung an das *„research-teaching-practice triangle“* nach Kaplan (1989) die Begrifflichkeit Teaching-Research-Practice Nexus (TRPN) vor, deren Inhalt in Abb. 7.1 dargestellt ist.

In der Art seines methodischen Ansatzes spiegelt der TRNP eine praktische Anwendung der Methodentriangulation qualitativer und quantitativer Methoden in Forschung und Lehre wider, d. h. die Anwendung von Mixed Methods (Moschner und Anschütz 2010; Ecarius und Miethe 2011; Schneider 2014). Der methodische Zusammenhang innerhalb der Komponenten des TRPN kann in Anlehnung an Kinney (1989) wie in Abb. 7.2 zusammengefasst dargestellt werden.

Der Bezug zum TRPN spiegelt sich auch im Hochschulentwicklungsplan 2015–2024 (HEP) der Hochschule Magdeburg-Stendal wider, der im November 2014 veröffentlicht wurde. Die Hochschule orientiert sich dabei am rechtlichen Rahmen und einem selbst gewählten Leitbild (Hochschule Magdeburg-Stendal 2014):

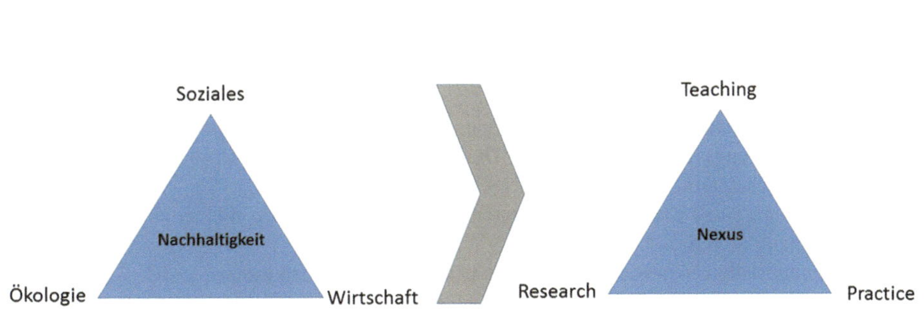

Abb. 7.1 Dreieck der Nachhaltigkeit, bezogen auf Nachhaltigkeit in der Lehre. (Eigene Darstellung)

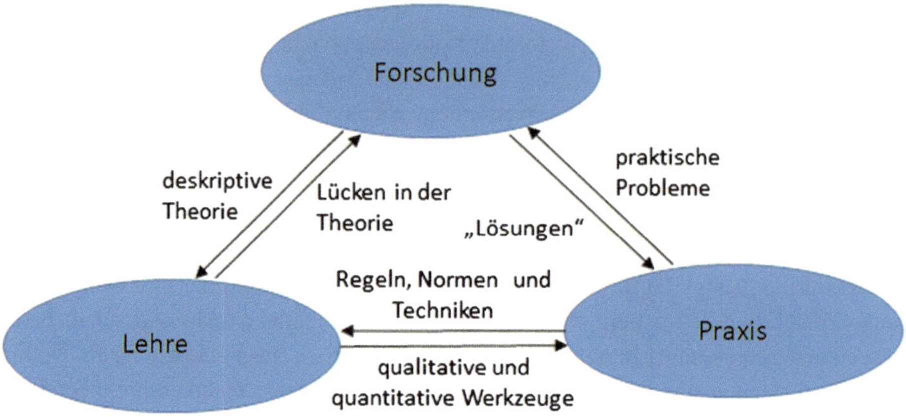

Abb. 7.2 Methodischer Zusammenhang innerhalb der Komponenten des TRPN. (Eigene Darstellung, in Anlehnung an Kinney 1989)

> Die Hochschule Magdeburg-Stendal versteht sich als lebendige, sich stetig entwickelnde Bildungsstätte, die Forschung und Lehre am Bedarf von Gesellschaft und Wirtschaft ausrichtet und in vielfältigen Bereichen in hoher Qualität anbietet. Sie verbindet diese Haltung mit dem Ziel, Wissenschaft praxisbezogen anzuwenden. Aufgrund ihrer Strukturierung an zwei Standorten hat die Hochschule nicht nur eine breite Ausstrahlung über Magdeburg hinaus, sondern deckt durch ihren Standort Stendal wissenschaftspolitisch auch den Nordteil Sachsen-Anhalts mit besonderem regionalpolitischen Auftrag für die beiden altmärkischen Landkreise Salzwedel und Stendal ab.

In allen Handlungsbereichen spielt auch die Umweltkomponente eine wesentliche Rolle. Das Motto „Studieren im Grünen" suggeriert bereits eine Integration von Umweltbelangen. Die fachliche Profilierung enthält mit Energie & Technik sowie Umwelt & Ressourcen zwei Bereiche mit Umweltbezug. Durch diesen hohen Stellenwert des Umweltschutzes an der Hochschule ergibt sich, dass auch in die Entwicklung der Infrastruktur, die Steuerung und das Qualitätsmanagement Umweltaspekte einfließen müssen. Dieser Herausforderung möchte sich die Hochschulleitung stellen und hat folgerichtig ein Kapitel zu Ressourceneffizienz aufgenommen (Hochschule Magdeburg-Stendal 2014):

> Zu den grundlegenden Bedingungen für die nachhaltige Entwicklung der Hochschule gehört der verantwortungsvolle und effektive Umgang mit Ressourcen. Dazu werden sowohl interne als auch externe Maßnahmen entwickelt, so
>
> - der Einsatz eines Energiemanagers gemeinsam mit der Otto-von-Guericke-Universität Magdeburg (OvGU),
> - die mittelfristige Implementierung eines Umweltmanagementsystems,
> - die nachhaltige Nutzung der Energie- und Flächenressourcen,
> - eine Erweiterung des Wertstoffzentrums unter Berücksichtigung einer Strategie der Abfallvermeidung,
> - die langfristige Umstellung der Hochschule auf CO_2-Neutralität.

Die CO_2-Neutralität ist hierbei das langfristige Ziel, wobei eine komplette Umsetzung bis 2019 intern als zu ambitioniert eingeschätzt wird.

Die Beurteilung der Istzustandsbestimmung der Hochschule Magdeburg-Stendal in Bezug auf Nachhaltigkeit und die Anforderungen an das Umweltmanagement erfolgte auf der Basis der SWOT-Analyse, die in Tab. 7.1 vorgestellt wird. Für die Erarbeitung der SWOT-Analyse wurden sowohl hochschulinterne als auch externe Kapazitäten (Ziegler 2015) genutzt, um ein möglichst vollständiges und unabhängiges Bild vom Istzustand zu erhalten. Ausgehend von den Ergebnissen wurden hochschulintern potenzielle inhaltliche und strukturelle Chancen und Verbesserungsmöglichkeiten verortet. Eine spezielle Randbedingung ist, dass es im Themenfeld Umweltschutz derzeit an der Hochschule personenbezogene Einzelaktivitäten sowohl in der Lehre als auch im Projektbereich gibt, die allerdings nicht miteinander vernetzt sind. Diese Aktivitäten zu vernetzen birgt erhebliche Potenziale, die über die Verbesserung der Sichtbarkeit des Umweltthemas zur Erweiterung des Wissenspools zu Nachhaltigkeit in Theorie und Praxis aller Fachbereiche führen.

Tab. 7.1 SWOT-Analyse zur Istzustandsbestimmung der Hochschule Magdeburg-Stendal in Bezug auf Nachhaltigkeit

Strengths (Stärken)	**Weaknesses (Schwächen)**
• Die Hochschule hat mit dem HEP einen strategischen Rahmen für die nächsten Jahre, in dem mit der Vision CO_2-Neutralität ein langfristiger Horizont vorgegeben ist • Eine Reihe Maßnahmen aus dem HEP wie die Kooperation mit der OvGU im Energiemanagement werden umgesetzt. Ansatzpunkte für den Einsatz erneuerbarer Energien befinden sich in Vorbereitung • Energie, Technik, Umwelt und Ressourcen sind zwei der fünf Profilschärfungen der Hochschule, welche demnächst um Nachhaltigkeit ergänzt werden sollen • Das Curriculum in den Ingenieurwissenschaften enthält einen hohen Prozentsatz an praktischer Arbeit, da es wissenschaftliche Projekte, Feld-, Labor- und Heimarbeiten beinhaltet • Der ingenieurtechnische Fachbereich verfügt über eine hochqualifizierte Lehre mit langjähriger praktischer Erfahrung, die teilweise im industriellen Sektor erworben wurde, so dass umfangreiche Erfahrungen bzgl. betrieblicher Stoffstromoptimierung einfließen können • Sowohl die Bachelorabschlüsse als auch die Masterabschlüsse (einschließlich MSc in Ingenieurökologie) sind in Sachsen-Anhalt als Ingenieurstudium anerkannt	• Umweltschutz und Nachhaltigkeit sind bisher nicht Teil des Leitbilds der Hochschule und im Gegensatz zu Chancengleichheit und Familienfreundlichkeit nicht herausgehoben, obwohl die Hochschule mit dem „Grünen Campus" wirbt • In der Wahrnehmung der meisten Statusgruppen ist Umweltschutz kein strategisches Ziel der Hochschule, sondern eher Pflichterfüllung • Aufgrund des Faktes, dass Umweltschutz bisher kein Teil des Leitbilds der Hochschule ist, gibt es bisher keinen organisatorischen Rahmen für eine potenzielle Umweltzertifizierung der Hochschule • Außerdem gab es keinen wissenschaftlichen Rahmen zur Organisation a) des Umweltschutzes an der Hochschule und b) zur Integration des Umweltschutzes in die Lehrinhalte insbesondere der Ingenieurfächer. Bei den nicht-technischen Fächern kommt das Thema bisher nur in der Betriebswirtschaft vor • Umweltschutz wird bisher nicht als fachübergreifendes Thema wahrgenommen, insbesondere nicht in nicht-technischen Fächern, obwohl dort großes Interesse an inhaltlicher Ausbildung im Umweltbereich besteht

(Fortsetzung)

Tab. 7.1 (Fortsetzung)

Opportunities (Chancen)	Threads (Risiken)
• Die im HEP umrissenen Umweltschwerpunkte bieten konkrete Andockmöglichkeiten für interessierte Akteure in der Hochschule (z. B. Solarthermie, Umweltbildung etc.) • Die Bereiche Weiterbildung und Internationalisierung bieten eine geeignete Plattform für Umweltthemen • Das Energiemanagement leistet einen Beitrag zu einer engen Kooperation mit der OvGU im operativen Bereich; weitere ähnliche Nutzungen von Synergien befinden sich in Vorbereitung, z. B. in Bezug auf den Arbeits- und Gesundheitsschutz • Die umrissenen Schwerpunkte ermöglichen die Zusammenarbeit mit Fördermittelgebern • Die offene Gestaltung gibt Raum für einen Bottom-up-Prozess zur Entwicklung einer Vision und von Zielen und Prozessen	• Es besteht eine hohe Abhängigkeit der Positionierung von Umweltschutz und Nachhaltigkeit von Einzelpersonen • Es besteht das Risiko der Zurückstufung von Umwelt- und Nachhaltigkeitsthemen bei anderer Prioritätensetzung oder bei Haushaltskürzungen • Das Problem der Zuweisung von anderen als Umweltaufgaben und damit Überlastung von Mitarbeiter/innen besteht bereits • Umweltschutz und Nachhaltigkeit stehen in Konkurrenz zu anderen Querschnittsaufgaben • An der Verbesserung des Zustandes der Entwicklung paralleler Prozesse, die in der Praxis nicht angenommen werden, wird bereits gearbeitet mit dem Ziel der Zusammenführung und synergetischen Nutzung von Strukturen

In der Hochschule existiert bisher kein geschlossenes System der Prozessbeschreibung. Es gibt in Teilbereichen prozessorientierte Herangehensweisen (Abfallmanagement, Gefahrstoffmanagement, Energiemanagement, Flächennutzung), für die Abläufe definiert sind und bewährte Routinen funktionieren. Diese werden jedoch bisher nicht als dokumentierte Prozesse wahrgenommen.

7.4 Vorgehensweise zur Vernetzung und Erweiterung des Wissenspools

An der Hochschule Magdeburg-Stendal wurden in den letzten Jahren die Lehrinhalte sukzessive aktualisiert, um entsprechende Defizite zu beseitigen, die sowohl die inhaltliche Ausgestaltung der Lehre als auch deren didaktische Vermittlung betreffen. Außerdem wurden erhebliche Anstrengungen unternommen, um die Entwicklungen in der ingenieurtechnischen Praxis explizit in der Lehre zu berücksichtigen. Dies betrifft beispielsweise den Einbezug folgender Lehrinhalte in die Curricula:

- Nachhaltige Entwicklung und Globaler Wandel,
- Kreislaufwirtschaft mit Stoffstrom- und Ressourcen- sowie Umweltmanagement,
- Klimaschutz, Klimawandel und Klimaanpassung,
- Umweltplanung und Umweltgenehmigungsverfahren,
- Ökosystemleistungen und Biodiversität.

Sowohl im Fokus des bereits re-akkreditierten Bachelorstudiengangs „Recycling und Entsorgungsmanagement“ (REM) als auch im aktualisierten Masterstudiengang „Ingenieurökologie“ (IÖ, Re-Akkreditierungsprozess befindet sich kurz vor dem Abschluss) steht die Vermittlung von Werkzeugen und Methoden zur nachhaltigen Entwicklung von Naturkapital, Infrastruktur und Gesellschaft im Fokus. Dies betrifft sowohl die Vermittlung von Fachinhalten durch anwendungsbezogene Lehre, Exkursionen und Fachpraktika in der Wirtschaft als auch die Bereitstellung von Themen für Qualifizierungsarbeiten mit praktischem Bezug zu diesen Nachhaltigkeitsthemen. Für die Studierenden des REM-Bachelorstudiengangs ist der IÖ-Masterstudiengang die thematisch passende Möglichkeit, den Masterabschluss an der Hochschule Magdeburg-Stendal zu erwerben. Daher besteht die Notwendigkeit, die Studiengänge aufeinander abzustimmen und inhaltlich auf Nachhaltigkeitsansätze auszurichten. Hierzu wurde im Jahr 2017 im Rahmen eines BMBF-geförderten Projekts im Rahmen der Ausschreibung „Förderung kompetenzorientierter Lehr- und Studiengangsentwicklung 2017 (KomFö 2017)“ das Projekt „Umweltmanagement und Umweltzertifizierung in Theorie und Praxis“ ins Leben gerufen.

Das Ziel des Projekts ist es, unter aktiver Beteiligung der Studierenden eine fachspezifische Lernumgebung für das Fach „Stoffstrom- und Umweltmanagement“ im Studiengang REM zu schaffen, die sich nicht nur mit Simulationen aus der beruflichen Welt auseinandersetzt, sondern die eigene Institution als Lern- und fachlichen Entwicklungsgegenstand zum Anlass nimmt. Im Rahmen des Projekts wurde ein Praxisteil integriert, in dem die Studierenden Stoffstromdaten für die gesamte Hochschule erheben und Maßnahmen für das Umweltmanagement ableiten, um auf diese Weise zur Vorbereitung der Umweltzertifizierung der Hochschule beizutragen. Ausgehend von diesen Grundelementen ordnet sich das Projekt didaktisch in den Teaching-Research-Practice Nexus ein. Hier geht es zum einen darum, den eigenen lebensweltlichen Kontext des Studiums – hier mit Bezug auf das Umweltmanagement in der eigenen Institution – in die wissenschaftlich fundierte, fachliche Ausbildung des Studiengangs REM zu integrieren. Eine Fachhochschule stellt aufgrund ihres Praxisbezugs hierfür primär die ideale Plattform für die Erarbeitung von Anwendungsfällen dar. Aufgrund dieses Anspruchs kommt es durch das Projekt sowohl zu einer didaktisch begründeten Erhöhung des Praxisbezugs in der Lehre als auch des Forschungsbezugs. Der Vorteil dieses Ansatzes in Bezug auf die Lernprozesse der Studierenden liegt darin, dass eine ganzheitliche Betrachtung und wissenschaftliche Bearbeitung der komplexen Zusammenhänge im eigenen lebensweltlichen Kontext (Forschendes Lernen) ermöglicht wird. Zum anderen wird der eigenen Institution, der Hochschule selbst, eine durch die Studierenden erbrachte Dienstleistung angeboten, die als „Service Learning“ bezeichnet werden kann.

Bisher besteht sowohl bei den Studierenden des Studiengangs REM, aber auch bei allen anderen Fachbereichen ein nur geringes Bewusstsein und wenig Sensibilität gegenüber den Anforderungen und Möglichkeiten des Umweltmanagements in der Praxis. Die Ausbildung an Fachhochschulen erfolgt insbesondere für die Wirtschaft und die betriebliche Praxis, sodass das Bewusstsein für den betrieblichen Umweltschutz und das damit in Zusammenhang stehende Umweltmanagement geschärft werden sollte.

Unabhängig davon besteht im Zusammenhang mit dem Kreislaufwirtschaftsgedanken per se ein Nachhaltigkeitspotenzial, von dem alle Fachbereiche profitieren könnten, wobei dieses Potenzial aber in der Regel den nicht-technischen Fächern nicht bewusst ist.

7.5 Der Teaching-Research-Practice Nexus in der Lehre

Bei der Umstellung sowohl des Studiengangs REM (Bachelor) als auch des Studiengangs Ingenieurökologie (Master) war das Ziel, das Curriculum auf Basis eines nachhaltigen Lehrens und Lernens zu gestalten. Naturgemäß war es bei der inhaltlichen Curriculumgestaltung wichtig, auf die Belange des Marktes für Absolventen einzugehen. Daher ist es elementar, dass die Lerninhalte den Studierenden praxisorientiert nahegebracht werden, um so auf die Bedürfnisse der Arbeitgeber zu reagieren. Die Lehre soll Schritt für Schritt auf problemorientiertes und fallbasiertes Lehren und Lernen umgestellt werden, sodass die Studierenden nachhaltig problembezogene überfachliche Kompetenzen erlernen. Dies geschieht durch die Einbindung von mehr Projektarbeiten mit direktem Praxisbezug. Ein Beispiel hierfür ist ein Projekt zum Verbraucherverhalten zu Abfallvermeidung und Abfalltrennung, welches über zwei Semester läuft und ein Pilotprojekt mit einem Langzeitversuch darstellt, auch mit dem Ziel, Studierende an die Veröffentlichung ihrer Ergebnisse heranzuführen.

Nachhaltigkeit umfasst naturgemäß mehr als nur den Umweltaspekt. Vor diesem Hintergrund läuft seit dem Jahr 2014 an der Hochschule Magdeburg-Stendal die interdisziplinäre Ringvorlesung „Nachhaltige Entwicklung". Themen der Nachhaltigkeit umfassen hier alle Fachbereiche der Hochschule. Diese Vorlesungsreihe wird sowohl von Geistes- als auch Naturwissenschaftlern sowie Ingenieuren angenommen. Sowohl im Studiengang REM als auch in der Ingenieurökologie werden zunehmend Projektarbeiten durch Studierende federführend organisiert und geführt. Dabei entwickelt sich die Rolle des betreuenden Professors in Richtung der Rolle eines Moderators und Beraters für die Studierenden. So lernen diese sich selbstständig mit Problemstellungen auseinanderzusetzen und Lösungen zu finden, was das nachhaltige Lernen vollumfänglich fördert. Dabei konnten bei vielen Studierenden Entwicklungssprünge beobachtet werden, die aus unserer Sicht maßgeblich mit der Übernahme von Verantwortung für das eigene Leben und die eigenen Entscheidungen begründet werden können.

Umweltmanagement ist der Weg in Richtung Nachhaltigkeit. Das Nexus-Prinzip hat zum Ziel, Sachverhalte interdisziplinär zu vernetzen, und ist daher per se nachhaltig. In Bezug auf die Nachhaltigkeit in der Lehre bleibt festzuhalten, dass das neue Konzept des „Stoffstrom- und Umweltmanagements" im Studiengang REM eine dauerhafte Lehrveranstaltung ist, die das Nachhaltigkeitspotenzial des Studiengangs REM stärkt. Das Projekt leistet auch einen Beitrag zur Studiengangsentwicklung, indem es den Studierenden den späteren Übergang vom REM-Bachelorstudiengang in den IÖ-Masterstudiengang erleichtert. In diesem Zusammenhang bildet die Vermittlung von integriertem und interdisziplinärem Denken einen Schwerpunkt in der Lehre. Das Ziel der Wissensvermittlung zu integriertem und interdisziplinärem Denken ist nach der „Structure of the Observed Learning Outcome" (SOLO) Taxonomie (Biggs und Collis 1982; Biggs 1995; Biggs und Tang 2007) die SOLO-4,5-Ebene „tiefes Verständnis" und wird im Folgenden als systemischer Ansatz zusammengefasst (Schneider und Lüderitz 2018):

a) Die Einblicke der Studierenden in echte Systeme entwickeln und schärfen, die typischerweise nicht-lineare, komplexe und dynamische Systeme sind. Die Anwendung eines systemischen Denkens zielt auf:
   - einen Einblick in den Charakter rückkopplungsintensiver Systeme, ihre Wirksamkeit und Skala,
   - die Vermittlung der Fähigkeit zur Charakterisierung von interdisziplinären und gegenseitigen Abhängigkeiten von Ressourcen entlang von Stoffströmen,
   - die Vermittlung technischer Instrumente zur Identifizierung der Ausgleichsmechanismen eines Stoffstroms in kreislaufwirtschaftlichen Systemen,
   - die Vermittlung des Bewusstseins für Vielfalt und ihre zentrale Rolle in Kreativität, Resilienz und Anpassungsfähigkeit, was für alle Dimensionen der Nachhaltigkeit gilt.

b) Generelle Kenntnisse bei den Studierenden entwickeln, wie Zirkularität zu verstehen ist, einschließlich der Rolle des Naturkapitals als vulnerable Ressource, der Gesellschaft als Ressourcennutzer mit ökonomischen Interessen und der Regierungsführung als Rahmen für die Erweiterung der Resilienz der verwalteten Systeme. Die Wissensvermittlung zielt darauf ab, den Studierenden die Möglichkeit zu geben, den Nexus-Ansatz als Rahmen für integriertes und interdisziplinäres Denken anzuwenden sowie die verfügbaren technischen Werkzeuge wie Stoffstrom- und Ökobilanzierung sowie Werkzeuge des Umweltmanagements auf natürliche oder anthropogene Systeme anzuwenden.

c) Die Erkenntnisse der Studierenden zu a) und b) mithilfe von partizipativen Lernansätzen als Beispiel für ein Feedback-reiches Lernen zu entwickeln, um auch die Konzepte für die Anwendung von „Benefit-Sharing"-Ansätzen für gemeinsam genutzte Ressourcen zu erlernen, insbesondere im Rahmen des grenzübergreifenden Wassermanagements.

Die praktische Umsetzung in der Lehre beinhaltet die folgenden Aktivitäten: beobachten (Video, Exkursion), lesen (Artikel), reflektieren (Schlüsselfrage, Selbsteinschätzung) und die gemeinsame Auswertung (in der Gruppe). Diese Reihenfolge entspricht dem klassischen Kolb-Lernzyklus (Kolb 1984) und spiegelt in pädagogischer Hinsicht eine der wichtigsten Funktionen der Kreislaufwirtschaft wider: Feedback-Schleifen.

Um das Verständnis für kreislaufwirtschaftliche Ansätze im systemischen Denken zu fördern, wird den Studierenden die Vorgehensweise beim Stoffstrom- und Umweltmanagement anhand von Wertschöpfungsketten (Porter 1986), d. h. die Stufen der Produktion als eine geordnete Reihung von Tätigkeiten, vermittelt. Diese Herangehensweise unterstützt das Verständnis für die Strukturierung von betrieblichen Prozessen und Abläufen. Weggeman (2000) hat dieses Konzept auf den Wissensbereich übertragen und daraus die Wissenswertschöpfungskette entwickelt, siehe Abb. 7.3. Nach Weggeman (1996, 2000) werden mithilfe des Wissensmanagements die Prozesse in der Wissenswertschöpfungskette so strukturiert, dass Ertrag und Engagement rund um den Produktionsfaktor Wissen vergrößert werden. Die Wissenswertschöpfungskette stellt somit eine Übertragung einer in der Praxis bewährten Vorgehensweise in die Lehre dar.

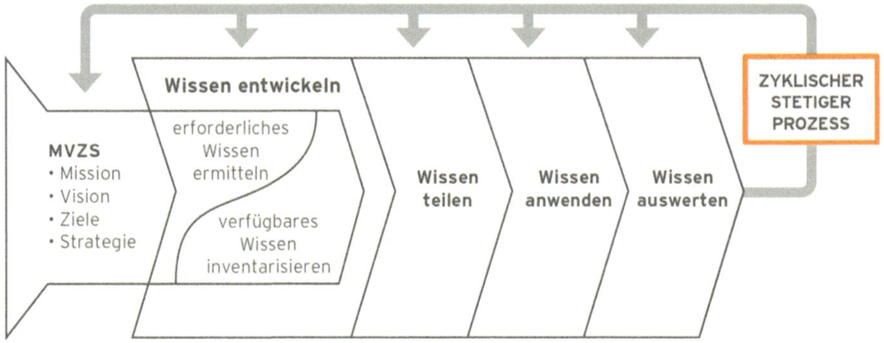

Abb. 7.3 Modell der Wissenswertschöpfungskette nach Weggeman 2000 (mit freundlicher Genehmigung von M. Weggeman)

7.6 Der Forschungsaspekt unter dem Teaching-Research-Practice Nexus

Die Ingenieurökologie befasst sich mit der Entwicklung von nachhaltigen Systemen im Einklang mit ökologischen Prinzipien, wobei menschliche Aktivitäten in die natürliche Umwelt zum Nutzen beider integriert werden. Dieser Ansatz hat den Fokus auf den Schwerpunkten Diversität, Resilienz und Anpassungsfähigkeit mit dem Ziel einer verbesserten Nachhaltigkeit. Die Ingenieurökologie befasst sich sowohl mit den grundlegenden ökosystemaren Prozessen als auch den ingenieurtechnischen Lösungen, die zur Verbesserung der Nachhaltigkeit führen, und zwar auf allen Skalen, d. h. von der mikroskopischen Skala bis zur Wasserscheide und darüber hinaus. Der Nachhaltigkeitsanspruch soll dabei ein Gleichgewicht der drei Dimensionen einer Gesellschaft berücksichtigen: die ökologische, ökonomische und soziale Leistungsfähigkeit. Das Thema Ressourceneffizienz bildet dabei ein Kernthema der Ingenieurökologie, welches in den ökosystemaren Kontext gestellt wird. Ziel ist es, natürliche und anthropogene Stoffkreisläufe so weit wie möglich zu schließen und auf diese Weise den Umwelteinfluss zu reduzieren, d. h. eine bessere Ausnutzung der Ressourcen zu erreichen und Abfälle zu reduzieren.

Vor dem Hintergrund der zunehmenden Umweltprobleme entwickelte sich diese auf ingenieurtechnischen Prinzipien basierende neue Wissenschaftsdisziplin schnell. Die grundlegende Idee der Ingenieurökologie wurde bereits in den frühen 1960er-Jahren dargelegt (Odum et al. 1963), die breitere Anerkennung als neues Paradigma ist allerdings relativ neu und entwickelte sich daher in den letzten zehn Jahren rasant. Einer der Grundansätze der Ingenieurökologie ist, natürliche Energiequellen zur Manipulation und Steuerung von Umweltsystemen zu nutzen. Vor diesem Hintergrund ist der Masterstudiengang Ingenieurökologie dem Profil „stärker forschungsorientiert" unter dem Dach der Nachhaltigkeitsprinzipien zuzuordnen.

Das Profil des Studiengangs orientiert sich stark an den aktuellen nationalen und internationalen Forschungsschwerpunkten im Themenfeld Nachhaltigkeit und hat die Intention, diese durch innovative Beiträge aktiv mitzugestalten. Folgende Forschungsthemen bilden einen besonderen Schwerpunkt im Studiengang Ingenieurökologie:

- Implementierungsmechanismen für die EU-Wasserrahmenrichtlinie (mit Schwerpunkt auf Gewässerrenaturierung und Verbesserung des Artenpotenzials sowie Methoden der Integrierten Gewässerbewirtschaftung)
- Ressourceneffizienz und Optimierung der Ressourcennutzung (mit Schwerpunkt auf mineralischen Ressourcen, Wasser- und Kreislaufwirtschaft, Recycling, Urban Mining, Energieeffizienz)
- Integriertes Ressourcenmanagement (mit Schwerpunkt auf dem Water-Energy-Food-Nexus-Ansatz, Ökosystemleistungen, Integrierten Managementsystemen und Umweltwirtschaft)
- Biobasierte Wirtschaft und Bioökonomie (mit Schwerpunkt auf „Agrarsystemen der Zukunft“, wie nachwachsenden Rohstoffen, Urban Farming, Aquaponik, Recycling von Biomasse)

Die Forschungsarbeiten finden sowohl auf nationaler als auch internationaler Ebene statt.

7.7 Der Teaching-Research-Practice Nexus in der Anwendung

Der Praxisbezug hat an der Hochschule Magdeburg-Stendal, wie an jeder Fachhochschule, eine große Bedeutung. Er wird während des Studiums durch Laborpraktika, wissenschaftliche Gruppenarbeiten, Projekttage, Exkursionen, wissenschaftliche Projekte und Fachpraktika in der Wirtschaft gelebt, wodurch eine hohe Vermittlungsrate der Studierenden nach ihrem Abschluss gegeben ist. Unabhängig davon spielt die Wirtschaft auch eine Vermittlerrolle für Innovation, was auf den Praxisbezug der Lehre zurückwirkt. In der Lebenswirklichkeit der Wirtschaft spielen die Auswirkungen der Globalisierung seit einigen Jahren eine zunehmende Rolle, was mit zunehmender Internationalisierung und Interdisziplinarität einhergeht. Die sich verschärfende (internationale) Konkurrenzsituation hat zu einer maßgeblichen Zunahme des Innovationsdrucks in Unternehmen geführt, unabhängig von deren Größe. Viele Unternehmen haben F&E-Tätigkeiten neu in ihr Portfolio aufgenommen, um der veränderten Marktsituation Rechnung zu tragen, wobei sich in der Wirtschaft ein System selbstlernender Wissenserweiterung etabliert hat, um mit den neuesten Entwicklungen mithalten zu können. Für die Studierenden als auch für die Hochschule an sich ist dies in der Regel sogar von Vorteil, da sie nach Abschluss ihrer Praktika in der Wirtschaft oder in Behörden immer öfter Kenntnisse zu aktuellen wissenschaftlichen und technischen Innovationen in die Hochschule bringen.

Eine wichtige Rolle spielen in diesem Zusammenhang die Qualifizierungsarbeiten zum erfolgreichen Abschluss des Studiums. Insbesondere hier zeigen sich die Möglichkeiten, die der Teaching-Research-Practice Nexus in der praktischen Anwendung bietet. Die Studierenden erlernen anhand praktischer Themenstellungen, wie die interdisziplinäre Vernetzung zu Nachhaltigkeit in Theorie und Praxis funktioniert. Im Folgenden sind hierfür beispielhaft eine Reihe von ausgewählten Bachelor- und Masterthemen zusammengestellt, bezogen auf die oben genannten Forschungsschwerpunkte, mit denen sich die Studierenden in den letzten Jahren auseinandergesetzt haben bzw. deren Bearbeitung in Kürze beginnen wird:

Biobasierte Wirtschaft, Bioökonomie und Agrarsysteme der Zukunft

- Untersuchung von Optimierungspotenzialen für urbane Landwirtschaft in Sachsen-Anhalt (2017)
- Modellhafte Standortbewertung für die Eignung erneuerbarer Energien zum wirtschaftlichen Betrieb von Aquaponik-Anlagen in Magdeburg (2017)
- Beitrag Grüner Infrastruktur zur Verbesserung der Luftqualität an Verkehrsknotenpunkten in Magdeburg (2018)

Implementierungsmechanismen für die EU-Wasserrahmenrichtlinie

- Machbarkeitsstudie zur Verbesserung des ökologischen Zustands des Bederkesaer Sees im Raum Bad Bederkesa mit Fokus auf dem Ankeloher Randkanal (2016)
- Entwicklung ökologisch-orientierter Gewässerunterhaltungsmaßnahmen für Priele in der Brackwasserzone (2017)
- Reduzierung von moorinduzierten Phosphoreinträgen in den Bederkesaer See durch Einzugsgebietsreduzierung (2017)
- Untersuchungen der Revitalisierungspotenziale und Nutzungsanpassungen (Extensivierung) der Moorflächen im Einzugsgebiet des Bederkesaer Sees (2017)

Ressourceneffizienz, Optimierung der Ressourcennutzung

- Betrachtung möglicher Einsparpotenziale der Abwasserentsorgung durch Roof Water Farming und Diskontierung der Klärwerkskosten unter besonderer Berücksichtigung eines Klärwerks der Klasse 5 (2016)
- Machbarkeitsstudie zur Optimierung des Stoffstroms Krankenhausabwasser im Dr. Pirngadi Krankenhaus in Medan, Indonesien (2017)
- Potenzialanalyse zur Industriesymbiose im Emmtec Industry & Businesspark in Emmen, Niederlande (2018)

Integriertes Ressourcen- und Nachhaltigkeitsmanagement

- Nachhaltigkeitsberichterstattung im Kontext des Nachhaltigkeitsmanagements von Unternehmen der Automobilzulieferindustrie am Praxisbeispiel IFA ROTORION (2015)

- Untersuchungen zu wasserbasierten Ökosystemdienstleistungen im Nationalpark Chingaza in Kolumbien und den Wassergewinnungssystemen der Hauptstadt Bogotá (2016)
- Konzept zur ressourceneffizienten Wassernutzung am Beispiel der Entwicklung von Eco Industrial Parks im Iran (2016)
- Wasserwirtschaftliche Detailplanung zur Errichtung eines Eco Industrial Parks im Modellsettlement Mourcheh Khort im Iran (2017)
- Grundlagenermittlung für die Einführung eines Nachhaltigkeitsmanagements an der Hochschule Magdeburg-Stendal (2018).

Somit stellt sich vor dem Hintergrund des Teaching-Research-Practice Nexus die wirtschaftliche Praxis nicht nur als zielführende, sondern als notwendige Ergänzung des Lernprozesses dar. In diesem Zusammenhang ist auch die erheblich gestärkte Bedeutung der Corporate Social Responsibility (CSR) zu sehen (Schaltegger et al. 2007). Diese beschreibt die Verantwortung einer Institution gegenüber der Gesellschaft und erhebt die Bewältigung von Nachhaltigkeitsherausforderungen zur obersten Managementaufgabe. In Wirtschaftsunternehmen ist der ideelle Firmenwert längst zu einem greifbaren Aktivposten avanciert und die Reputation einer Unternehmung hängt heute stärker denn je von dessen ökologischer und sozialer Ausrichtung ab. Das gesellschaftliche Bewusstsein für Nachhaltigkeitsfragen wächst stetig. Wenngleich dies für alle Gesellschaftsschichten und Altersgruppen gilt, seien hier besonders die jungen Menschen hervorgehoben. Das Bewusstsein für zukunftsorientierte Fragen ist bei diesen oft stark ausgeprägt und nicht selten werden Karriereentscheidungen basierend darauf getroffen, ob ein potenzieller Arbeitgeber einen Beitrag für die Gesellschaft leistet und Werte vertritt, mit denen sich die Nachwuchskräfte identifizieren können. Selbstredend offeriert dies auch für Einrichtungen der höheren Bildung viele Chancen. Eine nachhaltige Organisationsentwicklung kombiniert mit der integrativen Berücksichtigung sozialer, ökologischer und ökonomischer Ziele und dem Streben, einen Beitrag für die Gesellschaft leisten zu wollen, kann dazu beitragen, die Reputationswirkung einer Hochschule oder einer Universität erheblich zu steigern.

Ein Instrument, welches in diesem Zusammenhang in den letzten Jahren zunehmend in den Fokus gerückt ist, ist der Nachhaltigkeitsbericht *(Sustainability Report),* auch CSR- oder *Sustainable Value Report.* „Der Bericht zur Nachhaltigkeit dient der Förderung der Transparenz und Glaubwürdigkeit des Nachhaltigkeitsmanagements, indem er Informationen zu Maßnahmen und Ergebnissen sowohl vergangenheits- als auch zukunftsbezogen offenlegt“ (Berthold und Lingenfelder 2014). Dabei handelt es sich nicht ausschließlich um ein Dialoginstrument, welches die Kommunikation mit den Anspruchsgruppen einer Institution verbessert, sondern besonders auch um ein Werkzeug der stetigen Verbesserung und Innovation. So kann sich ein Nachhaltigkeitsbericht aus dem Managementsystem heraus generieren und umgekehrt das Managementsystem durch die Berichterstattung optimiert werden. Die Ausgestaltungsformen eines Nachhaltigkeitsberichts sind in der Praxis sehr unterschiedlich. Neben der integrativen

Berücksichtigung sozialer und ökologischer Aspekte in den jährlichen Finanzberichten haben sich in den letzten Jahren vor allem Berichterstattungsstandards hervorgetan, welche die grundsätzlichen Leitlinien vorgeben, nach denen berichtet werden soll. Hierzu zählen besonders die Berichtsleitlinien der Global Reporting Initiative (GRI) oder der vom Rat für Nachhaltige Entwicklung (RNE) initiierte Deutsche Nachhaltigkeitskodex. Wenngleich eigenständige Nachhaltigkeitsberichte an Hochschulen bis jetzt kaum erstellt werden, bietet die Kombination aus fachbereichsübergreifendem Nachhaltigkeitsmanagement und dem Berichtswesen ein großes Potenzial für die Zukunft. Besonders muss hier die Koordinations- und Steuerungsfunktion hervorgehoben werden, welche Synergien zwischen den Fakultäten fördert und Innovation vorantreibt.

Für bestimmte Konzerne, besonders für jene, die von einem besonderen öffentlichen Interesse sind (z. B. börsennotierte Unternehmen oder Betriebe mit einem entsprechend hohen Umsatz), existiert seit 2015 eine von der EU vorgegebene Pflicht zur Nachhaltigkeitsberichterstattung. Aus dieser aktuellen praktischen Relevanz heraus ergibt sich auch ein Handlungspotenzial für die Lehre. Die oben thematisierte Lehrveranstaltung „Stoffstrom- und Umweltmanagement" im Studiengang REM nutzt die Möglichkeit, gegenwärtige Entwicklungen in die Ausgestaltung der Vorlesungen mit einzubeziehen. So werden den Studierenden, aufbauend auf den bis dahin erworbenen Kenntnissen zu Qualitäts- und Umweltmanagementsystemen auch Grundlagen des Nachhaltigkeitsmanagements vermittelt. Eine Vorstellung von praktischen Anwendungen von Nachhaltigkeitsmanagement und -berichterstattung rundet die Vorlesungsreihe im Sinne des TRPN-Ansatzes ab.

7.8 Schlussfolgerungen

Der generelle Nexus-Begriff bezieht sich auf eine Verbindung oder eine Reihe von Verknüpfungen, die zwei oder mehr Dinge oder Themen vernetzen. Die begriffliche Definition unterstreicht bereits die Herausforderungen, die mit einem Nexus-Ansatz verbunden sind: Welche Themen sollen miteinander verknüpft werden und unter Nutzung welcher Verknüpfungsmechanismen? Welche Kommunikationsmechanismen werden der Verknüpfung zugrunde gelegt? Der Schritt von einer Nexus-Verknüpfung zu einem Managementkonzept wird durch die Anwendung des Deming-Zyklus *(Plan, Do, Check, Act)* (Deming 1982) auf die verknüpften Themen erreicht. Der Deming-Zyklus ist eine vierstufige Managementmethodik zur kontinuierlichen Verbesserung der Qualität gewählter Fragestellungen.

Vor diesem Hintergrund lassen sich auch die Herausforderungen für die Implementierung des Teaching-Research-Practice Nexus (TRPN) ableiten, der nichts weniger als einen ganzheitlichen, interdisziplinären und intersektoralen Ansatz darstellt, welcher in einer fragmentierten Denklandschaft den Rahmen für die Zusammenführung sich bedingender Teilbereiche bilden kann. Dies erfordert an Hochschulen neben dem Zusammenwirken von Naturwissenschaftlern, Ökonomen und Ingenieuren auch die Interaktion mit Geisteswissenschaftlern unter Nutzung qualitativer und quantitativer Methoden.

Hinzu kommt der dem Deming-Zyklus zugrunde liegende Anspruch der kontinuierlichen Verbesserung, welcher seine Philosophie aus der japanischen Methodologie des Kaizen (*kai* = „Veränderung, Wandel“, *zen* = „zum Besseren“) schöpft (Imai 1996).

Auf die Fragestellung der Verknüpfungsmechanismen gibt das Konzept des TRPN auch eine entsprechende Antwort: Unter der Maßgabe, dass das übergeordnete Ziel in der höheren Bildung die Nachhaltigkeit ist, ergibt sich von selbst, dass Forschung, Lehre und Praxis in gleichwertigen Anteilen in der Hochschulbildung verankert werden müssen, wobei in der Realität nicht selten geeignete Kommunikationsmechanismen fehlen (Grosu et al. 2015). Die untergewichtige Berücksichtigung auch nur eines der drei Bestandteile führt somit automatisch an solider Nachhaltigkeit vorbei. Fachhochschulen sind aufgrund ihres Praxisbezugs insbesondere geeignet, das Konzept des TRPN mit Leben zu erfüllen. Limitierungen stellen hierbei die begrenzten zeitlichen und personellen Kapazitäten für Forschung und Mittelbau-Administration dar, die die forschenden Lehrer vor Herausforderungen stellen. Die besondere Stellung der Fachhochschulen im Zusammenhang mit nachhaltiger Innovation wurde beispielsweise aufseiten des Bundesministeriums für Bildung und Forschung (BMBF) erkannt, und spezielle Förderprogramme zur Stärkung der Fachhochschulen bei der Einreichung von Projektvorschlägen beim „EU Framework Programme for Research and Innovation Horizon2020“ unter den Schlagworten „Re-Industrialisation of the EU“ und „Leadership in enabling and industrial technologies“ wurden eingerichtet. In Verbindung mit hoch qualifizierter praktischer Lehre unter dem Dach einer umweltzertifizierten Hochschule und der Einbindung in innovative praktische Forschungsprojekte stellt sich der TRPN trotz oder gerade wegen der umfangreichen Herausforderungen als Zukunftsprojekt dar. Naturgemäß erfordert eine nachhaltige Umsetzung des TRPN die Berücksichtigung zweier Blickwinkel: den der Lehrenden und den der Studierenden.

7.9 Ausblick

Die Vernetzung und Erweiterung des Wissenspools zu Nachhaltigkeit in Theorie und Praxis stellt eine wichtige Aufgabe dar, die in den nächsten Jahren zu einer immer drängenderen Aufgabe der Hochschulen werden wird. In der Lebenswirklichkeit der Studierenden stellen sich viele gesellschaftliche Fragen, die einer Antwort bedürfen, und diese Antwort findet sich oft in Nachhaltigkeitsstrategien. Umweltmanagement und Umweltzertifizierung sind wichtige Schritte in diese Richtung, da sie der praktischen Umsetzung die nötige organisatorische Struktur geben. Wie jedes Managementsystem funktioniert auch das Umweltmanagement nach dem PDCA-Zyklus *(Plan, Do, Check, Act),* mit dem Ziel der kontinuierlichen Verbesserung der Bestandteile des Gesamtsystems. Dies bedeutet aber in der Praxis auch, dass in der Zukunft ein Punkt erreicht wird, in dem alle Verbesserungspotenziale ausgeschöpft sind. Dies ist der Moment, in dem die qualitativ nächsthöhere Stufe angestrebt werden sollte, das Nachhaltigkeitsmanagement. Nachhaltigkeitsmanagement geht über das klassische Umweltmanagement hinaus, indem es die drei Säulen der Nachhaltigkeit in Bezug auf alle Ressourcen vernetzt. Dies setzt Werkzeuge für das integrierte Ressourcenmanagement voraus, die in den nächsten Jahren zu entwickeln sind. Der TRPN fügt sich in das System der benötigten Werkzeuge nahtlos ein, da er ein holistisches Konzept verfolgt, das zudem auf dem Nachhaltigkeitsprinzip basiert. Wir sind uns der hohen Anforderungen im Hinblick auf den ganzheitlichen Ansatz des integrierten Ressourcenmanagements bewusst. Unabhängig davon sind wir aber auch davon überzeugt, dass Nachhaltigkeit in der Bildung nur basierend auf ganzheitlichen Prinzipien entstehen kann.

Literatur

Bartz-Beielstein T (2006) Forschendes Lernen – vom Bachelor zur Promotion in den Ingenieurwissenschaften. In: Berendt B, Szczyrba B, Voss HP, Wildt J (Hrsg) Neues Handbuch Hochschullehre, Bd 3, 2. Aufl. Raabe, Stuttgart

Berthold N, Lingenfelder M (Hrsg) (2014) Wirtschaftswissenschaftliches Studium. Zeitschrift für Studium und Forschung 43(8):387–392. (Beck, München)

Biggs JB (1995) Assessing for learning: some dimensions underlying new approaches to educational assessment. Alberta J Educ Res 41(1):1–17

Biggs JB, Collis KF (1982) Evaluating the quality of learning: the SOLO taxonomy. Academic Press, New York

Biggs JB, Tang C (2007) Teaching for quality learning at university: what the student does, 3. Aufl. McGraw-Hill & Open University Press, Maidenhead

Boyd WE, O'Reilly M, Bucher D, Fisher K, Morton A, Harrison PL, Nuske E, Coyle R, Rendall K (2010) Activating the teaching-research nexus in smaller universities: case studies highlighting diversity of practice. JUTLP 7(2):1–18

Carlowitz HC von (2009) Sylvicultura oeconomica oder Haußwirthliche Nachricht und Naturmäßige Anweisung Zur Wilden Baum-Zucht, 2. Aufl. Kessel, Remagen (2. Aufl. 1732)

David FR (1993) Strategic management, 4. Aufl. Macmillan, New York

Deming WE (1982) Out of the crisis. Massachusetts Institute of Technology, Cambridge

Deutsche UNESCO-Kommission (2017) UNESCO-Weltaktionsprogramm: Bildung für nachhaltige Entwicklung. http://www.bne-portal.de/de

Ecarius J, Miethe I (Hrsg) (2011) Methodentriangulation in der qualitativen Bildungsforschung. Budrich, Leverkusen

European Commission (2013) Building a green infrastructure for Europe. https://doi.org/10.2779/54125

Folkens L (2015) Nachhaltigkeitsberichterstattung im Kontext des Nachhaltigkeitsmanagements von Unternehmen der Automobilzulieferindustrie am Praxisbeispiel IFA ROTORION, Bachelorarbeit an der Hochschule Magdeburg-Stendal

Gerholz KH, Liszt V, Klingsieck KB (2015) Didaktische Gestaltung von Service Learning – Ergebnisse einer Mixed Methods-Studie aus der Domäne der Wirtschaftswissenschaften. bwp@Berufs- und Wirtschaftspädagogik – online 28:1–23

Grosu C, Almăşan AC, Circa C (2015) Difficulties in the accounting research–practice–teaching relationship: evidence from Romania. Acc Manag Inf Syst 14(2):275–302

Helms MM, Nixon J (2010) Exploring SWOT analysis – where are we now? A review of academic research from the last decade. J Strateg Manag 3(3):215–251

Hochschule Magdeburg-Stendal (2014) Hochschulentwicklungsplan 2015 bis 2024. Hochschule Magdeburg-Stendal. https://www.hs-magdeburg.de/hochschule/hochschulentwicklungsplan.html. Zugegriffen: 27. Febr. 2017

Hoff H (2011) Understanding the nexus. Background paper for the Bonn2011 Conference: the water, energy and food security nexus. Stockholm Environment Institute, Stockholm. http://sei-international.org/publications?pid=1977. Zugegriffen: 27. Febr. 2017

Hovardas T (2015) Strengths, Weaknesses, Opportunities and Threats (SWOT) analysis: a template for addressing the social dimension in the study of socio-scientific issues. AEJES 1:1–12

Imai M (1996) Kaizen. Der Schlüssel zum Erfolg der Japaner im Wettbewerb, 7. Aufl. Ullstein, Berlin

Kaplan RS (1989) Connecting the research-teaching-practice triangle. Acc Horiz 3(1):129–132

Kinney WR Jr (1989) The relation of accounting research to teaching and practice: a "positive" view. Acc Horiz 3(1):119–124

Kolb DA (1984) Experiential learning: experience as the source of learning and development. Prentice-Hall, Englewood Cliffs

Locke W (2009) Reconnecting the research-policy-practice nexus in higher education: ‚evidence policy' in practice in national and international contexts. High Educ Policy 22:119–140. https://doi.org/10.1057/hep.2008.3

Magnell M, Söderlind J, Geschwind L (2016) Teaching-research nexus in engineering education. In: Proceedings of the 12th International CDIO Conference, Turku University of Applied Sciences, Turku, Finland, 12–16 June 2016. www.cdio.org/files/document/cdio2016/68/68_Paper_PDF.pdf. Zugegriffen: 27. Febr. 2017

Moschner B, Anschütz A (2010) Kombination und Integration von qualitativen und quantitativen Forschungsmethoden in einem interdisziplinären Forschungsprojekt. In: Diethelm I, Dörge C, Hildebrandt C, Schulte C (Hrsg) Didaktik der Informatik – Möglichkeiten empirischer Forschungsmethoden und Perspektiven der Fachdidaktik. 6. Workshop der GI-Fachgruppe „Didaktik der Informatik" in Oldenburg. Köllen, Bonn, S 1–20

Odum HT, Siler WL, Beyers RJ, Armstrong N (1963) Experiments with engineering of marine ecosystems. Publ Inst Mar Sci Texas 9:374–403

Porter ME (1986) Competition in Global Industries. Harvard Business School Press, Boston

Schaltegger S, Herzig C, Kleiber O, Klinke T, Müller J (2007) Nachhaltigkeitsmanagement in Unternehmen. Von der Idee zur Praxis: Managementansätze zur Umsetzung von Corporate Social Responsibility und Corporate Sustainability. (Hrsg) Bundesministerium für Umwelt, Naturschutz und Reaktorsicherheit/econsense Forum Nachhaltige Entwicklung der Deutschen Wirtschaft e. V./Centre for Sustainability Management, Leuphana Universität Lüneburg. www.econsense.de/sites/all/files/nachhaltigkeitsmanagement_unternehmen.pdf. Zugegriffen: 27. Febr. 2017

Schneider A (2014) Triangulation und Integration von qualitativer und quantitativer Forschung in der Sozialen Arbeit. In: Mührel E, Bergmeier B (Hrsg) Perspektiven sozialpädagogischer Forschung. Methodologien – Arbeitsfeldbezüge – Forschungspraxen. Springer VS, Wiesbaden, S 15–30

Schneider P, Lüderitz V (2018) Integration of Ecosystem Services as Part of the Nexus Approach into the Applied Teaching of Ecological Engineering. In: Leal W (Hrsg) Handbook of Sustainability Science and Research. World Sustainability Series. Springer Cham, Basel, S 369–387. https://doi.org/10.1007/978-3-319-63007-6_22 (ISBN: 978-3-319-63006-9 [online first])

Seifert A, Zentner S (2010) Service-Learning – „Lernen durch Engagement". Methode, Qualität, Beispiele und ausgewählte Schwerpunkte. Eine Publikation des Netzwerks Lernen durch Engagement. Freudenberg Stiftung, Weinheim

Senge PM (2011) Die notwendige Revolution. Wie Individuen und Organisationen zusammenarbeiten, um eine nachhaltige Welt zu schaffen. Auer, Heidelberg

SMI EBS Business School, Logica (2011) Excellence in supply chain sustainability: sustainability as a challenge and opportunity for today's companies. Logica, Frankfurt a. M.

Tremp P, Futter K (2012) Forschungsorientierung in der Lehre: Curriculare Leitlinie und studentische Wahrnehmungen. In: Brinker T, Tremp P (Hrsg) Einführung in die Studiengangentwicklung. Bertelsmann, Bielefeld, S 69–80

Trowler P, Wareham T (2008) Tribes, territories, research and teaching enhancing the teaching-research nexus. Higher Education Academy, York

United Nations (2015) Transforming our world: the 2030 Agenda for Sustainable Development. https://sustainabledevelopment.un.org/post2015/transformingourworld/publication

Visser-Wijnveen GJ, Van Driel JH, van der Rijst RM, Verloop N, Visser A (2010) The ideal research-teaching nexus in the eyes of academics: building profiles. High Educ Res Dev 29(2):195–210

Weggeman M (1996) Knowledge management: the modus operandi for a learning organization. In: Schreinemakers JF (Hrsg) Knowledge management: organization, competence and methodology. Ergon, Würzburg, S 175–188

Weggeman M (2000) Kennismanagement: de praktijk. Scriptum, Schiedam

Ziegler M (2015) Erstexploration zur Einführung eines Umweltmanagements an der Hochschule Magdeburg-Stendal. Arbeitspapier: Analyse der Potenziale und mögliche Vorgehensweisen, eidos-Consult, Berlin, 04. 06. 2015, finanziert im Rahmen des „Pioneers into Practice"-Projektes unter dem Programm Climate-KIC des European Institute of Innovation and Technology (unveröffentlicht)

8 Nachhaltigkeit durch die partizipative Entwicklung von Kompetenzprofilen implementieren

Sascha Zinn

Zusammenfassung

Der folgende Beitrag beschäftigt sich mit der Frage, wie sich Bildung für nachhaltige Entwicklung in die Hochschullehre implementieren lässt. Dabei wird zunächst aufgezeigt, welche Rolle das Thema Bildung für nachhaltige Entwicklung in den hochschulpolitischen Entwicklungen seit dem Bologna-Prozess spielt. In diesem Zusammenhang wird die herausragende Bedeutung kompetenzorientierter Lehre herausgearbeitet, um schließlich die damit einhergehenden notwendigen hochschuldidaktischen Veränderungen im Sinne des Change Management als Changeprozess zu interpretieren. Den Reformprozess der Hochschulen als Changeprozess begreifend, wird deutlich gemacht, dass die Partizipation der Lehrenden innerhalb dieses Veränderungsprozesses von besonderer Bedeutung ist. Entsprechend dieser herausragenden Bedeutung eines partizipativen Vorgehens lässt sich die Erstellung eines Kompetenzprofils, wie dem Kompetenzprofile Nachhaltigkeit, welches im Folgenden vorgestellt wird, als ein starkes Werkzeug zur Implementierung von Nachhaltigkeit (Der Begriff Nachhaltigkeit wird im Folgenden als Kurzform für „nachhaltige Entwicklung" verwendet.) verstehen. Begleitet wird die Vorstellung dieses Vorgehens von konkreten Beispielen und Narrativen innerhalb des Implementierungsprozesses der Hochschule München. Mithilfe dieser Narrative wird gezeigt werden, wie die partizipative

Illustriert mit Beispielen und Narrativen aus der Hochschule für Angewandte Wissenschaften München

S. Zinn (✉)
Hochschule für Angewandte Wissenschaften München,
München, Deutschland
E-Mail: sascha.zinn@hm.edu

W. Leal Filho (Hrsg.), *Nachhaltigkeit in der Lehre,* Theorie und Praxis der Nachhaltigkeit, https://doi.org/10.1007/978-3-662-56386-1_8

Erstellung der Kompetenzprofile im Sinne einer bewusstseinsbildenden Maßnahme Zugänge zu Lehrenden und Fakultäten geschaffen hat und wie die Entwicklung eines Kompetenzprofils Nachhaltigkeit als Anker für die Lehrentwicklung hin zu einer Hochschulbildung für nachhaltige Entwicklung genutzt werden kann.

Schlüsselwörter
Bildung für nachhaltige Entwicklung (BNE) · Hochschulentwicklung · Lehrentwicklung Kompetenzorientierte Lehre · Kompetenzprofil · Kompetenzdiagnostik · Kompetenzentwicklung Beteiligung · Partizipation · Change Management

8.1 Ausgangssituation

Hochschulen stehen als Institutionen der Ausbildung zukünftiger EntscheidungsträgerInnen in der Verantwortung, zu einer nachhaltigen Entwicklung der Gesellschaft beizutragen (Leal Filho 2011).

> Bei der Verwirklichung nachhaltiger Entwicklung … kommt den Hochschulen – institutionell und individuell für alle in ihr arbeitenden Personen – eine herausragende Bedeutung zu, denn nachhaltige Entwicklung fordert gesellschaftliche Akzeptanz, die durch eine ‚Bildung für eine nachhaltige Entwicklung' unterstützt und befördert werden muss, um die erforderlichen Wandlungsprozesse in individuellen Orientierungen und Handlungsweisen in der gesamten Gesellschaft zu initiieren und zu verankern (HRK 2011 S. 38).

Diese Verantwortung geht mit der Forderung nach (nachhaltigkeits)kompetenzorientierter Lehre einher: „In Lehre und Studium sowie der Weiterbildung sollten die Hochschulen bei ihren Studierenden Wissen und Kompetenzen fördern, die es ihnen ermöglichen, die Probleme nachhaltiger Entwicklung in den interdisziplinären Zusammenhängen zu erkennen und zu beurteilen, um in ihren Disziplinen und beruflichen Arbeitszusammenhängen informiert und verantwortlich handeln zu können" (HRK 2011, S. 39). Mit dieser Erklärung knüpft die HRK an die Copernicus Charta von 1994 an, die auf europäischer Ebene dazu aufrief, die Hochschulen am Leitbild der nachhaltigen Entwicklung auszurichten. Im Zuge des Bologna-Prozesses und der damit einhergehenden Umstellung auf Bachelor- und Masterprogramme wurde die Integration einer Bildung für nachhaltige Entwicklung (BNE) in die Hochschulbildung durch die Konferenz der für die Hochschulen zuständigen europäischen Ministerinnen und Minister (KMEH) erneut bekräftigt. „Unser Beitrag zur Erreichung des Ziels Bildung für alle sollte auf dem Prinzip der nachhaltigen Entwicklung gründen und den laufenden internationalen Aktivitäten zur Entwicklung von Leitlinien für ein Qualitätsangebot grenzüberschreitender Hochschulbildung entsprechen" (KMEH 2005, S. 6).

Diesen Absichtserklärungen steht eine ernüchternde Realität gegenüber. 2011 konnten von 14.000 angebotenen Studiengängen in Deutschland nur etwa 320 Studienmöglichkeiten im Kontext von Nachhaltigkeitswissenschaften identifiziert werden (de Haan 2011, S. 3). Ein Grund hierfür ist sicherlich auch darin zu finden, dass sich die interdisziplinär angelegten Nachhaltigkeitswissenschaften nur mit Mühe in die fachlich strukturierten Hochschulen einfügen. Die fehlende Passung zwischen der interdisziplinär ausgerichteten Nachhaltigkeitswissenschaft und den fachlich organisierten Hochschulstrukturen verweist auf die vielfältigen Herausforderungen, die mit der Integration von BNE in die Hochschulbildung verbunden sind. „Die Welt hat Probleme, Hochschulen haben Disziplinen" (Müller-Christ 2011, S. 7).

Dieser besonderen Verantwortung und den damit verbundenen Herausforderungen nimmt sich die Hochschule für Angewandte Wissenschaften München (HM) in besonderer Weise an. Die Hochschulleitung hat „nachhaltig", neben „unternehmerisch" und „interkulturell/international", zu einem der drei AbsolventInnenprofile erklärt. In den Zielvereinbarungen zwischen dem Bayerischen Staatsministerium für Bildung und Kultus, Wissenschaft und Kunst (StMWKBK) und der Hochschule München wurde festgelegt, dass die im Strategieprozess definierten AbsolventInnenprofile in besonderer Weise in der Lehre und damit im Kompetenzprofil der Studierenden verankert werden sollen (StMWKBK 2013, S. 12 ff.). Mit Blick auf das Profilmerkmal „nachhaltig" bedeutet dies, dass sich die AbolventInnen der HM nicht nur durch ihr studienspezifisches Qualifikationsprofil auszeichnen, sondern sich ebenso durch eine Kompetenz zur nachhaltigen Gestaltung von Gesellschaft hervortun.

8.2 (Hochschul-)Bildung für nachhaltige Entwicklung und Kompetenzerwerb

Die Hochschulen in Deutschland und Europa befinden sich seit 1999 im umfassendsten Reformprozess ihrer Geschichte. Obwohl es ursprünglich durch die Reform nicht intendiert war, rückte der Bologna-Prozess das Thema „Lehre und Studium" in das Zentrum hochschulpolitischer Überlegungen.

Im Zuge der Akkreditierungsverfahren waren die Hochschulen dazu aufgefordert, Studieninhalte, Studierbarkeit, Beschäftigungschancen der Absolventinnen und Absolventen etc. darzustellen und gegenüber sich und den Akkreditierern zu rechtfertigen. In diesem Kontext wurden auch Studium und Lehre neu diskutiert, was schließlich zum *„shift from teaching to learning"* und damit von der Inputbeschreibung zur Definition von Lernergebnissen und Kompetenzen mündete (Burckhart 2015, S. 19). Im Zuge der Suche nach europaweit verbindlichen Standards und der damit verbundenen Frage nach Qualitätssicherung kam es schließlich zum Paradigmenwechsel und damit zur Forderung einer kompetenzorientierten Lehre. Ausgangspunkt dieses Paradigmenwechsels in der Hochschulbildung waren die Dublin-Deskriptoren, Kompetenzbeschreibungen für die drei Ebenen Bachelor, Master und Doktorat, die 2005 als Qualifikationsrahmen des Europäischen Hochschulraums angenommen wurden (vgl. EU 2008). Seit 2006 entwickelt das Bundesministerium für Bildung und Forschung (BMBF) und die Kultusministerkonferenz (KMK) gemeinsam einen Deutschen Qualifikationsrahmen (www.dqr.de) für das deutsche Hochschulwesen.

Parallel dazu beschäftigte sich die Organisation for Economic Co-operation and Development (OECD) in ihrem Projekt Definition and Selection of Competencies (DeSeCo) mit der Entwicklung grundlegender Kompetenzen für das Leben in der modernen Wissensgesellschaft. In Anbetracht von Globalisierung und Modernisierung betont die OECD in ihrer Auswertung die Relevanz von Kompetenzen und resümiert: „Nachhaltige Entwicklung und sozialer Zusammenhalt hängen entscheidend von den Kompetenzen der gesamten Bevölkerung ab – wobei der Begriff ‚Kompetenzen' Wissen, Fertigkeiten, Einstellungen und Wertvorstellungen umfasst" (OECD 2005, S. 6).

Zusammengenommen ergibt sich so ein Bild, indem die stetig zunehmende Komplexität von Arbeitsprozessen, Megatrends wie Globalisierung und Digitalisierung, aber auch die Bedingungen der „Risikogesellschaft" (Beck 2012) die Hochschulen vor Herausforderungen stellen, auf die zumindest auf politischer Ebene mit einem Paradigmenwechsel hin zur kompetenzorientierten Lehre geantwortet wurde und wird (KMK 2005, 2017).

Die Forderung nach kompetenzorientierter Lehre wurde im deutschen Diskurs zur BNE weiter spezifiziert. Unter Bezug auf die wissenschaftlichen Beratungsgremien veröffentlicht die Bund-Länder-Kommission 1998 den „Orientierungsrahmen" für die Bildung für nachhaltige Entwicklung (BNE). Darin wird BNE zu einem „wesentlichen Eckstein einer zeitgemäßen Allgemeinbildung an der Wende zum 21. Jahrhundert" (BLK 1998, S. 25). Entsprechend umfangreich fallen auch die Anforderungen an BNE aus. Der theoretische Rahmen der BNE wurde im gleichnamigen Gutachten entwickelt. Hier werden die partizipativen Schlüsselkompetenzen des „Orientierungsrahmens" zum Begriff der „Gestaltungskompetenz" gebündelt. Bei der Entwicklung dieses Kompetenzkonzepts (das für den mittleren Bildungsabschluss formuliert wurde) wurde der oben erwähnte Kompetenzrahmen für Schlüsselkompetenzen der OECD zugrunde gelegt (de Haan 2008).

Im Programm „Transfer-21" wird BNE folgendermaßen definiert: „Bildung für nachhaltige Entwicklung (BNE) ermöglicht es dem Individuum, aktiv an der Analyse und Bewertung von nicht nachhaltigen Entwicklungsprozessen teilzuhaben, sich an Kriterien der Nachhaltigkeit im eigenen Leben zu orientieren und nachhaltige Entwicklungsprozesse gemeinsam mit anderen lokal wie global in Gang zu setzen" (Programm Transfer-21 2007, S. 8). Das mit diesem Verständnis korrespondierende Kompetenzkonzept wird folgendermaßen verstanden:

> Bildung für nachhaltige Entwicklung (BNE) dient speziell dem Gewinn von Gestaltungskompetenz. Mit Gestaltungskompetenz wird die Fähigkeit bezeichnet, Wissen über nachhaltige Entwicklung anwenden und Probleme nicht nachhaltiger Entwicklung erkennen zu können. Das heißt, aus Gegenwartsanalysen und Zukunftsstudien Schlussfolgerungen über ökologische, ökonomische und soziale Entwicklungen in ihrer wechselseitigen Abhängigkeit ziehen und darauf basierende Entscheidungen treffen, verstehen und individuell, gemeinschaftlich und politisch umsetzen zu können, mit denen sich nachhaltige Entwicklungsprozesse verwirklichen lassen. Gestaltungskompetenz lässt sich in zehn Teilkompetenzen ausdifferenzieren: 1. Weltoffen und neue Perspektiven integrierend Wissen aufbauen, 2. Vorausschauend denken und handeln, 3. Interdisziplinär Erkenntnisse gewinnen und handeln, 4. Gemeinsam mit anderen planen und handeln können, 5. An Entscheidungsprozessen partizipieren können, 6. Andere motivieren können, aktiv zu werden, 7. Die eigenen Leitbilder und

die anderer reflektieren können, 8. Selbstständig planen und handeln können, 9. Empathie und Solidarität für Benachteiligte zeigen können, 10. Sich motivieren können, aktiv zu werden (Programm Transfer-21 2007, S. 10).

8.3 Hochschulentwicklung als Changeprozess

Grundsätzlich lässt sich der oben beschriebene Reformprozess der europäischen Hochschullandschaft als ein riesiges Changeprojekt verstehen. Die Forderung nach kompetenzorientierter Lehre trifft die Hochschulen dabei unvermittelt und ohne entsprechenden Qualifizierungsprozess. Dieser von außen an die Hochschulen herangetragene Veränderungswunsch lässt Reaktanz erwarten und stellt besondere Anforderungen an das Management desselben. Reiß spricht in diesem Kontext von reaktivem Change Management: „Innerhalb eines reaktiven Change Managements soll für bereits formulierte oder ‚von draußen' importierte Konzepte ein umsetzungsfreundlicher Kontext geschaffen werden" (Reiß et al. 1997, S. 9).

Den Reformprozess der Hochschullandschaft als Changeprozess zu verstehen, gibt uns die Möglichkeit, auf Change Management als ein wissenschaftlich gut beforschtes und theoretisch fundiertes Forschungsfeld zurückzugreifen. So lassen sich die damit verbundenen Herausforderungen besser verstehen und adäquatere Handlungsoptionen ableiten. Dabei zeigt sich, dass das Scheitern von Changeprozessen keine Seltenheit ist. Nach einer Studie des Hernstein-Instituts müssen 38 % der Change-Management-Projekte als gescheitert eingestuft werden (vgl. Schott und Wick 2005). Schaut man sich die Ursachen des Scheiterns von Changeprojekten an, so liegt der Widerstand der Mitarbeiter mit 30 % an erster Stelle. Des Weiteren spielen die mangelhafte Prozesssteuerung (25 %) und ein zu schnelles Tempo (20 %), mit dem die Veränderungen durchgezogen werden, eine entscheidende Rolle. Weitere 12 % der Befragten meinten, dass die Changeprojekte an unklaren Zielrichtungen scheitern (ebd., S. 196). Lauer (2014) verweist unter Bezug auf empirische Befunde darauf, dass es vor allem die „ausführende Ebene" ist, also Mitarbeiter und das mittlere Management, die geplanten Veränderungen kritisch gegenüberstehen. Unter Bezug auf eine Umfrage des Marktforschungsinstituts „meinungsraum.at" konkretisiert Lauer die Skepsis der „ausführenden Ebene" gegenüber Changeprojekten, wenn er schreibt: „Auf die Frage etwa, wie sich Veränderungen motivational auswirken, antworteten 40 % der Mitarbeiter ‚negativ ermüdend' und nur 11 % empfinden diese als ‚positiv energetisierend'" (Lauer 2014, S. 48).

Bezieht man diese Werte auf Hochschulen, so wird klar, dass die Hochschullehrenden der kritische Faktor beim Gelingen eines Hochschulentwicklungsprojekts sind, das sich der Lehr- und Lernentwicklung verschrieben hat. Dabei sind HochschullehrerInnen von der Forderung kompetenzorientierter Lehre besonders betroffen. Die meisten Hochschullehrenden sind zwar hoch qualifizierte Fachleute, verfügen aber im Normalfall über keinerlei pädagogisch-didaktische Ausbildung (Zinn 2017). Dies wiegt umso schwerer, als sie auch in ihrer eigenen Ausbildung in Schule und Hochschule oft keinerlei Erfahrungen im Bereich „reflexives Erfahrungslernen" (Schüßler und Thurnes 2005, S. 56) sammeln konnten. So bleibt die Forderung nach (nachhaltigkeits-)kompetenzorientierter Hochschullehre zumeist nur als abstrakte Überlegung bestehen und entfaltet keine Relevanz in der Lehrpraxis (HRK 2012). Zwar werden auf formaler Ebene Modulhandbücher, Studienprüfungssordungen und Ähnliches umgeschrieben, auf der didaktischen Ebene entfalten sich die entsprechenden Konsequenzen jedoch nur sehr schleppend.

8.4 Kompetenzprofile partizipativ erstellen – ein Erfolgsfaktor auf dem Weg zu einer kompetenzorientierten Lehre für nachhaltige Entwicklung

Partizipation gilt allgemeinhin als so etwas wie der klassische Erfolgsfaktor im Change Management. Nun konnte oben aufgezeigt werden, dass die Forderung kompetenzorientierter Lehre eine bildungspolitische Forderung darstellt und als solche aus der Perspektive der „ausführenden Ebene", sprich der HochschullehrerInnen, als von „außen" kommend erscheinen muss. Erschwerend kommt hinzu, dass es selbst in der bildungswissenschaftlich orientierten Kompetenzforschung keinen einheitlichen Kompetenzbegriff gibt. Entsprechend muss dem pädagogischen bzw. bildungstheoretischen Laien, was die meisten Hochschullehrenden sind, die Forderung nach kompetenzorientierter Lehre vielmehr als eine Leerformel denn eine Lehrformel erscheinen. Und tatsächlich lässt die zunehmend willkürlich und inflationäre Verwendung des Kompetenzbegriffs eine kompetenzorientiere Lehre zunehmend konturlos und trivial erscheinen.

Diese Schwierigkeiten spitzen sich weiter zu, wenn der Kompetenzbegriff mit weiteren Containerbegriffen, z. B. dem der Nachhaltigkeit (Zinn 2013), verbunden wird. In die so entstehende „Nachhaltigkeitskompetenz" kann dann jeder, wie in einen Wunschzettel, eintragen, was er will. Ein derart konturloser Begriff eignet sich auch nicht als Lehr- und Lernziel, da sich aus ihm kein angestrebter Zustand ableiten lässt. Mit Dietrich Dörner lassen sich solche Begriffe als „Komplexbegriffe" bezeichnen, mit denen unterschiedliche Sachverhalte, ja sogar Gegensätze gemeint sein können (Dörner 2015). „Wenn man die Unklarheit, die in solchen Komplexbegriffen steckt, beseitigen will, so muss man sie „dekomponieren"; man muss sie in ihre Teile zerlegen, man muss herausarbeiten, was man eigentlich *im Einzelnen* meint,…" (ebd., S. 81). Dieses Vorgehen erhält im Rahmen einer Hochschulbildung für nachhaltige Entwicklung besondere Relevanz, da sich die Studierenden durch ihre Studienwahl bereits stark spezialisiert haben. Damit verbunden ist die These, dass „Nachhaltigkeitskompetenz" als Qualifizierungsziel für einen Studierenden des Bauingenieurswesen etwas anderes meint, als für einen Studierenden der Sozialpädagogik. Wo „allgemeine" Bildungsziele wie das der „Gestaltungskompetenz" (de Haan) für die Sekundarstufe noch getragen haben, scheint für den universitären Bereich eine stärkere Differenzierung sinnvoll. Ein Vorgehensmodell für eine entsprechende Differenzierung im Hochschulkontext wird nachfolgend am Beispiel der Erstellung eines Kompetenzprofils „Nachhaltigkeit" aufgezeigt.

Kompetenzprofile lassen sich nach Ist- und Sollprofilen unterscheiden. Das Ist-Profil gibt an, wo sich der jeweilige Mensch gerade befindet, welche Kompetenzausprägungen sich zum jetzigen Zeitpunkt durch entsprechende Diagnostik nachweisen lassen. Das Sollprofil hingegen markiert das Anforderungsprofil und beschreibt somit den angestrebten Zustand.

Zur Erstellung der Anforderungsprofile wird im vorgestellten Ansatz auf das Verfahrenssystem KODE®, kurz für „KOmpetenzDiagnostik und -Entwicklung", zurückgegriffen. Begründet liegt die Verwendung von KODE® in der Tatsache, dass das Modell praxiserprobt, wissenschaftlich fundiert und vor allem klar abgegrenzt ist. So liegen dem Verfahren vier Basiskompetenzbereiche zugrunde: Personale Kompetenz, Aktivitäts- und.

Handlungskompetenz, Sozial-kommunikative Kompetenz und fach- und Methodenkompetenz. Diese vier Basiskompetenzen lassen sich wiederum in 64 Grund- und Teilkompetenzen unterteilen und ergeben so den in Abb. 8.1 dargestellten „KODE-Kompetenzatlas".

Abb. 8.1 KODE® KompetenzAtlas © *2009 Prof. Dr. Volker Heyse, Prof. Dr. John Erpenbeck*

Die Klarheit des Modells und die damit implizierte Abgrenzbarkeit der Teilkompetenzen ist Stärke und Schwäche zugleich. Seine Schwächen offenbart das Modell, wenn man sich anschaut, wie sehr es Kompetenzen, die in den Erfahrungsschatz und das damit verbundene Wertesystem des Subjekts eingebettet sind, entspricht. Es ist offenkundig, dass sich Kompetenzen nicht so klar voneinander abgrenzen, wie es die Darstellung suggeriert, gleichzeitig macht es aber genau diese klare Abgrenzung möglich, auch mit Laien sehr schnell ins Gespräch zu kommen. Ergänzend dazu bieten die Autoren kurze Beschreibungen der jeweiligen Teilkompetenzen, die im Bedarfsfall herangezogen werden können, um langwierige Auseinandersetzungen über die Bedeutung bestimmter Begriffe zu vermeiden (Heyse und Erpenbeck 2004).

Das nachfolgend vorgestellte Kompetenzprofil „Nachhaltigkeit" ist im Kreis der Beauftragten für Bildung für nachhaltige Entwicklung (BNE) der Hochschule München (HM) entstanden. Diese BNE-Beauftragten sind „Gesandte" ihrer Fakultäten mit der Aufgabe, als Multiplikatoren für BNE in ihre Fakultäten zu wirken. Gleichzeitig können die BNE-Beauftragten als Spezialisten und Angehörige ihrer Fakultäten das Thema in diesem hochschulweiten Gremium vertreten und die spezifische Sicht der Fakultät auf dieses Thema einbringen.

Um das Kompetenzprofil „Nachhaltigkeit" zu erstellen, entwickelten wir im Spiegel des oben vorgestellten Kompetenzmodells KODE® und dessen 64 Teilkompetenzen folgende Fragestellung:

„Bitte schätzen Sie folgenden Kompetenzen nach dem Kriterium ein: ‚Bedeutung im (Berufs-)Leben für eine nachhaltige Entwicklung'."

Um den zeitlichen Horizont dieser Fragestellung einzugrenzen, gab es den Beisatz „Bedeutsamkeit heute und in den nächsten Jahren".

Zur Bewertung der 64 Teilkompetenzen wurde ein Fragebogen ausgegeben, auf dem die Befragten auf einer Skala von 1 = weniger wichtig bis 6 = äußerst wichtig die entsprechenden Teilkompetenzen bewerten konnten. Dabei war die Vergabe von „Zwischenschritten" möglich. Es konnte also ähnlich wie bei Schulnoten eine 2- vergeben werden. Die Erstellung des Kompetenzprofils Nachhaltigkeit war dabei ein zweistufiges Verfahren. Im ersten Schritt konnten durch die Bewertung der BNE-Beauftragten die wichtigsten 12 Teilkompetenzen identifiziert werden (vgl. Tab. 8.1). Im zweiten Durchlauf wurden diese 12 Teilkompetenzen erneut zur Bewertung mit derselben Fragestellung vorgelegt.

Durch den zweiten Durchgang konnten *fünf Kernkompetenzen* identifiziert werden, die von allen BNE-Beauftragten durchgängig als besonders wichtig eingeschätzt wurden. Legitimiert ist die Rede von Kernkompetenzen durch die Tatsache, dass die Differenz zwischen der am höchsten und damit als am wichtigsten eingeschätzten Teilkompetenz „Ganzheitliches Denken" und der auf Platz fünf gewählten Teilkompetenz „Analytische Fähigkeit" mit 1,22 nur 0,11 höher liegt, als der Schritt von „Analytische Fähigkeit" zur nächstplatzierten „Innovationsfreudigkeit".

Bei näherer Betrachtung der fünf „Kernkompetenzen für nachhaltige Entwicklung" (vgl. Tab. 8.2) ist augenscheinlich, dass vier der fünf identifizierten Kernkompetenzen

Tab. 8.1 Kompetenzprofil „Nachhaltigkeit“ der Hochschule München (Das Kompetenzprofil „Nachhaltigkeit“ der Hochschule München ist im Rahmen des Treffens der BNE-Beauftragten am 29. 01. 2015 entstanden. Dass es hier als Kompetenzprofil der Hochschule München kommuniziert wird, meint nicht, dass es als solches abgeschlossen ist oder die Meinung der Hochschule als Ganzer repräsentiert. Ein solches Kompetenzprofil muss immer wieder überarbeitet und angepasst werden. Gleichzeitig ist es durch die BNE-Beauftragten erstellt und angenommen worden und ist somit als vorläufiges Arbeitsergebnis legitimiert)

1.	*Ganzheitliches Denken (Mittelwert 12,00[a])*
2.	*Folgebewusstsein (Mittelwert 11,33)*
3.	*Fächerübergreifende Kenntnisse (Mittelwert 11,22)*
4.	*Problemlösefähigkeit (Mittelwert 11,22)*
5.	*Analytische Fähigkeit (Mittelwert 10,78)*
6.	Innovationsfreudigkeit (Mittelwert 9,67)
7.	Integrationsfähigkeit (Mittelwert 9,67)
8.	Teamfähigkeit (Mittelwert 8,98)
9.	Eigenverantwortung (Mittelwert 8,98)
10.	Konfliktlösefähigkeit (Mittelwert 8,78)
11.	Initiative (Mittelwert 8,67)
12.	Kommunikationsfähigkeit (Mittelwert 8,67)

[a]Bei einem Maximalwert von 13

einen direkten Bezug zum Basiskompetenzbereich Fach- und Methodenkompetenz aufweisen. Gleichzeitig ist es auffällig, dass das reine Kompetenzfeld „Fachwissen“ unter der Fragestellung „Bedeutung im Berufsleben für eine nachhaltige Entwicklung“ nicht im Kompetenzprofil auftaucht. Im Spiegel der vielfältigen disziplin- und fächerübergreifenden Herausforderungen im Nachhaltigkeitsbereich kann dieses Ergebnis nicht verwundern. Vor diesem Hintergrund ließe sich der vorliegende Befund derart interpretieren, dass Fachwissen ein notwendiger, aber kein hinreichender Faktor ist, um die Herausforderungen im Kontext einer nachhaltigen Entwicklung zu lösen. Neben den fachlich-methodischen Kompetenzen sind für ein adäquates Handeln auch persönlichkeitsbezogene, aktivitätsbezogene und sozial-kommunikative Kompetenzen nötig. Hierfür spricht auch die relative Gleichverteilung der Teilkompetenzen des Kompetenzprofils Nachhaltigkeit über die genannten Basiskompetenzbereiche.

Des Weiteren fällt auf, dass die fünf Kernkompetenzen in einem engen Bezug zueinander stehen. So ließe sich der durch die Kernkompetenzen beschriebene Kompetenzbereich etwa so beschreiben: *Die Fähigkeit, komplexe Probleme unter Berücksichtigung der inhärenten Zusammenhänge und deren Auswirkungen analysieren und lösen zu können.*

Die 12 identifizierten Teilkompetenzen wurden mit bestehenden Kompetenzmodellen für nachhaltige Entwicklung, insbesondere den Kompetenzkategorien der OECD (2005), den Teilkompetenzen der Gestaltungskompetenz (de Haan 2008) und den Kompetenzen

Tab. 8.2 Kompetenzprofil „Nachhaltigkeit" der Hochschule München (Kernkompetenzen) (Die Definitionen der einzelnen Kompetenzbereiche wurden alle in Anlehnung an die Definitionen von Heyse und Erpenbeck formuliert vgl. ebd. 2009)

1. Ganzheitliches Denken (Personale Kompetenz/Fach- und **Methodenkompetenz)** • bedenkt nicht nur fachlich-methodische Details der eigenen Arbeit, sondern auch deren umfassende Inhalte und Zusammenhänge • berücksichtigt nicht nur die im engeren Sinne fachlichen, sondern auch die ökonomischen, ökologischen und gesellschaftlichen Wechselbeziehungen des eigenen Handelns
2. Folgebewusstsein (Fach- und Methodenkompetenz/Sozialkompetenz) • besitzt ein hohes Maß an fachlichem und methodischem Wissen über wirkende Ursache-Folge-Beziehungen • ist sich der Folgen seines Handelns und seiner Entscheidungen bewusst und fühlt sich dafür verantwortlich
3. Fachübergreifende Kenntnisse (Fach- und **Methodenkompetenz)** • verfügt über Kenntnisse, die über sein Fach-/Spezialgebiet hinausgehen • nutzt aktiv verschiedene Möglichkeiten, die eigenen Kenntnisse zu erweitern
4. Problemlösefähigkeit (Sozialkompetenz/Aktivitäts- und handlungskompetenz) • ist fähig, Kommunikations- und Leitungsstrukturen entsprechend des erkannten Problems effektiv zu nutzen • initiiert Maßnahmen zur Lösung problematischer Situationen und bringt diese aktiv voran
5. Analytische Fähigkeit (Fach- und Methodenkompetenz/Personale Kompetenz) • besitzt eine rasche Auffassungsgabe, beherrscht Methoden des abstrakten Denkens und kann sich klar ausdrücken • kann Wesentliches von Unwesentlichem unterscheiden, die Informationsflut verdichten, Sachverhalte schnell auf den Punkt bringen, Tendenzen und Zusammenhänge erkennen und richtige Schlüsse und Strategien daraus ableiten

für nachhaltiges Handeln von Führungskräften (Grothe und Fröbel 2010) abgeglichen. Eine tiefer gehende Analyse dieser Gegenüberstellung ist aufgrund der formalen und methodischen Unterschiede nicht möglich. Insbesondere die Gegenüberstellung mit Grothe und Fröbel, die zur Entwicklung ihres Kompetenzprofils ebenfalls mit KODE gearbeitet haben, bestätigt jedoch insbesondere die Kernkompetenzen des Kompetenzprofils „Nachhaltigkeit" der HM.

8.5 Das Kompetenzprofil als Werkzeug zur Implementierung von Nachhaltigkeit

Die Arbeit an und mit dem Kompetenzprofil „Nachhaltigkeit" hat sich als ein wertvolles Werkzeug zur Implementierung von Nachhaltigkeit gezeigt. Dabei lassen sich verschiedene Aspekte innerhalb des Implementierungsprozesses differenzieren.

8.5.1 Die Entwicklung des Kompetenzprofils als bewusstseinsbildende Maßnahme

Eine wichtige Voraussetzung zur Implementierung von Nachhaltigkeit in die Lehre ist die Unterstützung der Hochschulleitung. Gleichzeitig lässt sich ein solches Ziel in Hochschulen nicht top-down verordnen. Die „ausführende Ebene“, die Hochschullehrenden, sind durch ihr Grundrecht auf Freiheit der Wissenschaft, Forschung und Lehre gewissermaßen autonom, in jedem Fall aber kein Weisungsempfänger präsidialer Wünsche und entsprechend auch nicht rechenschaftspflichtig. Veränderungen in der Lehre lassen sich nur durch Einsicht und intrinsische Motivation vermitteln. Damit Themen wie Nachhaltigkeit überhaupt ins Bewusstsein der Lehrenden treten können, müssen sie zunächst zum Gegenstand der (fakultätsinternen) Kommunikation werden.

Narrativ

Während der Befragung zum Kompetenzprofil „Nachhaltigkeit“ kam die Bemerkung eines Lehrenden, dass sein Lehrgebiet, die Steuern, ja wohl kaum einen Zusammenhang zum Thema „nachhaltige Entwicklung“ aufweisen würde. Der BNE-Beauftragte, der damals die Befragung durchführte, konnte dem Betreffenden in wenigen Worten die Bedeutung von Steuern als Steuerungsinstrument für nachhaltige Entwicklung skizzieren und bot an, im „Steuer-Seminar“ eine entsprechende Sitzung zu gestalten. In den letzten Monaten wurde der betreffende BNE-Beauftragte bereits mehrfach eingeladen, eine entsprechende Sitzung bei Kollegen anderer Lehrfelder zu gestalten.

Die Erstellung eines Kompetenzprofils lässt sich genau hierfür nutzen. Basierend auf der oben dargestellten These, dass ein Kompetenzprofil „Nachhaltigkeit“ für eine Elektroingenieurin anders ausfallen wird als für einen Sozialarbeiter oder eine Geologin, ist es leicht zu vermitteln, warum es notwendig ist, fakultätsspezifische Kompetenzprofile zu erstellen.

Formal stellte sich das Vorgehen dabei genau wie oben beschrieben dar. Befragt wurden dabei nicht wie oben die BNE-Beauftragten, sondern das Lehrpersonal einer Fakultät. In diesem Prozess sind wir bis heute und probieren dabei auch unterschiedliche Designs aus. So erstellten wir z. B. Präsentationen und erhoben die Profile mithilfe interaktiver Abstimmungssysteme (Clicker-Systeme). Inzwischen digitalisierten wir das Verfahren und überführten es in einen Online-Survey.

Gleichzeitig zeigt sich, dass für eine zielführende Arbeit mit den Kompetenzprofilen die Präsenz entsprechender Experten unerlässlich ist. Nur so entstehen die für den „Bewusstseinsbildungsprozess“ wichtigen Dialoge (vgl. Narrativ). Wie das Narrativ zeigt, liegt bereits in der Erstellung des Kompetenzprofils selbst ein Beitrag zur Implementierung von Nachhaltigkeit in die Lehre.

Weiterhin lassen sich auf der Grundlage eines Kompetenzprofils aber auch Fragen stellen, die den Reflexionsprozess weiter vertiefen. So lässt sich beispielsweise die Frage stellen, an welchen Stellen die Lehrenden diese Kompetenzen mit welchen Methoden vermitteln. Die Möglichkeiten zur Reflexion der bestehenden Lehre auf der Grundlage des Kompetenzprofils sind vielfältig und lassen sich an dieser Stelle nicht gänzlich darstellen. Wichtig scheint dabei jedoch das Angebot entsprechender Beratung. Das Aufzeigen von Defiziten mit dem erhobenen Zeigefinger würde wohl eher Reaktanz verursachen und der Integration von Nachhaltigkeitsaspekten in die Lehre im Weg stehen.

Leider liegen uns zum jetzigen Zeitpunkt nur wenige fakultätsspezifische Kompetenzprofile vor, sodass wir keine sinnvollen Vergleiche oder Auswertungen anstellen können. Einen ersten Eindruck vermittelt das Kompetenzprofil „Nachhaltigkeit" der Fakultät für Wirtschaftsingenieurwesen der Hochschule München (vgl. Tab. 8.3).

Schon bei oberflächlicher Betrachtung fallen eine Reihe von Übereinstimmungen, aber auch spezifische Unterschiede zum „hochschulweiten" Kompetenzprofil „Nachhaltigkeit" auf. So finden sich vier der fünf Kernkompetenzen des hochschulweiten Kompetenzprofils auch im Kompetenzprofil der Fakultät für Wirtschaftsingenieurswesen wieder. Hingegen hat es das „Folgebewusstsein" bei den Wirtschaftsingenieuren nicht in die wichtigsten 16 Kompetenzen geschafft. Sucht man nach einem Äquivalent für die oben dargestellten Kernkompetenzen, so wären im Kompetenzprofil der Wirtschaftsingenieure

Tab. 8.3 Kompetenzprofil „Nachhaltigkeit" der Fakultät für Wirtschaftsingenieurwesen der Hochschule München

1.	Lernbereitschaft (Mittelwert [MW] 5,25)[a]
2.	Analytische Fähigkeiten (MW 5,08)
3.	Ganzheitliches Denken (MW 4,92)
4.	Eigenverantwortung (MW 4,83)
5.	Kommunikationsfähigkeit (MW 4,58)
6.	Innovationsfreudigkeit (MW 4,58)
7.	Beurteilungsvermögen (MW 4,58)
8.	Problemlösefähigkeit (MW 4,5)
9.	Ergebnisorientiertes Handeln (MW 4,5)
10.	Offenheit für Veränderung (MW 4,42)
11.	Fächerübergreifende Kenntnisse (MW 3,92)
12.	Integrationsfähigkeit (MW 3,83)
13.	Konfliktlösefähigkeit (MW 3,75)
14.	Organisationsfähigkeit (MW 3,5)
15.	Projektmanagement (MW 3,5)
16.	Beratungsfähigkeit (MW 3,25)

[a]Bei einem Maximalwert von sechs

wohl die ersten 10 Kompetenzen herauszustellen. Wie oben rechtfertigt sich das Herausstellen von Kernkompetenzen über den starken Abfall in der Bewertung der Wichtigkeit von Position 10 auf 11. Dabei ist augenscheinlich, dass mit „Lernbereitschaft“, „Eigenverantwortung“ und „Offenheit für Veränderung“ die personalen Kompetenzen als besonders wichtig bewertet werden.

Sicherlich ließe sich auch das fakultätsspezifische Kompetenzprofil noch eingehender analysieren und interpretieren. Mit Blick auf den Umfang soll dem an dieser Stelle jedoch nicht weiter nachgegangen werden.

8.5.2 Nachhaltigkeit stärken mit dem Kompetenzprofil

Wie oben bereits angerissen wurde, ist das Thema einer „nachhaltigen Entwicklung“ nicht das einzige Thema, was seinen Platz in der Lehre sucht. Neben den oben erwähnten Themen wie Interkulturalität, Internationalität und Entrepreneurship drängen auch Themen wie Digitalisierung in die Curricula der Hochschulen. Dabei ist das Thema einer nachhaltigen Entwicklung im Rennen um Exzellenz sicher nicht das stärkste Argument.

Gleichzeitig soll hier die These vertreten werden, dass die Kompetenzprofile „nachhaltig“ und „unternehmerisch“ mehr Überschneidungen als Divergenzen aufweisen. Gerade in Zeiten einer starken „Gründer“-Orientierung kann es sinnvoll sein, die großen Überschneidungen der beiden Kompetenzfelder sichtbar zu machen. Auch wenn die empirische Verifizierung dieser These noch aussteht, so zeigt das oben vorgestellte hochschulweite Kompetenzprofil „Nachhaltigkeit“ klare Bezüge zu unternehmerischen Kompetenzen (vgl. Tab. 8.1). So adressiert etwas das Strascheg Center for Entrepreneurship der Hochschule München in seinen „Real Projects“ Kompetenzziele wie die Vermittlung von fachübergreifenden Kenntnissen durch die Arbeit in interdisziplinären Teams, zielt auf ganzheitliches Denken in Wirkzusammenhängen ab, möchte Innovationsfreudigkeit befördern und identifiziert gesellschaftliche Verantwortung als personale Kompetenz eines Entrepreneurs (vgl. HM 2017).

In diesem Zusammenhang muss es nicht einmal so sehr darum gehen, andere, populärere Kompetenzfelder als Vehikel zu nutzen, sondern vor allem darum, die inhärenten Zusammenhänge der verschiedenen Kompetenzfelder aufzuzeigen. Oft impliziert die Forderung nach „Nachhaltigkeitskompetenz“, „unternehmerischer Kompetenz“, „interkultureller Kompetenz“ usw., dass es sich hier um völlig unterschiedliche, voneinander getrennte „Kompetenzen“ handelt. De facto handelt es sich dabei jedoch um Kompetenzprofile, die aus einer Vielzahl unterschiedlicher Teilkompetenzen bestehen und bei denen sich die oben angedeuteten inhaltlichen Überschneidungen ergeben dürften. Verschlagwortete Kompetenzziele wie etwa das Lernziel „Nachhaltigkeitskompetenz“ kann mit Dietrich Dörner als „Komplexbegriff“ bezeichnet werden, der „eine Menge von verschiedenen Sachverhalten und Vorgängen bedeuten“ kann (Dörner 2015, S. 80). Unter einen solchen Begriff lassen sich also ganz verschiedene und zum Teil divergente Ziele fassen, was ihn als Lernziel letztlich völlig unbrauchbar macht. Ein durch Kompetenzprofile differenzierter

Umgang mit solchen verschlagworteten Kompetenzforderungen ermöglicht eine adäquatere Arbeit mit denselben. Die einzelnen Teilkompetenzen können als Lernziele definiert werden und durch eine entsprechende didaktische Konzeption adressiert und evaluiert werden. So lässt sich ein „Komplexbegriff" wie „Nachhaltigkeitskompetenz" in sinnvolle und überprüfbare Lernziele überführen.

8.5.3 Kompetenzprofile als Lernziel und Grundlage der Konzeption von Lehrformaten

Kompetenzprofile als Soll-Profile zur Grundlage bei der pädagogisch-didaktischen Konzeption von neuen Lehrformaten zu machen, bietet sich natürlich an. Besondere Bedeutung kommt dabei den spezifischen Ansprüchen kompetenzorientierter Lehre zu. Wie ein entsprechendes Konzept entwickelt werden kann, wurde bereits an anderer Stelle gezeigt (vgl. Zinn 2016; Zinn et al. 2016).

Aufgrund des Umfangs soll die kompetenzorientiere Konzeption von Lehrveranstaltungen an dieser Stelle nicht weiter vertieft werden.

8.6 Schlussfolgerungen und Ausblick

Es konnte gezeigt werden, dass die Arbeit mit Kompetenzprofilen einen wertvollen Beitrag zur Implementierung einer Bildung für nachhaltige Entwicklung in die Hochschullehre leisten kann. Insbesondere die Möglichkeit eines partizipativen Vorgehens macht die Entwicklung und Arbeit mit Kompetenzprofilen nach dem vorgestellten Verfahren zu einem leistungsfähigen Werkzeug. Die Erfahrungen an der Hochschule München zeigen, dass das Kompetenzprofil selbst als Produkt dieses Prozesses nur einen Teil des Wertes dieser Arbeit ausmacht. So können aus dem Arbeitsprozess der Profilentwicklung wichtige Impulse für die Bewusstseinsbildung und die Bereitschaft zur konkreten Lehrentwicklung ausgehen.

Gleichzeitig muss klar sein, dass die Arbeit mit den Kompetenzprofilen nur ein Türöffner sein kann. Kompetenzprofile beschreiben den angestrebten Zustand, sagen aber nichts darüber aus, wie sich dieser Zustand erreichen lässt. Um diesen Zustand zu verwirklichen, braucht es ein hochschuldidaktisches Umdenken. „Dessen Kern ist einerseits die systematische Förderung der Selbstlernkompetenzen ihrer Studierenden und andererseits die Schaffung situationsorientierter Lerngelegenheiten zum Erproben von Lösungsstrategien (‚Tools')" (Arnold und Erpenbeck 2014, S. 7). Es geht um die Restrukturierung der Hochschuldidaktik von *Fachsystematik* auf *Situationssystematik*. Begleitende Angebote wie didaktische Beratung und handfeste Unterstützung bei der Umstellung bestehender Lehrkonzepte sind notwendiger Bestandteil auf dem Weg zu einer kompetenzorientierten Hochschullehre. Die Kompetenzprofile können auf diesem Weg nur Türöffner sein. Doch sollte diese Türöffnerfunktion nicht unterschätzt werden.

Allzu häufig bleiben zu Recht bestehende Veränderungswünsche der Hochschulleitung auf dem Weg in die Fakultäten stecken.

Perspektivisch soll die Arbeit mit den Kompetenzprofilen an der Hochschule München weiter ausgebaut werden. Wie oben bereits angesprochen möchten wir sowohl Kompetenzprofile für andere Kompetenzfelder wie „unternehmerisch" oder „interkulturell" entwickeln als auch die Arbeit mit den fakultätsspezifischen Kompetenzprofilen weiter ausbauen.

Auch das bestehende Verfahren soll natürlich verbessert werden. So sollten z. B. Möglichkeiten bestehen, Teilkompetenzen zu ergänzen und bei Bedarf aufzunehmen. Weiterhin wäre es sinnvoll, die inhärenten Zusammenhänge zwischen den verschiedenen Teilkompetenzen näher zu untersuchen. Es ist davon auszugehen, dass sich die verschiedenen Teilkompetenzen durch komplexe Verschaltungen gegenseitig beeinflussen.

Weitere Forschung und Entwicklung ist im Bereich der Kompetenzevaluation nötig. So lassen sich mit den bestehenden Verfahren im Hochschulkontext Kompetenzevaluationen nur sehr bedingt durchführen. Dabei scheitert die Evaluation oftmals am Aufwand bzw. der konkreten Durchführbarkeit im Lehrbetrieb, an den Kosten oder dem fehlenden Fachpersonal.

Anmerkung:

Dieser Beitrag ist im Rahmen des Qualitätspakt-Lehre-Projekts „ZUG – Für die Zukunft gerüstet" entstanden (Bundesministerium für Bildung und Forschung, Förderkennzeichen 01PL1102).

Literatur

Arnold R, Erpenbeck J (2014) Wissen ist keine Kompetenz. Dialoge zur Kompetenzreifung. Schneider, Baltmannsweiler

Beck U (2012) Risikogesellschaft. Auf dem Weg in eine andere Moderne, 21. Aufl. Suhrkamp, Frankfurt a. M.

Bund-Länder-Kommission für Bildungsplanung und Forschungsförderung (BLK) (Hrsg) (1998) Heft 69. Bildung für eine nachhaltige Entwicklung. Orientierungsrahmen. Bonn

Burckhart H (2015) Schränkt Bologna die Freiheit des Lernens ein? In: Arnold R, Wolf K, Wanken S (Hrsg) Offene und kompetenzorientierte Hochschule, Bd I. zur Fachtagung „Selbstgesteuert, kompetenzorientiert und offen?!". Schneider, Baltmannsweiler, S 17–22

Dörner D (2015) Die Logik des Misslingens. Strategisches Denken in komplexen Situationen, 13. Aufl. Rowohlt, Reinbek bei Hamburg

Europäische Kommission (EU) (2008) Der europäische Qualifikationsrahmen für lebenslanges Lernen. http://ec.europa.eu/ploteus/sites/eac-eqf/files/brochexp_de.pdf. Zugegriffen: 11. Nov. 2016

Grothe A, Fröbel A (2010) Kona – Kompetenzentwicklung für nachhaltiges Handeln. http://www.hwr-berlin.de/fileadmin/downloads_internet/Forschung/Kona_Abschlussbericht.pdf. Zugegriffen: 11. Nov. 2016

Haan G de (2008) Gestaltungskompetenz als Kompetenzkonzept für Bildung für nachhaltige Entwicklung. In: Bormann I, Haan G de (Hrsg) Kompetenzen der Bildung für nachhaltige Entwicklung. Springer, Wiesbaden. S 23–43

Haan G de (2011) Vorwort. In: Deutsche UNESO-Kommission e. V. (Hrsg) Hochschulen für eine nachhaltige Entwicklung. Nachhaltigkeit in Forschung, Lehre und Betrieb. Deutsche UNESCO-Kommission, Bonn, S 3. https://www.hrk.de/uploads/media/Hochschulen_fuer_eine_nachhaltige_Entwicklung_Feb2012.pdf. Zugegriffen: 11. Nov. 2016

Haan G de, Harenberg D (1999) Förderprogramm Bildung für nachhaltige Entwicklung Expertise für Bund-Länder-Kommission für Bildungsplanung und Forschungsförderung. BLK, Bonn

Heyse V, Erpenbeck J (2004) Kompetenztraining. 64 Informations- und Trainingsprogramme, 13. Aufl. Schäffer-Poeschel, Stuttgart

Heyse V, Erpenbeck J (2009) KompetenzAtlas. http://www.competenzia.de/index.php?option=com_content&task=view&id=110&Itemid=2. Zugegriffen: 10. Apr. 2017

HM – Hochschule München (2017) Das Kompetenzfeld „unternehmerisch". https://www.hm.edu/allgemein/lehren/qualifive/qualifive_projektgalerie_/profilmerkmal___unternehmerisch.de.html. Zugegriffen: 19. Apr. 2017

HRK – Hochschulrektorenkonferenz (2012) Fachgutachten zur Kompetenzorientierung in Studium und Lehre. https://www.hrk-nexus.de/fileadmin/redaktion/hrk-nexus/07-Downloads/07-02-Publikationen/fachgutachten_kompetenzorientierung.pdf. Zugegriffen: 2. Febr. 2016

HRK – Hochschulrektorenkonferenz (2011) „Hochschulen für nachhaltige Entwicklung" Erklärung der Hochschulrektorenkonferenz (HRK) und der Deutschen UNESCO-Kommission (DUK) zur Hochschulbildung für nachhaltige http://www.hrk.de/fileadmin/redaktion/A4/Hochschulen_und_Nachhaltigkeit_HRK_DUK.pdf. Zugegriffen: 2. Febr. 2016

KMEH – Konferenz der für die Hochschulen zuständigen europäischen Ministerinnen und Minister (2005) Der europäische Hochschulraum – die Ziele verwirklichen. Kommuniqué, Bergen, 19.–20. Mai 2005. http://www.hrk.de/fileadmin/redaktion/hrk/02-Dokumente/02-03-Studium/02-03-01-Studium-Studienreform/Bologna_Dokumente/Bergen_kommunique_2005.pdf. Zugegriffen: 2. Febr. 2016

KMK – Kultusministerkonferenz (2005) Ländergemeinsame Strukturvorgaben gemäß § 9 Abs. 2 HRG für die Akkreditierung von Bachelor- und Masterstudiengängen. Beschluss der Kultusministerkonferenz vom 10. 10. 2003 i. d. F. vom 22. 09. 2005. In: HRK (2006) (Hrsg.), Bologna-Reader. Texte und Hilfestellungen zur Umsetzung der Ziele des Bologna-Prozesses an deutschen Hochschulen, 5. Aufl. HRK, Bonn, S 21–33

KMK – Kultusministerkonferenz (2017) Qualifikationsrahmen für deutsche Hochschulabschlüsse. https://www.kmk.org/fileadmin/Dateien/veroeffentlichungen_beschluesse/2017/2017_02_16-Qualifikationsrahmen.pdf. Zugegriffen: 7. Apr. 2017

Lauer T (2014) Change Management. Grundlagen und Erfolgsfaktoren, 2. Aufl. Springer, Berlin

Leal Filho W (Hrsg) (2011) World trends in education for sustainable development. Environmental education, communication and sustainability, Bd 32. Lang, Frankfurt a. M.

Müller-Christ G (2011) Der Zug in Richtung Nachhaltigkeit fährt! Fahren Sie mit! In: Deutsche UNESCO-Kommission e.V. (Hrsg) Hochschulen für eine nachhaltige Entwicklung. Nachhaltigkeit in Forschung, Lehre und Betrieb. Deutsche UNESCO-Kommission, Bonn, S 7. https://www.hrk.de/uploads/media/Hochschulen_fuer_eine_nachhaltige_Entwicklung_Feb2012.pdf. Zugegriffen: 2. Febr. 2016

OECD – Organisation for Economic Co-operation and Development (2005) Definition und Auswahl von Schlüsselkompetenzen. Zusammenfassung. www.oecd.org/pisa/35693281.pdf. Zugegriffen: 12. Sept. 2016

Programm Transfer-21 (Hrsg) (2007) Orientierungshilfe Bildung für nachhaltige Entwicklung in der Sekundarstufe I. Begründungen, Kompetenzen, Lernangebote. Programm Transfer-21, Berlin. http:///ww.transfer-21.de/daten/materialien/Orientierungshilfe/Orientierungshilfe_Kompetenzen.pdf. Zugegriffen: 30. März 2016

Reiß M, von Rosenstiel L, Hofmann LM (1997) Change Management. Den Wandel gestalten. Schäffer-Poeschel, Stuttgart

Schott E, Wick M (2005) Change management. In: Schott E, Campana C (Hrsg) Strategisches Projektmanagement. Springer, Berlin, S 195–221

Schüßler I, Thurnes CM (2005) Lernkulturen in der Weiterbildung. In: Das Deutsche Institut für Erwachsenenbildung (DIE) (Hrsg) Studientexte für Erwachsenenbildung. Bertelsmann, Bielefeld. https://www.die-bonn.de/doks/2005-lernkultur-01.pdf. Zugegriffen: 11. Nov. 2016

StMWKBK – Bayerisches Staatsministerium für Bildung und Kultus, Wissenschaft und Kunst (2013): Zielvereinbarung. München. www.km.bayern.de/download/8916_endfassung_zv_haw_mnchen.pdf. Zugegriffen: 17. Okt. 2016

Zinn S (2013) Bildungsziel Nachhaltigkeit!? Eine interdisziplinäre Reflexion. Lang, Frankfurt a. M

Zinn S (2016) ZukunftGestalten@HM: Ein didaktisches Konzept im Rahmen kompetenzorientierter Hochschulbildung für nachhaltige Entwicklung. In: Kreulich K, Lödermann AM (Hrsg) Motivation und Erfolg im Studium sichern. Bessere Studienbedingungen gestalten. Bertelsmann, Bielefeld, S 85–97

Zinn S (2017) Hochschulberatung im Kontext kompetenzorientierter Lehre. In: Nierobisch K, Schüßler I (Hrsg) Zwischen Studium, Bildung und Beruf – Hochschulberatung im Spannungsfeld gesellschaftlicher und bildungspolitischer Entwicklungen. (im Druck)

Zinn S, Isenmann R, Pelz M (2016) ZukunftGestalten@HM. Hochschule für Angewandte Wissenschaften München. In: netzwerk n e.V. (Hrsg) Zukunftsfähige Hochschulen gestalten. Oktoberdruck, Berlin, S 49–51

Wie E-Learning für Theologen in Afrika zur Erreichung der *Sustainable Development Goals* beitragen kann

9

Judith Gottschalk und Nicolai Winther-Nielsen

Zusammenfassung

Die *Sustainable Development Goals* (SDGs) einigen universelle Ziele. Diese wiegen schwer, während sie keinerlei ethische Anleitung bieten. Eine Möglichkeit, diese Leere zu füllen, ist, sie mit einem glaubensbasierten Narrativ zu erzählen. Wir präsentieren unseren Ansatz zum „Ownership-inspired Behavior-driven Development" als eine Strategie für eine E-Learning-Governance für Länder des Globalen Südens und führen eine Android App ein, um E-Learning basierend auf den SDGs innerhalb theologischer Lehre auch in abgelegenen Regionen Afrikas zu ermöglichen. Basierend auf einem stufenförmigen Curriculum für die Ausbildung zukünftiger Kirchenführer_innen hat die britisch-dänische „Faith-based Organization" (FBO) Relay Trust ein theoretisches Framework entworfen, das den Transfer von einer hierarchischen Governance-Struktur, die sich in vielen afrikanischen Ländern findet, in ein dynamisches E-Learning-Netzwerk ermöglicht.

Wir möchten Mette und Alex Bjergbæk Klausen von Relay Trust für ihre hilfreichen Kommentare danken. Außerdem möchte Judith Gottschalk Marika Rothenberger von Brot für die Welt – Evangelischer Entwicklungsdienst für ihre Unterstützung bei der Sammlung von Ideen für diesen Aufsatz danken

J. Gottschalk (✉)
Department of Communication and Psychology,
Aalborg University, Aalborg, Dänemark
E-Mail: judith.gottschalk@hum.aau.dk

N. Winther-Nielsen
Fjellhaug International University College Denmark,
Copenhagen S, Dänemark
E-Mail: nwn@dbi.edu

W. Leal Filho (Hrsg.), *Nachhaltigkeit in der Lehre,* Theorie und Praxis der Nachhaltigkeit, https://doi.org/10.1007/978-3-662-56386-1_9

Schlüsselwörter
Sustainable Development Goals · Ownership · E-Learning · Governance · Afrika Theologie · Faith-based Organizations

9.1 Einleitung

Die SDGs der Vereinten Nationen sollen innerhalb der nächsten 13 Jahre erreicht werden. Sie sind Teil der Agenda 2030 für nachhaltige Entwicklung. Ihre Aufgabe ist, weltweite Bemühungen anzustreben, Armut, Ungleichheit und Klimawechsel vorzubeugen. Dabei decken die SDGs eine Reihe universeller Themen ab: Erde, Menschen, Reichtum, Frieden und Partnerschaft. Diese Themen werden mit einer großen Anzahl ethischer Anforderungen verbunden, dennoch bieten die SDGs keinerlei ethische Anleitung, die notwendig wäre, damit die Gesellschaft eine ethische Entwicklungszusammenarbeit leisten kann. Es gibt also eine ethische Leere innerhalb der SDGs, die offenlässt, wie diese erreicht werden können: Ob sie durch mehr Globalisierung in Form sogenannter Strukturanpassungsprogramme erreicht werden können, wie sie z. B. von der Weltbank vorgeschlagen werden, oder ob man doch eher sogenannte Grassroot-Ansätze verfolgen und auf Empowerment setzen sollte, wie es beispielsweise Brot für die Welt oder der Relay Trust tut. Generell stellt sich die Frage, welche ethischen Standards überhaupt durch die SDGs erreicht werden sollen.

Eine Möglichkeit, diese Leere zu füllen, ist, die SDGs durch ein glaubensbasiertes Narrativ in Entwicklungsprojekte einzubinden. Das ist das Projekt des Relay Trusts, das mit diesem Paper verfolgt wird: Ziel ist es, eine Governance-Strategie für die theologische Ausbildung von zukünftigen Kirchenführer_innenn vom Grassroots-Level bis zur Ausbildung an Universitäten zu entwerfen, um die SDGs mit einem glaubensbasierten Narrativ zu füllen. Die Governance-Strategie ist speziell auf E-Learning-Technologie in Afrika zugeschnitten und nutzt ein stufenförmiges Curriculum. Das theoretische Framework für dieses Ziel ist ein Governance-Modell, das wir Ownership-inspired Behavior-driven Development nennen. Es macht den Transfer von einer hierarchischen Governance-Struktur, wie wir sie in vielen afrikanischen Gesellschaften finden, in ein dynamisches E-Learning-Netzwerk möglich.

In diesem Aufsatz beschäftigen wir uns mit den folgenden Problemen:

1. Wie muss eine E-Learning-Governance für ein Bildungssystem aussehen, das innerhalb eines theologischen Curriculums auf dem afrikanischen Kontinent implementiert werden kann?
2. Wie kann diese Technologie die Implementierung eines Curriculums ermöglichen, das die SDGs mit einbezieht?
3. Wie können wir es ermöglichen, dass ein SDG-basiertes, theologisches Training innerhalb eines Curriculums für die Ausbildung von Theologen_innen die ethischen Lücken in den SDGs füllt?

Faith-based Organizations (FBOs), wie der Relay Trust eine ist, spielen in der HIV- und AIDS-Prävention entscheidende Rollen, da sie ihre jeweilige Gesellschaft durch die Bereitstellung von Krankenhäusern und Ärzten unterstützen. Wesentlich entscheidender ist, dass religiöse Führer der Stigmatisierung von HIV- und AIDS-Opfern vorbeugen, die der wahre Killer von HIV/AIDS-Opfern ist, da sie dazu führt, dass die Erkrankung ein Tabu ist, was dazu führt, dass sie ignoriert wird und dass keinerlei Informationen zu ihrer Vorbeugung verbreitet werden, was zu wieder mehr Opfern führt.

Aufgrund ihres tieferen Verständnisses der Gesellschaft, innerhalb derer sie angesiedelt sind, können FBOs und religiöse Führer_innen einen Dialog über Fragestellungen rund um den Glauben führen. Dazu gehört auch der Themenkomplex der Familienplanung (Karam 2010).

Die Mehrheit der Menschen ist gläubig und hat eine Religion. Das bedeutet, dass FBOs einen großen Einfluss auf Menschen haben und sie über die SDGs informieren können (Karam 2015). Aus diesem Grund ist es notwendig, zukünftige Kirchenführer_innen nicht nur die Philosophie und ihre Motivation zu lehren, sondern diese auch mit einem ethischen Narrativ zu verbinden, welches auf einem christlichen Kontext basiert, wie jenem, in dem der Relay Trust mit der Bibel agiert. Wenn zukünftige Kirchenführer_innen die SDGs und ihre Ziele verstehen und diese konsequent umsetzen können, kann dies helfen, afrikanische Länder zu ermächtigen, sich selbst zu helfen. Afrikanische Länder brauchen ihre eigenen Kapazitäten, damit sie ihre Armut überwinden können, und diese können von religiösen Akteuren kommen.

Länder wie Sierra Leone, Gambia, Liberia und Kamerun, wo der Relay Trust strauchelnde Kirchen unterstützt, stehen auf den letzten Rängen des Human Development Index. Dies hat gravierende Konsequenzen für die Bildungssysteme in diesen Ländern: Es fehlt ein gut etabliertes Bildungssystem. Ein hoher Prozentsatz Erwachsener sind Analphabeten_innen. Wenn es Schulen gibt, liegen diese in der Nähe größerer Städte wie Freetown in Sierra Leone oder Kinshasa in der Demokratischen Republik Kongo. Die Urbanisierung verstärkt Probleme wie Hunger, Krankheiten und Umweltzerstörung innerhalb dieser urbanen Regionen. Die Menschen, die vom Land in diese überfüllten Metropolen ziehen, können sich dort nur unter Schwierigkeiten ihren Lebensunterhalt verdienen, gleichzeitig sollen sie in diesen Regionen eine Ausbildung erhalten. Deswegen ist es sinnvoll für eine nachhaltige Entwicklung, abgelegene theologische Seminare mit Universitäten in urbanen Gegenden zu verbinden und so eine Ausbildung auch für Menschen in ländlichen Regionen zu ermöglichen, ohne sie aus ihrem Kontext herauszureißen.

Besondere Herausforderungen bei der Implementierung von E-Learning-Systemen in Afrika sind zum einen schlechte Internetverbindungen, die die Nutzung von reinen Onlinesystemen nahezu unmöglich machen, tägliche Stromausfälle, aber auch die Tatsache, dass Lehrende und Lernende an afrikanischen Bildungseinrichtungen oft kein Ownership-E-Learning-System übernehmen können. Dies liegt oft daran, dass die Usability der Systeme nicht auf Menschen mit geringen Computerkenntnissen zugeschnitten ist und diese die Systeme als eine Konsequenz dann nicht nutzen.

Ziel dieses Papers ist, eine Geschichte darüber zu erzählen, wie wir eine robuste E-Learning-Governance für die Ausbildung von Kirchenführer_innen in Afrika aufbauen. Unser Ziel ist, diese robuste E-Learning-Governance zu entwickeln, um ein SDG-basiertes App-basiertes Training für zukünftige Kirchenführer_innen zu entwickeln, das nachhaltig und mit den Zielen der Vereinten Nationen zur nachhaltigen Entwicklung konform ist. So sollen zukünftige Theologien die SDGs, die innerhalb ihrer eigenen Ausbildung immer präsent waren, in ihre Arbeit einbinden können. Wir wollen eine Smartphone-App entwickeln. Das Ergebnis ist ein theologisches Curriculum, das die SDGs mit einbezieht und diese durch das Konzept des E-Learnings für Menschen in abgelegenen Regionen Afrikas konsequent umsetzt. Gleichzeitig stellen wir ein Design für eine interaktive App vor, die einen SDG-basierten Ethikkurs enthält.

Durch ihr Design ist die App nicht nur im Kontext höherer Bildung nützlich, sondern kann auch verwendet werden, um orales Wissen zu managen, und kann in Ausbildungen auf niedrigen Bildungsniveaus verwendet werden. Basierend auf der Paris Deklaration von 2005 und damit verbundenen Diskussionen (Müller 2009; Mummert und Mummert 2009) zeigen wir, wie moderne persuasive Computersysteme die Entwicklungszusammenarbeit unterstützen können, wenn sie im Kontext einer E-Learning-Governance an Universitäten in Ländern des Globalen Südens verwendet werden. Dies gilt besonders im Lichte der Debatte um Ownership, Partizipation und Empowerment. Dieser Aufsatz ist wie folgt organisiert: In Abschn. 9.2 diskutieren wir den Hintergrund für unsere Forschung, in Abschn. 9.3 führen wir unsere E-Learning-Governance ein und in Abschn. 9.4 präsentieren wir unseren Entwurf für ein Curriculum, das die SDGs mit einbezieht.

9.2 Hintergrund

Das persuasive Framework, das Winther-Nielsen (2013b, 2014) und Gottschalk und Winther-Nielsen (2013) eingeführt haben, ist aus der Arbeit von B. J. Fogg (2003) entstanden. Winther-Nielsen (2013b) und Gottschalk und Winther-Nielsen (2013) haben dies in einer Lernsoftware implementiert und verwenden Laurillards (2012) didaktisches Modell (Winther-Nielsen im Druck). Winther-Nielsen (2014) hat ein persuasives Modell mit Namen RAMP entwickelt, um Korpus-getriebenes Sprachlernen innerhalb eines persuasiven Modells zu entwerfen. Das RAMP-Modell erklärt, dass sich eine Korpus-Technologie durch vier Faktoren auszeichnet, die besonders berücksichtigt werden müssen. Das erste Ziel der Lerntechnologie ist, soziale Beziehungen (R) unter den Lernenden zu stärken. Die Lerntechnologie stimuliert dabei das Interesse und bietet dazu eine angenehme User-Experience, wobei die Lernenden in Lernaufgaben absorbiert werden sollen, die ihre Autonomie stärken (A) und sie zugleich bei der Bewältigung (M) unterstützen. Dieser Typ der intrinsischen Motivation ist notwendig, da keine Technologie erfolgreich sein wird, die dem Lernenden nicht die Möglichkeit gibt, Sinn und Zweck der Software zu identifizieren (P).

Für diesen Aufsatz ist die Unterscheidung zwischen einer persuasiven Software und einer persuasiven Strategie relevant, die notwendig ist, um eine erfolgreiche

E-Learning-Governance einzuführen. Solch ein System wird an einer Universität in einem Land des Globalen Südens einführt, wo das Lehren mithilfe von Technologie aufgrund von Beschränkungen durch den Umgebungskontext eher unüblich ist. Wichtig ist in diesem Zusammenhang vor allem das Konzept des Kairos. Der Kairos ist der beste Zeitpunkt, in dem ein Lerninhalt vermittelt werden kann (Fogg 2003), und es ist der ideale Moment, um einen Lernenden zu motivieren, damit er das Beste aus seinem Lernen macht (Winther-Nielsen 2014).

E-Learning-Projekte aus dem Globalen Norden sind in Afrika in der Regel mit vielen Herausforderungen konfrontiert. Didaktische Methoden wie der „Flipped Classroom" (Winther-Nielsen 2014) sind speziell auf die Bedürfnisse von Studierenden aus dem Globalen Norden zugeschnitten. Diese Gesellschaften sind primär individualistisch (Danner 2012). Afrikanische Gesellschaften basieren auf *Elder*-Systemen, in denen die Dorfältesten die Entscheidungsgewalt über alles haben, was eine afrikanische Gesellschaft betrifft (Danner 2012). Ein Student aus einer solchen Gesellschaft würde nicht in einem Flipped Classroom aufstehen und eine schwierige Frage stellen, weil in diesen Gesellschaften die Autorität des Professors nicht infrage gestellt werden kann. Durch eine schwierige Frage könnte der Professor in seiner Rolle als *Elder* in seiner Autorität untergraben werden. Aus einer Govenance-Perspektive ist eine afrikanische Gesellschaft wie eine klassische Hierarchie aufgebaut, während Studierende in E-Learning-Systemen als individuelle Akteure behandelt werden, die ihr Lernen selbst bestimmen.

Das Potenzial der ICT in Entwicklungsprojekten wurde 2005 von der UNESCO erkannt. Diese betrachtet sogenannte *knowledge societies* als treibende Kräfte für die Entwicklung in Entwicklungsländern. Ein Beispiel ist das 100 $-Laptop-Projekt, das in Schulen in Entwicklungsländern bereits umgesetzt wurde (Ciborra 2003). Es gibt viele Artikel, die -Projekte in Afrika diskutieren. In diesen Artikeln geht es um öffentliche Infrastruktur, Governance, Steuerungsfähigkeit, die Zivilgesellschaft, Gründungs- und ökonomische Aktivitäten und den Zugang zu globalen Märkten und Ressourcen (Thompson und Walsham 2010). Bada (2002) diskutiert die Adaption des Enterprise Ressource Planning Systems einer lokalen Bank, während Braa und Hedberg (2002) die verwenden, um Health Workers in Südafrika zu empowern. Ngwenyama et al. (2006) beschäftigen sich mit ICT-Investment in Gesundheit und Bildung. Eine Kritik dieser Studien wird von Thompson und Walsham (2010) vorgebracht: Sie legten keinen Fokus auf die Entwicklung von Strategien, sondern konzentrierten sich lediglich auf das Design und die Implementierung von Insellösungen. In diesem Aufsatz zielen wir daher darauf ab, eine Governance-Strategie zu entwickeln, die E-Learning in Afrika ermöglicht und zukünftigen Faith-based Actors den Zugang zu einer intensiven theologischen Ausbildung eröffnet und zugleich eine Sensibilität für die SDGs vermittelt.

Im Jahr 2012, während des Rio+20-Gipfeltreffens der Vereinten Nationen, haben sich die Regierungen der beteiligten Länder darauf verständigt, die SDGs zu entwickeln und diese zu einem Gesamtkonzept zu integrieren. Die SDGs sind der Nachfolger der *Millenium Development Goals* (MDGs), die ihre Deadline 2015 erreicht haben (Griggs et al. 2013). So wurde ein Entwicklungsparadigma entwickelt, dessen Ziele die Ökonomie,

Gesellschaft und die Umwelt umfassen (Griggs et al. 2013). Die MDGs sind eine historische Errungenschaft, weil sie geholfen haben, weltweit Länder dazu zu mobilisieren, sich mit sozialen statt rein ökonomischen Prioritäten bei der Entwicklung zu befassen. Die SDGs gehen nun einen Schritt weiter, indem sie den Gedanken der MDGs das Konzept der Nachhaltigkeit hinzugefügt haben. Dazu gehört auch, die Bildung weltweit zu verbessern.

Bei den Bemühungen, die SDGs zu erreichen, lohnt sich die Einbeziehung der FBOs, weil die meisten Menschen einer Religion angehören. Damit haben FBOs einen großen Einfluss und können zur Erreichung der SDGs beitragen. 80 % der Weltbevölkerung sind religiös und werden von religiösen Führern angeführt, die motiviert werden können, die SDGs zu implementieren. Man kann also sagen, dass Faith-based Actors einen großen Einfluss auf ihre Gesellschaften haben und sich eine Kooperation mit ihnen lohnt, da gemeinsam mit ihnen an Projekten wie Konfliktlösung, Familienplanung, Gender Equality, Bildung und Wohlstand gearbeitet werden kann (Karam 2010, 2015; Hayward 2012).

Gemäß der Paris-Deklaration von 2005 ist unsere Hypothese, dass es möglich ist, eine entwicklungspolitische Zusammenarbeit durch das Konzept des Ownerships zu unterstützen, in welcher dann beide Partner die gleichen Rechte und dieselbe Anerkennung bei der Erreichung der SDGs haben (Müller 2009).

In unserem Aufsatz erweitern wir das Konzept des Behavior-driven Developments (BDD), das eine aus dem IT-Sektor stammende Strategie ist, zum sogenannten Ownership-inspired BDD (OIBDD). BDD wurde von North (2006) eingeführt und ist eine Weiterentwicklung des Test-driven Developments, in dem ein_e Programmierer_in erst einen Softwaretest schreibt, der scheitert, und dann kleine Änderungen vornimmt, bis das Programm erfolgreich funktioniert. BDD verwendet Storys als Startpunkt. In unserem Kontext bedeutet das Formulieren einer Story, dass eine Wirkungskette durch ein Entwicklungsprojekt erreicht werden soll. Welche Rolle Ownership dabei spielt, werden wir im nächsten Abschnitt erklären.

9.3 Ein E-Learning-Governance-Modell für Länder des Globalen Südens

Im Kontext von Entwicklungszusammenarbeit setzt Ownership die Zusammenarbeit von Entwicklungshelfern und der lokalen Zielgruppe in einer Weise voraus, dass alle an einem Projekt beteiligten Menschen Ownership entwickeln können und Verantwortung für das gemeinsame Projekt übernommen wird. Was hier nicht geschehen soll, ist, dass der lokale Partner in Afrika in eine abhängige Rolle gerät und aufgrund geringen Selbstbewusstseins keine Verantwortung für seine eigene Entwicklung übernehmen kann. Ownership kann Kooperationen in entwicklungspolitischen Projekten erzeugen, und diese kooperativen Partnerschaften sollten die SDGs erfüllen (Müller 2009). Wenn wir von diesen Partnerschaften sprechen, reden wir von Beziehungen, die auf die Bedürfnisse der Zielgruppe eingehen und die afrikanischen Partner darin bestärken, unabhängig und gleichberechtigt zu sein, sodass keine kolonialen Konzepte unterstützt werden. Durch die Verwendung eines soliden User-centered Designs für eine E-Learning-Lösung wollen wir Lehrende und Studierende an Universitäten im Globalen Süden unterstützen.

Eines der Hauptprobleme bei einem entwicklungspolitischen Projekt und bei der Debatte über Ownership ist die Lücke zwischen dem technischen Ansatz bei der Implementierung einer ICT-Lösung und dem Management eines Projekts, dessen Ziel es ist, Nachhaltigkeit zu erreichen (Müller 2009; Thompson und Walsham 2010).

Die Ziele von persuasiver Technologie in einem entwicklungspolitischen Kontext sind, Verhaltensänderungen zu erreichen und intrinsische Motivationen für ein spezifisches Verhalten zu bewirken (Fogg 2003; Winther-Nielsen 2014). Müller (2009) zufolge ist es für das Überbrücken der Lücke zwischen solchen theoretischen Ideen und der Implementierung praktischer Lösungen innerhalb der Entwicklungszusammenarbeit wichtig, dass Ownership aktiviert werden kann. Ownership ist das Ziel, das erreicht werden soll (Beier 2009). Das Ergebnis einer extensiven Studie verschiedener entwicklungspolitischer Ansätze ist, dass eine Mischung aus Leadership und Partizipation Ownership erzeugen kann (Mummert und Mummert 2009). Dies bestätigte auch die Paris Deklaration im Jahr 2005: Ownership kann erreicht werden, wenn Partnerorganisationen die Entwicklung und Implementierung von Strategien durch konsultative Prozesse unterstützen (Mummert und Mummert 2009). Um Ownership zu erzeugen, braucht es nach Meinung der Weltbank ausreichend Feedback durch die Stakeholder in der Partnerorganisation aus Übersee (Mummert und Mummert 2009). Wenn man diese Perspektiven betrachtet, stellt man fest, dass die Hauptziele bei dem Unterfangen für Ownership und Verantwortung für die Partnerorganisationen in einem afrikanischen Kontext darin bestehen, sie mit Feedback auszustatten und die Aktionen zu überwachen, die sie innerhalb des entwicklungspolitischen Projekts durchführen.

Das neue persuasive entwicklungspolitische Modell, das wir vorschlagen, um Ownership während eines entwicklungspolitischen Projekts zu erzeugen, und von dem wir ein E-Learning-Governance-System ableiten, verwendet die Phasen 1 und 2 des Modells für persuasive Lerntechnologie von Oinas-Kukkonen und Harjumaa (2009) sowie Winther-Nielsen (2013a, b, 2014). Dabei diskutieren Oinas-Kukkonen und Harjumaa (2009), wie das Design eines persuasiven Modells beginnt: die Analyse des persuasiven Kontextes. Dieser Schritt ist unerlässlich, um den Kairos in einem persuasiven System zu identifizieren und den Punkt zu erkennen, wo intrinsische Faktoren für eine Verhaltensänderung im Lernprozess erreicht werden sollen.

Methoden, um dies zu erreichen, sind strukturierte Interviews, Beobachtung oder partizipative Methoden wie ein Wellbeing-Ranking oder eine Wirkungskette. Dies ist der Intent in dem Modell von Oinas-Kukkonen und Harjumaa (2009). Der persuasive Kontext muss eingerichtet werden, bevor ein persuasives System etabliert werden kann. Ohne das Ziel des persuasiven Designs zu kennen, ist es nicht möglich, persuasive Funktionen zu entwickeln, die für einen User das System nützlicher und hilfreicher machen (Oinas-Kukkonen und Harjumaa 2009).

Bei der Entwicklung einer persuasiven Strategie muss man die Botschaft definieren, die kommuniziert werden soll, und wie diese übertragen werden soll. Mit anderen Worten muss die folgende Frage beantwortet werden: Wie kann ein User die Software verwenden, um einen bestimmten Zustand oder ein bestimmtes Ziel zu erreichen (Oinas-Kukkonen und Harjumaa 2009)? Die Botschaft, die durch unsere App The Virtual Faculty kommuniziert werden soll, ist, dass Lernende ihr Wissen über die ethischen Konsequenzen und ihre Handlungen verbessern sollen, indem sie die ethische Lücke in den SDGs durch moralische Konzepte aus der christlichen Theologie füllen. Dies ist eine der Grundlagen christlicher Formation, die das Arbeitsziel des Relay Trusts in Afrika ist.

Diese Botschaft kann durch Software vermittelt werden, die einfach zu nutzen und in einem Lernkontext nützlich ist. Dies ist der enge Nutzungskontext. Der weitere Nutzungskontext ist, die E-Learning-Governance in einer afrikanischen Universität dadurch zu verbessern, dass die Universität ein Curriculum entwickelt, das die SDGs enthält, und dieses persuasive Konzept als eine Strategie für die Entwicklung von E-Learning-Lösungen und für eine IT-Governance in Entwicklungsländern zu entwerfen.

Es gibt zwei Phasen von Persuasion, die eine persuasive Software managen muss: 1) Persuasion auf dem Makrolevel, die systemextern ist und sich auf persuasive Postulate konzentriert, bevor das persuasive System implementiert ist; und 2) Persuasion auf dem Mikrolevel, die durch eine Vielzahl persuasiver Funktionen auftritt. Das Konzept des Kairos ist in diesem Zusammenhang essenziell und in unserem Modell ist das Ownership der Kairos selbst. Das Ziel der Persuasion ist in diesem Zusammenhang entscheidend. Ein Beispiel: Menschen, die mehr Sport machen wollen, werden dies an einem warmen, sonnigen Tag bevorzugen. Sie können ihren Kairos erreichen, indem das System ihnen vorschlägt, an genau solch einem Tag Sport zu machen (Aagaard et al. 2008). Hier hilft eine Vielzahl von Identifizierern, um festzustellen, ob ein Kairos erreicht ist. Solche Identifizierer könnten Tastatur- oder Maus-Aktivitäten sein oder physikalische Metriken wie der Puls oder die Atemfrequenz (Aagaard et al. 2008). Ein solcher Faktor hat eine kausale Wirkung auf die Anwesenheit des Kairos, während der Kairos eine kausale Wirkung auf den Identifizierer hat (Aagaard et al. 2008).

Ein Kairos in unserem Modell ist das Ownership. Es ist in Abb. 9.1 als eine Ontologie dargestellt. Wie Abb. 9.1 zeigt, beeinflussen die folgenden Faktoren den Kairos des Ownerships: a) Leadership, b) Partizipation, c) Feedback und d) Monitoring. Innerhalb unseres Modells sind diese vier Faktoren, die von Müller (2009) sowie Mummert und Mummert (2009) hergeleitet sind, Random Variables, die den Kairos des Ownerships definieren. Das wird durch Abb. 9.1 beschrieben: Es ist eine Ontologie des Ownership-Kairos, der durch die oben genannten vier Variablen bestimmt ist (Aagaard et al. 2008).

Hier ist es sehr wichtig, zwischen dem Makrolevel der Persuasion zu unterscheiden, der stattfindet, bevor ein persuasives System entwickelt und implementiert ist, und dem Mikrolevel der Persuasion, der auftritt, wenn ein System bereits implementiert ist. Wenn es keinen persuasiven Mikrolevel gibt, weil noch kein System implementiert ist, muss man zunächst den persuasiven Makrolevel betrachten und sich damit befassen, wie man Ownership und Partizipation erzeugen kann, um die lokalen Partner innerhalb

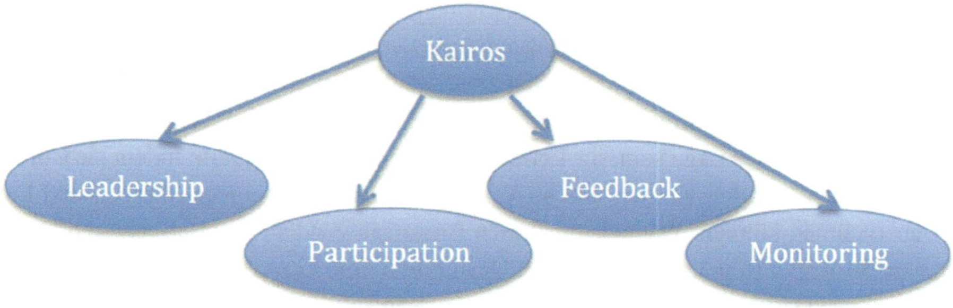

Abb. 9.1 Ownership-Netzwerk

des persuasiven Kontexts zu empowern. In unserem Kontext eines persuasiven E-Learning-Systems und seiner Implementierung für den afrikanischen Kontinent verwenden wir das Flowchart in (1), das helfen kann, eine IT-Strategie für ein ICT-System in einem entwicklungspolitischen Projekt zu entwickeln, was durch die Arbeit von Oinas-Kukkonen und Harjumaa (2009) motiviert ist. Dabei geht es darum, den persuasiven Kontext für den afrikanischen Kontinent besser zu implementieren. Hier ist es wichtig, im Hinterkopf zu behalten, dass die afrikanische Gesellschaft anders funktioniert als die Gesellschaft in einem europäischen Kontext: Viele Afrikaner_innen sind in einem hierarchischem *Eldersystem* aufgewachsen, aber E-Learning-Systeme aus dem Globalen Norden nutzen ein Netzwerk-basiertes Governance-Modell, das dezentralisiert und nicht hierarchisch strukturiert ist. Eine Methode, um diese Hierarchie graduell in ein Netzwerk umzuwandeln, ist in (1) beschrieben:

(1)

1. Der Intent
   a) Ordne während einer Kooperation zwischen den lokalen Partnern und der NGO die jeweiligen Verantwortlichkeiten zu.
   b) Lege den Kontext fest, in dem Änderungen durch das Projekt erreicht werden sollen, und bestimme dafür Indikatoren.
2. Das Event
   a) Benutze den Input der Partnerorganisation, um mehr über den Use Case zu lernen, und implementiere eine technische Lösung für den Use Case.
   b) Lerne mehr über die Partnerorganisation und passe das persuasive System ihren Bedürfnissen an.
   c) Lerne mehr über den Kontext, in dem das System verwendet wird.
3. Die Strategie
   a) Lege die Botschaft fest, die die Partnerorganisation braucht, und reagiere auf Feedback von ihr.

Jeder der drei Aspekte für die Analyse von persuasiven Systemen nutzt die vier Variablen – Leadership, Partizipation, Feedback und Monitoring – aus der Ontologie für das

Ownership (Abb. 9.1) als persuasive Funktionen, um den Ownership-Kairos innerhalb eines entwicklungspolitischen Projekts umzusetzen. Dies betrifft auf den persuasiven Makrolevel, bevor die Technologie implementiert ist. Auf dem persuasiven Makrolevel nutzen wir diese vier Variablen. Durch die Virtual Faculty sollen sowohl Lehrende als auch Lernende in der Lage sein, ihr Lernen selbstbestimmt zu steuern, indem sie Content zum System hochladen können und so Verantwortung für ihr eigenes Lernen und Lehren übernehmen können. Was wir für diesen Ansatz anwenden, ist User-centered Design als eine Strategie, in der ein persuasives Design und eine Governance-Strategie Hand in Hand gehen. Darüber hinaus wird die Partnerorganisation in den Prozess bei der Entwicklung der App eingebunden, sodass sie ein Ownership entwickeln kann, also an der Entwicklung partizipiert, was die Basis für Empowerment in der Gesellschaft ist. Hier geht es vor allem darum, Usability-Aspekte zu identifizieren, die speziell nicht für sogenannte Non-Digital Natives sind, die beispielsweise mit Logins in Online-Systeme Probleme haben, da sie oft nur mit Problemen überhaupt lesen und schreiben können. Das zweite Element unseres Governance-Ansatzes kommt hier auch ins Spiel: Wir nutzen BDD und fügen es unserem E-Learning-System hinzu, um OIBDD zu entwickeln. Durch OIBDD ist der Lehrende in der Lage, Leadership im E-Learning-Kontext anzuwenden und so aktiv am Curriculum für seinen Unterricht teilzunehmen. Auf diese Weise kann der Lehrende selbst für seine Lehre verantwortlich sein und an dem Prozess an seiner Universität partizipieren. Durch Ownership und die Möglichkeit, Verantwortung für die eigene Lehre zu übernehmen, wird das hierarchische Modell des *Eldersystems* an einer afrikanischen Universität graduell ins Netzwerk übertragen.

Aspekte der Virtual Faculty sind durch einen Workshop zur Wissensvermittlung in oralen Kulturen entstanden, der von Brot für die Welt ausgerichtet wurde. Diese App nutzt folgende Methoden, um in oralen Kulturen erfolgreich zu sein:

- Sie ist nicht spezifisch textbasiert; sie visualisiert Daten und Wissen, d. h. die App verwendet selbst beim Login-Prozess Icons, die kulturell angemessen sind und durch User-centered Design entstanden sind.
- Sie macht extensiven Gebrauch vom Upload und Download von Videos und Sprachnachrichten. Die Botschaften sind sowohl in der Sprache der Zielgruppe verfügbar als auch in englischer Transliteration.
- Die App ist kollaborativ, ähnlich wie eine Social-Media-Plattform, und so kann jeder in die Entwicklung von Inhalten für die App eingebunden werden.

Die Virtual Faculty ist wie eine theologische Fakultät in digitaler Form aufgebaut. Die Lernenden können sich mit einem Login, der speziell für sie als Non-Digital Natives nicht textbasiert ist, einloggen und dann verschiedene Klassenräume besuchen, die sie durch ihren Lernprozess führen: Es gibt Videos und Audiodateien in ihrer Sprache, die Lerninhalte aus den Seminaren enthalten (diese Dateien können von den Lehrenden in die App hochgeladen werden). Sie können per Audio-Nachrichten in Kontakt mit ihren Dozenten treten und Fragen stellen, ein nicht-textbasiertes Quiz machen, das die

Lerninhalte festigen soll, und ihren Lernfortschritt in Form von Badges verfolgen, die in ihren kulturellen Kontext passen.

Unser Ziel ist es, die Virtual Faculty als einen oralen Knowledge Hub zu verwenden. Das ist der Punkt, an dem unser persuasiver OIBDD-Ansatz ins Spiel kommt. Durch den freien Upload und die Generierung von Lehrinhalten können die Lehrenden die Virtual Faculty verwenden, um Storys rund um das stufenförmige Curriculum zu entwickeln, das wir verwenden und in Abschn. 9.4 beschreiben. So kann der Lehrende die persuasiven Konzepte des Tailorings und Tunnelings, ganz im Sinne von Winther-Nielsen (2014) und Fogg (2003), verwenden, um die Studierenden in ihrem Lernen zu führen. Auf dem Mikrolevel kommt dann das RAMP-Modell zum Tragen, das Winther-Nielsen entwickelt hat.

9.4 Das Governance-Modell im Einsatz: Technologie und Curriculum designt durch Ownership-inspired Governance

Das vom Relay Trust entwickelte stufenförmige Curriculum, das in Abb. 9.2 dargestellt ist, zielt darauf ab, mit christlicher Formation auf allen Leadership-Leveln im kirchlichen Kontext zu arbeiten. In diesem Programm werden praktische und theoretische Trainings durch Erfahrungen rund aus dem christlichen Leben ergänzt. Die Level 00–25 zielen auf die Identifikation von Talenten bei den zukünftigen Kirchenführer_innen ab, während Level 50–150 sich auf das sogenannte Lay-Leadership, also auf nicht ordinierte Kirchenführer_innen, konzentriert. Ab Level 200 werden ordinierte Kirchenführer_innen auf universitärem Niveau ausgebildet. Durch das stufenförmige Curriculum ist sichergestellt, dass das Programm einen praktischen Bezug hat und eine kontextuelle Adaption

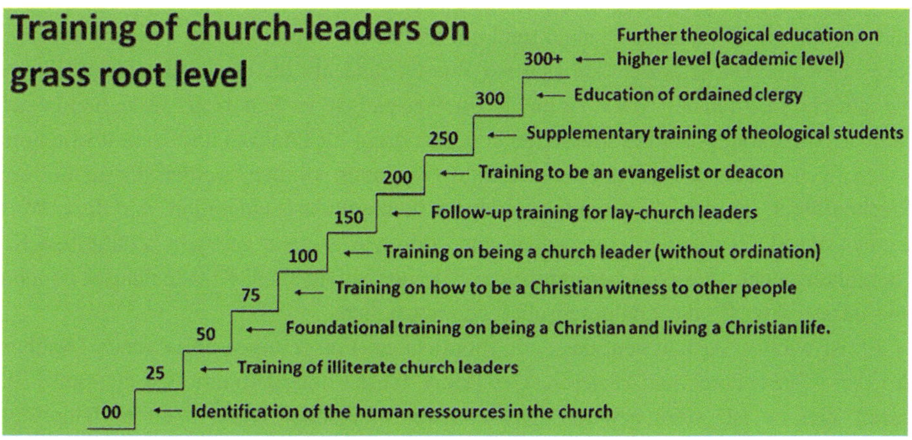

Abb. 9.2 Stufenförmiges Curriculum des Relay Trusts

des Gelernten stattfinden kann, sodass das Programm für die Lernenden eine Relevanz hat. Relay Trust stellt das Training in lokalen Kontexten in den Dörfern bereit und verhindert so, dass die Studierenden in einem fremden Kontext im Ausland lernen müssen. Besonders in der höheren Bildung ermöglicht das Programm den Lernenden, sich ein tiefes theologisches Wissen anzueignen, das es ihnen ermöglicht, Bachelor- und Masterabschlüsse und sogar Promotionen in Theologie zu erreichen. In dem stufenförmigen Curriculum können Studierende mit ihrem Training fortfahren, bis sie die fortgeschrittenen Level höherer Bildung erreicht haben. Der Vorteil an dem Curriculum ist, dass jeder Schritt des Systems in sich abgeschlossen ist, sodass die Studierenden für einen bestimmten Leadership-Level trainieren können.

Die SDGs haben, wie bereits erwähnt, keinen ethischen Inhalt; dadurch haben sie eine ethische Lücke. Dies ist der Ort, wo FBOs wie der Relay Trust und Kirchen ins Spiel kommen. Kirchen und FBOs sind sehr engagiert, wenn es um Themen wie HIV- und AIDS-Awareness und -Prävention sowie Frieden und Versöhnung nach einem Krieg geht oder Schulen gebaut und betrieben werden sollen, wenn der Staat dazu nicht in der Lage ist. Andere Bereiche, in denen FBOs tätig sind, sind die Landwirtschaft, Malaria-Prävention, Ausbildung für junge Menschen und die Organisation von Compagnien rund um Terrorismusprävention. Außerdem unterstützen Kirchen Geflüchtete und sind in der Friedensarbeit tätig. All dies sind zwar Themen, die durch die SDGs abgedeckt werden, aber nicht inhaltlich gefüllt sind. Demnach gibt es eine indirekte Verbindung zwischen den SDGs und theologischer Ausbildung, weil es um Verantwortlichkeiten geht, die die Kirchen übernehmen. In unserem Projekt zielen wir darauf ab, diese mit einem E-Learning-Programm zu verbinden, um die ethische Leere in den SDGs zu füllen. Der Grundstein des stufenförmigen Curriculums ist, dass Studierende ein Verständnis des christlichen Glaubens entwickeln, während sie auf dem akademischen Pfad voranschreiten. Ein essenzieller Bestandteil der theologischen Bildung ist dabei, die Grundlagen christlicher Ethik zu erlernen und ein ethisches Konzept für die eigenen Handlungen zu haben, also gelebte Nachhaltigkeit. Das ist die Stelle, wo die SDGs mit unserer Virtual Faculty verbunden sind. Die App bietet Videos und Audiomaterial zu allen Themen rund um die SDGs an und kleidet sie in ein theologisches Gewand. Dabei bezieht sie sich auf Wissen rund um die christliche Theologie, um die ethische Leere in den SDGs zu füllen. Ein Beispiel ist der Schutz der Erde; hier bezieht sich die App darauf, dass die Menschen Verantwortung für Pflanzen und Tiere übernehmen sollen. Wenn Themen rund um den Reichtum diskutiert werden, werden die zukünftigen Kirchenführer_innen in die Grundlagen der Existenzgründung eingeführt. Auf diese Weise werden die SDGs in einen moralischen und ethischen Kontext gebracht. Zukünftige Kirchenführer_innen werden dabei unterstützt, Kirchen aufzubauen, Krankenhäuser zu leiten und Infrastruktur für die Zivilgesellschaft bereitzustellen.

Es ist wichtig zu betonen, dass alle moralischen Perspektiven christlichen Glaubens auf den Menschenrechten basieren. Der Relay Trust selbst definiert sich als eine FBO, deren Ziel es ist, strauchelnden Kirchen protestantischer Denomination, hauptsächlich anglikanischen Kirchen, zu helfen, die mit organisatorischen Herausforderungen zu kämpfen haben, die klar mit der unzureichenden Ausbildung ihrer Pastoren_innen zusammenhängen. Der Relay Trust konzentriert sich vor allem auf frankofone anglikanische Kirchen in ländlichen Gegenden, weil sie oft große Probleme haben, da die allgemeine Auffassung ist, dass es sich um englische Kirchen handelt, und daher die meisten Lehrmaterialien für sie auf Englisch sind, was dazu führt, dass die frankophonen Kirchen oft durch die Sprachbarriere herausgefordert sind. Alle Partnerkirchen sind in Ländern angesiedelt, die auf den letzten Rängen des Human Development Index stehen (Gambia 172, Sierra Leone 183 und die Demokratische Republik Kongo 183).

Der niedrige Rang auf dem Human Development Index bedeutet auch, dass diesen Ländern ein gut etabliertes Bildungssystem mit Grundschulen fehlt. In den meisten Fällen arbeiten die Kirchenführer_innen jedoch als Lehrer_innen in Schulen, weil sie die Einzigen sind, die lesen und schreiben können; gleichzeitig müssen sie die Kirchen leiten. In diesen Fällen verdienen sie einen Großteil ihres Einkommens durch das Lehren in Schulen. Während entwicklungspolitischer Projekte wurden verschiedene Modelle für die höhere Bildung von Pastoren_innen getestet. Speziell in frankofonen Ländern gibt es eine Tendenz, Studierende nach Frankreich zu schicken, damit sie dort eine höhere Bildung erfahren. Dies bringt aber nicht nur interkulturelle Probleme mit sich: Die Studierenden müssen mit Studierenden Schritt halten, die in einem europäischen Bildungssystem aufgewachsen sind, und gleichzeitig wird von ihnen erwartet, dass sie die Anforderungen ihrer Familie und ihres Dorfes erfüllen können. Eine Konsequenz davon ist, dass viele Studierende nicht in der Lage sind, ihren Abschluss zu machen. Oder sie machen tatsächlich ihren Abschluss, aber sie kehren dann nicht in ihre Heimatländer zurück. Generell gilt für solche Studierende, die im Ausland leben, dass sie großen Herausforderungen ausgesetzt sind, weil viele sich nicht die Studiengebühren leisten können. Deshalb werden oft nicht die am besten qualifizierten Studierenden für ein Studium ins Ausland entsendet, sondern diejenigen, die die besten Beziehungen haben. Trotzdem erhalten diese Studierenden Abschlüsse, sie promovieren sogar erfolgreich. Das daraus resultierende Problem ist dann oft, dass viele Universitäten einen afrikanischen promovierten Menschen für nicht so qualifiziert halten wie einen europäischen promovierten Menschen. Daher wird das SDG-inspirierte Curriculum des Relay Trusts vor allem in frankofonen Ländern Westafrikas verwendet. Hier werden vor allem mobile Applikationen, sogenannte Apps, verwendet (Android Smartphones sind extrem weit auf dem afrikanischen Kontinent verbreitet).

Wir bauen unsere Technologie besonders auf Smartphones und Tablets auf, die es auf dem afrikanischen Kontinent gibt, und entwickeln daher eine App-basierte Infrastruktur in Seminaren, die wir durch unsere E-Learning-Technologie unterstützen. Die Idee eines transportablen Seminars, dass in einem einzigen Koffer transportiert werden kann, einen Minicomputer als Server für ein geschlossenes Intranet verwendet, das nicht mit dem Internet verbunden ist, durch Sonnenenergie betrieben werden kann und von den eigenen Smartphones oder Tablets der Studierenden genutzt werden kann, ist in Abb. 9.3 dargestellt.

Das Konzept des Relay Trusts ist nach Abb. 9.3 einfach: Da viele Theologiestudierende in Sierra Leone und in anderen afrikanischen Ländern in abgelegenen Seminaren

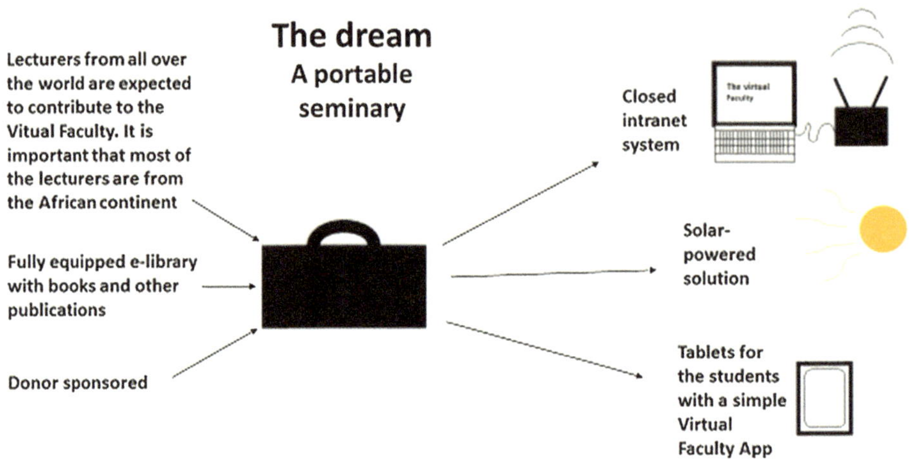

Abb. 9.3 Das mobile Seminar

lernen und Mobiltelefone weit verbreitet sind, baut der Trust mobile Seminare, welche die Virtual Faculty verwenden. Mit dieser App können Studierende auch von zu Hause aus arbeiten, weil sie Lehrmaterialien downloaden können, und sie können die einzelnen Stufen im stufenförmigen Curriculum bewältigen. Damit kann ein theologisches Training ein SDG-basiertes Training durch Technologie unterstützen. Unsere mobilen Seminare werden durch Solarenergie betrieben und nutzen Raspberry Pis als Server; das sind sehr kleine, preiswerte und leicht transportierbare Computer.

9.5 Schlussfolgerungen

In diesem Paper haben wir gezeigt, dass Konzepte des Behavior-driven Developments, die ursprünglich aus dem IT-Sektor kommen, auf Konzepte aus der Paris-Deklaration über die Wirksamkeit der Entwicklungszusammenarbeit von 2005 ausgeweitet werden können, hier besonders auf ein Konzept: Ownership. Basierend darauf haben wir eine Governance-Strategie für das E-Learning entworfen, mit deren Hilfe die SDGs gelehrt werden können, die auf Länder des Globalen Südens angepasst sind. Wir haben gezeigt, dass diese Strategie speziell auf die soziokulturellen Strukturen angepasst werden muss, die sich in afrikanischen Gesellschaften finden, damit Ownership innerhalb des OIBDD durch eine E-Learning-Software entstehen kann. Mit unserem starken Bezug auf das kirchenbasierte Training sind wir nicht nur in der Lage, Inhalte in Bezug auf die SDGs innerhalb unseres stufenförmigen Curriculums zu lehren, die ebenso die ethische Lehre in den SDGs mit moralischen, glaubensbasierten Narrativen füllen, sondern wir können auch zeigen, wie die Technologie E-Learning im Globalen Süden unterstützen kann. Das Paper hat gezeigt, dass der starke Fokus auf FBOs und Kirchenführer_innen gerade in einem afrikanischen Kontext sehr wichtig ist, weil die Kirchen einen großen

Einfluss in der afrikanischen Gesellschaft haben und so Veränderungen anstoßen können. Um dies zu tun, haben wir das Konzept des mobilen Seminars entwickelt, das speziell für kirchenbasiertes Training eingesetzt werden kann. Auf diese Weise haben wir die SDGs erfolgreich innerhalb eines theologischen Lehrplans platziert. Unsere Schlussfolgerungen sind, dass OIBDD eine Methode sein kann, ein SDG-basiertes Training für Kirchenführer_innen zu entwickeln, weil Ownership als Faktor, der dazu führt, eine E-Learning-Software zu nutzen, durch die persuasive Makrostruktur der Software gestärkt werden kann. Eine E-Learning-Software wird in Afrika dann akzeptiert, wenn man Ownership bei den Nutzern_innen erreichen kann. Dies geschieht durch die Aktivierung der Variablen Leadership, Partizipation, Monitoring und Feedback.

Diese Studie hat allerdings auch ihre Limitierungen: 1) Bisher ist unsere Strategie nicht empirisch getestet worden, sondern wurde basierend auf Best Practices entwickelt, die wir durch unsere früheren entwicklungspolitischen Projekte gebildet haben. Dadurch haben wir eine induktive und empirische Methode genutzt, um unsere Governance-Strategie für E-Learning daraus zu entwickeln. 2) Unsere spezifische E-Learning-Governance ist auf den afrikanischen Kontinent beschränkt. Das gleiche Konzept kann nicht notwendigerweise in einem asiatischen Kontext, zum Beispiel in China, verwendet werden, da diese Gesellschaften nicht Community-basiert sind wie die Gesellschaften in Afrika. Sie sind eher individualistisch. Damit ist eine zukünftige Aufgabe für das OIBDD, die Forschung auf ein Maß auszuweiten, wodurch das Konzept auch in anderen Gesellschaften verwendet werden kann. Außerdem müssen wir unsere Strategie empirisch testen.

Literatur

Aagaard M, Øhrstrøm P, Moltsen L (2008) It might be Kairos. In: Oinas-Kukkonen H, Hasle P, Harjumaa M, Segerståhl K (Hrsg) Persuasive 2008: The Third International Conference on Persuasive Technology. University of Oulu, Oulu, Finnland, S 94–97

Bada AO (2002) Local adaptation to global trends: a study of an IT-based organizational change program in a Nigerian bank. The Inf Soc 18(2):77–86

Beier C (2009) Ownership: A guiding principle of development cooperation. In: Beyond Accra: practical implications of ownership and accountability in national development strategies. London, 22–24 April 2009. Conference Discussion Papers, S 22–27. http://www.lse.ac.uk/internationalDevelopment/pdf/beyondAccraPapers.pdf. Zugegriffen: 1. Sept. 2016

Braa J, Hedberg C (2002) The struggle for district-based health information systems in South Africa. The Inf Soc 18(2):113–127

Ciborra CU (2003) Unveiling e-government and development: Governing at a distance in the new war, Working Paper No 126, Information Systems and Innovation Group, LSE, London

Danner H (2012) Das Ende der Arroganz: Afrika und der Westen – ihre Unterschiede verstehen. Brandes & Apsel, Frankfurt a. M.

Fogg BJ (2003) Persuasive technology: using computers to change what we think and do. Morgan Kaufmann, San Francisco

Gottschalk J, Winther-Nielsen N (2013) Persuasive skill development: on computational surveillance strategies for modeling learning statistics with PLOTLearner. In: Behringer R, Sinclair G (Hrsg)

Proceedings of the International Workshop on EuroPLOT Persuasive Technology for Learning, Education, and Teaching (IWEPLET 2013), S. 109–116. http://www.iweplet2013.eu/program. Zugegriffen: 30. Nov. 2017

Griggs DJ, Stafford Smith M, Gaffney O, Noble I (2013) Sustainable development goals for people and planet. Nature 495:305–307

Hayward S (2012) Religion and peacebuilding: reflections on current challenges and future prospects. In: United States Institute of Peace Special Report

Karam A (2010) Concluding thoughts on religion and the United Nations: redesigning the culture of development. CrossCurrents 60(3):462–474

Karam A (Hrsg) (2015) Realizing the faith dividend: religion, gender, peace and security in Agenda 2030. Technical Report, UNFPA, New York

Laurillard D (2012) Teaching as a design science: building pedagogical patterns for learning and technology. Routledge, London

Müller U (2009) "Mind the gap!" Ownership in practice. In: Beyond Accra: practical implications of ownership and accountability in national development strategies. London, 22–24 April 2009. Conference Discussion Papers, S 5–15. http://www.lse.ac.uk/internationalDevelopment/pdf/beyondAccraPapers.pdf. Zugegriffen: 1. Sept. 2016

Mummert A, Mummert U (2009) Factors for successful development strategies: a pragmatic analysis. In: Beyond Accra: practical implications of ownership and accountability in national development strategies. London, 22–24 April 2009. Conference Discussion Papers, S 91–133. http://www.lse.ac.uk/internationalDevelopment/pdf/beyondAccraPapers.pdf. Zugegriffen: 1. Sept. 2016

Ngwenyama OK, Andoh-Baidoo FK, Bollou F, Morawczynski O (2006) Is there a relationship between ICT, health, education and development? an empirical analysis of five West African countries from 1997–2003. Electron J Inf Sys in Dev Countries 23(5):1–11

North D (2006) There's more to BDD than evolving TDD. https://dannorth.net/2006/06/04/theres-more-to-bdd-than-evolving-tdd/. Zugegriffen: 14. Jan. 2017

Oinas-Kukkonen H, Harjumaa M (2009) Persuasive systems design: key issues, process model, and system features. Commun Assoc Inf Syst 24(1):485–500

Thompson M, Walsham G (2010) ICT research in Africa: need for a strategic developmental focus. Inf Technol Dev 16(2):112–127

UNESCO (2005) Towards knowledge societies. UNESCO World Report. UNESCO Publishing, Paris

Winther-Nielsen N (2013a) PLOTLearner as persuasive technology: tool, simulation and virtual world for language learning. In: Behringer R, Sinclair G (Hrsg) Proceedings of the International Workshop on EuroPLOT Persuasive Technology for Learning, Education, and Teaching (IWEPLET 2013), S 21–28. http://www.iweplet2013.eu/program. Zugegriffen: 30. Nov. 2017

Winther-Nielsen N (2013b) PLOTLearner for a corpus of the Hebrew Bible: the case for repurposing in language learning. In: Behringer R, Sinclair G (Hrsg) Proceedings of the International Workshop on EuroPLOT Persuasive Technology for Learning, Education, and Teaching (IWEPLET 2013), S 53–60. http://www.iweplet2013.eu/program. Zugegriffen: 30. Nov. 2017

Winther-Nielsen N (2014) PLOTLearner's persuasive achievement: force, flow and context in technology for language learning from the Hebrew Bible. HIPHIL Novum 1(2):78–94

Winther-Nielsen N (im Druck) The corpus as tutor: data-driven persuasive language learning. Digit Humanit Q

10 Praxisprojekte zum Nachhaltigkeits- und Risiko-Management – Design und Erfahrungen im Master-Studiengang RASUM

Martin Führ, Silke Kleihauer und Pieter van der Veen

Zusammenfassung

Wie schaffe ich es, im Akkreditierungs-Sudoku die Inhalte unterschiedlicher Module so zusammenzuführen, dass die Studierenden möglichst gut darauf vorbereitet sind, in Wirtschaft und Gesellschaft Veränderungsprozesse in Richtung Nachhaltiger Entwicklung voranzubringen? Diese Frage stellte sich, als das Team aus den Sozial- und Kulturwissenschaften an der Hochschule Darmstadt daran ging, den Studiengang „Risk Assessment and Sustainability Management“ (RASUM) zu konzipieren, der sich vornehmlich an Absolventen mit ingenieur- und naturwissenschaftlichem sowie wirtschaftswissenschaftlichem Hintergrund richtet. Die Antwort auf diese Frage ist das auf zwei Semester angelegte „Praxisprojekt“ (20 CP); es bündelt die fachlichen Inhalte und bringt die Studierenden in eine sehr spezifische Handlungskonstellation, die einerseits Fachwissen mit Teamarbeit verknüpft, andererseits aber auch für eine starke Motivation aller Beteiligten sorgt. Dem dient das mehrstufige Design des Praxisprojektes. Es ist angelegt auf ein realitätsnahes Zusammenspiel von „Auftraggeber“, weiteren Praxispartnern und dem Team der Studierenden. Dieser

M. Führ (✉)
Prof. für Umwelt-, Verfassungs- und Technikrecht,
Hochschule Darmstadt, Darmstadt, Deutschland
E-Mail: martin.fuehr@h-da.de

S. Kleihauer
Wissenschaftliche Mitarbeiterin, Sonderforschungsgruppe Institutionenanalyse (sofia),
Hochschule Darmstadt, Darmstadt, Deutschland
E-Mail: silke.kleihauer@h-da.de

P. v. d. Veen
Inhaber ROOM TO ACT, Köln, Deutschland
E-Mail: pvdv@roomtoact.com

W. Leal Filho (Hrsg.), *Nachhaltigkeit in der Lehre,* Theorie und Praxis der Nachhaltigkeit, https://doi.org/10.1007/978-3-662-56386-1_10

Zuschnitt gewährleistet, dass der Auftraggeber sich stark in das Projekt einbringt und auch die anderen Akteur_innen der Lieferkette für die Mitwirkung gewinnt. Die Studierenden sind dementsprechend mit hohem Engagement bei der Sache und lernen, mit den Praxispartnern zu kooperieren und sich als Team zu organisieren, um im Projektablauf immer wieder nachzusteuern. Das Papier beschreibt das Konzept, das institutionelle Design und erste Erfahrungen mit den Praxisprojekten.

Schlüsselwörter
Transformative Lehre · Lehr-Forschungs-Projekt · Transdisziplinäre Delta-Analyse

10.1 Didaktisches Konzept und Einbettung in den Studiengang

Das über zwei Semester angebotene Projektstudium verknüpft die unterschiedlichen Lehrinhalte der übrigen Module im Studiengang RASUM (hierzu Kleihauer und Führ, Kap. 27 in diesem Band). Im Praxisprojekt bearbeiten die Studierenden in kleinen, idealerweise interdisziplinär zusammengesetzten Teams in engem Kontakt mit den Lehrenden (einschließlich der jeweiligen Mentoren) konkrete Problemstellungen aus dem Unternehmensalltag und/oder anwendungsbezogene Forschungsfragen mit Bezug zum integrativen Risikomanagement und zum proaktiven Nachhaltigkeitsmanagement – möglichst in Kooperation mit Unternehmen (also „transdisziplinär“).

10.1.1 Konzeptionelles Grundgerüst: Praxisbezogene Projekte

Das Projektstudium ist konzeptionell so aufgebaut, dass die Studierenden anhand eines konkreten Falls Wissen generieren, zusammenführen und Strategien entwickeln, um in der Praxis Nachhaltigkeitsprozesse zu gestalten, und dabei das Wissen, das Verhalten und die Bedürfnisse der relevanten Akteur_innen berücksichtigen.

Die Rolle, die die Studierenden dabei in den bislang durchgeführten Praxisprojekten einnehmen, entspricht der einer externen Unternehmensberatung. Dies erscheint auch angemessen, weil sich von den Praxispartnern nicht erwarten lässt, dass diese eine Gruppe an Studierenden in ihre internen Strukturen und Abläufe integrieren. Gleichwohl erhält das Projektteam Einblicke in die strategische Orientierung und deren Umsetzung auf die operative Ebene; auch dazu müssen die Praxispartner bereit sein, um praktisch umsetzbare Ergebnisse zu ermöglichen.

Ein methodisches Grundgerüst – kurz: Transdisziplinäre Delta-Analyse – verdeutlicht den Studierenden diesen Prozess (siehe hierzu Abb. 10.1). Dieses Grundgerüst stützt sich

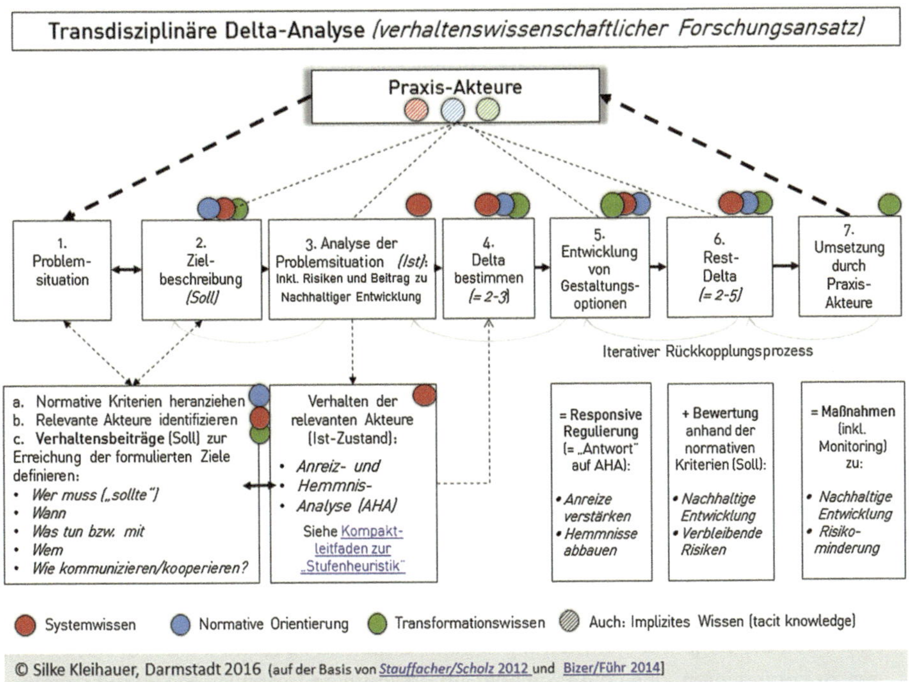

Abb. 10.1 Transdisziplinäre Delta-Analyse als verhaltenswissenschaftlicher Forschungsansatz. (Eigene Darstellung)

1. auf den an der ETH-Zürich entwickelten Forschungs- und Planungsansatz, der die Synthese der transdisziplinären Wissensintegration veranschaulicht (dazu Stauffacher und Scholz 2012; Vilsmaier und Lang 2014, S. 108, sowie Lang et al. 2014, S. 135 ff.), und
2. den seit gut 15 Jahren verfolgten und praktizierten Forschungsansatz der Sonderforschungsgruppe Institutionenanalyse (sofia), angesiedelt in der Hochschule Darmstadt am Studienbereich Sozial- und Kulturwissenschaften (SuK) sowie am Lehrstuhl für Wirtschaftspolitik und Mittelstandsforschung der Universität Göttingen, der das Verhalten der beteiligten Akteur_innen in den Mittelpunkt stellt (Bizer und Führ 2014).

Beide Ansätze zusammen ergeben einen transdisziplinären Analyseansatz, der ein strukturiertes Vorgehen ermöglicht, wenn es darum geht, gemeinsam mit Praxispartnern für nachhaltigkeitsbezogene Problemstellungen Gestaltungsoptionen zu entwickeln und umzusetzen: Die Grundstruktur des methodischen Vorgehens, explizit auch in Bezug auf die Wissenstypen, ist grob vorgegeben; für die Studierenden verbleibt jedoch die Aufgabe, die methodischen Schritte jeweils in Abhängigkeit von der Problemstellung auszufüllen. Dabei haben sie etwa die im Team zur Verfügung stehenden fachlichen und zeitlichen Ressourcen einzubeziehen. Außerdem müssen sie berücksichtigen, zu welchen

Fragen und zu welchem Zeitpunkt im Projektverlauf neben dem „Auftraggeber" weitere Akteur_innen – etwa Dienstleister oder Partner aus der Wertschöpfungskette – einzubeziehen sind.

10.1.2 Lernziele

Die Modulbeschreibung formuliert für das Praxisprojekt folgende Lernziele (RASUM-Modulbeschreibung 2015):

Fachkompetenzen: Nach Abschluss des Moduls

- können die Studierenden komplexe Problemstellungen analysieren und bewerten, Lösungsstrategien dafür aufzeigen und Prozesse zu ihrer Umsetzung initiieren und begleiten.
- können sie ihre disziplinären Kompetenzen in die Entwicklung von Gestaltungsoptionen einbringen.
- können sie verschiedene Perspektiven und Werthaltungen als solche wahrnehmen und konstruktiv in den Lösungsprozess integrieren.
- sind sie in der Lage, Problemstellungen ganzheitlich zu betrachten und mit Detaillösungen zu kombinieren, ohne die Probleme auf disziplinäre Lösungswege zu reduzieren.
- identifizieren sie formale und informale Regeln bzw. Strukturen in Organisationen und erkennen Parameter, die das Verhalten der Akteur_innen beeinflussen.
- sind sie in der Lage, Gestaltungsoptionen zu erarbeiten und dabei die verschiedenen Dimensionen des Phänomens Risiko zu integrieren und dabei normative Vorgaben mit Bezug zur Nachhaltigen Entwicklung zu berücksichtigen.

Fachübergreifende Kompetenzen: Nach Abschluss des Moduls

- erkennen die Studierenden eigene Wissensdefizite und können diese bewältigen – etwa, indem sie ihr Wissen im Projekt mit anderen Teammitgliedern vernetzen oder Methoden des Wissensmanagements anwenden.
- sind die Studierenden in der Lage, Arbeits- und Kommunikationsprozesse in einem Team zielführend und effizient zu gestalten.
- sind sie in der Lage, im Team termingerecht und unter Berücksichtigung der vorhandenen Ressourcen das angestrebte Projektziel zu erreichen *(„in time, in budget, in scope")*.
- können sie ein (wissenschaftliches) Projekt planen und durchführen.

Die fachlichen und methodischen Kenntnisse, die für diese Prozesse notwendig sind, erwerben die Studierenden überwiegend in den anderen Modulen. Der Fokus des Projektstudiums liegt darauf,

- qualitative und quantitative Methoden auf eine konkrete Problemsituation anzuwenden,
- auf dieser Grundlage Handlungsoptionen zu entwickeln, die zur Erreichung der normativen Vorgaben und der organisationalen Ziele beitragen, und
- die unterschiedlichen Perspektiven sowohl innerhalb des studentischen Projektteams als auch in der Kommunikation mit den Praxispartnern in einem transdisziplinären Prozess zusammenzuführen.

10.1.3 Praxisprojekt: Ziele und Durchführung

Die Studierenden entwickeln für konkrete Problemsituationen Gestaltungsoptionen. Dafür agieren sie weitgehend selbstständig als ein interdisziplinär zusammengesetztes Projektteam. Im Projekt stehen die Studierenden vor der Herausforderung, auf der Grundlage ihres im Erststudium sowie in den RASUM-Modulen erworbenen Wissens die Problemsituation zu definieren, zu strukturieren und Gestaltungsoptionen zur Bewältigung der Problemsituation zu entwickeln, wobei sie die Methodik der Transdisziplinären Delta-Analyse anwenden (siehe Abb. 10.1).

Die didaktische „Einkleidung" des Projektstudiums kann erfolgen

- als (im Wettbewerb zu erlangender) Auftrag des Praxispartners, etwa an eine „fiktive", aus dem studentischen Team bestehende Unternehmensberatung,
- als „Projekt" in einem Unternehmen oder
- als Forschungsfrage in einem anwendungsorientierten Forschungsprojekt.

Auch Kombinationen der vorgenannten Optionen sind möglich; gemeinsames Kennzeichen des Praxisprojektes bleibt aber, dass die Studierenden gemeinsam im Team selbst organisiert das Gesamtprojekt sowie die einzelnen Teilprojekte (Arbeitspakete – AP; siehe Abb. 10.2) bearbeiten.

Innerhalb des Teams haben die Studierenden die Aufgabe, verschiedene Rollen (Projektmanagement, Kontakt mit Leitungsebene/anderen Kooperationspartnern, Informationsgewinnung und -bewertung, Aufbereitung und Präsentation der Ergebnisse im Hinblick auf strategisches Unternehmenshandeln etc.) einzuüben. Die Studierenden dokumentieren und managen das Projekt eigenständig. Sie bedienen sich dabei der Methoden des „agilen Projektmanagements" nach der SCRUM-Methode (wibas 2015), die sie in einem eintägigen Workshop einüben. Anschließend organisieren sie nach dieser Methode das Zusammenwirken im Team, wobei sie auch entsprechende Software-Lösungen nutzen.

Die für das Projektstudium verantwortlichen Lehrenden (ein hauptamtlich Lehrender, ggf. in Abstimmung mit einem Lehrbeauftragten aus der Praxis) nehmen in enger Abstimmung mit dem oder den beteiligten Unternehmen die Aufgabe der Projektkoordination wahr: Abzustimmen sind die verschiedenen Arbeiten im Projekt. Die Projektkoordination fungiert zugleich als Schnittstelle zwischen Hochschule und dem Unternehmen

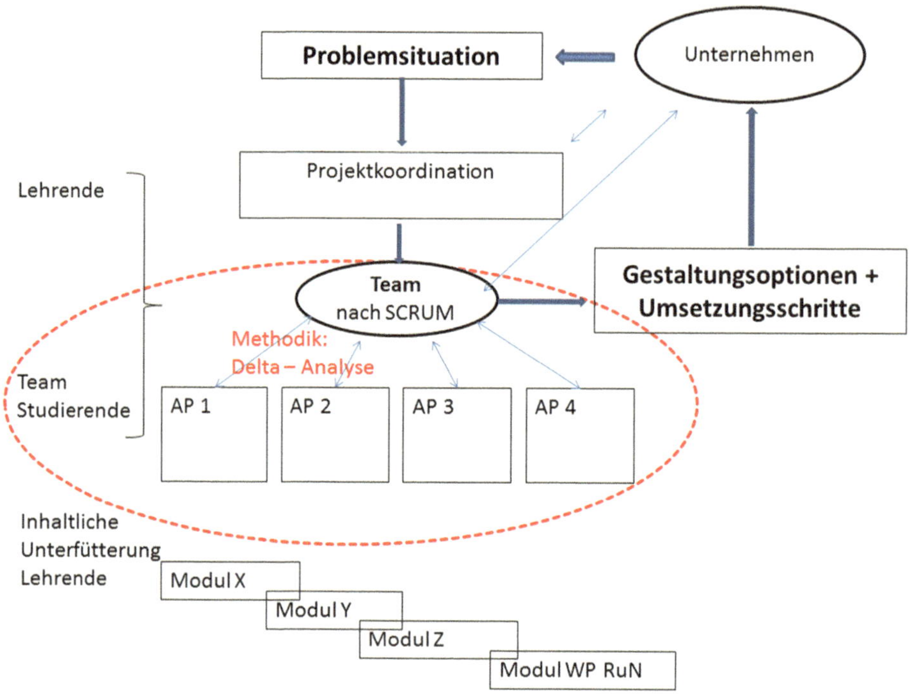

Abb. 10.2 Organisation des Praxisprojektes und Einbettung in das Curriculum. (Eigene Darstellung)

als Praxispartner. Damit ist gewährleistet, dass das Projektmanagement mit dem Unternehmensumfeld verknüpft ist.

10.1.3.1 Gegenstände des Praxisprojektes

Die Gegenstände des Praxisprojektes selbst können vielfältig sein. So kann z. B.

- die Entwicklungsabteilung eines Unternehmens vor der Aufgabe stehen, die Gestaltung eines neuen Produktes im Hinblick auf die Kriterien nachhaltiger Entwicklung zu bewerten bzw. an dessen Neukonzeption mitzuwirken.
- ein Unternehmen um Unterstützung dabei bitten, eine proaktiv definierte Strategie sowohl innerhalb der eigenen Organisation als auch in der Kooperation in der Wertschöpfungskette sowie mit anderen Stakeholdern operativ anzugehen und in diesem Zusammenhang etwa eine auf Problemstoffe bezogene Risikoanalyse zu den hergestellten Produkten zu erstellen, um daraus operative Schritte abzuleiten.
- ein Unternehmen die Studierenden unter der Zielsetzung beauftragen, einen Product Carbon Footprint (PCF) oder eine andere Wirkungsbilanz zu erstellen, um bestehende Optimierungspotenziale in der Wertschöpfungskette, in den eigenen Prozessen sowie

in der (Re-)Distribution, ggf. aber auch im Nutzerverhalten zu identifizieren und um Strategien zu entwickeln, diese zu erschließen.

- ein Unternehmen aus der Energiewirtschaft die Studierenden beauftragen, das Risikomanagement des Unternehmens unter Nachhaltigkeitsgesichtspunkten zu optimieren.
- die Umstellung bzw. Erweiterung einer Produktionsanlage im Hinblick auf Anlagensicherheit und Effizienz der Prozesse zu analysieren und zu konzipieren sein.
- ein Forschungsprojekt in Zusammenarbeit mit einem Unternehmen die Frage bearbeiten, wie eine Veränderung des Herstellungsprozesses und des Geschäftsmodells eine Reduzierung der Abfälle erreicht.

Ausgangspunkt des Projektes ist jeweils ein gemeinsam definiertes Projektziel. Bewährt hat sich folgendes Vorgehen: Das Unternehmen benennt eine konkrete Problemstellung; die Lehrenden formulieren daraus eine „Ausschreibung" und stimmen diese mit den Verantwortlichen in den Unternehmen ab. Mit der Bekanntmachung der Ausschreibung gegenüber den Studierenden beginnt dann das eigentliche Praxisprojekt.

10.1.3.2 Phasen: Vorbereitung und Erstellung eines Angebotes (I) und Durchführung (II)

Das eigentliche Projekt ist in zwei Phasen unterteilt: Im Sommersemester (bis Mitte Juni) erarbeiten die Studierenden – in ausgelosten Teams – Angebote zu der Ausschreibung und präsentieren diese bei dem ausschreibenden Unternehmen. Auf der Basis der Angebote erteilt das Unternehmen einen „Auftrag". Im Wintersemester (Oktober bis Januar) bearbeitet dann das gesamte studentische Team den Auftrag, hält dabei den Kontakt zum „Auftraggeber" und zu sonstigen Akteur_innen und erstellt einen Abschlussbericht, den es dann auch dem Auftraggeber in einem Workshop präsentiert.

Je nachdem, wo die Problemsituation angesiedelt ist und welche Aspekte zu berücksichtigen sind, lässt sich das Projektstudium in einer oder zwei Phasen durchführen:

Phase I: Einarbeitung in den Projektkontext; Bewerbung auf eine Ausschreibung/unternehmensinterne Vergabe (mehrere Teams, Angebot, Präsentation, Vergabe).

Phase II: Projektdurchführung

- Projektskizze mit Ablaufplan, Arbeitspaketen etc.
- Durchführung (inkl. ggf. empirische Erhebungen, Datengewinnung bei anderen Akteur_innen, Meilensteinplanung, interne Dokumentation und Rückkopplung zwischen den Arbeitspaketen)
- Berichterstattung gegenüber dem Praxispartner: Umsetzungskonzept, Präsentation, Forschungsbericht

Einen möglichen zeitlichen Ablauf zeigt Tab. 10.1.

Tab. 10.1 Zeitlicher Ablauf des Praxisprojektes, über zwei Semester. (Eigene Darstellung)

Phase I: Ausschreibung (Sommersemester)	
Problembeschreibung und Gegenstand der Ausschreibung	April
„Bekanntmachung" des Ausschreibungstextes	08-May
„Bieterfragen" (gesammelt durch Projektkoordination)	24-May
Antwort auf die Bieterfragen	31-May
Angebot: Schriftliche Fassung	14-Jun
Präsentation der Angebote	Ende Juni
Phase II: Bearbeitung des Auftrags (Wintersemester)	
„Erteilung des Auftrags": Definition der Arbeitspakete durch Auftraggeber	15-Sep
Beginn der Bearbeitung durch RASUM-Projektteam	Anf. Oktober
Auftaktbesprechung, Workshops, Telefonkonferenzen, nach Bedarf	Okt–Nov
Erstellung des Endberichtes	Dez
Entwurfsfassung	15. Dez
Fertige Fassung	15. Jan
Mündliche Präsentation beim Auftraggeber	Ende Jan
Erstellung der finalen Version Endberichtes	Mitte Feb

10.1.4 Begleitseminar

Das Projekt ist eingebettet in eine Begleitveranstaltung, die sich explizit auf die Fragen des Projektes bezieht, aber auch die Funktion hat, Bezüge und Verknüpfungen zu anderen Lehrveranstaltungen herzustellen. Dazu ist ein regelmäßiger Austausch unter den Lehrenden im RASUM-Team erforderlich.

Die Begleitveranstaltung stellt die notwendigen fachlichen und organisatorischen Grundlagen bereit und unterstützt die Studierenden bei den einzelnen Schritten inter- bzw. transdisziplinären Forschens (Abb. 10.1). Um die notwendige inhaltliche Flexibilität zu gewährleisten, hat es sich bewährt, im Rahmen des Wahlpflichtprogramms ein entsprechend zugeschnittenes Angebot zu schaffen, an dem auch Lehrbeauftragte oder Gastvortragende aus der Praxis mitwirken. Das inhaltliche erweiterungsfähige Wahlpflichtprogramm trägt den Titel „Risikoabschätzung und Nachhaltigkeitsmanagement" (WP RuN) und beinhaltet in erster Linie eine „naturwissenschaftlich-technische Perspektive", ermöglicht aber auch logistische und organisationale Inhalte zu integrieren.

Das methodische Vorgehen ist unterteilt in sieben Schritte (siehe Abb. 10.1):

1. Ausgangspunkt ist eine konkrete **Problemsituation** bezogen auf eine Herausforderung im Hinblick auf Risiko- und/oder Nachhaltigkeitsaspekte. Die Praxisakteure spielen in der Charakterisierung der Problemsituation eine zentrale Rolle, weil sie

über – teils „implizites" – Wissen über die Umstände verfügen, die das Problem ausmachen. Im Projekt stammt das zu bearbeitende Problem aus der Unternehmenspraxis.

2. Davon ausgehend konkretisiert das Projektteam (unter Beteiligung der jeweiligen Praxisakteure) das zu bearbeitende Problem ergebnisorientiert (**Zielbeschreibung** unter Berücksichtigung **normativer Kriterien):** Zu formulieren ist, was unter der Perspektive der angemessenen Beherrschung der Risiken bzw. der Nachhaltigen Entwicklung konkret anzustreben ist. Um diesen „Soll-Zustand" und den dafür notwendigen Untersuchungsrahmen herauszuarbeiten, stellt das Projektteam eine Verbindung zwischen Systemwissen und normativer Orientierung her. Dazu zählt aber auch die Frage, welche Akteur_innen in dem Handlungsfeld relevant sind und wie man sie in dieser Phase, aber auch in den folgenden Untersuchungsschritten mit einbeziehen kann (Transformationswissen). Im Hinblick auf den zu erreichenden **„Soll-Zustand"** ist – jedenfalls in grober Form – zu umschreiben, welche Verhaltensbeiträge von den unterschiedlichen Akteur_innen wann und in welcher Form dabei zu leisten sind.
3. Auf dieser Basis findet die **Analyse der Risiken und der nicht-nachhaltigen Faktoren (in und für die Organisation)** statt. Dieser Schritt generiert vor allem Systemwissen. Es geht darum, die Faktoren zu erkennen, die Risiken vergrößern bzw. zu nicht-nachhaltigen Entwicklungen führen. Derartige Faktoren können unter anderem in organisationalen Strukturen, in entsprechenden Produkten und Dienstleistungen, im Produktentstehungsprozess, im Verhalten der Stakeholder, im Verhalten der betriebsinternen Akteur_innen liegen.

   Zu untersuchen ist daher, welche Anreize und Hemmnisse das Verhalten der Akteur_innen im Status quo bestimmen. Bei dieser Anreiz- und Hemmnis-Analyse (AHA) wenden die Studierenden die Stufenheuristik der interdisziplinären Institutionenanalyse an (für die Lehre zusammengestellt in einem „Kompaktleitfaden", Bizer und Führ 2014). Wichtige weitere Methoden sind hier u. a. qualitative Systemanalyse, Akteur- und Akteurnetzwerkanalyse, Group Model Building (siehe hierzu auch Stauffacher und Scholz 2012, S. 282; Lang et al. 2014, S. 137).

   Ziel der Analyse ist es, die Zusammenhänge und maßgeblichen Faktoren des aktuellen Zustands sichtbar zu machen **(Ist-Zustand).**
4. Aus dem Vergleich von Soll- und Istzustand ergibt sich ein **Delta:** Die als Problemsituation (Schritt 1) wahrgenommene Konstellation beruht in der Regel darauf, dass die Anreiz- und Hemmnis-Situation im Status quo das Verhalten der Akteur_innen nicht so beeinflusst, dass sie die Verhaltensbeiträge erbringen, die im Hinblick auf das Soll erforderlich sind.
5. Im nächsten Schritt sind Gestaltungsoptionen zu identifizieren, die dazu beitragen, das Delta zu verringern. Dieser Schritt beinhaltet Entwicklungsoptionen und Veränderungsprozesse. Er stützt sich u. a. auf Verhaltensprognosen und auf „Szenarien", die umschreiben, wie das Delta anzugehen ist und welche „Aufwendungen" damit verbunden sind (**Entwicklung von Gestaltungsoptionen**). Wichtige Methoden sind

hier u. a. die formative Szenarioanalyse und die Cross-Impact Balance Analyse (siehe hierzu Lang et al. 2014, S. 137).

Bei diesem Schritt steht das Transformationswissen im Vordergrund, gestützt auf das in Schritt 3 gewonnene Systemwissen; er integriert aber auch das Wissen um die Ziele (normative Orientierung).

6. Die Gestaltungsoptionen sind sodann an den eingangs formulierten Kriterien bzw. Zielen zu messen. In aller Regel ist bereits absehbar, dass sich mit den entwickelten Gestaltungsoptionen nicht alle Elemente der Zielbeschreibung in vollem Umfang erreichen lassen. Das daraus resultierende **Rest-Delta** ins Auge zu fassen, ist ein wichtiger, alle Wissenstypen zusammenführender Zwischenschritt, wobei das Systemwissen im Vordergrund steht. Auf dieser Grundlage lassen sich entsprechende Risikomanagement-Maßnahmen entwickeln, die in der Regel etwa auch Monitoring-Instrumente einschließen.
7. Abschließend sind geeignete Strategien zu entwickeln, um die analysierten Handlungsoptionen umzusetzen. Die **Umsetzung der Handlungsoptionen** liegt in der Sphäre der Praxisakteure. Um die Umsetzungsstrategien in Angriff nehmen zu können, ist Transformationswissen erforderlich.

Anzumerken ist, dass die einzelnen Analyseschritte nicht losgelöst von dem jeweiligen Untersuchungsziel durchzuführen sind; im Sinne eines pragmatischen, handlungsorientierten Ansatzes müssen sie vielmehr ergebnisorientiert den nächsten Schritt bereits mitbedenken. Zudem gilt es im Blick zu behalten, dass jede Gestaltungsoption nur eine „vorläufige" Lösung darstellt, deren praktische Eignung und die damit verbundenen Wirkungen begleitend zu beobachten bzw. auch gesondert zu evaluieren sind, um ein „Nachsteuern" einzuleiten, womit der Prozess wieder bei Schritt 1 beginnt.

Bei den einzelnen Schritten stehen jeweils spezifische Wissenstypen im Vordergrund (siehe dazu den Beitrag von Kleihauer und Führ, Kap. 27 in diesem Band):

- **Systemwissen:** Kenntnisse über naturwissenschaftlich/technische, ökonomische und sozialwissenschaftliche Methoden und Theorien, um aus unterschiedlichen Perspektiven
  - Probleme zu strukturieren und
  - vielfältige Gestaltungsoptionen zu identifizieren sowie
  - die damit verbundenen Wirkungen, einschließlich der darin enthaltenen Risiken und Chancen, zu analysieren und (in Verknüpfung mit Orientierungswissen) unter normativen Kriterien zu bewerten
- **Normative Orientierung:** Kenntnisse über rechtliche Anforderungen, gesellschaftliche Leitbilder und ethische Grundprinzipien sowie die Fähigkeit, daraus Anforderungen an die Ausfüllung individueller wie organisationaler Verantwortung zu formulieren, um einen entsprechenden Veränderungsbedarf bestimmen und begründen zu können

- **Transformationswissen:** Kenntnisse, wie sich Prozesse in Richtung nachhaltige Entwicklung in konkreten Handlungskonstellationen, aber auch in der Gesellschaft insgesamt realisieren lassen.
- **Implizites Wissen** *(tacit knowledge),* vor allem der Praxisakteure

10.2 Beispiel: „Green Logistics", Bergsportunternehmen VAUDE

Um Inhalte und Durchführung zu veranschaulichen, sei im Folgenden in groben Strichen das Praxisprojekt 2016/2017 skizziert. Aus den transdisziplinären Forschungsvorhaben KInChem (BMBF-FONA) und SuSport (Deutsche Bundesstiftung Umwelt), durchgeführt von der Sonderforschungsgruppe Institutionenanalyse (sofia), bestanden Kontakte zum Bundesverband der Deutschen Sportartikelindustrie (BSI) und dem darin aktiven Bergsport-Unternehmen VAUDE. Dieses hatte auf seiner Agenda das Ziel, als weiteren Baustein seiner Nachhaltigkeitsstrategie die Frage anzugehen, wie sich Klimaschutzpotenziale in den Transportvorgängen aus den (vornehmend asiatischen) Lieferländern erschließen lassen („Green Logistics").

10.2.1 Phase I

Vorab stimmte die Leiterin des Nachhaltigkeitsteams bei VAUDE mit dem Betreuer des Praxisprojektes den Text einer „Ausschreibung" ab. Sie enthielt die zu erbringenden Leistungen, Datengrundlagen und einen Zeitplan.

Die Aufgabe der Studierenden (in vier ausgelosten Teams) bestand zunächst darin, auf dieser Basis ein schriftliches „Angebot" zu unterbreiten (Sommersemester, 5 CP).

Die Teams konnten bis zu einem bestimmten Termin Rückfragen an VAUDE richten, die dann für alle zugänglich beantwortet wurden. Auf dieser Basis erstellten die Teams unabhängig voneinander schriftliche Angebote, die fristgerecht bei VAUDE einzureichen waren. Wie in einer realen Angebotssituation waren die Angebote dann in 10-minütigen Vorträgen den Verantwortlichen bei VAUDE (fünf Personen) in deren Zentrale bei Tettnang zu präsentieren. Erst zu diesem Zeitpunkt sahen die Teams jeweils die Inhalte der anderen Angebote.

Ein begleitendes Wahlpflichtfach (WP RuN) „Technische, logistische und organisatorische Herausforderungen in der globalen Lieferkette", angeboten im Team-Teaching von Projektbetreuer und einem in der Textilindustrie in leitender Funktion tätigen Lehrbeauftragten, lieferte spezifische Fachkenntnisse und Hintergrundwissen zu den Gegenständen des Praxisprojektes (5 CP).

Eingebettet in ein transdisziplinäres Forschungsprojekt (sofia 2017b) fand ein Workshop mit Praxispartnern explizit als Bestandteil des Begleitseminars statt. Vertreter aus Unternehmen, Verbänden sowie der bundeseigenen Deutschen Gesellschaft für

Internationale Zusammenarbeit (GIZ), Bonn/Eschborn, diskutierten Herausforderungen und Gestaltungsoptionen mit den Studierenden. Die Praxispartner standen vor einer Kommunikationssituation, bei der sie – anders als in sonstigen Workshop- und Veranstaltungsformaten – so zu argumentieren hatten, dass sie auf die Studierenden überzeugend wirkten. Die daraus resultierende Workshopatmosphäre zeichnete sich durch eine besondere Offenheit aus und erlaubte es, Zukunftsvorstellungen kreativ zu diskutieren.

10.2.2 Phase II

Zu Beginn des Wintersemesters startete dann die eigentliche Projektbearbeitung (15 CP) auf der Basis des von VAUDE erteilten „Auftrags". Dieser kombinierte einzelne Elemente aus den vier in Phase I erstellten Angeboten. Alle Studierenden hatten sich nun zu einem Gesamtteam zusammengefunden. Das Team traf sich jeweils montags und donnerstags, um den aktuellen Stand zu besprechen, die nächsten Schritte zu planen, aber auch um in – wechselnden – Kleingruppen konkrete Aufgaben zu erledigen. Das Projektteam steuerte die Teilaufgaben nach der Methode das „agilen Projektmanagements" (SCRUM) eigenständig. Über ein Online-Tool war der Stand der Arbeiten jederzeit für das Team einsehbar.

Mitte November fand bei VAUDE ein vom Projektteam vorbereiteter Workshop statt, um mit dem Logistikdienstleister Lösungsoptionen durchzusprechen.

In der Folge bearbeitete das Team acht Teilprojekte und führte diese in einem Gesamtkonzept zusammen (Roadmap), das Ende Januar bei VAUDE präsentiert wurde.

10.3 Erste Erfahrungen und Ausblick

Voraussetzung für den Erfolg des Praxisprojektes ist, dass eine Organisation eine Aufgabe in das Projekt einbringt, an deren Lösung sie ein starkes Eigeninteresse hat. Zugleich ist aufseiten des Unternehmens eine grundsätzliche Offenheit für „Out of the box"-Lösungen erforderlich; denn nur dann lassen sich im Praxisprojekt „transformative" Lösungen entwickeln, die Beiträge leisten in Richtung der *„Sustainable Development Goals"* der Vereinten Nationen. Diese Offenheit ist auch für die Motivation der Studierenden von großer Bedeutung, weil das bloße Nachvollziehen oder Begleiten „konventioneller" Lösungen wenig reizvoll ist. Das „Green-Logistics"-Projekt zeigte, mit welchem Einsatz und der daraus resultierenden Dynamik ein Team von acht Studierenden an ein solches Praxisprojekt herangehen kann.

In didaktischer Hinsicht besteht die Herausforderung darin, einerseits hinreichenden fachlichen und methodischen Input zu leisten, andererseits dem Projektteam aber auch Freiraum zu gewähren, eigenständig Ansätze zu entwickeln und gemeinsam zu erproben.

Die bisherigen Erfahrungen zeigen, dass die Zielsetzung des Projektstudiums sich durchaus erreichen lässt: Es bietet – fokussiert auf eine abgegrenzte transdisziplinäre

Problemkonstellation – den Raum, in einer interdisziplinär zusammengesetzten Gruppe typische Herangehensweisen und Fragestellungen der verschiedenen Disziplinen herauszuarbeiten und zur Diskussion zu stellen. Es fördert sowohl die Disziplinen übergreifende wie auch die fachspezifische Problemlösekompetenz: „Die Explizierung typischer Zugänge und Methoden der beteiligten Fächer stärkt die eigene Methodenkompetenz und lässt zugleich die Grenzen der verschiedenen Disziplinen deutlich werden" (Hummel und Stieß 2009, S. 30; allerdings führen Hummel und Stieß keine Projekte mit Praxisakteuren durch, sie rekonstruieren vielmehr Fallbeispiele aus der Praxis im Rahmen von Seminaren). Daneben fördert das Projektstudium selbst organisiertes, forschendes Lernen, die Arbeit in Gruppen sowie den Austausch mit Akteur_innen außerhalb der Hochschule.

Literatur

Bizer K, Führ M (2014) Praktisches Vorgehen in der interdisziplinären Institutionenanalyse. Ein Kompaktleitfaden. sofia-Diskussionsbeiträge zur Institutionenanalyse 14(7):1–20

Hochschule Darmstadt (2015) Modulhandbuch des Studiengangs Risk Assessment and Sustainability Management (RASUM) – Anlage 5 zu den Besonderen Bestimmungen zur Prüfungsordnung für den Master des Fachbereichs Gesellschaftswissenschaften der Hochschule Darmstadt – University of Applied Sciences. https://www.h-da.de/fileadmin/h_da/Hochschule/Presse_Publikationen/Hochschulanzeiger/2015/RASUM_MSc_Modulhandbuch_2015-11-24.pdf

Hummel D, Stieß I (2009) Soziale Ökologie und Transdisziplinarität in der universitären Lehre. Technikfolgenabschätzung Theorie und Praxis 18(3):25–31

Lang DJ, Rode H, von Wehrden H (2014) Methoden und Methodologie in den Nachhaltigkeitswissenschaften. In: Heinrichs H, Michelsen G (Hrsg) Nachhaltigkeitswissenschaften. Springer, Berlin, S 115–144

Scholz RW (2011) Environmental literacy in science and society: from knowledge to decisions. Cambridge University Press, Cambridge

sofia – Sonderforschungsgruppe Institutionenanalyse (2017a). KInChem – Konsumverhalten und Innovationen zur nachhaltigen Chemie. Am Beispiel von Produkten mit problematischen Inhaltsstoffen. Gefördert im Rahmen des BMBF-Programms „Forschung für Nachhaltige Entwicklungen" (FONA). http://www.sofia-darmstadt.de/kinchem.0.html. Zugegriffen: 10. Apr. 2017

sofia – Sonderforschungsgruppe Institutionenanalyse (2017b) Marktchancen für „nachhaltige Chemie" durch die REACH-Verordnung – SuSport-Projekt (Sustainable Sporting Goods). Gefördert durch die Deutsche Bundesstiftung Umwelt (DBU). http://www.sofia-darmstadt.de/marktchancen.0.html. Zugegriffen: 10. Apr. 2017

Stauffacher M, Scholz RW (2012) Transdisziplinäre Lehrforschung am Beispiel der Fallstudien der ETH Zürich. In: Dusseldorp M, Beecroft R (Hrsg) Technikfolgen abschätzen lehren. Bildungspotenziale transdisziplinärer Methoden. Springer, Wiesbaden, S 277–291

Vilsmaier U, Lang DJ (2014) Transdisziplinäre Forschung. In: Heinrichs H, Michelsen G (Hrsg) Nachhaltigkeitswissenschaften. Springer, Berlin, S 87–114

wibas GmbH (2015) SCRUM Kompakt – Version 6.0. wibas GmbH, Darmstadt

Aktivierende Ringvorlesung mit begleitender Konzept-Werkstatt Herausforderung: Nachhaltige Entwicklung – Klimaschutz in und um Darmstadt

11

Sven Linow, Martin Führ und Silke Kleihauer

Zusammenfassung

Wie gelingt es, in eine Ringvorlesung einen roten Faden einzuweben und die Studierenden zu gewinnen, in interdisziplinären Teams für konkrete Praxisprobleme vor Ort umsetzungstaugliche Lösungen zu entwickeln? Vor dieser Frage stand die statusgruppenübergreifende „Initiative: Nachhaltige Entwicklung in der Hochschule Darmstadt – Lehre, Forschung, Betrieb“ (I:NE), als sie sich nach ihrer Gründung im Mai 2016 daran machte, ein Lehrkonzept zu entwickeln: Es kombinierte die „klassische“ Ringvorlesung (60–80 Studierende) mit einem Begleitseminar (35 Teilnehmende); beides floss zusammen im Abschluss der Ringvorlesung, wo die Studierenden dem Oberbürgermeister der Stadt in einem brechend vollen Hörsaal konkrete Handlungsvorschläge unterbreiteten. Das Zusammenspiel von Ringvorlesung und Begleitseminar schafft eine Dramaturgie, die auf den Abschlusstermin zusteuert. Die Ringvorlesung, an deren Konzeption I:NE-Studierende von Anfang an beteiligt sind, vermittelt Wissen und schafft Raum für kritische Nachfragen („Was bedeutet das konkret für uns als Studierende in Darmstadt?“). Das Begleitseminar – geleitet im Team-Teaching (Ingenieur/Jurist) – erlaubt

S. Linow (✉)
Prof. für Thermodynamik und Umwelttechnik, Hochschule Darmstadt,
Darmstadt, Deutschland
E-Mail: sven.linow@h-da.de

M. Führ
Prof. für Umwelt-, Verfassungs- und Technikrecht, Hochschule Darmstadt,
Darmstadt, Deutschland

S. Kleihauer
Sonderforschungsgruppe Institutionenanalyse (sofia), Hochschule Darmstadt,
Darmstadt, Deutschland

W. Leal Filho (Hrsg.), *Nachhaltigkeit in der Lehre,* Theorie und Praxis der Nachhaltigkeit, https://doi.org/10.1007/978-3-662-56386-1_11

es, die Vorträge vorab zu diskutieren; zudem haben die Studierenden dort die Aufgabe, Plakate zu konkreten Problemkonstellationen zu entwickeln. Die Arbeit der interdisziplinären Studierenden-Teams orientiert sich an dem methodischen Grundraster der „Delta-Analyse". Das Begleitseminar ist damit nicht nur eine Konzeptwerkstatt, sondern vermittelt zugleich Grundlagen wissenschaftlichen Arbeitens. Praxisakteure als Vortragende schärfen den Blick der Studierenden auf die Verwirklichungsbedingungen und stärken ihre Argumentation gegenüber dem Stadtoberhaupt in der Schlussveranstaltung. Das Paper untersucht, ausgehend von Rückmeldungen aller Beteiligten, die Erfolgselemente und fragt, wie sich dieses Konzept verstetigen lässt und dabei thematisch aktuell und flexibel bleibt.

Schlüsselwörter
Ringvorlesung · Begleitseminar · Inter- und Transdisziplinarität · Transformative Lehre

11.1 Einführung

Der Beitrag erläutert in Abschn. 11.2 zunächst Motivation und Ziele sowie in Abschn. 11.3 die strukturelle Konzeption von Ringvorlesung und Begleitseminar. Abschn. 11.4 stellt die konkrete erste Umsetzung im Winter 2016/2017 vor, während Abschn. 11.5 rückblickend den Lehr- und Lernerfolg sowie die erreichten Ziele beleuchtet. Abschließend formuliert Abschn. 11.6 ein Resümee und zeigt Ansätze für eine Verstetigung des Lehrformates auf.

11.2 Motivation und Ziele

Im Sommer 2016 formierte sich an der Hochschule Darmstadt die „Initiative: Nachhaltige Entwicklung in der Hochschule Darmstadt" (I:NE). Diese Initiative ist ein Zusammenschluss aus Personen aller Bereiche der Hochschule (Lehre, Forschung, Betrieb und Studierende); zugleich sind seit der Gründung alle Fachbereiche vertreten. Bereits mit der Gründung startete das Projekt einer gemeinsamen interdisziplinären Lehrveranstaltung zu nachhaltiger Entwicklung. Ziel war es,

- direkt eine hohe Sichtbarkeit der Initiative innerhalb der Hochschule herzustellen und so weitere persönliche Mitglieder zu werben,
- durch gemeinsame Lehre eine bessere Vernetzung innerhalb der Initiative zu ermöglichen,
- für Lehrende in der Vor- und Nachbereitung der einzelnen Beiträge zugleich einen Möglichkeitsraum zur interdisziplinären Zusammenarbeit zu eröffnen,

- die Initiative in Kontakt mit relevanten Akteuren der Stadt zu bringen und durch diese Vernetzung zukünftige gemeinsame Anstrengungen vorzubereiten – die Initiative sieht einen Fokus in der Unterstützung von Nachhaltiger Entwicklung (NE) in der Region durch transformative Forschung und entsprechende Transfer-Aktivitäten,
- mit der öffentlichen Ringvorlesung auch in die Stadtgesellschaft hineinzuwirken,
- Studierende für die Initiative zu gewinnen, indem ihnen Möglichkeiten zur Mitgestaltung eröffnet werden,
- in einem interdisziplinären Lehrformat die Herausforderung einer gesellschaftlichen Transformation zu nachhaltiger Entwicklung, wie sie der WBGU (2011) nahelegt, an konkreten Handlungsfeldern anschaulich und für die Studierenden fassbar darzustellen,
- die Studierenden selber Ansätze für NE im Hinblick auf eine Umsetzung entwickeln zu lassen und ihre Ideen einem größeren Publikum und regionalen Akteuren_innen vorzustellen.

Ein Projektteam – bestehend aus Lehrenden, wissenschaftlich Mitarbeitenden aus der Forschung, Studierenden sowie Beschäftigten aus zentralen Einheiten der Hochschule – bereitete in einem über etwa 10 Wochen dauernden Prozess die inhaltlichen Schwerpunkte und die Struktur der Lehrveranstaltung vor. Eine Rundmail an alle Studierenden der Hochschule zeigte die Möglichkeit auf, sich an diesem Prozess zu beteiligen. Daraufhin fand sich ein fester Kreis von acht bis zehn Studierenden aus mehreren Studiengängen, die regelmäßig an den Treffen des Projektteams teilnahmen. Ihre Beiträge prägten die Diskussionen im Projektteam entscheidend, denn sie drangen mit großer Beharrlichkeit darauf, möglichst konkrete Gegenstände zu wählen, die Handlungsmöglichkeiten für Studierende eröffnen und die auch einen unmittelbaren Bezug zu der Region aufweisen – die Standardfrage lautete „Und was hat das mit Darmstadt zu tun?“ bzw. „Wie können wir zu Thema und Fragestellung selber einen Beitrag leisten?“

11.3 Strukturelle Konzeption

Sehr schnell legte das Projektteam einige Kernpunkte fest, mit denen in die konkrete Gestaltung der Veranstaltung gestartet wurde. Diese Kernpunkte sollten von Beginn an

i) eine Verstetigung der Veranstaltung in eine Reihe ermöglichen,
ii) Flexibilität und Entwicklungsraum bieten, um mit den konkreten Umsetzungen zu lernen,
iii) die fokussierte, strukturierte und zusammenhängende Darstellung eines konkreten Themas ermöglichen und
iv) zugleich theoretische und praktische Aspekte darstellen sowie
v) unterschiedliche Sichtweisen beleuchten und in einem größeren Kontext zusammenführen, wobei
vi) die Konzeption darauf abzielte, die eigene Perspektive der Hörer und Hörerinnen und der Vortragenden von Termin zu Termin zu erweitern.

Die Arbeitsgruppe konnte dabei auf Erfahrungen zurückgreifen, die man zwei Jahre zuvor bei einer gemeinsam mit der Technischen Universität Darmstadt durchgeführten Ringvorlesung „Herausforderung Nachhaltigkeit: Aus dem Wald in die Welt" aus Anlass des 300-jährigen Jubiläums der namensgebenden Schrift von Carlowitz' (1713) gesammelt hatte. Wie damals sollten sowohl Praxisakteure aus der Region als auch Wissenschaftlerinnen und Wissenschaftler zu Wort kommen. Zugleich sollte die Ringvorlesung durch ein Seminar begleitet werden. Die konkreten Festlegungen zum ersten Lauf der Ringvorlesung waren:

- Es wird jeweils unter dem Dach „Herausforderung: Nachhaltige Entwicklung" ein aktuelles abgegrenztes Thema bearbeitet.
- Es werden wenige konkrete Aspekte aus unterschiedlicher Sicht durch mehrere Referierende beleuchtet. Wenn möglich werden die Vorträge zu einem Aspekt zeitlich gebündelt.
- Es werden theoretische Aspekte und konkrete Umsetzungen mit ihrer eigenen Dynamik vorgestellt.
- Referierende sollen neben Lehrenden der Hochschule auch Praktiker_innen aus dem Betrieb, relevante Akteure_innen aus der Stadt und der Region, aus Verwaltung und Industrie sowie ggf. Experten_innen aus regionalen Forschungseinrichtungen umfassen. Insbesondere ist angestrebt, dass externe Vortragende zumindest die Hälfte der Veranstaltungen gestalten, um den Bogen von der Theorie bis in die konkrete praktische Umsetzung schlagen zu können.
- Die Vortragenden haben jeweils maximal 45 min Zeit für ihren Vortrag; im zweiten Teil des Termins werden die Inhalte über 45 min ausführlich diskutiert.
- Die Veranstaltung steht den Bürgerinnen und Bürgern der Stadt offen; sie wird aktiv beworben.

Die Rolle des Begleitseminars sollte sein:

- Die einzelnen Veranstaltungen sind mit den Studierenden konkret vorzubereiten. Insbesondere sind relevante Fragestellungen vorbereitend und ggf. nachbereitend zu thematisieren, was den Studierenden eine lebhafte und kompetente Diskussion mit den Referierenden ermöglicht.
- Eine Gruppe von Studierenden hat die explizite Aufgabe, den jeweiligen Vortrag inhaltlich vorzubereiten und Fragen für den Einstieg in die Diskussion zu formulieren.
- Die Studierenden sollen weiter in einer Gruppenarbeit mit einem eigenen Projekt das Thema der Ringvorlesung möglichst konkret bearbeiten. Die Gruppe wählt dabei die Problem- bzw. Fragestellung selbst und entwickelt eigenständig Lösungsvorschläge. Hierbei wird als Methode die verhaltenswissenschaftliche „Delta-Analyse" (Bizer und Führ 2014; siehe auch Kleihauer und Führ in diesem Band) vorgegeben. Durch diesen transdisziplinär ausgerichteten Ansatz sollen die Studierenden praktische Erfahrung gewinnen, welche Hemmnisse zu überwinden sind, wenn es darum geht, ihre Ideen in der Praxis umzusetzen.

Alle diese Festlegungen waren zwar gut begründet und waren Konsens innerhalb der Projektgruppe, wurden jedoch nach Ablauf der Veranstaltung u. a. durch eine Online-Evaluation überprüft.

Die Modulbeschreibung formuliert die in Fachkompetenzen und fachübergreifende Kompetenzen untergliederten Lernziele; nach Abschluss des Moduls haben die Studierenden folgende Fachkompetenzen erworben:

- Sie kennen das Leitbild „Nachhaltige Entwicklung" und die damit verbundenen Grundsätze und Kriterien.
- Sie können diese und ihre Bedeutung in organisationale, technische und gesellschaftliche Systemzusammenhänge einordnen.
- Sie verstehen, dass die Gestaltung von Nachhaltigkeitsprozessen auf das Zusammenspiel von Handelnden aus Wissenschaft, Politik, Wirtschaft und Zivilgesellschaft angewiesen ist und dass hierfür jeweils entsprechende institutionelle Rahmenbedingungen und deren Ausfüllung durch Handeln in Organisationen erforderlich sind.
- Sie sind in der Lage, mögliche Zielkonflikte zu identifizieren und normativ einzuordnen.
- Sie sind in der Lage, Probleme nicht-nachhaltiger Entwicklung zu analysieren und erste Schritte zu einem methodisch gestützten Umgang mit diesen Problemen und der Entwicklung von zukunftsorientierten Lösungskonzepten und Umsetzungsstrategien zu entwickeln.

Nach Abschluss des Moduls verfügen die Studierenden weiter über folgende fachübergreifende Kompetenzen:

- Sie verfügen über erste Erfahrungen zur Dynamik in interdisziplinär zusammengesetzten Gruppen.
- Sie können ihre eigene disziplinäre Perspektive in Beziehung setzen zu denen anderer Disziplinen.
- Sie haben erste Schritte bei der disziplinenübergreifenden Entwicklung von Zukunftsvorstellungen und Umsetzungsstrategien unternommen.

11.4 Erster Lauf von Ringvorlesung und Begleitseminar

Als Leitthema der ersten Ringvorlesung im Wintersemester 2016/2017 wählte die Projektgruppe „Klimaschutz in Darmstadt" aus. Mit beeinflusst durch die Interventionen der Studierenden fokussierte man weiter als Schwerpunkte in dem immer noch weit gefassten Thema drei konkrete Handlungsfelder: Konsum, Wohnen und Mobilität. Damit wurde der Gefahr einer Beliebigkeit oder des Verharrens in theoretischen Überlegungen vorgebeugt, die sich einstellen kann, wenn die einzelnen Veranstaltungen innerhalb der Ringvorlesung nur als eine lose Reihe von Themen erscheinen.

Das Ansprechen der Referierenden erfolgte teilweise aus dem Projektteam heraus; auch hatten einige Mitglieder des Projektteams Interesse, selber vorzutragen. Einige Themen wurden konkret von den Studierenden im Projektteam erbeten, weitere Themen wurden konkret so gestaltet, dass Absolventinnen und Absolventen der h_da zu den Vortragenden gehörten. Durch Vorträge von eigenen Absolventinnen und Absolventen lässt sich auf der einen Seite der Wert der Ausbildung der Hochschule dokumentieren, auf der anderen Seite unterstützt dies eine Diskussion der Teilnehmenden und jungen Experten auf Augenhöhe.

Für die Festlegung der Reihenfolge und die Auswahl und Gewinnung der endgültigen Vorträge bzw. Vortragenden wurde basierend auf diesen Vorarbeiten eine Struktur mit einem „roten Faden" entwickelt. Die sich so ergebende Struktur der Veranstaltung stellt Tab. 11.1 dar: Vorgeschaltet waren Beiträge zur Klimageschichte sowie den volkswirtschaftlichen und politischen Rahmenbedingungen. Bereits im Beitrag zu den politischen Rahmenbedingungen machte die Analyse der Klimawirksamkeit der Bewohner_innen im Freiburger Stadtteil Vauban die hohe Bedeutung privater Konsumentscheidungen deutlich. Aus den im Folgenden ausgelegten Facetten zum Handlungsfeld Konsum entfaltete sich für die Studierenden ein erweiterter Systemblick, der dann auch in den Vorträgen zur Quartierentwicklung und zur Mobilität die Diskussion bereicherte. Zum Abschluss kamen die Wirtschaftswissenschaften mit der unternehmerischen Perspektive als „Geschäftsmodell Nachhaltigkeit" sowie Kommunikationswissenschaften zu Wort.

Die Vorträge der einzelnen Termine wurden, soweit sich dies über verfügbare Vortragende und das Thema anbot, durch ein Tandem aus Praxis und Wissenschaft gehalten. Hierdurch gelang es, einerseits die Relevanz theoretischer Überlegungen aufzuzeigen und andererseits durch die praktische Perspektive zu ergänzen bzw. zu kontrastieren, indem Vortrag und Diskussion erwartete und unerwartete Schwierigkeiten in der Umsetzung herausarbeiteten.

Aufgrund bestehender Kontakte zur Stadt und zu regionalen Unternehmen konnten hier jeweils relevante Praxisakteure als Vortragende gewonnen werden. Die Bereitschaft des Oberbürgermeisters der Stadt Darmstadt, am Abschlusstermin als potenzieller Auftraggeber und Umsetzer der Studierendenprojekte zu agieren, ermöglichte eine konkrete Zielorientierung für das Begleitseminar und eine für viele Studierende sehr motivierende Dramaturgie.

Die Einführungsveranstaltung im Begleitseminar diente der allgemeinen Verortung des Themas, der Darstellung der Motivation und Struktur sowie der Vorstellung der beiden Lehrenden, die danach in der Ringvorlesung nur noch als Moderatoren auftraten. Ein Ziel des Begleitseminars war dabei, dass die Studierenden in der Ringvorlesung auf Augenhöhe mit den Vortragenden diskutieren konnten. Hervorzuheben ist zudem, dass die beiden für die Ringvorlesung verantwortlichen Lehrenden aus sehr unterschiedlichen Fachbereichen und Perspektiven kommen (Jurist angesiedelt in den Gesellschaftswissenschaften, Physiker angesiedelt im Maschinenbau) und so insbesondere im Begleitseminar komplementären Input geben konnten.

Tab. 11.1 Struktur der Ringvorlesung

Themenbereich	Vortrag	Vortragende
Einführung	Klimaschutz als gesellschaftliche Herausforderung	Martin Führ, Silke Kleihauer und Sven Linow (h_da)
	Klimaschutz international, national, regional, lokal	Uwe Fritsche (IINAS Darmstadt) Lion Roßbach (Wissenschaftsstadt Darmstadt)
	Klimaschutz durch Postwachstums-ökonomie?	Thomas Döring, h_da
Konsum- Optionen	Lebensstile, Konsum, Klimawandel	Bernd Wagner (h_da)
	Guter Vorsatz: Was wollen wir? Was planen wir? Wie handeln wir?	Kai Schuster(h_da)
	Eine bessere Welt ist pflanzbar: Geschmackvoll Kreisläufe gestalten	Dieter Krellmann und Raissa Ulbrich (Initiative Essbares Darmstadt)
	Konsumoptionen und ihr Beitrag zum Klimaschutz	Bettina Brohmann, Öko-Institut e.V., Darmstadt
Wohnen	Klimaneutrale Gebäude	Katharina Kunz (h_da), Volker Ritter (h_da/IWU Darmstadt)
	Klimaschutz und Klimaanpassung im Quartier Mollerstadt	Peter Werner (IWU, Darmstadt) Simone Planinsek (NH-Projektstadt Frankfurt am Main)
	Szenarien zur Energieversorgung	Ingo Jeromin (h_da)
Mobilität	Nachhaltige Mobilität in der Lincoln-Siedlung	Astrid Samaan (Wissenschaftsstadt Darmstadt) Bernd Steffensen (h_da)
Abschluss	Geschäftsmodell: Nachhaltigkeit	Klaus-Michael Ahrend (HEAG AG/h_da)
	Neue Wege für die Klimakommunikation	Lars Rademacher und Thorsten Schäfer (h_da)
	Klimaschutzpotenziale in und um Darmstadt erschließen – Studentische Vorschläge mit Statement des Oberbürgermeisters	Studierende der h_da Oberbürgermeister Jochen Partsch (Wissenschaftsstadt Darmstadt)

Neben der Vorbereitung auf die Ringvorlesung hatten die Studierenden im Begleitseminar die Aufgabe, in ausgelosten Kleingruppen für selbst gewählte Problemfelder Lösungen anhand der „Delta-Analyse" zu konzipieren – siehe dazu insbesondere den Kompaktleitfaden von Bizer und Führ (2014). Dazu waren konkret für die jeweilige Problemkonstellation

1. zuerst eine Zielvorstellung zu entwickeln, wobei sich das „Soll“ aus normativer Orientierung, etwa anhand der *Sustainable Development Goals* (SDGs) der UN (2015), ableitete,
2. die zur Lösung des Problems zu gewinnenden Akteur_innen zu identifizieren anhand der Schlüsselfrage: „Wer muss wann wie handeln bzw. mit wem kooperieren, um den Zielzustand – das Soll – zu erreichen?“,
3. die Anreiz- und Hemmnis-Situation der Handelnden im Ist-Zustand zu analysieren: „Was hindert die Akteure heute konkret, so zu handeln, dass sie dazu beitragen, den Ziel-Zustand zu erreichen?“,
4. damit möglichst genau das Delta, also die Differenz zwischen dem Ist-Zustand und dem Ziel-Zustand – dem Soll – basierend auf konkreten Handlungen der Akteure_innen zu beschreiben (damit wird unabhängig von den technischen Elementen der Zielvorstellung die eigentliche Problematik auf menschliches Handeln zurückgeführt und nicht als rein technisches Problem, das durch bloßen Technofix behoben werden kann, verstanden),
5. aus dieser Analyse sodann konkrete Handlungsvorschläge zu entwickeln, die das Entscheiden und Handeln der Akteure_innen im Sinne der Zielvorstellung verändern.

Alle Schritte hatten die interdisziplinär zusammengesetzten Teams in einem Plakat zu verdichten und anschaulich darzustellen. Insgesamt entstanden so zehn Plakate (zu den konkreten Themen siehe Tab. 11.2), die die Teams zunächst im Begleitseminar präsentierten.

Tab. 11.2 Posterbeiträge der Studierenden

#	Maßnahme	Idee	Akteure_innen
1	GreenOffice	Plattform für lokale Initiativen	Stadt DA, Initiativen
2	ÖPNV	Steigerung der Attraktivität	Mobilitätsdienstleistende, Unternehmen, Nutzer_innen
3	Blaue Dächer	Bebauungsplan	Bauherr_in, Stadt Darmstadt, Beratung, ENTEGA (Miete/KfW)
4	Regionaler Grünstrom	Tarif Angebot	ENTEGA <-> Kunden (Bestand, Neu)
5	Straßen-Beleuchtung	LED, gedimmt	Tiefbauamt
6	Stadtbegrünung	Begrünung von Dächern und Fassaden	Bauherr_in, Stadt Darmstadt, Beratung, ENTEGA (Miete/KfW)
7	Mehrweg Pfandbecher	Pfandsystem	Kaffee Anbieter <-> Kunden
8	Green-Da-Fond	Green-Office (Intermediär)	Sparkasse DA
9	Haut-Flügler	Wildblumen in „Tod“- Flächen/Nistplätze	Grünflächenamt, Bürger_innen(Initiativen, Imker)
10	Umwelt	Umweltbildung in Grundschulen	Lehrende, Schulleitung

In geheimer und schriftlicher Wahl bestimmten die Studierenden sodann die drei Plakate, die das jeweilige Team in der darauffolgenden Woche auch mündlich dem Oberbürgermeister präsentierte.

Der Abschlusstermin mit dem Oberbürgermeister zog eine große Zahl an Interessierten aus Hochschule und Bürgerschaft an. In jeweils 10 min stellten die studentischen Teams ihre Plakate vor; der Oberbürgermeister formulierte seine Einschätzung zur konkreten Umsetzbarkeit, worauf sich eine offene Diskussion anschloss.

Ringvorlesung und Begleitseminar wurden zentral im curricular verankerten Begleitstudium „Sozial- und Kulturwissenschaften" nach dem „Darmstädter Modell" verortet, was es den Studierenden aus den ingenieurwissenschaftlichen und technischen Studiengängen ermöglichte, Credit Points (CP) zu erwerben. Zudem hatten einige Fachbereiche die beiden Lehrveranstaltungen direkt in ihren studiengangspezifischen Wahlpflichtfachkatalog mit aufgenommen. Studierende konnten frei wählen und entweder die Ringvorlesung oder das Begleitseminar oder beides besuchen. Jede Veranstaltung gab 2,5 CP, wobei der Leistungsnachweis im Begleitseminar über das aus der Teamarbeit erwachsene Poster und in der Ringvorlesung über eine Klausur zu erbringen war. Zeitlich fand das Begleitseminar jeweils unmittelbar vor der um 18 Uhr startenden Ringvorlesung statt.

Beide Veranstaltungen wurden in der Lernplattform Moodle – die an der h_da für alle Studierenden und Beschäftigten zugänglich ist – abgebildet. Insbesondere gelang es, die Präsentationen der Vorlesungen jeweils bereits am Montag den Studierenden zur Vorbereitung zur Verfügung zu stellen. Damit wurde eine sehr lebhafte und im Begleitseminar kompetent vorbereitete Diskussion am Donnerstag, dem Termin von Seminar und Vorlesung, erreicht.

Zusätzlich wurden die Veranstaltungen einschließlich der Diskussion gefilmt, soweit die Referenten damit einverstanden waren. Die Filme waren über Moodle den Studierenden zugänglich. Die Filmaufnahmen stehen inzwischen auch über einen eigenen YouTube-Kanal der Öffentlichkeit zur Verfügung (I:NE 2017).

Die Regionalpresse kündigte die Ringvorlesung regelmäßig an und berichtete im Verlauf des Semesters mehrfach positiv. Exemplarisch ging es an einem Termin konkret um die zukünftige Gestaltung eines Quartiers in Darmstadt. Hierzu erschien ein fast ganzseitiger Vorabbericht, in dem die Vortragenden bereits zu Wort kamen. Die rege Berichterstattung dürfte einer der Hauptgründe dafür sein, dass aus der Bürgerschaft regelmäßig Besucher_innen aller Altersgruppen teilnahmen. Zu einzelnen Terminen stieg der Zuspruch stark an, wofür sowohl die jeweiligen Themen als auch die Vortragenden beigetragen haben dürften. Weiter wurde an der Hochschule durch Plakate und durch direkte Ansprache der vortragenden Hochschulmitglieder in ihren anderen Veranstaltungen aktiv auf die Veranstaltung aufmerksam gemacht. Als Ergebnis waren immer fünf bis zehn, in der Abschlussveranstaltung deutlich mehr Bürger anwesend. Je nach Thema kamen dazu zwischen 40 und 90 Studierende und fünf bis zehn Angehörige der Hochschule zu den einzelnen Terminen der Ringvorlesung. 60 Studierende haben die Klausur mitgeschrieben und 40 erfolgreich das Seminar abgeschlossen.

11.5 Kritischer Rückblick

Die erste konkrete Umsetzung des Konzeptes – die gesamte oben beschriebene Veranstaltung – wurde von den meisten Beteiligten als Erfolg gewertet. Die Teilnehmerzahl (s. o.) beider Bausteine hat die Erwartungen deutlich übertroffen. Studierende aus nahezu allen Fachbereichen nahmen an der Veranstaltung teil. Die Wahrnehmung der Veranstaltung in der Hochschule und in der Stadt war positiv und es besteht von vielen Seiten eine deutliche Erwartung, im nächsten Winter eine Fortsetzung anzubieten. Von den drei vorgestellten Projektlösungen wurde eine vom Oberbürgermeister mit der klaren Vorstellung der internen Prüfung und möglichen Umsetzung mitgenommen; ein zweiter Vorschlag wurde inzwischen unabhängig von der Ringvorlesung vom Hessischen Umweltministerium auf den Weg gebracht.

Die Sichtbarkeit der Initiative für Nachhaltige Entwicklung in der h_da wurde hergestellt und das Thema NE auf die Agenda der Hochschule gehoben.

Eine anonyme Befragung der Studierenden über Moodle ergab im Rückblick insgesamt ein deutlich positives Bild:

- Nahezu alle Befragten (77 %) waren insgesamt sehr zufrieden.
- Nahezu alle Befragten (96 %) befanden, dass die Themenauswahl zumindest im Wesentlichen vollständig war.
- Die thematische Breite (65 %) und die Expertise (100 %) der Vortragenden wurden als stimmig bewertet.
- Der rote Faden und die thematische Fokussierung wurden positiv bewertet. In der Befragung war die Antwort „genau richtig" nicht möglich, auch dadurch ergab sich die klare Rückmeldung (77 %), dass der Fokus noch klarer sein darf.
- Auch für eine nächste Veranstaltung werden ein klarer Fokus (roter Faden) sowie ein hoher Bezug zur Anwendung gewünscht.

Auf der anderen Seite wurden Punkte identifiziert, die zukünftig mehr Beachtung erfordern:

- Auch wenn die Initiierenden der Veranstaltung selber der Überzeugung sind, dass NE das definierende, alle Lebensbereiche durchdringende Thema der nächsten Jahrzehnte sein wird, dem sich kein Fachbereich entziehen kann, war auffällig, dass die Mehrzahl der Studierenden aus den Studiengängen mit konkretem Bezug zur nachhaltigen Entwicklung (wie Risk Assement and Sustainability Managemement – RASUM, Umweltingenieur, Energiewirtschaft) kamen. Auf der anderen Seite waren insbesondere Ingenieure (Maschinenbau, Kunststofftechnik) kaum vertreten; Ursache dafür könnte eine schwächere curriculare Verankerung von NE in dem jeweiligen Studienprogramm sein.

- Den Studierenden im Begleitseminar wurde große Freiheit bei der Auswahl ihres Themas gegeben. Dabei fällt auf, dass viele der bearbeiteten Themen einen verhaltenen Ansatz beschreiben, einen zwar konkreten, vom Effekt her jedoch eher kleinen Aspekt des Klimaschutzes oder der CO_2-Minderung zu lösen. Es ist eine erhebliche Hemmung bei den Studierenden zu erkennen, große oder gesellschaftlich kontroverse Themen beherzt anzugehen. Sie diskutierten in ihren Plakaten insbesondere keine radikalen Maßnahmen.
- Einige der wichtigen Begriffe blieben auch im Rahmen der Veranstaltung kontrovers; darin spiegeln sich unterschiedliche Werthaltungen, aber auch Traditionen und Perspektiven in den einzelnen Disziplinen. Diese Differenzen deutlich zu machen, war eine Aufgabe der Ringvorlesung. Die dahinterliegenden Verständigungs- und Aushandlungsprozesse wären zukünftig noch deutlicher herauszuarbeiten.

11.6 Analyse und Planung der nächsten Veranstaltungen

Als vielschichtig stellt sich das Thema der Beschäftigung der Studierenden mit eher kleineren Themenaspekten einer NE dar. Deutlich wurde, dass solche Maßnahmen, die eine erhebliche Reduktion z. B. des Ausstoßes an klimarelevanten Gasen herbeiführen können, einen deutlichen Eingriff der Gesellschaft in die individuelle Lebensführung mit sich bringen. Die Studierenden des Kurses wagten sich nicht daran, solche Maßnahmen konkret zu planen, auch wenn die Dozenten sie ermutigt hatten, über Themen wie Citymaut oder Rückbau der Hauptverkehrsstraßen nachzudenken. Relevant ist dieses Zögern in mehrfacher Hinsicht:

- Der Rückzug auf kleine Themen könnte als bleibende Lernerfahrung bewertet werden. Es kann interpretiert werden, dass die Studierenden zumindest zum Teil mitnehmen, dass NE ein so komplexes oder unüberschaubares Thema ist oder dass relevante Maßnahmen derart in individuelle Freiheiten eingreifen, dass schon der Versuch scheitern muss. Dies könnte langfristig zu einer Aversion gegen das Thema oder zu Veränderungsprozessen für NE führen. Eine andere mögliche Interpretation ist, dass die Studierenden nicht genug Sicherheit im Thema vermittelt bekommen haben, um selbstbewusst große Themen anzugehen.
- Man könnte darin aber auch einen realitätsbezogenen Zugang der Studierenden zur Aufgabe und zu der Dramaturgie der Veranstaltung sehen; denn die Aufgabe für die Studierenden bestand ja darin, konkrete und auf regionaler Ebene umsetzbare Lösungsoptionen zu entwickeln und letztendlich die Stadt in Person des Oberbürgermeisters dafür zu begeistern. Ein sehr ambitioniertes Ziel hätte die politische Anschlussfähigkeit des Lösungsvorschlags verringert.

Hier soll im Vorfeld der nächsten Veranstaltung im Projektteam mit den Studierenden geprüft werden, ob eine weitere Eingrenzung der Aufgabenstellung hilfreich ist.

Das Thema der Konsensbildung unter den Vortragenden und der Vereinheitlichung der verwendeten Begriffe und Definitionen wäre mit einem erheblichen zusätzlichen Aufwand verbunden, wie Badurdeen et al. (2014) zeigen. Zudem ist zweifelhaft, ob dies zum Lehrerfolg beiträgt oder ob ein solches Vorgehen im Sinne der festgelegten Lernziele eher kontraproduktiv ist: Das Erkennen von Konflikten und der Umgang mit Unterschieden in der Sprache sind bei dem hier vorgestellten Ansatz eines der explizit angestrebten Lernziele. Was seitens der Studierenden angemerkt wurde und daher mit mehr Aufmerksamkeit bei der zukünftigen Planung bedacht werden soll, ist eher, unterschiedliche Meinungen oder Konflikte intensiver herauszuarbeiten und ggf. Raum für moderierte direkte Auseinandersetzung zu geben; da hier das Lernziel das Verstehen von gesellschaftlichen Verhandlungsprozessen sein soll, muss angestrebt werden, solche Auseinandersetzungen als konstruktiven Prozess gegenseitigen Verstehens zu gestalten, nicht als Nebeneinander von unüberbrückbaren Gegensätzen.

Aufbauend auf der Darstellung von Differenzen sollen diese auf der begrifflichen Ebene durch die Studierenden erfahrbarer bearbeitet werden, um solche Differenzen im Lernprozess besser zu verdeutlichen. Hier bietet sich als Methode an, dass die Studierenden als Zusatzaufgabe im Begleitseminar jeweils Erläuterungen zu einem Begriff erstellen, der dann von ein oder zwei anderen Studierenden kommentiert und erst in einer auf diese Weise disziplinenübergreifend gemachten Form und damit die Pluralität der Perspektiven widerspiegelnden Fassung in Moodle für alle teilnehmenden Studierenden sowie für die Lehrenden zugänglich gemacht wird. Vorab oder begleitend in den ersten drei oder vier Unterrichtseinheiten im Begleitseminar wäre dafür eine Liste der relevanten Begriffe zu erstellen, die dann Gegenstand dieser Zusatzaufgabe sind. Dieses Vorgehen wurde in der disziplinen- und hochschulübergreifend angelegten transdisziplinären Lehrveranstaltung „Chemikaliensicherheit und nachhaltige Chemie“ bereits erprobt und an diese positive Erfahrung lässt sich anknüpfen.

Eine echte Herausforderung für die Initiative und die Lehrenden der Veranstaltung hingegen stellt die bisher geringe Aktivierung von Studierenden der allgemeinen Ingenieurwissenschaften für diese Veranstaltung dar. Grundsätzlich gibt es in den klassischen Ingenieurwissenschaften wie Maschinenbau und in der Elektrotechnik unter den Studierenden viele mit einem Interesse an Themen der nachhaltigen Entwicklung, jedoch können hier z. B. institutionalisierte Vorbehalte gegenüber interdisziplinärer Lehre, insbesondere unter Einbeziehung der Sozialwissenschaften, demotivierend wirken. Diese gilt es abzubauen.

Noch mit dem Ausklang der ersten Veranstaltung konnten konkrete und abgegrenzte Themenvorschläge für die nächste Veranstaltung im Wintersemester 2017/18 identifiziert werden:

a) Ausgehend von dem Ziel der klimaneutralen Landesverwaltung, das in Hessen 2030 erreicht werden soll und das auf die h_da anzuwenden ist, kann die Ringvorlesung das Forum für den Einstieg in die interne Diskussion mit allen Beteiligten und für die Entwicklung konkreter Maßnahmen sein. Dieses Thema bietet konkrete Gestaltungsmöglichkeiten für die Studierenden mit ggf. hoher Wirksamkeit.

b) Einen völlig anderen Fokus hat die Idee, systematisch zu beleuchten, welche Auswirkung deutlich teurer werdende Energie auf die Gesellschaft und auf die möglichen Pfade einer nachhaltigen Entwicklung und einer Energietransition haben kann.
c) Als dritter Ansatz ist in der Diskussion, ausgehend von den sich gerade entwickelnden Rahmenbedingungen einer Circular Economy (Europäische Kommission 2015; das konkrete, dazu korrelierende Normungsmandat M/543 der Europäischen Kommission an CEN, Dokument CEN/BT N 10299), konkret für Darmstadt die Themen Stadtgestaltung, Design und Entsorgung von Produkten am Lebensende, Entsorgungsinfrastruktur und Ressourcen anzugehen.
d) Als weiteres Thema bietet sich die Herausforderung eines langfristig sinnvollen Flächenmanagements in der Region unter den Rahmenbedingungen eines kräftigen Bevölkerungswachstums, den Anforderungen nachhaltiger Entwicklung und ggf. unter Berücksichtigung der Anforderungen von Gewerbe und Industrie an.

Das Thema der Ringvorlesung soll als Rahmen für die eigenen Beiträge der Studierenden im Begleitseminar dienen, d. h. ihnen hier konkrete Gestaltungsmöglichkeiten bieten. Da auch weiter eine Abschlussveranstaltung mit Präsentation von ausgewählten Beiträgen vor relevanten Entscheidern_innen der Region vorgesehen ist, muss das Thema auch hierfür geeignet sein. Zudem ist es wichtig, dass ein Bezug zu Darmstadt, der Region und regionalen Akteuren_innen hergestellt werden kann.

11.7 Schlussfolgerungen

Der Fokus auf ein spezifisches abgegrenztes Thema, die klare Struktur in Form eines identifizierbaren roten Fadens sowie die Verbindung von globaler und regionaler Perspektive – also das Verbinden abstrakter Konzepte mit einer realen Umsetzung im lebenswirklichen Erfahrungsraum der Studierenden – stellte sich als ein wesentlicher Erfolgsfaktor der Ringvorlesung heraus. Auch in Zukunft sollen Themen aus einem klar identifizierbaren Interesse der aktuell Studierenden entstehen und nicht allein aus dem Spezialgebiet einzelner Initiatoren oder Vortragender. Daher sollen die nächsten Themen wieder in einem gemischten Projektteam mit guter studentischer Beteiligung herausgearbeitet werden.

Die grundsätzliche Struktur des Begleitseminars hat sich erstaunlich gut bewährt und soll genauso beibehalten werden, wie auch die konkrete Anwendung der „Delta-Analyse“: Die in einem gesellschaftswissenschaftlichen Umfeld entstandene Methode zeigt auch einen hohen Wert bei der Entwicklung technischer Produkte und kann aus ingenieurwissenschaftlicher Perspektive als Beitrag zur Konstruktionsmethodik (VDI 2221) und damit als Mittel zum Verhindern eines Lösungskurzschlusses angesehen werden.

Zurzeit entwickelt sich die nächste Umsetzung der Reihe, in der gemachte Erfahrungen, Anregungen und neue Ideen, wie in der Analyse dargestellt, in Aktion ausprobiert werden.

Literatur

Badurdeen F, Sekulic D, Gregory B, Brown A, Fu H (2014). Developing and teaching a multidisciplinary course in systems thinking for sustainability: lessons learned through two iterations. ASEE Annual Conference & Exposition, Indianapolis. https://peer.asee.org/20283. Zugegriffen: 29. März 2017

Bizer K, Führ M (2014) Praktisches Vorgehen in der interdisziplinären Institutionenanalyse. Ein Kompaktleitfaden. sofia-Diskussionsbeiträge zur Institutionenanalyse 14(7). Sonderforschungsgruppe Institutionenanalyse, Darmstadt

Carlowitz HC von (1713) Sylvicultura oeconomica Oder Haußwirthliche Nachricht und Naturmäßige Anweisung Zur Wilden Baum-Zucht. Braun, Leipzig

Europäische Kommission (2015) Den Kreislauf schließen – Ein Aktionsplan der EU für die Kreislaufwirtschaft. COM(2015) 614 final. Europäische Kommission, Brüssel. https://ec.europa.eu/transparency/regdoc/rep/1/2015/DE/1-2015-614-DE-F1-1.PDF. Zugegriffen: 23. Apr. 2017

I:NE – Initiative: Nachhaltige Entwicklung in der Hochschule Darmstadt (Hrsg) (2017). Hochschule Darmstadt. https://www.youtube.com/channel/UC3BJ_sw6WFCsRrp8lMYkmTA. Zugegriffen: 23. Apr. 2017

United Nations (2015) Transforming our world: the 2030 Agenda for Sustainable Development. New York

Verein Deutscher Ingenieure (Hrsg) (1993). Richtlinie VDI 2221 „Methodik zum Entwickeln und Konstruieren technischer Systeme und Produkte“. VDI-Gesellschaft Entwicklung Konstruktion Vertrieb, Düsseldorf

WBGU – Wissenschaftlicher Beirat der Bundesregierung Globale Umweltveränderungen (2011) Welt im Wandel. Gesellschaftsvertrag für eine Große Transformation. Hauptgutachten. WBGU, Berlin. http://www.wbgu.de/fileadmin/user_upload/wbgu.de/templates/dateien/veroeffentlichungen/hauptgutachten/jg2011/wbgu_jg2011.pdf. Zugegriffen: 23. Apr. 2017

Transdisziplinarität und Bildung für Nachhaltige Entwicklung in der Lehre an der Universität Tübingen: Konzeptionelle Fragen mit Bezug auf Lehraktivitäten des „Energielabors Tübingen“

12

Marius Albiez, Andri König und Thomas Potthast

Zusammenfassung

Der vorliegende Beitrag beschäftigt sich mit konzeptionellen Fragen zu Bildung für Nachhaltige Entwicklung (BNE) und transdisziplinärer Wissenschaft (TD) in der praxisnahen universitären Lehre. Im Fokus steht dabei das Reallaborprojekt „Energielabor Tübingen“ mit den dort durchgeführten Lehr- und Forschungsaktivitäten. Die Autoren greifen zum einen auf erste Erfahrungen aus der Lehrpraxis zurück und zeigen, wie Konzepte der BNE innerhalb der fachlichen Lehrer_innenbildung angewandt werden können. Dabei geht es insbesondere um das Verhältnis von Theorie und Praxis sowie verschiedene Umsetzungsmöglichkeiten. Zum anderen werden erste konzeptionelle Überlegungen zur Verknüpfung von BNE und TD vorgestellt und vor dem Hintergrund des Konzepts der Gestaltungskompetenz erläutert. Allgemein wird also der Frage nachgegangen, wie die Konzepte BNE und TD im Rahmen von (transdisziplinären) Lehrveranstaltungen verknüpft werden können und welche Chancen und Herausforderungen sich dadurch ergeben. Ausgehend von diesen Überlegungen werden Kriterien und Anforderungen für gute transdisziplinäre Lehre vorgestellt und diskutiert. Die Spanne reicht dabei von der Behandlung ethischer Fragestellungen zum

M. Albiez (✉) · A. König · T. Potthast
Internationales Zentrum für Ethik in den Wissenschaften (IZEW), Eberhard Karls Universität Tübingen, Tübingen, Deutschland
E-Mail: marius.albiez@izew.uni-tuebingen.de

A. König
E-Mail: andri.koenig@izew.uni-tuebingen.de

T. Potthast
E-Mail: potthast@uni-tuebingen.de

W. Leal Filho (Hrsg.), *Nachhaltigkeit in der Lehre,* Theorie und Praxis der Nachhaltigkeit, https://doi.org/10.1007/978-3-662-56386-1_12

Leitbild einer Nachhaltigen Entwicklung, über die Einbettung von außeruniversitären Akteuren bis hin zu spezifischen Produkten und Leistungsnachweisen innerhalb transdisziplinärer Lehrveranstaltungen.

Schlüsselwörter
Bildung für Nachhaltige Entwicklung (BNE) · Transdisziplinarität · Nachhaltige Entwicklung · Reallabor

12.1 Einführung

Im Jahr 2017 feiert der Bericht *Our Common Future* (WCED 1987) sein dreißigjähriges Bestehen. Angesichts globaler Ungerechtigkeiten, Armuts- und Umweltkrisen sowie der Erkenntnis, dass diese untrennbar zusammenhängen, entwickelte die Weltkommission für Umwelt und Entwicklung das Konzept Nachhaltiger Entwicklung. Gro Harlem Brundtland, die Kommissionsvorsitzende und Namensgeberin des Berichts, betont in ihrem Vorwort die entscheidende Rolle von Bildung und Wissenschaft für Nachhaltige Entwicklung.

Bis heute prägt das Verständnis von Nachhaltiger Entwicklung nach Brundtland als normatives Leitbild die internationale Politik, wie dies neuerdings die „Agenda 2030 für nachhaltige Entwicklung" (United Nations 2015) verdeutlicht. Sie versteht Bildung als Ziel und Mittel Nachhaltiger Entwicklung. Inwiefern Bildung einen Beitrag für Nachhaltige Entwicklung leisten kann und welche Herausforderungen sich ergeben, wird unter dem Begriff Bildung für Nachhaltige Entwicklung (BNE) intensiv diskutiert – auch in Bezug auf Hochschulen. An diesen existieren mittlerweile innovative Forschungsformate, die Fragen Nachhaltiger Entwicklung in Kooperation mit außeruniversitären Praxispartnern, also transdisziplinär, bearbeiten und zu deren Lösung beitragen wollen. Ein Beispiel sind sogenannte Reallabore, die seit 2015 in Baden-Württemberg gefördert werden (vgl. Wagner et al. 2016). Zu den Aufgaben der Reallabore zählen auch die außer- und universitäre Bildung.

Im vorliegenden Beitrag werden konzeptionelle Fragen der BNE und transdisziplinärer Wissenschaft (TD) in der praxisnahen universitären Lehre diskutiert. Dies geschieht vor dem Hintergrund der Lehraktivitäten des Reallaborprojekts „Energielabor Tübingen". Es soll erörtert werden, wie die Konzepte BNE und TD im Rahmen von (transdisziplinären) Lehrveranstaltungen verknüpft werden können und welche Chancen und Herausforderungen sich dadurch ergeben.

Einführend werden Format und Ziele des Energielabors Tübingen kurz vorgestellt und dabei gezeigt, dass TD und BNE im Projekt eine zentrale Rolle spielen (Abschn. 12.2). Im Anschluss werden allgemeine Fragen der TD und BNE identifiziert und in Bezug auf das Energielabor untersucht (Abschn. 12.2.1 und 12.2.2). Wie diese konzeptionellen Überlegungen in der praxisnahen, interdisziplinären Lehre umgesetzt werden können, wird für BNE anhand der Vorstellung eines Seminars veranschaulicht (Abschn. 12.3). Dabei werden erste Anknüpfungspunkte für mögliche transdisziplinäre Arbeitsweisen in Lehrveranstaltungen aufgezeigt. Darauf aufbauend wird diskutiert, inwiefern sich das Forschungskonzept TD und das Konzept der BNE verknüpfen lassen und welche Herausforderungen sich dabei ergeben (Abschn. 12.4). Schließlich werden Anforderungen und Kriterien erarbeitet, die für die Konzeption und Durchführung einer transdisziplinären Lehrveranstaltung gelten sollen (Abschn. 12.5). Abschließend werden die Untersuchungsergebnisse in einem Fazit zusammengefasst und ein Ausblick auf weitere Forschungsfragen gegeben (Abschn. 12.6).

12.2 Energielabor Tübingen: Ein Format für transdisziplinäre Forschung und Bildung für Nachhaltige Entwicklung

Die Energiewende ist eines der zentralen Handlungsfelder Nachhaltiger Entwicklung, und sie findet sich beispielsweise in den Nachhaltigkeitszielen der Vereinten Nationen wieder: *„Goal 7. Ensure access to affordable, reliable, sustainable and modern energy for all"* (United Nations 2015, S. 19). Somit ist sie orientiert an der intra- und intergenerationellen Gerechtigkeit auf regionaler sowie auf globaler Ebene und sie muss sowohl Effizienz- und Konsistenz- als auch Suffizienzstrategien einbeziehen.

Vor diesem Hintergrund werden im Energielabor Tübingen Potenziale und Perspektiven einer nachhaltigen Energiewende inter- und transdisziplinär erforscht und in der Praxis getestet. Das Energielabor ist ein Forschungsprojekt, welches federführend an der Universität Tübingen verortet ist, mit der Zielsetzung, in einem partizipativen Prozess gemeinsam mit Bürger_innen Beiträge für eine nachhaltige Energiewende in Tübingen zu leisten. Neben geografischen, systemtechnischen und ethischen Fragestellungen spielt im Projekt Bildung für Nachhaltige Entwicklung (BNE) eine zentrale Rolle. Die im Rahmen des Energielabors initiierten Lehraktivitäten sollen Studierenden die Möglichkeit bieten, selbst forscherisch tätig zu sein und zu einer Nachhaltigen Entwicklung aktiv beizutragen. Dazu werden in den Veranstaltungen Theorien, Konzepte und Umsetzungsstrategien des ethischen Leitbilds einer Nachhaltigen Entwicklung vermittelt und mit den jeweiligen fachspezifischen Lehrinhalten verknüpft bzw. überfachlich diskutiert (vgl. Albiez et al. 2016; IZEW 2016). Das Energielabor Tübingen ist eines von derzeit 14 Reallaboren in Baden-Württemberg (Wagner et al. 2016).

12.2.1 Transdisziplinäre Forschung im Energielabor

Wie bereits dargelegt, forschen im Energielabor Wissenschaftler_innen unterschiedlicher Fachdisziplinen gemeinsam mit außeruniversitären Akteuren. Im Vordergrund steht die Bearbeitung gesellschaftlich relevanter Fragestellungen unter Verknüpfung von theoretischem Wissen und sogenanntem Praxiswissen. Diese Art des gemeinsamen Forschens wird auch als transdisziplinäre Forschung bezeichnet, wobei unterschiedliche Definitionen und Verständnisse dieses Forschungstypus anzutreffen sind, die sich meist in der Beteiligungsintensität von außeruniversitären Partnern unterscheiden (Defila und Di Giulio 2016; Häberli 2001). Im Reallaborkontext versteht man unter transdisziplinärer Forschung die „Öffnung der Wissenschaft hin zu a) lebensweltlichen Problemlagen, b) der Integration außerwissenschaftlicher Akteure und c) der explizit normativen Bearbeitung ihrer Themen“ (Parodi et al. 2016, S. 11). Nicht selten wird dabei auf Bergmann et al. (2010) und das sogenannte ISOE-Modell verwiesen (Jahn 2008), welches auch in Abschn. 12.4.2 behandelt wird.

Warum werden transdisziplinäre Forschungsmethoden bei der Bearbeitung nachhaltigkeitsrelevanter Fragestellungen angewandt? Zunächst einmal zeichnen sich Fragen im Kontext einer Nachhaltigen Entwicklung durch einen hohen Grad an Komplexität aus. Eine sektorale, disziplinäre Betrachtung reicht nicht aus, um sich beispielsweise angemessen mit den sozioökologischen Auswirkungen des Klimawandels zu befassen, die wiederum untereinander in Wechselwirkung stehen. Interdisziplinäre Forschungsansätze scheinen deshalb geboten, sind aber ihrerseits nur bedingt geeignet, um zur Lösung gleichsam realweltlicher Problemstellungen beizutragen. Es ist nämlich keinesfalls sicher, dass die von Forscher_innen konstituierten Fragestellungen den jeweiligen gesellschaftlichen Kontexten vor Ort gerecht werden. Es sollten deshalb weitere Akteure in den Forschungsprozess eingebunden werden, um einerseits gemeinsame Fragestellungen zu konstituieren und andererseits Erfahrungswissen aus der Praxis in den Forschungsprozess einfließen zu lassen.

Auch die Erfahrungen aus dem Energielabor Tübingen zeigen, dass der Anspruch, transdisziplinär zu forschen, mit einigen Umsetzungsschwierigkeiten verbunden ist. Hierzu gehören unterschiedliche Interessen und Erwartungen zwischen den universitär Forschenden und den Praxispartnern. Vor allem den Praxisakteuren geht es um die Frage: Wo liegt der unmittelbare gesellschaftliche Mehrwert des Energielabors im Sinne von direkter „Umsetzung“? Eine weitere Schwierigkeit liegt darin, Menschen für die scheinbar abstrakte Nachhaltigkeits- und Energiewendethematik zu begeistern und so neue Mitstreiter_innen zu gewinnen.

Des Weiteren muss festgestellt werden, dass transdisziplinäre Forschungsprojekte auch Problemstellungen aufgreifen, die – wie die Energiewende – bereits in der Öffentlichkeit vielfältig und kontrovers diskutiert wurden, ohne dass bisher zufriedenstellende Ergebnisse vorliegen. Bereits vorhandene Konflikte gelangen so in den Forschungsprozess und beeinflussen diesen. Ein weiteres Merkmal von transdisziplinärer Forschung ist die Einbindung von Bürger_innen, die sich idealerweise an der Forschung aktiv beteiligen sollen. Die damit einhergehenden Partizipationsprozesse sind jedoch mit einem hohen finanziellen, organisatorischen und personellen Aufwand verbunden. Selbst wenn all die angesprochenen Ressourcen vorhanden wären, ist noch lange nicht sicher, dass sich Bürger_innen auch tatsächlich am Forschungsprozess beteiligen.

Dem Transdisziplinaritätsverständnis von Bergmann et al. (2010) folgend, sollte bereits die Fragestellung gemeinsam von den Praxisakteuren und Forschenden konstituiert werden.

Hier treffen jedoch unmittelbar und unter hohem Antragszeitdruck unterschiedliche Verständnisse, Arbeitsansätze und Erfahrungen aufeinander, was wiederum einen großen Aufwand an Kommunikation, Moderation und „Übersetzung“ bedeutet.

12.2.2 BNE im Energielabor

Nachhaltige Entwicklung benötigt nicht nur Prozesse transdisziplinärer (Forschungs-) Zusammenarbeit, sondern ebenso innovative Bildungstheorien, -methoden und -prozesse. Mit diesem Grundverständnis kommt BNE im Energielabor und insbesondere in dessen Lehraktivitäten eine zentrale Rolle zu. Das Kompetenzkonzept von de Haan (de Haan 2009), Methoden und Inhalte der BNE werden in Lehrveranstaltungen und Vorträgen zum einen praktiziert, zum anderen kritisch diskutiert (vgl. Abschn. 12.3). Das Ziel dieser Aktivitäten ist die Förderung der Gestaltungskompetenz aller beteiligten Akteure, also deren Fähigkeit, „Wissen über nachhaltige Entwicklung anwenden und Probleme nicht nachhaltiger Entwicklung erkennen zu können“ (de Haan 2006). Das bedeutet weiter, Fragen der Nachhaltigen Entwicklung kritisch bearbeiten zu können und, basierend auf den gewonnenen Erkenntnissen, einen eigenen Beitrag zur Nachhaltigen Entwicklung leisten zu können. Dieser Prozess umfasst sowohl individuelle als auch gemeinschaftliche Zusammenarbeit und bezieht sich im Fall des Energielabors auf das Handlungsfeld Energiewende.

Tab. 12.1 zeigt die Teilkompetenzen der Gestaltungskompetenz nach de Haan. Mittels dieser Charakterisierung können die Teilkompetenzen der Gestaltungskompetenz auch als „spezifische Kompetenzen“ (Bertschy und Künzli David 2010; Künzli und Bertschy 2008) bezeichnet und verstanden werden. BNE hat also allen voran die Funktion, Individuen zu befähigen, sich kritisch mit der normativen und regulativen Idee – und den konkreten Sachgehalten – Nachhaltiger Entwicklung auseinanderzusetzen, was auch Kompetenzen in ethischer Reflexion und Urteilsbildung umfasst (Künzli David et al. 2013). Nachhaltige Entwicklung fordert die Schaffung beziehungsweise Aufrechterhaltung der Möglichkeit zur Bedürfnisbefriedigung bzw. Fähigkeitenentwicklung, die allen Menschen von heute und morgen aus Gründen der Gerechtigkeit zukommen muss, und verweist dabei auf Interdependenzen zwischen menschlicher Bedürfnisbefriedigung und Umweltzerstörung, was wiederum die Möglichkeit zur Bedürfnisbefriedigung einschränkt (WCED 1987). Doch beziehen sich menschliche Bedürfnisse lediglich auf Grundbedürfnisse oder sind sie umfangreicher zu verstehen? Und können Funktionen der Umwelt nicht durch technische Lösungen ersetzt werden? Die Diskussion dieser und weiterer evaluativer und normativer – also notwendigerweise auch ethischer – Fragen entscheidet maßgeblich die Beurteilung einer konkreten Entwicklung als (nicht) nachhaltig und sollte somit im Zentrum der BNE stehen.

Zudem sei auf zwei weitere wichtige grundsätzliche Aspekte hingewiesen. Erstens sollte die Fähigkeit zur Kritik, wie sie durch BNE befördert wird, in Lehrveranstaltungen an der Hochschule selbstverständlich auch auf die BNE selbst bezogen werden.

Tab. 12.1 Darstellung der Teilkompetenzen der Gestaltungskompetenz. (Eigene Darstellung, angelehnt an de Haan 2009, S. 21)

Kompetenzkategorien der OECD	Nr	Teilkompetenzen der Gestaltungskompetenz
Interaktive Verwendung von Medien und Tools	T.1	Kompetenz zur Perspektivübernahme:Weltoffen und neue Perspektiven integrierend Wissen aufbauen
	T.2	Kompetenz zur Antizipation:Vorausschauend Entwicklungen analysieren und beurteilen können
	T.3	Kompetenz zur disziplinenübergreifendenErkenntnisgewinnung: Interdisziplinär Erkenntnisse gewinnen und handeln
	T.4	Kompetenz zum Umgang mit unvollständigen undüberkomplexen Informationen:Risiken, Gefahren und Unsicherheiten erkennen undabwägen können
Interagieren inheterogenen Gruppen	G.1	Kompetenz zur Kooperation:Gemeinsam mit anderen planen und handeln können
	G.2	Kompetenz zur Bewältigung individuellerEntscheidungsdilemmata:Zielkonflikte bei der Reflexion über Handlungsstrategien berücksichtigen können
	G.3	Kompetenz zur Partizipation:An kollektiven Entscheidungsprozessen teilhaben können
	G.4	Kompetenz zur Motivation:Sich und andere motivieren können, aktiv zu werden
Eigenständiges Handeln	E.1	Kompetenz zur Reflexion auf Leitbilder:Die eigenen Leitbilder und die anderer reflektieren können
	E.2	Kompetenz zum moralischen Handeln:Vorstellungen von Gerechtigkeit als Entscheidungs- und Handlungsgrundlage nutzen können
	E.3	Kompetenz zum eigenständigen Handeln:Selbstständig planen und handeln können
	E.4	Kompetenz zur Unterstützung anderer:Empathie für andere zeigen können

BNE bietet aus unterschiedlichen Gründen Anlass zu kritischen Anfragen. So werden zum Beispiel das (Wirtschafts-)Wachstumsparadigma sowie der auf unmittelbaren Nutzen verkürzte Anthropozentrismus, welche sich im UN-Verständnis Nachhaltiger Entwicklung (United Nations 2015) wiederfinden, im Rahmen einer BNE zu wenig hinterfragt (Singer-Brodowski 2016a). Offenheit gegenüber solcher Kritik sowie verwandten und teilweise konkurrierenden Bildungsansätzen, wie zum Beispiel der transformativen Bildung, tragen zur Schärfung der BNE bei.

Zweitens sei angemerkt, dass durchaus auch die Vermittlung „instrumenteller Kompetenzen“ (Bertschy und Künzli David 2010) zu den Aufgaben einer Hochschule zählt. Lehramtsstudierende zum Beispiel benötigen Kompetenzen in (Fach-)Didaktik und

Methoden, um ein konkretisiertes Ziel Nachhaltiger Entwicklung, nämlich allgemeine Schulbildung, zu ermöglichen (United Nations 2015, S. 17). Diese soll wiederum zur Nachhaltigen Entwicklung beitragen, also BNE umfassen. Wie eine solche Vermittlung gestaltet werden kann und wo Herausforderungen liegen, soll ebenfalls in den folgenden Abschnitten diskutiert werden.

Ausgehend von diesen konzeptionellen Überlegungen zu BNE und TD werden im Energielabor verschiedene Lehraktivitäten konzipiert und durchgeführt. Wie Konzepte der BNE und Bezüge zur Praxis umgesetzt werden können, wird im Folgenden anhand der interdisziplinären Lehrveranstaltung „Nachhaltige Entwicklung verstehen, gestalten und unterrichten" vorgestellt. Dabei sollen erste Anknüpfungspunkte für transdisziplinäre Arbeitsweisen offengelegt werden.

12.3 BNE begegnet Praxis: Vorstellung der Lehrveranstaltung „Nachhaltige Entwicklung verstehen, gestalten, unterrichten"

Im Wintersemester 2016/2017 nahmen 30 Lehramtsstudierende des Fachs Naturwissenschaft und Technik (NwT) am Seminar „Nachhaltige Entwicklung verstehen, gestalten und unterrichten" teil. Die Veranstaltung wurde von Thomas Potthast, Marius Albiez, Andri König (Energielabor; Ethikzentrum) und Peter Grabmayr (Studiendekan LA NwT, Physik) organisiert und durchgeführt; sie baute in veränderter Form auf einer Veranstaltung auf, die im Vorjahr von Diana Grundmann und Daniel Schloz (Ethikzentrum) sowie Peter Grabmayr gehalten wurde.

Im 2016 veröffentlichten „neuen" Bildungsplan des Gymnasiums des Landes Baden-Württemberg ist BNE „im Sinne der Befähigung zur verantwortungsvollen und aktiven Gestaltung einer zukunftsfähigen Welt" (Pant 2016) als allgemeine Leitperspektive fest verankert. Das Profilfach NwT trägt insofern zur Leitperspektive BNE bei, als dass hier Fragen der menschlichen Bedürfnisbefriedigung mit Fragen der naturwissenschaftlichen wie technischen Entwicklung verknüpft werden (vgl. Ministerium für Kultus, Jugend und Sport Baden-Württemberg 2016). Eine wissenschaftliche Auseinandersetzung mit BNE sowie der Frage, wie BNE im NwT-Unterricht stattfinden kann, ist für angehende Lehrkräfte also notwendig.

Dieser These folgend und gemäß seinem Titel gliederte sich das Seminar in einen theoretischen Grundlagenteil („verstehen") und einen praktischen Anwendungsteil („gestalten und unterrichten"). In Ersterem wurden Konzepte und Theorien der Nachhaltigen Entwicklung und BNE eingeführt sowie kritisch diskutiert. Übergeordnetes Ziel war hier die Förderung spezifischer Kompetenzen bei den Lehramtsstudierenden. Im praktischen Teil wurden Methoden der BNE mittels Unterrichtssimulationen erprobt. Anhand dieser wurden Chancen und Herausforderungen der BNE im Schulunterricht kritisch reflektiert und diskutiert. Dadurch wurden zum einen erneut spezifische Kompetenzen gefördert, zum anderen aber auch instrumentelle Kompetenzen angesprochen. Letztere meinen hier vor allem Kompetenzen in Didaktik und Methoden und sollen die angehenden Lehrkräfte befähigen, ihren späteren Schulunterricht so zu gestalten, dass er zur Förderung der Gestaltungskompetenz/spezifischen Kompetenzen bei den Schüler_innen beiträgt.

Die Auseinandersetzung mit den theoretischen Grundlagen von Nachhaltiger Entwicklung und BNE fand während der ersten sechs Sitzungen der Lehrveranstaltung statt. Im Rahmen der ersten Sitzung wurden die Studierenden eingeladen, eine „Visitenkarte" zu erstellen, auf der sie das eigene Verständnis von Nachhaltiger Entwicklung sowie Interessen und Erwartungen an das Seminar festhielten. Im Anschluss fanden sich die Studierenden in Gruppen zusammen, tauschten sich über ihre Visitenkarten aus und erstellten ein Ergebnisposter. In den Sitzungen zwei und drei erfolgte eine inhaltliche Einführung in Nachhaltige Entwicklung sowie die verschiedenen Verständnisse, Konzeptualisierung und Schlüsselbegriffe davon (Grunwald 2016; Kopfmüller et al. 2001; Ott und Döring 2011), die durch Vorträge der Lehrpersonen gegeben und in Form von Diskussionen in Plenum vertieft wurden. Eine anschauliche Verknüpfung zum für Nachhaltige Entwicklung zentralen Thema Energie, Ressourcen und Klima wurde durch die Errechnung des eigenen CO_2-Fußabdrucks und die anschließende Diskussion der Ergebnisse sowie des verwendeten CO_2-Rechners hergestellt. In der folgenden Sitzung wurden zwei Schlüsselbegriffe der Nachhaltigen Entwicklung, Partizipation und Verantwortung, näher untersucht.

Das Ziel der ersten vier Sitzungen war es, in einem gemeinsamen Lernprozess eine kritische Sicht auf die Vielfalt an Begriffen, Theorien und Inhalten von Nachhaltiger Entwicklung zu entwickeln und so verschiedene Teilkompetenzen zu fördern. Im Fall der Visitenkarte und des individuellen Verständnisses von Nachhaltiger Entwicklung gilt dies zum Beispiel für die Kompetenzen zur Kooperation, Motivation und Reflexion auf Leitbilder (G.1, G.4, E.1, vgl. Tab. 12.1). Zwar wird das im Brundtland-Bericht etablierte Verständnis von Nachhaltiger Entwicklung von Politik und Wissenschaft generell geteilt, doch ist das lediglich ein Ausgangspunkt. Verschiedene Theorien Nachhaltiger Entwicklung entwickeln unterschiedliche Gerechtigkeitskonzepte, die sich auf Fragen der Verteilung und Hinterlassenschaft von u. a. natürlichen Ressourcen auswirken. Sie verweisen auf die Vielfalt an Perspektiven, die von kulturell diversen Gesellschaften, Wirtschaft und Umwelt eingebracht werden, integrieren diese oder stellen sie einander entgegen. Die maßgeblich ethische Diskussion dieser Positionen befähigt dazu, Gerechtigkeitsüberlegungen sowie neuen Perspektiven offen und kritisch zu begegnen sowie im Handeln zu berücksichtigen (E.2, T.1, vgl. Tab. 12.1). Gerechtigkeitsfragen stehen auch im Hinblick auf global unterschiedliche Stile des Energiekonsums (Stichwort CO_2-Fußabdruck) und den damit verbundenen Auswirkungen, auch auf künftige Generationen, im Zentrum. Reflexion kann hier Empathie für andere (E.4, vgl. Tab. 12.1) wecken und zum eigenständigen Handeln (E.3, vgl. Tab. 12.1) anregen. Die Ausbildung der genannten Kompetenzen ist Voraussetzung für die Partizipation an gesellschaftlichen Entscheidungen (G.3, vgl. Tab. 12.1).

In der fünften und sechsten Sitzung standen die BNE und ihre Didaktik zur Debatte. Die Studierenden wendeten hier ihr erworbenes Wissen und ihre Kompetenzen im Bereich

Nachhaltige Entwicklung an, um BNE und das Kompetenzkonzept der Gestaltungskompetenz (de Haan 2006, 2009) zu kritisieren. Im Zentrum der Kritik standen zum einen die Ziele und Funktionen von Bildung und BNE, zum anderen die aus dem Kompetenzkonzept erwachsenden Herausforderungen für den Schulunterricht. Bezüglich Letzterer wurde beispielsweise diskutiert, inwiefern Kompetenzen für vorausschauende Handlungen, die zu einer Nachhaltigen Entwicklung beitragen (T.2, vgl. Tab. 12.1), angesichts unsicheren Wissens und damit einhergehender Risiken (T.4, vgl. Tab. 12.1) überhaupt möglich sind und wie ihre Förderung aussehen könnte. Der Erwerb von Kompetenzen in interdisziplinärer Zusammenarbeit (T.3, vgl. Tab. 12.1) scheint durch den interdisziplinären Ansatz von NwT zwar generell möglich. Fraglich bleibt, wie diese Zusammenarbeit in der Schule auch über Fächergrenzen hinweg gestaltet werden kann. Grundsätzlich wurde diskutiert, wie das umfangreiche Kompetenzkonzept der BNE mit den Fachinhalten sowie der Förderung von prozess- wie inhaltsbezogenen Kompetenzen im NwT-Unterricht (Ministerium für Kultus, Jugend und Sport Baden-Württemberg 2016) in Einklang gebracht werden kann. Darüber hinaus wurde hinterfragt, inwiefern BNE Bildung für ein politisch-gesellschaftliches Leitbild instrumentalisiert (Singer-Brodowski 2016b) und somit in Konflikt mit allgemeinen Bildungszielen, wie sie beispielsweise im Beutelsbacher Konsens (Pant 2016) festgelegt sind, gerät. Es ist hier allerdings deutlich darauf hinzuweisen, dass der viel beschworene Beutelsbacher Konsens selbst nicht ohne normative Basis, nämlich u. a. Demokratie und Rechtsstaat, ist, sodass bestimmte Werte und Normen durchaus im Schulunterricht „gesetzt" sein müssen, was nicht daran hindert, sie konstruktiv und kritisch zu reflektieren. Analoges gilt für den gesamten Themenbereich (B)NE. In diesem Zusammenhang diskutierten die Studierenden, wie viel Kritik an einer Nachhaltigen Entwicklung in der Schule sinnvoll ist und wie man sich als Lehrkraft hier positionieren kann. Hier wurden im Rahmen der Sitzungen fünf und sechs also Bezüge zum Schulunterricht hergestellt, womit diese einen Übergang zum Praxisteil bildeten.

Wie die Gestaltungskompetenz von Schüler_innen durch verschiedene Methoden der BNE gefördert werden kann und welche Herausforderungen sich dabei ergeben, wurde in den folgenden sieben Sitzungen mittels Unterrichtssimulationen erprobt. Das bedeutete, dass die Studierenden in Gruppen selbstständig eine Schulstunde im Fach NwT unter Einbeziehung des Kompetenzkonzepts vorbereiteten und einen Teil dieser Stunde im Seminar simulierten, wobei ihre Kommiliton_innen in die Rolle der Schüler_innen schlüpften. Während für die ersten beiden Simulationen sowohl die Methoden Stationenlernen (Hegele 2002) sowie der Syndromansatz (Cassel-Gintz und Bahr 2008; Harenberg 2001) als auch teilweise die Themen (nachhaltige Energieversorgung im urbanen Raum) vorgegeben waren, wählten die Studierenden im Anschluss ihre Themen selbst aus dem Bildungsplan NwT (Ministerium für Kultus, Jugend und Sport Baden-Württemberg 2016) und entschieden auch über die Methoden. Die Materialien stellten die Studierenden in allen Fällen selbst zusammen. Darüber hinaus wurden Handouts und Präsentationen angefertigt, welche die jeweiligen Methoden und ihr Potenzial erörterten sowie Verbindungen zur Gestaltungskompetenz herstellten. In diesem Zuge wurden auch Stundenentwürfe diskutiert sowie auf die erforderlichen Vorkenntnisse der Studierenden verwiesen.

Folgende Themen und Methoden wurden im Rahmen der Unterrichtssimulationen erprobt. Das Thema „Energiebedarf" wurde behandelt, indem eine Konferenz simuliert wurde, bei der die Schüler_innen Organisationen repräsentierten und aufgefordert waren, die Regierung in einem Wettbewerb von ihrer Lösungsmöglichkeit (C2C vs. Reduktion) zu überzeugen. Die Schüler_innen sollten somit erfahren, dass verschiedene Lösungswege zu einem Ziel von Nachhaltiger Entwicklung, der Senkung des Energiebedarfs, führen können. Diese sind umstritten, mussten reflektiert und, wo sinnvoll, integriert (T.1, vgl. Tab. 12.1) sowie hinsichtlich ihrer voraussichtlichen Auswirkungen beurteilt (T.2, G.2, E.2, vgl. Tab. 12.1) werden. Eine Stationenarbeit zum Thema „Energiekonsum im Alltag" griff die oben geschilderte Problematik, wie Kompetenzen im Umgang mit unsicherem Wissen sowie zur Antizipation (T.4, T.2, vgl. Tab. 12.1) gefördert werden können, erneut auf. Durch Umrechnung in kWh/d sollte der Energiekonsum der Schüler_innen veranschaulicht und somit (sicheres) Wissen über energieintensive Gewohnheiten ermöglicht werden. Dieses Wissen soll letztlich Verhaltensänderungen ermöglichen, welche zu einer Nachhaltigen Entwicklung beitragen. Im Rahmen einer Gruppenarbeit zum Thema Bioethanol wurde diskutiert, inwiefern die Bewertung dieses Energieträgers als (nicht-)nachhaltig im Schulunterricht zu Herausforderungen führen kann. Sollte zum Beispiel die Lehrkraft bei der Bewertung ein ggf. korrigierendes abschließendes Wort haben? Das Thema „Bau eines Windparks" wurde behandelt, indem eine Gemeinderatssitzung simuliert und dabei Zielkonflikte offengelegt wurden, welche die Schüler_innen zu lösen versuchten (G.1, G.2, vgl. Tab. 12.1).

In diesem Abschnitt wurden Beispiele gegeben, wie BNE im Rahmen einer Lehrveranstaltung mit Praxisbezug behandelt werden kann. Es wurde gezeigt, wie Studierende befähigt werden können, spezifische Kompetenzen auszubilden, also eine konstruktiv-kritische Sicht auf Nachhaltige Entwicklung und auch BNE zu entwickeln. Somit wurden Bezüge zu einem praktischen Handlungsfeld der Nachhaltigen Entwicklung, der Schulbildung, hergestellt. Wie die Studierenden in diesem Handlungsfeld später erfolgreich tätig werden können, konnte nur in allerersten Ansätzen erprobt und diskutiert werden. Für die Förderung instrumenteller Kompetenzen von Lehramtsstudierenden benötigt es Expert_innen in Didaktik der BNE und Fachdidaktik NwT. Darüber hinaus ist eine Kooperation zwischen Lehrveranstaltungen und Schulen im Hinblick auf die spätere Praxis für die Studierenden sinnvoll. Diese könnte um außeruniversitäre und -schulische Praxispartner ergänzt werden. Nicht zuletzt sollte die Einbindung von außeruniversitären Partnern vorangetrieben werden, weil interdisziplinäre Arbeitsweisen nur bedingt geeignet sind, um den realweltlichen Herausforderungen Nachhaltiger Entwicklung zu begegnen (vgl. Abschn. 12.2.1). Die Einbindung von außeruniversitären Partnern führt zudem zu einer Steigerung des Praxisbezugs. Ziel wäre also die Weiterentwicklung hin zu einer transdisziplinären Lehrveranstaltung. Für die Gestaltung einer transdisziplinären Lehrveranstaltung sind jedoch konzeptionelle Vorüberlegungen notwendig, die im nachfolgenden Abschnitt vorgestellt werden.

12.4 BNE im transdisziplinären Kontext

Ausgehend von den Erkenntnissen aus Abschn. 12.3 soll nun beleuchtet werden, inwiefern sich das Forschungskonzept TD und das Konzept einer BNE verknüpfen lassen. Dazu sollen die Teilkompetenzen erneut in den Blick genommen werden. Zudem werden mögliche Herausforderungen bei der Verknüpfung von BNE und TD identifiziert und diskutiert.

12.4.1 Verknüpfung von BNE und Transdisziplinarität

Anhand der Teilkompetenzen nach de Haan soll verdeutlicht werden, inwiefern die Konzepte BNE und TD miteinander verknüpft werden können. Einige der Teilkompetenzen sind Voraussetzung für TD, andere tragen zu ihrer erfolgreichen Umsetzung bei.

Transdisziplinäre Forschungs- und Bildungsprozesse erfordern ein hohes Maß an Integration und Partizipation. Dabei müssen vor allem lokale und meist heterogene Begebenheiten vor Ort berücksichtigt werden. Die Teilkompetenz „Gemeinsam mit anderen planen und handeln können" (G.1, vgl. Tab. 12.1) sowie die Fähigkeit „an kollektiven Entscheidungsprozessen teilhaben [zu] können" (G.3, vgl. Tab. 12.1), tragen dazu bei, lokale Gegebenheiten vor Ort zu berücksichtigen und mit „heterogenen Gruppen" (de Haan 2009, S. 14) umzugehen. Insbesondere bei der gemeinsamen Konstitution von Forschungsthemen ist es wichtig, bereits im Vorfeld mögliche „Zielkonflikte" zu berücksichtigen und mit „Entscheidungsdilemmata" umzugehen (G.2, vgl. Tab. 12.1). Die Kompetenz „die eigenen Leitbilder und die anderer reflektieren [zu] können" (E.1, vgl. Tab. 12.1) kann zudem dazu beitragen, Werte und Normen der unterschiedlichen Akteure herauszuarbeiten und explizit zu machen.

„Interdisziplinär Erkenntnisse gewinnen und handeln" (T.3, vgl. Tab. 12.1) ist zudem Voraussetzung bei der Gewinnung von neuem anschlussfähigen Wissen und hilft bei der Integration der Erkenntnisse zurück in den wissenschaftlichen Diskurs.

Empathie für andere zu zeigen (E.4, vgl. Tab. 12.1) verortet de Haan zwar im Kontext intra- sowie intergenerativer Gerechtigkeit und Solidarität, jedoch kann diese Teilkompetenz auch allgemein auf transdisziplinäre Arbeitsweisen angewandt werden. Dies gilt für den gesamten transdisziplinären Forschungsprozess, etwa wenn es um die Zusammenarbeit mit verschiedenen Praxisakteuren geht, ebenso wie für transdisziplinäre Projektseminare, wo Studierende mit komplexen theoretischen, praktischen und alltäglichen Herausforderungen konfrontiert sind, die Einfühlungsvermögen und Perspektivenübernahmen erfordern.

Eine Förderung der Teilkompetenzen auch in transdisziplinären Zusammenhängen ist aufgrund der Anforderungen Nachhaltiger Entwicklung wünschenswert (vgl. oben), jedoch mit Herausforderungen verbunden.

12.4.2 Generelle Herausforderungen transdisziplinärer Lehrveranstaltungen

Im vorliegenden Abschnitt wird diskutiert, welche Herausforderungen sich bei der Integration von transdisziplinären Forschungsansätzen in die Lehre ergeben und welche Rolle BNE dabei spielt. Als Grundlage dienen, wie oben erwähnt, das Prozessverständnis von Transdisziplinarität gemäß ISOE-Modell (vgl. Abb. 12.1) sowie eigene Erfahrungen aus der Projektarbeit.

Transdisziplinäre Forschungsprojekte unterscheiden sich hinsichtlich ihrer unterschiedlichen Forschungsgegenstände, der Einbindung spezifischer Praxispartner oder der normativen Rahmung teilweise deutlich voneinander. Dies trifft auch auf transdisziplinäre Lehraktivitäten zu. Trotzdem gibt es Herausforderungen und Fragestellungen, die generell für unterschiedliche Lehrformate bestehen. Diese werden insbesondere im Zuge der Planung, Organisation, Durchführung und Reflexion von transdisziplinären Lehrveranstaltungen deutlich.

Planungsphase und gemeinsame Konstitution einer Fragestellung: Eine der ersten Herausforderungen besteht in der Suche nach einem geeigneten Praxispartner, der letztendlich auch als Ansprechperson für die Studierenden auftritt. Worin besteht die Motivation, dass sich dieser am Projekt beteiligt und welche Anreize könnten diesem geboten werden?

Des Weiteren sollte bereits im Vorfeld geklärt werden, welche Themen und Forschungsfragen überhaupt geeignet sind, um sie im Rahmen einer Lehrveranstaltung zu bearbeiten. Die Vorauswahl an möglichen Fragestellungen kann jedoch in Widerspruch

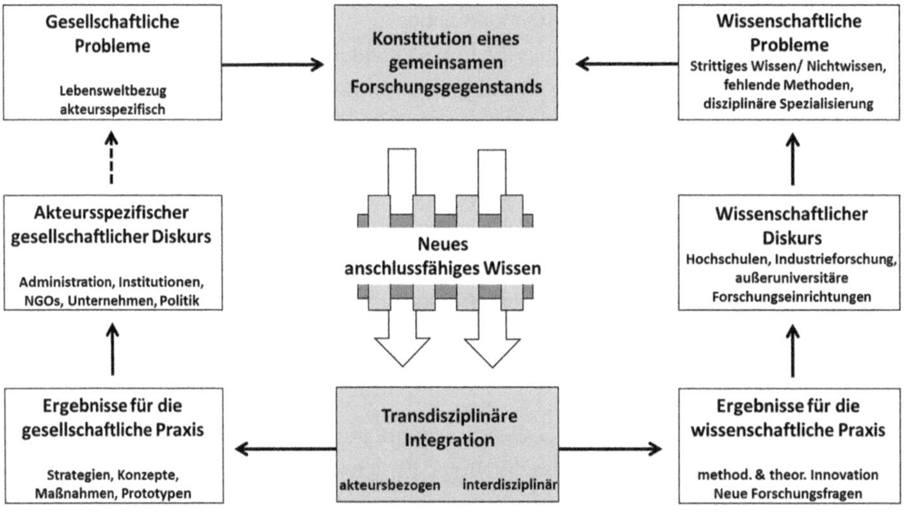

Abb. 12.1 Darstellung eines transdisziplinären Forschungsprozesses (ISOE-Modell). (Eigene Darstellung, verändert nach Jahn 2008, S. 31)

zur gemeinsamen Konstitution des Forschungsgegenstandes stehen. Streng genommen sollten nämlich alle Beteiligten, also auch die Studierenden, von Beginn an in diesen Schritt eingebunden werden. Im Falle von überfachlichen Veranstaltungen müssen zudem weitere Unsicherheitsfaktoren berücksichtigt werden. So ist schwer abzusehen, wie hoch die Zahl der Teilnehmer_innen sein wird und welche Fachdisziplinen und Kompetenzen die Studierenden beherrschen.

Veranstaltungsverlauf und Forschungsprozess: Sobald ein gemeinsamer Forschungsgegenstand unter den Beteiligten festgelegt wurde, folgt die eigentliche wissenschaftliche Bearbeitung. „Neues anschlussfähiges Wissen“ soll gewonnen werden, wobei der Schwerpunkt hier auf der „interdisziplinären Integration“ liegt (Jahn 2008). Interdisziplinäre Forschung und der entsprechende Austausch kann für die Studierenden insofern herausfordernd sein, als dass ein überwiegender Teil ihres bisherigen Studiums im disziplinären Kontext stattgefunden hat. Im Gegensatz zur Konstitution einer gemeinsamen Fragestellung kann die Erarbeitung neuen Wissens nicht bis ins letzte Detail geplant werden. Dozent_innen, Praxispartner_innen und Studierende arbeiten quasi in einer „Black Box“ und müssen lernen, mit unsicheren Wissensbeständen aus der Praxis umzugehen.

Ein Anspruch an transdisziplinäre Lehrveranstaltungen ist, dass Studierende nicht nur Lösungen für gesellschaftlich relevante Fragestellungen erarbeiten, sondern selbstständig forscherisch tätig sind. Dabei werden die Studierenden mit unterschiedlichen Erwartungen, Interessen und Vorstellungen konfrontiert, die entweder offen zutage treten oder erst gar nicht geäußert werden. Während die Praxispartner_innen möglicherweise allein an der Lösung konkreter Problemstellungen interessiert sind, versuchen die Dozent_innen, auch den wissenschaftlichen Erkenntnisgewinn gleichermaßen in den Gesamtablauf einfließen zu lassen. Die Folge sind komplexe Aushandlungsprozesse in einem engen Zeitrahmen. Diese Herausforderungen gelten vor allem für Lehrveranstaltungen in Reallaboren, da die gewonnenen Erkenntnisse Grundlage für weitere Forschungsaktivitäten sind.

Transdisziplinäre Integration und Selbstreflexion: Die erarbeiteten Erkenntnisse sollen in einem letzten Schritt sowohl dem beteiligten Praxispartner zugute kommen als auch in den wissenschaftsrelevanten Diskurs fließen. Für die Studierenden bedeutet dies, dass ihre Ergebnisse sowohl akteursbezogen als auch wissenschaftlich aufgearbeitet und reflektiert werden müssen. Zudem sollen die Studierenden ihre eigene Rolle in den jeweiligen Arbeits- und Forschungsprozessen reflektieren. Je nach Bedarf und Zielsetzung sind unterschiedliche Produkte, Methoden und Medien aus unterschiedlichen Disziplinen erforderlich. Hier ist TD der Praxis eines Hochschul- und vor allem Schulunterrichts sehr ähnlich.

Die formulierten Herausforderungen zeigen, dass transdisziplinäre Lehrveranstaltungen nicht nur Raum für Forschung und Austausch bieten sollen, sondern einen Rahmen um den gesamten transdisziplinären Arbeitsprozess bilden müssen. Die Dozent_innen sind also Forschende, Kommunikations- und Konfliktmanager, Moderator_innen sowie Vermittler zwischen Wissenschaft und Praxisakteuren zugleich und greifen bei Bedarf in den Forschungsprozess ein.

12.5 Kriterien und Anforderungen für gute transdisziplinäre Lehre im Kontext BNE

Auf Grundlage der bisherigen Erkenntnisse sollen nun Kriterien und Anforderungen für gute transdisziplinäre Lehre im Kontext BNE vorgeschlagen werden. Die hier vorgestellten Kriterien und Anforderungen sollen auf zukünftige Lehrveranstaltungen im Energielabor angewandt und weiterentwickelt werden.

1. Wie bereits dargelegt, orientieren sich die Lehrveranstaltungen des Energielabors an dem normativen Leitbild einer Nachhaltigen Entwicklung. In allen Lehrveranstaltungen müssen deshalb Fragen der Gerechtigkeit, verschiedene Konzepte und die damit verbundenen Umsetzungsstrategien sowohl auf der regulativen als auch auf der praktischen Anwendungsebene systematisch-ethisch diskutiert werden. Die Klärung des Nachhaltigkeitsbegriffs und seiner normativen Implikationen sollte sich nicht nur auf die Arbeit mit Studierenden beschränken, sondern auch mit den Praxispartner_innen durchgeführt werden.
2. Studierende unterschiedlicher Fachdisziplinen treten im Projekt selbst als Forschende auf und müssen sich mit unterschiedlichen Wissensbeständen und deren Integration beschäftigen. In diesem Zusammenhang müssen die Notwendigkeit interdisziplinärer Forschung herausgestellt und entsprechende Methoden vermittelt werden.
3. Aus Sicht der Lehrenden ist die Vorphase besonders wichtig. Bereits im Vorfeld müssen geeignete Praxispartner gefunden, deren Rolle geklärt und gemeinsame mögliche Forschungsfragen erarbeitet werden. Des Weiteren müssen frühzeitig die unterschiedlichen Interessen und Ziele der beteiligten Akteure herausgearbeitet werden.
4. Transdisziplinäre Lehrveranstaltungen bieten Möglichkeitsräume, um inter- und transdisziplinär zu forschen in einem vorab definierten Rahmen. Dieser wird beispielsweise durch die Vorauswahl der Praxispartner_innen oder die Identifikation geeigneter Fragestellungen festgelegt. Dabei muss eine Balance zwischen dem Freiraum für die Studierenden und den Interventionen seitens der Lehrenden gefunden werden.
5. Grundlagen von BNE sollten bereits frühzeitig vermittelt sowie deren Bedeutung für transdisziplinäre Forschung und Lehre im Nachhaltigkeitskontext herausgestellt werden. Die Studierenden sollten zudem befähigt werden, Teilkompetenzen im Zuge der Veranstaltung anzuwenden und somit ihre Gestaltungskompetenz zu fördern.
6. Werte und Normen sind elementarer Bestandteil transdisziplinärer Lehr- und Forschungsprozesse. Dies zeigt sich sowohl an der Orientierung am Leitbild einer Nachhaltigen Entwicklung als auch in der Zusammenarbeit mit unterschiedlichen Akteuren. Aufgabe der Lehrenden ist es, auf die Bedeutung von Werten und Normen aufmerksam zu machen und diese gemeinsam mit Studierenden herauszuarbeiten. Dies kann bei bloßen Meinungsäußerungen beginnen, muss dann aber argumentativbegründend ausgewiesen werden. Daher hat die Ethik im Sinne einer anwendungsbezogenen Reflexions- und Begründungstheorie hier einen notwendigen Ort (vgl. Ammicht Quinn und Potthast 2015).

7. Wie bereits dargelegt, müssen die Lehrenden eine Vielzahl an weiteren Funktionen erfüllen: Sie sind Forschende, Kommunikations- und Konfliktmanager_innen, Moderator_innen sowie Vermittler_innen zwischen Wissenschaft und Praxisakteuren. All diese Aufgaben erfordern zusätzliche Kompetenzen, welche seitens der Lehrenden erworben werden müssen.
8. In den Lehrveranstaltungen selbst sollte ausreichend Raum für die Reflexion einzelner Arbeitsschritte und der eigenen Rolle vorhanden sein. Dies betrifft nicht nur Studierende, sondern auch die Lehrenden und Praxispartner. Die Erfahrungen sollten zudem dokumentiert werden und in die Abschlussevaluation der Veranstaltung fließen.
9. Wenn möglich, sollte bereits im Vorfeld der Veranstaltung vereinbart werden, von wem, wie, wozu und in welcher Weise die erarbeiteten Ergebnisse verwendet werden.
10. Unterschiedliche Arten der Wissensintegration erfordern unterschiedliche Produkte und somit unterschiedliche Formen an Leistungsnachweisen: Hierzu gehören beispielsweise die Erarbeitung einer Abschlusspräsentation, die visuelle Aufbereitung von Daten, die Erstellung wissenschaftlicher Abschlussberichte oder die Initiierung von Workshops. Es wird empfohlen, eine Basis an Leistungsnachweisen festzulegen, die in jeder Lehrveranstaltung erbracht werden müssen: beispielsweise die regelmäßige Anwesenheit, gemeinsamer wissenschaftlicher Abschlussbericht sowie ein individuelles Reflexionspapier. Darauf aufbauend können mit den Studierenden weitere Leistungsnachweise vereinbart werden, die sich je nach Kontext unterscheiden.

12.6 Fazit und Schlussfolgerungen

Im vorliegenden Beitrag wurden konzeptionelle Fragen zu BNE und TD im Kontext einer praxisnahen universitären Lehre identifiziert und diskutiert. Es ist festzuhalten, dass die Integration von BNE und Praxis in Lehrveranstaltungen in vielfältiger Weise möglich ist, und zwar sowohl auf der theoretischen als auch auf der Umsetzungsebene. Dies gilt für diejenigen Veranstaltungstypen mit einer für Universitäten klassischen Besetzung aus Lehrenden und Studierenden. Sollen in den Lehrveranstaltungen gesellschaftlich relevante Fragestellungen bearbeitet werden, empfiehlt sich die Einbindung von außeruniversitären Akteuren. Dies erhöht jedoch nicht nur den Bezug zur Praxis, sondern auch den Grad an Komplexität. Die aufgezeigten Herausforderungen bei der Integration von BNE und TD machen dies besonders deutlich und gelten auch für die Konzeption transdisziplinärer Lehrveranstaltungen. Dies bedeutet: Erstens ist transdisziplinäre Lehre kein Selbstzweck, um einen möglichst hohen Praxisbezug zu gewährleisten. Letztendlich entscheiden zweitens (auch im Energielabor) der jeweilige Kontext sowie die Zielgruppen, die angesprochen werden sollen, über die Ausgestaltung der Lehrformate, und nicht umgekehrt. Dies kann beispielsweise dazu führen, dass in den Veranstaltungen ursprünglich vorgesehene Praxispartner durch andere ersetzt oder doch nicht berücksichtigt werden.

Sowohl BNE als auch TD sind grundlegende Elemente bei der Nachhaltigkeitsforschung in Reallaboren. Der vorliegende Beitrag soll Anstoß sein, das Verhältnis der beiden Ansätze in zukünftigen Arbeiten detaillierter zu bestimmen und in den Reallabordiskurs einzubetten. Inwiefern unterscheiden sich beispielsweise die Kriterien und Anforderungen an transdisziplinäre Forschungsprojekte (Jahn und Keil 2015) von denjenigen, die an transdisziplinäre Lehrveranstaltungen angelegt werden? Vor diesem Hintergrund sollen im Energielabor BNE und TD in der Praxis erforscht werden, um mithilfe der eigenen Lehrformate und Nachhaltigkeitsexperimente das Reallaborkonzept an sich weiter zu entwickeln.

Des Weiteren sollte der BNE-Begriff inhaltlich weiter geschärft werden. Fraglich ist beispielsweise, ob die von Künzli und Bertschy (2008) beschriebenen instrumentellen Kompetenzen Voraussetzung für BNE sind, und wenn ja, ob sie dann nicht auch Teil dieser sein sollten. Dies ist zudem besonders relevant, weil sich die Lehrangebote des Energielabors zu einem großen Teil auch an Lehramtsstudierende richten. BNE-spezifische Kompetenzen sollen von den Studierenden nicht nur angeeignet, sondern auch im späteren Schulunterricht angewandt und weitergegeben werden. Hierfür ist eine genaue Kenntnis der unterschiedlichen Fachtermini, Definitionen und konzeptionellen Zugänge notwendig, nicht zuletzt, da in den Bildungsplänen des Landes Baden-Württemberg BNE als Leitperspektive verankert ist. Die zukünftigen Lehrveranstaltungen sollten zudem genutzt werden, um die bisherigen konzeptionellen Überlegungen und Schlussfolgerungen zu ergänzen beziehungsweise zu überarbeiten.

Literatur

Albiez M, König A, Potthast T (2016) Bildung für Nachhaltige Entwicklung in Reallaboren. Die bildungsbezogenen Angebote des „Energielabors Tübingen" in der Kinder-Uni Tübingen. Technikfolgenabschätzung – Theorie und Praxis 25(3):41–45. https://www.tatup-journal.de/downloads/2016/tatup163.pdf. Zugegriffen: 28. Apr. 2017

Ammicht Quinn R, Potthast T (Hrsg) (2015) Ethik in den Wissenschaften. 1 Konzept, 25 Jahre, 50 Perspektiven. Materialien zur Ethik in den Wissenschaften, Bd 10. IZEW, Tübingen

Bergmann M, Pohl C, Krohn W, Knobloch T, Jahn T (2010) Methoden transdisziplinärer Forschung. Ein Überblick mit Anwendungsbeispielen. Campus, Frankfurt a. M.

Bertschy F, Künzli David C (2010) Aufgaben und Möglichkeiten von Bildungsinstitutionen im Kontext Nachhaltiger Entwicklung. In: Schönbächler MT, Becker R, Hollenstein A, Osterwalder F (Hrsg) Die Zeit der Pädagogik. Zeitperspektiven im erziehungswissenschaftlichen Diskurs: Festschrift für Walter Herzog. Prisma, Bd 13. Haupt, Bern, S 211–225

Cassel-Gintz M, Bahr M (2008) Syndrome globalen Wandels. Ein integriertes Analyseinstrument des Globalen Wandels und seine Einsatzmöglichkeiten im Geographieunterricht. Praxis Geographie 6:4–9

Defila R, Di Giulio A (Hrsg) (2016) Transdisziplinär forschen – zwischen Ideal und gelebter Praxis. Hotspots, Geschichten, Wirkungen. Campus, Frankfurt a. M.

Grunwald A (2016) Nachhaltigkeit verstehen. Arbeiten an der Bedeutung nachhaltiger Entwicklung. oekom, München

Haan G de (2006) Bildung für nachhaltige Entwicklung – ein neues Lern- und Handlungsfeld. UNESCO heute 1:4–8

Haan G de (2009) Bildung für nachhaltige Entwicklung: Hintergründe, Legitimation und (neue) Kompetenzen. Freie Universität, Programm Transfer-21, Berlin

Häberli R (2001) Summary. In: Thompson Klein J, Grossenbacher-Mansuy W, Häberli R, Bill A, Scholz RW, Welti M (Hrsg) Transdisciplinarity: joint problem solving among science, technology, and society. Springer, Basel, S 3–5

Harenberg D (2001) Syndrome globalen Wandels als überfachliches Unterrichtsprinzip. Freie Universität, Berlin. http://blk21.de/daten/texte/SyndromtextHarenberg.pdf. Zugegriffen: 21. Nov. 2017

Hegele I (2002) Stationenarbeit. Ein Einstieg in den offenen Unterricht. In: Wiechmann J (Hrsg) Zwölf Unterrichtsmethoden. Vielfalt für die Praxis, 3. Aufl. Beltz-Pädagogik. Beltz, Weinheim, S 58–71

IZEW (2016) Projekt „Energielabor Tübingen". http://www.uni-tuebingen.de/de/79692. Zugegriffen: 6. Apr. 2017

Jahn T (2008) Transdisziplinarität in der Forschungspraxis. In: Bergmann M, Schramm E (Hrsg) Transdisziplinäre Forschung. Integrative Forschungsprozesse verstehen und bewerten. Campus, Frankfurt a. M., S 21–37

Jahn T, Keil F (2015) An actor-specific guideline for quality assurance in transdisciplinary research. Futures 65:195–208. https://doi.org/10.1016/j.futures.2014.10.015

Kopfmüller J, Brandl V, Jörissen J, Paetau M, Banse G, Coenen R, Grunwald A (2001) Nachhaltige Entwicklung integrativ betrachtet: Konstitutive Elemente, Regeln, Indikatoren. Global zukunftsfähige Entwicklung – Perspektiven für Deutschland, Bd 1. Edition Sigma, Berlin

Künzli C, Bertschy F (2008) Didaktisches Konzept. Bildung für eine nachhaltige Entwicklung. Arbeitspapier Nr. 1 aus dem Forschungsprojekt des Nationalfonds (Nr. 1114-063780) und der Lehrerinnen- und Lehrerbildung Bern (Nr. 0201s004): „Bildung für eine nachhaltige Entwicklung: Didaktische Konzeption und Umsetzung in die Schulpraxis". Universität Bern, Bern

Künzli David C, Bertschy F, Buchs C (2013) Aufwachsen in einer globalisierten Wissensgesellschaft. Umgang mit normativ-ethischen Fragen im Rahmen einer Bildung für eine Nachhaltige Entwicklung. In: Wannack E, Bosshart S, Eichenberger A, Fuchs M, Hardegger E, Marti S (Hrsg) 4- bis 12-Jährige. Ihre schulischen und außerschulischen Lern- und Lebenswelten. Waxmann, Münster, S 279–286

Ministerium für Kultus, Jugend und Sport Baden-Württemberg (2016) Bildungsplan 2016. Naturwissenschaft und Technik (NwT): Profilfach (Amtsblatt). Stuttgart. http://www.bildungsplaene-bw.de/site/bildungsplan/get/documents/lsbw/export-pdf/depot-pdf/ALLG/BP2016BW_ALLG_GYM_NWT.pdf. Zugegriffen: 20. Nov. 2017

Ott K, Döring R (2011) Theorie und Praxis starker Nachhaltigkeit. Beiträge zur Theorie und Praxis starker Nachhaltigkeit, Bd 1, 3. Aufl. Metropolis, Marburg

Pant HA (2016) Einführung in den Bildungsplan 2016. http://www.bildungsplaene-bw.de/,Lde/BP2016BW_ALLG_EINFUEHRUNG. Zugegriffen: 6. Apr. 2017

Parodi O, Beecroft R, Albiez M, Quint A, Seebacher A, Tamm K, Waitz C (2016) Von „Aktionsforschung" bis „Zielkonflikte". Schlüsselbegriffe der Reallaborforschung. Technikfolgenabschätzung – Theorie und Praxis 25(3):9–18. https://www.tatup-journal.de/downloads/2016/tatup163.pdf

Singer-Brodowski M (2016a) Transformative Bildung durch transformatives Lernen. Zur Notwendigkeit der erziehungswissenschaftlichen Fundierung einer neuen Idee. ZEP 1:13–17

Singer-Brodowski M (2016b) Transformatives Lernen als neue Theorie-Perspektive in der BNE. In: Umweltdachverband GmbH (Hrsg) Jahrbuch Bildung für nachhaltige Entwicklung – Im Wandel. Forum Umweltbildung im Umweltdachverband, S 130–139

United Nations (2015) Transforming our world: the 2030 Agenda for Sustainable Development. https://sustainabledevelopment.un.org/post2015/transformingourworld

Wagner F, Schäpke N, Stelzer F, Bergmann M, Lang DJ (2016) BaWü-labs on their way: progress of real-world laboratories in Baden-Württemberg. GAIA – Ecol Perspect Sci Soc 25(3):220–221. https://doi.org/10.14512/gaia.25.3.21

WCED (1987) Report of the World Commission on Environment and Development: Our Common Future (Brundtland Report). http://www.un-documents.net/our-common-future.pdf

Lehre heute für die Herausforderungen von morgen: Studium Oecologicum und Bildung für Nachhaltige Entwicklung an der Universität Tübingen

13

Carla Herth, Anna Petrlic und Thomas Potthast

Zusammenfassung

Damit die (jeweils) junge Generation den sozialen, ökologischen, ökonomischen und kulturellen Herausforderungen von heute und morgen kompetent begegnen kann, ist das handlungsorientierte und handlungsorientierende Wissen um Nachhaltige Entwicklung unerlässlich. Den Hochschulen wird eine entscheidende Rolle bei einer solchen Bildungsaufgabe zugesprochen. Die Agenda 2030, das UNESCO-Weltaktionsprogramm und seine nationalen Umsetzungsmaßnahmen können für die Hochschulen hierbei richtungsweisend sein. Die konkrete Ausgestaltung der Bildung für Nachhaltige Entwicklung (BNE) wird sich in jeder einzelnen Hochschule an ihren eigenen Besonderheiten orientieren. Nichtsdestotrotz können die Hochschulen voneinander profitieren, nicht zuletzt durch den Austausch über erfolgreiche Umsetzungsmaßnahmen und Strategien zur BNE. Dieser Beitrag reflektiert über die BNE an der Universität Tübingen anhand des innovativen Lehr-Lern-Programms des „Studium Oecologicum". Des Weiteren werden Strukturen und Akteure diskutiert, die

C. Herth (✉) · A. Petrlic
Internationales Zentrum für Ethik in den Wissenschaften (IZEW), Eberhard Karls Universität Tübingen, Tübingen, Deutschland
E-Mail: carla.herth@izew.uni-tuebingen.de

A. Petrlic
E-Mail: anna.petrlic@izew.uni-tuebingen.de

T. Potthast
Lehrstuhl für Ethik, Theorie und Geschichte der Biowissenschaften und Internationales Zentrum für Ethik in den Wissenschaften (IZEW), Eberhard Karls Universität Tübingen, Tübingen, Deutschland
E-Mail: potthast@uni-tuebingen.de

W. Leal Filho (Hrsg.), *Nachhaltigkeit in der Lehre,* Theorie und Praxis der Nachhaltigkeit, https://doi.org/10.1007/978-3-662-56386-1_13

für die Verankerung einer BNE an Universitäten notwendig sind, um die Verbindung zwischen innovativen Formaten überfachlicher und fachbezogener BNE zu stärken. In Tübingen hat sich gezeigt, wie erfolgreich studentisches Engagement als *bottom up* Pionierarbeit sein kann. *Capacity building* sowie die Erhöhung der Sichtbarkeit von BNE-Angeboten und die Schaffung von Vernetzungsstrukturen sind Schlüsselmaßnahmen für die weitere Implementierung. Die kritische Auseinandersetzung mit unterschiedlichen Interessen und Fragen zu Freiheit in gesellschaftlicher Verantwortung mit Blick auf Forschung und Lehre gehört zu den Herausforderungen bei einer ganzheitlichen Implementierung von BNE an Hochschulen.

Schlüsselwörter
Bildung für Nachhaltige Entwicklung (BNE) · Studium Oecologicum · Kompetenzzentrum für Nachhaltige Entwicklung · *Sustainable Development Goals* (SDGs) UNESCO-Weltaktionsprogramm

13.1 Einleitung

193 Mitgliedsstaaten der Vereinten Nationen bekannten sich am 1. September 2015 zur „Post-2015-Entwicklungsagenda“ und damit zu den 17 Zielen für Nachhaltige Entwicklung (NE) und ihren 169 konkreten Zielvorgaben. Diese fokussieren diverse Handlungsfelder wie nachhaltiges Wirtschaften, nachhaltiges Produktions- und Konsumverhalten oder den Ausbau nachhaltiger Energiequellen. Die Agenda 2030 verfolgt ambitionierte Ziele, wenn sie nichts Geringeres als eine „Transformation der Welt“ (United Nations 2015, S. 7) proklamiert. Sicherlich ist auch der partizipative Entstehungsprozess der 17 Ziele mit seiner Einbeziehung von zivilen Gruppen und der offenen Diskussionskultur ein neuer Weg, dem Ziel einer Transformation näherzukommen. Globale, nationale und gesellschaftliche Transformationen haben eines gemeinsam: Die Kompetenzen zur Realisierung von Veränderungen müssen vorhanden sein. Die Agenda 2030 hat auch diesen wichtigen Schritt hin zur Umsetzung der Nachhaltigen Entwicklung in ihre Zielvereinbarungen einbezogen – in das Ziel 4.7, das auf die Bildung für Nachhaltige Entwicklung eingeht (United Nations 2015, S. 21). Um eine „inklusive, gleichberechtigte und hochwertige Bildung gewährleisten und Möglichkeiten lebenslangen Lernens für alle fördern“ (Martens und Obenland 2016, S. 46) zu können, haben die Mitgliedsstaaten der Vereinten Nationen weitere Ausdifferenzierungen vorgenommen, die einen Zugang zur Bildung für alle Geschlechter und alle sozialen Gruppen fokussiert. Das Ziel 4 insgesamt formuliert letztlich ein Recht aller Menschen auf Bildung per se als Teil der Gelingensbedingungen für NE. Spezifisch geht dann Ziel 4.7 auf die Bildung für Nachhaltige Entwicklung ein:

> 4.7 Bis 2030 sicherstellen, dass alle Lernenden die notwendigen Kenntnisse und Qualifikationen zur Förderung nachhaltiger Entwicklung erwerben, unter anderem durch Bildung für nachhaltige Entwicklung und nachhaltige Lebensweisen, Menschenrechte,

Geschlechtergleichstellung, eine Kultur des Friedens und der Gewaltlosigkeit, Weltbürgerschaft und die Wertschätzung kultureller Vielfalt und des Beitrags der Kultur zu nachhaltiger Entwicklung (Martens und Obenland 2016, S. 46).

Bildung als solche, so lässt sich formulieren, ist eine notwendige Bedingung für Nachhaltige Entwicklung. Zur Bildung für Nachhaltige Entwicklung gehört jedoch mehr, nämlich der inhaltliche Bezug auf die Bedürfnisse und Fähigkeiten heutiger und künftiger Generationen mit Blick auf die dazu notwendigen Formen gesellschaftlicher Naturverhältnisse (Ressourcen und politische Ökonomie, Suffizienz, globale und lokale Resilienz von Mensch-Umwelt-Systemen).

Weitere offizielle Dokumente fördern eine solche Umsetzung. So bietet die UNESCO mit ihrer Roadmap zur Umsetzung des Weltaktionsprogramms Bildung für nachhaltige Entwicklung eine schrittweise Annäherung an eine Realisierung der BNE auf nationaler Ebene. Dort ist im Handlungsfeld 2 eine „ganzheitliche Transformation von Lern- und Lehrumgebungen" (Deutsche UNESCO-Kommission 2014, S. 15) und eine „Integration von Nachhaltigkeitsprinzipien" (Deutsche UNESCO-Kommission 2014, S. 15) vorgesehen. Ganzheitliche, strukturelle Veränderungen priorisiert auch das Fachforum Hochschulbildung, das die Umsetzung des UNESCO-Weltaktionsprogramms in Deutschland im Bereich der Hochschulen unterstützt. „Dies bedeutet an Hochschulen eine Implementierung von Nachhaltigkeit in Betrieb, Lehre, Forschung und Governance" (Deutsche UNESCO-Kommission 2014, S. 35).

An der Universität Tübingen wird die Implementierung der BNE durch das Studium Oecologicum maßgeblich vorangetrieben. Bei diesem Lehr- und Lernformat, das seit 2009 besteht, geht es darum, die Entscheidungsträger_innen von morgen für die zentralen Nachhaltigkeitsherausforderungen unserer Zeit vorzubereiten. Den Anstoß gab eine studentische *bottom up* Bewegung an der Universität Tübingen, was dem Studium Oecologicum einen partizipativ herbeigeführten und intrinsisch motivierten Charakter aufseiten der Studierenden und Mitarbeiter_innen der Universität verleiht.

Im Folgenden wird über die Möglichkeiten, Chancen und Herausforderungen, die sich bei der Förderung der BNE speziell im überfachlichen Studienbereich auftun, berichtet. Weiterhin werden die Strukturen und Akteure, die für die Verankerung einer BNE an Universitäten notwendig sind, um die Verbindung zwischen innovativen Formaten überfachlicher und fachbezogener BNE zu stärken, anhand der langjährigen Erfahrung an der Universität Tübingen zusammengefasst.

13.2 Nachhaltige Entwicklung an der Universität Tübingen

An der Universität Tübingen ist die Maxime einer Nachhaltigen Entwicklung im Leitbild verankert. Dort heißt es: „Die Universität Tübingen bekennt sich zur Maxime einer nachhaltigen Entwicklung. Sie sieht Nachhaltigkeit als integralen Bestandteil von Forschung und Lehre an und sie setzt die ihr zur Verfügung stehenden Ressourcen in Forschung,

Lehre und Organisation verantwortungsvoll und effizient ein“ (Universität Tübingen o. J. a). Die Nachhaltige Entwicklung soll demnach konsequent in die Bereiche Forschung und Lehre einbezogen werden. Doch nicht nur für diese beiden Bereiche gilt die Maxime. Auch sollen die Prinzipien einer NE in den Bereichen Governance (mithilfe eines bundesweit modellhaften Beirats für Nachhaltige Entwicklung) und Betrieb (über die Umweltbeauftragte und den EMAS-Prozess, siehe unten) verankert werden. Dies ist eine Voraussetzung dafür, dass sich essenzielle, strukturelle Veränderungen im Hinblick auf die NE vollziehen können. Dies ist nur durch eine systematische und integrative Vorgehensweise und eine Vernetzung der Akteure zu erreichen.

Eine solche Vernetzung vollzieht sich an der Universität Tübingen bereits seit vielen Jahren auf studentischer Ebene. Studentische Initiativen haben sich der Leitidee einer NE angenommen, noch bevor diese in das Leitbild der Universität integriert wurde. Auf Initiative des Asta-Umweltreferenten von 2007 gründete sich im selben Jahr die „StudierendenInitiative Greening the University e. V.“. Diese organisierte 2008 das Symposium „Greening the University – Perspektiven für eine nachhaltige Hochschule“ mit zwei Hauptzielen (StudierendenInitiative Greening the University Tübingen 2009):

1. Einführung eines Umweltmanagementsystems an der Universität nach EMAS,
2. Aufbau eines Lehrprogramms für eine Nachhaltige Entwicklung.

Aufgrund dieses studentischen Einsatzes beschloss die Universität Tübingen 2008 das Umweltmanagementsystem nach EMAS einzuführen (Universität Tübingen o. J. b). Zu den Umweltleitlinien gehören u. a. die energetische Sanierung und Modernisierung von Gebäuden (Umweltleitlinie Nr. 5) sowie eine ökologisch orientierte Beschaffung und Investition (Umweltleitlinie Nr. 6). Zu den Umweltleitlinien gehört aber auch, dass die Nachhaltige Entwicklung ein integraler Bestandteil von Forschung und Lehre ist (Umweltleitlinie Nr. 1) (Universität Tübingen o. J. c). Es zeigt sich auch hier: Die Bereiche Betrieb, Forschung und Lehre (sowie Governance) werden miteinander verbunden.

Angestoßen von Greening the University e. V. haben sich viele neue Initiativen von Student_innen und Mitarbeiter_innen der Universität gegründet und etabliert. Dieser ‚innere Motor‘, angetrieben von einer aktiven Beteiligung und einem nachhaltigen Alltagshandeln vieler Uni-Angehörigen, wirkt auch heute noch maßgeblich auf die Weiterentwicklung einer NE an der Universität Tübingen.

Initiiert von Mitgliedern des Beirats für Nachhaltige Entwicklung sowie vom Internationalen Zentrum für Ethik in den Wissenschaften (IZEW) der Universität Tübingen hat im Juni 2013 das Kompetenzzentrum für Nachhaltige Entwicklung (KNE) seine Arbeit an der Universität aufgenommen; die Anschubfinanzierung auf Projektbasis erfolgte durch das Ministerium für Wissenschaft, Forschung und Kunst Baden-Württemberg. Ziel des Kompetenzzentrums ist eine gesamtuniversitäre Verankerung der NE an der Universität Tübingen. Langfristig geht es u. a. darum, BNE in die Lehre aller Curricula zu integrieren sowie eine Institution für eine Netzwerk-, Bildungs- und Beratungsfunktion an der Universität zu etablieren. Das Kompetenzzentrum fördert darüber hinaus mithilfe unterschiedlicher Maßnahmen die Forschung für NE und entwickelt neue und bestehende NE-Projekte weiter.

Forschung fördert das KNE u. a. durch eine regelmäßige Information zu Fördermöglichkeiten, einen Nachhaltigkeitspreis für Abschlussarbeiten, Anschubfinanzierungen von NE-Projekten von Uni-Angehörigen sowie durch Mitarbeit an Forschungsanträgen und Beratungsangebote für Wissenschaftler_innen. Darüber hinaus hat das Kompetenzzentrum 2016 eine Bestandsaufnahme der Forschungsprojekte zur NE an der Universität Tübingen vorgenommen. Demnach haben im Jahr 2016 Wissenschaftler_innen unterschiedlicher Fakultäten in insgesamt 146 Projekten zur NE geforscht. Dabei handelt es sich nicht nur um Fakultäten, die sich klassischerweise mit dem Thema NE oder Umwelt beschäftigen.

Transdisziplinäre Bildung für Nachhaltige Entwicklung unterstützt das Kompetenzzentrum für NE beispielsweise durch die Organisation einer regelmäßigen Ringvorlesung, die sowohl Universitätsangehörige als auch interessierte Bürger_innen in NE weiterbilden soll. Darüber hinaus unterstützt das KNE Projekte zur Weiterentwicklung des Angebots zum Studium Oecologicum (z. B. Projekte zur Entwicklungszusammenarbeit) oder veranstaltet Lehrangebote zur NE mit Partnern aus der Hochschulregion (z. B. Summerschool „Erneuerbare Energien"). Die BNE an der Universität Tübingen bringt das Kompetenzzentrum außerdem durch die organisatorische Begleitung der Sustainability Lecture weiter voran, die jährlich im Rahmen der Verleihung des Nachhaltigkeitspreises für Abschlussarbeiten stattfindet und stets von Nachhaltigkeitspionier_innen aus Wissenschaft und Praxis gehalten wird.

Nachhaltigkeit im Betrieb unterstützt das Kompetenzzentrum durch eine enge Zusammenarbeit mit der Umweltkoordination der Universität sowie durch eine Förderung betrieblicher Projekte wie der Entwicklung von universitären Nachhaltigkeitsindikatoren.

Ein wichtiges Gremium zur NE ist der bereits erwähnte Beirat für Nachhaltige Entwicklung. Er besteht aus Vertreter_innen aus der Professorenschaft, dem Mittelbau, der Verwaltung, den Studierenden sowie einem externen Mitglied. Aufgabe dieses Gremiums ist es, eine umfassende Nachhaltigkeitsstrategie für die Bereiche Lehre, Forschung und Betrieb der Universität zu entwickeln sowie Impulse zur Umsetzung dieser Strategie zu setzen. In diesem Sinne fördert der Beirat die Vernetzung von Akteuren im Bereich der Nachhaltigen Entwicklung. Die Beiratsmitglieder stießen bereits wichtige Elemente zur Profilierung der NE an der Schnittstelle zwischen Forschung und Lehre an, wie die Sustainability Lecture und den Nachhaltigkeitspreis für Abschlussarbeiten.

13.3 Bildung für Nachhaltige Entwicklung an der Universität Tübingen

Bildung ist ein Schlüsselelement für die globale, nationale und lokale Nachhaltige Entwicklung, wie (nicht erst) das erwähnte SDG 4 ausdrücklich betont. Gerade Universitäten haben die Verantwortung dieser Aufgabe aufgrund ihres Bildungsauftrags nachzukommen, wie es auch in der Erklärung der Hochschulrektorenkonferenz (HRK) und der Deutschen UNESCO-Kommission (DUK) zur Hochschulbildung für nachhaltige Entwicklung (Deutsche UNESCO-Kommission 2010, S. 1) steht. Diese sieht neben der Vermittlung von Wissen genauso die Befähigung für eine gesellschaftliche Weiterentwicklung als essenzielle Aufgabe von Hochschulen. Um dieser Rechnung zu tragen, müssen die Studierenden die Komplexität unserer Welt in ihren ökologischen, sozialen, ökonomischen und kulturellen Dimensionen verstehen und entsprechend Handlungsstrategien entwickeln können.

Wie erwähnt, versteht die Universität Tübingen „Nachhaltigkeit als integralen Bestandteil von Lehre und Forschung" (Universität Tübingen o. J. c). Dies bedeutet für die Lehre an einer traditionellen Volluniversität, wie es die Universität Tübingen ist, dass die Integration in den bestehenden Strukturen anzugehen ist. Dafür muss nicht auf die Entwicklung eines Masterplans gewartet, sondern es kann mit der Verankerung von BNE direkt begonnen werden (Meisch 2014, S. 8). Wie dies aussehen kann, soll im Folgenden anhand der langjährigen Erfahrungen mit dem deutschlandweit renommierten und modellhaften Kursprogramm Studium Oecologicum sowie den weiteren BNE-Aktivitäten wie dem Aufbau der uniweiten Vernetzungsinstitution Kompetenzzentrum für NE dargestellt werden. In einem solchen Prozess transformieren sich langfristig auch Strukturen und Institutionen hin zu einer NE.

13.3.1 Das überfachliche Lehrangebot Studium Oecologicum

Das Studium Oecologicum bietet Studierenden aller Studiengänge die Möglichkeit überfachliche und berufsfeldorientierte Kompetenzen in Form von ECTS zu erlagen. Mit seiner Ausrichtung kommt das Kursprogramm dem Ziel näher, die BNE überfachlich in den Curricula der Universität Tübingen zu verankern. Es bietet ein vielfältiges Angebot, das unterschiedliche Themenschwerpunkte abbildet und dadurch Anreize zur Teilnahme für Studierende mit unterschiedlichen Interessen schafft. Die Besonderheit dieses Programms besteht darin, dass das Engagement für eine BNE von den Lernenden – also den Studierenden – selbst angestoßen wurde, und steht damit ganz im Sinne der Agenda 2030, die ebenfalls auf eine starke partizipative Transformation zur Nachhaltigen Entwicklung abzielt.

Heute ist das Programm als *bottom up* Ansatz bundesweit bekannt und diente als Vorbild für andere Studierendeninitiativen und Hochschulen. 2013 wurde es im Bericht der Expertengruppe „Wissenschaft für Nachhaltigkeit" des Ministeriums für Wissenschaft, Forschung und Kunst als Modell zur Anregung, Nachahmung und Weiterentwicklung aufgeführt (MWK 2013, S. 27). Nicht zuletzt erhielt Greening the University e. V. für das Engagement für die Integration von BNE in die Lehre an der Universität Tübingen zweimal die Auszeichnung als offizielles UN-Dekade-Projekt sowie weitere Auszeichnungen.

Dies sind wohlverdiente Anerkennungen für das erfolgreiche Engagement der Studierendeninitiative, die die Idee für ein Studium Oecologicum 2008 auf dem von ihr organisierten Tübinger Symposium „Perspektiven für eine nachhaltige Hochschule“ vorstellte. Im Rahmen dieser Veranstaltung wurde bereits ein erstes Konzeptpapier zu diesem überfachlichen Lehrprogramm verfasst. Dieses besagte bereits, dass Studierenden in einem umfassenden Lernkonzept die Thematik Nachhaltigkeit vermittelt werden sollte. Zudem sollte es studienbegleitend und modulförmig in das Studium aller Studierenden integriert werden können. Auch eine Vernetzung mit anderen Hochschulen und außeruniversitären Einrichtungen wurde bereits als wichtig erachtet (Potthast 2009).

Das inter- und transdisziplinäre Lehrprogramm wurde im Sommersemester 2009 erstmals mit Unterstützung durch den Career Service der Universität Tübingen mit vier Kursen angeboten und ist seitdem fester Bestandteil des überfachlichen Lehrangebots. Heute bietet das Studium Oecologicum bis zu 30 Seminare pro Semester, an denen im Schnitt ca. 400 Studierende teilnehmen. In diesen Kursen werden die konzeptionellen Grundlagen der NE analysiert, verschiedene fachliche, inter- und transdisziplinäre Perspektiven auf den Begriff NE diskutiert und konkrete Anwendungsbeispiele durchdacht.

13.3.1.1 Das Konzept und seine Lehr-Lern-Formate

Ein Angebot zu schaffen, das für Studierende aller Fachrichtungen und Semester zugänglich ist, war von Beginn an das Ziel. Da das Studium Oecologicum ein interdisziplinäres Kursprogramm im Sinne einer BNE ist, sollen vorwiegend Kompetenzen vermittelt werden. Durch die Vermittlung von Orientierungswissen und Gestaltungskompetenzen werden Studierende befähigt, mit der Komplexität der NE umzugehen und Entscheidungen analysengestützt, reflektiert und verantwortungsbewusst zu treffen. Dem Kursprogramm liegt ein inter- und transdisziplinäres Lehr-Lern-Konzept zugrunde, welches in Form und Methode offen, partizipativ und diskursiv gestaltet ist. Es liegt also den Kursen das Verständnis „Vom Lehren zum Lernen zum Handeln“ zugrunde. In den Leitlinien des Studium Oecologicum sind folgende Lernziele genannt:

- Verständnis von Konzeptionen starker Nachhaltigkeit und deren kritische Reflexion
- Analyse und Bewertung von (nicht-)nachhaltigen Entwicklungsprozessen
- Selbstreflexion der eigenen Lebensgestaltung vor dem Hintergrund NE
- Befähigung zum verantwortungsvollen Handeln in gesellschaftlichen Kontexten
- Fähigkeit zu sachlicher Evaluation und Reflexion
- Fähigkeit gemeinsam NE-Entwicklungsprozesse zu lancieren/verstetigen

Um diesen Lernzielen gerecht zu werden, gibt es im Studium Oecologicum sogenannte Grundlagen- und Themenkurse. Dabei führen die Grundlagenkurse in die Thematik der Nachhaltigen Entwicklung ein. Der Kurs „Über Gerechtigkeit, Gutes Leben und Grauhörnchen“ ist ein Beispiel für einen solchen Kurs. In diesem Seminar werden die Nachhaltigkeitstheorien, die Gerechtigkeitskonzeptionen sowie das Mensch-Tier-Verhältnis und die Anwendung ethischer Theorien in der Praxis thematisiert und diskutiert. Die Dozentin und

16 Teilnehmende setzen sich in einem zweitägigen Blockseminar intensiv mit den genannten Inhalten mithilfe von Methoden wie Inputreferaten, Kleingruppenarbeit, World Café und Diskussionen auseinander. Auf die Grundlagenkurse aufbauend werden in den Themenkursen praxisorientierte Lösungswege erarbeitet sowie einzelne Aspekte vertieft. Diese Kurse reichen thematisch vom ethischen Konsum und Achtsamkeit über gemeinwohlorientierte Ökonomien bis zur Windenergie und Naturschutz. Dabei gibt es Workshops, die sich mit (globalen) NE-Themen auseinandersetzen und Lösungsansätze ausarbeiten. Zum anderen gibt es projektorientierte Kurse, die lokale Herausforderungen thematisieren und konkrete Aktivitäten bzw. Planungsschritte umsetzen.

Für beide Ansätze wird mit Akteur_innen aus der Universität und der Region wie zum Beispiel der Umweltkoordination der Universität, der Stabstelle für Umwelt- und Klimaschutz der Stadt, der Koordination und den Landwirt_innen der Solidarischen Landwirtschaft Tübingen und Unternehmen wie VAUDE zusammengearbeitet. Im Rahmen des projektorientierten Themenkurses „Mitdenken, mitgestalten! Mobiles, lebenswertes Tübingen" sollen zum Beispiel die Teilnehmenden konkrete Umsetzungsvorschläge für ein Mobilitätskonzept in Kleingruppen entwickeln. Dabei lernen die Studierenden wie Bereiche der Nachhaltigen Entwicklung in der Praxis funktionieren, vor welchen Aufgaben die Akteur_innen stehen und welchen Chancen und Herausforderungen sie begegnen. Diese Ausarbeitungen, welche die Perspektive der Studierenden mit einbezieht, dienen der Arbeitsgruppe Mobilität der Universität als Grundlage für entsprechende Planungen. Die Zusammenarbeit mit Akteur_innen aus der Region und teilweise auch darüber hinaus ist sehr wichtig, um Werkzeuge und praktische Ansätze einer NE zu vermitteln und erlebbar zu machen. Semesterweise werden sich wiederholende wie auch variierende Grundlagen- und Themenkurse angeboten. Ein langjähriger Kooperationspartner des Studium Oecologicum ist das Fachsprachenzentrum (FSZ) der Universität Tübingen. In Baden-Württemberg ist das FSZ das einzige Sprachenzentrum an einer Hochschule, welches Sprachkurse zu NE im nichtphilologischen Bereich im Programm hat. Es bietet eine sprachliche, inhaltliche und praxisbezogene Ausbildung zur NE in den Sprachen Englisch, Französisch und Spanisch an. Dabei wird besonders auf die landes- und kulturspezifische Rolle von Nachhaltigkeit eingegangen. Ein Praxisbezug wird durch Gastvorträge von Muttersprachler_innen und durch kleine Exkursionen geboten. Es werden pro Semester bis zu fünf Sprachkurse, meist auf UNIcert®-III-Niveau, im Studium Oecologicum als Themenkurse angeboten. Dazu gehören zum Beispiel „Turning the air blue", „Ética y sostenibilidad" und „Environnement et éco-responsabilité".

Doch wie können die genannten Lernziele in den aufgeführten Beispielen erreicht werden? Dazu ist eine methodische Konzeption für alle Seminare essenziell. An erster Stelle steht hier ein gemeinsamer Lehr-Lern-Prozess von Studierenden und Dozierenden, der Bestandteil aller Seminare ist. Die Kurse müssen offen, diskursiv und partizipativ angelegt sein. Sprich die Teilnehmenden können die Lerninhalte sowie die Lernprozesse mitbestimmen und mitgestalten. Eine Lerndokumentation und vor allem die Reflexion des Gelernten helfen dabei, die neuen Erkenntnisse zu festigen, und sollen die Studierenden befähigen, ihr Wissen zu abstrahieren. Dies kann zum Beispiel mit einem Lerntagebuch, das alle Teilnehmenden schreiben müssen, methodisch umgesetzt werden. Auch Formate wie eine Zukunftswerkstatt, Projektarbeit, Planspiele, Team-Teaching und OpenSpace, um nur ein paar zu nennen, sind geeignete und beliebte Methoden im Studium Oecologicum (vgl. Meisch 2014).

Ein weiteres wichtiges Lehr-Lern-Format im Studium Oecologicum ist die Zusammenarbeit mit Studierendeninitiativen, was mit dem Entstehungsprozess korrespondiert. Jedes Semester wird mindestens ein Kurs angeboten, den eine Studierendeninitiative alleine oder auch mit einem/einer Expert_in zusammen durchführen. Diese Kurse haben die Besonderheit, dass Studierende von Studierenden lernen. Es bietet den Studierenden die Möglichkeit auf ihre Themen aufmerksam zu machen und Interessierte zu werben. Somit fördert es nicht zuletzt das Engagement von Studierenden für eine Nachhaltige Entwicklung. Ein Beispiel für einen solchen Kurs ist „Papier: Kein unbeschriebenes Blatt" von PapierPilz e. V. Die Initiative sammelt an den Kopierern der Universität Fehldrucke und Papierabfälle, um kreative Spiralblöcke zur Wiederverwendung zu binden. In diesem Kurs erfahren die Teilnehmenden alles rund um Papier und können die Arbeit der Initiative aktiv miterleben.

13.3.1.2 Institutionelle Rahmenbedingungen

Die Organisation des Studium Oecologicum erfolgt heute durch eine Kooperation des Career Service und des Ethikzentrums (Internationales Zentrum für Ethik in den Wissenschaften, IZEW) der Universität Tübingen. Letzteres kümmert sich um die konzeptionelle und inhaltliche Planung, wobei es eng mit den Dozierenden und (derzeit begleitend) mit Studierendeninitiativen im Speziellen zusammenarbeitet. Der Career Service übernimmt die administrativen Aufgaben wie zum Beispiel die Anmeldungsverwaltung und die Organisation von Räumlichkeiten und Kursmaterialien. Zu Beginn der Einführung des Studium Oecologicum waren die institutionellen Rahmenbedingungen anders. Wie bereits erwähnt, wurde für die Einführung auf bereits bestehende Strukturen zurückgegriffen. Dies erleichterte die Umsetzung und reduzierte den Arbeitsaufwand. Dem Konzept entsprechend bot sich eine Kooperation mit dem Career Service der Universität Tübingen an. Dieser organisiert das Studium Professionale, ein überfachliches Lehrangebot zum Erwerb von Schlüsselqualifikationen und Orientierungswissen für Studierende aller Fachrichtungen. Die Anbindung an das Programm erwies sich nach Greening the University (2012, S. 98) aus drei Gründen als strategisch erfolgreich:

- Die Anrechnung der Kurse aus dem Studium Oecologicum als Schlüsselqualifikation konnte durch die anerkannte Stellung des Studium Professionale an der Universität verwirklicht werden.
- Das Studium Professionale erwies sich als geeignete Plattform, um die Kurse des Studium Oecologicum gebündelt als sogenannten „Schwerpunkt Nachhaltigkeit" sichtbar zu machen und zu bewerben.
- Dank der administrativen Strukturen des Career Service konnte eine zusätzliche Bescheinigung für Studierende erstellt werden, die mehrere Kurse besuchen.

Aus Letzterem entstand das Zertifikat Studium Oecologicum. Dafür müssen die Studierenden einen Grundlagen- sowie zwei Themenkurse besucht und mindestens 12 ECTS-Punkte erworben haben. Das Zertifikat Studium Oecologicum ist für alle Studierende eine gute Möglichkeit, sich den Erwerb fundierter Grundkenntnisse und interdisziplinärer Schlüsselkompetenzen zu Fragestellungen einer Nachhaltigen Entwicklung für zukünftige Bewerbungen bescheinigen zu lassen.

Die Arbeitsweise der StudierendenInitiative Greening the University e. V. zielte grundlegend auf eine Verstetigung und Institutionalisierung ihrer Ideen und Projekte ab, um deren Erhalt langfristig zu sichern – so auch beim Studium Oecologicum. Bis dato hatten die Studierenden der Initiative ehrenamtlich, durch Selbstorganisation, das Programm auf die Beine gestellt. Aus diesem Grund wurde als erster Schritt hin zu einer Verstetigung eine Stelle für eine wissenschaftliche Hilfskraft geschaffen. Laut Greening the University würden diese Ressourcen langfristig nicht ausreichen, denn für „die Aufgabe einer professionellen Qualitätssicherung und einer deutlichen Ausweitung des Veranstaltungsangebots, die einer Ausarbeitung eines Gesamtkonzepts sowie eines notwendigen detaillierten Kriterienkatalogs zur Qualitätssicherung des Veranstaltungskanons bedürfen, ist die Schaffung einer qualifizierten Stelle notwendig" (Greening the University 2012, S. 111). Damit konnte die Studierendeninitiative die Hochschulleitung überzeugen. Seit dem Wintersemester 2011/2012 gibt es die Stelle „Bildung für Nachhaltige Entwicklung und Studium Oecologicum", welche im Rahmen des Projekts ESIT (Erfolgreich Studieren in Tübingen), gefördert vom BMBF, eingerichtet wurde. Diese ist beim Arbeitsbereich Natur und Nachhaltige Entwicklung am Internationalen Zentrum für Ethik in den Wissenschaften angesiedelt. Aufgabe dieser Stelle ist die Entwicklung und Umsetzung innovativer Module und die verstärkte Integration von Bildung für Nachhaltige Entwicklung in den Fachcurricula sowie ein Ausbau des bestehenden Studium Oecologicum. Ziel dieser Stelle ist, neben dem überfachlichen Lehrangebot Studium Oecologicum, BNE in die fächerbezogene Lehre zu integrieren. Bei einer Volluniversität wie der Universität Tübingen mit über 130 Studienfächern kann diese Aufgabe von einer Einzelperson alleine nur schwer bewältigt werden. Hierzu ist eine universitätsweite Vernetzungsinstitution wie das Kompetenzzentrum für Nachhaltige Entwicklung ein wichtiger Partner.

13.3.2 Das Kompetenzzentrum für Nachhaltige Entwicklung – eine Vernetzungsinstitution

An der Universität Tübingen existieren bereits seit Langem viele und vielfältige Nachhaltigkeitsaktivitäten und Einzelmaßnahmen. Für eine gesamtinstitutionelle Verankerung der NE ist es zielführend, die einzelnen Bereiche, Akteure und Maßnahmen miteinander zu vernetzen. Dadurch kann das gegenseitige Verständnis der Uni-Angehörigen für die Belange und Besonderheiten der unterschiedlichen Bereiche sowie für eine Einbindung der Mitarbeiter_innen in das Thema gefördert werden. Diese Vernetzungsaufgabe übernimmt das Kompetenzzentrum für Nachhaltige Entwicklung mithilfe unterschiedlicher Maßnahmen. So veranstaltete das KNE im April dieses Jahres zum zweiten Mal einen universitätsweiten Vernetzungstag „[Nachhaltig @ Uni Tübingen]^2", bei dem es darum geht, die Akteure miteinander ins Gespräch zu bringen, ihnen Raum zu lassen, sich über NE-Projekte an der Universität zu informieren und die NE aktiv weiterzuentwickeln. Dass diese Maßnahmen erfolgreich sind, zeigen die vielen neu entstandenen NE-Initiativen, die sich beim ersten Vernetzungstag gebildet haben und mit regem Interesse an den Themen weiterarbeiten. Das Kompetenzzentrum unterstützt neben dieser uniinternen auch die außeruniversitäre Vernetzung mit Hochschulpartnern aus der Region. So arbeitet das Kompetenzzentrum im Hochschulnetzwerk Baden-Württemberg und im bundesweiten Partnernetzwerk zusammen. BNE und NE internationalisiert das Kompetenzzentrum u. a. durch einen Studierendenaustausch im Rahmen des ASA-Programms. Zuletzt erfolgte ein Austausch zwischen der äthiopischen Universität Addis Abeba und der Universität Tübingen, bei der ein Erfahrungs- und Wissensaustausch in BNE und Forschung zur NE zwischen den beiden Universitäten stattgefunden hat.

Zudem fördert das Kompetenzzentrum die Forschung für Nachhaltige Entwicklung, was einen Einfluss auf die Lehre hat. Dies ist ein nicht zu unterschätzender Faktor, der diesen Bereich bereits jetzt mitverändert und in Zukunft weiter verändern wird. So unterstützt das Kompetenzzentrum Forschungsprojekte von Uni-Angehörigen, die Themen der Nachhaltigen Entwicklung zum Gegenstand haben. Im Jahr 2014 wurde zum Beispiel das Vorhaben der Initiative „Klimagarten Tübingen" gefördert. Durch praxisbezogene Kurse sollte ein breites Publikum mit unterschiedlichen Wissenshintergründen zum Thema NE weitergebildet werden. Das Bildungsangebot zur Nachhaltigen Entwicklung wirkte über die Grenzen der Universität hinaus, da Bürger_innen der Stadt Tübingen am Programm beteiligt wurden. Eine Teilnahme an den Kursen war, auch dank der geringen Kursgebühr, für eine breite Öffentlichkeit möglich und ein Schritt in Richtung Transformation für eine nachhaltige Stadtentwicklung, die die Universität damit leistet.

Ein anderes Projekt ist „Indikatoren für Nachhaltige Entwicklung an der Universität Tübingen: Forschendes Lernen – Forschung und Lernen"; es verbindet Forschung und Lehre „im Rahmen von forschendem und gemeinwohlorientiertem Lernen (Service Learning) und einer stakeholder-basierten Indexbildung" (Auszug aus Projektbeschreibung). Im Wintersemester 2014/2015 fand ein Kurs im Studium Oecologicum statt, bei dem es in einem partizipativen Prozess darum ging, mit inner- und außeruniversitären Stakeholdern mögliche NE-Indikatorensets für die Universität Tübingen zu erarbeiten.

Beide Projekte wurden durch den „Innovationsfonds NE" des Kompetenzzentrums finanziell unterstützt, dessen Ziele und Aufgaben eine Förderung und Vernetzung der Forschung und der Lehre beinhalten. Ein drittes erfolgreiches Beispiel der Förderung einer Verankerung der BNE an der Universität Tübingen durch das Kompetenzzentrum ist die rein studentisch organisierte „Week of Links" – eine Erstsemesterakademie für NE, die ebenfalls durch den Innovationsfonds gefördert wurde. Diese Akademie ist die erste ihrer Art in Baden-Württemberg. Sie sensibilisiert die Teilnehmer_innen bereits zu

Beginn ihres Studiums für die Nachhaltige Entwicklung, ihre Theorie und ihre Praxis. Die Studierenden bilden sich auf eine ungezwungene Weise ohne formalen Druck im Rahmen unterschiedlicher methodischer Formate weiter. Der Austausch zielt auch darauf ab, die unterschiedlichen studentischen Initiativen zur NE kennenzulernen und sich zu engagieren.

All diese Formate tragen zur Verankerung eines breiten Angebots zur BNE an der Universität Tübingen bei.

Eine Zusammenarbeit praktizieren wie erwähnt auch das Kompetenzzentrum für NE und das Fremdsprachenzentrum, das NE in ihre Lehrerausbildung in den Sprachen Englisch, Französisch und Spanisch aufgenommen hat. So wurden Vorarbeiten für französischsprachige Kurse zur NE in Aix-en-Provence gefördert („Connecting Education for sustainable development with European co-operation and language teaching: French language courses going to Aix").

Der nächste noch zu gehende Schritt ist die Konzeption eines „Tübinger Curriculum Nachhaltige Entwicklung", das die BNE-Angebote sowohl überfachlich als auch in den Fächern selbst systematisch integriert. Idealerweise ergibt sich auf Basis der im Studium Oecologicum entwickelten Ansätze und Erfahrungen, dass alle an der Universität Tübingen in allen Dimensionen inter- und transdisziplinäre sowie disziplinäre NE-Bezüge herstellen können. Als Fernziel soll das Tübinger Curriculum NE zudem nicht nur Studierende, sondern auch Promovierende und Forschende aller Erfahrungsstufen sowie das nichtwissenschaftliche Personal mit entsprechenden spezifisch passgenauen Angeboten ansprechen können.

13.3.3 Strukturen und Akteure zur Förderung von BNE an der Universität Tübingen

Bei einer Zusammenschau zeigen sich unterschiedliche Aspekte, die für die Förderung der BNE an Hochschulen wichtig sind:

1. Erfahrungen vorwiegend in der fachbezogenen Lehre haben gezeigt, dass zahlreiche Dozierende motiviert und interessiert sind, die Perspektive NE in ihre Lehre zu integrieren. Für bestimmte Themenbereiche sind allerdings mehrere disziplinäre oder methodische Kompetenzen erforderlich. Hier ergeben sich neue Möglichkeiten über ein Team-Teaching zu Kooperationen für inter- und transdisziplinäre Lehrangebote. Das Seminar „Nachhaltige Energieversorgung – eine Herausforderung für Wissenschaft und Ethik" wird beispielsweise von Lehrenden aus der Physik und der Ethik in den Biowissenschaften gemeinsam durchgeführt. Solche Veranstaltungen leben von den verschiedenen disziplinären Perspektiven, die zusammen gedacht werden. Dabei lernen nicht nur die Studierenden komplexe Themen wie die Energiewende über die eigene Disziplin hinaus zu betrachten, denn auch die dozierenden Wissenschaftler_innen entwickeln neue Kompetenzen. Das Potenzial für einen langfristigen

und breiten Ausbau in alle Studiengänge ist noch längst nicht ausgeschöpft. Aus diesem Grund ist es von hoher Priorität, Anreize und Angebote für Hochschullehrende auszubauen. Auf dieses Ziel arbeiten das Studium Oecologicum und das Kompetenzzentrum für NE seit 2013 mit dem Hochschuldidaktischen Zentrum der Universität gemeinsam hin. Regelmäßig werden Fortbildungen in diesem Bereich angeboten.
2. Des Weiteren zeigt sich, dass bestehende überregionale Angebote, wie die Virtuelle Akademie Nachhaltigkeit der Universität Bremen (Universität Bremen o. J.), unter den Lehrenden wenig bekannt sind. Solche Angebote besser zu bewerben und unter Studierenden wie unter Lehrenden bekannter zu machen, kann den Ausbau der BNE an einer Universität entscheidend fördern; hier wären bereits erfahrene lokale Ansprechpersonen von großer Hilfe.
3. Eine Institution, die die Bereiche Forschung, Lehre und Betrieb miteinander verknüpft, ist eine weitere Maßnahme, um BNE an Hochschulen zu fördern. Gerade dann, wenn an Universitäten viele Einzelmaßnahmen zur (B)NE existieren, kann eine Vernetzungsinstitution eine entscheidende Unterstützung bei der strukturellen und ganzheitlichen Verankerung der BNE sein. Gerade an Volluniversitäten mit einer aktiven Entwicklung der BNE hilft es, den Überblick über die Vielfalt an Maßnahmen zu behalten und Strategien zu entwickeln, wie die einzelnen Maßnahmen und Bereiche voneinander profitieren können – auch im Hinblick auf den effektiven und effizienten Einsatz unterschiedlicher Ressourcen. In Tübingen haben der Beirat und das Kompetenzzentrum für NE diese Aufgabe übernommen.

Es ist von entscheidender Bedeutung die Strukturen der eigenen Universität nicht nur sehr gut zu kennen, sondern mit den Akteur_innen aus der Leitung (Rektorat, Studiendekanate), Verwaltung, Hochschuldidaktik, dem Zentrum für überfachliche Lehrangebote sowie zu den Personen, die sich um die Akkreditierung und Weiterentwicklung der Studiengänge kümmern, einen guten Kontakt zu haben und im regen Austausch zu sein. Dieses Struktur-, Prozess- und Personenwissen ist nötig, um entsprechende Veränderungen in Richtung BNE unterstützen zu können. Darüber hinaus ist selbstverständlich der Kontakt zu den Studierenden von entscheidender Bedeutung, denn sie sind diejenigen, die eine Veränderung in ihrem Lehrangebot einfordern und – hoffentlich – am Ende goutieren können.

13.3.4 Herausforderungen bei der Förderung der BNE

Die Entwicklung der letzten Jahre hat gezeigt, dass die Verankerung der BNE und NE an der Universität Tübingen bereits weit vorangeschritten ist. Dennoch gilt es, insbesondere im Hinblick auf eine breite strukturelle Verankerung, einige Herausforderungen zu bewältigen. Insbesondere im Hinblick auf die fachbezogene Einbindung der BNE fehlen noch essenzielle Schritte. Diese betreffen zum einen die klassischen Fragen nach ausreichenden personellen und zeitlichen Ressourcen, um in die Breite wirken zu können und eine systematische Integration von BNE zu erreichen. Dafür ist eine Forcierung der fächerspezifischen Kapazitätsentwicklung nötig, sowohl im Bereich der didaktischen und Wissensentwicklung bei Dozent_innen als auch durch Schaffung von Infrastrukturen. Beide Fokussierungen benötigen eine Ausweitung von Ressourcen personeller und finanzieller Art, wenn die Integration der BNE in die Curricula nicht dazu führen soll, dass fächerspezifische Inhalte gekürzt werden (vgl. Müller-Christ 2011, S. 11). Eine Weiterentwicklung eines Studium Oecologicum für Dozent_innen wäre hier ein denkbarer Ansatz, um dieser Herausforderung zu begegnen. Ein solches Programm müsste professionelle Handlungskompetenzen für die BNE vermitteln. Hellberg-Rode und Schrüfer (2016) verweisen auf Beispielprogramme für die Lehrerausbildung, wie das KOM-BiNE-Konzept der Universität Klagenfurt, das „Deutschsprachige Netzwerk LehrerInnenbildung für eine nachhaltige Entwicklung" und andere Beispiele für die Lehrer_innenausbildung in BNE (Hellberg-Rode und Schrüfer 2016, S. 5–7). Sicherlich können diese Programme Anregung für die eigene Umsetzung sein. Eine hochschulinterne Anpassung sollte allerdings erfolgen, wodurch die Notwendigkeit nach der Einrichtung geeigneter Infrastrukturen steigt.

Zum anderen gilt es aber auch, Bedenken aus den Fächern und Fachbereichen aufzunehmen: Ist BNE etwa ein zusätzliches Thema, das die ohnehin allzu große Stofffülle noch vergrößert? Wie stark dürfen NE-orientierte Lehrinhalte vorgegeben werden? Geht BNE zulasten der Fachinhalte? Ein breiter Diskurs und die Einbindung möglichst vieler Parteien ist eine zwingende Voraussetzung für die adäquate Behandlung solcher Fragen. Lösungen könnten darin bestehen, BNE als neue Lehrform und Denkperspektive in bestehenden Veranstaltungen mit den Fachinhalten zu verbinden. Dennoch bleiben Fragen der konzeptionellen und praktischen Umsetzung. Auf dem Wege der Klärung kann eine fest verankerte Institution zur Nachhaltigen Entwicklung weiterhelfen, die beratend und koordinierend zur Verfügung steht. Denkbar wäre es, dass eine solche Funktion das Kompetenzzentrum für Nachhaltige Entwicklung übernimmt. In Zusammenarbeit mit dem Studium Oecologicum könnte eine solche Institution nicht nur die Funktion des *capacity building* übernehmen, sondern wäre eine organisatorische und beratende Anlaufstelle, eine Stelle, die unterschiedliche Interessen bündelt und einen Diskurs zur NE an der Universität Tübingen fördert.

13.4 Schlussfolgerungen

Die Initiierung des Studium Oecologicum an der Universität Tübingen zeigt die Bedeutung des studentischen *bottom up* Engagements – das ist das Besondere an diesem Bildungsprogramm für Nachhaltige Entwicklung. Es verbindet innovative Lehr-Lern-Konzepte mit fächerübergreifenden Kompetenzen in NE und bezieht sowohl die Inter- als auch Transdisziplinarität mit ein, ganz im Sinne der BNE. Dabei bleibt es ein freiwilliges Programm, das vor allem diejenigen anspricht, die für die NE bereits sensibilisiert sind.

Eine umfassende Einbindung der BNE auch in die Fachcurricula der Universität ist mit Herausforderungen verbunden und erfordert einen partizipativen und diskursiven Prozess mit Beteiligung aller Hochschulbeteiligten. Dieser Prozess kann durch eine gezielte Förderung seitens der Länder unterstützt werden, damit eine Konkurrenz zwischen Lehrinhalten und Hochschuldozent_innen vermieden wird. Ein wichtiger Punkt ist auch die Frage nach der Freiheit in der Lehre und Forschung an Hochschulen. Hier kann eine breite Diskussion, unter der Einbindung interdisziplinärer Akteure, zu der Rolle und Verantwortung von Hochschulen in der Gesellschaft weiterhelfen, denn Freiheit und Verantwortung in den Wissenschaften sind keinesfalls Gegensätze, sondern zwei Seiten derselben Medaille (vgl. Ammicht Quinn und Potthast 2015).

Literatur

Ammicht Quinn R, Potthast T (Hrsg) (2015) Ethik in den Wissenschaften. 1 Konzept, 25 Jahre, 50 Perspektiven, Bd 10. Materialien zur Ethik in den Wissenschaften. IZEW, Tübingen

Deutsche UNESCO-Kommission e. V. (2010) „Hochschulen für nachhaltige Entwicklung“. Erklärung der Hochschulrektorenkonferenz (HRK) und der Deutschen UNESCO-Kommission (DUK) zur Hochschulbildung für nachhaltige Entwicklung. Ein Beitrag zur UN-Dekade „Bildung für nachhaltige Entwicklung“. https://www.unesco.de/fileadmin/medien/Dokumente/Bibliothek/Hochschulen_und_Nachhaltigkeit_HRK_DUK.PDF. Zugegriffen: 27. Apr. 2017 (Erstveröffentlichung 2009)

Deutsche UNESCO-Kommission e. V. (Hrsg) (2014) UNESCO. Roadmap zur Umsetzung des Weltaktionsprogramms „Bildung für nachhaltige Entwicklung“. https://www.bmbf.de/files/2015_Roadmap_deutsch.pdf. Zugegriffen: 27. Apr. 2017

Greening the University e. V. Tübingen (Hrsg) (2012) Wissenschaft für nachhaltige Entwicklung! Multiperspektivische Beiträge zu einer verantwortungsbewussten Wissenschaft. Metropolis, Marburg

Hellberg-Rode G, Schrüfer G (2016) Welche spezifischen professionellen Handlungskompetenzen benötigen Lehrkräfte für die Umsetzung von Bildung für Nachhaltige Entwicklung (BNE)? Ergebnisse einer explorativen Studie. Biologie Lehren und Lernen – Zeitschrift für Didaktik der Biologie (ZDB) 20:1–29. http://zdb.uni-bielefeld.de/index.php/zdb/article/view/330/Hellberg-Rode%20%26%20Schr%C3%BCfer%20%282016%29. Zugegriffen: 21. Apr. 2017

Martens J, Obenland W (2016) Die 2030-Agenda. Globale Zukunftsziele für nachhaltige Entwicklung, GPF, Bonn

Meisch S (2014) Bildung für Nachhaltige Entwicklung – das Konzept und seine Potenziale für traditionelle Volluniversitäten. Tübinger Beiträge zur Hochschuldidaktik Bd 10(1). http://hdl.handle.net/10900/43963. Zugegriffen: 28. Apr. 2017

Müller-Christ G (2011) Verantwortung zuweisen und Verantwortlichkeit ermöglichen. In: Deutsche UNESCO-Kommission e. V. (Hrsg) Hochschulen für eine nachhaltige Entwicklung. Nachhaltigkeit in Forschung, Lehre und Betrieb. Deutsche UNESCO-Kommission, Bonn, S. 10–11. http://www.bne-portal.de/sites/default/files/downloads/publikationen/DUK%20-%20Hochschulen%20f%C3%BCr%20eine%20nachhaltige%20Entwicklung.pdf. Zugegriffen: 21. Apr. 2017

MWK – Ministerium für Wissenschaft, Forschung und Kunst Baden-Württemberg (Hrsg) (2013) Wissenschaft für Nachhaltigkeit. Herausforderung und Chance für das baden-württembergische Wissenschaftssystem. Bericht der Expertengruppe „Wissenschaft für Nachhaltigkeit“. http://mwk.

baden-wuerttemberg.de/fileadmin/redaktion/m-mwk/intern/dateien/pdf/Wissenschaft_f%C3%BCr_Nachhaltigkeit/Expertenbericht_RZ_MWK_Broschuere_Nachhaltigkeit_Web.pdf. Zugegriffen: 28. Apr. 2017

Potthast T (2009) Studium Oecologicum (Workshop, dokumentiert von J. Goël und F. Roosen-Runge). In: StudierendenInitiative Greening the University Tübingen (Hrsg) Greening the University. Perspektiven für eine nachhaltige Hochschule. oekom, München, S 116–120

StudierendenInitiative Greening the University Tübingen (Hrsg) (2009) Greening the University. Perspektiven für eine nachhaltige Hochschule. oekom, München

United Nations (2015) Transforming our world: the 2030 Agenda for Sustainable Development. https://sustainabledevelopment.un.org/content/documents/21252030%20Agenda%20for%20Sustainable%20Development%20web.pdf. Zugegriffen: 27. Apr. 2017

Universität Bremen (o. J.) Virtuelle Akademie Nachhaltigkeit. www.va-bne.de. Zugegriffen: 28. Apr. 2017

Universität Tübingen (o. J. a) Leitbild für die Universität Tübingen. https://www.uni-tuebingen.de/universitaet/leitbild.html. Zugegriffen: 23. Apr. 2017

Universität Tübingen (o. J. b) Umweltmanagement nach EMAS. https://www.uni-tuebingen.de/einrichtungen/verwaltung-dezernate/vi-bau-sicherheit-und-umwelt/abteilung-3/umweltmanagement-nach-emas.html. Zugegriffen: 6. Apr. 2017

Universität Tübingen (o. J. c) Umweltleitlinien der Universität Tübingen. https://www.uni-tuebingen.de/einrichtungen/verwaltung-dezernate/vi-bau-sicherheit-und-umwelt/abteilung-3/umweltmanagement-nach-emas/umweltpolitik.html. Zugegriffen: 28. Apr. 2017

14 Nachhaltiges Personalmanagement – Konzeption eines interdisziplinären und organisationsübergreifenden Ansatzes zur Vermittlung von Nachhaltigkeitsaspekten in Lehre und Weiterbildung

Lisa Kurz, Larissa Jost, Karsten Roth und Peter Ohlhausen

Zusammenfassung

Vor dem Hintergrund, dass aktuell erstmals konzeptionelle Grundlagen für ein Nachhaltigkeitsmanagement in außeruniversitären Forschungseinrichtungen entwickelt worden sind (Fraunhofer-Gesellschaft et al. 2016; Kurz et al. 2017), sollen nun diese Ergebnisse in die Konzeption eines interdisziplinären und organisationsübergreifenden Ansatzes zur Integration von Nachhaltigkeitsaspekten in Lehre und Weiterbildung einfließen. Die empirische Grundlage bildet eine qualitative, organisationsethnografische

L. Kurz (✉)
Institut für Arbeitswissenschaft und Technologiemanagement, Universität Stuttgart, Stuttgart, Deutschland
E-Mail: lisa.kurz@iat.uni-stuttgart.de

L. Jost · K. Roth
Deutsches Zentrum für Luft- und Raumfahrt e.V. (DLR), Personal- und Organisationsentwicklung, Köln, Deutschland
E-Mail: larissa.jost@dlr.de

K. Roth
E-Mail: karsten.roth@dlr.de

P. Ohlhausen
Fraunhofer-Institut für Arbeitswirtschaft und Organisation, Stuttgart, Deutschland
E-Mail: peter.ohlhausen@iao.fraunhofer.de

P. Ohlhausen
ESB Business School, Hochschule Reutlingen, Reutlingen, Deutschland
E-Mail: peter.ohlhausen@reutlingen-university.de

W. Leal Filho (Hrsg.), *Nachhaltigkeit in der Lehre*, Theorie und Praxis der Nachhaltigkeit, https://doi.org/10.1007/978-3-662-56386-1_14

Fallstudie, in der die Autoren die Deutungen von Experten und Expertinnen sowie deren Betriebs- und Alltagswissen in Bezug auf ein nachhaltiges Personalmanagement untersuchen. Auf Basis der daraus entwickelten praktischen Implementierungsmöglichkeiten in außeruniversitären Forschungseinrichtungen soll nun ein Ansatz entwickelt werden, um die Ergebnisse auf die Lehre in Hochschulen und die innerorganisatorische Weiterbildung von Forschungseinrichtungen zu übertragen.

Schlüsselwörter
Nachhaltigkeit · Nachhaltiges Personalmanagement
Außeruniversitäre Forschungseinrichtungen · Interdisziplinarität

14.1 Einleitung

Im Gegensatz zu Universitäten und außeruniversitären Forschungseinrichtungen besteht für Unternehmen bereits seit Jahren ein einheitliches Verständnis der Handlungsfelder des Nachhaltigkeitsmanagements (Rat für Nachhaltige Entwicklung 2015, DIN EN ISO 9001:2015-11) Zwar bekennen sich die großen Wissenschaftsorganisationen zum Konzept einer nachhaltigen Entwicklung und gestalten eine Vielzahl von singulären Aktivitäten. Jedoch machen sie diese nicht unter einer einheitlichen Nachhaltigkeitsstrategie mit einem entsprechenden Lehr- und Weiterbildungskonzept nach innen und außen sichtbar. Aus diesem Grund fehlt – trotz der bereits vorhandenen Maßnahmenvielfalt – ein geschlossenes Verständnis von Nachhaltigkeit und deren konsequente Umsetzung und Ausgestaltung im Alltag universitärer und außeruniversitärer Einrichtungen.

Für die Kommunikation und Sichtbarmachung von Nachhaltigkeitsaspekten bedarf es eines interdisziplinären Ansatzes von Organisationspsychologie, Kulturwissenschaft, Arbeitswissenschaft, Ingenieurwissenschaften sowie Personalentwicklung. Dieser Ansatz soll mit konkreten Handlungsoptionen in Bezug auf eine Übertragbarkeit der wissenschaftlichen Ergebnisse auf den Praxisfall in Lehre und Weiterbildung aufwarten.

Der Beitrag hat zum einen das Ziel, die dem Ansatz zugrunde liegenden Ergebnisse aus der Fallstudie des BMBF-Verbundforschungsprojektes Leitfaden Nachhaltigkeitsmanagement (Fraunhofer-Gesellschaft et al. 2016) vorzustellen. Das dreijährige Projekt wurde von den drei Forschungsorganisationen Fraunhofer-Gesellschaft, Helmholtz-Gemeinschaft und Leibniz-Gemeinschaft durchgeführt und leistet im Hinblick auf ein nachhaltiges Personalmanagement in außeruniversitären Forschungsorganisationen einen breit abgestimmten Aktionsrahmen mit klaren, methodisch abgesicherten Handlungsoptionen für Akteure aus Lehre und Weiterbildung. Zum anderen wird ein konkreter Ansatz aufgezeigt, wie die Ergebnisse der Studie in Hochschulen und Forschungseinrichtungen übertragen sowie in Lehre und Weiterbildung verankert werden können.

14.2 Nachhaltigkeit und Personalmanagement – ein neues Gespann

Der Begriff der Nachhaltigkeit wurde weit bis ins 20. Jahrhundert hinein rein ressourcenökonomisch interpretiert. In den letzten Jahrzehnten hat sich der Begriff der Nachhaltigkeit mehr und mehr von seiner ursprünglichen Bedeutung gelöst und ist zu einem politischen Leitkonzept geworden. Der moderne Nachhaltigkeitsdiskurs und die heutige Bedeutung des Begriffs „nachhaltige Entwicklung" *(sustainable development)* fußen auf der Definition des Brundtland-Berichts aus dem Jahre 1987, veröffentlicht durch die Weltkommission für Umwelt und Entwicklung der Vereinten Nationen. Diese definierte das Konzept der nachhaltigen Entwicklung als eine Entwicklung, die den Bedürfnissen der heutigen Generation entspricht, ohne dabei die Möglichkeiten künftiger Generationen zu gefährden, ihre eigenen Bedürfnisse zu befriedigen und ihren Lebensstil zu wählen (Hauff 1987). Dieses normative Verständnis zielt vor allem auf den langfristigen Erhalt der natürlichen, sozialen und wirtschaftlichen Ressourcen im Interesse heutiger und zukünftiger Generationen ab. Es schließt damit die Forderung nach intragenerationeller Gerechtigkeit im globalen Kontext ein. Darüber hinaus adressiert die Brundtland-Definition erstmals die Nachhaltigkeitsaspekte „Begrenztheit *(limitations)* von Ressourcen" und „Bedürfnisse *(needs)* der Menschen" (Di Giulio 2003, S. 42).

Der gleichrangigen Berücksichtigung der drei Dimensionen Umwelt, Ökonomie und Soziales kommt dabei eine zentrale Bedeutung zu. Für diese sogenannten Drei-Säulen-Modelle kristallisieren sich im Diskurs in der Hauptsache zwei Argumente heraus. Einerseits ist es das Argument der Notwendigkeit einer Berücksichtigung aller wichtigen gesellschaftlichen Bereiche und Akteure, welches einen politischen Pragmatismus deutlich macht. Andererseits existiert aus systemtheoretischer Sicht das Argument, Umwelt, Wirtschaft und Gesellschaft seien zwar eigenständige, jedoch auch gleichzeitig miteinander verwobene Systeme, deren Funktionsfähigkeit im Hinblick auf die dauerhafte Tragfähigkeit des Gesamtsystems sicherzustellen ist (Kopfmüller 2007, S. 16). Auch wenn das Drei-Säulen-Nachhaltigkeitsmodell eine breite Anerkennung erhält, stand es bereits früh in der Kritik. Diese bezieht sich auf die zu große Komplexität und die damit verbundene Beliebigkeit des Konzepts, der durch eine erneute Konzentration auf das Hauptziel des Umweltschutzes unter Beachtung sozialer und ökonomischer Belange Einhalt geboten werden solle. Außerdem, so führt die Kritik weiter, bestünde die Gefahr, dass durch die Teiloptimierung innerhalb der einzelnen Dimensionen weitere Wechselwirkungen oder Zielkonflikte in Vergessenheit gerieten und hierbei naturgetreu eher ein rein disziplinäres Vorgehen anstatt einer erwünschten interdisziplinären Zusammenarbeit stattfinden würde (ebd., S. 17). Im Zuge der Weiterentwicklung der Brundlandt-Definition und der Drei-Säulen-Modelle durch den wissenschaftlichen und politischen Diskurs wird statt einer isolierten Betrachtung der drei einzelnen Dimensionen mehr und mehr die Forderung nach einem dimensionenübergreifenden, integrativen Nachhaltigkeitsansatz laut (Kopfmüller 2011). Umweltschutz, wirtschaftliche Leistungsfähigkeit und soziale Verantwortung sind dahin gehend miteinander zu verbinden, dass Entscheidungen vor dem

Hintergrund der Nachhaltigkeitsdimensionen dauerhaft tragfähig sind. Die absolute und zugleich natürliche Grenze von Nachhaltigkeit bildet dabei die Erhaltung der Tragfähigkeit der Erde (Presse- und Informationsamt der Bundesregierung 2012, S. 24). Das Konzept der nachhaltigen Entwicklung impliziert darüber hinaus einen partizipativen und prozeduralen Charakter, indem konkrete Nachhaltigkeitsziele kontinuierlich und kontextspezifisch ausgehandelt werden.

In Bezug auf den Beitrag von Unternehmen und anderen Organisationen zu einer nachhaltigen Entwicklung ist in der Regel die Integration sozialer, ökologischer und ethischer Belange in die Organisations- oder Unternehmensführung gemeint, durch die negative Auswirkungen wie externe Effekte auf Umwelt und Gesellschaft minimiert bzw. internalisiert und positive Auswirkungen auf die Gesellschaft verstärkt werden (Colsman 2016, S. 75).

Seit dem Jahr 2000 werden Nachhaltigkeitskonzepte, Nachhaltigkeitsmanagement und die damit verbundenen Nachhaltigkeitsbestrebungen im Bereich Personal insbesondere in Organisationen immer bedeutsamer. Die Nachhaltigkeitsdebatte entfachte sich jenseits der Personalwelt bereits Ende der 1980er-Jahre und unternimmt den Versuch, das gesellschaftliche Nachhaltigkeitsleitbild durch die Arbeit der Brundlandt-Kommission und der darauf folgenden UN-Konferenz für Umwelt und Entwicklung hinsichtlich einer ökologischen, ökonomischen und sozialen Dimension von Nachhaltigkeit zu definieren (Hauff 1987). Es erfolgte der Versuch, diesen dreidimensionalen Ansatz auf den Unternehmens- und Organisationskontext zu übertragen, und dieser findet in der Literatur in Form der „Triple Bottom Line" erstmalig 1994 Erwähnung (Elkington 1997). John Elkington macht sich den vertrauten Begriff der *bottom line* – der Schlussstrich einer Gewinn-Verlust-Rechnung – zu eigen und erweitert diesen um die Dimension der Umwelt und Gesellschaft. Ziel seiner Triple Bottom Line ist es, den Mehrwert von Organisationen und Unternehmen deutlich zu machen, den sie sowohl ökonomisch als auch ökologisch und sozial hervorbringen. Geboren in der angelsächsischen Finanzbranche mit dem Ziel, einen Beitrag zur nachhaltigen Entwicklung zu leisten, setzte sich die Triple Bottom Line durch die Chefetagen weltweit fort. Diese rezipierten die Forderung nach einer Abwendung von einer ausschließlichen Profitorientierung positiv und setzen dies konzeptionell wie auch praktisch in ihren Unternehmungen und Organisationen seit der Jahrtausendwende um. Auch auf politischer Ebene bediente man sich Elkingtons Triple Bottom Line, indem die EU-Kommission börsennotierte Unternehmen aufforderte, ihre Nachhaltigkeitsbestrebungen in ihren Geschäftsberichten zu veröffentlichen (Kuhn 2008, S. 12). Obgleich das Drei-Säulen-Modell bereits existierte, nahm die Triple Bottom Line insbesondere aufgrund ihres Plädoyers für die Transparenz und die Orientierung an Stakeholder-Interessen einen großen Stellenwert in Bezug auf die Entwicklung heute gültiger Nachhaltigkeitsberichterstattungsformate wie dem der Global Reporting Initiative oder der Dow Jones Sustainability Indexes ein.

Um der Vision gerecht zu werden, den kommenden Generationen ein intaktes ökologisches, ökonomisches und soziales Gefüge zu hinterlassen, in dem die Bewahrung der natürlichen Lebensgrundlagen, die Solidarität in der Gesellschaft sowie die wirtschaftliche

Leistungsfähigkeit sichergestellt sind, tragen Unternehmen und Organisationen aufgrund ihrer gesellschaftlichen Stellung, ihrer wirtschaftlichen und ökologischen Bedeutung eine große Verantwortung. Um die Anforderungen einer nachhaltigen Entwicklung zu befriedigen, leisten Organisationen und Unternehmen unterschiedliche Ansätze für ein organisationsspezifisches Nachhaltigkeitsmanagement. Bislang wird der Begriff des Nachhaltigkeitsmanagements überwiegend im Zusammenhang mit Unternehmen und Kommunen verwendet, jedoch findet er vereinzelt auch in Bezug auf andere Organisationen Gebrauch (Schaltegger et al. 2009). Der Begriff des Nachhaltigkeitsmanagements meint eine Integration angemessener Konzepte, Verfahrensweisen und Instrumente, mit denen negative Auswirkungen der jeweiligen Organisation auf Mensch, Gesellschaft und Umwelt vermieden oder zumindest minimiert werden können (Loew und Rohde 2013, S. 13).

Orientierungshilfen leisten hierbei unterschiedliche Nachhaltigkeitskriterien und Handlungsempfehlungen, die hauptsächlich auf Wirtschaftsunternehmen zugeschnitten sind und Forschungseinrichtungen nur bedingt Orientierung bieten. In den einschlägigen Empfehlungen, Standards und Normen wird deutlich, dass der Mensch im Nachhaltigkeitsmanagement von Organisationen einen zentralen Stellenwert einnimmt. Wie der Brundtland-Definition liegt auch dem Konzept ein gemäßigter anthropozentrischer Ansatz zugrunde. So stehen also – anders als im Bio- bzw. Ökozentrismus – die menschlichen Bedürfnisse und deren Befriedigung im Mittelpunkt. Aufgabe eines Nachhaltigkeitsmanagements in Organisationen ist es, Regeln und Leitlinien des Zusammenlebens zu implizieren und auf die Wohlordnung der Gesellschaft abzuzielen – also der Belegschaft –, in der die Rechte aller Individuen anerkannt und die Interessen der Mitarbeitenden gewahrt werden (Ulrich 2001, S. 237). In den Vordergrund rückt hierbei das Personalmanagement von Organisationen und wird zum unabdingbaren Element eines organisationsspezifischen Nachhaltigkeitsmanagements. Es liegt nahe, dass sich die Ausprägungen und Ausgestaltungen des Handlungsspektrums im Bereich Personal branchenspezifisch unterscheiden und von der Situation und Dynamik des Arbeitsmarktes abhängen; sie sind aber ebenso eng an die jeweilige Organisation sowie deren Organisationskultur gebunden und über Werte, Normen, Leitbilder und Führung operationalisierbar. Von dieser Lage ausgehend, kommt dem Personalmanagement bei der Integration und Kommunikation von Nachhaltigkeit eine substanzielle Bedeutung zu.

Die Basis des Konzepts eines nachhaltigen Personalmanagements bilden Mitarbeitende und Unternehmung gleichberechtig. Sie arbeiten gemeinsam am Aufbau, der Entwicklung und der Erhaltung von Personalpotenzialen (Zaugg 2005). Die Bandbreite der Interpretation von nachhaltigem Personalmanagement ist vielfältig, jedoch lassen sich trotz unterschiedlicher formaler Ausgestaltung, unterschiedlicher Tiefe und Granularität inhaltliche Schwerpunkte festmachen, die einem Großteil der näher betrachteten Begriffsdefinitionen gemein sind und sich an den klassischen Human-Resources-Management-Ansätzen orientieren. Robert Zaugg konstatiert nach umfangreichen Studien, dass gerade die klassischen Human-Resources-Management-Ansätze bereits die Grundlage für Nachhaltigkeit und Nachhaltigkeitskriterien legen (Zaugg

2009, S. 144). Hiernach weisen insbesondere der Harvard-Ansatz, die Human-Investment-Philosophy, das People-Centered Management sowie das unternehmerische Personalmanagement Nachhaltigkeitsbezüge auf (Beer 1985; Miles und Snow 1995; Pfeffer 1998; Wunderer und Kuhn 1993). Ein nachhaltiges Personalmanagement ist weniger eine Innovation als vielmehr an eine Adaption bisheriger HRM-Ansätze im Hinblick auf aktuelle gesellschaftliche und politische Herausforderungen gekoppelt mit einer Mitarbeiterzentrierung. Ein inhaltlicher Schwerpunkt eines nachhaltigen Personalmanagements liegt also in der Einbindung von externen Stakeholdern wie beispielsweise Kunden, Politik, Medien und Gesellschaft, aber auch von internen Stakeholdern wie Gremienmitgliedern oder Mitarbeitenden. In der Grundannahme, dass Nachhaltigkeit eine Balance oder Ausgewogenheit zwischen verschiedenen Interessen anstrebt, ist die Einbindung von Stakeholdern ein wichtiger Aspekt des Nachhaltigkeitsmanagements und Voraussetzung für Erfolg und positive Reputation (Zaugg 2009, S. 59). In diesem Zusammenhang wird die bereits beschriebene Fokussierung auf die Bedürfnisse der Belegschaft und ihrer einzelnen Individuen unter dem Begriff der Mitarbeiterorientierung als interne Anspruchsgruppe augenscheinlich.

Gleichzeitig verdeutlicht sich, dass ein nachhaltiges Personalmanagement eine Professionalisierung der bisherigen Personalarbeit bzw. des Personalmanagements bedeutet. Besonders markant ist außerdem die Forderung nach einer Strategieorientierung. Dieser Forderung folgend, bedeutet dies in der Praxis eines Nachhaltigkeitsmanagements eine Ausrichtung des Personalmanagements an der Strategie der jeweiligen Organisation und der Anerkennung des Personalmanagements als einen strategischen Partner. Ein nachhaltiges Personalmanagement ist demnach aktiv an der Mitgestaltung der Organisationsstrategie beteiligt, erbringt einen Wertschöpfungsbeitrag und erschließt als strategischer Partner auf Augenhöhe Wettbewerbsvorteile. Die unterschiedlichen Anforderungen eines nachhaltigen Personalmanagements in Bezug auf betriebliche und personelle Rahmenbedingungen sind eng mit der Strategie und der Kultur des Unternehmens oder der Organisation verknüpft (Zaugg 2009, S. 71 f).

Forschungseinrichtungen tragen nicht nur durch ihre wissenschaftlichen Ergebnisse zu einer nachhaltigen Entwicklung bei. Als wesentliche Elemente des Innovationssystems, als Arbeitgeber und als öffentlich (teil-)finanzierte Organisationen haben sie auch den gesellschaftlichen Auftrag, sich mit ihrer Verantwortung gegenüber Umwelt, Gesellschaft sowie Mitarbeiterinnen und Mitarbeitern in den eigenen Forschungs- und betrieblichen Prozessen auseinanderzusetzen.

14.3 Das LeNa-Projekt: methodischer Zugang und Ergebnisse

Mit dem Verbundprojekt LeNa – Leitfaden Nachhaltigkeitsmanagement vernetzen sich die drei Forschungsorganisationen Fraunhofer-Gesellschaft, Helmholtz-Gemeinschaft und Leibniz-Gemeinschaft im Rahmen eines gemeinsamen Forschungsvorhabens mit Projektbeteiligten aus Wissenschaft, Management und Verwaltung. Ziel ist, ein gemeinsames

Nachhaltigkeitsverständnis von außeruniversitären Forschungsorganisationen zu erarbeiten und die Nachhaltigkeitsstrategie der Bundesregierung mit einer Handreichung, die einen breit abgestimmten Aktionsrahmen mit klaren, methodisch abgesicherten Handlungsoptionen enthält, zu unterstützen.

Das Forschungsprojekt gliedert sich in drei Teilprojekte: 1) Forschen in gesellschaftlicher Verantwortung, das sich mit der Integration der Nachhaltigkeit in die Kernprozesse von Forschungsorganisationen beschäftigt, 2) Personal, wobei das Thema Nachhaltigkeit in Bezug auf das Personalmanagement betrachtet wird, und 3) Bau und Betrieb, das sich mit dem Bau und Betrieb von Forschungsinfrastrukturen aus der Sicht von Supportprozessen und deren Management befasst.

Ein reflexives Merkmal von außeruniversitären Forschungseinrichtungen ist ihre personenzentrierte Ausrichtung. Für das Personalmanagement in Forschungsorganisationen bedeutet dies, bei der Suche, Entwicklung und Förderung herausragender Persönlichkeiten, die sowohl exzellente Forschung betreiben als auch ein Verständnis für Management besitzen, zu unterstützen (Kurz et al. 2017).

Das LeNa-Teilprojekt 2, Personal, bestehend aus einem Kernteam von drei wissenschaftlichen Mitarbeiterinnen und drei leitenden Wissenschaftlerinnen und Wissenschaftlern der beteiligten Forschungsorganisationen, untersucht das Thema Nachhaltigkeit im Personalmanagement unter Berücksichtigung besonderer Merkmale von Forschungsorganisationen.

Den zentralen Forschungsansatz im Funktionsbereich Personal bildet die Annahme, dass besonders dem Personalmanagement eine substanzielle Bedeutung bei der Integration und Kommunikation von Nachhaltigkeit in der jeweiligen Organisationskultur zukommt. Aus personalwirtschaftlichem Blickwinkel steht die Nachhaltigkeit im direkten Zusammenhang mit Mitarbeiterorientierung und Arbeitszufriedenheit, die die Organisationskultur positiv beeinflussen. Die Mitarbeitenden sind zentrale Quelle bei der Untersuchung der jeweils gelebten Organisationskultur und können Einblicke in subjektive Handlungsansätze und Praktiken in Bezug auf ein nachhaltiges Personalmanagement leisten. Die Expertenbefragung integriert folgende Untersuchungsbereiche:

- Verständnis von Nachhaltigkeit im Personalmanagement für außeruniversitäre Forschungseinrichtungen
- Identifikation und Clustering von Handlungsfeldern
- Herausforderungen für außeruniversitäre Forschungsorganisationen im Hinblick auf ein nachhaltiges Personalmanagement

Im Rahmen der Fallstudie wurden 57 qualitative Experteninterviews in unterschiedlichen Einrichtungen und Instituten der Fraunhofer-Gesellschaft, Helmholtz-Gemeinschaft und Leibniz-Gemeinschaft durchgeführt.

Die Betrachtung der Forschungseinrichtungen als Organisationen und somit als soziale Systeme mit prinzipiell nicht-planbaren, aber spezifischen Interaktionen und zwischenmenschlichen Beziehungsgeflechten im Kontext von nachhaltigem Personalmanagement relativiert sowohl die Bedeutung quantitativer Methoden und ihrer ingenieurwissenschaftlich geprägten Transfermodelle als auch die Zugänge der Betriebswirtschaftslehre, die Organisationen überwiegend als einen Ort der Rationalität und Objektivität betrachten (Choi 2010 S. 85). Qualitative Methoden erfahren in dieser Fallstudie Bedeutsamkeit, da diese den organisationalen Alltag aus Sicht der Subjekte – hier der Mitarbeitenden der untersuchten Forschungseinrichtungen – zu rekonstruieren vermögen und dabei in einer prozessualen Herangehensweise menschliches Verhalten und Handeln innerhalb einer Organisation zugänglich machen. Die Forschungsorganisationen haben dieser Betrachtung folgend „sites for constructing meaning" (Wright 1994, S. 3) und verlangen nach einer interpretativen Herangehensweise.

Hierbei geht es nicht um die isolierte Betrachtung einzelner Kausalitäten, sondern vielmehr um die Nachformung subjektiver Interpretations- und Handlungsansätze von Mitarbeitenden sowie das Verständnis komplexer Zusammenhänge der Forschungseinrichtungen, z. B. die Interaktion zwischen Administration und den dezentralen, dislozierten Forschungseinrichtungen. In der Grundannahme, dass sich die Beschaffenheit von Organisationskultur über die subjektiven Handlungs- und Interpretationsmuster der einzelnen Mitarbeitenden ergibt, sind die Mitarbeitenden zentrale Quelle bei der Untersuchung von Organisationskultur (Götz und Moosmüller 1992, S. 2). Die Mitarbeitenden sind gewissermaßen Schnittstelle der kulturellen Dynamik, die sich aus der Vernetzung von gesellschaftlichem Kontext und organisatorischen kulturellen Mustern sowie individuellen Handlungsweisen ergibt (ebd.). Die Forschungseinrichtungen beherbergen ein komplexes Bedeutungsgewebe, dessen einzelne Elemente – wie das Nachhaltigkeitsbestreben im Personalmanagement – nur in der Gesamtzusammenschau mit dem jeweiligen Kontext verstanden werden können (Götz und Wittel 2000).

14.3.1 Experteninterviews

Die Interviewpartnerinnen und -partner sind in ihrer Rolle als Expertinnen und Experten innerhalb des spezifischen organisatorischen und institutionellen Zusammenhangs der Forschungseinrichtungen als Funktionsträger der Forschungsorganisation definiert (Meuser und Nagel 1991, S. 354). Die Interviewgespräche mit den Expertinnen und Experten ermöglichen durch bestimmte individuelle Ausschnitte Einblick in Betriebswissen und Arbeitsalltag der Forschungsorganisationen. Die Interviewpartnerinnen und Interviewpartner stehen dabei weniger als gesamte Einzelperson im Vordergrund, vielmehr ist das geteilte Wissen der Expertinnen und Experten im Hinblick auf ein nachhaltiges Personalmanagement und die fallübergreifenden Relevanzsetzungen und -strukturen im Vordergrund der Analyse. Ziel des Experteninterviews ist es in dieser Fallstudie, die „bereichsspezifischen und objektorientierten Aussagen" (ebd.) zu generalisieren und die aus dem Betriebswissen der Interviewpartner und Interviewpartnerinnen konstruierten Handlungsfelder eines nachhaltigen Personalmanagements in außeruniversitären Forschungseinrichtungen zu identifizieren.

Expertenstatus wird hier demjenigen zugeschrieben, der über eine „institutionalisierte Kompetenz zur Konstruktion von Wirklichkeit“ (Hitzler et al. 1994) verfügt und somit eine Gestaltungsmacht in Bezug auf das nachhaltige Personalmanagement innehat. Die Experten und Expertinnen besitzen die Möglichkeit, ihre Deutungen in der Praxis durchzusetzen, Entscheidungsprozesse zu beeinflussen und bei der Implementierung eines nachhaltigen Personalmanagements in der jeweiligen Forschungseinrichtung maßgeblich mitzuwirken (Meuser und Nagel 1991, S. 354). So zeichnen sich die Experten und Expertinnen dieser Fallstudie durch eine Hegemonie im organisationalen Funktionskontext des nachhaltigen Personalmanagements und die Möglichkeit „die Handlungsbedingungen anderer Akteure ... in relevanter Weise“ mitzugestalten aus (Bogner und Menz 2002, S. 46). Die Experten und Expertinnen sind zwar durch ihre personalisierte und institutionalisierte Kompetenz geprägt, diese muss aber nicht ihrem Aktionsfeld in Aufgabe und Verantwortung entsprechen, vulgo „graue Eminenzen“. Die Wirkungsdimension betrifft unterschiedliche Stakeholdergruppen, wie beispielsweise Mitarbeitende, Vorgesetzte, Gremienmitglieder und Betriebsräte der Forschungsorganisationen.

14.3.2 Ergebnisse

Auf Basis der Interviewdaten konnten für Expertinnen und Experten wichtige Themen in Bezug auf ein nachhaltiges Personalmanagement in außeruniversitären Forschungseinrichtungen identifiziert werden. Aufbauend auf dieser Identifikation sind folgende 12 Factsheets entwickelt worden, die die Ergebnisse der Interviews als Faktenblatt im jeweiligen Themenbereich widerspiegeln (Tab. 14.1).

Die Factsheets richten sich an die strategische und operative Personalleitung sowie an Personalerinnen und Personaler, aber auch an Instituts- und Abteilungsleitungen, die für die Umsetzung von Personalmaßnahmen lokal verantwortlich sind. Sie dienen als Handreichung für die Praxis von nachhaltigem Personalmanagement in außeruniversitären Forschungseinrichtungen und geben Empfehlungen für die konkrete Umsetzung mit ergänzenden Beispielen aus der Praxis der untersuchten Forschungsorganisationen.

Tab. 14.1 12 Factsheets zum nachhaltigen Personalmanagement in außeruniversitären Forschungseinrichtungen

Personalstrategie	Organisationsentwicklung
Diversity	Internationalität
Befristung	Personalbetreuung
Personalentwicklung	Personalmarketing
Ausbildung	Gesundheitsmanagement
Führung	Vernetzung und Alumni

14.3.3 Handlungsfelder

Durch die inhaltliche Aggregation der Factsheets konnten Cluster für den Funktionsbereich Personal identifiziert und durch die Expertinnen und Experten verifiziert werden:

1. service- und dienstleistungsorientiertes Personalmanagement
2. Entwicklung und Gestaltung
3. Vernetzung und Kooperation

Die Ergebnisdokumentation des LeNa-Projekts leistet eine ausführliche Beschreibung der Factsheets und Cluster (Kurz et al. 2017).

Der Funktionsbereich Personal adressiert vor dem Hintergrund eines Nachhaltigkeitsmanagements insbesondere die Verantwortung der Forschungsorganisation als Arbeitgeber gegenüber den Mitarbeiterinnen und Mitarbeitern und rückt dadurch die sozialen Ziele einer nachhaltigen Entwicklung in den Fokus. Voraussetzung dafür ist ein professionelles Personalmanagement, das über ausreichende Ressourcen verfügt, um Personalmanagementaktivitäten strategisch zu planen und zu implementieren. Aktivitäten in diesem Bereich beziehen sich u. a. auf die Unterstützung des Personals bei der Karriereentwicklung, einen verantwortungsvollen Umgang mit befristet Beschäftigten, Chancengleichheit und die Wertschätzung von Vielfalt, gesundheitserhaltende Arbeitsbedingungen und Kompetenzentwicklung für zukunftsfähiges Handeln.

14.4 Herausforderung: Vernetzung und Kooperation im Wissenschaftssystem

Kooperationen und Vernetzung sind im Wissenschaftssystem elementare Bedingung für eine erfolgreiche Forschung und Lehre. Komplexe Forschungsfragen werden zunehmend mit einer international vergleichenden und interdisziplinären Perspektive bearbeitet und erfordern somit vielfältige Formen der Zusammenarbeit zwischen Forschungseinrichtungen, Hochschulen, Unternehmen und zivilgesellschaftlichen Akteuren.

Für das Wissenschaftssystem sind die nationale und internationale Kooperation und die Vernetzung konstitutiv, da sie die Nutzung vielfältiger Synergien ermöglichen. Hierbei haben personen- und regionenbezogene Kooperationen eine ebenso zentrale Rolle wie projektbezogene, mittel- und langfristige oder institutionalisierte Formen der Zusammenarbeit zwischen Forschungseinrichtungen. Diese Zusammenarbeit kann sich sowohl auf Forschung als auch auf Lehre, Nachwuchsförderung, Infrastrukturen und Wissens- und Technologietransfer beziehen (Fraunhofer-Gesellschaft et al. 2016).

Zukunftsweisende neue Wege gehen Hochschulen und Universitäten in Kooperation mit außeruniversitären Forschungseinrichtungen oder Bildungsträgern für Weiter- und Fortbildungen, die sich am Prozess der „Bildung für nachhaltige Entwicklung (BNE)" beteiligen und Konzepte, Maßnahmen und Instrumente in der Lehre und in der beruflichen

Weiterbildung für die Entwicklung von Gestaltungskompetenzen für Nachhaltigkeit formulieren und erproben.

Das Thema Kooperation und Vernetzung hat im deutschen Wissenschaftssystem in den letzten Jahren enorm an Aufmerksamkeit zugenommen und wird mit einer Fülle an Maßnahmen, Initiativen und durch verschiedene politische Programme national und international gefördert (BMBF 2014, 2016), wie z. B. dem EU-Förderprogramm für Forschung und Innovation „Horizon 2020", der Forschungs-Förderinitiative des deutschen Bundes und der Länder „Pakt für Forschung und Innovation", der Exzellenzinitiative des Bundes und der Länder zur Förderung von Wissenschaft und Forschung an deutschen Hochschulen oder dem Hochschulpakt zur Förderung von Wissenschaft und Hochschulbildung durch die Zusammenarbeit von Bund und Ländern, um nur einige zu nennen. Diese Maßnahmen und Programme verdeutlichen in unterschiedlicher Ausprägung den Bedarf an Kooperationen in der Wissenschaft in den letzten Jahren insbesondere zwischen Hochschulen und Forschungsorganisationen. Auf die Frage, welche Vorteile sich aus den meist in Konkurrenz stehenden Organisationen bei einer gemeinsamen Zusammenarbeit oder einem Zusammenschluss ergeben, wird vor allem der Begriff des „Wettbewerbsvorteils" genannt. Auf internationaler Ebene sollen Kooperationen einerseits die erfolgreiche Stellung des Standorts Deutschland für Bildung, Forschung und Innovation weiter vorantreiben. Dies kann jedoch nur durch gemeinsame internationale Vernetzung und Zusammenarbeit gelingen, um dem ständig wachsendem Veränderungsdruck zu begegnen, der den Themen Bildung, Forschung und Innovation inhäriert (BMBF 2014). Andererseits helfen Förderprogramme wie die „Exzellenzinitiative" oder der „Pakt für Forschung und Innovation", zu dem sich die vier großen außeruniversitären Forschungseinrichtungen und die Deutsche Forschungsgemeinschaft (DFG) in Deutschland (GWK 2016) verpflichtet haben, auf nationaler Ebene die Konkurrenzfähigkeit von Forschungsorganisationen und Hochschulen zu stärken, indem die Zusammenarbeit der beiden Wissenschaftseinrichtungen auf beiden Seiten Win-Win-Situationen entstehen lassen, deren Nutzen ohne eine Allianz nicht möglich gewesen wäre. Demzufolge hat der Pakt für Forschung und Innovation als erfolgreiches Instrument zu einer hohen Leistungssteigerung und Dynamik in der Forschungslandschaft Deutschland beigetragen. Seit der Einführung des Paktes im Jahr 2005 ist eine vielfältige Form der Zusammenarbeit von unterschiedlichen Akteuren aus Hochschulen und Forschungsorganisationen verschiedener Wissenschaftszweige entstanden, die das deutsche Wissenschaftssystem in seiner jetzigen Form reformiert haben (GWK 2016; WR 2013; Hornbostel und Simon 2010).

14.4.1 Formen der Kooperation von Hochschulen und Forschungsorganisationen

Nach Winter und Kreckel (2010, S. 13) lassen sich drei typische Kooperationsformen zwischen Hochschulen und Forschungsorganisationen unterscheiden. Eine häufige Kooperationsform ist die Kooperation in Form einer Personalunion. Das bedeutet die Übernahme einer Institutsleiterfunktion einer Forschungseinrichtung mit gleichzeitiger Berufung als Universitätsprofessor an einer Universität/Hochschule mit der damit verbundenen Verantwortungsübernahme von Leitungsaufgaben. Eine weitere klassische Kooperation ist die Zusammenarbeit bei der Ausgestaltung oder Organisation von Graduiertenkollegs zur Förderung des wissenschaftlichen Nachwuchses. Außerdem beschreiben Winter und Kreckel (2010, S. 13) die Kooperation durch Forschungsverbünde, zu der auch das Forschungsvorhaben LeNa zählt. Ein Forschungsverbund ist ein Netzwerk von Wissenschaftlern verschiedenster Fachrichtungen, die gemeinsam an einer komplexen Fragestellung arbeiten. Im Falle des LeNa-Vorhabens im Teilprojekt Personal war dies die Fragestellung, wie außeruniversitäre Forschungseinrichtungen im Personalmanagement als Organisation und Arbeitgeber einen Beitrag zur nachhaltigen Entwicklung leisten können. Um die Ergebnisse aus dem LeNa-Teilprojekt Personal zu verbreiten und zu implementieren, ist aus diesem Forschungsverbund nun ein Ansatz von Hochschulen und Forschungseinrichtungen entstanden.

14.4.2 Wissenstransfer in Lehre und Weiterbildung

Der Ansatz verfolgt zum einen das Ziel, Nachhaltigkeitsaspekte im Personalmanagement sichtbar für Akteure in der Lehre und Weiterbildung zu machen, und zum anderen, Handlungsmöglichkeiten im Rahmen einer Kooperation zwischen Hochschulen und Forschungseinrichtungen aufzuzeigen, um wissenschaftliche Ergebnisse in die Praxis der Lehre und Weiterbildung zu übertragen. Gleichzeitig ermöglicht dieser Ansatz, die durch LeNa entwickelten Handlungsempfehlungen im eigenen Wirkungsraum der beteiligten Akteure umzusetzen.

LeNa zeigt auf, dass ein an einem Nachhaltigkeitsmanagement orientiertes Personalmanagement Personalmaßnahmen an der Strategie und den Organisationszielen der Einrichtung ausrichtet. Hierbei ist es eine wichtige Aufgabe, das wissenschaftliche, technische und administrative Personal durch geeignete Rahmenbedingungen bei der Karriereentwicklung im Wissenschaftssystem oder in anderen industriellen oder gesellschaftlichen Bereichen und Funktionen zu unterstützen. Der Ansatz verfolgt diesen Gedanken konsequent weiter: Kompetenzentwicklung für zukunftsfähiges Denken und Handeln beginnt bereits während der Hochschulausbildung. Der Ansatz betrachtet Studierende als „Mitarbeitende von morgen" – ganz gleich, ob ihre Karrierewege später in die Wissenschaft oder andere Branchen münden. Hier wird erkennbar, dass Lehre und Weiterbildung ähnliche Zielgruppen adressieren und ein Wissenstransfer der Ergebnisse des LeNa-Projekts nicht nur in die außeruniversitäre Forschung, sondern auch über die Organisationsgrenzen hinaus in die Lehre von Hochschulen und Universitäten denkbar ist.

14.5 Ansatz zur Vermittlung von Nachhaltigkeitsaspekten in Lehre und Weiterbildung

14.5.1 Idee und Zielsetzung

Die Idee der Autoren ist es, die Ergebnisse des LeNa-Teilprojekts Personal, die in Form der Factsheets ausgearbeitet wurden, mit einem gemeinschaftlich erarbeiteten und einheitlichen Vermittlungskonzept in die Lehre der Universität Stuttgart und in die Weiterbildungsmaßnahmen der Personal- und Organisationsentwicklung des DLR (Deutsches Zentrum für Luft- und Raumfahrt e. V.) zu integrieren und somit die wissenschaftlich gestützten Empfehlungen aus der LeNa-Handreichung in die eigene Praxis zu übertragen. Durch die unterschiedlichen Kompetenzen und Erfahrungen der Wissenschaftler_innen an der Hochschule auf der einen Seite und der Mitarbeitenden aus der Personalentwicklung an einer außeruniversitären Forschungsorganisation auf der anderen Seite sowie der gemeinsamen Zusammenarbeit im LeNa-Projekt profitieren die beiden Einrichtungen von ihrer beruflichen Expertise im Rahmen der Wissensvermittlung (z. B. der Erstellung von Entwicklungskonzepten, Integration von Praxisbeispielen und Evaluationsmaßnahmen oder den aktuellsten theoretischen Erkenntnissen und wissenschaftlich-methodischen Vorgehensweisen) und dem gemeinsamen Verständnis in Bezug auf die Nachhaltigkeitsziele des Personalmanagements in der Wissenschaft.

Zielsetzung der Kooperation beider Forschungseinrichtungen ist der zielgruppenspezifische Austausch und die Weitergabe von Wissen anhand von Vorträgen und Übungen zum berufs- oder organisationsspezifischen Umgang mit Nachhaltigkeit im Arbeitsleben von Forschungsorganisationen. Dazu wurde ein systematisches Konzept entwickelt, welches das Wissen aus den LeNa-Factsheets Personal in einer einheitlichen Lehr- und Lernform und durch didaktische Methoden, die für die erfolgreiche Vermittlung von Wissen erforderlich sind, überträgt (Siebert 1997, S. 7 f.).

14.5.2 Konkretisierung des Ansatzes

Der Ansatz basiert auf dem Verständnis einer gemeinsamen Bündelung und Entwicklung von Lehr- und Lernmaterial, welches für den Einsatz in Lehre und Weiterbildung der teilnehmenden Einrichtungen zur Verfügung gestellt wird. Durch einheitlich konzipierte Vermittlungsmaterialien und standardisierte Lernformate können die Qualität der Ergebnisse und die Anforderungen für eine erfolgreiche Lernsituation sichergestellt werden. Außerdem wird eine höhere Prozesstransparenz geschaffen und der Koordinierungsaufwand durch klare Rollenbeschreibungen und Verantwortungsregelungen gesenkt. Vor allem kann dadurch der Nutzen der Synergien und eine schnelle und organisationsübergreifende Umsetzung ermöglicht werden (Schmelzer und Sesselmann 2008).

Ausgehend von diesem Verständnis wurde ein Curriculum für die Gestaltung von 90-minütigen Workshops entwickelt, welches sich zwar an einem einheitlichen Lehrziel (wie z. B. Verständnis und Management von „Diversity“) und einer einheitlichen didaktischen Gliederung zum Vorgehen im Workshop orientiert, wobei jedoch die Inhalte bzw. das Lernmaterial (z. B. verschiedene Übungen, Vorträge oder Praxisbeispiele) auf die jeweilige Zielgruppe, Organisation oder den Anlass des Workshops hin individuell aus einem Pool zusammengestellt werden können. Zu diesem gemeinschaftlich genutzten Pool, den die beiden kooperierenden Einrichtungen systematisch erweitern und verbessern, besteht neben den möglichen Inhalten zur Gestaltung der einzelnen Workshopeinheiten zu einem bestimmten Factsheetthema außerdem eine Plattform zum Austausch von Erfahrungswissen zu den eingesetzten Materialien, wie z. B. Evaluationsergebnisse und Verbesserungsideen.

Die Vorgabe für die Gestaltung von 90-minütigen Workshops umfasst folgende Gliederungspunkte:

- Definitionen und Blickwinkel
- Information über Umsetzungsmöglichkeiten
- theoriegeleitete Basisinformationen
- Beispiele aus der Praxis
- Diskussion zur Aktivierung des Plenums
- vertiefende Übung (ca. 30 min)
- Reflexion der Ergebnisse im Plenum

Grundvoraussetzung für die Umsetzung ist es, dass die Workshopeinheiten auf die individuelle Gruppengröße anpassbar sind. Dies ermöglicht einen flexiblen Einsatz der Workshopunterlagen in unterschiedlichen Lernkontexten.

14.5.3 Zielgruppe

Die Zielgruppe der Workshopeinheiten sind Studierende von Hochschulen und Universitäten sowie Mitarbeitende aus wissenschaftlichen Einrichtungen. Ein besonderer Fokus wird in der wissenschaftlichen Einrichtung des DLR auf die Zielgruppe der Führungskräfte gelegt, da sie die Kultur des DLR und deren Werte als Vorbilder in die Organisationseinheiten tragen.

14.5.4 Der Ansatz in der Praxis

Die Konzeption der Workshopeinheiten sieht vor, diese auf 90 min zu beschränken. Diese Beschränkung liegt in der Zielsetzung eines flexiblen Einsatzes der Workshops begründet. So können die Workshops sowohl in gängige Vorlesungsformate als auch Weiterbildungsbildungsmaßnahmen integriert werden. Im Bereich der Personalentwicklung bietet sich die Anwendung dieser Einheiten als zusätzliche Informationspunkte auf

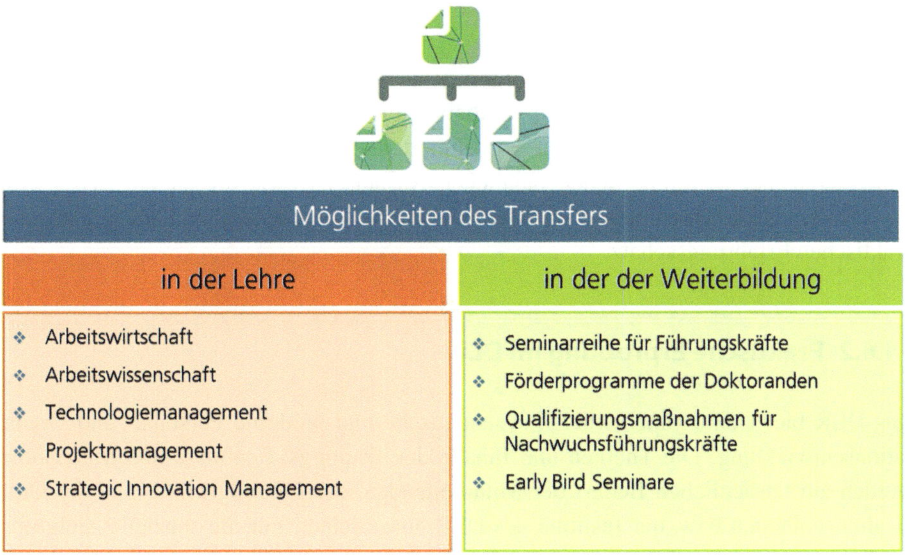

Abb. 14.1 Integrationsbereiche der Workshops in die Organisation. (Eigene Darstellung)

der Agenda von Weiterbildungstagen, insbesondere in verschiedenen Weiterbildungsmodulen zu Seminarreihen für (Nachwuchs)-Führungskräfte oder einzelnen Veranstaltungen, wie z. B. Einführungsveranstaltungen für neue Mitarbeitende, an (Abb. 14.1). Personalentwicklungsprogramme sehen in der Regel mehrere unterschiedliche Themen in Form von Vorträgen und Workshops zur Vermittlung von wichtigen Informationen für die Zielgruppe bei Weiterbildungstagen vor.

14.6 Ein erster Startschuss: Pilotprojekt am Beispiel „Diversity"

14.6.1 Pilotprojektbeschreibung

Das Konzept wird anfänglich als Pilotprojekt am Beispiel „Diversity" umgesetzt, da die kooperierenden Einrichtungen dem Thema Diversity innerhalb ihrer Organisation einen hohen aktuellen Stellenwert beimessen und dessen Nutzen und Erkenntnisse sich gut in den Berufs- und Studierendenalltag übertragen lassen.

Die Aktualität von Diversity leitet sich aus gesellschaftlichen und wirtschaftlichen Trends ab, die Veränderungen in der Arbeitswelt bewirken. Diversity und Diversity Management greifen diese Veränderungen auf und nutzen sie. Eine zunehmende Heterogenität auf dem Arbeitsmarkt und bei den Mitarbeitenden wird durch unterschiedliche Faktoren auf gesellschaftlicher Ebene begünstigt. Auf wissenschaftlicher Ebene bergen die Globalisierung der Wissensströme, die Internationalisierung sowie die Erschließung neuer Marktanteile und die Gewinnung von qualifiziertem Personal einen fruchtbaren Nährboden für das Konzept Diversity.

Hierzu ist von den beiden Einrichtungen ein 90-minütiger Workshop ausgearbeitet worden. Die bilaterale Ausarbeitung beinhaltete die Planung der möglichen Inhalte und Methoden im Workshop nach dem vordefinierten Format. Die enge Zusammenarbeit ermöglichte hier kontinuierlichen fachlichen Austausch sowie die stetige Erweiterung der Inhalte durch Erkenntnisse unterschiedlicher wissenschaftlicher Fachbereiche und praktischen Erfahrungsschatz.

14.6.2 Praktische Erprobung im DLR

Das DLR bietet eine ganzheitliche, systematische und moderne Personal- und Organisationsentwicklung. Die Themen und Inhalte der Trainings, Seminare und Maßnahmen werden am tatsächlichen Bedarf der Mitarbeitenden, der Führungskräfte und der Organisationseinheiten bzw. der Institute des DLR ausgerichtet. Für die spezielle Zielgruppe der Führungskräfte im DLR konzipiert die Personal- und Organisationsentwicklung spezielle Seminare bzw. Seminarreihen, die den aktuellen Anforderungen und den Bedarfen dieser Zielgruppe entsprechen. Als zweitägige Veranstaltung wird den Führungskräften ein Seminar zum Thema „Nachhaltigkeitsmanagement im DLR“ angeboten, welches sich mit den Anforderungen von Nachhaltigkeit und dementsprechendem Handeln befasst. Durch interne Referenten, die von der Personalentwicklung instruiert und evaluiert werden, wird die Workshopeinheit zum Thema Diversity in diesem speziellen Seminar an passender Stelle platziert.

14.6.3 Praktische Erprobung an der Universität Stuttgart

Die Universität Stuttgart bietet in den ingenieurwissenschaftlichen Studiengängen eine Vielzahl von zwar verpflichtenden, jedoch aus einer Liste frei wählbaren Spezialisierungsfachpraktika und Praktikumsmodulen an über 30 Instituten an.

Das Institut für Arbeitswissenschaft und Technologiemanagement (IAT) der Universität Stuttgart bietet durch die gemeinsam entwickelte Workshopeinheit ein speziell auf ingenieurwissenschaftliche Studiengänge zugeschnittenes Praktikum zum Thema „Produktentwicklung unter Diversity-Aspekten“ an. Die komplexen Felder Technik und Gesellschaft sind eng miteinander verwoben. Das Praktikum bietet Einblicke in Themen und Herangehensweisen der Gender und Diversity Studies in den Ingenieurwissenschaften und legt den Schwerpunkt hierbei auf die Produktentwicklung. Die Studierenden erweitern die ihnen bereits bekannten methodischen und analytischen Zugänge ihrer ingenieurwissenschaftlichen Disziplin um eine Gender- und Diversity-Perspektive. Dies ermöglicht ihnen die Auseinandersetzung mit der gesellschaftlichen Wirkungsdimension ihrer Studieninhalte und ihrer späteren Arbeitsaufgabe im Beruf. Im Praktikum werden exemplarisch Beziehungen zwischen Technik, Technologie und Gesellschaft anhand aktueller Fallbeispiele im Anwendungsbereich der Produktentwicklung aufgezeigt. Hier werden auch relevante Fragestellungen der Technikfolgenabschätzung, der Technikbewertung sowie der Gestaltbarkeit von technischen Produkten behandelt. Die Studierenden entwickeln im Rahmen einer Gruppenübung ein Produkt, welches unterschiedlichen Diversity-Vorgaben gerecht werden soll. Hierbei erleben sie gleichzeitig das interdisziplinäre Zusammenarbeiten und die Entwicklung eines Produkts durch ein vielfältig zusammengesetztes Studierendenteam. Das Praktikum sieht eine intensive Reflexion und Diskussion der Technikfolgenabschätzung, Technikbewertung und der Gestaltbarkeit von Technik aus gesellschaftlicher Perspektive vor.

14.7 Zusammenfassung und Ausblick

Das zentrale Interesse galt in diesem Beitrag der Deutung und Kontextualisierung von nachhaltigem Personalmanagement als Ergebnis des LeNa-Projekts. Diese Ergebnisse bilden die Basis für die Konzeption eines interdisziplinären und organisationsübergreifenden Ansatzes zur Integration von Nachhaltigkeitsaspekten in Lehre und Weiterbildung. Die empirische Grundlage bildete hierbei eine qualitative organisationsethnografische Fallstudie, in der die Autoren die Deutungen von Experten und Expertinnen sowie deren Betriebs- und Alltagswissen in Bezug auf ein nachhaltiges Personalmanagement untersuchten.

Die daraus entwickelten Implementierungsmöglichkeiten finden nun einen ersten Umsetzungsansatz: Das DLR und das Institut für Arbeitswissenschaft und Technologiemanagement wagen den Schritt einer gemeinsamen Erarbeitung von Workshopeinheiten um das Themenfeld des nachhaltigen Personalmanagements. Das Pilotprojekt wurde bereits am Beispiel „Diversity“ ausgerollt. Zum aktuellen Zeitpunkt lässt sich noch keine Bilanz ziehen, da die Workshops aktuell in der Erprobung sind. Am Ende der Erprobungsphase ist eine Evaluation vorgesehen, deren Ergebnisse in die Konzeption weiterer Workshopeinheiten einfließen sollen. Ziel ist es dann, weitere Workshopeinheiten zu allen Factsheetthemen zu generieren und den Pool an entsprechenden Lern- und Lehrmaterialien auszubauen. Bereits bei der Entwicklung des Pilotworkshops ist deutlich geworden, dass mögliche Risiken berücksichtigt werden müssen, die standardisierte Konzepte bergen. Zwar überwiegen die Vorteile einer interdisziplinären Zusammenarbeit, die gerade im Hinblick auf das Thema Nachhaltigkeit im Wissenschaftssystem eine bedeutsame Rolle spielt, jedoch sind mögliche Hürden und Fallstricke bereits zu Beginn konzeptioneller Überlegungen mit einzubeziehen. Hier sind voraussichtlich zusätzliche Zielgruppendefinitionen vorzunehmen, die dann wiederum angepasste Lehrmaterialien fordern. In Zukunft wird hier überprüft werden müssen, inwiefern das Workshopformat sinnvoll für den Anwendungsfall bleibt oder ob ein modularer Baukasten aus unterschiedlichen, kurzen Lehreinheiten besser geeignet ist für die Verwendung in Lehre und Weiterbildung. Gerade beim Thema Nachhaltigkeit ist der Bedarf an Reflexion und

Diskussion groß. Hier gilt es auszuhandeln und auszutesten, welche maximale Gruppengröße für das Format eines Workshops mit vertiefenden Übungen möglich ist, bei gleichzeitiger Gewährleistung von genügend Zeit und Raum für eine selbstkritische Reflexion der Teilnehmenden.

Jedoch ist nicht nur die Reflexion seitens der Teilnehmenden bedeutsam, auch der eigenen Reflexion in Bezug auf den interdisziplinären und organisationsübergreifenden Ansatz zur Vermittlung von Nachhaltigkeitsaspekten in Lehre und Weiterbildung soll Rechnung getragen werden. Der Ansatz ist gewissermaßen die Erprobung der im LeNa-Factsheet „Vernetzung und Kooperation" ausgesprochenen Handlungsempfehlung. Durch die gemeinsame Erarbeitung des Ansatzes und dessen Umsetzungsmöglichkeiten soll die bereits etablierte Zusammenarbeit fortgeführt und in den eigenen Organisationen angewandt werden.

Literatur

Beer M (1985) Human resource management: a general manager's perspective. Free Press, New York

BMBF – Bundesministerium für Bildung und Forschung (Hrsg) (2014) Internationale Kooperation. Aktionsplan des Bundesministeriums für Bildung und Forschung. Eigenverlag, Berlin

BMBF – Bundesministerium für Bildung und Forschung (Hrsg) (2016) Bundesbericht Forschung und Innovation 2016. Forschungs- und innovationspolitische Ziele und Maßnahmen. Bertelsmann, Bielefeld. https://www.bmbf.de/pub/Bufi_2016_Hauptband.pdf. Zugegriffen: 19. Juli 2017

Bogner A, Menz W (2002) Das theoriegenerierende Experteninterview. Erkenntnisinteresse, Wissensformen, Interaktion. In: Bogner A, Littig B, Menz W (Hrsg) Das Experteninterview. Theorie, Methode, Anwendung. Leske + Budrich, Opladen, S 33–70

Choi J (2010) Organisationsethnographie im interkulturellen Kontext. Deutsch-koreanische Projektzusammenarbeit in multinationalen Unternehmen. Waxmann, München

Colsman B (2016) Nachhaltigkeitscontrolling. Strategien, Ziele, Umsetzung, 2. Aufl. Springer, Wiesbaden

Di Giulio A (2003) Die Idee der Nachhaltigkeit im Verständnis der Vereinten Nationen. Anspruch, Bedeutung und Schwierigkeiten. LIT, Münster

Elkington J (1997) Cannibals with forks: the triple bottom line of 21st century business. Capstone, Oxford

Fraunhofer-Gesellschaft, Helmholtz-Gemeinschaft Leibniz-Gemeinschaft (Hrsg) (2016) Nachhaltigkeitsmanagement in außeruniversitären Forschungsorganisationen. Handreichung. Eigenverlag, München

Götz I, Moosmüller A (1992) Zur ethnologischen Erforschung von Unternehmenskulturen. Industriebetriebe als Forschungsfeld der Völker- und Volkskunde. Schweizerisches Archiv für Volkskunde 88:1–30

Götz I, Wittel A (2000) Arbeitskulturen im Umbruch. Zur Ethnographie von Arbeit und Organisation. Waxmann, Münster

GWK – Gemeinsame Wissenschaftskonferenz (2016) Pakt für Forschung und Innovation. *Monitoring*-Bericht 2016. Materialien der GWK, Bd 47. http://www.gwk-bonn.de/fileadmin/Papers/GWK-Heft-47-PFI-Monitoring-Bericht-2016.pdf. Zugegriffen: 10. Juli 2017

Hauff V (Hrsg) (1987) Unsere gemeinsame Zukunft. Der Brundtland-Bericht der Weltkommission für Umwelt und Entwicklung. Eggenkamp, Greven

Hitzler R, Honer A, Maeder C (Hrsg) (1994) Expertenwissen. Die institutionalisierte Kompetenz zur Konstruktion von Wirklichkeit. Vieweg + Teubner, Wiesbaden

Hornbostel S, Simon D (2010) Strukturwandel des deutschen Forschungssystems – Herausforderungen, Problemlagen und Chancen. Arbeitspapier 206. https://www.boeckler.de/pdf/p_arbp_206.pdf. Zugegriffen: 14. Juli 2017

Kopfmüller J (2007) Auf dem Weg zu einem integrativen Nachhaltigkeitskonzept. Die Verbindung von Umwelt und Entwicklung im Nachhaltigkeitsdiskurs. Ökologisches Wirtschaften 1:16–18

Kopfmüller J (2011) Das Integrative Nachhaltigkeitskonzept der Helmholtz-Gemeinschaft. Idee – Anwendung – Perspektiven.Vortrag beim Workshop des Netzwerks Nachhaltigkeit am KIT „Perspektiven der Nachhaltigkeit am KIT". https://www.mensch-und-technik.kit.edu/img/3_Kopfmueller_NeNa-Workshop_2011_-_Integratives__NH_Konzept.pdf. Zugegriffen: 25. Juli 2017

Kuhn L (2008) Triple bottom line? Harv Bus Rev 1:12–13

Kurz L, Jost L, Rabelt V, Ohlhausen P, Roth K, Simon D, Fiegel-Kölblin I (2017) Nachhaltigkeit im Personalmanagement. BMBF-Projekt LeNa – Nachhaltigkeitsmanagement in außeruniversitären Forschungsorganisationen. Eigenverlag, Berlin

Loew T, Rohde F (2013) CSR und Nachhaltigkeitsmanagement. Definitionen, Ansätze und organisatorische Umsetzung im Unternehmen. Institute for Sustainabilty, Berlin

Meuser M, Nagel U (1991) ExpertInneninterviews – vielfach erprobt, wenig bedacht. Ein Beitrag zur qualitativen Methodendiskussion. In: Garz D, Kraimer K (Hrsg) Qualitativ-empirische Sozialforschung. Konzepte, Methoden, Analysen. Westdeutscher Verlag, Opladen, S 441–471

Miles RE, Snow CC (1995) The new network firm: a spherical structure built on a human investment philosophy. Organ Dyn 23(4):5–18

Pfeffer J (1998) The human equation: building profits by putting people first. Harvard Business School Press, Boston

Presse- und Informationsamt der Bundesregierung (Hrsg) (2012) Nationale Nachhaltigkeitsstrategie. Fortschrittsbericht 2012. https://www.bundesregierung.de/Content/DE/StatischeSeiten/Breg/Nachhaltigkeit/0-Buehne/2016-05-31-download-nachhaltigkeitsstrategie-entwurf.pdf?__blob=publicationFile&. Zugegriffen: 20. Nov. 2017

Rat für Nachhaltige Entwicklung (Hrsg) (2015) Der Deutsche Nachhaltigkeitskodex. Maßstab für nachhaltiges Wirtschaften, 2. komplett überarb. Fassung. Eigenverlag, Berlin

Schaltegger S, Haller B, Müller A, Klewitz J, Harms D (2009) Nachhaltigkeitsmanagement in der öffentlichen Verwaltung. Herausforderungen, Handlungsfelder und Methoden. Centre for Sustainability Management, Lüneburg

Schmelzer HJ, Sesselmann W (2008) Geschäftsprozessmanagement in der Praxis. Kunden zufrieden stellen – Produktivität steigern – Wert erhöhen, 6. Aufl. Hanser, München

Siebert H (1997) Didaktisches Handeln in der Erwachsenenbildung. Didaktik aus konstruktivistischer Sicht, 2. Aufl. Luchterhand, Neuwied

Ulrich P (2001) Integrative Wirtschaftsethik. Grundlagen einer lebensdienlichen Ökonomie, 3. Aufl. Haupt, Bern

Winter M, Kreckel R (2010) Wettbewerbsfähigkeit durch Kooperation? Zur Zusammenarbeit von Universitäten und außeruniversitären Forschungseinrichtungen. Forschung 3(1):8–14

WR – Wissenschaftsrat (Hrsg) (2013) Perspektiven des deutschen Wissenschaftssystems. Drs. 3228-13. https://www.wissenschaftsrat.de/download/archiv/3228-13.pdf. Zugegriffen: 17. Juli 2017

Wright S (Hrsg) (1994) Anthropology of organizations. Routledge, London

Wunderer R, Kuhn T (1993) Unternehmerisches Personalmanagement. Konzepte, Prognosen und Strategien für das Jahr 2000. Campus, Frankfurt a. M.

Zaugg RJ (2005) Nachhaltiges Personalmanagement. Grundlagen, empirische Erkenntnisse und Implementierung in einem KMU. Vortrag, Bern. http://www.saq.ch/fileadmin/user_upload/veranstaltungen/referate/24/folien_20050426_iop.pdf. Zugegriffen: 25. Juli 2017

Zaugg RJ (2009) Nachhaltiges Personalmanagement. Eine neue Perspektive und empirische Exploration des Human Resource Management. Springer, Wiesbaden

Wissen anwenden und Handlungskompetenz erfahren – Mastermodul „Nachhaltigkeit & Mobilität"

15

Hartwig Haase, Henning Strubelt und Anna Maria Theren

Zusammenfassung

Das Lehrkonzept des Mastermoduls „Nachhaltigkeit & Mobilität" zielt – aufbauend auf bereits vorhandene Fach- und Methodenkompetenz – neben der reinen Vermittlung von Wissen, Fertigkeiten und Methoden besonders auf die Erweiterung persönlicher und sozialer Kompetenzen ab und orientiert sich damit an der Aufgabe, verstärkt Schlüsselkompetenzen zu trainieren sowie Verantwortlichkeiten für Entscheidungen und eigenes Handeln zu erkennen und zu übernehmen. Eine interdisziplinäre Zusammensetzung der Studierenden aus unterschiedlichen Fachrichtungen sowie mit unterschiedlichen sozialen und kulturellen Hintergründen und Einstellungen bereichert die Durchführung der Lehrveranstaltungen, erweitert den Horizont der inhaltlichen und emotionalen Auseinandersetzungen, fördert den Erfolg des Konzepts, erhöht aber gleichzeitig auch den Anspruch an Entwicklung und Umsetzung des Lehrkonzepts. Das Ergebnis einer qualitativen Studie, die die biografische Entfaltungsgeschichte von Engagement bei jungen Erwachsenen untersucht, belegt, dass nachhaltig (im Sinne von langfristig) wirkende Bindungsfaktoren für engagiertes Verhalten vor allem in Zusammenhang mit praktischen und handlungsorientierten Lernerfahrungen entstehen und nicht allein durch die Vermittlung theoretischer Wissensinhalte angeregt werden können. Dies wird konsequent verfolgt durch die eigenständige Bearbeitung von Projekten durch die Studierenden zu aktuellen Nachhaltigkeitsthemen in Kooperation mit lokalen Nachhaltigkeitsinitiativen sowie dem universitären Nachhaltigkeitsbüro.

H. Haase (✉) · H. Strubelt · A. M. Theren
Otto-von-Guericke-Universität Magdeburg, Magdeburg, Deutschland
E-Mail: hartwig.haase@ovgu.de

W. Leal Filho (Hrsg.), *Nachhaltigkeit in der Lehre,* Theorie und Praxis der Nachhaltigkeit, https://doi.org/10.1007/978-3-662-56386-1_15

Schlüsselwörter
Nachhaltigkeit · Handlungskompetenz · Alternative Lernumgebungen · Selbstreflexion Engagementförderung

15.1 Annahmen zur Förderung der Engagementbereitschaft in Studiengangsmodulen und Seminaren aus sozialweltlicher Perspektive

Versteht man einen universitären Studiengang oder im Spezifischen einzelne Module oder Seminare eines Studiengangs als soziale Welten im Sinne von Anselm Strauss' (1993) interaktionistischer Theoriekonzeption, so können die teilnehmenden Studierenden als soziale Interaktionspartner_innen betrachtet werden, die bezüglich einer fachlichen Thematik geteilte Interessen besitzen und bereit sind, persönliche Ressourcen zur Verfügung zu stellen, um im Rahmen dieser sozialen Welt kollektiven Aktivitäten nachzugehen, wie beispielsweise dem Schreiben von Hausarbeiten, dem Entwickeln von Projekten oder aber auch dem Erarbeiten von Wissensinhalten sowie dem Sammeln von Erfahrungen zur Kompetenzerweiterung. Man kann davon sprechen, dass die Studierenden im Sinne eines geteilten Vorstellungsraums bezüglich einer spezifischen (Fach-) Thematik miteinander verbunden sind und entsprechend handeln.

Es herrscht innerhalb dieser Sozialwelt eines Seminars auch abseits des institutionellen Regelwerks der curricular festgelegten Normen bei den Teilnehmenden Einverständnis darüber, wie bestimmte fachbezogene Abläufe (z. B. Abgabefristen) oder soziale Strukturen (etwa die Art der Beziehungen in der Zusammenarbeit mit Kommiliton_innen oder dem/der Seminarleiter_in) zu organisieren sind und was von den einzelnen Teilnehmer_innen auf der Ebene fachlicher und sozialer Leistungen im Einzelnen zu erwarten ist.

Auch wenn davon auszugehen ist, dass Studierende auf Grundlage der Entscheidung ihrer Studiengangswahl bereits persönliches Engagement in ihrer Teilnahme an Seminaren mitbringen, bleibt die Frage, ob Bedingungsmechanismen in der strukturellen Organisation von Seminaren oder Fachmodulen existieren, die dazu beitragen, dass die Teilnehmenden eine tiefere Beziehung zur Thematik entwickeln, die über das Erfüllen von Leistungsansprüchen auf der curricularen Ebene hinausgeht. Wie kann also (je nach fachthematischer Ausrichtung und Anforderungshorizont) gestalterischer Einfluss auf solche engagementförderlichen Dynamiken in der Ausrichtung der fachbezogenen und interaktiven Abläufe von Seminaren und Studiengangsmodulen genommen werden?

Dazu sollen einige Anregungen aus der theoretischen Konzeption einer qualitativ-empirischen Studie entlehnt werden, die der Untersuchung sozialer und biografischer Hintergründe für menschenrechtliches Engagement gewidmet ist. Aus den Ergebnissen dieser Prozessanalyse auf Grundlage biografisch-narrativer Interviews kann geschlossen werden, dass Engagement oder Bereitschaft zu Engagement dann entsteht, wenn ein voraussetzungsreiches Anregungsmilieu für die Entfaltung kreativer Lernprozesse gegeben ist. Damit ist jedoch keineswegs das Bereitstellen eines vielseitigen Angebots theoriebezogener Lehrimpulse gemeint. Vielmehr lässt sich ein für das Engagement konditionell relevantes soziales Interaktionsgeschehen nur schwerlich in Zusammenhang mit institutionell intendierten Lehr- und Lernprozessen (etwa im Rahmen von Unterrichtseinheiten in Schulen oder Universitäten) herleiten. Stattdessen sind es häufig Erfahrungen im Rahmen sozialer Interaktionen außerhalb des Lehrplans, die Einfluss auf die Engagementbereitschaft nehmen.

Im Einzelnen konnten engagementförderliche Wirksamkeitsprozesse in Zusammenhang mit Situationen beobachtet werden, in denen die Befragten Zugang zu aktiven Handlungsoptionen der Teilhabe an der Erarbeitung von Wissensinhalten und Sinnschöpfungszusammenhängen haben. Dafür ist es nötig, dass soziale Diskursarenen entstehen, in denen Lernerfahrungen der Perspektivübernahme, des Erprobens widersprüchlicher Haltungen und Positionen und das Erfahren von Streitbarkeit möglich ist. Die Vermittlung theoretischer Wissensinhalte kann Engagement erzeugen, wenn auf der anderen Seite auch ein aktives Eingebundensein in Handlungsabläufe für die Bearbeitung einer spezifischen Thematik (etwa durch die gemeinschaftliche Planung eines Projektes) möglich ist. Oft entstehen Erkenntnisprozesse, die zu Haltungsänderungen führen, in Zusammenhang mit Erfahrungen, die einen biografischen Bedeutungskontext aufweisen. Um mit Rosas Resonanzbegriff zu arbeiten, kann man sagen, Engagement entsteht, wenn das Gefühl erzeugt wird, an etwas Sinnstiftendem beteiligt zu sein (Rosa 2016). Das Durchdringen komplexer theoretischer Wissenshintergründe kann diesem Empfinden nachgelagert sein.

Kurz gesagt, kann sich das Sozialweltgeschehen im Rahmen eines Seminars oder Studiengangmoduls förderlich auf die Entfaltung des persönlichen Engagements der Teilnehmer_innen auswirken, wenn kreative Lernprozesse stattfinden, die Raum für die Entwicklung biografischer Entfaltungspotenziale bieten und Selbtswirksamkeitserfahrungen möglich sind.

Speziell für nachhaltigkeitsbezogene Lehrinhalte, die neben wissensvermittelnden auch emotionale, wertvermittelnde und wertbildende Ziele verfolgen, ist es damit erforderlich, traditionelle Lehrformate zu verlassen und eine die Studierenden integrierende Form der Lehrveranstaltung zu gestalten, um selbstwirksame und somit engagementfördernde Strukturen zu erlauben.

15.2 Mastermodul „Nachhaltigkeit & Mobilität"

Die Studierenden des dreisemestrigen Masterstudienganges Wirtschaftsingenieur Logistik müssen zwei von vier angebotenen Vertiefungen auswählen. Das Modul „Nachhaltigkeit & Mobilität“ ist Bestandteil der Vertiefung „Sustainable Logistics“, allerdings auch für Studierende anderer Studiengänge geöffnet.

Eine Pflichtkomponente des Curriculums ist weiterhin eine Master-Projektarbeit, die als Einzel- oder Teamprojekt zu bearbeiten ist und die sich inhaltlich einer gewählten Vertiefung anschließen sollte. Die für die Vertiefung bzw. die Vertiefungsmodule verantwortlichen Dozent_innen schreiben über ein Internetportal Themenstellungen aus, auf die sich die Studierenden bewerben/einschreiben können. Häufig rekrutieren sich aus den Vertiefungsrichtungen auch Themenstellungen für die Masterarbeit. Somit können sich die Studierenden für eine bestimmte Richtung spezialisieren und erworbenes Wissen bereits im Studienverlauf vertiefen und oftmals praktisch anwenden.

Die theoretischen Grundlagen zur Thematik Nachhaltigkeit wird den meisten – zumindest konsekutiv studierenden – Teilnehmern des Moduls bereits im Bachelor-Kurs „Nachhaltige Entwicklung“ vermittelt. Mit diesem Hintergrund und den im vorherigen Abschnitt angeführten Erkenntnissen liegt der Fokus des Masterkurses stärker auf einer projektbezogenen, praktisch orientierten Ausrichtung. Folglich soll auch in diesem Beitrag die praktische Umsetzung mehr im Vordergrund stehen.

Der Verlauf des Kurses wird bewusst offen gehalten und mit den Studierenden in der Einführungsveranstaltung inhaltlich konkretisiert. Die Dozenten geben in dieser ersten Veranstaltung die Ziele, den Zeitrahmen, die gemeinsamen Umgangsformen *(code of conduct)* und den inhaltlichen Gestaltungsrahmen des Moduls vor. Es gibt einen „Rückfallplan“, den die Dozenten vorschlagen können, der aber auch Jahr für Jahr überarbeitet und an aktuelle Entwicklungen, nationale sowie regionale Veranstaltungen (z. B. Woche der Umwelt in Berlin) und Termine angepasst wird. Seit 2012 wird das Modul im Masterprogramm angeboten und jedes Jahr gab es seitdem neue Formen und modifizierte Inhalte. Zum Teil werden sogar im laufenden Kurs Korrekturen vorgenommen, wenn sich z. B. herausstellt, dass sich in der Diskussion ein bestimmtes Thema als bedeutsam und interessant herauskristallisiert.

Bei dieser konzeptionellen Ausrichtung einer Lehrveranstaltung muss klar sein: Diese offene Gestaltung erfordert von allen Beteiligten ein hohes Maß an Flexibilität und Improvisationsvermögen, inklusive der Bereitschaft, auch einmal mit einem Vorhaben zu scheitern.

Prinzipiell werden als Veranstaltungsorte möglichst campusferne Räume gewählt, wobei auch hier die Studierenden Vorschläge einbringen und aktiv werden. In den späteren Ausführungen werden dazu noch Beispiele aufgeführt. Bei dem Bestreben, den Seminarraum durch alternative Orte zu ersetzen, wird oft die Zusammenarbeit mit ehrenamtlich arbeitenden Initiativen oder Kulturschaffenden angestrebt, die keine durchgängige Erreichbarkeit oder Verfügbarkeit anbieten können. So stand eine Projektgruppe, die in der ehemaligen Justizvollzugsanstalt im Rahmen des Kulturfestivals „Sinnlichkeit“ präsentieren sollte, plötzlich vor verschlossenen Türen, musste sich Utensilien für die Präsentation aus einem Sperrmüllcontainer leihen und während der Präsentation einen Gefangenentransport für das in der Nachbarschaft gelegene Justizzentrum vorbeilassen. Die Bewertung des Planspiels „Ich trinke meinen Kaffee grün“ konnte nicht – wie geplant – in einem Café in der Innenstadt stattfinden, sondern musste davor auf der Straße und in der Öffentlichkeit unter „Mitwirkung“ der Passanten durchgeführt werden.

Als sehr wichtig wird bei dem Thema Nachhaltigkeit das eigene Engagement und die Motivation der Dozent_innen angesehen. So wäre es kaum glaubwürdig, hoch motorisiert bei den Lehrveranstaltungen zu erscheinen. Auch die Motivation der Studierenden wird in einem „Eingangstest" abge- und hinterfragt. Bei aller Ernsthaftigkeit des Themas wird darauf geachtet, dass Humor und Spaß bei den Veranstaltungen nicht zu kurz kommen!

In der ersten Veranstaltung werden auch die Lern- und Projektgruppen gebildet – „Rudelbildung". Sie werden ausgelost, ggf. unter Beachtung der Fachdisziplinen, damit eine bunt gemischte Zusammensetzung erreicht wird und eventuell vorhandene Cliquen aufgelöst werden. Der Einfluss der Gruppengröße auf den Erfolg von Projekten ist belegt (Yang et al. 2013). Zur optimalen Gruppengröße gibt es jedoch verschiedenste Empfehlungen. Zu große Gruppen führen dazu, dass sich die Anzahl der Mitläufer erhöht und die Gesamtleistung ab einer bestimmten Gruppengröße irgendwann sogar abnimmt, während zu kleine Gruppen zu einer zu hohen individuellen Arbeitslast führen können. Deshalb orientiert sich die Gruppengröße in dieser Veranstaltung an den Ergebnissen von Yang et al. (2013) und Becker (2016, S. 46 ff.), die empfehlen, die Gruppengröße bei maximal 9 Gruppenmitgliedern bzw. möglichst klein zu halten und auf eine ungerade Anzahl an Gruppenmitgliedern zu achten, damit es im Konfliktfall nicht zu zwei gleich großen Gruppen innerhalb der Gruppe kommt.

Wünschenswert wäre es im Verlauf des Semesters, die Gruppenzusammensetzung so zu verändern, dass jeder mit jedem zusammenarbeitet (Pausch und Zaslow 2008), was aber sehr viele zeitlich kurze Projekte erfordert und bisher nicht realisiert werden konnte. Die Dozenten selber nehmen an der Gruppenarbeit teil oder unterstützen die Gruppen durch Konsultationen.

Als Grundkonzept gibt es einen ersten eher theoretisch orientierten Teil mit Impulsvorträgen zu speziellen Nachhaltigkeitsthemen, die auch in der ersten Veranstaltung über Pinnwandmoderation mit den Studierenden entwickelt und schließlich ausgewählt werden. Dieser kreative Entwicklungsprozess kann dazu führen, dass anschließend Themengebiete behandelt werden, mit denen weder Studierende noch Dozenten im Vorhinein rechnen. In einem Jahr führte dies zu der spontanen Entscheidung, Poster zu nachhaltigen Themen, die aus einer Aufgabe einer anderen Lehrveranstaltung heraus entstanden waren, aufzunehmen und mit professioneller Unterstützung eines Designers zu überarbeiten und weiterzuentwickeln – siehe Abb. 15.1.

Im zweiten Teil des Moduls werden die bereits angesprochenen praktisch orientierten Projektarbeiten durchgeführt. Dazu wurde z. B. die fiktive Teilnahme an einem offiziellen Projektwettbewerb der Werkstatt N des Rates für Nachhaltige Entwicklung (jetzt „Projekt Nachhaltigkeit" – der Werkstatt N Nachfolgewettbewerb für eine nachhaltige Gesellschaft) aufgenommen. Die Idee war, die besten Projekte auszuwählen, im Zuge des Masterprojektes weiterzuentwickeln und dann auch offiziell im Wettbewerb einzureichen.

Bei den Projekten wird versucht, einen konkreten Wirkungsrahmen und die Bezugsebene der Studierenden in der Universität oder der Region einzubeziehen und die Ergebnisse – wo das möglich ist – in aktuelle Aktionen zu integrieren und dort öffentlich zu machen. Beispiele für Aufgabenstellungen sind hier die Entwicklung einer OvGU-Box (Otto-von-Guericke-Universität) für die Erfassung von Altpapier am Arbeitsplatz, inkl. des Erfassungs- und Entsorgungskonzeptes, ein Konzept für die Umwidmung eines Pkw-Parkplatzes in ein Hochbeet („SUV – soziouniversitäres Versuchsfeld") oder

Abb. 15.1 Poster zu Nachhaltigkeitsthemen. (Aus Arns et al. 2014)

eine autofreie Innenstadt für Magdeburg („Stadt für Bürger statt für Autos“). Das letztgenannte Konzept wurde z. B. im Rahmen des Kulturfestivals „Sinnlichkeit“ und einer Nachhaltigkeitsmesse ausgestellt und mit dem verantwortlichen Dezernatsleiter der Stadt Magdeburg diskutiert. Weitere Details und Beispiele finden sich in den späteren Ausführungen in Abschn. 15.3.

Integrierte Sonderveranstaltungen ergänzen das Angebot der Lehrveranstaltung. So wurde zum Beispiel ein Besuch im Magdeburger Zoo organisiert, bei dem der Zoodirektor das Thema Biodiversität erörterte, oder es wurde die genossenschaftlich organisierte Gemeinschaft Vitopia eG besucht, die in Form eines Reallabors versucht, emissionsarm mit geringem Umweltimpact zu leben und zu wirtschaften.

Die Studierenden werden zudem über externe Veranstaltungen in der Region informiert und angeregt, an diesen teilzunehmen (z. B. PARKing Day, Ökosoziale Hochschultage, Critical Mass).

Problematisch wird bei dieser Art der Modulgestaltung, dem Charakter der Veranstaltung und der Vielfältigkeit der Aufgabenstellungen (Niveau und Inhalt) die Notenvergabe eingeschätzt. Die Vorträge und Präsentationen sowie – wenn vorhanden – die Ergebnisberichte lassen sich mit transparenten Bewertungsformularen noch relativ gut einschätzen. Die Bewertungskriterien müssen aber stets an die sich ändernden Aufgabenstellungen und Rahmenbedingungen angepasst werden. Im ersten Jahr fand zum Beispiel die Abschlussprüfung im Steinzeitdorf Randau statt und die Studierenden wussten vorher nur, dass kein elektrischer Anschluss vorhanden ist und keine elektronischen Geräte zugelassen sind.

Auch hier wird versucht, die Studierenden in Entscheidungen und die Gestaltung einzubeziehen. In einer ArbeitsGruppe-Bewertung wird je Projektgruppe ein Mitglied an der Auswahl der Kriterien und auch der gegenseitigen Bewertung der Leistungen beteiligt. Damit gibt es für jede Leistung am Ende Bewertungen von zwei Dozenten und einem studentischen Team, die in die Benotung der Leistung einfließen.

Nach Pausch und Zaslow (2008, S. 131 ff.) wurde ein Online-Tool entwickelt, bei dem sich die Studierenden gegenseitig unter den Aspekten Aktivität, Kreativität und Teamfähigkeit einschätzen können, um auch ein studentisches Feedback zu erhalten, wie sie selbst in der Gruppe auf ihre Kommilitonen wirken (siehe Abb. 15.2). Im Ergebnis der Umfrage erhält jedes Teammitglied sein persönliches Ranking (wie die anderen Studierenden bewertet haben und deren eigenes Ranking sind anonymisiert). Auch hier kann in der AG-Bewertung entschieden werden, ob das Tool (von allen oder gar nicht) genutzt werden soll.

Da es nur eine gemittelte Endnote aus zwei bewerteten Gruppenleistungen gibt, wird den Gruppen zur Individualisierung der Leistungen die Möglichkeit der Bonus- und Malusvergabe eingeräumt. Während durch die Vergabe eines Malus die eine Note um eine Stufe abgewertet wird, wird sie durch die Vergabe eines Bonus um eine Stufe aufgewertet. Die Gesamtnote der Gruppe darf hierbei jedoch nicht verändert werden. Aktive und Mitläufer können so durch Bonus bzw. Malus „gewürdigt“ werden. Erforderlich ist hierfür allerdings ein klares einstimmiges Votum der Gruppe.

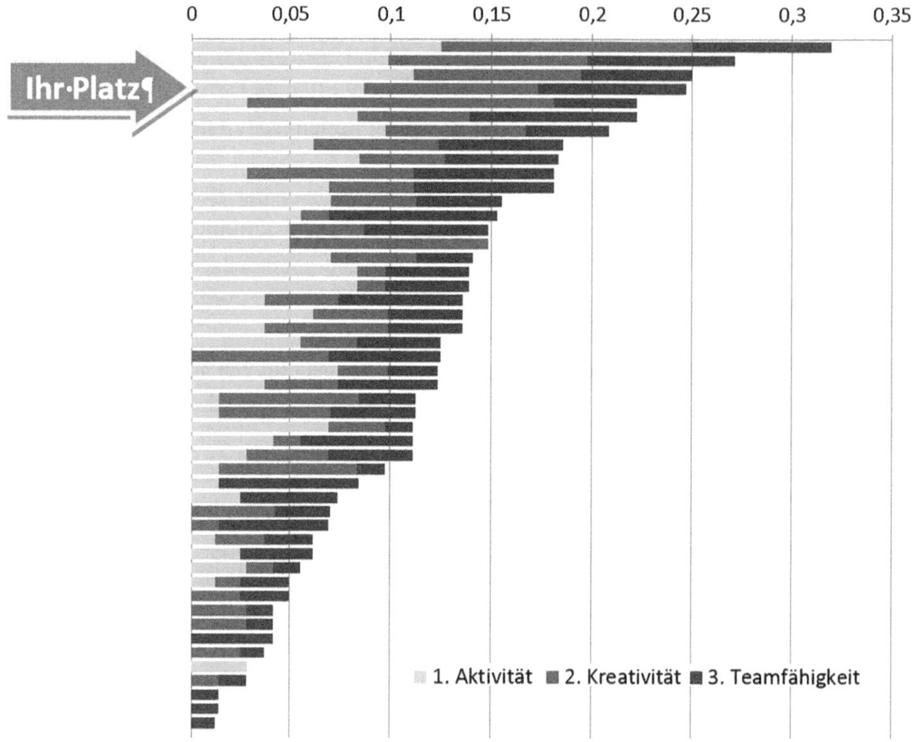

Abb. 15.2 Ergebnis der gegenseitigen Beurteilung der Studierenden. (Eigene Darstellung)

15.3 Projektbeispiele des Mastermoduls „Nachhaltigkeit & Mobilität"

15.3.1 Ökosoziale Hochschultage an der Otto-von-Guericke-Universität

2014 wurde erstmalig ein Projekt ausgeschrieben, welches die Hochschultage Ökosoziale Marktwirtschaft & Nachhaltigkeit – ein im Jahr 2010 gegründetes Gemeinschaftsprojekt von sechs Trägerorganisationen (darunter die Deutsche Gesellschaft CLUB OF ROME) – auch nach Magdeburg holen sollte (Hochschultage 2017). Fünf Teilnehmer_innen nahmen die Anregung an, vernetzten sich schnell mit Studierenden anderer Fachrichtungen und gründeten ein OrgaTeam ÖSHT, das seitdem mit wechselnder Besetzung arbeitet und 2017 unter dem Titel „Earth First" die mittlerweile 4. Ökosozialen Hochschultage an der Universität veranstaltet. Durch die interdisziplinäre Zusammensetzung, den schnell über den normalen Projektumfang hinauswachsenden Aufwand und auf Wunsch der Studierenden wurde diese Initiative aus der Lehrveranstaltung herausgelöst und auch nicht mit Leistungspunkten bedacht. Gleichzeitig können aber einzelne Aufgabenstellungen als Projektideen für die Lehrveranstaltung generiert werden. So untersuchte eine Projektgruppe die Wirkung, den Einfluss der einzelnen Veranstaltungen (bspw. „Wer und wie viele haben was bei welchen Themen und Veranstaltungsformaten teil- bzw. mitgenommen?"), eine weitere Gruppe entwickelte ein Konzept für klimaneutrale Hochschultage und ein Projektteam fasste die Erfahrungen der ersten Hochschultage in einem Begleitband zusammen (Assmann et al. 2015).

15.3.2 Nachhaltigkeitsbüro und Strategieprozess Nachhaltigkeit der Otto-von-Guericke-Universität

Eine Initiative, die sich hauptsächlich aus dem Team der Ökosozialen Hochschultage gebildet hat, entwickelte im Rahmen eines Wandercoachings des Netzwerk n eine Strategie mit konkreten Handlungsabläufen zur Einrichtung eines Nachhaltigkeitsbüros an der Universität. Auf den zweiten Ökosozialen Hochschultagen 2015 „EINFACH|SELBER|MACHEN" trafen sich dann Entscheidungsträger_innen verschiedenster Statusgruppen und Aktiven (u. a. der Rektor, der Kanzler, die Prorektorin für Studium und Lehre, Vertreter_innen des Studierendenrates, der Energiemanager sowie nachhaltigkeitsengagierte, aktive Studierende und Lehrende), um zu diskutieren, wie mit allen Gruppen der Universität gemeinsam ein dauerhafter Nachhaltigkeitsprozess an der Hochschule in Gang gesetzt werden kann. Es wurde die Gründung eines Nachhaltigkeitsbüros beschlossen, welches den Strategieprozess für eine nachhaltige Hochschule vorantreiben soll. Es entstand der erste Nachhaltigkeitsbericht der Universität als erste Bestandsaufnahme und Standortbestimmung. Die Berichterstattung wurde durch eine Masterarbeit (Brinken 2016) wissenschaftlich begleitet und unterstützt sowie mit deutschen (Netzwerk n) und europäischen Initiativen (Routability) abgestimmt und vernetzt. Der 1. Nachhaltigkeitsbericht der OvGU konnte auf dem 2. Runden Tisch Nachhaltigkeit am 2. Juni 2016 im Rahmen der 3. Ökosozialen Hochschultage vorgestellt und dem Rektor übergeben werden. Als Beschluss des 2. Runden Tisches wird derzeit die Entwicklung einer Nachhaltigkeitsstrategie mit Leitlinien und konkreten Maßnahmen/Zielen im Rahmen eines partizipatorischen Prozesses entwickelt und für die Abstimmung im akademischen Senat vorbereitet.

15.3.3 Ottovision – Campus als nachhaltiger Lebensraum

Den eigenen Universitätscampus nachhaltig(er) zu gestalten, war bereits Inhalt einer Zukunftswerkstatt, die gemeinsam mit dem Fachbereich Umweltpsychologie unter dessen Leitung veranstaltet wurde. Das Thema wurde als Projekt an die Studierenden ausgegeben, die dazu für eine Nachhaltigkeitsmesse im Rahmen des Kulturfestivals „Sinnlichkeit" 2015 einen Ausstellungsraum gestalten durften. Hier war ein sehr guter, alltäglicher Bezug durch den eigenen Studienort, eigenes Erleben der Räume,

Abläufe und Rahmenbedingungen auf dem Campus gegeben. Aus diesen persönlichen Erfahrungen und der kritischen Bewertung der gegebenen Situation sollte visionär ein Ort für ein gewünschtes gemeinsames Lernen, Leben und Arbeiten entwickelt werden. Die Studierenden setzten dieses Projekt mit einer Campus-Collage (2,5 m × 2 m) um, in der Parkplätze zu Grünanlagen und Aufenthaltsräumen umgewidmet wurden, neue Open-Air-Lehrorte und Begegnungsräume ihren Platz fanden (siehe Abb. 15.3). Die Besucher der Messe konnten die Vorschläge mit den Studierenden diskutieren und eigene Anregungen ergänzen. Wichtiges Ergebnis war, dass die Studierenden nicht nur die räumliche Gestaltung des Campus im Blick hatten, sondern auch die administrative Verankerung und Verstetigung der Aufgabe Nachhaltigkeit z. B. über ein Green Office der Universität berücksichtigten. Dieses Nachhaltigkeitsbüro an der Universität war zu dieser Zeit in Gründung und die Campus-Collage hat ihren Platz mittlerweile in diesem Büro gefunden.

15.3.4 Entwicklung und Einsatz von Brett- und Planspielen

Im Rahmen der Lehrveranstaltung sowie darauf aufbauender Masterprojektarbeiten und Abschlussarbeiten sind mittlerweile die drei Planspiele „S[ustain]olution", „Müllopoly"

Abb. 15.3 Campus-Collage zum Thema „Ottovision – Campus als nachhaltiger Lebensraum". (Foto: H. Haase)

und „Ich trinke meinen Kaffee grün" entwickelt worden. Diese werden im Folgenden kurz beschrieben.

„S[ustain]olution" Das Brettspiel entstand im Rahmen eines Masterprojekts der Vertiefung „Sustainable Logistics", ist für vier Spieler ausgelegt und dauert ca. 1,5 h. Es setzt das Thema Nachhaltigkeit spielerisch um und soll dabei die Spieler für das Thema Nachhaltigkeit sensibilisieren und zum Nachdenken anregen. Dabei wird durch interessante Fragen auf Aspekte wie die globale Marktwirtschaft, Ressourcenendlichkeit, Umweltverschmutzung, Konsum und Bevölkerungswachstum eingegangen. Ziel des Spiels ist es, möglichst viele sogenannte Nachhaltigkeitspunkte zu sammeln, was über eine vorbildliche Lebensweise bzw. Wirtschaftsweise und richtig beantwortete Fragen erreicht werden kann. Auch Geld spielt eine große Rolle in dem Spiel. Allerdings kann eine nicht-nachhaltige Lebensweise schnell zum Ende des Spiels führen. Somit müssen alle Spieler zusammenarbeiten, damit sie mit der Welt nicht gemeinsam untergehen.

Brettspiel „Müllopoly" Das Spiel ist für 4–6 Spieler im Alter von 8–99 Jahren konzipiert und ebenfalls als Masterprojekt erarbeitet worden. Bei dem Spiel nimmt jeder Spieler die Rolle eines Abfallentsorgers ein und muss versuchen, die anfallenden Abfälle in seinen Gebieten und Regionen fachgerecht zu entsorgen. Über eine gute Öffentlichkeitsarbeit werden die Bürger zur Abfalltrennung angeregt und über verursachergerechte Anreizsysteme angesprochen. Unvorhersehbare Ereignisse und knifflige Fragen sorgen auf dem Weg zum Sieg für Spaß, Spannung und Gesprächsstoff. Eine ausgeklügelte Planung, Wissen über Themen der Kreislaufwirtschaft, aber auch ein wenig Glück entscheiden, wer am Ende als bester Entsorger die Nase vorn hat.

Planspiel „Ich trinke meinen Kaffee grün" Im Rahmen einer Masterarbeit (Dorn 2016) wurde ein Planspiel entwickelt, welches sich mit den drei Dimensionen der Nachhaltigkeit in gewinnmaximierenden Unternehmen beschäftigt und versucht, sowohl Studierende als auch externe Fachkräfte für diese Thematik zu sensibilisieren. Ziel des Planspiels ist es, Aspekte der Nachhaltigkeit und ihre mögliche Umsetzung innerhalb und außerhalb der betrieblichen Grenzen aufzuzeigen und so ein tiefer gehendes Verständnis zu erreichen, welches später im Unternehmen bei zukünftigen Maßnahmen berücksichtigt werden kann. In mehreren Entwicklungsstufen kann jeder Teilnehmer der Supply Chain seine eigene Nachhaltigkeit durch Verbesserungsvorschläge oder mögliche Erweiterungen beeinflussen und verbessern, die Wirkung der getroffenen Maßnahmen kontrollieren und so auf geänderte Konsumentenanforderungen und/oder neue gesetzliche Rahmenbedingungen reagieren.

15.3.5 Otto-solar – PV-Anlagen auf die Campusdächer

Das Projekt Otto-solar befindet sich aktuell noch in seiner Umsetzungsphase. Im Projekt soll eine Machbarkeitsstudie entstehen, die eine Reduzierung der CO_2-Emissionen der Universität durch Nutzung von Dachflächen mit PV-Technik untersucht. Die wirtschaftliche Problematik unter Beachtung der Novelle des Erneuerbare-Energien-Gesetzes ist Teil des Projektes. Der wissenschaftliche Anspruch stellt sich aus dem interdisziplinären

Ansatz heraus dar. Hier sollen neben technischen Problemstellungen (Speicher, Integration in das Energiemanagement an der Universität) auch soziale und organisatorische Gesichtspunkte beleuchtet werden (Bürger-/Mitarbeitergenossenschaft, Akzeptanz, …). Lernziel für die Studierenden ist es nicht nur, ein theoretisches Problem zu lösen, sondern sich auch zu engagieren und selbst etwas umzusetzen, zu verändern. Dabei ist es das Ziel, dieses Projekt später wenigstens teilweise umzusetzen, sodass damit die Universität ihren Anteil an der Nationalen Klimaschutzinitiative mit dem Masterplan „100 % Klimaschutz" leisten kann, an der auch die Stadt Magdeburg teilnimmt.

15.4 Ausblick

Im aktuellen Sommersemester wird das Modul gemeinsam mit der Fakultät für Humanwissenschaften organisiert und betreut. Studierende der Logistik, der Verfahrenstechnik, der Informatik, der Betriebswirtschaft und der Berufsbildung sind eingeschrieben. Es werden vier thematische Workshops zu den Themen Footprint, Ernährung, Energie und soziale Gerechtigkeit stattfinden. Höhepunkt ist eine Studierendenfachkonferenz BNE Bildung für nachhaltige Entwicklung, die am 9. Juni 2017 von den Studierenden selbst organisiert werden soll und in die 4. Ökosozialen Hochschultage der Universität sowie die Lange Woche der Nachhaltigkeit des Netzwerkes Zukunft Sachsen-Anhalt zu integrieren ist.

Als Projektideen, über deren Ergebnisse auf der Konferenz vorgetragen werden soll, stehen z. B. ein Wettbewerb für nachhaltige Schulprojekte der Gymnasialstufe, deren Gewinner durch Studierende der Universität gecoacht werden sollen, und die Evaluierung der Ringvorlesung Nachhaltigkeit der Universität auf dem Programm. Und natürlich können die Projektgruppen auch eigene Ideen entwickeln und einbringen.

15.5 Schlussfolgerungen

An dem dargestellten Konzept und vor allem durch die beschriebenen Beispiele wird deutlich, dass die Aktivitäten, Inhalte und Maßnahmen der Lehrveranstaltung den Rahmen des eigenen Moduls überschreiten, nicht nur im eigenen Curriculum mit Projekt- und Masterarbeit verzahnt sind, sondern dass auch versucht wird, nachhaltige Wirkung an der Universität und in der Stadt/Region zu erzielen.

Die offene, experimentelle Gestaltung der Lehrveranstaltung mit der Verlagerung der Lehrorte in den öffentlichen Raum oder zu regionalen Nachhaltigkeitsinitiativen wird von den Studierenden sehr gut angenommen, regt sie zu eigenem Engagement an und führt zu persönlichkeitsprägenden, in Erinnerung bleibenden Erlebnissen (Abb. 15.4).

> Um etwas zu bewirken, braucht man nicht die Mehrheit. 80 % der Veränderungen werden von ganz wenigen Leuten bewerkstelligt. Find a few and make them powerful (Meadows 2000, S. 18).

Abb. 15.4 Kursteilnehmer des Moduls „Nachhaltigkeit & Mobilität" in der Aerosol-Arena in Magdeburg. (Foto: H. Strubelt)

Literatur

Arns S, Brinken J, Flachs S, Henning A, Knöchelmann S, Kötterheinrich S, Kryukova A, Meier L, Schröder K (2014) Immer mehr ist nicht genug. Poster, Mastermodul „Nachhaltigkeit & Mobilität". Otto-von-Guericke-Universität Magdeburg, Magdeburg

Assmann T, Beckmann S, Brinken J, Deidok S, Dorn J, Haase H, Körner F, Otto L, Seger B (2015) Stadt ohne Öl! Leben, Wirtschaft und Mobilität in der Zukunft. LOGiSCH, Magdeburg

Becker F (2016) Teamarbeit, Teampsychologie, Teamentwicklung. So führen Sie Teams! Springer, Berlin

Brinken J (2016) Nachhaltigkeitsbewertung und Nachhaltigkeitsberichterstattung an deutschen Universitäten. Masterarbeit, Otto-von-Guericke-Universität Magdeburg. http://www.uni-magdeburg.de/unimagdeburg_media/Organisation/Nachhaltigkeitsbüro/Masterarbeit_Nachhaltigkeitsberichterstattung.pdf. Zugegriffen: 15. März 2017

Dorn J (2016) Planspiel zur nachhaltigen Gestaltung von Wertschöpfungsketten. Masterarbeit. Otto-von-Guericke-Universität Magdeburg, Magdeburg

Hochschultage (2017) Hochschultage Ökosoziale Marktwirtschaft & Nachhaltigkeit. Forschungsinstitut für anwendungsorientierte Wissensverarbeitung/n (FAW/n). http://hochschultage.org/. Zugegriffen: 15. März 2017

Meadows D (2000) Auf Wachstum folgt Niedergang. In: Aachener Stiftung Kathy Beys (Hrsg) Perspektiven Chancen Nachhaltigkeit. Aachener Stiftung Kathy Beys, Aachen, S 7–19

Pausch R, Zaslow J (2008) The last lecture: lessons in living. Hyperion, New York

Rosa H (2016) Resonanz. Eine Soziologie der Weltbeziehung. Suhrkamp, Berlin

Strauss AL (1993) Continual permutations of action. de Gruyter, New York

Yang W, Liu W, Viña A, Tuanmu M, He G, Dietz T, Liu (2013) Nonlinear effects of group size on collective action and resource outcomes. PNAS 110(27):10916–10921. https://doi.org/10.1073/pnas.1301733110

16 Qualifikationsziele von Lehrangeboten zu Nachhaltigkeit. Ein Blick in die Hochschulpraxis in Deutschland und der Schweiz

Corinne Ruesch Schweizer, Antonietta Di Giulio und Patricia Burkhardt-Holm

Zusammenfassung

Dieser Beitrag befasst sich mit der Wahl von Qualifikationszielen für Studienangebote, die Studierenden aller Fachrichtungen ermöglichen sollen, eine Zusatzqualifikation zu Nachhaltiger Entwicklung zu erwerben. Solche Studienangebote sehen sich zum einen mit der Herausforderung konfrontiert, dass aufgrund ihres geringen Umfangs nur eine kleine Menge an Lerninhalten vertiefbar ist. Zum anderen stehen sie vor der Herausforderung, dass sowohl die Gruppe der Studierenden als auch die Gruppe der Dozierenden heterogen ist. Diesen Herausforderungen gilt es bei der curricularen Entwicklung solcher Studienangebote durch die Wahl der Qualifikationsziele sowie durch die strukturelle und methodische Gestaltung des Studienangebots gerecht zu werden. In der Studie, von der hier berichtet wird, wurde der Frage nachgegangen, wie Studienangebote an verschiedenen Universitäten mit diesen Herausforderungen umgegangen sind. Es wurden acht Studienangebote untersucht. Dazu wurden Experteninterviews mit den Verantwortlichen der Studienangebote sowie Dokumente mit Beschreibungen der Studienangebote mittels qualitativer Inhaltsanalyse ausgewertet. Die Ergebnisse zeigen, dass bei der curricularen Gestaltung dieser Studienangebote zwei Typen von Qualifikationszielen gewählt wurden und dass diese Wahl mit bestimmten Entscheidungen über die strukturelle und methodische Gestaltung der

C. Ruesch Schweizer (✉) · A. Di Giulio · P. Burkhardt-Holm
Universität Basel, Programm MGU (Mensch Gesellschaft Umwelt), Basel, Schweiz
E-Mail: corinne.ruesch@unibas.ch

A. Di Giulio
E-Mail: antonietta.digiulio@unibas.ch

P. Burkhardt-Holm
E-Mail: patricia.holm@unibas.ch

W. Leal Filho (Hrsg.), *Nachhaltigkeit in der Lehre,* Theorie und Praxis der Nachhaltigkeit, https://doi.org/10.1007/978-3-662-56386-1_16

Studienangebote einhergeht. Darüber hinaus zeigt sich, dass die curriculare Gestaltung der Studienangebote wesentlich beeinflusst ist auch von lokalen Rahmenbedingungen der Hochschule zum einen und vom wissenschaftlichen Hintergrund der Verantwortlichen zum anderen. Vor dem Hintergrund dieser Ergebnisse werden die in der Literatur vorgeschlagenen Orientierungspunkte für die curriculare Bestimmung solcher Qualifikationsziele mit Blick auf ihre Eignung diskutiert. Dabei wird unter anderem die Frage aufgeworfen, ob die Studienangebote an den verschiedenen Universitäten gerade auch die Diversität des Nachhaltigkeitsdiskurses widerspiegeln sollen oder ob ein allgemeingültiger Referenzrahmen für die zu erwerbenden Kompetenzen anzustreben ist. Abschließend werden Überlegungen dazu angestellt, welche Beiträge solche Studienangebote zu einer Nachhaltigen Entwicklung leisten können.

Schlüsselwörter
Curriculumskonstruktion · Bildung für Nachhaltige Entwicklung · Hochschulbildung
Qualifikationsziele · Kompetenzen

16.1 Einleitung/Fragestellung

Inzwischen besteht ein breiter Konsens darüber, dass Hochschulen Kompetenzen für eine Nachhaltige Entwicklung fördern sollen, und dies findet seinen Niederschlag nicht nur in wissenschaftlichen Publikationen und Manifesten, sondern auch in konkreten hochschulpolitischen Aktivitäten und Studienangeboten. Dabei sind zwei Arten von Angeboten zu unterscheiden: 1) Bachelor- und Masterstudiengänge zu Nachhaltigkeit oder zu spezifischen Nachhaltigkeitsthemen, die Spezialisten und Spezialistinnen im Bereich Nachhaltigkeit ausbilden, 2) Studienangebote, die Studierenden aller Fachrichtungen ermöglichen, neben ihrem Hauptfach im Rahmen eines „Freien Kreditpunktebereichs", eines „Studium Generales" o. Ä. eine Zusatzqualifikation zu Nachhaltiger Entwicklung zu erwerben (vgl. dazu auch Otte et al. 2014). Nachstehend geht es ausschließlich um Studienangebote der zweiten Art.

Solche Angebote nehmen auf, dass Nachhaltigkeit ein Querschnittsthema ist, das für alle Studierenden, unabhängig von ihrer Fachrichtung, von Bedeutung sein kann. Dass es solche Angebote gibt, liegt nicht zuletzt auch daran, dass dies auf dem Arbeitsmarkt eine zunehmende Rolle spielt: Für viele Hochschulabgänger_innen gehört eine Auseinandersetzung mit Nachhaltigkeit und dem Nachhaltigkeitsdiskurs zu dem, was sie in ihrer beruflichen Tätigkeit erwartet (vgl. z. B. Schaltegger et al. 2012). In diesem Sinne entsprechen solche Angebote einem Bedürfnis mit Blick auf die zukünftige Beschäftigungspraxis von Studierenden unterschiedlichster Studienfächer.

Auch die Universität Basel bietet ihren Studierenden die Möglichkeit einer solchen Zusatzqualifikation, und zwar bereits seit 1992. Zunächst gab es dies als Nebenfach, seit der Bologna-Reform als „Querschnittprogramm Nachhaltige Entwicklung" im freien

Kreditpunktebereich. Dieses Querschnittprogramm, mit einem Umfang von 12 Kreditpunkten, beinhaltete bis 2015 vier Veranstaltungen: Kultur- und sozialwissenschaftliche Grundlagen der Nachhaltigkeit (3 KP), Naturwissenschaftliche Grundlagen der Nachhaltigkeit (3 KP), Ökonomische Grundlagen und Reflexion der Nachhaltigkeit (3 KP) sowie Reflexion der Wissenschaft, der Begriffe und Problemfelder von Nachhaltiger Entwicklung (3 KP).

Die Merkmale, die allen solchen Studienangeboten gemeinsam sind, führen insbesondere zu zwei miteinander verbundenen Herausforderungen: Zum einen führt ihr Charakter eines Zusatzangebots dazu, dass der Umfang des Studienangebots relativ klein bleiben muss – denn je mehr Studienleistung die Studierenden dafür erbringen müssen, desto kleiner ist die Gruppe der Studierenden, die das Angebot in ihren Studienplan integrieren kann –, was aber zur Folge hat, dass die Menge der vertiefbaren Inhalte stark zu beschränken ist. Zum anderen macht es die Breite des Nachhaltigkeitsdiskurses meist erforderlich, die Inhalte durch Dozierende mit unterschiedlichster Expertise abzudecken. Das führt dazu, dass nicht nur die Gruppe der Studierenden heterogen zusammengesetzt ist, sondern auch die Gruppe der Dozierenden (in der Gruppe der Dozierenden wiederum sind oft Dozierende involviert, die nur punktuelle Beiträge leisten und die nur in diesem Kontext zusammenarbeiten).

Diese Herausforderungen spiegelten sich auch in der studentischen Evaluation des „Querschnittprogramms Nachhaltige Entwicklung" wider. Dies gab den Anstoß dazu, das Studienangebot vertiefter zu analysieren, um Verbesserungspotenziale zu identifizieren. Dazu bot das „Sustainable Development at Universities Programme" (2013–2016) Gelegenheit, das darauf abzielte, das Thema Nachhaltige Entwicklung an Schweizer Universitäten zu stärken. Im Rahmen dieses Programms wurden schwergewichtig Projekte im Bereich der Lehre gefördert, die darauf abzielten, neue Angebote zu entwickeln oder bestehende weiterzuentwickeln. Das Projekt „Sustainable Development on Bachelor Level – an Immersive Programme in Sustainable Development" (Leitung: Patricia Holm), das in diesem Rahmen unterstützt wurde, zielte darauf ab, das „Querschnittprogramm Nachhaltige Entwicklung" weiterzuentwickeln.

Im Rahmen dieses Projektes wurden im ersten Schritt die studentischen Evaluationen der vergangenen Studienjahre ausgewertet und die Dozierenden befragt. Zusammenfassend ergaben sich daraus folgende Ansatzpunkte für Verbesserungen, die sowohl von Studierenden wie von Dozierenden genannt wurden: Der rote Faden, der die einzelnen Veranstaltungen des Querschnittprogramms verbindet, sollte prominenter in Erscheinung treten. Die Studierenden sollten stärker aktiviert werden. Die Auswahl der Inhalte sollte nachvollziehbarer und besser abgestimmt sein. Der Umgang mit der Heterogenität der Studierenden sollte verbessert werden. Um zu diesen Punkten Hinweise auf praxisbewährte Verbesserungsmöglichkeiten zu erhalten, wurden im zweiten Schritt Dokumente zu vergleichbaren Studienangeboten an anderen Universitäten mit Blick auf diese Aspekte analysiert, und die Verantwortlichen dieser Studienangebote wurden in Leitfadeninterviews nach ihren Erfahrungen im Umgang mit diesen Aspekten befragt.

Die Erkenntnisse, die aus der Dokumentenanalyse und den Interviews gewonnen werden konnten, führten zu Verbesserungen des „Querschnittprogramms Nachhaltige Entwicklung". Namentlich wurde das Veranstaltungsangebot verändert (durch die Einführung einer projektförmigen interdisziplinären Veranstaltung anstelle einer der vier Vorlesungen und die Einführung eines einführenden Blockkurses von einem halben Tag, der von mehreren Dozierenden gemeinsam realisiert wurde), es fand eine thematische Fokussierung statt (auf das Thema Nachhaltigkeit und Ernährung) und die Zusammenarbeit der Dozierenden wurde intensiviert (z. B. durch gemeinsame Workshops, in denen das Studienangebot besprochen wurde und die Inhalte der Veranstaltungen aufeinander abgestimmt wurden).

Aus der Auswertung der Dokumente und Interviews resultierten aber auch Erkenntnisse, die über die konkrete Verbesserung dieses Studienangebots hinaus für Dritte von Interesse sein könnten. Diese werden im vorliegenden Beitrag präsentiert und zur Diskussion gestellt.

Wir wollten Hinweise erhalten auf Maßnahmen, die sich in der Praxis bewährt hatten, um a) in Studienangeboten wie dem „Querschnittprogramm Nachhaltige Entwicklung" für Dozierende wie Studierende einen roten Faden zu gewährleisten und sichtbar zu machen, um b) Studierende auch in solchen kleinen Studienangeboten zu aktivieren und um c) die Lerninhalte nachvollziehbar aus der Fülle aller möglichen Inhalte auszuwählen. Zu diesem Zweck wollten wir unter anderem in Erfahrung bringen, welche Qualifikationsziele in vergleichbaren Studienangeboten angestrebt wurden, d. h. welche übergeordneten Ziele solche Studienangebote verfolgten. Zudem wollten wir herausfinden, wie und auf welcher Grundlage diese Qualifikationsziele bestimmt worden waren und wie sie im Studienangebot realisiert wurden. Mit Blick auf die Realisierung der Qualifikationsziele im Studienangebot interessierte uns sowohl die methodische Umsetzung wie auch die Übersetzung in Lernziele (und Inhalte) einzelner Module und Veranstaltungen. Die zu dieser Fragestellung gewonnenen Erkenntnisse sind Gegenstand dieses Beitrags. Die Perspektive, die dabei eingenommen wird, ist – wie der Begriff Qualifikationsziele ausdrückt – eine konsequent curriculare, d. h., es geht stets um das Design von Studienangeboten und nicht um die Planung und Durchführung einzelner Lehrveranstaltungen.

Im Beitrag wird zunächst dargelegt, anhand welcher Kriterien die vergleichbaren Studienangebote ausgewählt wurden und wie methodisch vorgegangen wurde, um die Fragestellung zu beantworten. In Abschn. 16.3 werden die Ergebnisse beschrieben. Die Diskussion der Ergebnisse findet sich in Abschn. 16.4. Den Hintergrund für die Diskussion liefert die Frage, welches mögliche oder sogar ideale Orientierungspunkte für die Bestimmung von Qualifikationszielen sind. Im abschließenden Abschn. 16.5 wird erörtert, welche Beiträge zu Nachhaltigkeit Hochschulen in der Lehre leisten können und sollten und wie sich dies auf die Qualifikationsziele solcher Studienangebote auswirkt.

16.2 Methodisches Vorgehen

Untersucht wurden acht mit dem „Querschnittprogramm Nachhaltige Entwicklung" vergleichbare Studienangebote aus Deutschland und der Schweiz. Für die Auswahl dieser Angebote wurden folgende Kriterien zur Bestimmung der Vergleichbarkeit definiert: 1) Studienangebot einer Volluniversität im Rahmen der grundständigen Lehre, 2) Einbindung in das Studium als Nebenfach oder als freie Leistung (und nicht als Monostudienangebot), 3) Umfang des Studienangebots von mindestens 12 und maximal 30 Kreditpunkten, 4) Zugänglichkeit des Studienangebots für Bachelorstudierende verschiedener Fachrichtungen, 5) interdisziplinäre Zusammensetzung der Dozierenden und 6) dass das Angebot mindestens drei Jahre realisiert worden war (Stand 2014), das heißt, es sollten Erfahrungen mit dem Studienangebot von mindestens drei Jahren vorliegen.

Hinweise darauf, an welchen Universitäten Studienangebote gefunden werden könnten, die den Sampling-Kriterien entsprechen, stammten in einem ersten Schritt aus dem Projektteam selber (persönliches Netzwerk sowie Befunde aus dem Projekt von Di Giulio et al. (2011) zur Erfassung von Nachhaltigkeit in der Bildung) und aus einschlägiger Literatur (Otte et al. 2014; de Haan 2007). In einem zweiten Schritt wurde in den Interviews mit den Verantwortlichen der bereits in das Sample aufgenommenen Studienangebote nach ergänzenden Hinweisen gefragt. Dieses kombinierte Vorgehen führte zu einem Pool von Studienangeboten an insgesamt 24 Universitäten in Deutschland, Österreich und der Schweiz. Diese Studienangebote wurden alle daraufhin geprüft, wie gut sie den aufgestellten Sampling-Kriterien entsprachen. Acht Studienangebote entsprachen diesen Kriterien in besonderer Weise und wurden in das Sample aufgenommen.

Die acht untersuchten Studienangebote (Tab. 16.1) sind allesamt auf die Zielgruppe Bachelorstudierende ausgerichtet. Einige der Studienangebote sind aber auch offen für Masterstudierende oder stellen ein Weiterbildungsangebot für Hochschulabgänger_innen, u. a. Doktorierende, dar. Die Studienangebote decken das ganze Spektrum zwischen 12 und 30 Kreditpunkten ab. Die Ausnahme ist ein Lehrangebot, dessen Umfang die Studierenden frei bestimmen können. Die meisten Studienangebote sind im freien Kreditpunktebereich anrechenbar, einige sind zusätzlich oder ausschließlich als Nebenfach konzipiert. Bei den Studienangeboten, die im freien Kreditpunktebereich angeboten werden, besteht sowohl die Möglichkeit, sie als Ganzes zu belegen (mit der Möglichkeit, ein Diploma Supplement zu erwerben), als auch die Möglichkeit, lediglich einzelne Veranstaltungen daraus zu belegen. Die Ergebnisse, die im vorliegenden Beitrag dargestellt werden, beziehen sich stets auf das Studienangebot als Ganzes und nicht auf dessen einzelne Elemente.

Die Daten zu den Qualifikationszielen dieser acht Studienangebote stammen soweit möglich aus den offiziellen Dokumenten zu den Studienangeboten, die entweder online zugänglich waren oder von den Verantwortlichen der Studienangebote zur Verfügung gestellt wurden. Die Qualifikationsziele ließen sich jedoch nicht überall aus den Dokumenten herauslesen, d. h. nicht alle Studienangebote verfügten über schriftlich ausformulierte Qualifikationsziele. In diesen Fällen wurde in den Leitfadeninterviews mit den Verantwortlichen nach den Qualifikationszielen des Studienangebots gefragt.

Tab. 16.1 Samplebeschreibung

Studienangebot	Umfang	Einbindung als	Studierende – BAchelor-, MAsterstudierende, WeiterBildung; *prioritäre Zielgruppe – interdiszplinär und/oder fachgruppenspezifisch zusammengesetzte Gruppe von Studierenden
1	15 ECTS	freie Leistung/Nebenfach	BA, MA, WB interdisziplinär
2	Ab 3 ECTS	freie Leistung	BA, MA, WB interdisziplinär
3	15/30 ECTS	Nebenfach/freie Leistung	BA interdisziplinär
4	30 ECTS	Nebenfach	BA interdisziplinär/fachgruppenspezifisch
5	12/18 ECTS	freie Leistung	BA interdisziplinär
6	24 ECTS	freie Leistung	BA*, MA, WB interdisziplinär
7	12 ECTS	freie Leistung	BA*, MA interdisziplinär
8	30 ECTS	Nebenfach	BA interdisziplinär

Die Qualifikationsziele waren in unterschiedlicher Konkretisierung vorhanden. In die Analyse einbezogen wurden neben den übergeordneten Qualifikationszielen für das Studienangebot auch Modulziele oder Ziele für einzelne Lehrveranstaltungen, weil diese jeweils präzisierten, wie die Qualifikationsziele der einzelnen Studienangebote zu verstehen waren. Weil die Qualifikationsziele von einigen der Befragten erst im Interview, also ad hoc, formuliert wurden, während die Qualifikationsziele für andere Studienangebote in ausführlichen Dokumenten dargelegt und begründet wurden, waren nicht alle Qualifikationsziele, die in der Analyse berücksichtigt wurden, gleichermaßen sorgfältig formuliert und reflektiert.

Der Interviewleitfaden enthielt folgende zwei weiterführenden Fragen zu den Qualifikationszielen: Wie sind diese Ziele entstanden, wodurch hat man sich leiten lassen? Welche Rolle spielen diese Ziele im Lehrealltag für Dozierende und Studierende?

Alle zur Verfügung stehenden Daten zu den Qualifikationszielen aus den Dokumenten und den Interviews wurden inhaltsanalytisch ausgewertet, indem induktiv aus dem Datenmaterial Kategorien herausgearbeitet wurden, die im Forschungsteam validiert wurden.

16.3 Ergebnisse

Die Ergebnisse zeigen in einem grundsätzlichen Sinn, dass alle untersuchten Studienangebote mit ihren Qualifikationszielen den Anspruch erheben, über die reine Vermittlung von Wissen hinauszugehen. In allen Angeboten sollen die Studierenden befähigt werden, eigenes und gesellschaftliches Handeln vor dem Hintergrund der Idee der Nachhaltigkeit zu prüfen und/oder einen Beitrag zu einer Transformation in Richtung einer Nachhaltigen

Entwicklung zu leisten. Die Qualifikationsziele der Studienangebote erheben damit den Anspruch, Studierende zu Handlungen in Situationen außerhalb des Lehr- und Lernkontextes zu befähigen. Die Qualifikationsziele sind also auf Kompetenzen ausgerichtet. Das heißt, sie zielen auf den Erwerb von Kompetenzen und damit auf die für den Vollzug von Handlungen erforderliche Kognition, Motivation und Volition (vgl. Klieme und Hartig 2007).

16.3.1 Typen von Qualifikationszielen

Das Einnehmen der Kompetenzperspektive führte zu zwei Elementen, anhand derer die Qualifikationsziele der Studienangebote analysiert und verglichen wurden:

Element (1): An welcher Kompetenz orientieren sich die Qualifikationsziele?

Element (2): Welche inhaltlichen Felder werden für den Kompetenzerwerb als relevant erachtet?

Nachstehend werden zuerst die Ergebnisse der Analyse beschrieben, anschließend werden die durch den Vergleich gefundenen Typen von Qualifikationszielen charakterisiert.

Element (1): An welcher Kompetenz orientieren sich die Qualifikationsziele?
Die Analyse der Qualifikationsziele führt zur Unterscheidung von zwei Kompetenzen, an denen sich die Qualifikationsziele der untersuchten Studienangebote orientieren:

Reflexions- und Beurteilungskompetenz: Qualifikationsziele, die sich an dieser Kompetenz orientieren, zielen darauf ab, die Studierenden zu befähigen, sich mit der generellen Relevanz einer Nachhaltigen Entwicklung auseinanderzusetzen sowie konkrete Probleme, Fragen und Maßnahmen im Zusammenhang mit einer Nachhaltigen Entwicklung zu reflektieren und zu bewerten. Es geht also sowohl darum, „dass man die Praxis anhand der Theorie reflektiert" (7:60), als auch um die „Analyse und Bewertung von nicht nachhaltigen oder nachhaltigen Entwicklungsprozessen" (3:41).

Transformationskompetenz: Mit Qualifikationszielen, die sich an dieser Kompetenz orientieren, wird beansprucht, die Studierenden zu befähigen, dass sie „Wissen aus verschiedenen Disziplinen für die Praxis und deren Weiterentwicklung fruchtbar [...] machen können" (3:Studienführer) und dass sie Projekte, die einen Beitrag zu einer Nachhaltigen Entwicklung leisten, „planen und in Zusammenarbeit mit Akteuren [...] selber um[...]setzen" (1:Dokument) können.

Element (2): Welche inhaltlichen Felder werden für den Kompetenzerwerb als relevant erachtet?
In den formulierten Qualifikationszielen wird nicht nur sichtbar, welche Kompetenzen gefördert werden sollen. Vielmehr zeigen sich auch Annahmen darüber, über welche inhaltlichen Ressourcen Studierende für die jeweilige Kompetenz verfügen müssen (personale Voraussetzung). In der Analyse der Qualifikationsziele ließen sich folgende sechs inhaltliche Felder unterscheiden:

Nachhaltigkeitstheorien: Dieses Feld umfasst zum einen den Begriff der Nachhaltigkeit, die Frage, welche Theorien und Strategien mit der Idee der Nachhaltigkeit verbunden werden sowie die Entwicklung des Nachhaltigkeitsdiskurses, zum anderen die Entwicklung der Nachhaltigkeitswissenschaft(en). Dieses Feld kommt in Formulierungen wie zum Beispiel „Zielsetzungen wie [das] Verständnis von Konzeptionen starker Nachhaltigkeit und deren kritische Reflexion" (7:41) zum Tragen.

Nachhaltigkeitsrelevante Phänomene: Dieses Feld umfasst gesellschaftliche und/oder natürliche Phänomene, die mit Blick auf eine Nachhaltige Entwicklung bedeutsam sind. Das können Phänomene sein, die eine der nachhaltigkeitsrelevanten gesellschaftlichen Zieldimensionen ganz allgemein betreffen, wie sie zum Beispiel in der Formulierung „welche Eigenlogiken im ökonomischen, im sozialen System, in der Ökologie, in der Kultur, in der Politik herrschen" (6:16) sichtbar werden. Dazu gehören aber auch Phänomene, die sehr konkrete nachhaltigkeitsrelevante Probleme betreffen, wie sie sich zum Beispiel in der Formulierung „Energieträger, Energiewandler und Energieflüsse und ihren Einfluss auf die Umwelt" (3:Studienführer) zeigen.

Interdisziplinäre Zugänge zu Nachhaltigkeitsphänomenen: Dieses Feld umfasst die verschiedenen disziplinären Perspektiven, Wissensbestände und Herangehensweisen, anhand derer nachhaltigkeitsrelevante Phänomene beleuchtet werden, und die Frage nach deren spezifischem Beitrag. Das drückt sich aus in Formulierungen wie etwa, dass Studierende „lernen, aus verschiedenen Perspektiven zu denken" (8:26). Zu diesem Feld gehören auch Wissensbestände, die keiner einzelnen Disziplin zugehören bzw. solche, die disziplinäre Perspektiven verbinden. Eine Formulierung, in der das zum Ausdruck kommt, ist zum Beispiel: „Theorien, die erlauben, unterschiedliche [disziplinäre] Theorien aufeinander zu beziehen, [der] Kategoriensysteme, die erlauben, unterschiedliche Wissensbestände zu aktivieren und aufeinander zu beziehen" (3:50).

Nachhaltigkeitsrelevantes Handeln von Akteur_innen: Dieses Feld umfasst Aspekte nachhaltigkeitsrelevanten Handelns wie etwa generelle Faktoren, die das Handeln beeinflussen, oder Bedingungen, die förderlich bzw. hemmend für nachhaltiges Handeln sind. Dabei kann sowohl auf das Handeln der Studierenden selbst fokussiert werden als auch auf individuelles oder kollektives Handeln in der Gesellschaft. Beispielhaft für Ersteres sind Formulierungen, in denen gesagt wird, Studierende sollten sich mit der „eigene[n; …] Lebensgestaltung vor dem Hintergrund der nachhaltigen Entwicklung" befassen, und für Zweiteres Formulierungen, in denen steht, Studierende sollten „in den Grundzügen das Zusammenspiel von inneren/akteurbezogenen und äußeren/strukturbezogenen Einflüssen auf Handlungsentscheidungen von Akteuren" verstehen (3:Studienführer).

Inter- und transdisziplinäres Arbeiten: Dieses Feld umfasst Theorien und Methoden inter- und transdisziplinären Arbeitens. Es umfasst Ziele wie das Wissen „um die Schwierigkeiten und die Voraussetzungen interdisziplinären Arbeitens" oder das Wissen über „das Zusammenwirken von Wissenschaft und Praxis" (3:Studienführer).

Nachhaltigkeitsrelevante Innovation/Transformation: Dieses Feld umfasst Methoden und Kriterien zur Planung und Umsetzung konkreter gesellschaftlicher Projekte, die zu einer Nachhaltigen Entwicklung beitragen. Zum Ausdruck kommt es in Zielformulierungen wie dieser: „Also mir geht es […] drum, dass Studierende lernen können, wie sie selber von einer Idee für ein Weltverbesserungsprojekt, was nachhaltig sein sollte, wie gesagt, [da]zu kommen, erstens aus einer Idee ein umsetzbares Projektkonzept professionell zu planen und wie sie es dann halt auch umsetzen“ (1:28).

Zwei Typen von Qualifikationszielen, gebildet aus Kompetenzanspruch (1) und inhaltlichen Feldern (2)

Werden die Qualifikationsziele der Studienangebote hinsichtlich dieser zwei Elemente – Kompetenzanspruch und inhaltliches Feld – verglichen, ergeben sich zwei Typen von Qualifikationszielen. In den Daten zeigt sich, dass Qualifikationsziele, die sich an der Reflexions- und Beurteilungskompetenz orientieren, zumeist mit den inhaltlichen Feldern „Nachhaltigkeitstheorien“, „Nachhaltigkeitsrelevante Phänomene“ und „Interdisziplinäre Zugänge zu Nachhaltigkeitsphänomenen“ einhergehen (Typ A). Demgegenüber wird in Qualifikationszielen, die sich an der Transformationskompetenz orientieren, insbesondere auf die Felder „Inter- und transdisziplinäres Arbeiten“ und „Nachhaltigkeitsrelevante Innovation/Transformation“ verwiesen (Typ B). Damit lassen sich folgende zwei Typen von Qualifikationszielen unterscheiden (siehe auch Abb. 16.1):

Typ A – Befähigung, Nachhaltigkeitsfragen und -probleme aus wissenschaftlicher Sicht zu verstehen, zu beurteilen und zu diskutieren: Mit diesem Typ von Qualifikationszielen wird beabsichtigt, dass Studierende Fragen und Probleme, die sich im Zusammenhang mit Nachhaltigkeit stellen, erkennen, verstehen, analysieren und bewerten können. Dies sollen sie anhand verschiedener disziplinärer und theoretischer Brillen tun,

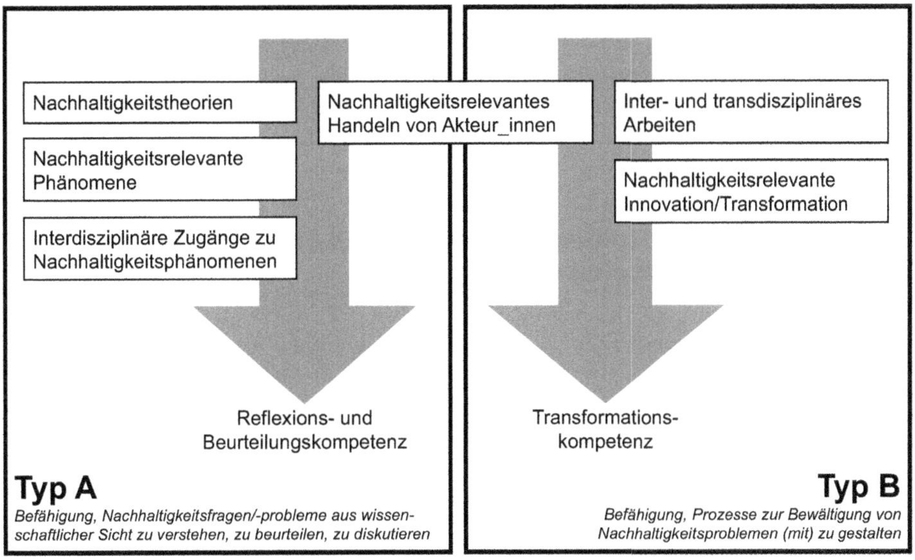

Abb. 16.1 Typen von Qualifikationszielen, gebildet aufgrund der angestrebten Kompetenzen und inhaltlichen Felder. (Eigene Grafik)

anhand des aktuellen Wissenskorpus zu relevanten Phänomenen sowie auf der Grundlage eines reflektierten Nachhaltigkeitsverständnisses. Dieser Zieltyp lässt sich durch folgendes Veranstaltungsziel veranschaulichen:

> Ziel des Kurses ist es, zunächst die Begrifflichkeiten rund um ‚Nachhaltigkeit' und ‚NE' [Nachhaltige Entwicklung] kennenzulernen und eine Übersicht der ethischen Begründungen zu erarbeiten. Diese NE-Theorien sollen dann anhand der Fallbeispiele, ggf. rund um das Thema Biodiversität, erprobt werden, nicht zuletzt um ethisches Argumentieren im interdisziplinären Kontext von NE zu entwickeln (7: Veranstaltungsausschreibung).

Typ B – Befähigung, Prozesse zur Bewältigung von Nachhaltigkeitsproblemen (mit) zu gestalten: Mit diesem Typ von Qualifikationszielen wird beabsichtigt, dass Studierende gemeinsam mit anderen Akteuren – aus der Wissenschaft und aus der Praxis – gesellschaftliche Entscheidungen und Projekte gestalten können. Dabei sollen sie relevantes Prozesswissen und relevante Qualitätskriterien für nachhaltiges Handeln berücksichtigen. Dieser Zieltyp lässt sich durch folgende Modulziele veranschaulichen:

> Im anschließenden Praxissemester werden Projekte in der Fallregion mit Praxispartnern durchgeführt. Neben Kompetenzen im Projektmanagement und in der transdisziplinären Kollaboration zielt dieses Semester auf die systematische Umsetzung von wissenschaftlich erzeugtem Wissen auf konkrete Problemsituationen in der Lebenswelt. Sie beinhaltet die Erfahrung, dass wissenschaftliches Wissen für die aktive Teilnahme an der Gestaltung der (nachhaltigen) Entwicklung der Gesellschaft von Bedeutung ist, wenn bestimmte Methoden und Arbeitsweisen unter dem Anspruch inter- und transdisziplinärer Arbeit gewählt werden (4:Dokument).

Nur wenige Studienangebote beinhalten ausschließlich Qualifikationsziele des einen oder anderen Typs. Die meisten verfolgen Qualifikationsziele beider Typen. Was sich jedoch unterscheidet, ist, wie die beiden Typen innerhalb der Qualifikationsziele eines Studienangebots gewichtet werden. Zudem unterscheiden sich die Studienangebote hinsichtlich der Auswahl und Gewichtung der inhaltlichen Felder innerhalb der Typen.

16.3.2 Vergleich der Studienangebote anhand der Qualifikationszieltypen

Werden die Studienangebote, die das Gewicht auf Qualifikationsziele des Typs A legen, mit den Studienangeboten verglichen, die das Gewicht mehr auf Qualifikationsziele des Typs B legen, zeigt sich, dass sich diese hinsichtlich 1) ihrer Struktur und 2) der Art der Aktivierung der Studierenden unterscheiden (Abb. 16.2):

(1) Struktur
Die Studienangebote im Sample sind unterschiedlich stark strukturiert, d.h. ihre einzelnen Elemente/Veranstaltungen sind unterschiedlich stark aufeinander bezogen und aufeinander aufbauend. Tendenziell zeigt sich: Je stärker die Studienangebote anstreben,

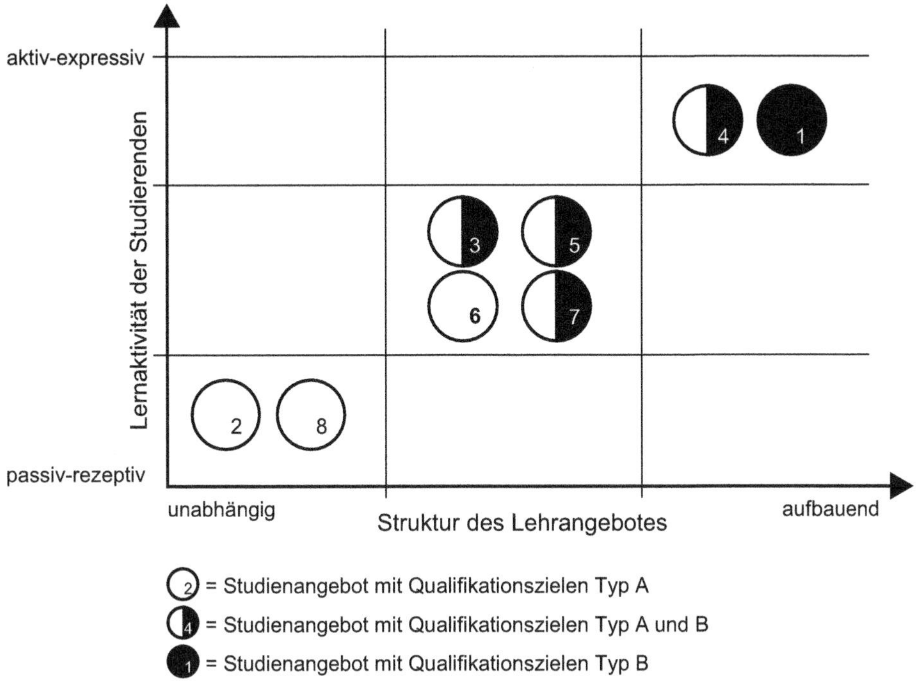

Abb. 16.2 Qualifikationszieltypen nach Struktur und nach Aktivierung der Studierenden (Lernaktivität der Studierenden) (Studienangebote 1 bis 8 gemäß Tab. 16.1). (Eigene Grafik)

Studierende zu befähigen, Prozesse zur Bewältigung von Nachhaltigkeitsproblemen gestalten zu können (Typ B), desto strukturierter ist ihr Aufbau.

Die Elemente/Veranstaltungen der Studienangebote, die hauptsächlich anstreben, die Studierenden dazu zu befähigen, Nachhaltigkeitsfragen und -probleme aus wissenschaftlicher Sicht zu verstehen (Typ A), sind inhaltlich völlig unabhängig voneinander oder bauen zumindest nicht direkt aufeinander auf. Dass Studienangebote unstrukturiert sind, zeigt sich darin, dass die Veranstaltungen in beliebiger Reihenfolge besucht werden können (Studienangebote 2 und 8).

Studienangebote, die Qualifikationsziele beiden Typs etwa gleich gewichten, sind etwas stärker strukturiert. Bei diesen Angeboten hängt die Anrechnung einer Veranstaltung von der Bestätigung ab, dass bestimmte andere Veranstaltungen besucht worden sind. Mit solchen Vorkehrungen wird sichergestellt, dass Veranstaltungen mit einem bestimmten Spektrum an Lernzielen besucht werden, und teilweise, dass dies auch in einer bestimmten Reihenfolge erfolgt (Studienangebote 3, 5, 6, 7). Das wird zum Beispiel durch folgende Vorgabe veranschaulicht:

> Bitte beachten Sie, dass Sie erst im Semester nach erfolgreicher Absolvierung von Modul [X] für Veranstaltungen in Modul [Y] zugelassen sind. Dies bedeutet, dass nur Veranstaltungen angerechnet werden, die Sie frühestens im Semester nach erfolgreicher Absolvierung von Modul [X] besuchen (3:Studienführer).

Die Studienangebote schließlich, die in erster Linie auf die Befähigung zielen, dass Studierende Prozesse zur Bewältigung von Nachhaltigkeitsproblemen gestalten können, weisen mit einer Ausnahme einen sehr stark strukturierten Aufbau aus. Das heißt, die Reihenfolge sämtlicher Veranstaltungen ist abschließend vorgegeben, und die Inhalte aller Veranstaltungen setzen die Inhalte der jeweils vorausgehenden Veranstaltungen voraus (Studienangebote 1 und 4). Dies wird durch folgende Aussage veranschaulicht:

> Die Studierenden bearbeiten immer ein Thema. Ne, also zum Beispiel 'Nachhaltige Mobilität' oder 'Digitale Informationsgesellschaft'. Und dieses Thema zieht sich durch alle Semester durch. [...] ich finde besonders gelungen, dass erst mal das ganze Programm oder der ganze Studiengang aufeinander aufbaut. Ne, dass jetzt nicht einzelne Module nebeneinander stehen, sondern dass man eigentlich einem roten Faden folgt. Am Anfang Problemdefinition, Problembeschreibung macht und dann eben die Schritte, wie sie möglicherweise auch in den Nachhaltigkeitswissenschaften gegangen werden, eben verfolgt. Dass es alles kontinuierlich aufeinander aufbaut und am Ende eben in was Praktischem, diesen Projekten endet (4:10–12).

(2) Aktivierung der Studierenden (Lernaktivitäten der Studierenden)

Hinsichtlich der Art der Aktivierung der Studierenden zeigt sich folgendes Bild: Studienangebote, die vor allem darauf zielen, dass Studierende Nachhaltigkeitsfragen und -probleme aus wissenschaftlicher Sicht verstehen, beurteilen und diskutieren können, setzen eher auf rezeptiv-aufnehmende Lernaktivitäten (Studienangebote 2 und 8). Das heißt, die Studierenden werden in erster Linie aufgefordert, Dargebotenes zu verstehen und in ihr vorhandenes Wissen einzuordnen. Dies lässt sich mit folgender Aussage veranschaulichen:

> Wir haben ein ganz einfaches Merkblatt, sagen wir mal, wo noch mal wir in fünf Punkten aufgelistet haben, was müssen die Studierenden wirklich machen, um eine Klausur zu bestehen. Das ist eigentlich ganz simpel. Da steht zum Beispiel, sie müssen wirklich alle Videos geguckt haben, auch die Interviews, und durchgearbeitet haben (2:70).

Demgegenüber zeichnen sich Studienangebote, die Studierende vor allem befähigen wollen, Prozesse zur Bewältigung von Nachhaltigkeitsproblemen (mit)gestalten zu können, eher durch Lehrveranstaltungen aus, die aktiv-expressives Lernen in den Vordergrund stellen (Studienangebote 1 und 4). Dies umfasst in einem sehr schwachen Sinn Aktivitäten wie eine Seminararbeit oder eine Reflexion des Lernprozesses, es reicht aber deutlich weiter. Im Extremfall wird damit der Anspruch verbunden, eine Wirkung über das individuelle Lernen hinaus zu erzielen (z. B. nachhaltigeres Handeln Dritter, Service Learning, Unternehmensgründung). Dies lässt sich mit folgender Aussage veranschaulichen:

> Die Studierenden nehmen dann die Szenarien mit und gehen zu diesen Akteursgruppen und identifizieren mit denen Projektideen, Handlungsmöglichkeiten. Sie schreiben dann eine Projektskizze, [und] die dann im letzten Semester verfeinert wird (4:32).

16.3.3 Faktoren, die die Auswahl der Qualifikationsziele beeinflussen

Werden die Studienangebote anhand dieser drei Dimensionen „Qualifikationszieltyp", „Struktur" und „Aktivierung der Studierenden" geordnet (Abb. 16.2), zeigt sich, dass diese drei Dimensionen in Studienangeboten offenbar nicht beliebig kombiniert werden. Wir haben drei Kombinationen gefunden:

- Studienangebote mit Qualifikationszielen des Typus A, deren Lehrveranstaltungen unabhängig nebeneinander stehen und die vor allem auf passiv-rezeptive Lernaktivitäten der Studierenden setzen
- Studienangebote mit Qualifikationszielen des Typus B oder beider Typen, deren Lehrveranstaltungen inhaltlich und reglementarisch aufeinander aufbauen und die hauptsächlich auf aktiv-expressive Lernaktivitäten setzen
- Studienangebote mit Qualifikationszielen des Typus A oder beider Typen, deren Lehrveranstaltungen teilweise aufeinander aufbauen und die sowohl auf passiv-rezeptive als auch auf aktiv-expressive Lernaktivitäten setzen

Diese drei Arten, wie die drei Dimensionen in den untersuchten Studienangeboten kombiniert sind, bestätigen, dass Qualifikationsziele des Typus B – also die Befähigung zur Gestaltung von Prozessen zur Bewältigung von Nachhaltigkeitsproblemen – stets zumindest teilweise mit aktiv-expressiven Lernaktivitäten einhergehen. Zudem zeigen sie, dass die einzelnen Veranstaltungen eines Studienangebots nicht unverbunden nebeneinander stehen, wenn solche Qualifikationsziele und entsprechende aktiv-expressive Lernaktivitäten gewählt werden. Solche Studienangebote weisen vielmehr ein aufbauendes Design auf. Die Kombination von aktiv-expressiven Lernaktivitäten mit unabhängigen Lehrveranstaltungen konnte nicht gefunden werden. Schließlich zeigen diese Kombinationen, dass Qualifikationsziele vom Typus A durchaus mit passiv-rezeptiven Lernaktivitäten angestrebt werden und dass dafür keine aufbauende Struktur der Lehrveranstaltungen gewählt wird. Ein Studienangebot, das auf passiv-rezeptive Lernaktivitäten setzt und dafür eine stark aufbauende Struktur wählt, fand sich nicht.

Die mit einem Studienangebot angestrebten Qualifikationsziele gehen also immer auch mit einer bestimmten strukturellen und methodischen Gestaltung des Studienangebots einher. Damit stellt sich die Frage, welche der drei Dimensionen – Qualifikationszieltyp, Struktur oder methodische Gestaltung (Aktivierung der Studierenden) – letztlich entscheidend ist dafür, welches Studienangebot an einer Hochschule realisiert wird. In den Daten wurden drei Faktoren gefunden, die dabei bei den untersuchten Angeboten eine zentrale Rolle spielten:

Faktor (1) Universitäre Rahmenbedingungen für die curriculare Einbindung des Studienangebots

Ein erster Faktor, der sich in den Daten zeigt, sind die Rahmenbedingungen, die eine Hochschule mit Blick auf die Studienpläne setzt. Die Art und Weise, wie das Studienangebot in die Studienlandschaft der Universität eingebunden werden kann, bestimmt die Möglichkeiten, die Studierende haben, das Studienangebot in ihren Studienplan zu integrieren. Eine Struktur, bei der die Veranstaltungen stark aufeinander aufbauen, setzt voraus, dass die Lehrveranstaltungen von den Studierenden aller Fachrichtungen zu genau dem Zeitpunkt belegt werden und belegt werden können, der vom strukturellen Aufbau her gefordert ist.

> Die Idee war, dass Grundlagenkurse zuerst besucht werden mussten, das wurde aber wieder verworfen, weil das die Studierbarkeit erschweren würde. Es wäre dann schwierig, im fortgeschrittenen Studium mit dem [Name des Studienprogramms] zu beginnen, weil dann müsste man zuerst einen Platz in einem Grundlagenkurs erhalten. So kann man diese jetzt auch am Schluss besuchen und das Zertifikat erhalten. Die Studierbarkeit wurde höher gewichtet (7:54; protokollierte Aussage).

Ein stark strukturiertes Studienangebot schränkt zudem die Studierenden in der flexiblen Studienplanung ein. Dies kann Studierende davon abhalten, das Studienangebot zu belegen, oder es ihnen zumindest stark erschweren. Das wiederum kann dazu führen, dass die Nachfrage nach dem Studienangebot von Beginn an gering ist oder im Lauf der Zeit abnimmt.

> Und natürlich, wenn Studierende auch ins Ausland gehen zwischendurch, ist das natürlich eigentlich ein bisschen schwierig für sie, weil sie aus diesem laufenden Prozess sind. Und wenn sie dann, sage ich mal, ein Jahr später wiederkommen, würden sie in eine neue Kohorte reinkommen, die dann wieder ein eigenes Thema bearbeiten (4:10).

Je nachdem, welchen Status das Studienangebot an der Universität hat, ist eine geringe Nachfrage ein Handicap zur Etablierung des Studienangebots im Lehrangebot einer Universität.

Faktor (2) Finanzielle und personelle Ressourcen

Ein zweiter Faktor, der sich, wenig überraschend, als wesentlich herausgestellt hat, sind die Ressourcen, die für die Realisierung des Angebots zur Verfügung stehen. Insbesondere werden die Entscheidungen davon beeinflusst, welche finanziellen und personellen Ressourcen für betreuungsintensive aktiv-expressive Lernaktivitäten zur Verfügung stehen.

> Ich würde noch mehr in kleineren Gruppen arbeiten. Also ich würde mehr Gruppenarbeit und -betreuung drin haben. Und dafür fehlt mir einfach die Lehrkapazität. Also, als ich es gemacht habe mit Gruppen à 25 Personen, fand ich das persönlich für mich auch befriedigender, als wenn ich das mit einer Gruppe von 125 Leuten mache, ja. Und das schaffe ich aber einfach zeitlich nicht, ja. So, und das sind natürlich, wenn man sich es leisten kann von der Betreuung her, dann würde ich allemal denken, dass man so eine, ja, dann könnte man das besser auffächern zwischen Lerninhalten, die man tatsächlich dann doch vorlesungsartig hat in einer Großgruppe und dann halt Veranstaltungsformaten, wo es sinnvoll ist, eine Gruppe von 20 bis 25 Leuten, aber nicht größer zu haben (4:82).

Faktor (3) Hintergrund der Verantwortlichen

Ein dritter Faktor, der sich mit Blick auf Entscheidungen über die Ausrichtung der Studienangebote als zentral erwies, ist der wissenschaftliche Hintergrund derjenigen, die für die Konzipierung und Betreuung eines Studienangebots verantwortlich sind. Über die Studienangebote hinweg konnten keine Heuristiken zur Auswahl und Gewichtung der Qualifikationsziele gefunden werden, auf die sich alle oder eine Mehrheit der Verantwortlichen gestützt hätten. Vielmehr zeigte sich, dass die Präferenzen und Positionen der Verantwortlichen eine zentrale Rolle spielten bei der Entwicklung des Designs der Angebote. Welche Qualifikationsziele gewählt wurden, ist deshalb aber nicht willkürlich. Vielmehr zeigen die Ausführungen, mit denen die Qualifikationsziele begründet werden, dass die Ausrichtung des Studienangebots maßgeblich auch von der Disziplin und dem nachhaltigkeitsbezogenen Wissen der Verantwortlichen abhängt (und derer, die sie aufgrund ihres Netzwerkes und Arbeitskontextes in die Gestaltung des Studienangebotes involvieren).

> Im Prinzip eine lange Diskussion mit Kollegen, die in dem Kontext gelehrt und geforscht haben. Und dann, da ich ja der einzige Professor war, ging die Umsetzung recht rasch. Ich habe mich über die Weihnachtsferien hingesetzt, habe das Modulhandbuch geschrieben und im Prinzip die Ergebnisse der Diskussion zusammengefasst im Modulhandbuch. Und das Ganze ist dann in den Fakultätsrat und wurde eben dann auch angenommen (6:36–38).

> Wie die Ziele entstanden sind? Ich glaube, hm, also da muss ich auch sagen, sie haben natürlich einen persönlichen Hintergrund. Es ist das, was ich mir eigentlich immer selber gewünscht hätte vom Studieren an einer Hochschule (1:36).

Die drei Faktoren zeigen zum einen, dass die Wahl vor allem bezogen auf die Dimensionen Struktur und methodische Gestaltung auch wesentlich von lokalen Rahmenbedingungen abhängt, die durch die Hochschule gesetzt werden. Zum anderen hängt die Wahl bezogen auf die Qualifikationsziele auch wesentlich vom wissenschaftlichen Hintergrund der Verantwortlichen ab. Was bei welchem Studienangebot den Ausschlag für die gewählte Art der strukturellen und methodischen Gestaltung bzw. für die Wahl der Qualifikationsziele gab, ist unterschiedlich.

16.4 Diskussion

Damit liegen nun Erkenntnisse zur curricularen Gestaltung von Studienangeboten vor, die mit einem kleinen Umfang eine Zusatzqualifikation für Studierende aller Studienfächer anbieten. Da die in den untersuchten Studienangeboten formulierten Qualifikationsziele auf den Erwerb von Kompetenzen abzielen, entsprechen diese den Forderungen einer kompetenzorientierten Gestaltung der Hochschullehre (z. B. KMK 2005). Die Ergebnisse der Studie basieren auf acht untersuchten Studienangeboten, bei denen Interviews mit jeweils einer verantwortlichen Person geführt und ausgewählte Dokumente analysiert wurden. Die so gewonnenen Ergebnisse erlauben Überlegungen mit Blick darauf, wie die Qualifikationsziele vergleichbarer Studienangebote bestimmt werden können und sollen. Im Fachgutachten zur Kompetenzorientierung nennen Schaper et al. (2012a) fünf Orientierungspunkte für die Bestimmung von kompetenzorientierten Qualifikationszielen.

Die Ergebnisse der Studie werden im Folgenden entlang dieser Orientierungspunkte diskutiert. Dabei wird auf die Möglichkeiten und Herausforderungen bei der curricularen Gestaltung solcher Studienangebote fokussiert.

Orientierungspunkt 1: Vergleichbare Studienangebote zu Nachhaltigkeit
Dieser Vorschlag besteht darin, mit Blick auf die Wahl von Qualifikationszielen die Qualifikationsziele vergleichbarer Studienangebote zu analysieren. Das wurde mit der vorliegenden Studie getan. Die Ergebnisse der Analyse zeigen nicht nur eine recht große Diversität an Zielen. Sie zeigen auch, dass die Wahl dieser Ziele von den gegebenen Rahmenbedingungen der Universität und vor allem auch vom Hintergrund der Verantwortlichen abhängt. Letzteres wiederum führt zu einer Diversität, die auch im wissenschaftlichen Nachhaltigkeitsdiskurs zu finden ist. So waren die in der Analyse gefundenen Ziele nur bedingt nutzbar für die Reflexion des „Querschnittprogramms Nachhaltige Entwicklung". Es stellt sich entsprechend die Frage, inwieweit die Studienangebote an den verschiedenen Universitäten gerade auch die Diversität des Nachhaltigkeitsdiskurses widerspiegeln sollen oder ob ein allgemeingültiger Referenzrahmen für die zu erwerbenden Kompetenzen anzustreben ist, wie dies in der Forschung über Bildung für Nachhaltige Entwicklung nahegelegt wird (z. B. Rieckmann 2012 oder Wiek et al. 2016). Diese Frage wird in dieser Forschung noch kaum diskutiert. Aus der Perspektive der curricularen Praxis einer Hochschulbildung für eine Nachhaltige Entwicklung (HBNE) ist dies jedoch eine zentrale Frage, mit der sich Studiengangverantwortliche bei der Wahl der Qualifikationsziele konfrontiert sehen.

Orientierungspunkt 2: Experten und Expertinnen für Studienangebote zu Nachhaltigkeit
Dieser Vorschlag besteht darin, mit Blick auf die Wahl von Qualifikationszielen Expertinnen und Experten für Studienangebote zu Nachhaltigkeit beizuziehen. In den Ergebnissen der Analyse zeigt sich, welche Bedeutung dem Hintergrund der Studienangebotsverantwortlichen bei der Wahl der Qualifikationsziele zukommt. Es darf vermutet werden, dass dieser Hintergrund nicht nur für das Design des Studienangebots, sondern auch für die Durchführung der Lehrveranstaltungen relevant ist, da alle befragten Verantwortlichen auch dozierend im Studienangebot tätig waren. Der Nachhaltigkeitshintergrund der Verantwortlichen (und Dozierenden) bestimmt also auch, welches Wissen in die Lehrveranstaltungen eingebracht werden kann. Werden für die Wahl von Qualifikationszielen externe Expertinnen und Experten beigezogen, sollten diese daher den Hintergrund der Studienangebotsverantwortlichen und der anderen Dozierenden (sowie die weiteren lokalen Rahmenbedingungen) berücksichtigen. Andernfalls wären die so entwickelten Studienangebote nicht realisierbar. Das wiederum ist anspruchsvoll für Experten und Expertinnen für Studienangebote zu Nachhaltigkeit, weil diese zwar über eine Expertise im Bereich Bildung für Nachhaltige Entwicklung verfügen, meist aber nicht auch in Fragen der Nachhaltigkeit. Das Hinzuziehen solcher Expertinnen und Experten wäre zudem auf die Phase der Entwicklung des Studienangebots beschränkt (z. B. in

Form einer externen Beratung), weil sie aufgrund ihrer Expertise die für die vorgeschlagenen Qualifikationsziele notwendigen Lehrveranstaltungen nicht übernehmen könnten. Hier stellt sich die Frage, wie bzw. in welchen Fällen dieses Hinzuziehen realisierbar ist und wie sehr ein entsprechendes Studienangebot bei den Verantwortlichen und Dozierenden auf Akzeptanz stoßen würde.

Orientierungspunkt 3: Aktueller Stand der Forschung zu Hochschulbildung für eine Nachhaltige Entwicklung (HBNE)
Dieser Vorschlag besteht darin, mit Blick auf die Wahl von Qualifikationszielen den Stand der Forschung zur HBNE zu konsultieren. Der Forschungsstand zur HBNE wurde von den befragten Verantwortlichen im Zusammenhang mit der Entwicklung ihrer Studienangebote kaum erwähnt. Dies lässt sich zum einen vielleicht damit erklären, dass erst in den letzten zehn Jahren vermehrt Forschungsarbeiten im Bereich der HBNE publiziert wurden (vgl. dazu Barth und Rieckmann 2016), während einige der untersuchten Studienangebote vor dieser Zeit entwickelt worden waren. Es wirft aber auch die Frage auf, ob bzw. wie sehr Theorie und Praxis in der HBNE auseinanderdriften. Und es wirft die Frage auf, wie es gelingen könnte, dieses Auseinanderdriften zu verhindern, d. h. wie sichergestellt werden kann, dass sich die Praxis tatsächlich an Forschungsergebnissen orientiert und umgekehrt die Forschung praxistaugliche Entscheidungsgrundlagen zur Verfügung stellt.

Orientierungspunkt 4: Biografische Erkenntnisse aus den Lernerfahrungen von Expertinnen und Experten
Dieser Vorschlag besteht darin, sich bei der Wahl der Qualifikationsziele daran zu orientieren, wie die Expertise der Experten und Expertinnen, die jetzt im Feld tätig sind, entstanden ist. Einige der befragten Verantwortlichen wiesen explizit darauf hin, dass sie solche Expertinnen und Experten mit Blick auf die Wahl der Qualifikationsziele befragt hatten, andere hatten selbst Praxiserfahrung und ließen diese einfließen. Darin zeigt sich, dass ein Bedarf vorhanden ist nach Wissen über die Entstehung von Expertise in der Praxis. Die Herausforderung, die sich hier stellt, ist, dass es DIE Praxis und DIE Expertise der Nachhaltigkeit nicht gibt. Damit stellt sich die Frage, ob und wie weit sich die Diversität der Praxis und der entsprechenden Expertise in den Qualifikationszielen eines umfangmäßig stark begrenzten Studienangebots spiegeln kann und soll.

Orientierungspunkt 5: Anforderungen, die Hochschulabgänger_innen in der Praxis antreffen
Dieser Vorschlag besteht darin, die Wahl von Qualifikationszielen an der beruflichen Praxis auszurichten, in der sich die Studierenden nach ihrem Studium bewähren müssen. Ob die Absolventinnen und Absolventen tatsächlich einen Beitrag zu einer Nachhaltigen Entwicklung in ihrer gesellschaftlichen Teilhabe und zukünftigen Beschäftigungspraxis leisten können, hängt nicht nur von den erworbenen Kompetenzen ab, sondern auch davon, ob die erworbenen Kompetenzen den Praxissituationen tatsächlich gerecht

werden. In der Analyse und insbesondere in den Interviews mit den Studienangebotsverantwortlichen zeigte sich, dass oft mindestens implizite Vorstellungen darüber vorhanden waren, für welche Situationen in der beruflichen Praxis die Studierenden Kompetenzen erwerben sollten. Dasselbe zeigte sich auch in der Analyse der Dokumente. Dies lässt darauf schließen, dass die spätere berufliche Praxis den Studienangebotsverantwortlichen ein Anliegen war. Dies wiederum wirft bei der Konzipierung der Studienangebote die Frage nach der tatsächlichen praktischen Relevanz der Kompetenzen sowie die Frage nach den Anforderungen, die sich in der beruflichen Praxis stellen, auf. Es ist aber fraglich, ob es im Rahmen der Entwicklung eines Studienangebotes möglich ist, die dafür erforderliche Analyse der Praxisanforderungen vorzunehmen. Besser wäre es, es könnte dazu auf Studien zurückgegriffen werden, die darüber Aufschluss geben und eine fundierte Entscheidungsgrundlage zur Verfügung stellen. Bisher liegen nur wenige solcher Studien vor (eine solche Studie entsteht derzeit mit der Dissertation von Corinne Ruesch Schweizer).

16.5 Schlussfolgerungen

Abschließend werden die Ergebnisse der Studie mit Blick auf die generelle Frage erörtert, welche Beiträge zu Nachhaltigkeit Hochschulen in der Lehre leisten können mit kleinen Studienangeboten, in denen Zusatzqualifikationen erworben werden sollen, und was das für die Wahl von Qualifikationszielen heißt.

Die Qualifikationsziele der von uns analysierten Studienangebote verfolgen zumeist zwei Kompetenzen gleichzeitig, die Reflexions- und Beurteilungskompetenz mit dem Qualifikationszieltypus A und die Transformationskompetenz mit dem Qualifikationszieltypus B. Während der Qualifikationszieltypus A den instrumentellen Charakter wissenschaftlicher Wissensbestände und Methoden betont, betont der Qualifikationszieltypus B das Agieren in einem konkreten Anwendungskontext (vgl. zu diesen Kompetenzperspektiven auch Rhein 2011). Mit Blick auf den geringen Umfang der Studienangebote, um die es in diesem Beitrag geht, läge es nahe, eine Konzentration auf einen dieser Typen zu empfehlen.

Eine solche Empfehlung würde aber nicht nur der gefundenen Praxis widersprechen, sondern auch der Theorie: Typ A entspricht dem wissenschaftlichen Anspruch einer Hochschulbildung, Typ B nimmt Bezug auf die Hochschule als Ausbildungsstätte für die zukünftige Beschäftigungspraxis bzw. die gesellschaftliche Teilhabe der Absolventen und Absolventinnen. Seit der Bologna-Reform und der damit einhergehenden Kompetenzorientierung (vgl. Schaper et al. 2012b) ist dieser zweite Anspruch an die Hochschulbildung vermehrt im Blick. Auch gemessen an Ansätzen zu Bildung für Nachhaltige Entwicklung sind beide Qualifikationszieltypen bedeutsam, weil in diesen Ansätzen sowohl die Reflexions-/Beurteilungs- als auch die Transformationskompetenz als relevante Kompetenzen für eine Nachhaltige Entwicklung hervorgehoben werden (z. B. Rost 2005; Wiek et al. 2016).

Beide Qualifikationszieltypen lassen sich also sowohl vor dem Hintergrund der Forschung zu HBNE als auch vor dem Hintergrund dessen, was Hochschulbildung soll, begründen. Aus der Perspektive einer Nachhaltigen Entwicklung ist es sogar geboten, beide Qualifikationszieltypen gleichermaßen zu berücksichtigen: Angesichts der Komplexität von Nachhaltigkeitsfragen, der Unsicherheit darüber, welcher Weg zu einer Nachhaltigen Entwicklung führt, und der Notwendigkeit, diesen Weg gesellschaftlich stets neu auszuhandeln und auch auf seine unerwünschten Folgen hin zu überprüfen, wäre es nicht nur kurzsichtig, sondern auch im Widerspruch zur Idee der Nachhaltigkeit, würden Hochschulabsolventinnen und -absolventen mit Transformationskompetenz ohne kritische Reflexion ausgestattet. Angesichts dessen, dass es sich bei der Idee der Nachhaltigkeit um ein gesellschaftspolitisches Ziel handelt, das einen Orientierungspunkt für individuelles und kollektives Handeln bieten soll und das mit geeigneten Maßnahmen auch tatsächlich erreicht werden soll, wäre es aber genauso im Widerspruch zur Idee der Nachhaltigkeit, würden Hochschulabsolventinnen und -absolventen mit der Kompetenz zu reflektieren und beurteilen ausgestattet, nicht aber mit der Kompetenz, Veränderungen (mit) zu gestalten. Auch bei Studienangeboten für Nachhaltige Entwicklung mit einem nur kleinen Umfang kann es deshalb nicht darum gehen, sich für den einen oder den anderen Typus zu entscheiden, sondern darum, wie sich diese kombinieren lassen.

Danksagung
Die Autorinnen danken dem „Sustainable Development at Universities Programme" für die Förderung sowie Camelia Chebbi, Basil Bornemann, Vera Calenbuhr, Paul Burger und Frank Krysiak (alle Universität Basel) für die Mitwirkung am Projekt sowie den Verantwortlichen der untersuchten Studienangebote für die geführten Gespräche.

Literatur

Barth M, Rieckmann M (2016) State of the art in research on higher education for sustainable development. In: Barth M, Michelsen G, Rieckmann M, Thomas I (Hrsg) Routledge handbook of higher education for sustainable development. Routledge, London, S 100–113

Di Giulio A, Ruesch Schweizer C, Adomßent M, Blaser M, Bormann I, Burandt S, Fischbach R, Kaufmann-Hayoz R, Krikser T, Künzli David C, Michelsen G, Rammel C, Streissler A (2011) Bildung auf dem Weg zur Nachhaltigkeit. Vorschlag eines Indikatoren-Sets zur Beurteilung von Bildung für Nachhaltige Entwicklung. IKAÖ, Bern

de Haan G (Hrsg) (2007) Studium und Forschung zur Nachhaltigkeit. Bertelsmann, Bielefeld

Klieme E, Hartig J (2007) Kompetenzkonzepte in den Sozialwissenschaften und im erziehungswissenschaftlichen Diskurs. Zeitschrift für Erziehungswissenschaft, Sonderheft 8:11–29. https://doi.org/10.1007/978-3-531-90865-6_2

KMK – Kultusministerkonferenz (2005) Qualitätssicherung in der Lehre (Beschluss der Kultusministerkonferenz vom 22.09.2005). http://www.akkreditierungsrat.de/fileadmin/Seiteninhalte/KMK/Sonstige/KMK_System_Qualitaetssicherung_Lehre.pdf. Zugegriffen: 30. März 2017

Otte I, Prien-Ribcke S, Michelsen G (2014) Hochschulbildung auf der Höhe des 21. Jahrhunderts. In: Müller C von, Zinth CP (Hrsg) Managementperspektiven für die Zivilgesellschaft des 21. Jahrhunderts. Springer, Wiesbaden, S 183–203. https://doi.org/10.1007/978-3-658-02523-6_11

Rhein R (2011) Kompetenzorientierung im Studium?! In: Jahnke I, Wildt J (Hrsg) Fachbezogene und fachübergreifende Hochschuldidaktik. Bertelsmann, Bielefeld, S 215–226

Rieckmann M (2012) Future-oriented higher education: which key competencies should be fostered through university teaching and learning? Futures 44:127–135. https://doi.org/10.1016/j.futures.2011.09.005

Rost J (2005) Messung von Kompetenzen Globalen Lernens. ZEP 28(2):14–18

Schaltegger S, Hörisch J, Windolph SE, Harms D (2012) Corporate sustainability barometer 2012. Praxisstand und Fortschritt des Nachhaltigkeitsmanagements in den größten Unternehmen Deutschlands. Leuphana Universität Lüneburg, Lüneburg. http://www2.leuphana.de/csm/CorporateSustainabilityBarometer2012.pdf. Zugegriffen: 30. März 2017

Schaper N, Reis O, Wildt J (2012a) Fachgutachten zur Kompetenzorientierung in Studium und Lehre. Hg.v. HRK Projekt nexus, Bonn. https://www.hrk-nexus.de/fileadmin/redaktion/hrk-nexus/07-Downloads/07-02-Publikationen/fachgutachten_kompetenzorientierung.pdf. Zugegriffen: 30. März 2017

Schaper N, Schlömer T, Paechter M (2012b) Editorial: Kompetenzen, Kompetenzorientierung und Employability in der Hochschule. ZFHE 7(4):1–10. https://doi.org/10.3217/zfhe-7-04/01

Wiek A, Bernstein MJ, Foley RW, Cohen M, Forrest N, Kuzdas C, Kay B, Withycombe Keeler L (2016) Operationalising competencies in higher education for sustainable development. In: Barth M, Michelsen G, Rieckmann M, Thomas I (Hrsg) Routledge handbook of higher education for sustainable development. Routledge, London, S 241–260

Lernendenzentrierung und Kompetenzorientierung im Online-Kurs „Sustainable Energy for SIDS“ 17

Ellen Pflaum und Franziska Wolf

17.1 Einleitung

Das L3EAP-Konsortium produzierte und führte im Jahr 2016 einen sechswöchigen offenen Online-Kurs zum Thema „Sustainable Energy for SIDS“[1] mit rund 1100 Teilnehmern gemeinsam mit der Hamburg Open Online University (HOOU, www.hoou.de) durch. Ziel war es, eine heterogene internationale Teilnehmergruppe mit theoretischen Konzepten, methodischen Ansätzen und konkreten realitätsnahen Praxisbeispielen vertraut zu machen. Dabei kamen verschiedene Lernmedien (Video, Training Booklets, Quizze, Assignments, Fallstudien und weiterführende Literatur) zum Einsatz. Dieses Konzept wollen wir vorstellen, im Hinblick auf Lernendenzentrierung und Kompetenzorientierung theoretisch begründen und empirisch analysieren, um folgende Fragen zu beantworten:

[1]SIDS: Small Island Developing States bzw. kleine Inselentwicklungsstaaten.

E. Pflaum (✉)
Hochschule für Angewandte Wissenschaften Hamburg, Hamburg, Deutschland
E-Mail: Ellen.Pflaum@haw-hamburg.de

F. Wolf
Forschungs- & Transferzentrum Nachhaltigkeit und Klimafolgenmanagement, Hochschule für Angewandte Wissenschaften Hamburg, Hamburg, Deutschland
E-Mail: Franziska.Wolf@haw-hamburg.de

W. Leal Filho (Hrsg.), *Nachhaltigkeit in der Lehre,* Theorie und Praxis der Nachhaltigkeit, https://doi.org/10.1007/978-3-662-56386-1_17

- Wodurch zeichnet sich die Lernendenzentrierung und Kompetenzorientierung in einem offenen Online-Lernarrangement wie dem HOOU/L3EAP-Online-Kurs aus?
- Gibt es Unterschiede zwischen empfundener Nutzungsfreude und der tatsächlichen Nutzung der verwendeten Medientypen?
- Welche Medien tragen in welchem Maße zum Aufbau von Kompetenzen bei?

Wir möchten die ersten Ergebnisse vorstellen und zeigen, welche Medien und Methoden im Online Kurs „Sustainable Energy for SIDS" den Kompetenzaufbau bzw. die Lernendenzentrierung vermutlich gefördert und zum Lernerfolg beigetragen haben. Diesen Online Kurs haben wir als mentored MOOC durchgeführt, was bedeutet, dass die Lernenden bei allen Lernprozessen von einem Team aus Fachexpertinnen und Fachexperten sowie Moderatorinnen und Moderatoren begleitet und aufgabenbasierte Entwicklungsschritte in Peer-Review-Verfahren reflektiert wurden.

17.1.1 Forschungsansatz

Basis für die Formulierung von Hypothesen bildet der designbasierte Forschungsansatz, der auf der Umsetzung des Lernarrangements die Bildung sogenannter Prototheorien erlaubt, die über die folgenden Designzyklen bestätigt, detailliert oder widerlegt werden. Designbasierte Forschung besteht im Wesentlichen aus den Phasen Design, Umsetzung, Analyse und Re-Design (Dürkop et al. 2013, S. 76). Dabei wird in allen Phasen nicht nur das eingesetzte Bildungsmedium erforscht, sondern vor allem auch der lern- und lernendenspezifische Kontext, da der designbasierte Forschungsansatz davon ausgeht, dass Kontext und Medium nur zusammen und in ihrer Interaktion valide Ergebnisse liefern (Wang und Hannafin 2005, S. 6).

Zwei übergreifende Ziele werden bei diesem Forschungsansatz zur Entwicklung von Bildungsmedien verfolgt:

- kurze Entwicklungszyklen verschiedener Phasen der Prototypisierung und
- Bildung von „Prototheorien" des Lernens auf der Basis der eingesetzten Medien, Methoden, Mechanismen und Prozesse (Kopp und Mandl 2011, S. 148).

Im Fall des prototypischen Online-Kurses bedeutet dies, dass in einem ersten Schritt das Lernarrangement vollständig entwickelt wurde und in einem zweiten Schritt die Auswirkungen des Medieneinsatzes auf Lernendenorientierung, Kompetenzentwicklung und Akzeptanz überprüft wurden. Auf der Basis der dabei formulierten Prototheorien des Lernens wurde das Lernarrangement im Anschluss angepasst und im praktischen Einsatz erneut evaluiert. Dieser iterative Verbesserungsprozess resultiert schlussendlich in qualitativ hochwertigen und somit nachhaltigeren Lernansätzen.

17.2 Der Online-Kurs „Sustainable Energy for SIDS"

Das L3EAP-Konsortium produzierte und führte im Jahr 2016 einen sechswöchigen Online-Kurs zum Thema „Nachhaltige Energieerzeugung und -nutzung" mit rund 1100 Teilnehmern gemeinsam mit der Hamburg Open Online University (HOOU, www.hoou.de) durch. Ein zweiter Durchlauf mit einem leicht angepassten, verbesserten Lernarrangement fand Anfang des Jahres 2017 mit weiteren 700 Teilnehmenden statt. Das L3EAP-Konsortium hatte sich zum Ziel gesetzt, ein energiebezogenes offenes Weiterbildungsangebot zu entwickeln, welches die SIDS-spezifischen Bedürfnisse in Bezug auf aktuelle Nachhaltigkeitsthemen, langfristigen, überregionalen Wissenstransfer, Praxisorientierung und Netzwerkbildung erfüllt. Die Umsetzung als Online-Kurs ermöglichte eine ortsunabhängige Durchführung mit einer geografisch extrem verteilten, heterogenen Zielgruppe aus Studierenden, Akademikern, Behördenvertretern und Praktikern aus verschiedenen Altersklassen und aus 29 von 38 SIDS weltweit sowie weiteren Ländern.

Der Online-Kurs folgte einer 6-wöchigen Modulstruktur, bei der wöchentlich neue Inhalte freigeschaltet wurden. Woche 7 diente lediglich als Zeitraum der Reflexion und Bewertung der finalen Projekteinreichungen (Tab. 17.1). Diese Einreichungen, in denen ein mit Daten und Fakten fundiertes Energieprojekt aufgestellt werden sollte, dienten

Tab. 17.1 Strukturmodell des Online-Kurses „Sustainable Energy for SIDS"

Week	Topic	Assignment/*Learning goals*
1	Overview	Analyzing energy in SIDS with an interdisciplinary framework *sketch key issues, disciplinary aspects of the overall topic*
2	Challenges	Sustainable Energy Production in SIDS *explain why sustainable energy essential for SIDS,* *describe concrete examples from concrete SIDS settings*
3	Development	Energy Access and Energy Security *analyze theoretical foundations, concepts;* *critically examine concrete examples from SIDS settings*
4	Strategies	Energy Efficiency and Energy Management in SIDS *explore theoretical foundations, concepts;* *critically examine concrete examples from SIDS settings*
5	Technologies	Sustainable solutions for SIDS: the promise of renewable energies (RE) *analyze theoretical foundations, concepts and RE technologies; critically examine concrete examples from SIDS settings*
6	Regimes	Policies, initiatives, programs *identify suitable political frameworks for proposal* *critically examine concrete examples from SIDS settings*
7	Reflection	Evaluation of project proposals and feedback to learners *critical reflection of learning outcomes*

Learning goal at course completion:
Create an evidence-based proposal for an energy project in a specific SIDS context

als Prüfung bzw. zur Überprüfung des im gesamten Online-Kurs angeeigneten Wissens sowie neuer Fertigkeiten. In der Konsequenz wurden alle Inhalte, Methoden und Aufgaben dahin ausgerichtet, die Lernenden dazu zu befähigen, am Ende ein empirisch begründetes Projektkonzept schreiben zu können. Mit jeder Woche stieg die Komplexität der Anforderungen, sodass die Lernenden sukzessive an das Niveau, das für die Erfüllung der finalen Prüfungsleistung nötig war, herangeführt wurden.

MOOCs wurden in der Vergangenheit vielfach kritisiert für einen Mangel an partizipativen Methoden, eine fehlende Ausrichtung an den Bedürfnissen der Lernenden und eine mangelnde Differenzierung in Bezug auf Teilnahmevoraussetzung und Betreuung (Bremer und Thillosen 2013, S. 17). Es würden in traditionellen Angeboten Inhalte präsentiert und abgeprüft. Auf Beteiligung in Foren durch Lernende würde lediglich gehofft. (Jadin und Gaisch 2014). Yuan and Powell (2013, S. 8) beschreiben diese Art von MOOCs, sog. xMOOCs, als eine Art Erweiterung des traditionellen Instruktionsmodells der Lehre. Eine zweite Art von MOOCs, sog. cMOOCs, hingegen unterstützen explizit das Erforschen neuer Lehr- und Lernmethoden. Dieser MOOC-Typ fördert konkret kollaboratives, vernetztes Lernen.

Der Online-Kurs wirkt der Kritik an xMOOCs entgegen, indem partizipative Lernmethoden konsequent umgesetzt wurden, wie beispielsweise moderierte Forumsdiskussionen und Peer-Review-basierte zweiwöchentliche Einreichungen von (Teil-)konzepten für ein Energieprojekt. Dies wie auch die enge Betreuung der Lernenden durch erfahrene e-Tutoren trug zu verstärkter Interaktion und Kollaboration innerhalb der Lerncommunity bei, was gewisse Charakteristika von cMOOCs aufgreift. Auch die Diversität der Medien und Methoden trägt dazu bei, die verschiedenen Nutzungsgewohnheiten und Bedürfnisse der Lernenden zu adressieren und Anreize zur Erarbeitung der Inhalte zu bieten.

Die komplexe Konzeptionierung basiert auf zwei verschiedenen grundsätzlichen Ansätzen: Lernendenzentrierung und Kompetenzorientierung. Diese beiden Ansätze werden nachfolgend kurz dargestellt.

17.3 Lernendenzentrierung und Kompetenzorientierung

Der Begriff der Lernendenzentrierung wird in didaktischen und bildungswissenschaftlichen Bezügen gern zurate gezogen. Bisher gibt es im deutschsprachigen Raum aber kaum wissenschaftliche Fundierung oder eine allgemeingültige Definition (Bretschneider und Pflaum 2016, S. 112).

Im Bereich des digitalen, technologiegestützten Lehrens und Lernens sollte Lernendenzentrierung nach Auffassung der Autorinnen als Verschmelzung zweier verschiedener Perspektiven betrachtet werden – der Lernendenorientierung im Kontext der Erziehungswissenschaft und der Lernendenzentrierung, die sich methodisch an den Ansätzen des User-Centered Design in der Softwareentwicklung orientiert (Abb. 17.1).

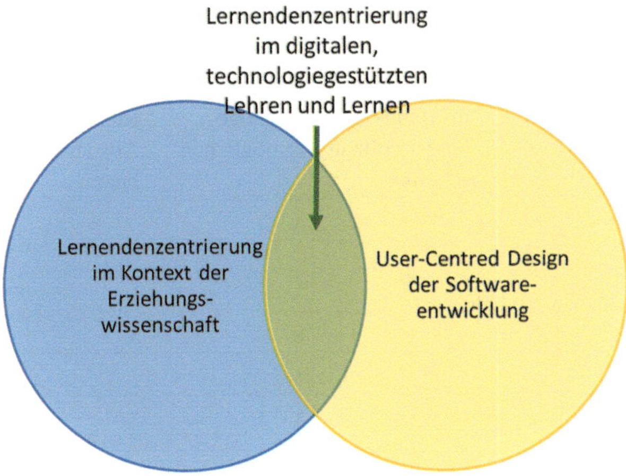

Abb. 17.1 Lernendenzentrierung als Schnittmenge aus und Erziehungswissenschaft

17.3.1 Lernendenzentrierung aus erziehungswissenschaftlicher Perspektive

Lernendenorientierung umfasst aus erziehungswissenschaftlicher Sicht die bewusste Berücksichtigung der lernendenbezogenen Vorgänge, Bedürfnisse und Erfahrungen. So können Lehrende sehr wohl definieren, welche Kompetenzen aus ihrer Sicht in einem Lernarrangement erworben werden können, sollten sich aber bewusst sein, dass Lernende diese Kompetenzen, ganz andere Fähigkeiten oder sogar gar keine erwerben beziehungsweise Lernende sich die erwarteten Kompetenzen auch auf anderen Wegen als den intendierten aneignen (Bretschneider und Pflaum 2016, S. 115).

Lehrende dürften also nach der subjektwissenschaftlichen Theorie von Holzkamp nicht davon ausgehen, dass das, was man lehrt, auch gelernt wird (Grotlüschen 2005, S. 18).

Dem wird im Online-Kurs begegnet, indem zum einen die Erreichung von Kompetenzen durch Aufgaben überprüft wird. Der Weg dorthin wird jedoch weder vorgeschrieben noch überwacht. Zum anderen können sich Lernende auch ohne die vertiefende Bearbeitung von Aufgaben mit den Inhalten auseinandersetzen und z. B. nur ihren Wissensstand mithilfe der Quiz überprüfen.

Die Holzkampsche Theorie rückt damit die Lernenden und ihre Lernanlässe ins Zentrum des Geschehens – also ihre Zugänge, Bedürfnisse, Fragestellungen und ihre Widerstände. Diese Ausrichtung lässt sich als Lernendenzentrierung bezeichnen (Holzkamp 2008, S. 34).

Der Online-Kurs mit seinen verschiedenen Medien und Methoden wird diesem Anspruch gerecht, wie Tab. 17.2 verdeutlicht.

Tab. 17.2 Lernendenorientierung aus subjektwissenschaftlicher Perspektive im Online-Kurs „Sustainable Energy for SIDS“

	Lernanlässe schaffen	Widerstände im Hand-lungs- vollzug schaffen	Verschiedene Zugänge ermöglichen	Raum für Reflexion, Austausch bieten	Raum für eigene Fra-gestellungen geben
Training Booklet			x		
Video			x		
Foren			x	x	x
Deliverable	x	x	x		
Assignment	x	x	x	x	
Fallstudien	x	x	x		x
Zusätzliche Informationen „Further resources“			x		x

Die Assignments geben den Lernenden in dieser Tradition zum Beispiel die Möglichkeit, sich anhand eigener Aufgabenspezifizierungen mit den Themen auseinanderzusetzen. Damit werden Lernanlässe und Räume für eigene Fragestellungen geschaffen, die wiederum über verschiedene Zugänge (Booklet, Video und/oder weitere Informationen) erarbeitet werden. Dieser Effekt wird durch die Peer-Reviews verstärkt: Alle Lernenden müssen nämlich nicht nur eigene Konzeptvorschläge einreichen, sondern auch Ergebnisse ihrer Mitlernenden bewerten, was die kritische Auseinandersetzung mit Inhalten unterstützt und so gute Lerneffekte ermöglicht. Laut Lu und Law (2012) profitieren Lernende in Peer-Review-Verfahren „more as assessors than as assessees“ (Lu und Law 2012, S. 272). Neben der Metaebene des Lernens geben Peer-Review-Verfahren auch die Möglichkeit, fundierte Analysen und Konzepte mit einem anderen geografischen Fokus (und daraus schlussfolgernd verschiedenen ökologischen, ökonomischen und sozialen Herausforderungen) zu lesen. Dadurch werden weitere Zugänge zu verschiedenen Aspekten des Themas realisiert und so der eigene Wissenshorizont erweitert.

Zusammengefasst bietet eine lernendenzentrierte Lernumgebung den Lernenden die Möglichkeit, sich und ihre individuellen Bedürfnisse einzubringen (Bierhoff 2016, S. 34). Sie regt dazu an, sich der eigenen Fragen bewusst zu werden, Probleme zu formulieren. Wie beispielsweise im Online-Kurs zu beobachten, ist ein Lernarrangement idealerweise so gestaltet, dass es dabei unterstützt, sich selbst zu organisieren und selbst tätig zu werden (Bretschneider und Pflaum 2016, S. 116).

17.3.2 User-Centered Design

User-Centered Design, oder nutzerorientierte Gestaltung von Softwareprodukten, hat eine mittlerweile fast 30 Jahre andauernde wissenschaftliche Fundierung, deren Basiserkenntnisse im Rahmen des Usability Engineerings, der Human-Computer-Interaktion und der User Experience erweitert, vertieft und aktualisiert wurden.

User-Centered Design umschreibt ein Vorgehen, das sich darauf konzentriert, computerbasierte Produkte für und mit dem potenziellen User zu entwickeln (Abras et al. 2004, S. 1). Damit stehen die potenziellen und aktuellen Nutzenden eines Systems oder Produkts, ihre vorhandenen Fähigkeiten, Bedürfnisse und Wünsche im Mittelpunkt aller Entwicklungen von interaktiven Systemen. Dieser Ansatz, Fähigkeiten, Bedürfnisse und Wünsche in den Mittelpunkt zu stellen, ist ebenso ein nicht unerheblicher Bestandteil der subjektwissenschaftlichen Pädagogik.

Ein nutzerorientiertes Design jeder Art von Produkten folgt nach Norman (1988, S. 189–201) sieben Designprinzipien, die darauf abzielen, die Interaktion eines Users mit einem Gegenstand, sei es ein Produkt oder ein technisches System, so intuitiv und einfach wie möglich zu gestalten. Diese Vorlage wurde im Nachgang von Jakob Nielsen (1994, S. 20) angepasst und auf zehn Designprinzipien mit speziellem Fokus auf interaktive, technologiebasierte Systeme erweitert. Diese zielen darauf ab, dass die Nutzenden zu jedem Zeitpunkt Kontrolle über das System haben durch

1. Sichtbarkeit des Systemstatus
2. Übereinstimmung von System und Realwelt
3. Benutzerkontrolle und Zufriedenheit
4. Konsistenz in Gestaltung und Navigation
5. Fehlerverhütung
6. Unterstützung des Anwenders beim Erkennen und „Reparieren“ von Fehlern
7. Erkennen ist besser als Erinnern
8. Flexibilität und Effizienz der Nutzung
9. Ästhetik und minimales Design
10. Hilfe und Dokumentation

Diese Prinzipien verfolgen das Ziel, die Akzeptanz des Systems beim User zu erhöhen, indem die *„Human Factors“* des Users, also seine Fertigkeiten und Fähigkeiten im Umgang mit dem System, Berücksichtigung finden (Nielsen 1994, S. 24). Die meisten dieser Prinzipien sollten daher auch für Lernumgebungen gelten.

Methoden dafür sind beispielsweise User Story Mappings, Zielgruppendefinition mit der Persona-Methode, Nutzertests an Prototypen und dem Live-System, Cognitive Walkthroughs, aber auch Befragungen und Interviews. Dabei werden beispielsweise Daten analysiert, in kollaborativen Szenarien Wünsche, Interessen, verschiedene Handlungsoptionen ausgearbeitet. Zusätzlich werden Ergebnisse der Kognitionspsychologie einbezogen, da nicht alle Handlungen der Nutzenden wirklich bewusst passieren (Giacomin 2014, S. 614).

Der Einfluss der technischen Komponenten der Lernumgebung scheint nichtsdestotrotz relativ gering. Nach Kerres (2012) beeinflusst die technische Seite der Lernumgebung den Lernerfolg weder positiv noch negativ. Es ist letztendlich der pädagogische Ansatz entscheidend dafür, ob ein definiertes Lernziel erreicht wird oder nicht (Kerres 2012, S. 88). Jedoch kann man sagen, dass bestimmte Funktionen einer Lernplattform (in diesem Falle Moodle) besonderes pädagogisches Potenzial für Lehr-Lern-Szenarien haben. Für kollaborative Lernsituationen und problembasierte Lernszenarien wie bspw. im konkreten Online-Kurs trifft dies zu (ebd.).

So mag die Technologie selbst zwar keinen direkten positiven oder negativen Einfluss auf den Lernerfolg haben. Es ist jedoch unstrittig, dass Lernen gar nicht stattfinden kann, wenn die Lernenden den Online-Kurs verlassen, weil sie ihn nicht bedienen können.

Gestützt wird diese Vermutung durch eine Meta-Analyse von Hew und Cheung aus dem Jahr 2010, welche die drei wichtigsten Kategorien aufzeigt, warum Lernende nicht an Online-Lernen partizipieren.

1. Technologische Gründe
   - Fehlendes Wissen und Kompetenz zum Umgang mit den Tools
   - Technische Probleme
2. Persönliche Gründe
   - Unangemessenes Verhalten der Gruppe
   - Zurückhaltende Persönlichkeit
   - Probleme, der Diskussion zu folgen
3. Pädagogische Gründe
   - Es gibt keinen Grund, teilzunehmen.
   - Unsicherheit der Lernenden darüber, was sie überhaupt beitragen könnten

Daraus lässt sich schlussfolgern, dass eine technologische NutzerInnenzentrierung die Voraussetzung schafft, um die pädagogische Lernendenzentrierung überhaupt erst zu ermöglichen.

Die genannten Hürden in Bezug auf die eingesetzten Technologien können auf recht einfachem Weg beseitigt werden. Im Online-Kurs wurden beispielsweise folgende Maßnahmen getroffen:

- Videos wurden ergänzt durch Transkripte und später auch Audios (Ziel: Probleme der langen Ladezeit in Regionen mit geringerer Internetbandbreite verringern)
- First-Level-Support durch drei TutorInnen
- Nutzungs- und Bedienhinweise, die in Aufgabenstellungen integriert werden

Die Lösung der persönlichen und pädagogischen Ursachen ist komplexer. Mayrberger stellt fest, dass Partizipation ein Kernelement sowohl der modernen Medienverwendung (Stichwort: Social Web) als auch der konstruktivistischen Didaktik ist (Mayrberger 2013, S. 100). Bezug nehmend auf Reich (2008) bedeutet das, dass Lernendenorientierung und

Partizipation nicht nur heißt, dass potenzielle Lernende am Designprozess beteiligt sind, sondern Lernende auch den tatsächlichen Lernprozess mitgestalten (Mayrberger 2013, S. 100). Durch auf unterschiedliche Formen der Partizipation ausgelegte Interaktionen und Aufgaben konnte auch im persönlichen und pädagogischen Bereich die Lernendenorientierung im Online-Kurs verbessert werden. Diesen Zweck erfüllten beispielsweise die folgenden Maßnahmen:

- Durch die wöchentliche Freischaltung neuer Inhalte wurde den Lernenden, die zwischenzeitlich aufgehört hatten, ein problemloser Wiedereinstieg ermöglicht.
- Neue Themen wurden diskutiert, neue Aufgaben zur Verfügung gestellt.
- Einreichungen und Peer-Reviews wurden anonymisiert, um auch für zurückhaltende Lernende die Hemmschwelle zur Partizipation zu verringern.
- Die Course Facilitators bzw. e-Tutoren waren zu jedem Zeitpunkt präsent. Dadurch, dass sie aus verschiedenen Zeitzonen zugeschaltet waren, gab es für die Lernenden rund um die Uhr verfügbare Ansprechpartner.

Die e-Tutoren haben in ihrer Rolle sowohl Diskussionen angestoßen, inhaltliches Feedback gegeben und Ergebnisse zusammengefasst. Der daraus entstehende Eindruck bei den Lernenden, dass die Lernergebnisse und Beiträge nicht nur von anderen Lernenden, sondern auch von Experten gelesen, kommentiert und die Arbeit demzufolge wertgeschätzt wurde, förderte aus Sicht der Autorinnen die Motivation zur weiteren Partizipation und fachlichen Interaktion.

Die offenen Diskussionen erlaubten die Ansprache von Themen, die für Einzelne oder Gruppen innerhalb der Lernenden relevant waren. Damit wurde zugleich die Vernetzung zwischen Teilnehmenden mit ähnlichen Herausforderungen oder beruflichen Hintergründen gefördert.

17.4 Auswertung der Nutzungsgewohnheiten

Onah et al. (2014, S. 8) plädieren für eine sorgfältige Untersuchung der Nutzungsgewohnheiten, um Faktoren analysieren zu können, die insbesondere zur besseren Erklärung der sogenannten „Drop-out-Rate“ in MOOCs dienen und in Verbesserungsvorschlägen für derartige Online-Lernarrangements resultieren können. Insgesamt gab es 992 für den Kurs angemeldete Nutzerinnen und Nutzer. Von diesen angemeldeten Teilnehmenden haben 124 (12,5 %) den Online-Kurs erfolgreich abgeschlossen, d. h. sie bestanden alle Pflichtleistungen für die Vergabe des Teilnahmezertifikats bzw. wählten aus mehreren möglichen den Lernpfad, aus dem die Vergabe eines Teilnahmezertifikates resultierte.

Hintergrund dieser Auswertung ist eine Untersuchung von Salomon (Kerres 2012, S. 152), die für Lernende aus Kalifornien zeigt, dass sich der Grad der Anstrengung, die beim Lernen aufgewendet wird, je nach Medium unterscheidet. In dieser Untersuchung wurde das Lernen mit Fernsehbeiträgen als leichter empfunden als das Lernen mit Texten zum gleichen Thema. Dieses empfundene leichtere Lernen hatte zur Folge, dass geringere Bemühungen aufgewendet wurden und die Lernergebnisse beim Lernen mit Fernsehbeiträgen schlechter ausfielen als beim Lernen mit Text.

Folgestudien konnten diesen Effekt zwar nicht generell bestätigen, fanden aber heraus, dass die Einschätzung des Mediums, die investierten Bemühungen sowie der Lernerfolg durchaus mit den Erwartungen an bestimmte Mediensysteme zusammenhängen. Jedoch ist dieser Effekt kulturell bedingt und kann nicht generalisiert für alle Lernenden genannt werden (Kerres 2012 S. 152).

Heißt daher Lernendenorientierung, dass die Lernenden im Mittelpunkt stehen in dem Sinne, dass ihnen das Lernen möglichst leicht gestaltet wird, damit sie Freude am Lernen empfinden, auch wenn dieses Vorgehen gegebenenfalls auf Kosten des Lernerfolgs (und der Kompetenzorientierung) geht? Oder heißt es, dass wir die Lernenden, ihre Interessen und Lernbedürfnisse in den Mittelpunkt stellen und damit alle Elemente, die handlungsleitend sind, die Selbstregulation fördern und einer intensiven Auseinandersetzung bedürfen, lernendenorientiert sind, weil sie den Lernerfolg und die Kompetenzerweiterung stützen?

Verschiedene Kennzahlen zu Nutzungsgewohnheiten im Verlauf des Online-Kurses und ex post erhoben (z. B. Nutzungsfreude, -häufigkeit, -intensität) werden nachfolgend analysiert und im Hinblick auf ihren Beitrag zur Lernenden- und Kompetenzorientierung bewertet.

17.4.1 Nutzungshäufigkeit und Nutzungsfreude

Die lernendenorientierten Aktivitäten im subjektwissenschaftlichen Sinne sind nicht immer die, die am liebsten bzw. häufigsten gemacht werden. Die Interaktionen, die eigene Interessen und Fragestellungen der Lernenden berücksichtigen, wie z. B. Diskussionen, Deliverables/Assignments, Case Studies liegen deutlich hinter Quiz und Videos, bei denen es eher um Aufnahme von Wissen geht (siehe Tab. 17.3).

Interessant ist an dieser Stelle auch die Frage, ob Lernendenorientierung bedeutet, dass eine Aktivität den Lernenden anspricht. Oder sind die Aktivitäten lernendenorientierter, die letztendlich intensiv genutzt werden, weil sie gegebenenfalls eine umfassendere Auseinandersetzung mit den Inhalten ermöglichen?

Quiz und Training Booklet liegen in allen drei Rankings auf den ersten drei Plätzen, sie werden oft und häufig genutzt, was die Autorinnen schlussfolgern lässt, dass sie nicht nur zur Nutzungsfreude, sondern auch zum Kompetenzerwerb und Wissensaufbau beitragen können.

Überraschend ist der starke Unterschied der Videos auf Platz 2 der Lieblingsaktivitäten und auf dem vorletzten Platz 5 der Nutzungshäufigkeit. Ebenso überraschend ist, dass Deliverables/Assignments auf dem letzten Platz der Lieblingsaktivitäten und im Mittelfeld der Nutzungshäufigkeit sind. Dies könnte jedoch durch wiederholte Aufrufe

Tab. 17.3 Ranking von Nutzungshäufigkeit und Lieblingsaktivitäten im Vergleich

Ranking der Lieblingsaktivitäten	Ranking der Nutzungshäufigkeit 1 (Views insgesamt)	Ranking der Nutzungshäufigkeit 2 (Views per User)
1. Quiz	1. Training Booklet	1. Training Booklet
2. Videos	2. Quiz	2. Quiz
3. Training Booklet	3. Deliverable/Assignment	3. Weekly Discussions
4. Case Studies	4. Weekly Discussions	4. Deliverable/Assignment
5. Further Resources	5. Case Studies	5. Case Studies
6. Weekly Discussions	6. Videos	6. Videos
7. Deliverable/Assignment	7. Further Resources	7. Further Resources

der Bearbeitungsseiten erklärt werden, da die Plattform das Zwischenspeichern und die weitere Online-Bearbeitung der eingereichten Aufgaben bis zum Ende der jeweiligen Woche ermöglichte. Diese sind aus pädagogischer Sicht essenziell für den individuellen Kompetenzerwerb, ein Kernelement des individuellen Zugangs zum Thema und damit eigentlich eine ausdrücklich lernendenorientierte Aktivität.

Während bei der Frage nach der Lieblingsaktivität eine relativ geringe Spannweite der Werte von 6,5 % für Deliverable/Assignment und 22 % für Quiz gegeben ist, sieht dies bei den Views deutlich anders aus. Die Spannweite geht in dieser Kategorie von insgesamt 961 Views für die „Further Resources" bis zu insgesamt 32.429 Views für die „Training Booklets". Für die Views per User stellt sich dies ähnlich dar, wie die Grafik in Abb. 17.2 verdeutlicht.

Neben der konkreten Nachfrage zur Lieblingsaktivität aus dem bestehenden Kurs wurden die Lernenden ebenfalls gefragt, welche Lernelemente sie generell mehr nutzen wollen.

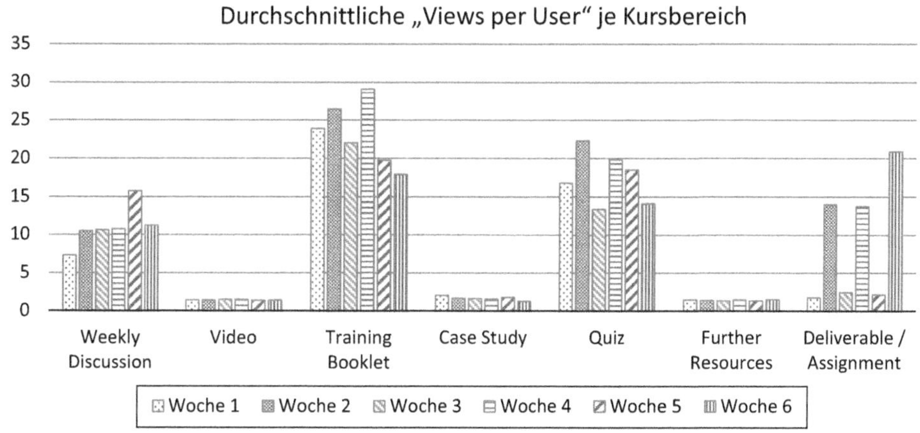

Abb. 17.2 Durchschnittliche Views per User je Kursbereich/sortiert nach Wochen

Aus den Antwortmöglichkeiten wurden mit großem Abstand inhaltliche Elemente genannt:

- more case studies (20,3 %)
- more comprehensive training booklets (25,4 %)
- video clips with a variety of speakers (22,9 %)

Dagegen wurden aus den Lernelementen, die den lernenden- und kompetenzorientierten Charakter des Online-Kurses ausmachen, nur von wenigen Befragten weitere Ergänzungen gewünscht:

- more ways to interact with my peers (9,3 %)
- more interactive discussions with my peers (8,5 %)
- more peer-review assignments (4,2 %)

Dies bestätigt die Angaben zur Lieblingsaktivität, bei der die kooperativen und kollaborativen Lernelemente auf den letzten beiden Plätzen zu finden sind.

Eine Ursache könnte sein, dass die Lernenden bisher kaum Erfahrungen mit Online-Lernen generell und noch weniger mit einem kollaborativen Format haben. Tatsächlich war es für 47,6 % der Teilnehmenden das erste Mal, dass sie an einem Online-Kurs teilnahmen, nur 20,3 % hatten bereits zuvor an einem Online-Kurs mit Diskussionen und kollaborativen Prüfungsleistungen teilgenommen.

Auf jeden Fall ist festzuhalten, dass die Lernendenorientierung im Sinne einer NutzerInnenorientierung nach Nielsens zehn Prinzipien nicht an jeder Stelle gegeben ist und die Lernendenorientierung in der Auseinandersetzung mit dem System noch optimiert werden kann. Gegebenenfalls bedarf es einer weiteren Unterstützung bei der Entwicklung von online basierter Kommunikations- und Kollaborationskompetenz der Lernenden, um ein angenehmeres Lernerlebnis auch in diesen Bereichen zu schaffen und Berührungsängste abzubauen. Ein nutzerorientiertes Instrument, den Online-Kurs in diesem Bereich zu optimieren, wäre, die Lernenden einzubeziehen und z. B. in einem User-Story-Workshop konkrete Handlungsempfehlungen zur Verbesserung der Usability von Assignments und Diskussionen zu erarbeiten. Über regelmäßige Online-Befragungen während der Kurslaufzeit bot der Online-Kurs hier den Lernenden die Möglichkeit, Feedback und Verbesserungsvorschläge einzubringen, die im nachfolgenden Kursdurchlauf berücksichtigt wurden. Zudem holten die Kursentwickler von den e-Tutoren ebenfalls Verbesserungsvorschläge ein.

17.4.2 Vergleich Views – Views per User

Die Views für die einzelnen Lernelemente zeigen eine stetig sinkende Anzahl. Besonders hohe Drop-out-Raten sind in den ersten zwei Wochen, insbesondere für das Training

Booklet und die Quiz, zu erkennen. Stellt man dieser Entwicklung die Views per User gegenüber, zeigt sich hier eine andere Entwicklung. In den meisten Fällen gibt es zunächst von Woche 1 zu Woche 2 sogar einen leichten Anstieg (für Quiz, Training Booklet, Weekly Discussion und Deliverable/Assignment) und im Verlauf einen deutlich geringeren Abfall.

Die Vermutung ist hier, dass sich von Woche 1 zu Woche 2 die Zahl der aktiven User deutlich reduziert, aber die verbleibenden NutzerInnen weiterhin intensiv und häufig mit den Materialien interagieren. Bereinigt von der größeren Zahl inaktiver Teilnehmender steigen die durchschnittlichen Views per aktivem User (Abb. 17.3).

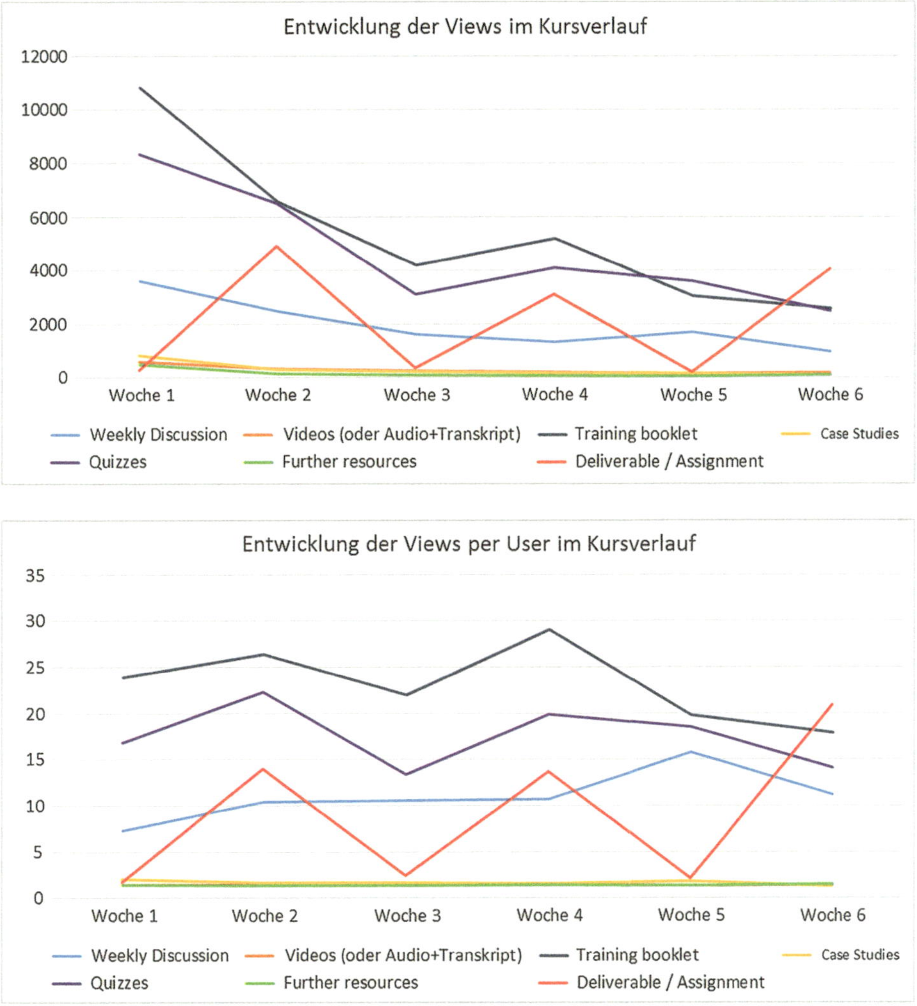

Abb. 17.3 Gegenüberstellung von Views und Views per User im Kursverlauf

Die Vermutung ist hier, dass sich von Woche 1 zu Woche 2 die Zahl der aktiven User deutlich reduziert, aber die verbleibenden NutzerInnen weiterhin intensiv und häufig mit den Materialien interagieren. Bereinigt von der größeren Zahl inaktiver Teilnehmender steigen die durchschnittlichen Views pro aktiver/m NutzerIn. Dies lässt die Vermutung zu, dass die verbleibenden NutzerInnen den Online-Kurs in der vom L3EAP-Konsortium vorgesehenen Art und Häufigkeit der Interaktion mit den einzelnen Lernaktivitäten nutzen.

Im Folgenden werden die einzelnen Aktivitäten vertieft analysiert.

17.4.3 Einzelanalysen zu den Lernaktivitäten

17.4.3.1 Videos

Aus didaktischer Sicht ist zusammenfassend zu sagen, dass Videos keinen grundsätzlichen didaktischen Vor- oder Nachteil haben.

Videos haben über die gesamte Dauer des Online-Kurses sehr geringe durchschnittliche Views per User. Dies könnte verschiedene Ursachen haben:

- Die Videos sind so leicht verständlich, dass die Lernenden das Video nicht häufig anschauen müssen, um den Sinn für sich völlig zu erschließen.
- Es gibt technische Schwierigkeiten (z. B. Internetbandbreite bei einigen Teilnehmenden), dass der Aufwand, ein Video zu laden, nur selten betrieben wird.
- Das didaktische Potenzial der Videos in Form von Pause/Play wurde genutzt und die Lernenden haben sich ein Video zwar nicht mehrmals, dafür aber intensiv angeschaut. (Nutzungsdaten zur Dauer der jeweiligen Videonutzung bzw. Interaktionsweise wurden nicht erhoben.)

Gleichwohl werden die Videos von 21,25 % der befragten NutzerInnen als Lieblingsaktivität bezeichnet. Daraus lässt sich schlussfolgern, dass sie wenigstens einen Einfluss auf die Nutzungsfreude der Teilnehmenden haben. Inwiefern sie ausführlich bearbeitet wurden und kompetenzfördernde Wirkung gezeigt haben, lässt sich auf Basis der aktuellen Datenlage nicht sagen, da lediglich die Nutzungshäufigkeit, nicht aber die Intensität erfasst werden konnte.

17.4.3.2 Training Booklets

Gleichzeitig überrascht es, dass die Training Booklets, die eine sehr hohe durchschnittliche Nutzungshäufigkeit aufweisen, nur auf Platz 3 des Rankings der Lieblingsaktivitäten zu finden sind. Eine mögliche Erklärung ist, dass das ausführliche und häufige Studieren dieser Unterlagen, bei dem die Lernenden selbst eine sehr aktive Rolle einnehmen müssen, als schwierig und aufwendig wahrgenommen und damit nicht als Lieblingsaktivität eingestuft wird. Die Nutzungshäufigkeit wiederum zeigt, dass die Training Booklets stark zum Aufbau von Wissen und Kompetenzen beizutragen scheinen.

Um dieser Frage tatsächlich auf den Grund zu gehen, können in einem nächsten Schritt A-/B-Tests durchgeführt werden, bei denen einer NutzerInnengruppe eine Aufgabe gegeben wird, die ausschließlich mit den produzierten Videos gelöst werden soll. Eine Vergleichsgruppe erhält dieselbe Aufgabe, soll diese aber statt der Videonutzung mit dem Trainingsbooklet erarbeiten. Dabei könnte beim Vergleich der Ergebnisse, der Nutzungshäufigkeit und -intensität eine Aussage im Hinblick auf Kompetenzförderung und Nutzungsfreude im direkten Vergleich getroffen werden.

17.4.3.3 Deliverable/Assignment

Die Zusammenfassung von Deliverable (Wochen 1, 3 und 5) und Assignment (Wochen 2, 4, 6) in eine Kategorie ist für die statistische Auswertung ungünstig. Die Views per User sind beim Assignment, welches relevant für das Kursbestehen ist, etwa 10-mal so hoch wie die Views per User für das Deliverable, welches nicht für das Kursbestehen relevant ist. Die 12.895 Views insgesamt teilen sich auf in 871 Views für die Deliverables und 12.024 Views für die Aktivität Assignments.

Dieses Ergebnis lässt die Vermutung zu, dass die Lernenden sich überwiegend mit den Aktivitäten auseinandersetzen, die Voraussetzung für die Zertifikatsvergabe sind, auch wenn sie keine große intrinsische Motivation oder Nutzungsfreude dabei empfinden.

17.4.3.4 Quiz

Das wöchentliche Quiz liegt sowohl beim Beliebtheitsgrad als auch bei den Views auf den oberen Plätzen. Die Zahlen der als bestanden abgelegten Quizteilnahmen sind in Tab. 17.4 aufgeführt.

Die Bestehensquoten bleiben nach Ablauf der Woche 2 relativ konstant. Diese Zahlen zeigen, dass die Quiz sehr wichtig für die Motivation der Lernenden sind, da sie sowohl für die Dimension der Nutzungsfreude als auch die Nutzungshäufigkeit und Erfolg von Bedeutung sind. Zudem scheint der spielerische Charakter der Quiz so ansprechend gewesen zu sein, dass die Lernenden die Quizseite oft als erste von allen aufriefen und austesteten, wie viele Fragen sie im Quiz bereits beantworten konnten, d. h. eine Art Selbstbestätigung suchten, wie viel sie bereits wussten bzw. noch zu lernen hätten.

Tab. 17.4 Anzahl abgeschlossener Quiz

	Abschluss und Bestehen des jeweiligen Quiz
Quiz 1	414
Quiz 2	527
Quiz 3	221
Quiz 4	199
Quiz 5	187
Quiz 6	167

17.4.3.5 Case Studies/Further Resources

Case Studies und Further Resources sind im Ranking der Lieblingsaktivitäten auf Platz 4 bzw. 5 zu finden. Case Studies waren für 13,5 % der Befragten die Lieblingsaktivität, die Further Resources immer noch für 11,5 %. Bei den tatsächlichen Nutzungshäufigkeiten sind beide Aktivitäten dann aber weit abgeschlagen, mit 1,44 Views per User (Further Resources) bzw. 1,66 Views per User (Case Studies). Jedoch bleibt auch hier die Art und Weise, in der die NutzerInnen mit den beiden Lernressourcen umgegangen sind, offen. Beide Lernelemente verweisen überwiegend auf Inhalte, die außerhalb der eigenen Lernplattform zu finden sind. Es könnte beispielsweise sein, dass diese Inhalte direkt nach dem Aufrufen als Favorit im Browser markiert oder in einer eigenen persönlichen Lernumgebung gebookmarkt wurden und ein erneuter Aufruf dieser Inhalte aus der Lernplattform heraus unnötig wurde. Tatsächlich fand die interaktive Bearbeitung der Fallstudien im dazugehörigen Diskussionsforum an einer anderen Stelle auf der Plattform statt. Dies würde zum einen erklären, warum sich diese Lernelemente trotz geringer Nutzungszahlen großer Beliebtheit erfreuen. Zum anderen wäre es im Hinblick auf das Ziel dieses Online-Kurses, dass sich die Lernenden neues Wissen aneignen, den Umgang mit verschiedenen Quellen erlernen und diese Fähigkeiten nachhaltig in ihre eigene Lern- und Arbeitswelt integrieren, durchaus wünschenswert.

17.4.3.6 Weekly Discussions

Insgesamt sind die Weekly Discussions mit 11.646 Views nur auf Platz 4 der Nutzungshäufigkeit. Bei der Betrachtung der durchschnittlichen Views per User steigen die Weekly Discussions auf Platz 3. Ursächlich dafür könnte sein, dass diejenigen User, die überhaupt ein Interesse an Forumsdiskussionen haben und sich daran beteiligen, diese Foren dann auch mehrfach aufsuchen, um den Verlauf zu verfolgen. Für diese These spricht die Tatsache, dass die Nutzungshäufigkeit von Woche 1 mit 7,27 Views per User auf 15,72 Views per User in Woche 5 steigt und in Woche 6 wieder auf 11,22 sinkt.

Auffällig ist außerdem, dass auch in diesen Foren die passive Nutzung deutlich überwiegt. Tab. 17.5 stellt die Views und Posts der NutzerInnen einander gegenüber, beispielhaft für Woche 1 und Woche 6.

Die passive Nutzung von Kommunikationsmöglichkeiten ist immer wieder ein Hindernis in Online-Kursen, die auf Austausch, Kooperation und Kollaboration fußen. Auch in diesem Kurs ist es nicht vollends gelungen, die passiven NutzerInnen zur aktiven Teilnahme und Diskussion zu motivieren.

Tab. 17.5 Entwicklung der Posts in den Foren

	Woche 1		Woche 6	
	Absolut	Relativ zu Views	Absolut	Relativ zu Views
Views des Diskussionsforums	3601	–	965	–
Posts insgesamt	170	4,72 %	52	5,39 %
Posts (ohne ModeratorInnen)	157	4,36 %	38	3,94 %

Dies kann jedoch ebenso als ein Indiz für Lernendenorientierung gewertet werden: Diejenigen, die sich für die Weekly Discussions interessieren, verfolgen diese und nutzen die Möglichkeit der (passiven oder aktiven) Kommunikation. Diejenigen, die es bevorzugen, sich nicht aktiv an der Diskussion zu beteiligen, nutzen die anderen Lernmöglichkeiten, die im Online-Kurs angeboten werden.

17.5 Motivation und Lernendenorientierung

Für den Umgang mit einem Online-Kurs, in dem trotz Moderation und Vorgabe einer Auswahl von Zielen und Inhalten in großem Maße selbst gesteuert gelernt wird, spielt die Motivation eine wichtige Rolle. Motivatoren können intrinsisch oder extrinsisch sein. Intrinsische Motivation liegt in den Persönlichkeiten der Lernenden selbst. Sie wollen beispielsweise aus dem Wunsch heraus, ihre Kompetenz unter Beweis zu stellen, den Online-Kurs absolvieren (Kerres 2012, S. 26).

Die intrinsische Motivation der Lernenden schien in diesem Online-Kurs sehr ausgeprägt. 82,7 % der Teilnehmenden einer Befragung zur Motivation (n = 110) gaben an, dass sich ihr Lernfokus fast immer bzw. oft am eigenen Interesse ausrichtet. 65 % von ihnen setzten sich zum Ziel, sämtliche Kursinhalte zu nutzen und an allen Aktivitäten teilzunehmen (Abb. 17.4).

Die Befragung der Lernenden zeigt eine sehr stark ausgeprägte Motivation der Lernenden zu Beginn des Kurses. Im Vergleich haben relativ wenige letztendlich ihr selbst gestecktes Ziel erreicht, was an verschiedenen Einflussfaktoren gelegen haben kann (Vertrautheit mit Online-Lernen, Selbstdisziplin, Unterschätzung Zeitaufwand, zu anspruchsvoll, Mismatch Kursanforderungen und individuelle Qualifikationen usw.). Dies deutet auf weiteren Forschungsbedarf, insbesondere hinsichtlich der Möglichkeiten und Grenzen der Lernendenzentrierung von offenen Lernarrangements.

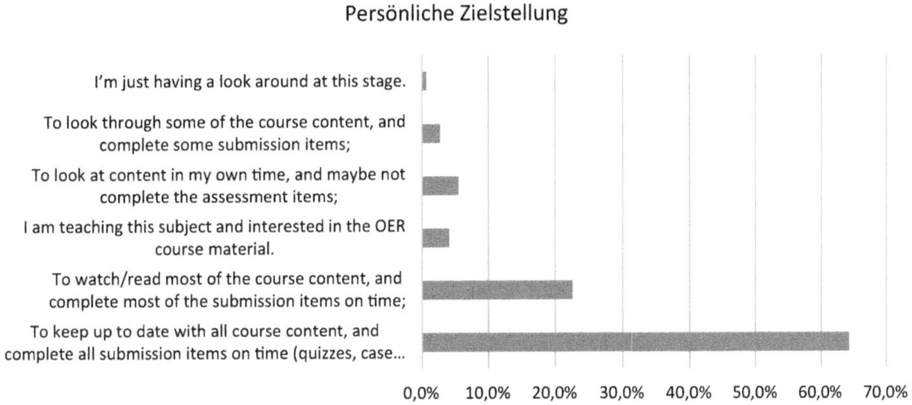

Abb. 17.4 Persönliche Zielstellungen zur Teilnahme am Online-Kurs

17.5.1 Selbstwirksamkeit und Lernendenorientierung

Ein weiterer wichtiger Faktor im Hinblick auf die Motivation, erfolgreich an diesem Online-Kurs teilzunehmen, ist das Konstrukt der Selbstwirksamkeit. Selbstwirksamkeit nach Albert Bandura bedeutet, dass ein Subjekt erkennt und erwartet, dass die eigenen Handlungen eine Auswirkung oder einen Effekt haben. Diese Selbstwirksamkeit ist essenzieller Bestandteil der Selbstregulation, die Voraussetzung für erfolgreiches Lernen ist (Kerres 2012, S. 24 f.).

Auf dieses Konstrukt wird im Online-Kurs auf zweierlei Weise Bezug genommen. Zum einen wird in den Materialien wiederholt der Bezug zur und die Relevanz für die eigenen SIDS hervorgehoben sowie SIDS-spezifische Fragen in den Foren diskutiert. Damit wird der Anschluss an die Wirklichkeit der Lernenden sichergestellt. Indem die Lernenden durch die Aussagen der Dozierenden in den Videos bzw. Training Booklets oder durch Peers in den Forumsdiskussionen darin bestätigt werden, dass sie einen Beitrag zur Stärkung nachhaltiger Energiekonzepte leisten können, wird auch ihre Selbstwirksamkeit gefördert. Zum anderen müssen die Lernenden in den realitätsnah konzipierten wöchentlichen Aufgaben sofort die neu gewonnenen Kenntnisse und Fertigkeiten unter Beweis stellen. Die dazugehörigen Peerreviews geben fachliches und methodisches Feedback. Die Lernenden erkennen anhand der vorgegebenen Kriterien, in welchem Umfang sie das neu gewonnene Wissen in praktischen Situationen bereits anwenden können. Auch dies kann positive Auswirkungen auf die Selbstwirksamkeit und in der Folge auf die Motivation der Teilnehmenden haben.

Die Selbstwirksamkeit fördert insbesondere die Motivation der Lernenden, indem sie das Vertrauen in die eigenen Fähigkeiten und das Durchhaltevermögen stärkt und den Umgang mit Stressfaktoren verbessert (Kerres 2012, S. 25).

17.5.2 Wie zeigt sich die Motivation im Verhalten der Teilnehmenden im Kursverlauf?

Die Befragung der Lernenden zeigt eine sehr stark ausgeprägte Motivation der Lernenden zu Beginn des Kurses. Im Vergleich haben relativ wenige letztendlich ihr selbst gestecktes Ziel erreicht. Am Beispiel der Assignments wird die Entwicklung der Motivation der Lernenden nachfolgend analysiert (Tab. 17.6).

214 Lernende von insgesamt 1007 angemeldeten Usern haben mindestens ein Assignment eingereicht. Außerdem sind nach dem für MOOCs typischen großen Drop-out nach Woche 1 (hier: –803 User) die Zahlen der eingereichten Assignments und Reviews konstant, mit deutlich geringeren relativen Drop-out-Quoten.

Auch hier lässt sich eine starke intrinsische Motivation der Lernenden belegen. Haben beispielsweise in Woche 4 nur 119 NutzerInnen das jeweilige Assignment und alle vorhergehenden inklusive der Reviews erfolgreich abgeschlossen, reichen dennoch 140 NutzerInnen die Aufgabe des dritten Assignments ein. Diese mindestens 21 NutzerInnen

Tab. 17.6 Entwicklung der Teilnahme an Assignments im Kursverlauf

	Nur das jeweilige Assignment	Das jeweilige Assignment komplett UND alle vorhergehenden	Verlorene USER
Teilnehmende am Kurs	1007	1007	–
Assignment 1 – submission (Woche 2)	214	204	−803
Assignment 1 – inklusive review (Woche 2)	172	172	−32
Assignment 2 – submission (Woche 4)	164	130	−42
Assignment 2 – inklusive review (Woche 4)	145	119	−11
Assignment 3 – submission (Woche 6)	140	115	−4
Assignment 3 – inklusive review (Woche 6)	128	114	−1

haben aufgrund fehlender Vorleistungen keine Chance mehr darauf, ein Zertifikat (> extrinsische Motivation) zu erhalten, sondern beteiligen sich aus eigenem Bedürfnis oder Interesse an dieser Aufgabe (> intrinsische Motivation).

Dies ist ein Indiz dafür, dass es im Online-Kurs gelungen ist, die intrinsische Motivation der Teilnehmenden zu erhalten und den sog. Korrumpierungseffekt gering zu halten.

Außerdem haben 54 Personen alle Quiz gelöst, obwohl sie nicht alle Assignments eingereicht haben (Tab. 17.7). Dieses Verhalten stützt die Vermutung, dass die hohe intrinsische Motivation der Teilnehmenden im Kursverlauf beibehalten werden konnte. Diese 54 Personen haben die Quiz vermutlich aus intrinsischer Motivation abgeschlossen, da die extrinsische Motivation durch Zertifikatsvergabe nicht für sie relevant war.

Insgesamt absolvierten 114 Teilnehmer den Kurs, eine 12,3 %ige Abschlussquote, die deutlich über den durchschnittlichen 10 % liegt, die mit MOOCs verbunden ist. Alle Teilnehmenden, welche die Assignments vollumfänglich gelöst haben, haben ebenfalls sämtliche Quiz gelöst und damit alle Bedingungen zur Zertifikatsvergabe erfüllt.

Es ist wichtig zu beachten, dass neben den Teilnehmenden am Assignment auch noch weitere NutzerInnen das Online-Angebot auf ihre Weise genutzt haben, gegebenenfalls ohne sich aktiv an den kollaborativen Formaten zu beteiligen.

Tab. 17.7 Entwicklung der Teilnahme an Assignments und Quiz im Kursverlauf

	Anzahl der User
Alle Quiz und alle Assignments	114
Alle Quiz, aber nicht alle Assignments	54
Alle Assignments, aber nicht alle Quiz	0

So wurden in Woche 4 zwar nur 164 Assignments eingereicht, aber das Training Booklet der Woche von 190 Usern angesehen. Das zeigt ein lernendenorientiertes Kursdesign, welches autonome Lernentscheidungen unterstützt. Dies manifestiert sich in verschiedenen Arten der Nutzung und Interaktion mit den Inhalten.

17.5.3 Extrinsische Motivation

Extrinsische Motivatoren liegen außerhalb der Lernenden selbst, sie umfassen positive Effekte, die aus der Absolvierung des Kurses entstehen können oder erwartet werden (Kerres 2012, S. 26). Die extrinsische Motivation wird beispielsweise mit Belohnungssystemen wie Zertifikaten oder Gamification (Stichwort: Badges) gefördert. Es wird jedoch immer wieder kritisiert, dass ein zu hohes Maß an Motivatoren, welche die extrinsische Motivation fördern, zu einem Verlust der intrinsischen Motivation (sog. Korrumpierungseffekt) führen kann (Kerres 2012, S. 26).

17.5.3.1 Gamification

Aus Gründen dieses Korrumpierungseffekts wurden Gamification-Elemente sparsam eingesetzt. Für die Aktivitäten, die einen großen eigenständigen und aktiven Arbeitsanteil der Lernenden erforderten, wurden zur Belohnung Badges vergeben. Mit diesem zwar extrinsisch wirkenden Anreiz wurden gleichzeitig auch intrinsische Motivationsaspekte angesprochen. So wurde für jedes Badge transparent hinterlegt und dem Lernenden mitgeteilt, wofür es vergeben wurde und welche Ziele damit erfüllt wurden. Sie stützen damit auch die Definition und transparente Darstellung der Erreichung der intendierten Ziele, die sich Lernende „angeeignet" haben (Abb. 17.5).

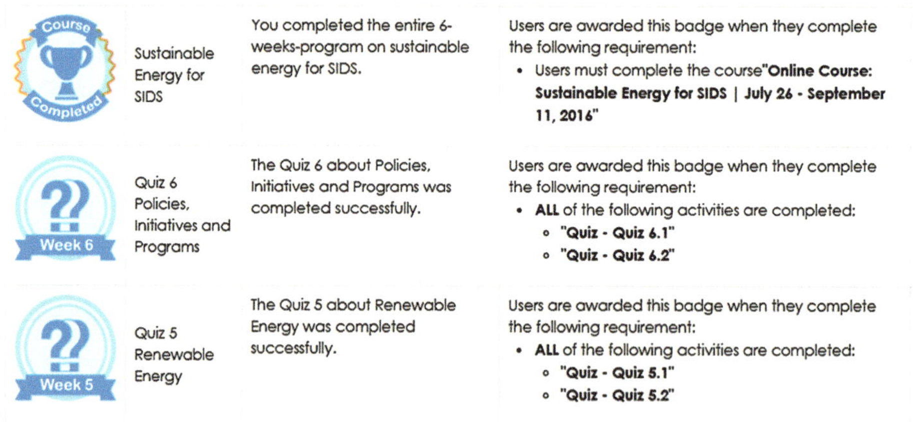

Abb. 17.5 Auszug aus der Übersicht der Kursbadges

Ob der sog. Korrumpierungseffekt dazu beigetragen hat, dass die Motivation nicht durchgängig aufrechterhalten wurde, lässt sich auf der aktuellen Datenbasis nicht feststellen, bietet jedoch Anknüpfungspunkte für weitere Forschungen in Lernszenarien ohne extrinsisch wirkende Motivatoren.

17.6 Ausblick auf zukünftige Entwicklungen

Zusammenfassend ist zu sagen, dass es so scheint, als gäbe es eine Diskrepanz zwischen der theoretischen Betrachtung der Lernendenorientierung im Sinne der subjektwissenschaftlichen Betrachtung und ihrer praktischen Auslegung. Theoretisch sind die partizipativen Lernformen wie Assignments und Foren die lernendenorientierten. Tatsächlich erfreuen sich aber andere wie z. B. Quiz und Training Booklets großer Beliebtheit und hoher Nutzungszahlen und stellen damit auch eine Ausprägung der Lernendenorientierung dar.

Glaubt man nun auf den ersten Blick, dass die Aktivitäten mit geringen Nutzungszahlen und/oder geringer Nutzungsfreude weggelassen werden können, zeigt sich bei näherem Hinschauen, dass eine solche Entscheidung nicht einfach und pauschal zu treffen ist. Viele der betrachteten Faktoren haben starke Zusammenhänge und bedingen sich vermutlich gegenseitig. Könnte es beispielsweise passieren, dass die Abbruchquote steigt, wenn statt der aufwendig produzierten, sehr gern, aber selten genutzten Videos, nur noch die sehr häufig, aber nicht ganz so gern genutzten Training Booklets angeboten werden? Haben die Videos durch authentische Berichte und Hintergründe der ExpertInnen das Interesse oder Lernbedürfnis ausgelöst, welches danach mit den Training Booklets erarbeitet und erfüllt wurde? Würde dieser Auslöser des Lernprozesses ggf. fehlen?

Welche Auswirkungen haben die einzelnen Elemente im großen Bild auf die Motivation der Lernenden und die Abschlussquote im Online-Kurs? Wie würden sich die Motivation und das Nutzungsverhalten ändern, wenn eine Veränderung der Pflichtaktivitäten für die Zertifikatsvergabe vorgenommen würde? Gibt es überhaupt ein Szenario, in dem Nutzungsfreude, Nutzungshäufigkeit und -intensität ausgeglichen wären und der Kompetenzerwerb noch immer gewährleistet wäre?

Um diese Fragen besser beantworten zu können, bietet es sich an, die Weiterentwicklung des Online-Kurses mit der eingangs erwähnten designbasierten Herangehensweise zu begleiten. Dabei werden in zukünftig durchgeführten Entwicklungszyklen verschiedene Lernarrangements und Betreuungsszenarien erprobt werden. Dadurch werden nur einzelne Stellschrauben verändert und die daraus resultierenden Auswirkungen auf Lernendenorientierung, Kompetenzgewinn, Lernerfolg und Akzeptanz beobachtet und dokumentiert. Dies wiederum bildet erneut die Basis für inhaltliche, methodische und mediale Weiterentwicklungen und Einschätzungen zu Wirksamkeit einzelner Methoden und Medien auf Lernerfolg und Akzeptanz.

Aus Sicht der Bildungsforschung bieten Online-Kurse sehr viele Ausgangspunkte für weitere Forschung und Entwicklung.

Erfolgreich pilotierte Ansätze wie der HOOU-L3EAP-Online-Kurs können beispielsweise in einem partizipativen Ansatz (z. B. Befragungen, Interviews und User Story Mapping Workshops) weiterentwickelt werden, indem beispielsweise gemeinsam mit Teilnehmenden die Frage diskutiert wird, was aus ihrer Sicht gemacht werden kann, damit die partizipativen Aufgaben zur Lieblingsaktivität werden oder mehr zum Lernerfolg beitragen.

Dazu gehört, dass der Kontext, in welchem im Online-Kurs gelernt wird, genauer erforscht wird. Die Nutzerdaten müssen in Verbindung zu beruflichen, kulturellen, geografischen und akademischen Hintergründen der Teilnehmenden gebracht werden. Darüber hinaus kann der Kontext auch eine der Stellschrauben sein, die verändert werden. Mittels verschiedener Betreuungsszenarien können Aspekte der Selbstwirksamkeit sowie der extrinsischen Motivatoren verändert und deren Auswirkungen beobachtet werden.

Literatur

Abras C, Maloney-Krichmar D, Preece J (2004) User-centered design. In: Bainbridge W (Hrsg) Berkshire encyclopedia of human-computer interaction, Bd 2. Berkshire Publishing Group, Great Barrington, S 763–768

Bierhoff B (2016) Kritisch-Humanistische Erziehung. Springer Fachmedien Wiesbaden, Wiesbaden

Bremer C, Thillosen A (2013) Der deutschsprachige Open Online Course OPCO12. In: Bremer C, Krömker D (Hrsg) E-Learning zwischen Vision und Alltag. Medien in der Wissenschaft, Bd 64. Waxmann, Münster, S 15–27. http://t1p.de/94rr

Bretschneider M, Pflaum E (2016) Lernendenzentrierung im Lehren und Lernen mit Medien. In: Pfau W, Baetge C, Bendelier SM, Kramer C, Stöter J (Hrsg) Teaching Trends 2016. Digitalisierung in der Hochschule: Mehr Vielfalt in der Lehre. Waxmann, Münster, S 111–120

Dürkop A, Klaffke H, Knutzen S (2013) Lernerorientierte Forschung zur Entwicklung von digitalen und reflexiven Bildungsmedien. In: Bremer C, Krömker D (Hrsg) E-Learning zwischen Vision und Alltag. Medien in der Wissenschaft, Bd 64. Waxmann, Münster, S 74–84. http://t1p.de/94rr

Giacomin J (2014) What is human centred design? Des J 17(4):606–623

Grotlüschen A (2005) Expansives Lernen: Chancen und Grenzen subjektwissenschaftlicher Lerntheorie. Europäisches Journal Berufsbildung (CEDEFOP) 3(36):17–22

Hew KF, Cheung WS (2014) Students' and instructors' use of massive open online courses (MOOCs): motivations and challenges. Educ Res Rev 12:45–58. http://t1p.de/ael9

Holzkamp K (2008) Wider den Lehr-Lern-Kurzschluß. Interview zum Thema „Lernen". In: Faulstich P, Ludwig J (Hrsg) Expansives Lernen, 2. unveränd. Aufl. Schneider, Baltmannsweiler, S 29–38

Jadin T, Gaisch M (2014) Enhanced MOOCs (eMOOCs) Eine soziokulturelle Sichtweise auf die aktuelle MOOC-Landschaft. In: Rummler K (Hrsg) Lernräume gestalten – Bildungskontexte vielfältig denken. Medien in der Wissenschaft, Bd 67. Waxmann, Münster, S 302–309. http://t1p.de/ztio

Johnson L, Adams Becker S, Cummins M, Estrada V, Freeman A, Hall C (2016) NMC horizon report: 2016 higher education edition. Austin, Texas: The New Media Consortium, Austin, Texas. http://t1p.de/mc4i

Kerres M (2012) Mediendidaktik. Konzeption und Entwicklung mediengestützter Lernangebote, 3. Aufl. Oldenbourg, München

Kopp B, Mandl H (2011) Blended Learning: Forschungsfragen und Perspektiven. In: Klimsa P (Hrsg) Online-Lernen. Handbuch für Wissenschaft und Praxis, 2. Aufl. Oldenbourg, München, S 139–150

Lu J, Law N (2012) Online peer assessment: effects of cognitive and affective feedback. Instr Sci 40(2):257–275

Mayrberger K (2013) Eine partizipative Mediendidaktik (nicht nur) für den Hochschulkontext? In: Bremer C, Krömker D (Hrsg) E-Learning zwischen Vision und Alltag. Medien in der Wissenschaft, Bd 64. Waxmann, Münster, S 96–106. http://t1p.de/94rr

Nielsen J (1994) Usability engineering. Elsevier Academic, London

Norman DA (1988) The design of everyday things. Doubleday, New York

Onah DFO, Sinclair J, Boyatt R (2014) Dropout rates of massive open online courses: behavioural patterns. In: 6th International Conference on Education and New Learning Technologies, Barcelona, Spain, 7–9 July 2014. EDULEARN14 Proceedings, S 5825–5834. https://library.iated.org/view/ONAH2014DRO

Reich K (2008) Konstruktivistische Didaktik: Das Lehr- und Studienbuch mit Online-Methodenpool. Beltz Pädagogik, Weinheim

Wang F, Hannafin MJ (2005) Design-based research and technology-enhanced learning environments. ETR&D 53(4):5–23

Yang HH, Yuen SCY (2009) Collective intelligence and e-learning 2.0: implications of web-based communities and networking. IGI Global, Hershey

Yuan L, Powell S (2013) MOOCs and open education: implications for higher education. In: A white paper. JISC cetis centre for educational technology & interoperability standards. http://publications.cetis.ac.uk/2013/667

18 Werte entwickeln für nachhaltiges Denken und Handeln – Bachelormodul „Nachhaltige Entwicklung" an der Otto-von-Guericke-Universität Magdeburg

Henning Strubelt und Hartwig Haase

Zusammenfassung

Das Bachelormodul „Nachhaltige Entwicklung" an der OvGU wird interdisziplinär für Studierende der Fakultäten Maschinenbau, Humanwissenschaften und Wirtschaftswissenschaften angeboten. Inhaltlich beginnt es mit einer Grundlagenvermittlung, bei der die Studierenden in Gruppenarbeit die ausgegebenen Themen als Initialvortrag erarbeiten und seminaristisch mit ihren Kommilitonen diskutieren (Inverted Classroom oder auch umgedrehter Unterricht). Unterstützt werden die Studierenden hierbei durch Kurse der Virtuellen Akademie Nachhaltigkeit und weitere über die Lernplattform Moodle bereitgestellte Inhalte. Die Dozenten geben durch ein Koreferat Feedback und ergänzen die behandelten Themen (Blended Learning). Die ausgearbeiteten Inhalte werden anschließend zur Vertiefung im Selbststudium über Moodle bereitgestellt. Im zweiten Modulteil werden eigene Handlungs- und Wirkungsoptionen durch vier footprintorientierte Bereiche thematisiert. Dabei sollen die Studierenden neben Effizienz vor allem Suffizienz und Konsistenz als Nachhaltigkeitsstrategien kennenlernen. Für ein besseres Verständnis der Arbeit und des Wirkens von freiwilligen Initiativen auf den unterschiedlichen Gebieten der Nachhaltigkeit ist ein Kurzpraktikum fester Modulbestandteil. Die Studierenden sollen dabei einen Einblick in die Ziele und das Selbstverständnis der Gruppen erhalten, organisatorische Hintergründe kennenlernen sowie motiviert werden, sich selbst zu engagieren. Hierfür wird sowohl mit lokalen und deutschlandweiten Initiativen als auch eng mit dem

H. Strubelt (✉) · H. Haase
Otto-von-Guericke-Universität Magdeburg, Magdeburg, Deutschland
E-Mail: strubelt@ovgu.de

W. Leal Filho (Hrsg.), *Nachhaltigkeit in der Lehre,* Theorie und Praxis der Nachhaltigkeit, https://doi.org/10.1007/978-3-662-56386-1_18

Nachhaltigkeitsbüro der Otto-von-Guericke-Universität zusammengearbeitet. Die bisherigen positiven Rückmeldungen der Studierenden bestärken die Dozierenden, die Lehrveranstaltung in diesem Format anzubieten und ständig weiterzuentwickeln.

Schlüsselwörter
Nachhaltige Entwicklung · Inverted Classroom · Blended Learning · Footprint Kurzpraktikum

18.1 Motivation und nachhaltige Lehre

Das Thema Nachhaltigkeit ist im Leitbild der Otto-von-Guericke-Universität Magdeburg indirekt unter dem Aspekt der intra- und intergenerationellen Gerechtigkeit verankert: Neben dem Selbstverständnis als Profiluniversität strebt die OvGU „eine scharf konturierte und schlanke Struktur an, die in den Ingenieur- und Naturwissenschaften sowie in der Medizin einen traditionellen Schwerpunkt hat …". Weiterhin ist es Aufgabe unserer Universität, „den Stand der Bildung und Wissenschaft durch Lehre und Forschung voranzutreiben". Die Universität verbindet mit dem Namensgeber, Otto von Guericke, „die Anwendung wissenschaftlicher Methoden, das Streben nach Innovation und neuen Erkenntnissen und die Übernahme gesellschaftlicher Verantwortung für heutige und künftige Generationen" (Otto-von-Guericke-Universität o. J.).

Gerade dieser letzte Punkt, die Vorbereitung der Studierenden auf ihre gesellschaftliche Verantwortung, hat bisher nur eine untergeordnete Rolle im Studium gespielt. Durch die mögliche Übernahme von Leitungsfunktionen in Wirtschaft und Wissenschaft nehmen zukünftige Universitätsabsolvent_innen im Anschluss an ihr Studium jedoch verantwortungsvolle Rollen als Entscheider_innen und Multiplikator_innen ein, in denen sie einen wesentlichen Einfluss auf die nachhaltige Entwicklung unserer Gesellschaft nehmen können. Es ist die Aufgabe der Lehre und damit auch die Verantwortung der Universität, den Studierenden das nötige Wissen und die entsprechenden zugrunde liegenden Werte zu vermitteln, um sie auf ihre möglichen späteren Aufgaben und Verantwortungen vorzubereiten.

Lehre kann als nachhaltig angesehen werden, wenn sie die allgemeinen inhaltlichen Kriterien der Nachhaltigkeit berücksichtigt und die Studierenden über die Funktionen und Eigenschaften der Biosphäre, Gerechtigkeit oder auch umweltverträgliches Wirtschaften, also die drei Säulen der Nachhaltigkeit, informiert (Allianz Nachhaltige Universitäten in Österreich 2014, S. 6–10). Schneidewind und Boschert gehen noch einen Schritt darüber hinaus und fordern, neben den großen Herausforderungen in den Bereichen der ökologischen, sozialen und ökonomischen Nachhaltigkeit auch die theoretischen Konzepte und Modelle sowie die Vergangenheit und Zukunftsszenarien des Konzeptes der nachhaltigen Entwicklung zu thematisieren. Ergänzt werden sollte dies durch praxisorientierte Inhalte, wie Analyse- und Bewertungsmethoden, Strategien für eine nachhaltige Entwicklung, wie Effizienz, Suffizienz und Konsistenz, alternative, nachhaltige Lebensstile und mögliche Wohlstands- beziehungsweise Wachstumsmodelle (Schneidewind und Boschert 2013, S. 25).

Neben den genannten inhaltlichen Kriterien sind für eine gute nachhaltige Lehre auch didaktische Gesichtspunkte wichtig, die unter dem Begriff Gestaltungskompetenz zusammengefasst werden können. Die Fähigkeiten zum systemischen Denken sowie zur interdisziplinären und transdisziplinären Zusammenarbeit unter Berücksichtigung interkultureller Aspekte können als Grundlagen bei der Gestaltung der nachhaltigen Entwicklung gesehen werden (Aufenanger 2011, S. 24 f.). Daher sollte nachhaltige Lehre immer projekt- und problemorientiert sein und den Studierenden dabei auch Bewertungskompetenz für Probleme und Lösungen vermitteln.

Hierbei spielen eigene Aktivitäten und Initiativen eine wichtige Rolle, die einige Studierende, die diese Lehrangebote auswählen, bereits ehrenamtlich verfolgen. Nur ein partizipativer Ansatz wird weitere, bisher auf diesem Gebiet nicht aktive Studierende zur Beteiligung und zur gesellschaftlichen Teilhabe motivieren (Schneidewind und Boschert 2013, S. 25). „Letztlich geht es darum, Studierende dazu zu motivieren und zu befähigen, sich aktiv für eine nachhaltige Entwicklung einzusetzen" (Aufenanger 2011, S. 25).

Nach Schneidewind können die inhaltlichen und didaktischen Kriterien für nachhaltige Lehre auch unter dem Begriff „Transformative Literacy" zusammengefasst werden. Er meint damit die Fähigkeit, „die Transformationsprozesse adäquat in ihrer Vieldimensionalität zu verstehen und eigenes Handeln in entsprechende Transformationsprozesse einzubringen" (Schneidewind 2014, S. 120).

Neben der formalen Form der Wissens- und Kompetenzvermittlung in den Lehrveranstaltungen findet nachhaltige Bildung auch durch bereits angesprochene private, ehrenamtliche Aktivitäten der Studierenden statt. Eine Vielzahl von Studierenden engagiert sich bereits in Initiativen, ein Teil davon sogar mit ausdrücklichem Nachhaltigkeitsbezug. Genau dieses Engagement ist hervorragend geeignet, die notwendigen Kompetenzen und Kenntnisse mit Nachhaltigkeitsbezug zu erwerben und zu vertiefen (Schneidewind und Boschert 2013, S. 25). Mit ähnlicher Wirkung kann auch das Service Learning, also das Lernen durch Engagement, eingeordnet werden. Diese studentische Partizipation an der Lehre, dem Geschehen auf dem Campus und in ihrer Region bildet einen weiteren Schwerpunkt nachhaltiger Lehre, wie zusammenfassend in Abb. 18.1 dargestellt wird (Brinken 2016).

Abb. 18.1 Schwerpunkte nachhaltiger Lehre. (Brinken 2016)

18.2 Einordnung in den Bachelorstudiengang „Wirtschaftsingenieur Logistik"

Das Bachelormodul „Nachhaltige Entwicklung" hat seinen Ursprung im Studiengang „Wirtschaftsingenieur Logistik". Dieser wird an der Otto-von-Guericke-Universität von der Fakultät für Maschinenbau getragen und arbeitet interdisziplinär vor allem mit den Fakultäten für Wirtschaftswissenschaften und Informatik zusammen. Zur Vertiefung des Fachwissens können die Studierenden nach persönlichen Interessen ihr fachliches Profil durch die Wahl einer Vertiefungsrichtung schärfen. Das hier vorgestellte Modul „Nachhaltige Entwicklung" gehört neben den Modulen „Kreislauf- und Ressourcenwirtschaft", „Verkehrstechnik und -logistik" zur Vertiefung „Verkehr und Umwelt". Das Modul ist jedoch bewusst offen für andere Studiengänge, um verschiedene Sichten, Herangehensweisen und vor allem die Interdisziplinarität zu fördern.

Im Zentrum des prozess- und handlungsorientierten Studiums im „Wirtschaftsingenieur Logistik" steht die LogistikWerkstatt, auf die hier näher eingegangen werden soll, da deren konzeptionelles Grundgerüst im Modul „Nachhaltige Entwicklung" aufgenommen und weitergeführt wird. Die LogistikWerkstatt verknüpft bei der Lösung konkreter Problemstellungen aus der Logistikwelt das in verschiedenen Lehrgebieten erworbene Wissen und trainiert es in praktischen Anwendungen. Es ist das Ziel, Fähigkeiten und Fertigkeiten zur systematischen Analyse logistischer Probleme sowie zur Planung, Gestaltung, Dimensionierung und Bewertung soziotechnischer Prozesse und Systeme zu entwickeln. Das Denken in Systemen und Strukturen, das komplexe Problemlösen, das Arbeiten im interdisziplinären Team und das Übernehmen von Führungsaufgaben werden situativ in Verbindung mit realen Logistik- und virtuellen Modellwelten gefordert und gefördert. Ergänzend zur theoretischen Ausbildung wird durch die LogistikWerkstatt schwerpunktmäßig die Handlungskompetenz für das Lösen komplexer Probleme entwickelt. Das Ziel der LogistikWerkstatt bildet nicht nur die Erweiterung der Fach- und Methodenkompetenz, sondern auch die Erhöhung der Leistungsfähigkeit durch kooperatives, arbeitsteiliges Problemlösen, durch zweckmäßig organisierte Arbeitsprozesse und das Einbringen und Trainieren von Kooperationsbereitschaft, Teamfähigkeit, Konfliktfähigkeit, Toleranz und Arbeitsdisziplin aller Beteiligter (Ziems et al. 2004, S. 205).

Mit der so strukturierten Ausbildung erhalten die Studierenden eng verzahnt mit der Vermittlung von Fachinhalten die sogenannten Schlüsselkompetenzen oder Soft Skills.

Beide Ansätze, die fachlich-didaktische Herangehensweise der LogistikWerkstatt und die gesehene Bedeutung für die Vermittlung von nachhaltiger gesellschaftlicher Verantwortung (siehe Abschn. 18.1), haben die Gestaltung des Moduls maßgeblich beeinflusst.

18.3 Inhaltliche Gestaltung und Ablauf

18.3.1 Vermittlung von theoretischen und geschichtlichen Grundlagen

Anfangs war der Fokus der Veranstaltung ausschließlich auf die Vermittlung von theoretischen Grundlagen ausgelegt. Hierfür wurde zunächst – auch aus Kapazitätsgründen – allein das Angebot der Virtuellen Akademie Nachhaltigkeit genutzt. Dieses Angebot wird von den verantwortlichen Dozenten für das aktuelle, sich stetig mit neuen Inhalten und gesellschaftlichen Entwicklungen verändernde Thema Nachhaltigkeit als zwar sehr theoretisch fundiert, aber zu statisch und nicht handlungsorientiert eingeschätzt. Das Angebot der Virtuellen Akademie wird deshalb als theoretisches Fundament unter Auswahl einzelner Vorlesungen genutzt und mit ergänzenden Themen und Lehrformen erweitert.

In einer einführenden Veranstaltung, die auch zur Motivation und Sensibilisierung für das Thema Nachhaltigkeit dienen soll, wird der aktuelle Istzustand der Welt mit den drei Megatrends Klimaveränderung, Ressourcenverknappung und Bevölkerungswachstum anhand von Fakten, Schaubildern und den Ergebnissen wissenschaftlicher Studien und Veröffentlichungen durch die Dozenten vorgestellt und anschließend diskutiert. Hierzu werden gezielt einige plakative und provokative Zitate, wie unter anderem „Die Steinzeit ging nicht zu Ende, weil es an Steinen mangelte“ (Ahmed al Jamani, zitiert nach Preuß 2006) oder „Die knappste Ressource, die wir noch haben, ist nicht Öl oder Kohle, sondern die Zeit, um Öl oder Kohle durch Erneuerbare Energien zu ersetzen“ (Alt 2008, S. 84) zur Diskussion gestellt.

In den folgenden Lehreinheiten werden beginnend beim Definitionsprozess der Nachhaltigkeit – von den Ursprüngen Carlowitz, dem Brundtland-Report, dem 3-Säulen-Modell, den Leitplanken der Nachhaltigkeit bis hin zu den Sustainable Development Goals mit dem Wedding Cake nach Rockström und Sukhdev (2016) – das Grundverständnis für inter- und intragenerationelle Gerechtigkeit, die Messbarkeit von und Methoden zur Ressourceneffizienz, nachhaltige Unternehmensmodelle und die Abgrenzung zum Greenwashing erörtert. Die Vorstellung dieser Themen erfolgt durch die Studierenden in Gruppenarbeit. Sie erarbeiten Initialvorträge und diskutieren diese seminaristisch mit ihren Kommilitonen. Die Dozenten geben durch ein Koreferat Feedback und ergänzen die behandelten Themen.

18.3.2 Aufzeigen eigener Wirkungsmöglichkeiten

Im Anschluss an die Vermittlung der geschichtlichen und theoretischen Grundlagen der Nachhaltigkeit legt die Lehrveranstaltung den Schwerpunkt darauf, den Studierenden Handlungsoptionen aufzuzeigen und sie zum eigenen Handeln zu motivieren.

Zur Einleitung und Motivation für diesen zweiten Abschnitt der Lehrveranstaltung wird auf aktuelle Dokumentationen wie beispielsweise den Film *No Impact Man* von

Colin Beavan zurückgegriffen. Danach stehen für die Studierenden für verschiedene Wirkungsbereiche verschiedene Themenbereiche zur Auswahl. Passend zum gewählten Beispiel von *No Impact Man* sind dies:

1. Konsum: Regional/Global & Fair Trade
2. Energie: „Grüner Strom“ & Dezentral/Zentral
3. Ernährung: Fleisch(fr)esser & Vegan/Vegetarisch
4. Mobilität: Postfossile Mobilität = eMobility?

Für jeden dieser Themenbereiche soll durch eine Gruppe Studierender eine Lehreinheit (2 Zeitstunden) ausgearbeitet werden. In diesen Lehreinheiten werden dann Standpunkte, Kompromissmöglichkeiten und/oder Best Practices bezüglich des individuellen Einflusses auf das jeweilige Themengebiet vorgestellt und diskutiert. Die Studierenden sollen aufzeigen, welche Wirkungsmöglichkeiten sie persönlich auf die Bereiche haben, welchen sie aktuell ausüben und welches weitere Potenzial denkbar ist. Die endgültige Themeneingrenzung und -detaillierung sowie die inhaltliche Ausgestaltung obliegt den Studierenden. Weiterhin ist die Form der Themenvorstellung durch die Studierenden frei wählbar. Über die letzten Jahre wurden durch die Studierenden hierfür sowohl klassische Präsentationen als auch Streitgespräche, Pro-und-Kontra-Diskussionen, Schauspiel oder auch Experimente gewählt.

18.3.3 Motivation zum Handeln erhöhen

Den dritten Teil des Lehrkonzeptes bildet ein verpflichtendes Kurzpraktikum in Nachhaltigkeitsinitiativen. Die Studierenden haben die Möglichkeit, aus bestehenden Kooperationen, wie beispielsweise Interkultureller Garten, Weltladen, Vitopia oder Viva con Agua, einen Praktikumspartner auszuwählen, sich selbstständig einen Praktikumsplatz zu suchen oder aber auch bereits bestehendes Engagement einzubringen. Die Erfahrungen zeigen, dass ungefähr ein Drittel bis die Hälfte der Studierenden, die sich für diese Lehrveranstaltung entscheiden, bereits Erfahrungen mit Nachhaltigkeitsinitiativen besitzen oder aktiv tätig sind.

Durch das Praktikum und die Einbindung in die täglichen Aufgaben und Abläufe der Initiativen (z. B. „Ladenhüter“ im EineWeltLaden, Hochbeet bauen im Interkulturellen Garten, Flüchtlinge aus den Gemeinschaftsunterkünften zum gemeinsamen Kochen und Essen abholen, Veranstaltung zum Kleidertausch organisieren und durchführen) lernen die Studierenden aus erster Hand, welche Einflussmöglichkeiten sie haben, aber auch, welche Verantwortung und Verpflichtung sie übernehmen können (Abb. 18.2).

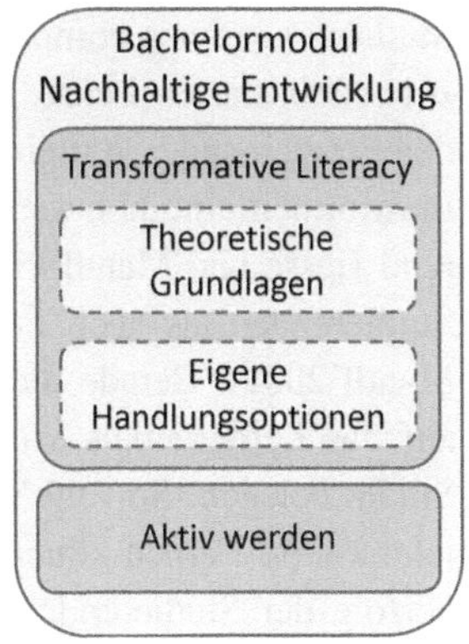

Abb. 18.2 Schwerpunkte der Lehrveranstaltung „Nachhaltige Entwicklung". (Eigene Darstellung)

18.4 Didaktisch-methodische Gestaltung des Lehrkonzeptes

18.4.1 Methodik Grundlagenvermittlung

Für die Wissensvermittlung im ersten Teil des Moduls werden Methoden des Blended Learning und Inverted Classroom genutzt. Als Basis und Anregung werden die Kurse „Nachhaltige Entwicklung – Grundlagen und Umsetzung" (Prof. Dr. Michael von Hauff und Nadine Dembski) und „Nachhaltigkeit und Unternehmensführung" (Prof. Dr. Georg Müller-Christ) der Virtuellen Akademie genutzt. Die Studierenden erhalten hierzu den expliziten Auftrag, Inhalte zu aktualisieren, mit praktischen Beispielen zu ergänzen und mit weiteren Informationen und eigenen Intentionen anzureichern. Aus den genannten Kursen der Virtuellen Akademie Nachhaltigkeit wurde eine Auswahl an Themen getroffen, ergänzt um die kurseigene Einführungsveranstaltung mit der Motivation sowie einer Situationsbeschreibung der Megatrends Klimaveränderung, Ressourcenverknappung und Bevölkerungsentwicklung. Von den Studierenden werden die Themen „Entstehung und Zielsetzung des Leitbildes Nachhaltige Entwicklung", „Ökologische, ökonomische und soziale Nachhaltigkeit, Modelle", „Intra- und Intergenerationelle Gerechtigkeit", „Umweltinnovation, Messbarkeit und Wettbewerb" sowie „Nachhaltiges Unternehmen" durch Präsentation vorbereitet. Die Dozenten geben durch ein Koreferat Feedback, achten auf die wesentlichen Aspekte und ergänzen die behandelten Themen. Die Präsentation und – als wichtiger Bestandteil – die Diskussion werden in seminaristischer Form durchgeführt, an der sich alle Studierenden beteiligen. Alle Materialien werden den Studierenden auf der Moodle-Lernplattform zur Verfügung gestellt. Hier sind auch Links zu weiterführender Literatur und Veröffentlichungen zu finden.

Eigene Erfahrungen mit rein computergestützten Lehrveranstaltungen, unter anderem auch die mit der Virtuellen Akademie Nachhaltigkeit, führten dazu, das Lehrkonzept für die nachhaltige Entwicklung um Präsenzzeiten zu erweitern und in ein Blended-Learning-Format zu überführen. Gestützt wird diese Vorgehensweise durch verschiedenste

Studien zur reinen computergestützten Lehre, ohne Ansprech- und Lernpartner, wie auch zur webbasierten Lehre, mit begrenzten Kommunikationsmöglichkeiten der Studierenden untereinander. Astleitner und Baumgartner stellen beispielsweise für diese Lehr- und Lernformen eine höhere Abbrecherquote fest (Astleitner und Baumgartner 2000), während Hesse und Mandl die Nachteile im Bereich sozialer Beziehungen sowohl zwischen Studierenden als auch zwischen Dozenten und Studierenden herausstellen (Hesse und Mandl 2001). Gerade diese soziale Interaktion hat jedoch den größten positiven Effekt auf das Lernergebnis von Studierenden, wie Schneider und Preckel in ihrer aktuellen Studie belegen. Sowohl Vorlesungen, das Lernen in kleinen Gruppen als auch das projektbasierte Lernen können laut ihren Ergebnissen einen positiven Einfluss auf den Lernerfolg der Studierenden haben. Voraussetzung ist jedoch, dass die Balance zwischen dozentenzentrierten und studierendenzentrierten Lehrelementen stimmt (Schneider und Preckel 2017).

Aus diesen Gründen wird das integrierte Lehr- und Lernkonzept des Blended Learning für die Vermittlung der theoretischen Grundlagen in der Lehrveranstaltung „Nachhaltige Entwicklung" verwendet. Mit dieser Konstellation wird erreicht, die „verfügbaren Möglichkeiten der Vernetzung über Internet oder Intranet in Verbindung mit ‚klassischen' Lernmethoden und -medien in einem sinnvollen Lernarrangement" einzusetzen und die Möglichkeiten des E-Learnings (ort- und zeitunabhängiges Lernen, Informieren und Kommunizieren) mit der sozialen Interaktion, dem Erfahrungsaustausch und persönlichen Begegnungen einer klassischen Präsenzveranstaltung zu kombinieren (Sauter et al. 2004, S. 68).

Ein weiteres in der Lehrveranstaltung eingesetztes Konzept ist das des sogenannten Inverted Classroom (auch *flipped teaching* oder umgedrehter Unterricht). Nach der Einführung in die Thematik durch die Dozenten und die Erläuterung der Rahmenbedingungen der Lehrveranstaltung übernehmen die Studierenden die Rolle des Wissensvermittlers. Sie halten Initialvorträge zu ausgegebenen Themen und diskutieren diese seminaristisch mit ihren Kommilitonen. Die Vorträge durch Studierende erhöhen die Bereitschaft aller teilnehmenden Studierenden an der anschließenden Diskussion. Durch die Teilnahme der Dozenten an der Diskussion können fehlende Aspekte ergänzt und die Vertiefung wichtiger Schwerpunkte beeinflusst werden.

18.4.2 Methodik Handlungsoptionen aufzeigen

Auch im zweiten Abschnitt der Lehrveranstaltung, wenn es darum geht, eigene Handlungsoptionen aufzuzeigen, wird das Konzept des Inverted Classroom eingesetzt.

Die Studierenden untersuchen, welchen Einfluss sie persönlich auf bestimmte Themengebiete haben und wie sie Einfluss auf diese nehmen können. Sowohl die inhaltliche Ausgestaltung als auch die Form der Themenvorstellung obliegt den Studierenden. Während klassische Vorlesungsformate die Studierenden zu passiven Wissenskonsumenten machen, unterstützt das Konzept des Inverted Classroom die aktive Gestaltung der

Inhalte durch die Studierenden und erhöht dadurch automatisch deren Einbringung in die Lehre. Eine grundsätzliche Idee hinter dem Konzept ist, dass ein größerer Teil der Präsenzzeit dafür genutzt werden kann, aktiv zu lernen – während die Lehrenden direktes Feedback und Unterstützung geben können (Warter-Perez und Dong 2012, S. 1). Die Lehrveranstaltung mit ihren klassischen Aktivitäten Wissensaufnahme und Wissensverstetigung wird sozusagen umgedreht. In der Präsenzzeit findet nun nicht mehr die Wissensaneignung, sondern die Verstetigung statt. Die eigentliche Wissensaneignung, der Input der Veranstaltung, erfolgt außerhalb der Präsenzzeit.

18.4.3 Methodik Motivation zum Handeln erhöhen

Das verpflichtende Kurzpraktikum hat das Ziel, die Studierenden dazu zu bewegen, sich persönlich zu engagieren. Die Studierenden erfahren so nicht nur, welche Möglichkeiten es gibt, sich nachhaltig zu engagieren, sondern lernen gleichzeitig auch, welche Aufgaben und Verantwortungen zu übernehmen (möglich) sind. Wie bereits mehrfach nachgewiesen wurde, sind Lerneffekt und nachhaltig wirkende Bindungsfaktoren für engagiertes Verhalten bei praktischen und handlungsorientierten Lernerfahrungen vergleichsweise hoch – oder, wie schon Konfuzius sagte: „Was du mir sagst, das vergesse ich. Was du mir zeigst, daran erinnere ich mich. Was du mich tun lässt, das verstehe ich."

In der abschließenden Lehrveranstaltung wird neben dem Feedback der Studierenden zur gesamten Veranstaltung auch das Feedback speziell zum Praktikum abgefragt. Dabei wird großen Wert darauf gelegt, auch den Initiativen selber die Möglichkeit zu geben mitzudiskutieren und Verbesserungsmöglichkeiten einzubringen. Somit findet im Nachgang noch einmal ein direkter Austausch zwischen Studierenden und den beteiligten Initiativen statt.

18.5 Schlussfolgerungen

Insgesamt wird versucht, ein offenes, diskussionsfokussiertes, seminaristisches Format zu gestalten, welches die Studierenden auch in ihrer emotionalen Intelligenz anspricht und mitnimmt. Die Rolle der Dozierenden ist es, nach Möglichkeit im Hintergrund zu bleiben und eine eher koordinierende, partizipative Aufgabe einzunehmen. Dies ist leider nicht immer möglich, da gerade für die erforderliche Leistungsbewertung der Studierenden die Rolle als Koordinator_in nicht ausreicht. Jedoch werden die Studierenden auch in diesen Aspekt der Lehrveranstaltung, die Leistungsbewertung, aktiv mit einbezogen. Neben den Dozierenden ist immer eine Gruppe der Studierenden dafür verantwortlich, eine Leistungsbewertung für die Vorträge und Themenvorstellungen ihrer Kommilitonen abzugeben. Diese Bewertung wird dann im Verhältnis von eins zu zwei in der Notengebung berücksichtigt.

Es ist anzumerken, dass der Koordinationsaufwand für die Lehrveranstaltung, auch und gerade mit den Initiativen, vergleichsweise hoch ist. Jedoch bestärken uns die Rückmeldungen der Studierenden darin, den eingeschlagenen Weg fortzusetzen und die Lehrveranstaltung weiterhin in diesem Format anzubieten und kontinuierlich zu verbessern. Ein weiterer motivierender Aspekt sind Ergebnisse oder Aktivitäten, die, wenn auch nicht direkt zuordenbar, so jedoch zumindest in Zusammenhang mit der Lehrveranstaltung (ent-)stehen. Zu nennen sind hier beispielsweise die Ökosozialen Hochschultage der Universität, die 2017 bereits zum 4. Mal stattfinden. Eine Veranstaltung unterstützt durch die Dozenten, jedoch maßgeblich angetrieben durch studentisches Engagement, in der sich immer wieder (ehemalige) Kursteilnehmer_innen wiederfinden.

Literatur

Allianz Nachhaltige Universitäten in Österreich (2014) Handbuch zur Erstellung von Nachhaltigkeitskonzepten für Universitäten. http://nachhaltigeuniversitaeten.at/wp-content/uploads/2014/06/Handbuch_Nachhaltigkeitskonzept-Allianz-NH-Univ_1406.pdf. Zugegriffen: 15. März 2017

Alt F (2008) Sonnige Aussichten. Wie Klimaschutz zum Gewinn für alle wird. Gütersloher Verlagshaus, Gütersloh

Astleitner H, Baumgartner A (2000) Dropout bei web-basiertem Fernunterricht. In: Kammerl R (Hrsg) Computerunterstütztes Lernen. Oldenbourg, München, S 166–187

Aufenanger V (2011) Ansatzpunkte in Studium und Lehre. In: Deutsche UNESCO-Kommission e.V. (Hrsg) Hochschulen für eine nachhaltige Entwicklung. Nachhaltigkeit in Forschung, Lehre und Betrieb. Deutsche UNESCO-Kommission, Bonn, S. 24–27. www.hrk.de/uploads/media/Hochschulen_fuer_eine_nachhaltige_Entwicklung_Feb2012.pdf. Zugegriffen: 15. März 2017

Brinken J (2016) Nachhaltigkeitsbewertung und Nachhaltigkeitsberichterstattung an deutschen Universitäten. Masterarbeit, Otto-von-Guericke-Universität Magdeburg. http://www.uni-magdeburg.de/unimagdeburg_media/Organisation/Nachhaltigkeitsbüro/Masterarbeit_Nachhaltigkeitsberichterstattung.pdf. Zugegriffen: 15. März 2017

Hesse FW, Mandl H (2001) Neue Technik verlangt neue pädagogische Konzepte. Empfehlung zur Gestaltung und Nutzung von multimedialen Lehr- und Lernumgebungen. In: Nixdorf Stiftung Heinz (Hrsg) Studium online. Hochschulentwicklung durch neue Medien, 2. Aufl. Bertelsmann Stiftung, Gütersloh, S 31–49

Otto-von-Guericke-Universität Magdeburg (o. J.) Leitbild. https://www.uni-magdeburg.de/Stellensuchende/Die+OVGU+im+%C3%9Cberblick/Leitbild.html. Zugegriffen: 14. März 2017

Preuß O (2006) Das Ende des Ölzeitalters. http://www.bpb.de/politik/wirtschaft/wirtschaftspolitik/64300/das-ende-des-oelzeitalters. Zugegriffen: 13. März 2017

Rockström J, Sukhdev P (2016) How food connects all the SDGs. http://www.stockholmresilience.org/research/research-news/2016-06-14-how-food-connects-all-the-sdgs.html. Zugegriffen: 14. März 2017

Sauter A, Sauter W, Bender H (2004) Blended Learning. Effiziente Integration von E-Learning und Präsenztraining, 2. Aufl. Luchterhand, München

Schneider M, Preckel F (2017) Variables associated with achievement in higher education: a systematic review of meta-analyses. Psychol Bull 143(6):565–600

Schneidewind U (2014) Wandel verstehen – auf dem Weg zu einer „Transformative Literacy". In: Welzer H, Wiegandt K (Hrsg) Wege aus der Wachstumsgesellschaft, 2. Aufl. Fischer, Frankfurt a. M., S. 115–140

Schneidewind U, Boschert K (2013) Wissenschaft für Nachhaltigkeit. Herausforderung und Chance für das baden-württembergische Wissenschaftssystem. Ministerium für Wissenschaft, Forschung und Kunst Baden-Württemberg (Hrsg). https://mwk.baden-wuerttemberg.de/fileadmin/redaktion/m-mwk/intern/dateien/pdf/Wissenschaft_f%C3%BCr_Nachhaltigkeit/Expertenbericht_RZ_MWK_Broschuere_Nachhaltigkeit_Web.pdf. Zugegriffen: 15. März 2017

Warter-Perez N, Dong J (2012) Flipping the classroom: how to embed inquiry and design projects into a digital engineering lecture. In: Vortrag bei der ASEE PSW Section Conference, California Polytechnic State University, San Luis Obispo

Ziems D, Gerecke A, Haase H (2004) LogistikWerkstatt – praxisorientierte und projektbezogene Ausbildung an der Otto-von-Guericke-Universität Magdeburg. In: Krause F, Haase H (Hrsg) Nachhaltige Entsorgung 2005 ff. LOGiSCH, Magdeburg, S 205–216

Seminarkonzept: „Nachhaltigkeit natürlich erleben" (Universität Hamburg)

19

Bijan Ghaffari

Zusammenfassung

Der positive Wert von Nachhaltigkeit ist kaum umstritten. Doch trotz eines größer werdenden Wissens über Nachhaltigkeit spiegelt sich dieses meist nicht in unserem Verhalten wider. Reine Wissensvermittlung scheint nicht auszureichen. Wir haben uns daher die Frage gestellt: Wie können Menschen zu einem nachhaltigen Leben motiviert werden? In einem interdisziplinären Seminarprojekt haben wir 2016 erstmalig versucht, dieser Problematik zu begegnen. Mit 18 Studierenden aus 10 verschiedenen Studiengängen verbrachten wir acht Tage in der norwegischen Wildnis, um über Selbsterfahrungsübungen in der Natur die menschliche Motivation zu nachhaltigem (oder auch nicht-nachhaltigem) Verhalten besser zu verstehen. Der direkte Kontakt und die Beziehung zur Natur haben in der Geschichte der Nachhaltigkeit schon immer eine große Rolle gespielt (z. B. Emerson, 1836; Muir, 1901; Leopold, 1949; Edwards, 2005). Und nach Deci und Ryans Selbstbestimmungstheorie der Motivation (Deci & Ryan, 1993) ist für die Ausübung menschlichen Verhaltens von entscheidender Bedeutung, inwieweit dieses Verhalten von außen vorgegeben ist oder aus eigenen inneren Impulsen heraus entsteht. Weil sich Mensch-Natur-Beziehung und innere Motivationsimpulse nur schwer (oder gar nicht?) aus Büchern oder PDFs anlesen lassen, wagten wir den Versuch eines Selbsterfahrungsseminars in der Natur. Dieses Seminarkonzept entstand in der studentisch geführten AG „Bildung für Nachhaltige Entwicklung" an der Universität Hamburg. Die Ergebnisse zeigen psychologische Veränderungen bei den teilnehmenden Studierenden in den Bereichen Naturverbundenheit, Achtsamkeit und menschliche Werte. Die Studierenden

B. Ghaffari (✉)
AG Bildung für Nachhaltige Entwicklung (Universität Hamburg), Hamburg, Deutschland
E-Mail: bijan.ghaffari@uni-hamburg.de

W. Leal Filho (Hrsg.), *Nachhaltigkeit in der Lehre,* Theorie und Praxis der Nachhaltigkeit, https://doi.org/10.1007/978-3-662-56386-1_19

erstellten in diesem Seminar ein Video. Dieses findet sich auf youtube.com unter dem Titel „Seminar ‚Friluftsliv' – Nachhaltigkeit durch Bewegung in der Natur natürlich erleben" oder direkt per Link:

https://www.youtube.com/watch?v=l5XMh5rGKsE.

Schlüsselwörter
Nachhaltigkeitsmotivation · Naturverbundenheit · Menschliche Werte

19.1 Hintergrund

Zweifelsohne ist es eine wichtige Aufgabe der universitären Lehre, Wissen zu vermitteln über Nachhaltigkeit und nachhaltiges Verhalten. In der Psychologie aber ist schon lange bekannt, dass reines Wissen nicht automatisch zu Verhaltensänderungen führt, sondern grundlegende motivationale Aspekte von Bedeutung sind. Dieser Aspekt scheint oftmals in der Lehre wenig berücksichtigt zu werden, vielleicht weil er schwerer wissenschaftlich greifbar ist. Nichtsdestotrotz ist es von zentraler Bedeutung, dass wir Menschen bilden, die in sich selbst die eigene Motivation für nachhaltiges Verhalten besser verstehen und diese in die Gesellschaft tragen können.

19.1.1 Nachhaltigkeitsmotivation

Nach Deci und Ryans Selbstbestimmungstheorie der Motivation (1993) ist für die Ausübung menschlichen Verhaltens von entscheidender Bedeutung, inwieweit dieses Verhalten von außen vorgegeben ist (extrinsische Motivation) oder aus eigenen inneren Impulsen heraus entsteht (intrinsische Motivation). Extrinsisch motiviertes Verhalten geschieht, weil es einen äußeren Anreiz gibt, z. B. eine finanzielle Belohnung für nachhaltiges Verhalten oder auch nur positiven Zuspruch von anderen. Intrinsisch motiviertes Verhalten hingegen sieht seinen Sinn im Inneren, d. h. in positiven Konsequenzen für die Person selbst. Extrinsische Motivation (z. B. über Steuern etc.) ist sicherlich möglich und wird natürlich auch schon praktiziert, aber sobald der äußere Anreiz wegfällt, schwindet auch das positive Verhalten.

Dabei ist extrinsische Motivation gar nicht notwendig, weil nachhaltiges Verhalten eigentlich etwas Intrinsisches sein kann, sobald wir spüren können, dass nachhaltiges Verhalten keine altruistische oder aufopfernde Frage sein muss, sondern direkt mit uns zu tun hat. Leary et al. (2011) heben in einem psychologischen Artikel am Beispiel Umweltverhalten zwei zentrale Faktoren für die Motivation sich nachhaltig zu verhalten hervor: 1) Inwieweit hat die Konsequenz eines Verhaltens mit mir zu tun? 2) Inwieweit umfasst meine Identität die Umwelt selbst mit?

Demnach ist die Frage der Nachhaltigkeitsmotivation vor allem eine Frage von Identität: Wer sind wir und wie ist unsere innere Beziehung zur Umwelt (Natur und Mitmenschen)? Aspekte von Identität sind empirisch sehr schwer messbar und daher mit aktuellen wissenschaftlichen Trends nicht immer gut vereinbar. Die Entstehung des Nachhaltigkeitsbegriffs beruht aber genau auf diesen Fragen – Andrés Edwards (2005) beschreibt in seinem Buch zu moderner Nachhaltigkeit *(The Sustainability Revolution)* die menschliche Beziehung zur Natur als Grundstein für die moderne Nachhaltigkeitsentwicklung. Dabei bezieht er sich auf die Schriften der Vorreiter heutiger Nachhaltigkeit. So beschreibt Ralph W. Emerson in *Nature* (1836) die Natur als Spiegel, welcher unsere Seele reflektiert und somit eine Quelle der Führung im Menschenleben darstellt. Emersons Ideen wurden später aufgegriffen von Urhebern der Naturschutzbewegung wie John Muir (1901) oder Aldo Leopold (1949). Vergleichbare Ansätze aus der modernen Philosophie, z. B. in Martin Seels *Ästhetik der Natur* (1996), zeigen die noch immer gültige Relevanz dieses Gedankens. Unsere Beziehung zur Natur bzw. die Identifikation mit ihr spielen (nicht überraschend) eine Schlüsselrolle dafür, wie wir unsere Umwelt behandeln.

19.1.2 Naturentfremdung

In einem interdisziplinären Review von 2014 schreiben Zylstra et al. (2014): „… the Western disconnect from nature is central to the convergent social-ecological crises and is primarily a problem in consciousness."

Mit anderen Worten: Die Abkoppelung westlicher Gesellschaften von der Natur ist das zentrale Problem für die soziale und ökologische Krise unserer Zeit – „a problem in consciousness" deutet darauf hin, dass hier keine infrastrukturelle Thematik gemeint ist, sondern vielmehr ein inneres Problem menschlichen Bewusstseins.

Prägende Schriften aus sowohl Psychoanalytik (vor allem C. G. Jung) als auch Tiefenökologie (Arne Naess) beschäftigen sich mit dieser Thematik. Naess (1987) unterscheidet dabei zwischen den Begriffen „Ego" und „Selbst". „Ego" meint dabei die Identifizierung mit dem einzelnen menschlichen Körper und Verstand, während „Selbst" die Identifizierung mit mehr (der Natur, anderen Lebewesen) meint. Die Identifizierung mit dem Selbst bzw. die Erkenntnis dessen (= die Selbstverwirklichung; Naess 1987) hat immensen Einfluss auf alles menschliche Verhalten. Genau genommen ergibt Nachhaltigkeit aus Sicht des Egos auch nur begrenzt Sinn. Nachhaltiges Verhalten würde sich dann nur auf jene Aspekte beziehen, die für die einzelne Person von Bedeutung sind. Weil wir aber lokal und global völlig miteinander, d. h. mit anderen Menschen, Lebewesen und der Natur, vernetzt sind, muss sich nachhaltiges Verhalten auch hierauf beziehen. Über die Anwendbarkeit dieser Theorien auf das Thema Nachhaltigkeitsmotivation wurde auch an anderer Stelle schon geschrieben (z. B. Kiehl 2012; Perluss 2012).

Aktuelle psychologische und ökologische Theorien beziehen sich in diesem Kontext oft auf das Konstrukt Naturverbundenheit (Schultz und Tabanico 2007), wahrscheinlich geprägt durch Edward Wilsons oft zitierte Biophilia-Hypothese, welche im Grunde den Theorien der alten Naturphilosophen ähnelt: Leben fühlt sich von Leben angezogen, bzw. Leben und Leben gehören zusammen und sind voneinander abhängig. Naturverbundenheit konzentriert sich ein bisschen mehr auf die emotionale Komponente der Beziehung zwischen Menschen und Natur anstatt auf die Frage der Identität. Naturverbundenheit wird normalerweise über Fragebögen subjektiv erfasst (z. B. *Connectedness to Nature Scale, Nature Relatedness Scale*). Mittlerweile belegen zahlreiche Korrelationsstudien einen positiven Zusammenhang zwischen der auf diese Weise erhobenen Naturverbundenheit und Umwelteinstellungen bzw. Umweltverhalten (Davis et al. 2009; Dutcher et al. 2007; Geng et al. 2015; Gosling und Williams 2010; Hedlund-de-Witt 2013; Rogers und Brogg 2012).

19.1.3 Glückliche Nachhaltigkeit

Ein grundlegendes Problem für das Thema Nachhaltigkeitsmotivation ist unser Gefühl, dass wir etwas opfern oder zurückstecken müssen, um unsere Welt nachhaltig zu gestalten. Ökonomisch betrachtet mag das evtl. auch der Fall sein, aber aus einem Gefühl von Naturverbundenheit heraus relativiert sich dieses Problem, weil wir weniger das Gefühl haben etwas für „andere" zu tun als vielmehr für uns selbst. In der Tat scheint es sich in der Realität sogar andersherum zu verhalten: Menschen mit einer höheren Naturverbundenheit sind im Durchschnitt glücklicher (oder glücklichere Menschen sind naturverbundener – siehe Nisbet et al. 2011; Capaldi et al. 2014; Zelenski und Nisbet 2014; Zhang et al. 2014; Richardson et al. 2016).

Ein weiterer Beleg dafür, dass nachhaltiges Verhalten keine Nachteile für menschliches Wohlbefinden bedeuten muss, ist die sogenannte *Goldemberg's Corner* (Lamb et al. 2014; Steinberger und Roberts 2010). *Goldemberg's Corner* bezieht sich auf die grafische Darstellung von CO_2-Emissionen und Faktoren menschlichen Wohlbefindens (z. B. Lebenserwartung) in einem Koordinatensystem. Hierbei lässt sich beobachten, dass bestimmte Länder auch mit wenig Emissionen ein sehr hohes Wohlbefinden erreichen (z. B. Costa Rica, Thailand, Albanien), d. h. es zeigt sich keine rein lineare Beziehung zwischen CO_2-Emissionen und Wohlbefinden.

19.1.4 Universelle menschliche Werte

Menschliche Werte gelten als motivationale Grundlage für Einstellungen und Verhalten. Sie sind somit auch die Basis für die Nachhaltigkeitsmotivation eines Individuums. Menschliche Werte spielen in Soziologie und Psychologie schon lange eine Rolle und waren z. B. für Émile Durkheim oder Max Weber das zentrale Konstrukt zur Erklärung gesellschaftlicher Phänomene. Aktuell ist vor allem Schwartz' Theorie menschlicher Werte anerkannt (Schwartz 2012; Schwartz und Bilsky 1987). Diese beruht auf einer Einteilung in zehn distinktive Wertedimensionen (Universalismus, Benevolenz, Konformität, Tradition, Sicherheit, Macht, Leistung, Hedonismus, Stimulation, Selbstbestimmung), welche in vier übergeordneten Kategorien zusammengefasst werden (Selbstüberwindung, Bewahrung, Selbsterhöhung, Offenheit für Wandel).

Empirische Studien zeigen, dass menschliche Werte mit dem Gefühl von Naturverbundenheit (Pereira und Forster 2015), Umwelteinstellungen Schultz et al. 2005) und mit dem Umweltverhalten Davis und Stroink 2016; Markowitz et al. 2012) korrelieren, aber auch mit dem Gefühl der Verbundenheit zu anderen Menschen (Lee et al. 2015). Positiv korrelieren dabei vor allem die Wertedimensionen in den Kategorien „Selbsttranszendenz" und „Offenheit für Wandel". Arbeiten von Paul Stern zeigen, dass menschliche Werte gut geeignet sind, um die Unterstützung sozialer Bewegungen (speziell den Umweltschutz) zu erklären (Stern und Dietz 1994; Stern et al. 1995, 1999). Obgleich die Beziehung menschlicher Werte und Nachhaltigkeit noch nicht ausreichend erforscht zu sein scheint, ist eine theoretische Basis zur Motivations- und Verhaltenserklärung unabdingbar. Andere Hinweise auf die Bedeutung menschlicher Werte für die Nachhaltigkeitsthematik finden sich z. B. bei Brown und Kasser (2005) und Kasser (2009).

19.2 Methodik

19.2.1 Seminarkonzept

Die Ziele dieses Seminars, beruhend auf den beschriebenen Hintergründen, waren:

- vertieftes Verständnis motivationaler Grundlagen nachhaltigen Verhaltens
- positive Veränderung menschlicher Werte
- Erhöhung der Naturverbundenheit

Um diese Ziele zu erreichen, wurde das Seminarkonzept auf folgenden Säulen aufgebaut:

- Aufenthalt/Leben in freier Natur (Wildnis)
- Achtsamkeits- und Wahrnehmungsfokussierung
- Selbstreflexionsaufgaben in der Natur (Natur-Selbst-Aufgaben)

Das Leben in freier Natur orientierte sich vor allem am norwegischen Konzept des *Friluftsliv* („Freiluftleben"). Dabei geht es vor allem darum, sich ohne viele Hilfsmittel oder Ressourcenverbrauch in der freien Natur zu bewegen. Die Achtsamkeitsaufgaben beruhen weitgehend auf Jon Kabat-Zinns Konzept der *Mindfulness-Based Stress Reduction,* sind im Grunde aber angepasst an das Umfeld Natur. Achtsamkeitsaufgaben sollen unterstützend wirken für das bewusste Wahrnehmen der umgebenden Natur und der inneren motivationalen Prozesse. Das Thema Achtsamkeit ist in diesem Sinne in den letzten Jahren immer mehr mit dem Problem Nachhaltigkeitsmotivation zusammengebracht worden (z. B. Ericson et al. 2014). Selbstreflexion ist eine wichtige Methode für die Veränderung von sowohl Naturverbundenheit als auch menschlicher Werte Mayer et al. 2009; Richardson und Sheffield 2015). Die hier angewandten Selbstreflexionsaufgaben beruhen auf Martin Seels *Ästhetik der Natur* (Seel 1996) und den Arbeiten von Liedtke (2012) und Liedtke et al. (2014).

19.2.2 Seminarinhalte

Naturaufenthalte in der Wildnis sind in Deutschland aufgrund von Bevölkerungsdichte und naturschutzrechtlichen Bestimmungen nur schwer möglich. In Norwegen ist der Naturzugang sehr viel einfacher – es gibt große Areale von menschlich unberührter Wildnis und das „Jedermannsrecht" ermöglicht eine sehr freie Nutzung. Außerdem hat das Konzept des *Friluftsliv* einen hohen Stellenwert im norwegischen Bildungssystem, sodass es speziell eingerichtete *Friluftsliv*-Parks gibt. Schlussendlich reisten wir also für eine Woche nach Südnorwegen, wo wir zuerst in einem *Friluftsliv*-Park (bei Kristiansand) waren und dann in der Wildnis (Åseral-Region). Der genaue zeitliche Ablauf findet sich in Abb. 19.1.

Die angewandten Achtsamkeitsaufgaben fanden im Gehen statt. Hierbei wurde die Aufmerksamkeit auf einen Sinn (Sehen, Hören, Tastsinn) gelenkt. Die Achtsamkeitsaufgaben dauerten jeweils ca. 15 min. Zusätzlich wurde eine 60-minütige Achtsamkeitsmeditation zur Naturverbindung durchgeführt („MAPIN", siehe White 2012).

Für die Selbstreflexionsaufgaben (Natur-Selbst-Aufgaben) trennte sich die Gruppe jeweils, sodass jede/r Studierende sich für ca. 60 min. alleine in der Natur aufhielt. Zwei Beispiele für Natur-Selbst-Aufgaben sind:

> Suche drei Plätze auf: (1) einen, welchen Du schön oder positiv ansprechend wahrnimmst, (2) einen, welchen Du hässlich oder negativ ansprechend wahrnimmst, (3) und einen, welchen Du neutral wahrnimmst. Reflektiere dabei jeweils, was Deine Bewertung dieser Wahrnehmung (positiv–negativ) mit Dir und Deinem Leben zu tun hat.
>
> Reflektiere, welche drei oder vier Aspekte/Dinge Dir (im Moment) in Deinem Leben am wichtigsten sind. Warum ist das so? Sammle dafür symbolische Gegenstände aus der Natur.

Weil Selbstreflexionsaufgaben sehr individuell sind, beschäftigten sich die Teilnehmenden auch mit eigens gewählten Aufgaben. Die umfangreichste war dabei der Solotag – hier trennte sich die Gruppe für 24 h, d. h. jede/r Studierende verbrachte einen Tag und eine Nacht alleine und beschäftigte sich mit einer individuellen Reflexionsaufgabe.

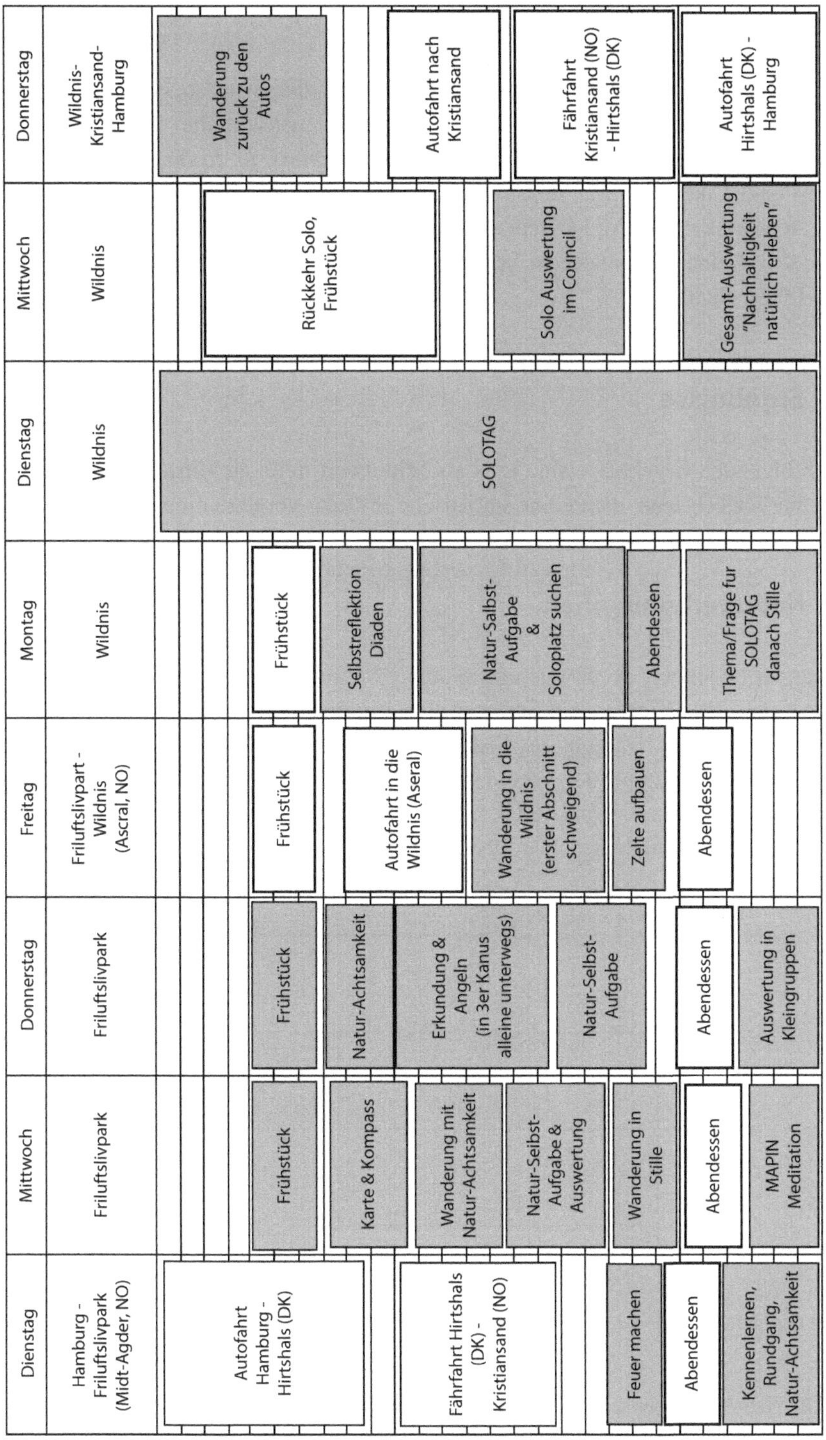

Abb. 19.1 Ablaufplan des Seminars

19.2.3 Messmethodik

Um die Wirksamkeit des Seminarkonzepts zu überprüfen, wurden Fragebögen zu den Konstrukten Naturverbundenheit, Achtsamkeit und menschliche Werte angewandt. Naturverbundenheit wurde erfasst mit der *Connectedness to Nature Scale* (CNS; 14 Items; 5-Punkt-Likert-Skala). Achtsamkeit wurde erfasst mit dem Freiburger Fragebogen für Achtsamkeit (FFA; 14 Items; 4-Punkt-Likert-Skala). Menschliche Werte wurden erfasst mit einer modifizierten Version des *Schwartz Value Survey* (SVS; 57 Items; 5-Punkt-Likert-Skala).

19.3 Ergebnisse

Die nachfolgenden Ergebnisse sind teils als Mittelwert, teils als Einzelwerte abgebildet. Es ist zu berücksichtigen, dass keine statistische Prüfung vorgenommen wurde.

19.3.1 Naturverbundenheit

Die Naturverbundenheit der Studierenden steigt während des Seminars von 2,9 auf 3,3. Sie sinkt dann drei Monate nach Seminar aber mit einem Wert von 2,7 unter den Ausgangswert (Abb. 19.2). Das liegt evtl. daran, dass sich das Bewusstsein für das eigene Naturverbundenheitsgefühl hier verändert hat. Mit anderen Worten: Nach einer intensiven Naturerfahrung kann es passieren, dass Menschen bewusst wird, wie naturentfremdet das „normale" Stadtleben sich anfühlt.

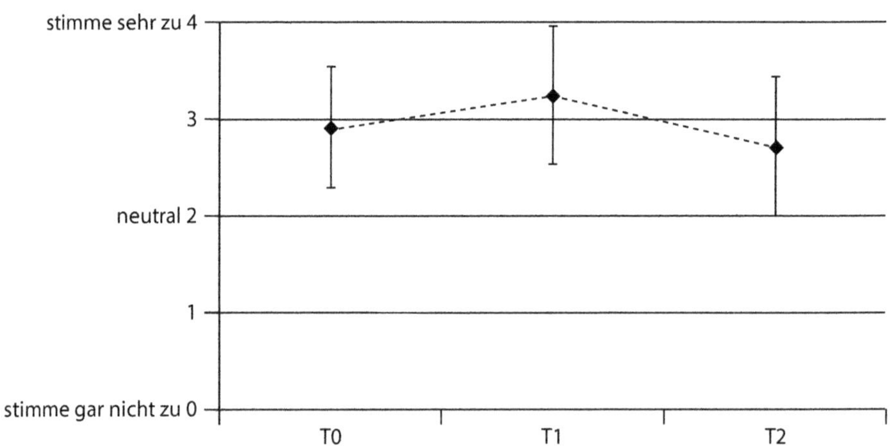

Abb. 19.2 Naturverbundenheit (CNS) der Studierenden (N = 18) zu den Zeitpunkten T0 = vor dem Seminar, T1 = direkt nach dem Seminar, T2 = drei Monate nach dem Seminar. Mittelwerte ± Standardabweichungen

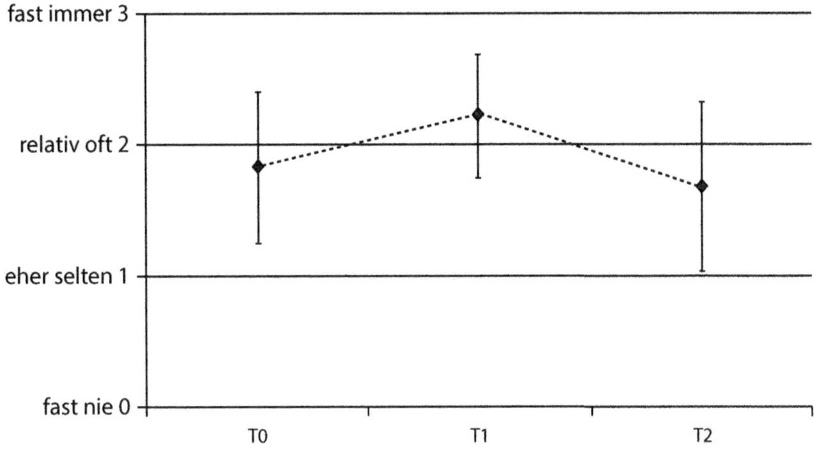

Abb. 19.3 Achtsamkeit (FFA) der Studierenden (N = 18) zu den Zeitpunkten T0 = vor dem Seminar, T1 = direkt nach dem Seminar, T2 = drei Monate nach dem Seminar. Mittelwerte ± Standardabweichungen

19.3.2 Achtsamkeit

Die Achtsamkeit der Studierenden steigt während des Seminars von 1,8 auf 2,2. Sie sinkt dann drei Monate nach Seminar aber mit einem Wert von 1,7 ebenfalls unter den Ausgangswert (Abb. 19.3). Vermutlich sind dafür ähnliche Gründe verantwortlich wie beim Konstrukt Naturverbundenheit: das Bewusstsein dafür, wie viel Achtsamkeit im Alltag präsent ist, hat sich evtl. verändert.

19.3.3 Menschliche Werte

Die Veränderungen des Wertekonstrukts zeigen, dass die Dimensionen der Kategorien Offenheit (Selbstbestimmung, Stimulation, Hedonismus) und Selbstüberwindung (Universalismus, Benevolenz) den Studierenden tendenziell wichtiger geworden sind (Abb. 19.4). Diese Veränderung geht zwar drei Monate nach dem Seminar leicht zurück, liegt aber trotzdem im Mittel noch zwischen +0,5 und +1 auf einer 5-Punkt-Likert-Skala.

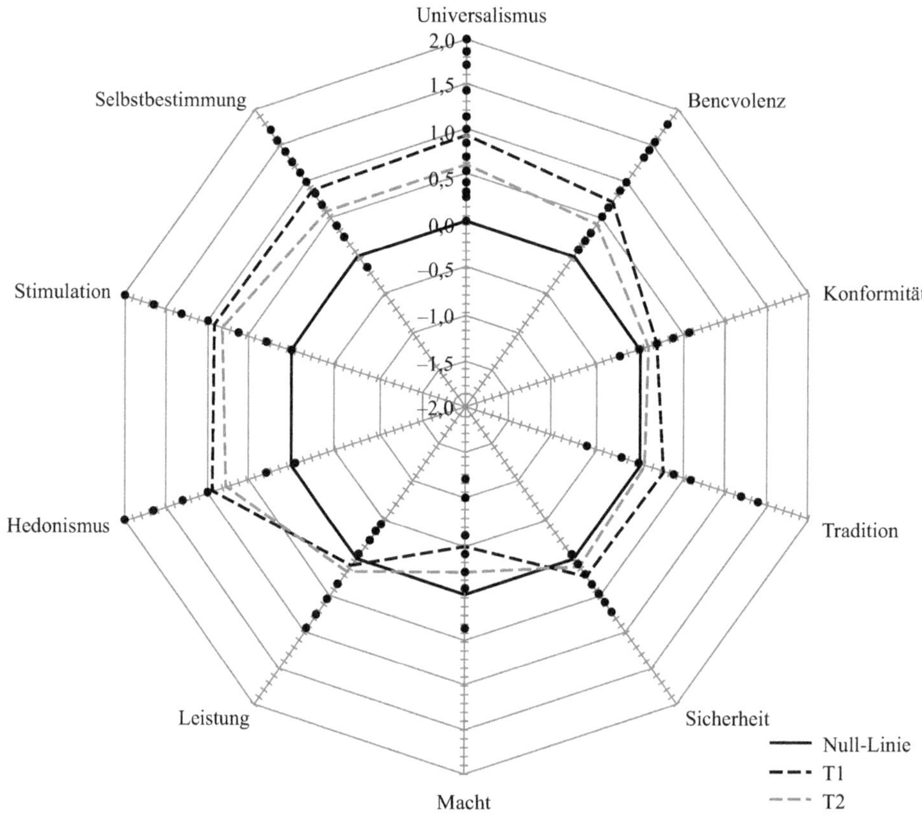

Abb. 19.4 Veränderungen des Wertekonstrukt (SVS) der Studierenden (N = 18) zu den Zeitpunkten T1 = direkt nach dem Seminar und T2 = drei Monate nach dem Seminar. Mittelwerte sind als gestrichelte Linien dargestellt. Die Einzelwerte der Studierenden zu T1 sind als Punkte abgebildet. Werte außerhalb der kreisförmigen Null-Linie stehen für eine positive Veränderung (der Wert ist wichtiger geworden). Werte innerhalb der Null-Linie stehen für eine negative Veränderung (der Wert ist weniger wichtig geworden)

19.4 Diskussion

Die Ergebnisse zeigen interessante Veränderungen in den drei erhobenen Konstrukten. Naturverbundenheit und Achtsamkeit zeigen eine deutliche Zunahme nach dem Seminar und eine deutliche Abnahme drei Monate später. Menschliche Werte ändern sich vorwiegend positiv in den Kategorien Offenheit und Selbstüberwindung, interessanterweise genau jene Kategorien, welche auch mit nachhaltigem Verhalten in Verbindung gebracht werden. Und diese Veränderung scheint sogar auch nach drei Monaten weiter Bestand zu haben (zumindest größtenteils).

Trotzdem bleiben natürlich viele wichtige Fragen ungeklärt. Die wichtigste hiervon ist vielleicht die Frage, was Nachhaltigkeitsmotivation eigentlich genau sein soll. Der hier aufgeworfene Begriff ist bis dato nicht näher definiert bzw. operationalisiert worden. Zwar gibt es Forschungsarbeiten zur Beziehung zwischen nachhaltigem Verhalten und Naturverbundenheit, Achtsamkeit und menschlichen Werten, aber diese beziehen sich zumeist vorwiegend auf Umwelteinstellungen oder Umweltverhalten, anstatt Nachhaltigkeit im weiteren Sinne zu betrachten. Die Idee der Nutzung menschlicher Werte ist es, dass jene aufgrund ihrer grundlegenden Bedeutung für menschliche Einstellungen und Motivationen auch von zentraler Bedeutung für das Thema Nachhaltigkeitsmotivation sind. Die Beziehung ist hier aber noch unzureichend geklärt. Für das Seminarkonzept wäre außerdem interessant herauszufinden, wie wichtig einzelne Aspekte sind. Genügt es allein schon eine Woche in der freien Natur zu verbringen? Welche Natur- und Selbstreflexionsaufgaben haben einen positiven Einfluss? Diese Fragen sollen in Zukunft bearbeitet werden.

19.5 Schlussfolgerung

Die Resultate dieses Seminarkonzeptes sind vielversprechend im Hinblick auf die Naturverbundenheit und Achtsamkeit sowie das menschliche Wertekonstrukt der Teilnehmenden. Unsicherheiten bestehen bzgl. der Langzeitwirkung – evtl. sind umfangreichere Interventionen angebracht. Problematisch bleibt auch der Begriff Nachhaltigkeitsmotivation bzw. die empirische Erfassung des Konstrukts und der Zusammenhang mit menschlichen Werten. Zuletzt wäre auch eine genauere Abwägung der unterschiedlichen Seminarinhalte noch interessant, damit klarer werden kann, wie sich Nachhaltigkeit „natürlich" erleben lässt.

Literatur

Brown KW, Kasser T (2005) Are psychological and ecological well-being compatible? The role of values, mindfulness, and lifestyle. Soc Indic Res 74:349–368. https://doi.org/10.1007/s11205-004-8207-8

Capaldi CA, Dopko RL, Zelenski JM (2014) The relationship between nature connectedness and happiness: a meta-analysis. Front Psychol 5:976. https://doi.org/10.3389/fpsyg.2014.00976

Davis AC, Stroink ML (2016) Within-culture differences in self-construal, environmental concern, and proenvironmental behavior. Ecopsychology 8(1):64–73. https://doi.org/10.1089/eco.2015.0061

Davis JL, Green JD, Reed A (2009) Interdependence with the environment: commitment, interconnectedness, and environmental behavior. J Environ Psychol 29:173–180. https://doi.org/10.1016/j.jenvp.2008.11.001

Deci EL, Ryan RM (1993) Die Selbstbestimmungstheorie der Motivation und ihre Bedeutung für die Pädagogik. Zeitschrift Für Pädagogik 39(2):223–238

Dutcher DD, Finley JC, Luloff AE, Johnson JB (2007) Connectivity with nature as a measure of environmental values. Environ Behav 39(4):474–493

Edwards AR (2005) The sustainability revolution: portrait of a paradigm shift. New Society Publishers, Gabriola Island
Emerson RW (1836) Nature. Munroe, Boston
Ericson T, Kjønstad BG, Barstad A (2014) Mindfulness and sustainability. Ecol Econ 104:73–79. https://doi.org/10.1016/j.ecolecon.2014.04.007
Geng L, Xu J, Ye L, Zhou W, Zhou K (2015) Connections with nature and environmental behaviors. PLoS ONE 10(5):e0127247. https://doi.org/10.1371/journal.pone.0127247
Gosling E, Williams KJH (2010) Connectedness to nature, place attachment and conservation behaviour: testing connectedness theory among farmers. J Environ Psychol 30(3):298–304. https://doi.org/10.1016/j.jenvp.2010.01.005
Hedlund-de Witt A (2013) Pathways to environmental responsibility: a qualitative exploration of the spiritual dimension of nature experience. JSRNC 7(2):154–186. https://doi.org/10.1558/jsrnc.v7i2.154
Kasser T (2009) Psychological need satisfaction, personal well-being, and ecological sustainability. Ecopsychology 1(4):175–180. https://doi.org/10.1089/eco.2009.0025
Kiehl JT (2012) A Jungian perspective on global warming. Ecopsychology 4(3):187–192. https://doi.org/10.1089/eco.2012.0005
Lamb WF, Steinberger JK, Bows-Larkin A, Peters GP, Roberts JT, Wood FR (2014) Transitions in pathways of human development and carbon emissions. Environ Res Lett 9(1):014011. https://doi.org/10.1088/1748-9326/9/1/014011
Leary MR, Toner K, Gan M (2011) Self, identity, and reactions to distal threats: the case of environmental behavior. Psychol Stud 56(1):159–166. https://doi.org/10.1007/s12646-011-0060-7
Lee K, Ashton MC, Choi J, Zachariassen K (2015) Connectedness to nature and to humanity: their association and personality correlates. Front Psychol 6:1003. https://doi.org/10.3389/fpsyg.2015.01003
Leopold A (1949) A sand county almanac and sketches here and there. Oxford University Press, Oxford
Liedtke G (2012) Mit der Natur im Dialog. Erlebnispädagogik und Naturbezogene Lebensführung. e&l erleben und lernen 5:21–24
Liedtke G, Ghaffari B, Zindel L, Barz C, Bienia M, Malcolm P, Schröder J (2014) Naturess: a research project for lifestyle change and stress reduction. Vortrag bei der 7th International Mountain and Outdoor Sports Conference, 20–23 November, Prag
Markowitz EM, Goldberg LR, Ashton MC, Lee K (2012) Profiling the "pro-environmental individual": a personality perspective. J Pers 80(1):81–111. https://doi.org/10.1111/j.1467-6494.2011.00721.x
Mayer FS, McPherson Frantz C, Bruehlman-Senecal E, Dolliver K (2009) Why is nature beneficial? Environ Behav 41(5):607–643. https://doi.org/10.1177/0013916508319745
Muir J (1901) Our national parks. Mifflin, Boston
Naess A (1987) Self-realization: an ecological approach to being in the world. The Trumpeter 4(3):35–42
Nisbet EK, Zelenski JM, Murphy SA (2011) Happiness is in our nature: exploring nature relatedness as a contributor to subjective well-being. J Happiness Stud 12:303–322. https://doi.org/10.1007/s10902-010-9197-7
Pereira M, Forster PM (2015) The relationship between connectedness to nature, environmental values, and pro-environmental behaviours. Reinvention: an International Journal of Undergraduate Research 8(2). https://warwick.ac.uk/fac/cross_fac/iatl/reinvention/issues/volume8issue2/pereira
Perluss B (2012) Following the raven: the paradoxical path toward a depth ecopsychology. Ecopsychology 4(3):181–186. https://doi.org/10.1089/eco.2012.0045

Richardson M, Sheffield D (2015) Reflective self-attention: a more stable predictor of connection to nature than mindful attention. Ecopsychology 7(3):166–175. https://doi.org/10.1089/eco.2015.0010

Richardson M, Cormack A, McRobert L, Underhill R (2016) 30 days wild: development and evaluation of a large-scale nature engagement campaign to improve well-being. PLoS ONE, 11(2):e0149777. https://doi.org/10.1371/journal.pone.0149777

Rogers Z, Bragg E (2012) The power of connection: sustainable lifestyles and sense of place. Ecopsychology 4(4):307–318.https://doi.org/10.1089/eco.2012.0079

Schultz PW, Tabanico J (2007) Self, identity, and the natural environment: exploring implicit connections with nature. J Appl Soc Psychol 37(6):1219–1247

Schultz PW, Gouveia VV, Cameron LD, Tankha G, Schmuck P, Franěk M (2005) Values and their relationship to environmental concern and conservation behavior. J Cross Cult Psychol 36(4):457–475. https://doi.org/10.1177/0022022105275962

Schwartz SH (2012) An overview of the Schwartz theory of basic values. Psychol Cult 2(1):1–20. https://doi.org/10.9707/2307-0919.1116

Schwartz SH, Bilsky W (1987) Toward a universal psychological structure of human values. J Pers Soc Psychol 53(3):550–562

Seel M (1996) Eine Ästhetik der Natur. Suhrkamp, Frankfurt a. M.

Steinberger JK, Roberts JT (2010) From constraint to sufficiency: the decoupling of energy and carbon from human needs, 1975–2005. Ecol Econ 70(2):425–433. https://doi.org/10.1016/j.ecolecon.2010.09.014

Stern PC, Dietz T (1994) The value basis of environmental concern. J Soc Issues 50(3):65–84

Stern PC, Kalof L, Dietz T, Guagnano GA (1995) Values, beliefs, and proenvironmental action: attitude formation toward emergent attitude objects. J Appl Soc Psychol 25(18):1611–1636

Stern PC, Dietz T, Abel T, Guagnano GA, Kalof L (1999) A value-belief-norm theory of support for social movements: the case of environmentalism. Hum Ecol Rev 6(2):81–97

White PR (2012) Enhancing the experience of connection with nature: participants' responses to the MAPIN strategy. Ecopsychology 4(4):345–354. https://doi.org/10.1089/eco.2012.0054

Zelenski JM, Nisbet EK (2014) Happiness and feeling connected: the distinct role of nature relatedness. Environ Behav 46(1):3–23. https://doi.org/10.1177/0013916512451901

Zhang JW, Howell RT, Iyer R (2014) Engagement with natural beauty moderates the positive relation between connectedness with nature and psychological well-being. J Environ Psychol 38:55–63. https://doi.org/10.1016/j.jenvp.2013.12.013

Zylstra MJ, Knight AT, Esler KJ, Le Grange LLL (2014) Connectedness as a core conservation concern: an interdisciplinary review of theory and a call for practice. Springer Sci Rev 2:119–143. https://doi.org/10.1007/s40362-014-0021-3

20 „Nachhaltigkeit lehren lernen" – Innovative interdisziplinäre Lehr-Lern-Formate in der Lehramtsausbildung an Pädagogischer Hochschule und Universität Heidelberg

Julia Mrazek, Alexander Siegmund, Christine Fischer und Nicole Aeschbach

Zusammenfassung

Bildung für nachhaltige Entwicklung (BNE) gilt als Schlüssel für eine langfristige Verankerung der Ziele einer nachhaltigen Entwicklung. Für eine erfolgreiche Implementierung dieser Ziele kommt der Ausbildung von Lehrkräften eine besondere Bedeutung zu. In einem hochschulübergreifenden Seminar von Pädagogischer Hochschule Heidelberg und Universität Heidelberg werden in Kooperation Lehramtsstudierende zu Nachhaltigkeits-Coaches ausgebildet, die ihr Wissen in ausgewählten Projektschulen an Schulklassen weitergeben.

Schlüsselwörter

Lehramtsausbildung · Klimawandel · Methoden der BNE · Lehr-Lern-Formate
Bildung für nachhaltige Entwicklung

J. Mrazek (✉) · A. Siegmund
Interdisziplinäres Institut für Naturwissenschaften, Technik, Gesellschaft (NTG), Abt. Geographie – Research Group for Earth Observation (rgeo), Pädagogische Hochschule Heidelberg, Heidelberg, Deutschland
E-Mail: mrazek@ph-heidelberg.de

A. Siegmund
E-Mail: siegmund@ph-heidelberg.de

A. Siegmund · C. Fischer · N. Aeschbach
Institut für Umweltphysik, Heidelberg Center for the Environment (HCE) – Universität Heidelberg, Heidelberg, Deutschland
E-Mail: hce@iup.uni-heidelberg.de

W. Leal Filho (Hrsg.), *Nachhaltigkeit in der Lehre,* Theorie und Praxis der Nachhaltigkeit, https://doi.org/10.1007/978-3-662-56386-1_20

20.1 Die Bedeutung der BNE in der Lehramtsausbildung

Bildung gilt als Schlüssel zur Umsetzung einer nachhaltigen Entwicklung. 2005 führte dies zur Ausrufung der UN-Dekade „Bildung für nachhaltige Entwicklung“. Eine besondere Stellung in der Verwirklichung von BNE-Zielen kommt dabei den Hochschulen zu. Durch die gezielte Ausbildung von zukünftigen Lehrkräften kann ein großer Teil der Gesellschaft erreicht werden, um die Ziele und Inhalte einer nachhaltigen Entwicklung zu vermitteln.

Im Herbst 2015 wurden von den Vereinten Nationen 17 globale Ziele nachhaltiger Entwicklung (*Sustainable Development Goals,* SDGs) verabschiedet. Die Investition und Stärkung des Bildungssektors wird dabei als wesentlicher Schlüssel für eine nachhaltige Entwicklung genannt und im Bildungsziel (Ziel 4) genauer beschrieben. Bis 2030 soll „für alle Menschen inklusive, chancengerechte und hochwertige Bildung sowie Möglichkeiten zum lebenslangen Lernen“ sichergestellt werden (Deutsche UNESCO-Kommission 2017). Auf der UNESCO-Weltkonferenz „Bildung für nachhaltige Entwicklung“ in Aichi-Nagoy in Japan wurde daraufhin im November 2014 das „Weltaktionsprogramm Bildung für nachhaltige Entwicklung“ (WAP BNE) verabschiedet. Es soll gewährleisten, dass „jeder die Möglichkeit hat, sich das Wissen, die Fähigkeiten, Werte und Einstellungen anzueignen, die erforderlich sind, um zu einer nachhaltigeren Entwicklung beizutragen“ (Deutsche UNESCO-Kommission 2014, S. 14). Als zentrale Handlungsfelder werden unter anderem die Kompetenzentwicklung bei Lehrenden und Multiplikatoren sowie die Stärkung und Mobilisierung der Jugend genannt (Deutsche UNESCO-Kommission 2014, S. 15).

Die konkrete Umsetzung des WAP BNE erfolgt durch das Bundesministerium für Bildung und Forschung (BMBF) und die Konstituierung von sechs Fachforen (Frühkindliche Bildung, Schule, Berufliche Bildung, Hochschule, Non-formales und Informelles Lernen/Jugend, Kommunen). „Die SDGs, die Bildungsagenda 2030, das UNESCO-Weltaktionsprogramm BNE, die Umsetzungsmöglichkeiten auf Bundesebene … bilden sehr gute Voraussetzungen, um die Leitidee der nachhaltigen Entwicklung als allgemeine und selbstverständliche Aufgabe im formellen Bildungsbereich noch deutlicher systematisch und strukturell zu etablieren“ (Beule 2016, S. 5). Zur Umsetzung des WAP BNE erarbeitet die Deutsche UNESCO-Kommission eine Roadmap, in der sie unter anderem das Handlungsfeld „Kompetenzentwicklung bei Lehrenden und Multiplikatoren“ beschreibt (UNESCO-Kommission 2014, S. 15). Die Integration der BNE in die Aus- und Weiterbildung der Lehrkräfte wird dort als ein Ziel formuliert. Lehrkräfte sollen demnach als „wichtige Multiplikatoren zur Förderung eines Bildungswandels sowie des Lernens im Sinne einer nachhaltigen Entwicklung“ über grundlegende Kompetenzen in diesem Bereich verfügen (UNESCO-Kommission 2014, S. 26).

Hochschulen kommt eine Schlüsselrolle zu, um zukünftigen Lehrkräften Kompetenzen einer BNE zu vermitteln. Als Kooperationsveranstaltung zwischen Pädagogischer Hochschule Heidelberg und Universität Heidelberg wurde dementsprechend das Seminar „Nachhaltigkeit lehren lernen“ initiiert, indem Lehramtsstudierende beider Hochschulen zu

„Nachhaltigkeits-Coaches" ausgebildet werden. Das erlernte Wissen wird dann in einem Team-Teaching-Ansatz an Schüler_innen ausgewählter Projektschulen weitervermittelt. Die grundlegende Verankerung der BNE in den Bildungsplänen in Baden-Württemberg sowie in der Lehramtsausbildung an Pädagogischer Hochschule und Universität Heidelberg bilden die Basis für die Lehrveranstaltung und werden ergänzend zur Umsetzung des Seminars im Folgenden vorgestellt.

20.2 BNE in den Bildungsplänen in Baden-Württemberg

Die Einbindung der BNE erfolgt in Baden-Württemberg mit Inkrafttreten der neuen Bildungspläne zum Schuljahr 2016/2017. Pant (2016) beschreibt in der Einführung der neuen Bildungspläne diese als einen wichtigen Bezugsrahmen innerhalb des Bildungssystems, der „in Zeiten gesellschaftlicher Herausforderungen und rasanten sozialen Wandels … der gesellschaftlichen Trägheit entgegentritt und doch gleichzeitig ein differenziertes Angebot für Orientierungswissen und Wertevergewisserung macht" (Pant 2016).

BNE soll im Sinne der Deutschen UNESCO-Kommission Lernende befähigen, „informierte Entscheidungen zu treffen und verantwortungsbewusst zum Schutz der Umwelt, für eine bestandsfähige Wirtschaft und einer gerechten Gesellschaft für aktuelle und zukünftige Generationen zu handeln und dabei die kulturelle Vielfalt zu respektieren" (Deutsche UNESCO-Kommission 2014, S. 14). Bezug nehmend auf den Bildungsplan sollen Schüler_innen befähigt werden, „als Konsumenten, im Beruf, durch zivilgesellschaftliches Engagement und politisches Handeln einen Beitrag zur nachhaltigen Entwicklung leisten zu können. Es geht daher … vor allem darum, vorausschauend mit Zukunft umzugehen sowie an innovativen Lebens- und Gesellschaftsentwürfen mitzuwirken, die einen zukunftsweisenden und verantwortlichen Übergang in eine nachhaltige Welt möglich machen" (Ministerium für Kultus, Jugend und Sport 2016a).

Der Bildungsplan führt als Neuerung sechs Leitperspektiven ein, die fächerübergreifend verankert sind und unter anderem zu einer Sensibilisierung für den globalen Kontext alltäglicher Handlungen beitragen sollen. Neben Bildung für nachhaltige Entwicklung (BNE) sind dies Bildung für Toleranz und Akzeptanz von Vielfalt (BTV), Prävention und Gesundheitsförderung (PG), Berufliche Orientierung (BO), Medienbildung (MB) sowie Verbraucherbildung (VB).

Die Leitperspektive der BNE soll die Schüler_innen vor allem dazu befähigen, Entscheidungen für nachhaltige Entwicklung verantwortungsbewusst treffen und danach handeln zu können.

Die Konkretisierung der Leitperspektive BNE erfolgt durch folgende Begrifflichkeiten:

- Bedeutung und Gefährdungen einer nachhaltigen Entwicklung
- Komplexität und Dynamik nachhaltiger Entwicklung
- Werte und Normen in Entscheidungssituationen
- Kriterien für nachhaltigkeitsfördernde und -hemmende Handlungen

- Teilhabe, Mitwirkung, Mitbestimmung
- Demokratiefähigkeit
- Friedensstrategien

Bezug nehmend auf ausgewählte Schularten soll im Folgenden kurz aufgezeigt werden, in welchen Fächern das BNE-relevante Seminarthema Klimawandel behandelt werden kann.

20.2.1 Anknüpfungspunkte zum BNE-relevanten Seminarthema Klimawandel in den Bildungsplänen der Grundschule

In der Grundschule bietet vor allem das Fach „Sachunterricht" Anknüpfungspunkte. Der Bildungsplan für Grundschulen beschreibt Sachunterricht als integratives Fach, das durch seine naturwissenschaftlichen, technischen und soziokulturellen Anteile besonders als Fundament für BNE geeignet ist (Ministerium für Kultus, Jugend und Sport 2016b, S. 4). Es werden Kompetenzen vermittelt, um die Schüler_innen für die Belastbarkeit des Systems Erde sowie für soziale und globale Ungerechtigkeit zu sensibilisieren. Das Thema „Energie" kann hier als ein mögliches Beispiel genannt werden (Ministerium für Kultus, Jugend und Sport 2016b, S. 48). Erneuerbare Energie spielt im Kontext der Diskussion um Klimaveränderungen eine bedeutende Rolle, sodass bereits Grundschulkinder für deren Bedeutung sensibilisiert werden sollten.

20.2.2 Anknüpfungspunkte zum BNE-relevanten Seminarthema Klimawandel in den Bildungsplänen der Sekundarstufe I

In der Sekundarstufe werden Inhalte zum Thema Klimawandel unter anderem im Fach Geografie vermittelt. Die Bedeutung und Gefährdung einer nachhaltigen Entwicklung und deren Komplexität und Dynamik ist für alle Klassen relevant. Handlungskompetenzen werden im Bereich des Systems Mensch-Erde ebenso vermittelt wie die damit verbundenen Kriterien, Werte, Normen und Mitwirkungs- und Teilhabemöglichkeiten. Der Klimawandel wird unter anderem in den Klassen 7/8/9 behandelt. Die Schüler_innen sollen hier den natürlichen und anthropogen verstärkten Treibhauseffekt in Grundzügen beschreiben können (Ministerium für Kultus, Jugend und Sport 2016c, S. 26).

20.2.3 Anknüpfungspunkte zum BNE-relevanten Seminarthema Klimawandel in den Bildungsplänen für das Gymnasium

Auch im Gymnasium spielt BNE als fächerübergreifende Leitperspektive für alle Klassenstufen eine wichtige Rolle. Als klassisches Anknüpfungsfach für Inhalte zum Thema Klimawandel ist auch hier die Geografie zu nennen. Neben weiteren naturwissenschaftlichen

Fächern, die klassischerweise Umweltthemen behandeln wie Biologie, Physik oder NWT bieten jedoch auch Gemeinschaftskunde, Wirtschaft, Religionsunterricht oder Ethik großes Potenzial in Bezug auf die Thematisierung entsprechender Inhalte. Um alle Aspekte von Nachhaltigkeit – von Ökologie über Ökonomie hin zum Sozialen/Kulturellen – erfassen zu können, ist dieser fächerübergreifende Ansatz sogar unabdingbar.

20.3 BNE im Lehramtsstudium in Baden-Württemberg

Um ein BNE-Seminar erfolgreich in der universitären Lehre etablieren zu können, bedarf es nicht nur guter interdisziplinärer Zusammenarbeit und engagierter Akteure. Ein solches Seminar muss auch mit den jeweiligen Vorgaben der entsprechenden Studiengänge kompatibel sein. Für die Hochschulen in Baden-Württemberg gilt die Rahmenverordnung des Kultusministeriums (juris GmbH 2015) vom 27.04.2015. Die Verordnung regelt die Umstellung von Staatsexamen hin zu Bachelor- und Mastersystem in den Lehramtsstudiengängen und stellt die Basis zur Konzipierung von Prüfungsordnungen und Modulen dar. Dementsprechend sollten sich Inhalt, Zielsetzung und Form eines BNE-Seminars an den Rahmenbedingungen orientieren, um problemlos als Lehrveranstaltung in den regulären Studienverlauf integriert werden zu können.

Im Bachelor-/Mastersystem müssen während der zehn Semester umfassenden Regelstudienzeit insgesamt mindestens 300 ECTS-Punkte (European Credit Transfer System) erworben werden: 180 während des sechssemestrigen Bachelors und 120 während der vier Semester im Masterstudiengang. Das Studium gliedert sich inhaltlich dabei in die vier Bereiche Fachwissenschaft, Fachdidaktik, Bildungswissenschaften und Schulpraxis. Das vom Heidelberg Center for the Environment (HCE) der Universität Heidelberg und Interdisziplinären Institut Naturwissenschaften, Technik, Gesellschaft (NTG) der Pädagogischen Hochschule Heidelberg gemeinsam durchgeführte Seminar „Nachhaltigkeit lehren lernen“ lässt sich sowohl im Bereich Fachwissenschaft als auch im Bereich Fachdidaktik mit Praxisbezug einordnen. Bachelor für das Lehramt an Gymnasien wird an der Universität, der für Sekundarstufe I und Grundschullehramt an der Pädagogischen Hochschule erworben.

Die Master-Phase findet in Heidelberg hochschulübergreifend, voraussichtlich ab Wintersemester 2018/2019, an der von Pädagogischer Hochschule Heidelberg und Universität Heidelberg gemeinsam getragenen Heidelberg School of Education (HSE) statt. Die Kompetenzen, die die Lehramtsstudierenden nach Abschluss ihres Studiums erworben haben sollen, orientieren sich an den in den schulischen Bildungsplänen formulierten Leitperspektiven, zu denen auch die BNE zählt. BNE wird dementsprechend als eine von mehreren Querschnittskompetenzen in den Studienordnungen aufgeführt. Ihre Implementierung findet dabei fächerübergreifend für alle Schularten statt (Ministerium für Kultus, Jugend und Sport Baden-Württemberg 2015).

20.3.1 Umsetzung an der Pädagogischen Hochschule Heidelberg

An der Pädagogischen Hochschule Heidelberg werden BNE-relevante Inhalte überwiegend im Übergreifenden Studienbereich (ÜSB) gelehrt. Der ÜSB ist gemeinsamer Studienanteil aller Lehramtsstudiengänge und fördert interdisziplinäre Querschnittskompetenzen, die nicht fachspezifisch zugeordnet werden können. Derzeit muss noch zwischen den Studienordnungen (StO) von 2011 und 2015 unterschieden werden. Für Studierende der StO 2011 wird der ÜSB in drei Module aufgeteilt. In Modul 1 werden die Grundlagen zu wissenschaftlichem Arbeiten und Medien vermittelt, Diversität und Inklusion sind Inhalte von Modul 2. Modul 3 behandelt Aspekte zum Thema „Gesellschaftliche Beteiligung". Bildung für nachhaltige Entwicklung ist dabei neben Partizipation, Verantwortungsübernahme und Projektbasiertem Arbeiten ein mögliches Wahlpflichtmodul (Pädagogische Hochschule Heidelberg 2011).

Der ÜSB in der StO 2015 ist ebenfalls modular aufgebaut und umfasst vier Module. Im Basismodul 1 werden Inhalte zur Inklusion vermittelt. Im Vertiefungsmodul1 (Fachdidaktik und Inklusion) werden Aspekte zum inklusiven Unterricht aus Sicht der Fachdidaktik erarbeitet, im Vertiefungsmodul 2 steht Kommunikation im Vordergrund. BNE ist ein Wahlprofil im Abschlussmodul (Modul 4). Hier werden die Grundlagen der Nachhaltigkeit vermittelt und an ausgewählten Beispielen thematisiert. Das Wahlprofil BNE wird mit insgesamt 6 Leistungspunkten bewertet und ist prüfungsrelevant. Die Studierenden nehmen an der interdisziplinär angelegten Ringvorlesung „Bildung für nachhaltige Entwicklung" mit dazugehörigem Colloquium teil. In Seminaren ist ein Projekt mit gesellschaftlicher Orientierung selbstständig durchzuführen (Pädagogische Hochschule Heidelberg 2015).

Das vorgestellte Seminar „Nachhaltigkeit lehren lernen" wird an der Pädagogischen Hochschule Heidelberg sowohl für Studierende der StO 2011 als auch der StO 2015 angeboten.

20.3.2 Umsetzung an der Universität Heidelberg

In den fächerspezifischen Teilen der Rahmenverordnung für den Bereich Lehramt für Gymnasien ist das Konzept der Nachhaltigkeit als Querschnittskompetenz und inhaltlich in allen Naturwissenschaften, aufbauend auf der in den Bildungsplänen angeführten Definition der BNE, enthalten. Die Absolvent_innen sollen die Grundlagen einer BNE beherrschen und die Bedeutung des Nachhaltigkeitskonzepts darstellen können. In der Geografie sollen beispielsweise „raumwirksame Aktivitäten auf ihre ökologische, ökonomische und soziale Verträglichkeit (BNE, Leitbild bzw. Konzepte der Nachhaltigkeit) beurteilt werden können" (juris GmbH 2015). Hier zeigt sich der enge Bezug zum Bildungsplan: „Auf der Basis der erworbenen grundlegenden Kenntnisse der Mensch-Gesellschafts-Umwelt-Beziehungen sollen Konzepte nachhaltiger Entwicklungen auf unterschiedlichen Maßstabsebenen reflektiert werden" (juris GmbH 2015).

Insgesamt wird deutlich, dass durch die neuen schulischen Bildungspläne und die neue Rahmenverordnung für alle Lehramtsstudiengänge die Voraussetzungen geschaffen sind, BNE in der Lehramtsausbildung in Baden-Württemberg wirkungsvoll zu verankern.

20.4 Die Bedeutung von Kooperationen für ein erfolgreiches BNE-Seminar

Die erfolgreiche Umsetzung einer Lehrveranstaltung zur Vermittlung von Kompetenzen der BNE basiert auf Kooperationen zwischen verschiedenen Akteuren. Pädagogische Hochschule Heidelberg und Universität Heidelberg bringen ihre Expertise aus Fachdidaktik und Fachwissenschaft ein, um ein Gelingen der Lehrveranstaltung zu gewährleisten.

20.4.1 Interdisziplinäres Institut für Naturwissenschaften, Technik und Gesellschaft (NTG) der Pädagogischen Hochschule Heidelberg

An der Pädagogischen Hochschule Heidelberg wird das Seminar durch das Interdisziplinäre Institut für Naturwissenschaften, Technik und Gesellschaft (NTG) angeboten. Es fungiert als Inkubator in Sachen BNE und fördert die Vernetzung entsprechender Akteure in diesem Bereich. Konzepte und Maßnahmen zur Vermittlung BNE-relevanter Aspekte sollen im Rahmen von Forschungs- und Entwicklungsprojekten konzipiert und umgesetzt werden. Als Beispiele können hier Forschungsprojekte zu den Themen „erneuerbare Energie", „Klimawandel" oder „nachhaltiger Konsum" genannt werden. Die Mitglieder des Instituts setzen sich aus Professor_innen der Abteilungen Geografie, Physik, Biologie, Pädagogik, Geschichte, Sport sowie Alltagskultur und Gesundheit sowie deren Mitarbeiter_innen zusammen.

Unter dem Leitbild der BNE werden seit mehreren Semestern verschiedene Veranstaltungen für Studierende und BNE-interessierte Zuhörer angeboten (vgl. Abb. 20.1).

In einer fachübergreifenden Ringvorlesung werden die Grundlagen der Nachhaltigkeit und die Umsetzung BNE-relevanter Themen im Unterricht vorgestellt. Vorträge von Professor_innen verschiedener Fachrichtungen zeigen beispielhafte Inhalte und Projekte aus dem (Schul-)Alltag auf. In einer ergänzenden Colloquiumsreihe halten interne und externe Referenten Vorträge zu verschiedenen Schwerpunktthemen der BNE und der Nachhaltigkeit. Zudem bietet das Interdisziplinäre NTG-Institut Projektseminare zu diversen BNE-relevanten Inhalten an. Das hier vorgestellte Seminar „Nachhaltigkeit lehren lernen" ist eines dieser Seminare.

Um die Ziele des Interdisziplinären NTG-Instituts auf breiter Basis verankern zu können, soll das Institut zu einem fakultätsübergreifenden „Heidelberger Zentrum Bildung für nachhaltige Entwicklung" weiterentwickelt werden.

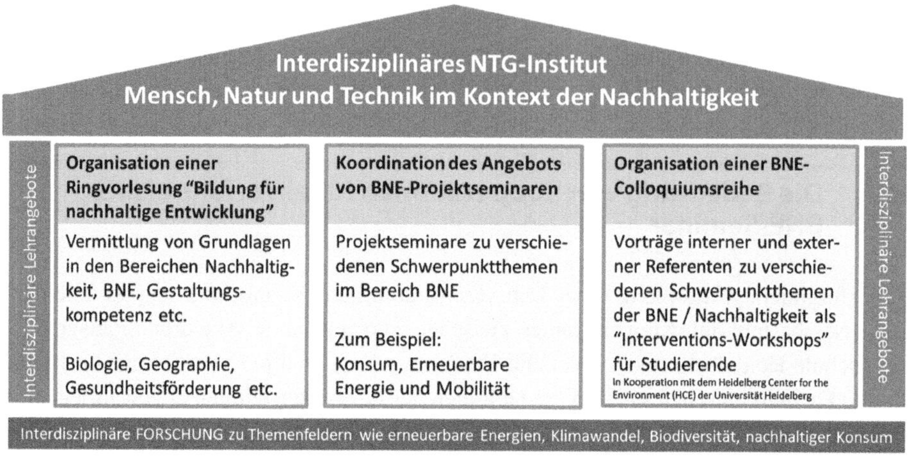

Abb. 20.1 Aufbau des Interdisziplinären NTG-Instituts der Pädagogischen Hochschule Heidelberg. (Eigene Darstellung)

20.4.2 Heidelberg Center for the Environment (HCE) der Universität Heidelberg

Das Heidelberg Center for the Environment (HCE) ist ein wissenschaftlicher Verbund innerhalb der Universität Heidelberg und hat die Aufgabe, die bestehenden umweltbezogenen Aktivitäten und Kompetenzen aus Natur-, Sozial- und Kulturwissenschaften an der Universität Heidelberg zu vernetzen. Ziel ist es, über Fächer- und Disziplingrenzen hinweg den existenziellen Herausforderungen und ökologischen Auswirkungen des natürlichen, technischen und gesellschaftlichen Wandels auf den Menschen wissenschaftlich zu begegnen. Die Komplexität und kulturelle Gebundenheit der heutigen Umweltprobleme sprengt das Analyseraster einzelner Methoden oder Disziplinen. Aus diesem Grund setzt das HCE gezielt auf eine enge interdisziplinäre und integrative Zusammenarbeit. Es steht dementsprechend allen umweltwissenschaftlich tätigen Mitgliedern aller Disziplinen an der Universität Heidelberg offen. Das HCE verbindet so ein weites Spektrum an Umweltperspektiven von den Natur- über die Sozial- bis zu den Kulturwissenschaften. Eine der Hauptaufgaben des HCE ist es, die umweltwissenschaftlichen Aktivitäten in Forschung, Lehre und wissenschaftlicher Kommunikation zu bündeln. Dazu gehören insbesondere die Anregung, Durchführung und Unterstützung interdisziplinärer Forschung und Kommunikation, die Organisation von interdisziplinären umweltwissenschaftlichen Lehrveranstaltungen sowie die systematische Stärkung umweltwissenschaftlicher Themen. Auch die Kommunikation wissenschaftlicher Ergebnisse in die Öffentlichkeit sowie die Zusammenarbeit mit wissenschaftlichen Einrichtungen des In- und Auslands und mit internationalen Institutionen gehören zu den zentralen Aufgaben. Diese Schwerpunkte bilden eine optimale Grundlage für die Implementierung der BNE in die universitäre Lehre.

20.4.3 Kooperationscluster Nachhaltigkeit

Für die Verankerung einer BNE braucht es außerdem die Vernetzung mit Bildungsakteuren außerhalb der Hochschulen. Zu diesem Zweck wurde 2013 das „Kooperationscluster Nachhaltigkeit“ gegründet. Initiatoren und Gründer waren aufseiten der Universität Heidelberg das Heidelberg Center for the Environment (HCE, Dr. Nicole Vollweiler und Team) und die Junge Universität (Dr. Jörg Kraus), aufseiten der Pädagogischen Hochschule Heidelberg das Interdisziplinäre Institut für Naturwissenschaften, Technik, Gesellschaft (NTG, Professor Dr. Alexander Siegmund und Team der Abt. Geografie) sowie außeruniversitär Lehrkräfte verschiedener Schulen im Rhein-Neckar-Raum. Das Cluster dient seither dem Ziel, die Aktivitäten im Bereich BNE auszubauen und eine Brücke zwischen Hochschulen und Schulen zu schlagen. Das Kooperationscluster ermöglicht einen regelmäßigen und konstanten Kontakt zwischen den verschiedenen universitären und außeruniversitären Kooperationspartnern. Es ist somit fruchtbare Kommunikationsplattform, die die gemeinsame (Weiter-)Entwicklung von gemeinschaftlichen Projekten optimal unterstützt.

Die bisher erfolgreichsten gemeinsamen Projekte der Kooperationspartner sind das Seminar „Nachhaltigkeit lehren lernen“ sowie eine gleichnamige Lehrerfortbildung zum Themenbereich BNE.

20.5 Das Seminar „Nachhaltigkeit lehren lernen"

Im Seminar „Nachhaltigkeit lehren lernen“ werden Lehramtsstudierende in einem Lernen-durch-Lehren-Ansatz zu „Nachhaltigkeits-Coaches“ ausgebildet. Ziel des Projektseminars ist es, Studierende von Universität und Pädagogischer Hochschule Heidelberg mit dem Konzept der Bildung für nachhaltige Entwicklung vertraut zu machen. Dafür erfahren die Studierenden, wie entsprechende Inhalte und Kompetenzen im Unterricht angewendet werden können. Nach dem Seminar sollen sie über die Bereitschaft und Fähigkeit verfügen, die sie umgebende Realität in Hinblick auf Aspekte der Nachhaltigkeit zu hinterfragen, nicht-nachhaltige gesellschaftliche Prozesse zu erkennen und nachhaltige Handlungsmöglichkeiten zu entwickeln. Die enge Verbindung von Fachwissen aus verschiedenen Disziplinen und methodischen Kompetenzen zur Vermittlung der BNE soll die Studierenden in die Lage versetzen, die Schulpraxis im Sinne der BNE zu gestalten und handlungsorientiert erlebbar zu machen.

Im einem Methodenmodul werden die Leitbilder der nachhaltigen Entwicklung und der BNE vermittelt und Methoden zur Umsetzung BNE-relevanter Themen im Unterricht vorgestellt. Im fachwissenschaftlichen Modul werden als Ergänzung Inhalte zu den unterschiedlichen Aspekten des Klimawandels erarbeitet. Die Studierenden sollen so verschiedene Kompetenzen erwerben, die zur Konzipierung, Durchführung und Reflexion einer Unterrichtseinheit zu ausgewählten BNE-relevanten Themen von Bedeutung sind (siehe Abb. 20.2).

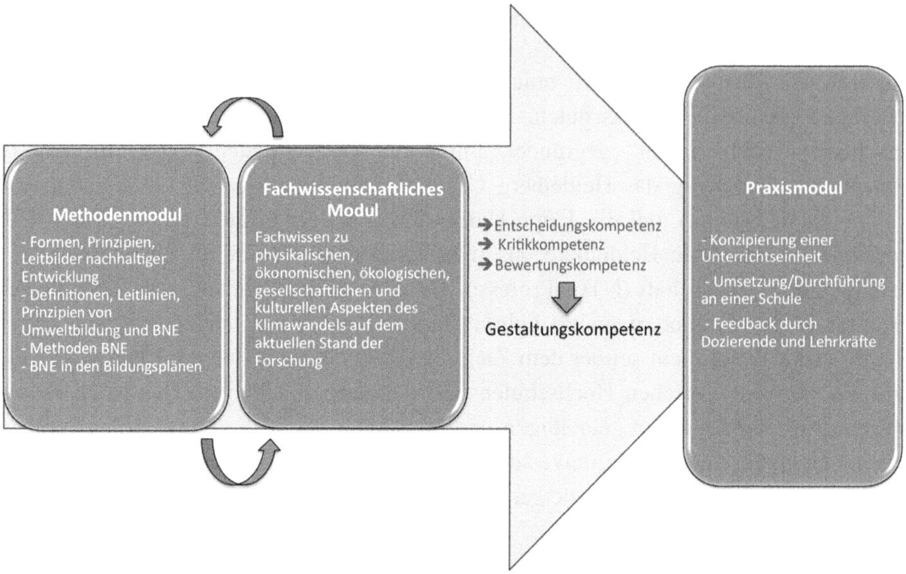

Abb. 20.2 Konzept des Seminars „Nachhaltigkeit lehren lernen". (Eigene Darstellung)

Das Seminar folgt dem Konzept des Team-Teaching durch Dozierende der Fachdidaktik von der Pädagogischen Hochschule und der Fachwissenschaft von der Universität Heidelberg. Dieser Ansatz wird auch in den Unterrichtsstunden, die durch die Studierenden gehalten werden, weitergetragen. Das Gelernte wird durch das Konzept Lernen-durch-Lehren noch weiter vertieft, indem die Seminarteilnehmer_innen in Gruppen von zwei bis drei Studierenden ihre erworbenen Kenntnisse und Fähigkeiten im praktischen Unterricht an Schüler_innen der Projektschulen im Kooperationscluster Nachhaltigkeit weitergeben. Dadurch vertiefen sie ihre Kompetenzen auf dem Gebiet der BNE.

20.5.1 Inhalte und Durchführung des ersten Seminartags: BNE und Methoden der BNE

Der erste Tag des Blockseminars widmet sich der übergeordneten Frage: „Was ist Nachhaltigkeit und Bildung für nachhaltige Entwicklung?" Durch spielerische Methoden erfolgt ein gegenseitiges Kennenlernen der Studierenden von Universität und Pädagogischer Hochschule Heidelberg. Damit wird unter anderem abgefragt, welche Fächer die Seminarteilnehmer_innen studieren und in welchem Fachsemester sie sich befinden. So kann direkt an die Vorerfahrungen angeknüpft und ein besserer Bezug auf die einzelnen Studierenden verschiedener Studiengänge genommen werden. Den Einstieg in das Thema Nachhaltigkeit bildet eine Ideensammlung zum Begriff der Nachhaltigkeit. Die Studierenden sollen hier ihre ersten eigenen Erfahrungen zum Thema äußern. In einem daran anschließenden Lehrvortrag wird der Begriff genauer definiert. Als eine mögliche Definition wird die der World Commission on Environment and Development (1987) genannt: *„Sustainable Development is a development that meets the needs of the present without compromising the ability of future generations to meet their own needs.“* Zudem werden die Dimensionen, Leitbilder und Prinzipien der Nachhaltigkeit aufgezeigt. Die Unterscheidung zwischen starker und schwacher Nachhaltigkeit wird durch anschauliche Beispiele genauer erläutert.

Die Entwicklung von der Umweltbildung hin zur BNE bildet den Schwerpunkt des zweiten Themenblocks. Ausgehend vom UNESCO-Programm *„Man and the Biosphere“* erarbeiten sich die Studierenden wichtige Daten und Eckpunkte der Entwicklung. Dabei werden unter anderem der Brundtland-Bericht (1987) und die UNECED-Konferenz in Rio de Janeiro (1992) als bedeutende Ereignisse aufgezeigt. Den Abschluss der zeitlichen Entwicklung bilden die *Sustainable Development Goals* der Vereinten Nationen. Diese werden im Anschluss genauer betrachtet. Der Schwerpunkt liegt hier unter anderem auf dem Ziel 4 (hochwertige Bildung). Die Studierenden werden zudem mit dem Weltaktionsprogramm Bildung für nachhaltige Entwicklung vertraut gemacht.

Aufbauend auf diese zeitliche Entwicklung von der Umweltbildung hin zu den *Sustainable Development Goals* werden im Anschluss die Grundlagen der Bildung für nachhaltige Entwicklung erarbeitet. Neben einer möglichen Definition werden auch hier Ziele und Prinzipien verdeutlicht. Die Studierenden sollen im Rahmen des Seminars dazu befähigt werden, Sachverhalte im Hinblick auf ihre Nachhaltigkeit bewerten und komplexe Problemzusammenhänge erkennen zu können, Gegebenes kritisch hinterfragen und selbstbestimmte Entscheidungen treffen zu können. Grundlegend ist dabei das von Gerhard de Haan entwickelte Konzept der Gestaltungskompetenz, auf das im Verlauf des Seminars immer wieder Bezug genommen wird:

> Mit Gestaltungskompetenz wird die Fähigkeit bezeichnet, Wissen über nachhaltige Entwicklung anwenden und Probleme nicht nachhaltiger Entwicklung erkennen zu können. Das heißt, aus Gegenwartsanalysen und Zukunftsstudien Schlussfolgerungen über ökologische, ökonomische und soziale Entwicklungen in ihrer wechselseitigen Abhängigkeit ziehen und darauf basierende Entscheidungen treffen, verstehen und umsetzen zu können, mit denen sich nachhaltige Entwicklungsprozesse verwirklichen lassen (Transfer 21 o. J.).

Die Gestaltungskompetenzen werden im Vergleich zu den drei Kompetenzkategorien der OECD gesetzt (Sach- und Methodenkompetenz, Sozialkompetenz, Selbstkompetenz). Das Gruppenpuzzle wird hier als Methode theoretisch vorgestellt und praktisch umgesetzt (Abb. 20.3).

Die Gruppe der Seminarteilnehmer_innen wird dazu in Kleingruppen aufgeteilt (Abb. 20.3, linke Spalte). Diese bilden die sogenannten Stammgruppen. Aus diesen wird je ein Vertreter in verschiedene Expertengruppen entsandt. Die Expertengruppen erarbeiten sich gemeinsam verschiedene Aspekte eines übergeordneten Themas. Im Beispiel des Seminars werden einzelne Gestaltungskompetenzen nach de Haan (2014, S. 12) erarbeitet. Die ausgebildeten Expert_innen gehen im Anschluss zurück in ihre Stammgruppen

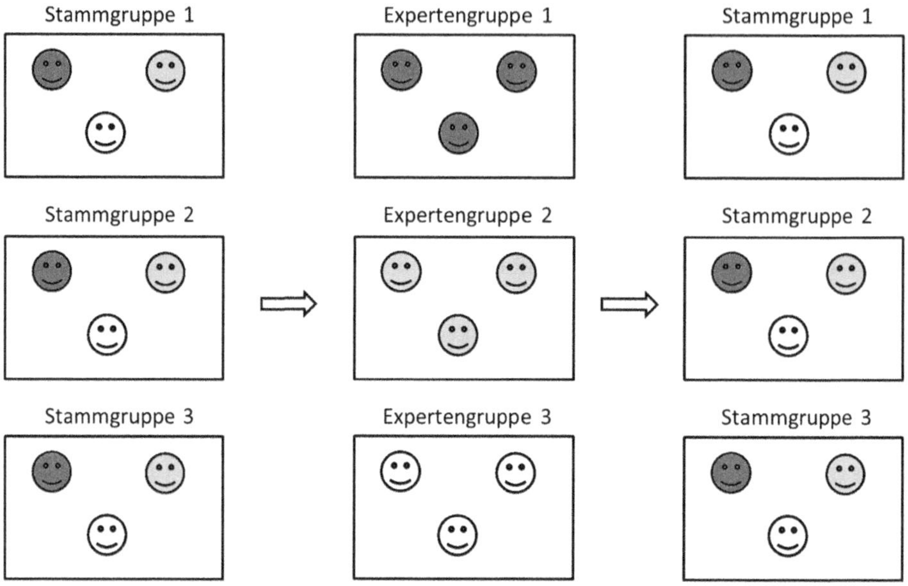

Abb. 20.3 Thematische Darstellung der Methode „Gruppenpuzzle" als Methode im Seminar „Nachhaltigkeit lehren lernen". (Eigene Darstellung)

und geben dort ihr Wissen weiter. In jeder Stammgruppe befindet sich nun ein Experte aus jeder Expertengruppe, sodass ein Austausch zu allen erarbeiteten Inhalten möglich ist. Zum Abschluss erfolgt eine kurze Reflexion der Inhalte im gesamten Plenum.

Am Nachmittag des ersten Blocktages stehen dann weitere Methoden zur Vermittlung von BNE-relevanten Inhalten im Fokus. Die Studierenden erarbeiten dies in Kleingruppen und stellen ihre Ergebnisse im Plenum vor. Als Beispiel können hier Planspiel, Zukunftswerkstatt oder Mystery genannt werden. Das Planspiel ist ein interaktives Spiel, das auf der Simulation einer realen Situation basiert. Die Teilnehmenden übernehmen eine bestimmte Rolle, treffen Entscheidungen und erklären die Ergebnisse ihrer fiktiven Handlungen. Sie können sich so in einer risikofreien Umgebung mit der praktischen Umsetzung eines theoretischen Themas auseinandersetzen (Bundeszentrale für politische Bildung o. J.). Die Anwendung der Methode Planspiel erfolgt am zweiten Tag des Blockseminars. Beim Mystery erarbeiten sich die Lernenden die Lösung einer offenen Fragestellung. Informationskärtchen, die sortiert werden sollen, unterstützen die Arbeit. Das Thema der Textilproduktion in Indien kann als Beispiel genannt werden, das im Rahmen des Mystery erarbeitet wird (Pädagogische Hochschule Ludwigsburg o. J.).

Als besondere Ergänzung zu möglichen BNE-Methoden erfolgt ein Exkurs in die Erlebnispädagogik. Nach Cornell (1999, S. 17–19) gibt es fünf grundlegende Punkte, wie man Kinder für etwas begeistern kann:

1. Lehre weniger und teile mehr von deinen Gefühlen mit.
2. Sei aufnahmefähig.
3. Sorge gleich zu Anfang für Konzentration.
4. Erst schauen und erfahren, dann sprechen.
5. Das ganze Erlebnis soll von Freude erfüllt sein.

Die von Cornell vorgestellten Punkte können auf die Vermittlung BNE-relevanter Inhalte im Unterricht übertragen werden. Im Seminar erfolgt eine ausführliche Diskussion dazu, bei der die Studierenden angehalten sind, ihre eigenen Erfahrungen einzubringen. Als konkretes Beispiel für eine Methode von Cornell wird das „Nasenspiel" (Cornell 1999, S. 76 f.) vorgestellt und durchgeführt. Dabei handelt es sich um ein Ratespiel, bei dem sich die Mitspieler_innen schrittweise an die Lösung eines Rätsels herantasten. Das Spiel ist besonders gut geeignet, um Aufmerksamkeit und Interesse einer Gruppe zu erlangen. Im Seminar werden Begriffe, die im Zusammenhang mit Nachhaltigkeit stehen, erraten und bilden somit eine Reflexion des bislang Gelernten.

Den Abschluss des Tages bildet die Untersuchung der Bildungspläne in Baden-Württemberg. Die Studierenden arbeiten sich in Aufbau und Inhalte der Bildungspläne ausgewählter Klassenstufen und Fächer ein. Dabei steht vor allem die Frage im Vordergrund, an welchen Stellen BNE im jeweiligen Bildungsplan verankert ist. In einer anschließenden Diskussion werden Vorschläge für die praktische Umsetzung der unterschiedlichen Themen im Unterricht besprochen. Dabei wird gemeinsam erarbeitet, wie die kennengelernten Methoden praktisch umgesetzt werden können.

20.5.2 Inhalte und Durchführung des zweiten Seminartags: „Der Weltklimarat tagt"

Der zweite Seminartag steht ganz im Zeichen des Themenfeldes Klimawandel. Mit gutem Grund: Der Klimawandel stellt eine der größten Herausforderungen unserer Zeit und der Gestaltung der Zukunft der Menschheit dar. Das Thema ist sowohl in Wissenschaft und Forschung als auch in Politik, Medien und Gesellschaft von hoher Relevanz und spielt dementsprechend auch im Schulunterricht eine wichtige Rolle. Die hohe Relevanz, Aktualität und Mehrdimensionalität des Themas machen es für Lehrende und Lernende gleichermaßen attraktiv und ermöglichen die Herstellung von globalen, regionalen bis hin zu persönlichen Bezügen. Vor allem der Kontext zum eigenen Handeln spielt in der BNE eine zentrale Rolle. Nichtsdestotrotz ist es nach Meinung der Autoren essenziell wichtig, fundiertes und exaktes Fachwissen zu vermitteln. Dementsprechend liegt der Schwerpunkt des zweiten Seminartages vor allem auf der Vermittlung von dem aktuellen Forschungsstand entsprechenden wissenschaftlichen Erkenntnissen. Denn auch wenn die zukünftigen Lehrer_innen die Inhalte ihres Unterrichts dem Kenntnisstand ihrer Schüler_innen anpassen und dementsprechend vereinfachen müssen, ist es unabdingbar, dass sie selbst über umfassendes und korrektes Fachwissen verfügen.

In Bezug auf die Wissensvermittlung zeichnet sich das Dozententeam des Heidelberg Center for the Environment durch einen breiten wissenschaftlichen Background aus. Expertise im Bereich Geografie und Klimaforschung wird hierbei ergänzt durch Wissen aus Ethnologie, Bildungswissenschaft und Politikwissenschaft. So wird sichergestellt, dass beginnend bei den physikalischen, ökologischen, ökonomischen bis hin zu gesellschaftlichen und kulturellen Dimensionen des Klimawandels möglichst viele behandelt und erarbeitet werden können. Bei der Wissensvermittlung legt das Team des HCE großen Wert auf aktuelle und geeignete Methoden und Formen des Lernens, wie Rollenspiel, Planspiel, Teambuilding, selbst organisiertes Lernen und freies Assoziieren. Diese Methoden eignen sich besonders gut, sich subjektive Einstellungen bewusst zu machen, und regen zu Perspektivenwechsel und Eigeninitiative an. Dies sind Aspekte, die in der BNE einen zentralen Stellenwert einnehmen. Hier schließt sich der Kreis zwischen Fachwissen und BNE, da es im Rahmen einer Bildung für nachhaltige Entwicklung nicht nur um reinen Wissenserwerb geht, sondern besonders auch um die Entwicklung von Kompetenzen.

Im Folgenden soll nun detaillierter auf den Verlauf des zweiten Seminarteils eingegangen werden. Als Einstieg ins Thema wird zu Beginn der Zusammenhang zwischen Nachhaltigkeit und Klimawandel hergestellt. In einer ersten Inputphase werden Themen wie Wasser- und Energienutzung angesprochen und schließlich das Thema Klimawandel fokussiert. Um tiefer ins Thema einzutauchen, werden mediale Darstellungen und wissenschaftlicher Kenntnisstand aufeinander bezogen und kontrastiert. Das Thema Klimawandel erfährt immer wieder große mediale Aufmerksamkeit. Die gesellschaftliche Debatte und die mediale Darstellung bewegt sich dabei in einem enormen Spannungsfeld, vor allem durch zum Teil reißerische oder gar apokalyptische Schlagzeilen, durch Klimawandelskeptiker und -leugner, lückenhafte oder wissenschaftlich falsche Aussagen. Es finden sich aber auch gut recherchierte Artikel und wissenschaftlich korrekte Darstellungen.

Um diese Bandbreite an Aussagen und Darstellungen in den Medien einordnen, beurteilen und bewerten zu können, braucht es fundiertes Wissen. Die wesentlichen Grundlagen dieses Wissens werden in einem nächsten Schritt vermittelt. Dazu gehören ein Überblick über die physikalischen Grundlagen und die natürlichen Ursachen von Klimaschwankungen sowie ein kurzer Abriss zur Klimageschichte. Den aktuellen Stand der Klimaforschung erarbeiten sich die Studierenden im Plan- und Rollenspiel „Der Weltklimarat tagt" im Anschluss selbst. Ganz nach Vorbild des echten Weltklimarats (Intergovernmental Panel on Climate Change, IPCC) schlüpfen die Studierenden in die Rollen von Experten_innen aus verschiedenen Bereichen der Klimaforschung. Dazu werden die Studierenden mittels eines Bildassoziationsspiels in Gruppen eingeteilt, die sich dann separat über jeweils ein bestimmtes Thema informieren. Grundlage ist dabei vor allem der aktuelle IPCC-Sachstandsbericht. Das Thema Klimawandel wird in dieser Gruppenarbeitsphase in folgende Schwerpunktbereiche aufgeteilt:

- Menschlicher Einfluss auf das Klima: Theorie und Beobachtung
- Klima-Zukünfte
- Klimawandel und Gerechtigkeit
- Internationale Klimapolitik und COP-Verhandlungen

Die Studierenden arbeiten in dieser Phase des Seminars selbstständig mit den von den Dozenten zur Verfügung gestellten Materialien (Texte, Abbildungen, Grafiken, Tabellen und Leitfragen zum Thema). Jede Gruppe bekommt jedoch für Rückfragen und Unklarheiten einen der Dozierenden als Coach zur Seite gestellt, der besondere Expertise im jeweiligen Thema besitzt. Nachdem die Expertengruppen ihr jeweiliges Thema detailliert bearbeitet und vorbereitet haben, finden sich alle Gruppen in einer „Plenarsitzung" zusammen, um die aktuellen Ergebnisse ihrer Forschungsbereiche – ganz nach Vorbild des echten Weltklimarates – einander vorzustellen und zu diskutieren. Die Dozierenden stehen nach den Präsentationen für Beantwortung noch offengebliebener Fragen und Klärung von Unklarheiten bereit. Diese Art des Wissenserwerbs ermöglicht es den Studierenden, sowohl in die Rolle des Experten, die sie auch in der Schule einnehmen werden, als auch des „Lernenden" zu schlüpfen. Sie können so aus beiden Perspektiven heraus Erfahrungen mit einer Methode sammeln, die sie später im Unterricht anwenden können.

Die Bewusstmachung des Istzustands und der wahrscheinlichen Zukunftsprognosen im Hinblick auf die Entwicklung unseres Weltklimas kann nur allzu leicht in ein Gefühl pessimistischer Hilflosigkeit münden. Um dem gezielt entgegenzuwirken und den Fokus auf die Handlungsebene zu verlagern, bildet ein Akteur-Spiel die Abschlusseinheit des zweiten Seminartages (Abb. 20.4).

Das Oberthema des rollenspielartigen Akteur-Spiels lautet hierbei „Was tun?". Im Mittelpunkt stehen Maßnahmen zum Klimaschutz und zur Anpassung an die Folgen des Klimawandels. Fiktive Szenerie ist die Sitzung des Heidelberger Gemeinderats: Die Dozierenden nehmen die Rollen von Bürgermeister_in, Stadträten_innen und wissenschaftlichen sowie politischen Berater_innen ein, während die Studierenden Vertreter_innen verschiedener Bürgerinitiativen zu den Themenbereichen Energie, Konsum, Anpassung an Klimafolgen und Verkehr spielen. Mithilfe bildlicher Impulse erarbeiten die Studierenden in ihren Bürgerinitiativen Maßnahmenpakete, die sie dem Gemeinderat anschließend in einer fiktiven Gemeinderatssitzung vorstellen. Aufgabe der fiktiven Bürgerinitiativen ist es dabei, durch geschickte Maßnahmenauswahl (was ist realistisch/machbar, was nicht?) und Argumentationsführung (Vorteile/Nachteile, Priorität der jeweiligen Maßnahme) eine Bewilligung von Fördergeldern für ihre jeweiligen Maßnahmenpakete zu erzielen. Die Maßnahmen reichen dabei vom Ausbau regenerativer Energien oder des öffentlichen Personennahverkehrs über das Anlegen von Wasser- und Grünflächen zur Verbesserung des Stadtklimas bis hin zur Subventionierung regionaler ökologischer Landwirtschaft. Die Studierenden können dabei das vorher erworbene

Abb. 20.4 Studierende beim Akteur-Spiel „Was tun?" im Rahmen des Seminars „Nachhaltigkeit lehren lernen". (Eigene Aufnahme)

Wissen im Bereich Klimawandel reflektieren und einsetzen. Durch den besonderen Blickwinkel und das partizipative Element des Akteur-Spiels wird es den Studierenden ermöglicht, neben individuellen und ideologischen Perspektiven auch politische und ökonomische Aspekte in den Feldern Nachhaltigkeit und Klimaschutz zu berücksichtigen. Des Weiteren wird eine Brücke geschlagen von der globalen Perspektive des Weltklimarats hin zu einer regionalen, lokalen und individuelleren Ebene, die direkt mit der Lebenswirklichkeit der Studierenden zusammenhängt. Es wird dabei auch hier gezielt auf die Verflechtung von Inhalten und Methoden Wert gelegt. Die Methode des Akteur-Spiels können die Lehramtsstudierenden außerdem später selbst im Unterricht einsetzen.

20.5.3 Umsetzung der erlangten Kompetenzen in der Praxisphase

Mit Ende des Blocktermins beginnt gleichzeitig die Praxisphase des Seminars. Den Studierenden obliegt die Aufgabe, in Kleingruppen von zwei bis drei Personen Unterrichtseinheiten für den Praxisteil des Seminars in den Schulen vorzubereiten. Mit der Planung und Durchführung einer Unterrichtsstunde können die Studierenden ihr erlangtes Wissen noch im selben Semester unmittelbar an die Schüler_innen weitergeben. Bei der Themenwahl aus dem Bereich Nachhaltigkeit und vor allem bei der Konzipierung der Unterrichtseinheit wird den Studierenden dabei bewusst relativ viel Freiheit gelassen. Die Studierenden sollen die Möglichkeit erhalten, sich mit Themen zu beschäftigen, für die sie sich begeistern können und die sie selbst in Bezug auf eine nachhaltige Entwicklung für wichtig halten. Dementsprechend vielfältig sind die Themen, die die Studierenden für die Unterrichtsstunden mit den Schüler_innen vorbereiten. Von „fairer Kleidung" und „nachhaltigem Frühstück" über „Biosprit" und „COP21" bis hin zu „Treibhauseffekt" oder dem „3-Säulen-Modell der Nachhaltigkeit" ist (fast) alles möglich. Immer erfüllt werden muss dabei jedoch ein hoher Anspruch an die inhaltliche und fachliche Qualität sowie die reflexive Orientierung der Unterrichtseinheit an der Vermittlung der Teilkompetenzen der Gestaltungskompetenz. Um diesem Anspruch Rechnung zu tragen, werden die Unterrichtsentwürfe der Studierenden ausführlich mit Dozierenden und Kommilitonen besprochen. Die Studierenden stellen hierfür ihre Konzepte für den Unterricht an einem dritten Seminartag einige Wochen nach dem Blocktermin im Plenum vor Dozenten_innen und den anderen Studierenden vor. Der Einzeltermin dient also bereits der Vorbereitung der Praxisphase in den Schulen und fungiert somit als Bindeglied zwischen Theorie und Praxis. Entscheidende Elemente sind hierbei das Erhalten von Feedback sowie die Sicherstellung der inhaltlichen und formalen Richtigkeit durch die Dozierenden. Da die Unterrichtsentwürfe tatsächlich praktisch in Schulen umgesetzt werden, ist diese Qualitätssicherung essenziell wichtig. Die Verantwortung der Studierenden für die von ihnen erstellten Inhalte ist dementsprechend um einiges höher, als dies bei einer rein theoretisch zu bewertenden Leistung der Fall wäre.

Die Studierenden erhalten deshalb neben dem Feedback von Dozierenden und Kommiliton_innen zusätzlich noch Unterstützung und Rückmeldung von der zuständigen Lehrperson der jeweiligen Partnerschule, an der die Unterrichtseinheit durchgeführt wird. Die Lehrer_innen werden quasi zu „Paten" der Lehramtsstudierenden und stehen bei Gestaltung und Durchführung der Unterrichtseinheit beratend zur Seite. Die Studierenden halten ihren Unterricht im Themenbereich Nachhaltigkeit während des normalen Schulbetriebs. Bei der Durchführung der Unterrichtseinheit durch die Studierenden sind sowohl die jeweilige betreuende Lehrperson an der Schule als auch eine Dozentin bzw. ein Dozent des Seminars anwesend, um das Unterrichtsgeschehen aus dem Hintergrund zu verfolgen. Ein wichtiges und von den Studierenden immer als extrem wertvoll empfundenes Element des Praxisteils stellt das ausführliche Feedbackgespräch zwischen Studierenden, Lehrkräften und Dozierenden direkt im Anschluss an die gehaltene Unterrichtseinheit dar. Die Rückmeldungen und Tipps sind für die Lehramtsstudierenden außerordentlich hilfreich und werden dementsprechend als besonders gewinnbringend für die eigene weitere Entwicklung als Lehrerpersönlichkeit empfunden. Der Mangel an Praxiselementen in der Lehramtsausbildung wird nicht nur vonseiten der

Studierenden immer wieder kritisiert. Nach der neuen Rahmenverordnung des Kultusministeriums müssen die Studierenden im Bachelor lediglich noch ein Orientierungspraktikum absolvieren, das Schulpraxissemester wird in den Master verschoben. Dabei ist ein früher Zugang zur Praxis gerade bei Lehrkräften wichtig, um eine zielgerichtete Schwerpunktsetzung anzustreben und evtl. das Studium in einem Fach-Master fortzusetzen. Das Seminar „Nachhaltigkeit lehren lernen“ stellt eine seltene Gelegenheit für die Studierenden dar, auch schon während der Grundausbildung im Lehramtsstudium erste Lehr- bzw. Berufserfahrungen zu sammeln. Sie erhalten dadurch die Möglichkeit, den Schulalltag und ihre eigenen Stärken und Schwächen besser kennenzulernen und sich als Lehrerpersönlichkeit weiterzuentwickeln.

20.6 Umsetzung einer Lehrerfortbildung zum Thema Nachhaltigkeit

Für deren strukturelle Verankerung ist die Implementierung BNE-relevanter Themen nicht nur in der Lehramtsausbildung von zentraler Bedeutung. Um die schulische Umsetzung gewährleisten zu können, müssen ebenfalls bereits praktizierende Lehrkräfte in diesem Bereich fortgebildet werden.

In Kooperation von NTG der Pädagogischen Hochschule Heidelberg, HCE und „Junger Universität“ der Universität Heidelberg wurden daher in einem Pilotprojekt erstmals auch Lehrkräfte verschiedener Schulen in Baden-Württemberg fortgebildet. Das Seminarangebot wurde im Rahmen des campusWELTbewerb – Wettbewerb für globale Nachhaltigkeit an baden-württembergischen Hochschulen durch das Wissenschafts- und Umweltministerium Baden-Württemberg ausgezeichnet. Basierend auf der Konzeption des Seminars für Lehramtsstudierende haben sich im Herbst 2015 17 Lehrkräfte mit den Konzepten und Fragestellungen der BNE und deren Umsetzung im Unterricht befasst. Analog zum Seminar wurden eingangs die Grundlagen der Nachhaltigkeit und BNE vermittelt. Der Klimawandel in seiner ökologischen, ökonomischen und sozialen Dimension war auch hier Schwerpunkt der Auseinandersetzung mit einem BNE-relevanten Themenbeispiel, um eine direkte Verbindung zwischen lokalem Umfeld und globalen Aspekten herzustellen. Die teilnehmenden Lehrkräfte konnten so Kompetenzen zur Umsetzung BNE-relevanter Inhalte in ihrem Unterricht erwerben. Als weiterer Kooperationspartner konnte die Evangelische Stiftung Pflege Schönau gewonnen werden. Neben Fachreferenten stellt die Stiftung ein Baumhauscamp im Odenwald als Fortbildungsort zur Verfügung (Abb. 20.5).

Abb. 20.5 Lehrkräfte bei der Fortbildung zu „Nachhaltigkeits-Coaches" im Baumhauscamp. (Eigene Aufnahme)

20.7 Herausforderungen und Schlussfolgerungen

BNE ist eine von insgesamt sechs Leitperspektiven in den neuen Bildungsplänen in Baden-Württemberg. Lehramtsstudierenden kommt, als zukünftigen Lehrkräften, eine besondere Bedeutung in der Vermittlung von BNE-relevanten Kompetenzen an ihre Schüler_innen zu. Durch die Verankerung der BNE in der Rahmenverordnung der Bachelor- und Masterstudiengänge wurde eine Grundlage geschaffen, diese Inhalte fächerübergreifend als Querschnittskompetenz im Studium zu vermitteln. Das Seminar „Nachhaltigkeit lehren lernen" bildet ein Beispiel, wie Inhalte und Methoden zur BNE vermittelt werden können. Darüber hinaus ist es vor allem wichtig, Lehrkräfte sowie Dozierende an Hochschulen und Universitäten in diesem Bereich fortzubilden, um eine nachhaltige Ausbildung in allen Bereichen gewährleisten zu können.

Wie wichtig dementsprechend eine flächendeckende Implementierung und konsequente Umsetzung der Bildung für nachhaltige Entwicklung im Bereich Hochschule ist, wird vor allem von der Deutschen UNESCO-Kommission immer wieder betont. Dennoch scheint es bis dahin noch ein langer Weg zu sein. Während die Implementierung und Umsetzung im schulischen Kontext mittlerweile recht gut zu funktionieren scheint, trifft das für das Hochschulwesen leider noch nicht zu. In einer von Jahn und Siegmund (2014) durchgeführten Analyse zur aktuellen Verankerung der BNE an baden-württembergischen

Hochschulen zeigte sich unter anderem, dass eine strukturelle sowie operationelle Verankerung des BNE-Konzepts in der Lehramtsausbildung zum Zeitpunkt der Erhebung kaum erkennbar war. Die generelle Bedeutung der BNE in der Lehramtsausbildung wird aber durchaus erkannt. Nach einer Analyse von de Haan (2014) wiesen im Wintersemester 2014/2015 weniger als 1 % der Studiengänge an deutschen Hochschulen einen klaren Nachhaltigkeitsbezug auf. BNE ist bisher scheinbar leider nur Thema einiger spezialisierter Einzelhochschulen und Einzelakteure.

Ein großes Problem ist nach Ansicht der Autoren die bisher mangelnde strukturelle Verankerung der BNE in der universitären Lehre und dem Hochschulwesen allgemein. Bisher fristet die BNE zumeist eher ein Schattendasein im Bereich freiwilliger Aktivitäten (an Universität und Pädagogischer Hochschule Heidelberg z. B. im Wahlpflichtbereich einzelner Studiengänge). Für einen Ausbau sowie eine feste strukturelle Verankerung der Aktivitäten im Bereich BNE bräuchte es jedoch mehr. Die Verortung von BNE-Inhalten als Bestandteil eines festen Curriculums wäre ein erster Schritt in die richtige Richtung.

Literatur

Beule A (2016) Bildung für nachhaltige Entwicklung (BNE) im Zeichen der Sustainable Development Goals. Vom „Wissen und Wollen“ zum „Anwenden und Tun“. Lehren & Lernen 42:4–8

Bundeszentrale für politische Bildung (o. J.) Planspiele. http://www.bpb.de/lernen/formate/planspiele/. Zugegriffen: 21. März 2017

Cornell J (1999) Mit Kindern die Natur erleben, aktual. und erw. Ausg. Verlag an der Ruhr, Mülheim an der Ruhr

Deutsche UNESCO-Kommission e. V. (Hrsg) (2014) Roadmap zur Umsetzung des Weltaktionsprogramms „Bildung für nachhaltige Entwicklung“. Brandt, Bonn

Deutsche UNESCO-Kommission (Hrsg) (2017) Sustainable Development Goals. Einfluss der Bildung auf die 17 nachhaltigen Entwicklungsziele. http://www.unesco.de/bildung/bildung-2030/bildung-und-sdgs.html. Zugegriffen: 21. März 2017

Haan G de (2014) Vom Projekt zur Struktur – Stand der Implementierung von Nachhaltigkeit an deutschen Hochschulen. Konferenz zu Nachhaltigkeit und Hochschulen des Rates für Nachhaltige Entwicklung Berlin, den 13. Oktober 2014. http://www.nachhaltigkeitsrat.de/fileadmin/user_upload/dokumente/termine/2014/13_14-10_bildungskonferenz/De_Haan_RNE.pdf. Zugegriffen: 10. Apr. 2017

Jahn M, Siegmund A (2014) Education for sustainable development in teacher training in Baden-Württemberg: from theory to implementation. In: Carlsburg GB von, Vogel T (Hrsg) Bildungswissenschaften und akademisches Selbstverständnis in einer globalisierten Welt. Baltische Studien zur Erziehungs- und Sozialwissenschaft, Bd 28. Lang, Frankfurt a. M., S 183–198

juris GmbH (Hrsg) (2015) Rahmenvorgabenverordnung Lehramtsstudiengänge. http://www.landesrecht-bw.de/jportal/?quelle=jlink&query=LehrRahmenV+BW&psml=bsbawueprod.psml&max=true&aiz=true. Zugegriffen: 21. März 2017

Ministerium für Kultus, Jugend und Sport Baden-Württemberg (Hrsg) (2015) Rahmenvorgabenverordnung Lehramtsstudiengänge – RahmenVO-KM vom 27. April 2015. http://www.llpa-bw.de/,Lde/Startseite/Pruefungsordnungen/RahmenVO-KM. Zugegriffen: 29. Okt. 2017

Ministerium für Kultus, Jugend und Sport Baden-Württemberg (Hrsg) (2016a) Bildung für nachhaltige Entwicklung (BNE). http://www.bildungsplaene-bw.de/,Lde/Startseite/BP2016BW_ALLG/BP2016BW_ALLG_LP_BNE. Zugegriffen: 29. März 2017
Ministerium für Kultus, Jugend und Sport Baden-Württemberg (Hrsg) (2016b) Bildungsplan der Grundschule. Sachunterricht. http://www.bildungsplaene-bw.de/site/bildungsplan/get/documents/lsbw/export-pdf/depot-pdf/ALLG/BP2016BW_ALLG_GS_SU.pdf. Zugegriffen: 21. März 2017
Ministerium für Kultus, Jugend und Sport Baden-Württemberg (Hrsg) (2016c) Bildungsplan des Gymnasiums. Geographie. http://www.bildungsplaene-bw.de/site/bildungsplan/get/documents/lsbw/export-pdf/depot-pdf/ALLG/BP2016BW_ALLG_GYM_GEO.pdf. Zugegriffen: 21. März 2017
Pädagogische Hochschule Heidelberg (Hrsg) (2011) Modulhandbuch Lehramt an Werkreal-, Haupt- und Realschulen. WHRPO I 2011. Heidelberg. https://www.ph-heidelberg.de/fileadmin/de/studium/studienbuero/Modulhandbuecher_und_Moduluebersichten/Lehramt_2011/Modulhandbuch_WHRS_2011.pdf. Zugegriffen: 21. März 2017
Pädagogische Hochschule Heidelberg (Hrsg) (2015) Modulhandbuch Bachelor Bildung im Sekundarbereich (Bezug Lehramt Sekundarstufe I). Heidelberg. https://www.ph-heidelberg.de/fileadmin/de/studium/studienbuero/Modulhandbuecher_und_Moduluebersichten/Bachelor/Modulhandbuch_Bachelor_Sekundar.pdf. Zugegriffen: 21. März 2017
Pädagogische Hochschule Ludwigsburg (o. J.) Mystery-Methode. https://www.ph-ludwigsburg.de/mystery.html. Zugegriffen: 21. März 2017
Pant HA (2016) Einführung in den Bildungsplan 2016. http://www.bildungsplaene-bw.de/,Lde/BP2016BW_ALLG_EINFUEHRUNG. Zugegriffen: 21. März 2017
Transfer-21 (Hrsg) (o. J.) Gestaltungskompetenz. http://www.institutfutur.de/transfer-21/index.php?p=222. Zugegriffen: 21. März 2017
World Commission on Environment and Development (Hrsg) (1987) Report: our common future. Oxford University Press, Oxford

Nachhaltige Entwicklung begeisternd lehren! Drei Good-Practice-Vorschläge aus der Hochschule für Wirtschaft und Umwelt Nürtingen-Geislingen (HfWU)

21

Jochen Fehling, Hannah Seyfang und Christian Arndt

Zusammenfassung

Erfolgreiche Integration von Bildung für Nachhaltige Entwicklung (BNE) in die Hochschullehre, die darauf abzielt, die Studierenden bei der Entwicklung von Orientierungswissen und Gestaltungskompetenz zu unterstützen, erfordert aktivierende, inter- und transdisziplinäre sowie reflexive Lehrformate. Der Erfolg hängt u. a. davon ab, ob Lehrformate geschickt in Curricula und in die externe Nachhaltigkeitskommunikation integriert werden können. An der HfWU wird dies vielfältig, auch

Hinweis Förderung MWK BaWü

Das diesem Bericht mit zugrunde liegende Vorhaben PHOENIX wurde mit Mitteln des Ministeriums für Wissenschaft, Forschung und Kunst Baden-Württemberg gefördert, die Sommerakademie für Naturschutz und Nachhaltige Entwicklung von der Stiftung Naturschutzfonds Baden-Württemberg. Die Verantwortung für den Inhalt dieser Veröffentlichung liegt bei den Autoren_innen.

J. Fehling (✉) · H. Seyfang
Koordinationsstelle Wirtschaft und Umwelt, Hochschule für Wirtschaft und Umwelt Nürtingen-Geislingen (HfWU), Nürtingen, Deutschland
E-Mail: jochen.fehling@hfwu.de

H. Seyfang
E-Mail: hannah.seyfang@hfwu.de

C. Arndt
Leiter der Koordinationsstelle Wirtschaft und Umwelt, Hochschule für Wirtschaft und Umwelt Nürtingen-Geislingen (HfWU), Nürtingen, Deutschland
E-Mail: christian.arndt@hfwu.de

W. Leal Filho (Hrsg.), *Nachhaltigkeit in der Lehre,* Theorie und Praxis der Nachhaltigkeit, https://doi.org/10.1007/978-3-662-56386-1_21

in interkulturellen Formaten und unter Einbindung zentraler Anspruchsgruppen, Unternehmen und Verbände, umgesetzt. Unser Beitrag zeigt Erfolgsfaktoren und Konfliktpunkte anhand von drei Beispielen auf:

1. Das Projekt PHOENIX (Problemorientierte Hochschullehre im Nachhaltigkeitskontext) setzt BNE didaktisch innovativ in 20 konkreten transdisziplinären Projekten um, die in die Curricula integriert sind. PHOENIX ist dabei ganzheitlich auf den Lehr-Lern-Prozess ausgerichtet. Kommunale Anspruchsgruppen werden beteiligt, hochschuldidaktische Fortbildung angeboten.
2. Die transdisziplinären Sommerakademien für Nachhaltige Entwicklung, die die HfWU in Kooperation mit der BUNDjugend Baden-Württemberg und lokalen Praxisakteur_innen durchführt, zeichnen sich durch die Integration der Methoden von Jugendverband, Hochschule und lokaler Expertise sowie eine abwechslungsreiche Gestaltung von Theorie-, Praxis- und Reflexionsphasen aus.
3. Bei der internationalen Sommerschule „Innovation for Sustainability" (IfS) wird das aktivierende Lehrformat des forschenden Lernens in interkulturell gemischten Forschungsgruppen umgesetzt. In Zusammenarbeit mit Partnerhochschulen in den USA und Mexiko werden Herausforderungen und Chancen Nachhaltiger Entwicklung im Rahmen von acht Unternehmensbesuchen erforscht.

Die drei Beispiele zeigen, dass die erprobten Methoden und Formate von Studierenden und Lehrenden nicht nur gut angenommen wurden, sondern auch in die Curricula eingebunden (wenn angestrebt), von der Hochschulleitung unterstützt und nach außen hin sichtbar positioniert werden konnten.

Schlüsselwörter
Didaktik · Sommerschule · Jugendverband · Praxispartner_innen · Hochschulentwicklung

21.1 Transformation der Lehre an der HfWU

Der folgende Beitrag geht von der These aus, dass aktivierende Lehrmethoden die erfolgreiche Umsetzung von BNE und deren Integration in die Hochschullehre maßgeblich unterstützen. Mit „aktivierend" meinen wir die Schaffung von Lernsituationen, in welchen sich die Lernenden selbst aktiv am Lernprozess beteiligen (vgl. Groß et al. 2012, S. 7). Sie unterscheiden sich damit von der „klassischen" Lehre im Sinne einer frontalen Vorlesung mit mehr oder weniger Diskussionen.

Wir konzentrieren uns im Folgenden auf aktivierende Methoden in Lehrformaten, die wir an der Hochschule für Wirtschaft und Umwelt Nürtingen-Geislingen (HfWU) erproben und einsetzen. Dazu zählen zuvorderst das Forschende Lernen und das Problembasierte Lernen. Beide Methoden sind in der Lehrpraxis an Hochschulen etabliert und in der Literatur (Huber 2009; Weber 2014; Lepp und Niederdrenk-Felgner 2014) gut beschrieben. Zudem erproben wir weitere, in der Regel transdisziplinäre Ansätze (s. u.)

sowie Ansätze aus dem Innovationsmanagement (z. B. Design Thinking). Beispielsweise haben wir auch die Eignung von Sommerschulen als aktivierendes Format für die Methode des forschenden Lernens untersucht (Arndt 2014).

Die aktivierende Lehre kann helfen, das Lernergebnis zu verbessern. Die eigenständige, aktive und selbst strukturierte Befassung mit den Lerninhalten führt zu einem „tiefen Lernen" etwa beim Forschenden Lernen. Dieses verbessert die Möglichkeit der Anwendung des Gelernten auf neue Situationen (Huber 2009, S. 16 f.). Die Inhalte werden dauerhaft gelernt durch eine Abspeicherung im Langzeitgedächtnis (Weber 2014, S. 4).

In Bezug auf eine Orientierung an Kompetenzen lassen sich gute Gründe finden, BNE und aktivierende Lehre als gewinnbringende Kombination zu organisieren. So fördert aktivierende Lehre die Fähigkeit, in heterogenen Gruppen zu arbeiten. Dieses ist aber auch Teil der Gestaltungskompetenz in der BNE (de Haan 2008, S. 33 f.). Analoges gilt für die Teilkompetenz der Gestaltungskompetenz aus dem Bereich des eigenständigen Handelns wie „selbständig planen und handeln können" (de Haan 2008, S. 32).

Auf dieser Grundlage fortentwickelt lässt sich unsere Eingangsthese folgendermaßen formulieren: Aktivierende Lehrmethoden unterstützen die Förderung ausgewählter Kompetenzen, auf die auch eine Bildung für Nachhaltige Entwicklung abzielt – es liegt also eine partielle Kongruenz zwischen Bildungszielen vor. Die im Fokus liegenden Kompetenzen mögen dabei aus unterschiedlichen Beweggründen als wichtig bewertet werden – sei es vor dem Hintergrund eines emanzipatorischen Bildungsverständnisses oder eines kompetenz- und leistungsorientierten Bildungsinteresses mit der Maßgabe einer guten Verwertbarkeit auf dem Arbeitsmarkt: BNE und aktivierende Lehrmethoden passen gut zusammen, weil sie zum Teil gleiche Ziele verfolgen, insbesondere die Unterstützung bei der Entwicklung ähnlicher Kompetenzen. Vor diesem Hintergrund wird deutlich, dass aktivierende Lehrmethoden verschiedene Möglichkeiten und Vorzüge bieten, die sowohl das Erreichen didaktischer Ziele als auch gleichzeitig das Erreichen von Zielen der BNE ermöglichen. Trotzdem bleibt der fundamentale Unterschied bestehen, dass bei der BNE die inhaltliche Dimension zur didaktischen dazukommt: Die erworbenen Gestaltungskompetenzen sollen eben dazu dienen, den Prozess einer Nachhaltigen Entwicklung erfolgreich mitgestalten zu können.

Auf der Ebene der Umsetzung zählen zu spezifischen Herausforderungen der Integration von BNE in die Hochschullehre erstens die Gestaltung interdisziplinärer Lehre sowie zweitens die Integration in die Curricula der jeweiligen Fachdisziplinen. Lehrveranstaltungen, die mit aktivierenden Lehrmethoden konzipiert sind, bieten auch diesbezüglich konkrete Möglichkeiten und Vorzüge. Interdisziplinäre Inhalte werden durch aktivierende Methoden besser verstehbar, da diese den Austausch zwischen Lernenden und Lehrenden, das Einnehmen anderer Perspektiven und das Nachfragen fördern. Die notwendige Freiheit der Lehre bleibt daneben gewahrt. Durch den Zugang zu BNE über aktivierende Methoden der Lehre bleibt auf der inhaltlichen Seite (Nachhaltige Entwicklung) viel Spielraum. Die Lehrenden legen selbst ihre thematischen Schwerpunkte fest, priorisieren Handlungsfelder und bestimmen beispielsweise das Verhältnis zwischen System-, Ziel- und Transformationswissen (vgl. Pohl und Hirsch Hadorn 2008, S. 12).

Es besteht tendenziell sogar ein größerer Freiraum für Inhalte: Für Studierende ist es einfacher, Inhalte mitzubestimmen, sobald partizipative Elemente eine Rolle spielen. Beispielsweise kann die konkrete Fragestellung eines studentischen Forschungsprojekts selbst ausgewählt oder erarbeitet werden.

Und mit aktivierenden Lehrmethoden wird nebenbei auch gefördert, Scheitern zu erfahren, zuzulassen und über einen positiven Entwicklungsschritt hin zu einer Bewältigung zu reflektieren. Gestaltungskompetenz vor dem Hintergrund eines Verständnisses von Nachhaltiger Entwicklung als Such-, Lern- und Erfahrungsprozess (Grunwald und Kopfmüller 2012, S. 15) bedeutet ja gerade auch, vor dem Hintergrund von Unsicherheiten und Risiken Lösungsmöglichkeiten zu finden, Lösungen auszuhandeln und Entscheidungen zu treffen, auch wenn sich die primären Lösungen als nicht zielführend herausstellen können und daher kontinuierlich überprüft und angepasst werden müssen.

BNE ist darüber hinaus hochschulstrategisch auch gut verknüpfbar mit anderen Hochschulzielen und -profilen wie etwa der Internationalisierung oder Digitalisierung. BNE unterstützt die Sichtbarkeit der Hochschule in der Öffentlichkeit, da häufig Praxispartner in die Lehre eingebunden sind und auch medial über Ergebnisse aus den transdisziplinären Lehrformaten berichtet wird.

Diese konzeptionellen Überlegungen reflektieren wir im Folgenden anhand der Umsetzungsfälle PHOENIX (Problemorientierte Hochschullehre im Nachhaltigkeitskontext), der Sommerakademien für Nachhaltige Entwicklung sowie der Internationalen Sommerschule „Innovation for Sustainability“ (IfS).

Das Projekt Phoenix (Abschn. 21.2) hat zum Ziel, hochschulweit die Integration von BNE mit aktivierenden Methoden in der Lehre der Fächer voranzubringen. Anschließend berichten wir in Abschn. 21.3 über das Projekt der Sommerakademien für Naturschutz und Nachhaltige Entwicklung. In der außerschulischen Bildungsarbeit in Jugendverbänden wird seit Langem mit verschiedenen aktivierenden Methoden gearbeitet. Daher liegt es nahe, als Hochschule von diesen bereits bestehenden Kompetenzen zu lernen. Das dritte Beispiel der IfS (Abschn. 21.4) soll zeigen, dass sich die Kombination des didaktischen Konzepts des forschenden Lernens mit dem Format einer Sommerschule als aktivierendes Lehrformat für gute und wirksame BNE sehr gut eignet.

21.2 Das Projekt PHOENIX (Problemorientierte Hochschullehre im Nachhaltigkeitskontext)

21.2.1 Konzept

Das Projekt PHOENIX – Problemorientierte HOchschullEhre im NachhaltIgkeitskonteXt – entwickelt seit Herbst 2016 einen an der HfWU bewährten Schwerpunkt in der Lehre fort. PHOENIX wird vom Ministerium für Wissenschaft, Forschung und Kunst Baden-Württemberg gefördert. Basierend auf den bestehenden Erfahrungen und unter Nutzung des großen Interesses der Lehrenden an problemorientierten Lehr-Lern-Formaten zielt

PHOENIX darauf ab, Studierende für gesellschaftlich relevante und praxisbezogene Fragestellungen mit Bezug zum Leitbild der Nachhaltigen Entwicklung zu begeistern und zu motivieren, sich kritisch und engagiert damit auseinanderzusetzen. PHOENIX ist ganzheitlich auf den Lehr-Lern-Prozess ausgerichtet und adressiert alle Teile des „didaktischen Dreiecks" (Böss-Ostendorf und Senft 2010, S. 81 ff.) aus Studierenden, Lehrenden und Thema sowie die institutionelle Ebene der HfWU. Problemorientierung wird dabei inhaltlich begründet und systematisch in die Lehr- und Lernmethoden integriert. Darüber hinaus werden Strukturen an der HfWU geschaffen, die diesen Entwicklungsprozess unterstützen. Das Projekt hat somit eine inhaltliche, eine methodische und eine strukturelle Komponente. Die Ziele für die einzelnen Bereiche sind dabei auf der inhaltlichen Ebene die konsequente Verknüpfung der Lehre mit Themen der Nachhaltigen Entwicklung und dem Konzept der Bildung für Nachhaltige Entwicklung. Für Lehrende an der HfWU wurde hierzu ein Fortbildungskonzept erarbeitet, das sich zurzeit (Sommersemester 2017) in der ersten Durchführung befindet. Hier gelingt auch die curriculare Verankerung von BNE, da bestehende curriculare Lehrveranstaltungen umgestellt werden auf aktivierende Lehrmethoden unter Bezugnahme auf Inhalte der Nachhaltigen Entwicklung. Institutionell trägt PHOENIX dazu bei, Hochschuleinrichtungen, Lehrende, Studierende sowie externe Partner_innen, insbesondere die Stadt Nürtingen, besser zu vernetzen. Mit der Stadt Nürtingen besteht ein Jour fixe, über den transdisziplinär Themen an die HfWU zur Bearbeitung herangetragen werden können. Ein Beispiel ist hier das Thema „Crowdfunding für Kommunen". In Zukunft sollen auch noch verstärkt Fragestellungen in Lehrveranstaltungen eingebracht werden.

Um diese vielfältigen Ziele erreichen zu können, sind drei schon im Vorfeld bestehende Institutionen der HfWU operativ am Projekt beteiligt. Die Koordinationsstelle Wirtschaft und Umwelt (KoWU), das Kompetenzzentrum Lehre (KoLe) und das Innovations- und Methodenlabor (MLab). Die KoWU ist eine fakultätsübergreifende, wissenschaftliche Einrichtung der HfWU für Professor_innen, Mitarbeiter_innen und Studierende sowie für alle am Thema Nachhaltige Entwicklung interessierten externen Personen. Ziel der KoWU ist es, unter dem Leitbild Nachhaltige Entwicklung die Wahrnehmung von Verantwortung im Spannungsfeld der Leitdisziplinen Ökonomie, Ökologie und Soziologie innerhalb wie außerhalb der Hochschule zu fördern. Die Arbeitsschwerpunkte der KoWU liegen in den drei Bereichen Koordination, Bildung für Nachhaltige Entwicklung und Forschung: So ist die KoWU unter anderem zuständig für die Koordination hochschulinterner Aktivitäten zum Thema Nachhaltige Entwicklung und unterstützt die Hochschule bei der Einbindung von Bildung für Nachhaltige Entwicklung (BNE) in die Hochschullehre. Vor dem Hintergrund eines integrativen, prozessorientierten und emanzipatorischen Verständnisses von Nachhaltiger Entwicklung bietet sie für verschiedene Zielgruppen Sommerschulen (vgl. Abschn. 21.3) an.

Zur kontinuierlichen Weiterentwicklung der Qualität von Studium und Lehre an der HfWU wurde das Kompetenzzentrum Lehre 2008 eingerichtet. Seine Aufgabe besteht darin, orientiert am jeweiligen Bedarf zur Verbesserung des Lernens der Studierenden, zur Fortentwicklung der Qualität der Lehre und zur Entwicklung der Hochschule beizutragen.

Mit dem Innovations- und Methodenlabor, kurz MLab, verfügt die HfWU über eine zentrale Anlaufstelle für Forschungsmethoden und Praxiskooperationen. Das MLab ist ein idealer Ermöglichungsraum für aktivierende Lehre mit BNE-Bezug.

21.2.2 Umsetzung

Zunächst bestand die Herausforderung, das neu zusammengesetzte Projektteam aus den drei kooperierenden Institutionen (s. o.) in einen gemeinsamen Arbeitsprozess zu bringen. Hierzu wurde ein Jour fixe für die Teammitglieder sowie eine Lenkungsgruppe für die Steuerung geschaffen. Der Jour fixe wurde z. B. genutzt, um sich gegenseitig eine Einführung in das jeweilige Arbeitsfeld zu geben. So fanden Workshops zu den Themen „Coaching von Wissenschaftler_innen" und „Nachhaltige Entwicklung und Wirtschaftsethik" statt. Das MLab mit seinen Einsatzmöglichkeiten (s. o.) wurde vorgestellt. Diese Phase der Gruppenbildung erzeugt auch Fragen nach der gemeinsamen Herangehensweise an das Ziel der Vermittlung von BNE mithilfe von aktivierenden Methoden. Das Selbstverständnis der Methodikfachleute im Team ist es, nicht fachlich-inhaltlich zu beraten, sondern methodisch. Für die BNE stehen inhaltliche Themen aus dem Bereich der Nachhaltigen Entwicklung im Fokus. Durch das kompetenzorientierte BNE-Konzept lässt sich aber hier eine hinreichende Kongruenz der Selbstverständnisse erzielen, wie unsere Erfahrung zeigt.

Das „Fortbildungsprogramm aktivierende Lehre" bietet für Lehrende der HfWU ein hochschuldidaktisches Format zur Umstellung bestehender Lehrveranstaltungen an. In einer Blockphase vor dem neuen Semester wurden alle Teilnehmer_innen in einem externen Tagungshaus zusammengebracht. Didaktisch werden aktivierende Methoden wie Problembasiertes Lernen (Weber 2014), Forschendes Lernen (Huber 2009, vgl. auch Abschn. 21.4) und der Einsatz von Design Thinking (vgl. auch Fischer 2015, S. 8 ff.) vermittelt. Diese Methoden sind in ihren vermittelten Kompetenzen häufig kongruent mit den Teilkompetenzen der Gestaltungskompetenz nach de Haan (2008, vgl. auch oben). Die Methode des Design Thinking kann Studierende auf die Entwicklung innovativer Lösungen in interdisziplinären Teams vorbereiten. Dabei handelt es sich nicht um ein genuines Lehrformat, sondern um einen Ansatz zur Projekt-, Innovations-, Portfolio- und/oder Entwicklungsmethode. Er wird in zahlreichen internationalen Unternehmen angewandt und ist in seinen Prinzipien und Abläufen auch auf die Entwicklung von Lösungsansätzen in Lehrveranstaltungen übertragbar (Fischer 2015). Unsere Erfahrung ist, dass Design Thinking sehr gut geeignet ist, um an die Inhalte, die später im Seminar behandelt werden, heranzuführen. Es ist also eine Methode, die in eine Lehrveranstaltung mit Forschendem Lernen eingebunden werden kann. Inhaltlich fand auf der Fortbildung auch eine Reflexion des inhaltlichen Bezugs der jeweiligen Lehrveranstaltungen zur Nachhaltigen Entwicklung statt. Die Erfahrung aus der ersten Durchführung des Hochschuldidaktik-Workshops zeigt, dass das Angebot, die Teilkompetenzen der Gestaltungskompetenz wie „G.1 Gemeinsam mit anderen planen und handeln können" (de

Haan 2008, S. 32) bei der Findung der Lernziele heranzuziehen, gut angenommen wird. Ein zentrales Element war die Formulierung von mehreren konkreten Gestaltungskompetenzen, die die umgestellte Veranstaltung vermitteln sollte.

Danach wurden mit externen Trainer_innen für Problembasiertes Lernen und Design Thinking die konkreten neuen Seminarkonzeptionen erstellt. Die Teilnehmer_innen brachten einen reichen Erfahrungsschatz in der Lehre und in der Nachhaltigen Entwicklung mit. Entsprechend war das Lernen voneinander im kollegialen Austausch und die damit einhergehende Vernetzung ein Merkmal dieser Veranstaltung. Trotzdem ist die Umstellung auf Problembasiertes Lernen auch für lehrerfahrene Kolleg_innen deswegen herausfordernd, weil es unabdingbar ist, aus der Rolle des frontal Lehrenden und auch Intervenierenden herauszurücken. Es wurde deutlich, dass die Formulierung des sogenannten Lernfalls (vgl. Weber 2014) so sein muss, dass die Studierenden die Lernziele daraus wirklich selbst entwickeln können. Dennoch bleibt der Rollenwechsel eine Herausforderung, die auf z. T. erhebliche Widerstände seitens der Studierenden stößt, wie unsere Teilnehmer_innen berichten.

Auf der institutionellen Ebene werden im Rahmen des Projekts sogenannte Students' Research Corners eingerichtet. Es handelt sich hier um medial ausgestattete Selbstlernorte, die in geeigneter räumlicher Separierung Gruppenarbeit der Studierenden, die bei den aktivierenden Lehrformaten in erheblichem Maße anfällt, ermöglichen. Als interne und externe Netzwerkveranstaltung ist ein PHOENIX-Kongress in Planung. Auf diesem werden im Frühjahr 2018 Aktivitäten im Rahmen des PHOENIX-Projekts vorgestellt und ausgewählte studentische Projektarbeiten präsentiert (inklusive der Verleihung eines „kleinen Nachhaltigkeitspreises“ für herausragende Projektbearbeitungen) sowie Praxispartner angesprochen.

21.2.3 Zwischenfazit

Insgesamt kann das Projekt PHOENIX als weiterer Schritt hin zu einer festen Einbindung von BNE in die Lehre der HfWU gesehen werden. PHOENIX unterstützt nach unserer Auffassung die Eingangsthese dieses Papiers, dass BNE besonders durch aktivierende Lehrmethoden erfolgreich umgesetzt werden kann. Die häufig bestehende Herausforderung, in eng bestückte bestehende Fachcurricula NE-Themen zu platzieren, gelingt hier durch die Verknüpfung von didaktischer Innovation mit einem Dialogangebot an die Lehrenden zu Nachhaltiger Entwicklung und der Ausformulierung von Gestaltungskompetenzen als Lernziele in „normalen“ Fachveranstaltungen. Hier wird eine Kongruenz zwischen BNE-Gestaltungskompetenzen und Kompetenzzielen der Fächer erreichbar. Daneben fördert das BNE-Lehrprojekt PHOENIX den interdisziplinären Austausch zwischen den Lehrenden, was auch der interdisziplinären Natur praktischer NE-Fragestellungen entspricht. Die Einbindung in die Stadt als zentralem Stakeholder gelingt mit diesen Formaten, da hier die Flexibilität besteht, inhaltliche Themenstellungen aufzunehmen.

Natürlich erreicht das Projekt immer nur einen Bruchteil der gesamten Lehre. Die Umstellung auf problemorientiertes Lernen mit aktivierenden Methoden erfordert außerdem jedes Mal einen besonderen Zeiteinsatz. Es ist vor dem Hintergrund unserer Erfahrungen noch unklar, wie konsequent die neuen Methoden bei Großgruppen verlässlich angewendet werden können. Und auch die jeweils persönliche Auffassung über „Nachhaltige Entwicklung" bei den Lehrenden ist mitunter noch so divergent, dass eine Abgrenzung einer Lehrveranstaltung als im Zweifel eben (noch nicht) NE-bezogen schwerfällt. Daneben leidet das Vorhaben an einer Finanzierung von Strukturen (im Wesentlichen Personalmittel), die in Projekten strukturiert ist, aber eigentlich in Prozessen Hochschulentwicklung betreiben soll.

21.3 Die Sommerakademien für Naturschutz und Nachhaltige Entwicklung

Was heißt es, das Leitbild Nachhaltiger Entwicklung vor Ort umzusetzen und zu leben? Wie können Natur- und Kulturlandschaften und die biologische Vielfalt vor Ort dauerhaft erhalten bleiben und gefördert werden? Welche Konflikte treten auf und wie können sie gelöst werden?

Mit diesen und weiteren Fragen setzen sich junge Erwachsene zwischen 16 und 27 Jahren auf den transdisziplinären Sommerakademien für Naturschutz und Nachhaltige Entwicklung der HfWU und der BUNDjugend Baden-Württemberg auseinander (nachlesbar u. a. auf der Homepage www.bundjugend-bw.de/sommerakademie). Die Sommerakademien setzen am persönlichen Alltagshandeln an, nehmen aber auch die Gestaltungsmöglichkeiten politischer und wirtschaftlicher Rahmenbedingungen in den Blick. Im Folgenden wird gezeigt, welche konzeptionellen Merkmale die Veranstaltung auszeichnen und wie diese die Teilnehmer_innen in der Entwicklung verschiedener Kompetenzen unterstützen.

21.3.1 Hochschule trifft Jugendverband im Großschutzgebiet

Seit 2013 erproben die Koordinationsstelle Wirtschaft und Umwelt der HfWU (www.hfwu.de/kowu) und die BUNDjugend Baden-Württemberg (www.bundjugend-bw.de) die Zusammenarbeit in der BNE in Form der gemeinsamen Konzeption und Durchführung von Sommerakademien für junge Erwachsene. Ausgangspunkt der Kooperation war das Interesse aufseiten der Hochschule, ein methodisch innovatives BNE-Format anzubieten und für dieses gezielt aktivierende Methoden und Kompetenzen, wie sie in der außerschulischen Bildungsarbeit in Jugendverbänden üblich sind, zu nutzen. Aufseiten der BUNDjugend bestand unter anderem der Bedarf, Ehrenamtlichen eine Fortbildungsmöglichkeit auf akademischem Niveau anzubieten. Die Verbindung der unterschiedlichen Seminarmethoden, Bildungsverständnisse und Perspektiven stellte sich dabei als fruchtbar heraus und generierte einen transdisziplinären Mehrwert (Jahn 2008, S. 34) für alle Beteiligten (Seyfang 2014, S. 173–175). Die Vorteile und Möglichkeiten von Kooperationen zwischen Hochschulen und Jugendverbänden wurden auch in einer kurzen Broschüre dargestellt (Seyfang et al. 2015).

Bisher wurden die Veranstaltungen (mit einjähriger Unterbrechung) von der Stiftung Naturschutzfonds Baden-Württemberg im Rahmen zweier Drittmittelprojekte gefördert und dabei konzeptionell weiterentwickelt. Das aktuelle Projekt „Sommerakademien für Naturschutz und Nachhaltige Entwicklung in baden-württembergischen Großschutzgebieten" läuft bis Ende 2018, es beinhaltet über die Konzeption und Durchführung von drei Sommerakademien hinaus u. a. auch die Erarbeitung einer Verstetigungskonzeption. Der Kreis der Kooperationspartner_innen wurde 2016 um Praxisakteur_innen aus den Großschutzgebieten, in denen die Sommerakademien stattfinden, erweitert. Als Großschutzgebiete werden in Deutschland drei Typen von großflächigen Schutzgebieten bezeichnet: Biosphärenreservate (in Baden-Württemberg: Biosphärengebiete), National- und Naturparke (Bundesamt für Naturschutz 2016). Wir kooperieren bisher mit dem Biosphärengebiet Schwäbische Alb und dem Nationalpark Schwarzwald.

Bei den Praxisakteur_innen handelt es sich in der Regel um zwei im Projektgebiet lebende Personen, die durch ihre (meist freiberuflichen oder ehrenamtlichen) Tätigkeiten eng mit dem Gebiet verbunden sind und es sehr gut kennen. Sie sind gleichberechtigte Mitglieder des Leitungsteams der Akademien. Dieses besteht im Weiteren aus einer Mitarbeiterin der HfWU, einer Jugendbildungsreferentin der BUNDjugend Baden-Württemberg sowie einer ehrenamtlichen Assistenz aus dem Landesjugendvorstand. An Projekttreffen sind zudem die Projektleitung (Professur für Agrarökologie an der HfWU), die Landesgeschäftsführung der BUNDjugend sowie Mitarbeiter_innen der Verwaltungen der Großschutzgebiete beteiligt.

21.3.2 Allgemeine Ziele der Sommerakademien

Wie die Ergebnisse einer auf dem nationalen Agendakongress zum Weltaktionsprogramm „Bildung für nachhaltige Entwicklung" (WAP BNE) durchgeführten und online veröffentlichten Kurzerhebung (Brock et al. 2017) zeigen, bestehen bei Akteur_innen der BNE unterschiedliche Vorstellungen davon, was unter einer „guten" BNE zu verstehen sei. Die Systematisierung der unterschiedlichen Antworten werten die Autor_innen als einen „wesentlichen Aspekt der wissenschaftlichen Konzeptualisierung einer guten BNE, die sich auf die Ausarbeitung einer Realdefinition kapriziert" (ebd., S. 3). Die Kurzerhebung unterscheidet dabei die vier Kategorien „Ziele", „Inhalte", „Methoden/Medien" und „Organisationsformen" (ebd., S. 5). In Bezug auf die Ziele guter BNE werden dabei an erster Stelle Reflexionsfähigkeit/das Schaffen von Bewusstsein sowie die Vermittlung von Handlungs- und Lösungskompetenz, also zwei Teilkompetenzen des Gestaltungskompetenzmodells (de Haan 2008), genannt (Brock et al. 2017, S. 5).

Welche Ziele einer „guten" BNE stehen auf den Sommerakademien für Naturschutz und Nachhaltige Entwicklung im Vordergrund? Obwohl sich die unterschiedlichen

Akteur_innen in einem Spannungsfeld bewegen zwischen der Hochschule mit Erkenntnisinteressen, dem Jugendverband mit Gestaltungsinteressen insbesondere auf landespolitischer Ebene und den Praxisakteur_innen mit eher lokal verorteten Interessen, können wir als gemeinsame Ziele des Projektteams neben der Förderung eines kritischen Bewusstseins insbesondere die Unterstützung bei der Entwicklung von Empathiefähigkeit, kritischer Urteilskompetenz und Reflexionsvermögen bei den Teilnehmenden benennen. Die Sommerakademien haben den Anspruch, auch die Entwicklung von Lösungs- und Handlungskompetenzen anzuregen. Da Handlungs- und Lösungsoptionen, die einer Nachhaltigen Entwicklung dienen, zwar aufgezeigt und reflektiert, aber nicht selbst entwickelt und abgesehen von der Gestaltung des Seminarumfelds kaum erprobt werden, muss kritisch hinterfragt werden, inwieweit dies gelingt.

Wir zielen mit dem Projekt aber auch darauf ab, zur Vernetzung und Kompetenzbildung regionaler Akteur_innen beizutragen und, soweit möglich, über die Projektgebiete hinausgehende Impulse bezüglich der Kooperation und des Transfers zwischen Hochschulen, Zivilgesellschaft und Großschutzgebieten zu setzen.

21.3.3 Praxisakteur_innen, lokaler Bezug und Methodenintegration

Aus methodischer Sicht versuchen wir oben genannte Ziele insbesondere durch die Integration der Wissensbestände, Methoden und Erfahrungen aller Beteiligten zu erreichen.

Dabei trägt die Koordinationsstelle Wirtschaft und Umwelt aus wissenschaftlicher Perspektive vorrangig zur Gewährleistung der fachlichen Qualität der Themenschwerpunkte (Naturschutz, Biodiversität, Agrarwirtschaft, Ethik und Nachhaltige Entwicklung) bei. Ein besonderer Wert wird auf den Anschluss der konkret bearbeiteten Praxisbeispiele und Zielkonflikte an übergeordnete Nachhaltigkeitsdiskurse und auf die Verbindung von lokalen mit globalen Zusammenhängen gelegt.

Die BUNDjugend trägt insbesondere zur Gestaltung der Sommerakademien entsprechend der jugendverbandlichen Praxis bei. Unter dieser verstehen wir die Gesamtheit aller Methoden und Umgangsformen, wie sie innerhalb der Jugendverbandsarbeit in Gruppen, in der Gremien- und Seminararbeit sowie auf Freizeiten üblich sind. Sie basieren auf den Prinzipien der Jugendarbeit wie Freiwilligkeit der Teilnahme, Demokratie, Selbstorganisation oder Eigenverantwortung (Deutscher Bundesjugendring 2012, S. 2) und prägen die Seminaratmosphäre maßgeblich.

Die Praxispartner_innen bringen ihre jeweiligen Fähigkeiten und Kenntnisse ein, die stark vom Profil der Personen abhängen. So sind beispielsweise an der Sommerakademie 2017 eine Filzerin sowie eine in lokalen Initiativen zum Thema Artenvielfalt und nachhaltige Ernährung engagierte Gemeinderätin beteiligt. Durch ihre durchgehende Anwesenheit als Teil des Leitungsteams ermöglichen sie den Teilnehmenden neben der Weitergabe ihrer Expertise auch einen authentischen Austausch, der häufig informell zwischen den verschiedenen Programmpunkten stattfindet.

Darüber hinaus bereichern Mitarbeiter_innen aus den Schutzgebietsverwaltungen die Sommerakademien durch Beiträge mit Lokalbezug und unterstützen die Akademien durch die Bereitstellung von Räumen oder die Vermittlung von Kontakten. Außerdem werden weitere externe Referent_innen und Diskussionsgäste aus Politik, Wirtschaft und Zivilgesellschaft ins Programm eingebunden.

Erwähnt werden muss zudem die interdisziplinäre Zusammensetzung der Teilnehmenden selbst: Die Sommerakademien richten sich nicht nur an Studierende aller Fachrichtungen, sondern allgemein an interessierte junge Erwachsene zwischen 16 und 27, wobei wir neben Studierenden ausdrücklich Oberstufenschüler_innen, Azubis und Berufsanfänger_innen in „grünen“ Berufen sowie Freiwillige (FÖJ, FSJ, BFD) adressieren. Dies führt zu einer starken Heterogenität der Gruppe in Bezug auf fachliche Kenntnisse und bisherige Lebenserfahrungen, der die fachliche und pädagogische Konzeption Rechnung tragen muss, die andererseits aber die Perspektivenvielfalt weiter erhöht.

Diese Vielfalt unterstützt die differenzierte Auseinandersetzung mit Zielkonflikten und verdeutlicht die Komplexität von Problemlagen und Lösungsstrategien. Wichtig ist für uns, genügend Raum für Reflexion (individuell, bilateral, in Gruppen) zu bieten, um die verschiedenen Perspektiven aufeinander beziehen und eigene Meinungen und Handlungsmöglichkeiten zu reflektieren. Ausgehend von diesem integrativen und transdisziplinären konzeptionellen Rahmen gestalten wir die Sommerakademien mithilfe verschiedener inhaltlicher und methodischer Bausteine, die ihren besonderen Charakter prägen.

21.3.4 „Dein Sommer mit määäh!" – der Charakter der Sommerakademien

Die Sommerakademien zeichnen sich an erster Stelle durch ein sehr abwechslungsreiches Programm aus, dessen einzelne Elemente jedoch miteinander verzahnt sind. Wissenschaftliche Beiträge wechseln sich ab mit Exkursionen, Betriebsbesuchen, Reflexionsphasen, praktischen Arbeitseinheiten und handwerklichen Angeboten. Unterschiedliche Seminarmethoden kommen zum Einsatz, Theorie und Praxis werden miteinander verbunden. Beispielsweise umfasste ein Themenblock zur extensiven Grünlandbewirtschaftung auf der Sommerakademie 2016 eine mehrstündige Wanderung mit Schafen in Kombination mit verschiedenen Kurzbeiträgen, einem agrarökologischen Vortrag und einer Plenumsdiskussion. Ein besonderes Augenmerk liegt außerdem auf der politischen Dimension der bearbeiteten Fragestellungen, da wir darauf achten, Handlungsmöglichkeiten aller gesellschaftlichen Akteur_innnen anzusprechen und eine Reduzierung auf die Verantwortung des Einzelnen zu vermeiden. Das stark strukturierte und dichte Programm der sechs Tage beinhaltet jedoch auch Abschnitte, die von den Teilnehmenden selbst gestaltet werden können. Bestimmte Aspekte des Gemeinschaftslebens während der Akademie werden von den Teilnehmenden selbst organisiert (z. B. Mitarbeit bei der Essenszubereitung).

Das Seminarumfeld an sich ist so gestaltet, dass verschiedene Nachhaltigkeitskriterien berücksichtigt werden. Zum Beispiel werden entsprechende Jugendbildungsstätten oder -gästehäuser als Tagungsort gewählt und möglichst umweltfreundliche Seminarmaterialien verwendet. Insbesondere die komplett vegetarische Verpflegung mit regionalen bzw. fair gehandelten Produkten aus kontrolliert ökologischem Anbau führt am Rande des formalen Veranstaltungsprogramms zu Reflexions- und informellen Lernprozessen (z. B. bei Tischgesprächen oder beim gemeinsamen Brotbacken).

Für fundamental wichtig halten wir es, einen Umgang auf Augenhöhe zu pflegen und eine wertschätzende und offene Seminaratmosphäre zu schaffen, in der sich die Teilnehmer_innen ernst genommen und frei von Leistungsdruck fühlen. Das Leitungsteam fördert daher gezielt das Entstehen eines Gruppengefühls durch verschiedene Methoden wie Gruppenspiele oder Feedbackrunden. Aufgrund der hohen Heterogenität der Gruppe (s. o.) werden außerdem Elemente eingesetzt, die dazu beitragen sollen, dass die Gruppe sich immer wieder gut durchmischt bzw. ein gegenseitiger Austausch auch zwischen solchen Teilnehmer_innen ermöglicht wird, die diesen nicht unbedingt von alleine suchen würden. So werden die Teilnehmenden nach einer ausführlichen Kennenlernphase dazu aufgefordert, sich für die Dauer der Veranstaltung eine_n Partner_in („Buddy") zu suchen, der/die möglichst wenig Gemeinsamkeiten (z. B. bezüglich Alter, fachlichem Hintergrund usw.) mit ihnen selbst aufweist. Die „Buddys" tauschen sich dann täglich anhand von Leitfragen über die bearbeiteten Themen und Erlebnisse aus.

Im Lauf der Akademie finden verschiedene Auswertungen statt, wobei konstruktive Kritik erwünscht ist und Verbesserungsvorschläge, wo sinnvoll, aufgegriffen und direkt umgesetzt werden. Am Ende der Akademie wird diese ausführlich ausgewertet; 2016 wurde außerdem ca. acht Wochen später eine Online-Umfrage durchgeführt.

Im Ergebnis können wir feststellen, dass die Sommerakademien insgesamt sehr aktivierend wirken: Die Teilnehmer_innen arbeiten während der Akademie hoch motiviert mit und – was den differenzierten Rückmeldungen der offenen Auswertungen entnommen werden kann – Einstellungen werden durchaus reflektiert sowie bestehendes Wissen in größere Zusammenhänge gestellt („Mir ist klar geworden, dass es wichtig ist, regionale bäuerliche Strukturen zu erhalten", „Ich habe noch besser verstanden, dass viel Natur eigentlich Kultur ist und trotzdem so wichtig zu schützen ist"). Viele Teilnehmende heben außerdem hervor, dass das grundlegende Interesse bei allen in der Gruppe, sich für eine nachhaltige Entwicklung einzusetzen oder einsetzen zu wollen, Impulse und Kraft für weiteres Engagement gibt.

21.3.5 Schwierigkeiten, offene Fragen und Ausblick

Diejenigen, die an unseren Sommerakademien teilgenommen haben, fahren folglich zufrieden und motiviert nach Hause. Gleichwohl ist es im Vorfeld der Akademien für uns nicht leicht, immer alle zur Verfügung stehenden Plätze zu besetzen. Eine mögliche Ursache hierfür könnte neben einem insgesamt großen Angebot an Ferienprogrammen sein, dass die inhaltlichen Fragestellungen zu spezifisch gewählt sind.

Im Hochschulbereich stellt sich regelmäßig die Frage nach der curricularen Einbindung der Veranstaltung. Wir verstehen die Sommerakademien bisher als non-formales Bildungsangebot und vergeben bewusst für Studierende unter den Teilnehmenden keine benoteten Leistungsnachweise zur Anrechnung von Credit-Points. Gleichzeitig muss aber angenommen werden, dass dies die Attraktivität der Sommerakademie für manche Studierende erhöhen könnte.

Wünschenswert wäre aus unserer Sicht natürlich eine noch umfassendere Evaluation der Veranstaltung bzw. eine Begleitforschung, die bisher im Rahmen des Projekts nicht durchgeführt werden konnte. Und wie für zahlreiche andere extracurriculare BNE-Veranstaltungen sind auch die Sommerakademien bisher von öffentlichen Fördergeldern oder Sponsor_innen abhängig, was eine permanente Herausforderung darstellt, auch wenn wir zuversichtlich sind, dass die Sommerakademien nach dem Auslaufen der aktuellen Förderung Ende 2018 fortgeführt werden können.

21.4 Die Kombination aus forschendem Lernen und Sommerschule als innovatives, aktivierendes Lehrformat für Bildung für Nachhaltige Entwicklung

Mit diesem dritten Beispiel, der Sommerschule „Innovation for Sustainability“ (IfS), wollen wir zeigen, dass sich die Kombination des didaktischen Konzepts des Forschenden Lernens mit dem Format einer Sommerschule als aktivierendes Lehrformat für gute und wirksame BNE besonders eignet. Zu den Erfolgsfaktoren gehören die Verknüpfung von Ausrichtung der Sommerschule mit übergreifenden Zielen der HfWU (insbesondere Internationalisierung, Nachhaltige Entwicklung sowie Sichtbarkeit bei regionalen Unternehmen), die Vorbereitung von Studien- und Prüfungsordnungen zur Anrechenbarkeit von Kreditpunkten bei der HfWU sowie den teilnehmenden Partnerhochschulen, der transdisziplinäre Charakter der Veranstaltung sowie die Schaffung eines optimalen Niveaus von kultureller Heterogenität unter den Studierenden.

21.4.1 Die Idee hinter IfS

In dieser englischsprachigen Sommerschule, die an der HfWU seit dem Wintersemester 2013/14 an der HfWU regelmäßig durchgeführt wird, werden Studierende in interkulturell und interdisziplinär gemischten Studierendenteams „mit der Herausforderung konfrontiert, aktuelle soziale, ökonomische und ökologische Fragestellungen mit betrieblichem Hintergrund wissenschaftlich fundiert zu analysieren“ (Arndt 2014, S. 99).

Im ersten Beispiel haben wir bereits gezeigt, dass sich das Konzept des Forschenden Lernens eignet, um den Erwerb von fachlichen und überfachlichen Inhalten auf dem Gebiet der Nachhaltigen Entwicklung zu systematisieren und zu vertiefen (siehe auch Huber Huber 2009; Wildt 2009). Das Format der Sommerschule hilft darüber hinaus in

IfS, die Studierenden zu motivieren. Denn Sommerschulen sind effiziente Vehikel für die Vermittlung von Lerninhalten (Matsudaira 2008; Cooper et al. 2000).

Die Ausgestaltung von IfS als interkulturelle Sommerschule mit Praxisnähe und Feldstudiencharakter knüpft an hochschulpolitische Ziele (Internationalisierung und Sichtbarkeit der Hochschule bei regionalen Unternehmen) an. Diese Konsistenz ist ein wesentlicher Erfolgsfaktor zur Sicherung der Akzeptanz im breiteren Kolleg_innenkreis und erleichtert wesentlich die Verankerung aktueller nachhaltigkeitsrelevanter Themen in den Curricula.

In IfS begreifen die Studierenden, wie Unternehmen aus ausgewählten Schlüsselbranchen Produkt- und Prozessinnovationen in der Region Stuttgart nutzen und sich auf diese Weise direkt oder indirekt bei der Lösung aktueller Probleme, wie etwa dem Klimawandel, der Energiewende oder dem demografischen Wandel, beteiligen. Aufgeteilt in interkulturell gemischten Forscher_innenteams erwerben die Studierenden bei der Analyse der fachlichen Fragestellungen auch interkulturelle Handlungskompetenzen. Denn um in IfS erfolgreich zu sein, müssen sich die Studierenden untereinander im Team und mit Praxispartnern über unterschiedliche kulturelle Prägungen hinweg und auf Englisch verständigen. Die Arbeitssituation in der Veranstaltung ist somit den realen Arbeitsbedingungen in multinationalen Unternehmen mit grenzüberschreitenden Wertschöpfungsketten, ausländischen Eignern oder Vorgesetzten nachempfunden.

Acht Besuche bei jährlich wechselnden weltweit führenden Unternehmen aus unterschiedlichen Branchen in der Region geben den Studierenden die Gelegenheit, einen wesentlichen Teil der zur Forschung notwendigen empirischen Evidenz zu sammeln.

21.4.2 Lernziele

In IfS verstehen die Studierenden Nachhaltige Entwicklung nach Maßgabe der Definition der sogenannten Brundtland-Kommission (World Commission on Environment and Development 1987). Sie werden für Unterschiede im Verständnis von Nachhaltigkeit aus verschiedenen kulturellen Perspektiven sensibilisiert. Sie werden befähigt, diese Unterschiede in der späteren beruflichen Praxis, teilweise in multinationalen Unternehmen, wiederzuerkennen und mit ihnen zielorientiert umzugehen.

Sie erkennen in IfS die Bedeutung von Innovationen für die Umsetzung von Nachhaltiger Entwicklung in Unternehmen und können diese gegenüber anderen Strategien unterscheiden. Sie lernen „neue ökonomische, soziale und ökologische Herausforderungen auf Unternehmens- und Haushaltsebene zu identifizieren und können innovationsbasierte Lösungsvorschläge formulieren und bewerten“ (Arndt 2014, S. 102).

In Gruppenarbeiten erforschen die Studierenden, welche Lösungsansätze ausgewählte Weltmarktführer aus verschiedenen Branchen gerade entwickeln, um den Herausforderungen aus dem demografischen Wandel, sozialer Ungleichheit, Knappheit von Ressourcen und der globalen Erwärmung entgegenzutreten.

Die Studierenden üben auch den kritischen Umgang mit den fachlichen Inhalten. Sie lernen Strategien für Nachhaltige Entwicklung aus der Sicht global aktiver Unternehmen zu formulieren und kritisch zu hinterfragen und werden angehalten, mit empirischen Methoden den Erfolg der Umsetzung zu überprüfen.

Die bisherige dreijährige Erfahrung hat gezeigt, dass die Studierenden neue Einsichten erhalten, indem sie ihre Kompetenzen auf dem Bereich der interkulturellen Kommunikation und des interkulturellen Managements erproben und erweitern. Sie vertiefen die bestehenden Kompetenzen in Selbst-, Gruppen- und Projektmanagement auf aktive Weise, indem sie diese in interkulturell gemischten Gruppen an realen fachlichen Problemstellungen erweitern.

21.4.3 Konzeption

Das didaktische Konzept von IfS sieht es vor, fachliche und überfachliche Inhalte mithilfe des Ansatzes des Forschenden Lernens so zu verknüpfen, dass die Studierenden die oben formulierten fachlichen und überfachlichen Lernziele wirksam und dauerhaft erwerben.

Die multikulturelle Mischung erfordert die Kommunikation und die Problemlösung über die Grenzen von Ländern und Kulturräumen hinweg. Relevante Fragestellungen auf dem Gebiet der Nachhaltigen Entwicklung sind vor dem Hintergrund der realen Situationen in Unternehmen zu identifizieren und müssen dann effizient, fach- und fristgerecht beantwortet werden. Die genannten überfachlichen Inhalte im Bereich der interkulturellen Kommunikation werden somit zwangsläufig bei der fachlichen Analyse eingeübt. Die erfolgreiche Bearbeitung der fachlichen Inhalte erfordert die Verständigung der Studierenden untereinander, zwischen den Studierenden und den Unternehmen sowie zwischen den Studierenden und den Vertretern aus der Politik – jeweils über unterschiedliche kulturelle Prägungen hinweg und auf Englisch.

Die Studierenden erbringen insgesamt vier Teilleistungen: 1) eine mündliche Impulspräsentation, 2) Beiträge zu einem Photo-Voicing, 3) eine mündliche Posterpräsentation sowie 4) das zentrale schriftliche Forschungspapier. Die Posterpräsentation und das Forschungspapier werden im Forschungsteam erarbeitet.

Die notwendige empirische Evidenz zur Überprüfung der Hypothesen wird mithilfe von Beobachtung, Befragung oder anderen Methoden der Primär- oder Sekundärdatenerhebung während der Feldphase gewonnen. Die zweiwöchige Präsenzphase aller Studierenden im September eines Jahres in der Region Stuttgart wird um eine Vorbereitungsphase sowie um eine Nachbereitungsphase zur Fertigstellung der Forschungspapiere ergänzt. Eine Besonderheit der Konzeption liegt darin, dass das Forschungspapier erst nach Ablauf der zwei Präsenzwochen in Nürtingen – dann also räumlich getrennt voneinander in den jeweiligen Herkunftsregionen und mithilfe elektronischer Kommunikationsmittel und digitaler sozialer Netzwerke – typischerweise bis Ende November fertiggestellt wird. Besonders wertvoll und motivierend für die Studierenden ist die „Simulation“ der künftigen Arbeitsumgebung in multinationalen Unternehmen. Mit der Zusammensetzung der Gruppe aus Studierenden aus Amerika, Asien, Afrika und Europa gelingt es in IfS regelmäßig, die praxisnahe Situation einer interkulturell gemischten Arbeitsgruppe bei vorübergehend räumlicher Trennung im Rahmen einer Hochschulveranstaltung geeignet nachzubilden.

Die Internetseite zur Veranstaltung (www.hfwu.de/ifs) wurde zu einer wichtigen Grundlage für die Kommunikation mit den Partnerunternehmen, mit den Studierenden und mit der Region. Sie enthält wesentliche Informationen, auch in Form einer abrufbaren elektronischen Broschüre. Auch sind die Erfahrungen mit der Erzeugung von Presseresonanz in den regionalen Tageszeitungen besonders gut. Ein wesentlicher Erfolgsfaktor ist die Anrechenbarkeit der Sommerschule bei ausgewählten Studiengängen der HfWU sowie bei den teilnehmenden Partnerhochschulen. Die langjährigen, teilformalisierten und auch auf persönlichen Beziehungen basierenden Partnerschaften, erleichtern diesen Aufwand auf beiden Seiten.

21.4.4 Zwischenfazit

Unsere bisher dreijährige Erfahrung mit der Sommerschule IfS ist ein Beispiel dafür, wie aktivierende Lehrmethoden die erfolgreiche Umsetzung von BNE und deren Integration in die Hochschullehre maßgeblich unterstützen können. In den regelmäßig durchgeführten Evaluationen äußerten sich die Studierenden ausgesprochen positiv zur Veranstaltung insgesamt. Sie bezeichneten IfS als interessant und inhaltsreich. Durch das aktivierende Format kann Orientierungswissen ohne erhobenen Zeigefinger vermittelt werden. Die Studierenden schätzen auch die Möglichkeit besonders, in der vorlesungsfreien Zeit Kreditpunkte sammeln zu können. Sie sind bei den Unternehmensbesuchen zu Kenntnissen gelangt, die sie in dem Format einer Vorlesung nicht hätten erreichen können, und konnten Orientierungswissen und Gestaltungskompetenz weiterentwickeln. Die Studierenden haben ausgesagt, viel Spaß gehabt zu haben. Die enge Zusammenarbeit mit Menschen aus anderen Ländern und Kulturen fanden sie sehr bereichernd.

Der Erfolg von IfS ist auch darauf zurückzuführen, dass die Sommerschule in die Curricula der jeweiligen Partnerhochschulen sowie in die externe Nachhaltigkeitskommunikation der HfWU integriert werden konnte.

Zusammenfassend ist der Aufwand für die Durchführung von IfS im Vergleich zu Veranstaltungen im regulären Vorlesungsformat als eher groß zu bezeichnen. Als besonders herausfordernd für die Lehrenden in IfS erwies sich die Notwendigkeit der Unterstützung der Studierenden im Umgang mit Unsicherheiten im wissenschaftlichen Forschungsprozess. Da die Studierenden die Forschungsfragen selbst entwickeln müssen, sind zu Beginn der Sommerschule weder Thema noch Methode noch Ergebnis bekannt. Erschwerend kommt hinzu, dass der Grad der Selbstständigkeit im Lernprozess und die Erwartung an Führung durch die Lehrenden in verschiedenen Kulturregionen unterschiedlich ausgeprägt sind. Am Ende ist aber auch diese Heterogenitätserfahrung ein Gewinn für Lehrende und Lernende gleichermaßen.

21.5 Schlussfolgerungen

Insgesamt finden wir durch die Erfahrung mit den dargestellten Projekten, dass die Ausgangsthese bestätigt werden kann: Aktivierende Lehrmethoden unterstützen die erfolgreiche Umsetzung von BNE und deren Integration in die Hochschullehre maßgeblich. Der Gedanke der partiellen Kongruenz der Kompetenzen zwischen BNE und den erprobten aktivierenden Methoden, v. a. dem problembasierten und forschenden Lernen, kann hier bestätigt werden. Auch Transdisziplinarität lässt sich gut in diesen flexibleren Lehrformaten verankern.

Die Zusammenarbeit der Koordinationsstelle Wirtschaft und Umwelt (Nachhaltige Entwicklung) und des Kompetenzzentrums Lehre (Didaktik) erweist sich in unserer bisherigen Erfahrung als effizientes Mittel, sowohl methodisch als auch inhaltlich (NE-Bezug) bestehende Lehrveranstaltungen neu zu gestalten. Trotzdem bleibt immer ein hoher zeitlicher Aufwand in der Umstellungsphase. Die Unterstützung durch das Lehrprojekt PHOENIX hilft an der HfWU, diesen Weg trotzdem zu gehen.

Das Beispiel Sommerakademie zeigt auch, dass der Begriff eines „aktivierenden" Lehrformats im Kontext einer Bildung für Nachhaltige Entwicklung viel weiter verstanden werden kann. So verstehen wir die Gestaltung des Seminarumfelds nach bestimmten Nachhaltigkeitskriterien auch als aktivierend (vgl. Abschn. 21.3). Dies gilt insbesondere im Hinblick auf die Gestaltung des Rahmens der Veranstaltung und den Kontakt und Transfer mit und zwischen Praxisakteur_innen, den wir als aktivierend und damit auch motivierend erlebten. BNE kann somit auch Leuchtturmfunktion gewinnen mit Sichtbarkeit in der Region und den Partnerhochschulen (IfS).

Unsere Beispiele zeigen, dass die Anrechenbarkeit von Kreditpunkten nicht nur zentral für die Annahme und Wertschätzung der Bildungsangebote ist, sondern auch – selbst unter erschwerten Umständen wie im Fall der ausländischen Partnerhochschulen bei IfS – erreicht werden kann.

Grundsätzlich argumentieren wir, dass eine Konkretisierung der Ausrichtung nachhaltigkeitsbezogener Veranstaltungen, etwa auf transdisziplinäre Projekte im Fall von PHOENIX oder auf Innovationsaspekte im Fall von IfS, hilfreich ist, um der Gefahr entgegenzuwirken, dass sich wichtige Zielgruppen mit dem Argument abwenden, der Begriff der Nachhaltigkeit sei zur Worthülse verkommen. Daneben ist die wertschätzende Atmosphäre in den Lehrveranstaltungen wichtig. Diese geht in vielen Fällen einher mit einer veränderten Beziehung zwischen Leitungsteam bzw. Lehrpersonal einher. Lehrende werden eher zu Begleitpersonen. Damit ist auch die Reflexion der Lehrenden selbst über ihre Rolle und im Kontext der BNE die Reflexion über eigene normative Prämissen wichtig.

Literatur

Arndt C (2014) Innovation for Sustainability (IfS): Eine interkulturelle und interdisziplinäre Sommerschule im Format des Forschenden Lernens. In: Lepp S, Niederdrenk-Felgner C (Hrsg) Forschendes Lernen initiieren, umsetzen und reflektieren. UVW, Bielefeld, S 99–116

Böss-Ostendorf A, Senft H (2010) Einführung in die Hochschul-Lehre. Ein Didaktik-Coach. Budrich, Opladen

Brock A, Grapentin T, Haan G de, Kammertöns V, Otte I, Singer-Brodowski M (2017) „Was ist gute BNE?" – Ergebnisse einer Kurzerhebung. http://www.ewi-psy.fu-berlin.de/einrichtungen/weitere/institut-futur/aktuelles/00_17_02_07-Kurzerhebung_gute_BNE.html. Zugegriffen: 30. März 2017

Bundesamt für Naturschutz (2016) Gebietsschutz/Großschutzgebiete. https://www.bfn.de/0308_gebietsschutz.html. Zugegriffen: 30. März. 2017

Cooper H, Charlton K, Valentine J, Muhlenbruck L, Borman G (2000) Making the most of summer school: a meta-analytic and narrative review. Monogr Soc Res Child Dev 65(1):1–127

Deutscher Bundesjugendring (2012) Jugendverbände machen Bildung – und noch viel mehr. Position 86. http://www.dbjr.de/positionen/2012.html. Zugegriffen: 20. Febr. 2017

Fischer M (2015) Design Thinking im Seminarunterricht. Ein strukturierter Kreativprozess im Politikseminar. In: Berendt B, Voss H, Wildt J (Hrsg) Neues Handbuch Hochschullehre (C 2.33). DUZ, Berlin, S 7–18

Groß H, Boden B, Boden N (2012) Munterrichtsmethoden. 22 aktivierende Lehrmethoden für die Seminarpraxis, 3., vollst. überarb. Aufl. Schilling, Berlin

Grunwald A, Kopfmüller J (2012) Nachhaltigkeit: Eine Einführung, 2., aktual. Aufl. Campus, Frankfurt a. M.

Haan G de (2008) Gestaltungskompetenz als Kompetenzkonzept für Bildung für nachhaltige Entwicklung. In: Bormann I, Haan G de (Hrsg) Kompetenzen der Bildung für nachhaltige Entwicklung. Operationalisierung, Messung, Rahmenbedingungen, Befunde. Springer, Wiesbaden, S 23–43

Huber L (2009) Warum Forschendes Lernen nötig und möglich ist. In: Huber L, Hellmer J, Schneider F (Hrsg) Forschendes Lernen im Studium Aktuelle. Konzepte und Erfahrungen. UVW, Bielefeld, S 9–35

Jahn T (2008) Transdisziplinarität in der Forschungspraxis. In: Bergmann M, Schramm E (Hrsg) Transdisziplinäre Forschung. Integrative Forschungsprozesse verstehen und bewerten. Campus, Frankfurt a. M., S 21–37

Lepp S, Niederdrenk-Felgner C (Hrsg) (2014) Forschendes Lernen initiieren, umsetzen und reflektieren. UVW, Bielefeld

Matsudaira JD (2008) Mandatory summer school and student achievement. J Econometrics 142(2):829–850. https://doi.org/10.1016/j.jeconom.2007.05.015

Pohl C, Hirsch Hadorn G (2008) Gestaltung transdisziplinärer Forschung. Sozialwissenschaften und Berufspraxis 31(1):5–22

Seyfang H (2014) Hochschule trifft Jugendverband: Sommerakademien für eine Nachhaltige Entwicklung als transdisziplinäres Bildungsprojekt. In: Schier C, Schwinger E (Hrsg) Interdisziplinarität und Transdisziplinarität als Herausforderung akademischer Bildung. Innovative Konzepte für die Lehre an Hochschulen und Universitäten. transcript, Bielefeld, S 167–179

Seyfang H, Baur R, Müller A, Alsheimer I (2015) Zusammen geht es besser! Wie Hochschulen mit Jugendverbänden zum Thema Nachhaltigkeit kooperieren können. https://www.hfwu.de/fileadmin/user_upload/KoWU/Publikationen_alle_hierher/Zusammen_geht_es_besser_-_Kooperationen_Hochschule_und_Jugendverband.pdf. Zugegriffen: 30. März 2017

Weber A (2014) Mit Problem-Based Learning (PBL) zum Erfolg. In: Zentrum für Hochschuldidaktik (DiZ) (Hrsg) HD MINT. Praxisnah und Vielfältig: Problembasiertes Lernen in den Natur- und Ingenieurwissenschaften. DiNa 10/2014, S 3–11

Wildt J (2009) Forschendes Lernen: Lernen im „Format" der Forschung. J Hochschuldidaktik 20(2):4–7

World Commission on Environment and Development (Hrsg) (1987) Report: our common future. Oxford University Press, Oxford. http://www.un-documents.net/our-common-future.pdf. Zugegriffen: 15. Apr. 2017

22 Kollaborative Kurzfilmproduktion als innovativer Ansatz in der Hochschulbildung für nachhaltige Entwicklung an der Leuphana Universität Lüneburg

Joerg Altekruse, Daniel Fischer und Teresa Ruckelshauß

Zusammenfassung

Eine Herausforderung im Bereich der Hochschulbildung für nachhaltige Entwicklung (HBNE) besteht darin, Lernformate zu entwickeln und Lernsettings zu gestalten, die den veränderten Lernstilen junger Menschen Rechnung tragen und wirksam Lernprozesse zu initiieren vermögen. Ein medienpädagogischer Ansatz ist das Filmemachen. Die Lernwirkung der aktiven Beteiligung an Filmprojekten konnte in den vergangenen Jahren intensiver erforscht und belegt werden, ist jedoch bislang kaum in die Praxis von HBNE diffundiert. Dieser Beitrag ist ein Werkstattbericht. Er stellt einen Lehransatz dar, in dessen Rahmen Studierende im ersten Semester dazu befähigt werden, im Erzählformat des Storytelling konzipierte Kurzfilme auf dem eigenen mobilen Endgerät zu erstellen. In der Kombination von forschendem Lernen und ästhetischer Praxis nutzen die Studierenden ihre Mobiltelefone, um die Klimakrise und ihre gesellschaftlichen Folgen zu untersuchen und in Filmen wirksame Handlungsansätze zu entwickeln und zu verbreiten. Die in diesem Prozess entstehenden Produkte und die Reflexionen der Beteiligten deuten das Potenzial des Ansatzes für eine HBNE an, die nicht nur kognitive Kompetenzen, sondern umfassende Persönlichkeitsentwicklung und die Entfaltung von „Change Agency“ und „Chairpersonship“ zu fördern beansprucht.

J. Altekruse (✉)
Zeitfilm Media GmbH und youth4planet e. V., Hamburg, Deutschland
E-Mail: altekruse@zeitfilm.de

D. Fischer · T. Ruckelshauß
Leuphana Universität Lüneburg, Institut für Umweltkommunikation (INFU), Lüneburg, Deutschland
E-Mail: dfischer@leuphana.de

W. Leal Filho (Hrsg.), *Nachhaltigkeit in der Lehre,* Theorie und Praxis der Nachhaltigkeit, https://doi.org/10.1007/978-3-662-56386-1_22

Schlüsselwörter
Bildung für nachhaltige Entwicklung · Storytelling · Film · Hochschuldidaktik
Nachhaltigkeitskommunikation

22.1 Storytelling und Hochschulbildung für nachhaltige Entwicklung

Hochschulbildung für nachhaltige Entwicklung (HBNE) ist heute, ein Vierteljahrhundert nach dem Beschluss der Agenda 21 in Rio de Janeiro, ein fester Bestandteil sowohl der politischen Diskussion um eine nachhaltige Entwicklung als auch der Diskussion um Reformimpulse und Innovationen in der hochschulischen Lehre. Für die Entwicklung neuer Studienangebote und die Neuausrichtung bestehender Curricula im Sinne einer nachhaltigen Entwicklung ergeben sich aus der Perspektive der HBNE mehrere Anforderungen (vgl. im Folgenden Otte et al. 2014):

- Um den Problemlagen nachhaltiger Entwicklung gerecht zu werden, bedarf es neben disziplinärer in besonderem Maße auch inter- und transdisziplinärer Herangehensweisen.
- Die Bearbeitung lebensweltlicher Problemlagen unter der Perspektive der Nachhaltigkeit hat keine eindeutigen Lösungen. Lernen in der HBNE setzt vielmehr Such- und Aushandlungsprozesse voraus, die in besonderem Maße der Eigenverantwortung der Lernenden und des sozialen Lernens bedürfen.
- Die Perspektive der Nachhaltigkeit stellt Lernende vor die Herausforderung, komplexe Problemlagen unter den Bedingungen von Unsicherheit und unvollständigen Informationen über Wirkungsgefüge bearbeiten zu müssen. Dafür bedarf es umfassender Kompetenzen. Den Erwerb entsprechender Kompetenzen durch förderliche Lehr-Lern-Arrangements zu unterstützen, ist oberstes Ziel von HBNE.

HBNE befindet sich nach ersten Versuchen, der konzeptionellen Reifung und der Expansion inzwischen in der vierten Phase der Implementation und Verankerung im Hochschulsystem (Michelsen 2016). Diese Phase ist maßgeblich geprägt durch das Weltaktionsprogramm Bildung für nachhaltige Entwicklung (WAP), das die Aktivitäten der gleichnamigen UN-Dekade (2005–2014) fortsetzt (Deutsche UNESCO-Kommission 2014). Das WAP fokussiert die Anstrengungen zur strukturellen Verankerung von HBNE auf fünf Bereiche: Neben der politischen Integration und der Förderung von Lehrenden im Bereich HBNE geht es darum, Bildungssettings ganzheitlich im Sinne der Nachhaltigkeit zu gestalten und institutionelle Grenzen im Sinne der Gestaltung regionaler Bildungslandschaften zu überwinden und Lernende (insbesondere Jugendliche und junge Erwachsene) darin zu stärken, eine aktivere Rolle in der Gestaltung einer nachhaltigen Gesellschaft zu spielen.

Der Anspruch, Nachhaltigkeit breit in der Hochschullehre zu verankern, erfordert es, auch Studierende und Studienprogramme zu erreichen, die bislang wenige Berührungspunkte mit Nachhaltigkeitsfragen hatten. Dabei gilt es, Ansätze zu finden, um mit den „klassischen" Herausforderungen der Nachhaltigkeitskommunikation umzugehen (Michelsen und Fischer 2015). So ist in der Kommunikation von nachhaltiger Entwicklung als einem komplexen und vielschichtigen Konzept mit vielfältigen Bedeutungsdimensionen (Grunwald und Kopfmüller 2006) zu verhindern, dass die abstrakte Komplexität schnell Überforderung und Unverständnis auslöst. Erschwerend wirkt, dass das individuelle Verhalten oft nicht mit den direkten Folgen gekoppelt und Personalisierungsmöglichkeiten oft nicht gegeben sind (Humburg et al. 2013). Der Wissenschaftliche Beirat der Bundesregierung Globale Umweltveränderungen (WBGU) forderte in seinem viel beachteten Gutachten zu einem Gesellschaftsvertrag für eine Große Transformation denn auch, kreative Formen und neue Formate für die kommunikative Begleitung und Gestaltung gesellschaftlicher Transformationsprozesse zu entwickeln, die Verständlichkeit, Lebendigkeit und Persönlichkeit erreichen (WBGU 2011). Übergreifend stellt sich die Aufgabe, die Komplexität und Werthaftigkeit von Nachhaltigkeitsthemen so darzustellen, dass diese Darstellung sachlich angemessen und belastbar ist, aber dennoch die Zielgruppe(n) erreicht und sie sogar im Sinne der Nachhaltigkeitskommunikation zur Partizipation an einer nachhaltigen Entwicklung begeistert und motiviert, als eine anspruchsvolle Herausforderung dar. Als Ansatzpunkte, um dieser Herausforderung zu begegnen, werden weniger kognitionslastige und dafür unkonventionelle, emotionalisierende Kommunikationsformate gefordert (Reisch und Bietz 2007), welche dennoch den Spagat zwischen Information und Unterhaltung bewältigen (Schwender et al. 2008; Reinermann und Lubjuhn 2011; Pyhel 2013). Kommunikation müsse auf Augenhöhe stattfinden, um Themen der Nachhaltigkeit pragmatisch und mit Alltagsbezug darzustellen, ohne dabei jedoch „den Zeigefinger zu erheben" (Reisch und Bietz 2007). Dem Storytelling-Ansatz wird angesichts dieser Anforderungen ein beträchtliches Potenzial zugeschrieben (Reinermann et al. 2014).

Storytelling wird derzeit in verschiedenen gesellschaftlichen Bereichen wie dem Journalismus, der Wissenschaftskommunikation oder der unternehmerischen Nachhaltigkeitskommunikation intensiv diskutiert. Der Begriff bezeichnet ein Spektrum verschiedener erzählerischer Ansätze. Durch Geschichten, so ließe sich die Grundannahme des Storytelling zusammenfassen, lassen sich Informationen transportieren, Probleme erklären und Emotionen evozieren. Somit wird die Welt durch Geschichten einerseits erfahrbar, andererseits auch beeinfluss- und gestaltbar (Früh und Frey 2014). Aus diesen Erfahrungen hat sich in den 1960er-Jahren eine interdisziplinäre Forschungsrichtung entwickelt. Diese befasst sich im Allgemeinen mit der Untersuchung der Logik, Prinzipien und Praktiken narrativer Repräsentationen (Meister 2014). Ein Konsens über eine angemessene und taugliche Definition fehlt allerdings bislang (Frey und Früh 2014). Dem Begriff des Storytelling liegt die Annahme zugrunde, dass Informationen durch die Darstellung in einem erzählenden und unterhaltsamen Ansatz als verständlicher und attraktiver wahrgenommen werden (Früh 2014). Dadurch wird eine höhere Effektivität der Kommunikation erwartet. Ein wesentliches Merkmal des Storytelling im Journalismus ist eine narrationsnahe Darstellung eines Sachverhalts, welche zwar nicht unbedingt dem Narrationsschema des Dramas (Exposition, Konflikt, Auflösung; Dramatisierung/Spannung, Individualisierung, Emotionalisierung) entsprechen muss, sich aber durchaus daran anlehnt (Früh 2014). Damit referiert Storytelling offensichtlich auf menschliche Grundeigenschaften der Wahrnehmung und des Denkens. Mit Geschichten wird das Potenzial verbunden, gemeinsame Wirklichkeiten zu erschaffen und damit Veränderungen in der realen Welt zu erzeugen: „Anders als eine Lüge ist eine erfundene Wirklichkeit etwas, an das alle glauben. Und solange alle daran glauben, hat die erfundene Wirklichkeit ganz reale Macht in der wirklichen Welt" (Harari 2013, S. 48). Mit Storytelling wird somit gemeinhin die Hoffnung verbunden, sachbezogene Themen und Inhalte auf eine neue Art anschaulich, lebendig, emotional und unterhaltsam zu kommunizieren und darüber bei den Rezipientinnen und Rezipienten verstärkte Aufmerksamkeit und neue Zielgruppen zu erreichen.

22.2 Kollaborative Kurzfilmproduktion als didaktischer Ansatz

Eine Herausforderung im Bereich der Hochschulbildung für nachhaltige Entwicklung (HBNE) besteht darin, Lernformate zu entwickeln und Lernsettings zu gestalten, die den veränderten Lernstilen junger Menschen Rechnung tragen und wirksam Lernprozesse zu initiieren vermögen (Waycott et al. 2010; Sølvberg und Rismark 2012). Ein medienpädagogischer Ansatz ist das Filmemachen. Die Lernwirkung der aktiven Beteiligung an Filmprojekten ist in den vergangenen Jahren intensiver erforscht und belegt worden (Allam 2008; Mieg et al. 2013), jedoch bislang kaum in die Praxis von HBNE diffundiert.

Dabei fördert das Filmemachen nicht nur die Kreativität, sondern ebenso ein tieferes Verständnis der behandelten Themen, auch aufgrund der durch hohe Selbstständigkeit gesteigerten Motivation (Allam 2008). Darüber hinaus wird das Bewusstsein für Umweltthemen gesteigert und umweltbewusstes Verhalten gefördert, wobei Letzteres oft weniger stark erkennbar ist und es zudem kaum Langzeitstudien gibt, die einen persistenten Effekt belegen könnten (Harness und Drossman 2011). Filme, die auf abstrakte Wissensvermittlung oder Absichtserklärungen setzen, haben aber generell eine geringere Wirkung als Filme, bei denen umweltbewusstes Verhalten im Mittelpunkt steht (Mieg et al. 2013).

Eine besondere Bedeutung bei Filmprojekten kommt dem Smartphone zu: Hierdurch ist es jedem möglich, eigene Filme zu drehen, die zusätzlich problemlos auf Videoplattformen veröffentlicht werden können (Schleser 2012; Berry und Schleser 2014). Dies bietet ein großes Potenzial. Ein Fokus liegt dabei oft auf der aktiven Mitgestaltung der Lernenden am Lernprozess, wodurch die Bedeutung des Lehrenden als Wissensvermittler mehr in den Hintergrund rückt und neue Lernformate entstehen (Keegan und Bell 2011; Cochrane und Antonczak 2013; Cochrane et al. 2013). Viele Untersuchungen im Bereich der Hochschulbildung gehen von Medienstudiengängen aus (vgl. auch Coffman 2009), es gibt jedoch auch immer mehr Anwendungen in anderen Fächern, etwa bei Fremdsprachen (Loftus et al. 2014) oder Geografie (Dando und Chadwick 2014).

Auch auf anderen Ebenen spielt das Medium Film eine wichtige Rolle. So stellt Kelly (2011) etwa eine Verbindung zwischen der Handlung und den Personen des Films *Avatar* und der wissenschaftlichen Diskussion über Nachhaltigkeit her. Größere Aufmerksamkeit erfährt die Wirkung von Filmen – insbesondere aus dem Dokumentarbereich – zum Thema Klimawandel auf persönliches Verhalten. Es wird deutlich, dass das Filmeschauen als Instrument der Nachhaltigkeitskommunikation geeignet ist, insbesondere wenn konkrete Handlungsempfehlungen porträtiert werden (Howell 2014). McGreavy und Lindenfeld (2014) stellen die Relevanz positiver Zukunftsbilder heraus, die als selbsterfüllende Prophezeiung funktionieren sollen. Wichtig ist allerdings, dass über das passive Zuschauen hinaus eine tiefer gehende Reflexion des Gesehenen erfolgt, sei es durch Analysen, Diskussionen oder Vorträge (Lindsay et al. 2010; Gutiérrez-Pérez 2014; Van Poeck et al. 2016).

22.3 Seminarkonzept

Im Folgenden werden zunächst kurz das Setting (Abschn. 22.3.1) und die Lehr-/Lernziele (Abschn. 22.3.2) des Seminars erläutert. Anschließend folgt eine detaillierte Darstellung der konkreten methodisch-didaktischen Ausgestaltung (Abschn. 22.3.3). Diese ist bewusst ausführlich und auf einer praktischen Durchführungsebene gehalten, um interessierten Lehrenden die Adaption einzelner Elemente zu ermöglichen.

22.3.1 Setting

Unter dem Titel „PowerLab zum Klimawandel mit dem Mobiltelefon" wurde das Konzept im Rahmen des Leuphana-Semesters an der Universität Lüneburg für die Zielgruppe Erstsemester angeboten. Im Leuphana Semester müssen sich alle Erstsemester fächerübergreifend mit dem Thema Nachhaltigkeit beschäftigen (vgl. Otte et al. 2014). Das Modul besteht aus einer klassischen Vorlesungsreihe mit begleitendem Tutorium und einem Seminar und wird durch eine teilnahmepflichtige Konferenzwoche, in der die Studierenden ihre Forschungsergebnisse präsentieren, und eine Seminararbeit nach Semesterende abgeschlossen. Das Seminar war auf eine Gruppengröße von 30 Studierenden ausgelegt. Nach einigen für das erste Semester üblichen Ausfällen (z. B. durch Studienabbrüche, Studiengangswechsel, Hochschulwechsel) nahmen schlussendlich 27 Studierende verschiedener Studienrichtungen (u. a. Grund- und Berufsschullehrarmt, Digitale Medien, Psychologie, Umweltwissenschaften, Jura, Informatik, Kulturwissenschaften) teil. Die teilnehmenden Studierenden entstammen (mit einer Ausnahme) einer Alterskohorte (18–22 Jahre), die zu der ersten Generation der sogenannten Digital Natives zu zählen ist, die sich seit einem Jahrzehnt mit Smartphone und sozialen Medien auseinandersetzen bzw. diese als quasi natürliche Umgebung wahrnehmen. In der Ausschreibung wurde das Seminar als ein experimentelles Lernformat dargestellt, das auf Erfahrungen im Einsatz von Kurzfilmproduktionen aufbaut, die im Rahmen von youth4planet.org (https://youtu.be/5E7_ugMrw6k) gemacht worden waren. Um diesen Kontext verstehen zu können, bekamen die Studierenden einen Link zu einem 11-minütigen Video (https://vimeo.com/181251816/60407da4cc), in dem eine Schülerin exemplarisch beschreibt, wie man ein Thema („Kohlenstoffpartikel fördern die Eisschmelze des Grönländischen Eisschildes") technisch, inhaltlich, mit forschenden Fragen und mithilfe von Interviews in einem Film umsetzen kann.

22.3.2 Lehr-/Lernziele

Ausgangspunkt und Arbeitsthese des Seminars war es, dass es neuer Narrative und starker Zukunftsbilder bedarf, um die Klimakrise kollektiv bewältigen zu können. Diese sollten im Rahmen des Seminars entwickelt werden. Dazu war es zum einen nötig, die Studierenden in ihrer Diversität auf ein Ziel („den Film, das Produkt") hin zu motivieren und ein technisch-inhaltlich-ästhetisch hochwertiges Ergebnis zu erzeugen. Zum anderen waren damit vielfältige Lernanlässe und Lernherausforderungen verbunden. Der Anspruch bestand darin, die Studierenden in einen kontinuierlichen Reflexionsprozess zu bringen a) über ihre eigene Rolle in dem Team, b) bei der Erzeugung des Ergebnisses sowie c) in ihrer Positionierung gegenüber dem Thema. Übergreifende Zielsetzung des Seminars (Outcome) war es damit, Studierende („Wer") in die Lage zu versetzen, für die Lösung eines nachhaltigkeitsrelevanten Problems („Was") mithilfe des forschenden Lernens sowie der ästhetischen und inhaltlichen Reflexion („Wie") einen Vorschlag zu erarbeiten und als Film zu präsentieren. In Bezug auf Lernziele bedeutet dies, dass Studierende in dem Seminar lernen sollten („Wozu"), Eigenverantwortung zu erkennen, die Wirksamkeit des eigenen Handelns zu erfahren, Mut zur Zukunftsbewältigung zu schöpfen, (wo möglich) Schlussfolgerungen für ihren eigenen Studien- und beruflichen Lebensweg zu ziehen und dabei mit ästhetischen Mitteln Lösungen vorzuschlagen, die potenziell andere erreichen und sogar massenwirksam sein können. Die entsprechenden Ziele lassen sich gemäß der Bloomschen Lernzieltaxonomie (vgl. Krathwohl 2002) auf verschiedenen Stufen verorten (siehe Abb. 22.1; Tab. 22.1).

22.3.3 Methodisch-didaktische Gestaltung

Das Seminar hatte einen zeitlichen Aufwand (Workload) von 300 h. Es fanden unterschiedliche Sitzungsformate statt: drei siebenstündige Blocktermine in der ersten Hälfte der Vorlesungszeit, zwei dreieinhalbstündige Sitzungen in der zweiten Hälfte der Vorlesungszeit sowie zwei je zweistündige Sessions im Rahmen der Konferenzwoche, in der

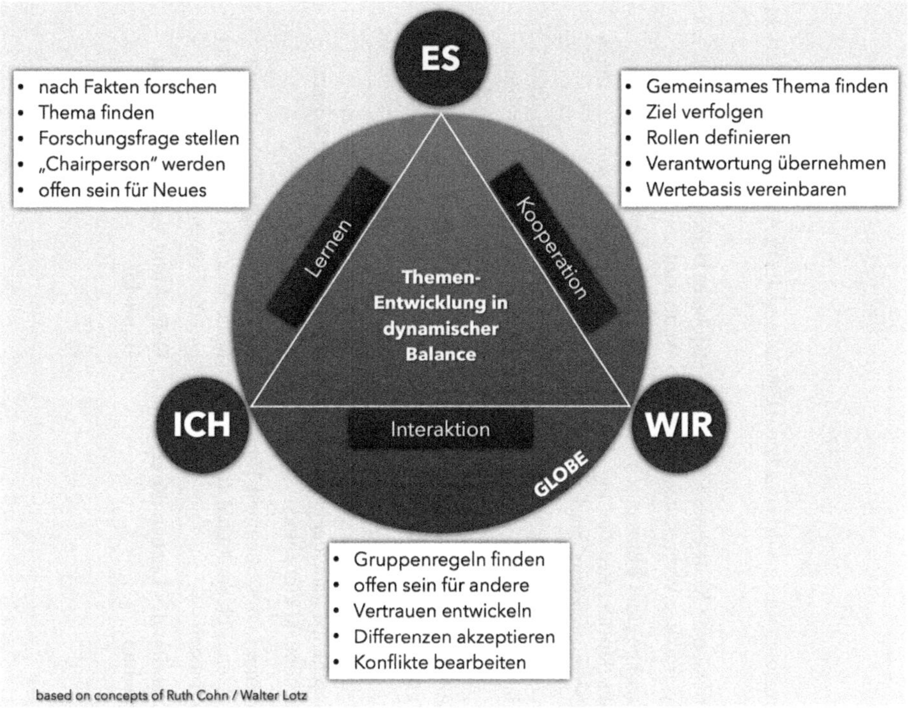

Abb. 22.1 TZI – Dreieck nach Farau und Cohn (1984). (Grafik von Jörg Altekruse)

die Studierenden ihre Ergebnisse präsentierten und das erworbene Wissen im Rahmen eines Transferseminars weitergaben. Zum Abschluss des Semesters war schließlich ein schriftlicher Projektbericht vorzulegen, der in Gruppenarbeit angefertigt worden war und u. a. produktbezogene (Film, Verlaufsprotokoll, Drehbuch) als auch reflexive Elemente (Einschätzung der eigenen Lernfortschritte durch Lerntagebuch) umfasste. Die Zeit zwischen den Terminen nutzten die Studierenden für Exkursionen zur Bildersuche, für Interviews und zur inhaltlich-thematischen Arbeit an den Filmprojekten.

Die methodisch-didaktische Ausgestaltung des Seminars fußte auf der Annahme, dass Studierende, die in der sogenannten Digisphäre aufgewachsen sind, ohne besondere Vorbereitung oder Vorkenntnisse in die Rolle von verantwortungs- und wertebewussten Filmemachenden gebracht werden können, die in der Lage sind, ihnen besonders am Herzen liegende Themen hoher Komplexität mit hoher intrinsischer Motivation und Neugier zu recherchieren, in filmbare Geschichten zu verwandeln und im Laufe des Prozesses daraus ästhetisch anspruchsvolle und wirksame Produkte im Team herzustellen. Um entsprechende Potenziale zu aktivieren und unterstützende Rahmenbedingungen für die anspruchsvollen sozialen Lernprozesse zu schaffen, wurde bei der Seminarkonzeption wie der Reflexion das Vier-Faktoren-Modell der Themenzentrierten Interaktion (TZI)

Tab. 22.1 Taxonomie kognitiver, emotionaler und handlungsorientierter Lernstufen durch Filmemachen. (Darstellung Joerg Altekruse, orientiert an Bloom)

Evaluation	Film präsentieren, mit feedback umgehen, Erkenntnisse weitergeben	Emotionale Kraft eines Films für die effektive Verbreitung nutzen	Globaler Dialog über Ziele und Werte wird angestoBen
Synthese Einsichten	Film schneiden, vertonen, kommentieren: Ausgangsfrage beantworten, Lösungsidee geben	Aussage eines Films durch künstlerische Bearbeitung aller Ebenen emotional stark machen	Im Dialog mit anderen Wirkung entfalten und kraftvolle Lösungen finden
Analyse	Material analysieren, daraus Dramaturgie und Filmablauf entwickeln	Reihenfolge und Gewichtung der Bildergeschichten	Wir sind alle teilmächtig. Jeder kann im künstlerischen Ausdruck einen persönlichen Weg finden
Anwenden	Der Forschungsfrage folgend Interviews machen, Bilder und Situationen zur Geschichte finden	Emotional und inhaltlich starke Bilder und Texte aussuchen	Youth4planet bietet einen Handlungsrahmen, um das Gefühl der Machtlosigkeit zu überwinden
Verstehen Erkenntnisse	Ergebnis der Recherche ordnen, Geschichte erkennen, zu Forschungsfrage bündeln,	Bauchgefühl für die Wirkung einer Geschichte finden entwickeln, Standpunkt einnehmen	Youth4planet aktiviert das verborgene, tabuisierte Wissen
Wissen Kenntnisse	Thema finden, nach Ausgangsfrage Recherche starten, Ergebnisse sammeln	Aufmerksamkeit auf ein Thema richten, sich emotional damit verbinden	Kinder und Jugendliche wissen heute sehr viel über Klimawandel und die Folgen fur ihr Leben
Stufen des Lernens (nach Bloom)	**Kognitives Lernen durch Filme machen**	**Emotionales Lernen durch Filme machen**	**Gefühl und Verstand führt zu Handeln**

nach Ruth Cohn verwendet, die „auf der Arbeitshypothese [beruht], dass jede Person (Ich), die Interaktion der Gruppe (Wir) und die Arbeit an einer Aufgabe (Es) als gleichgewichtig angesehen werden sollen und der gegenseitige Einfluß von Gruppensitzung und Umfeld beachtet werden muß“ (Farau und Cohn 1984, S. 352 f.). Dieses Modell wurde den Studierenden explizit vorgestellt und für die Reflexion der Gruppen- und Einzelarbeit genutzt (siehe Abb. 22.1). Mit dem dynamischen Konzept der TZI wurden die Einzelnen und die Gruppe darin begleitet und gefördert, sich bewusst miteinander und der Thematik auseinanderzusetzen, und dies in ihrem gemeinsamen Rahmen (dem sogenannten „Globe“) eines universitären Seminars.

Die drei siebenstündigen Blocksitzungen wurden als Intensiv-Workshops konzipiert, in denen die Arbeit an den studentischen Filmprojekten angebahnt und unterstützt wurde. Das Ziel: in Teams drei- bis fünfminütige Filme hoher Authentizität und Wirkkraft herstellen.

In der **ersten Blockveranstaltung** zum Seminarauftakt wurde eine kollegiale Arbeitsatmosphäre geschaffen, u. a. durch eine ausführliche Phase gegenseitigen Kennenlernens, das Angebot für gegenseitiges Duzen (wie unter Filmleuten üblich) sowie die Reflexion eigener Erwartungen seitens der Teilnehmenden. Die Präsentation dieser Erwartungen selbst wurde bereits mit dem Mobiltelefon gefilmt, um zu signalisieren, dass im Seminar Kameras selbstverständlich präsent sind. Es stellte sich heraus, dass alle Teilnehmenden – bis auf drei – das Seminar bewusst als Erstwunsch gewählt hatten, weil sie für ein generelles Unbehagen in Bezug auf Lebensstil- und Klimathemen eine Ausdrucksform suchten und diese gerne mit ihrem Studieninhalt verbinden wollten. In einer kurzen Rückmelderunde wurde die große Offenheit aller Teilnehmenden hervorgehoben. Das Ziel dieses Abschnitts war, alle auf Kooperation einzustimmen und Gemeinsamkeiten trotz der unterschiedlichen Studienfächer zu verdeutlichen.

Der inhaltliche Teil der Arbeit im Seminar begann mit einer Fantasiereise, die das Imaginieren eines wünschenswerten Zustands zum Gegenstand hatte.[1] Im Anschluss wurde ein einfaches Storytelling-Konzept als Hilfsmittel zur Entwicklung und Überprüfung eigener Narrative vorgestellt. Auf Schildern wurde eine Reise vom UND-Land durch das ABER-Land nach DESHALB-City vorgeführt, im Prinzip die Argumentkette von These – Antithese – Synthese. Im Verlauf des Seminars stellte sich heraus, dass immer wieder auf diese Struktur zurückgegriffen wurde, vor allem wenn es um die Lösung besonderer Schwierigkeiten bei der Umsetzung einer Geschichte ging.

[1]Der Anleitungstext zur Fantasiereise lautete: „Schließe die Augen. Stelle dir vor, du bist in einem weiten Land unterwegs. Du siehst schöne Momente. Schöne Orte. Schönes Licht. Du bist mit dir zufrieden. Male dir aus, was dich so zufrieden macht. Du gehst weiter. Du triffst andere Menschen und begrüßt sie freundlich. Ihr sitzt am Lagerfeuer und erzählt euch gegenseitig von euren schönsten Momenten. Und dann, was ihr macht, um diese schönen Momente zu erhalten und zu pflegen. Sie erscheinen in einem hellen Licht. Mache ein Foto von dir in diesem Moment, um das Bild festzuhalten. Zeige dieses Bild allen deinen Freunden.“

Besonderes Augenmerk wurde auf die Wahl von Themen und Arbeitsgruppen gelegt. Hierbei wurde bewusst ein offener Ansatz mit dem Ziel gewählt, intrinsische Motivation und Eigenverantwortung („Chairperson") zu fördern und möglichst nah an die eigene Erfahrungs- und Lebenswelt anzuknüpfen. Zehn Blätter mit Aufschriften wie „Energie" oder „Verkehr" wurden auf dem Boden verteilt und dazu aufgefordert, durch diesen Themenpark zu spazieren, sich die Themen und die Menschen, die sich diesen Themen zuordneten, genau anzusehen und dann für ein Cluster zu entscheiden, wobei die Gruppen maximal fünf Mitglieder haben sollten. Sobald sich eine Gruppe gefunden hatte, sollte sie sich treffen und über die nächsten Schritte und ihre thematische Ausrichtung beraten. Am Ende bildeten sich sieben Gruppen rund um 5 Themencluster: Utopie, Lebensstile, Verkehr, Afrika, Müll. Zum Abschluss des ersten Seminartages wurden insgesamt 20 Bestandteile eines Films auf dem Boden als Karten ausgelegt, z. B. Thema, Anfang, Ende, Ton- oder Bildspur. Freiwillige stellten sich dann auf die jeweilige Position und erklärten die Bedeutung des von ihm oder ihr vertretenen Elements und beantworteten Fragen. Es zeigte sich, dass bei den Teilnehmenden ein großes implizites Wissen über Film vorhanden war, das auf diese Weise spielerisch aktiviert werden konnte. Zur nächsten Sitzung sollte zudem ein persönliches Lerntagebuch zur Dokumentation der eigenen Lernfortschritte erarbeitet werden, für das drei Leitfragen entwickelt wurden: 1) Welchen Schritt habe ich heute in Richtung auf mein Thema gemacht, was habe ich gelernt oder erfahren? 2) Auf welche besonderen Herausforderungen bin ich gestoßen? 3) Was habe ich unternommen, um meinem Ziel dennoch näher zu kommen? Eine Woche vor dem nächsten Termin sollte jede Gruppe in einem kurzen Video von ihren Fortschritten berichten.

Die **zweite Blockveranstaltung** begann mit einer Spazierrunde durch den Raum mit der Aufgabe, immer wieder andere zu begrüßen und sich mit ihnen kurz über die Erfahrungen der letzten vier Wochen auszutauschen. Anschließend wurden kurze Interviews mit dem Mobiltelefon durchgeführt. Erst bei der Dialogrunde wurde eine Störung offenbar, die durch den von der Universität gesetzten engen Prüfungsrahmen, den Globe, bedingt war und die im Verlauf des Seminars mehrfach bearbeitet werden musste. Auslöser war der Konflikt zwischen der freien kreativen Arbeitsweise des Seminars und dem von den Studierenden als rigide wahrgenommenen Punkteregime mit drei Leistungsnachweisen und einem im Vergleich zu anderen Bachelor-Modulen sehr starken Notengewicht. Wenngleich die externen Rahmenbedingungen selbst nicht veränderbar waren, so wurden die Lernziele im Seminar gemeinsam so definiert, dass der vorhandene Benotungsspielraum voll ausgeschöpft werden konnte.

Der zweite Intensiv-Workshop diente vor allem dem Input mit Ideen zur Gestaltung. Beispielsweise wurden zum Thema Visualisierung Filme von Hans Rosling, Gapminder.org, StoryofStuff.org und der Arte-Film *Bye bye Plastic Bags* gezeigt und besprochen. Viel Raum wurde für die Besprechung der Filmkonzepte gegeben, wobei auch Peercoaching eingesetzt wurde. Einzelne Arbeitsgruppen stellten ihre Ideen vor oder berichteten über Schwierigkeiten mit ihren Protagonisten. Eine Gruppe hatte besondere Schwierigkeiten, ihr Thema („Klimawandel in Gambia") umzusetzen, weil in dem Land gerade ein Staatsstreich stattfand, der ihre bisherigen Aufnahmen wertlos machte, sodass die Interviewten aus Sicherheitsgründen ihr Einverständnis zurückzogen. Ausführlich wurde über die Rechte von Interviewpartnern gesprochen. Zum ersten und letzten Mal wurden technische Fragen zum Drehen mit dem Mobiltelefon gestellt. Dabei ging es um einfache Fragen zur Ausleuchtung („Licht von vorne oder von der Seite?") und der Bildgestaltung („Stativ- oder Handkamera?"). Außerdem gab es rechtliche Fragen (Musikrechte, Recht am eigenen Bild), für die entsprechende Texte online zur Verfügung gestellt wurden. Die eigentliche Umsetzung mit Drehorganisation, Schnitt, Text oder Vertonung wurde schließlich von den Teams in Eigenregie gelöst.

Die **dritte Blockveranstaltung** schließlich stellte die ausführliche Besprechung der Drehbücher in den Mittelpunkt. Hier wurde neben kollegialer, gegenseitiger Beratung von jeweils zwei Arbeitsgruppen eine besondere Form der Themenaufstellung erprobt. Einzelne Teams stellten ihre Geschichte zur Verfügung, z. B. in Form eines gezeichneten Storyboards. Freiwillige stellten sich beispielsweise an den Anfang und das Ende der Geschichte und sprachen aus dieser Perspektive miteinander oder ließen sich von den Zuhörenden dazu befragen. Die Studierenden berichteten später, dass ihnen diese Art der Drehbuchbearbeitung zahlreiche neue Einsichten ermöglicht hätte.

In der zweiten Hälfte der Vorlesungszeit standen zwei weitere je dreieinhalbstündige Sitzungen an. Die **vierte Seminarsitzung** begann mit einer Abfragerunde nach dem Stand der Dinge, Schwierigkeiten und Erfolgen. Erneut kam die Unsicherheit in Bezug auf die zu erbringende Leistung zur Sprache. Nach ausführlicher Diskussion wurde eine Änderung der Abgabemodalitäten beschlossen. Dies wurde anschließend mit der Modulleitung geklärt. Einige Arbeitsgruppen führten erstes gedrehtes Material vor und stellten es anschließend für einen Trailer zur Verfügung. Die **fünfte Seminarsitzung** bot eine letzte Gelegenheit für die persönliche Besprechung dramaturgischer Fragen. Diese konnten durch kleine Interventionen oder Umstellungen sofort geklärt werden. Von der Leitung aus gab es zu diesem Zeitpunkt lediglich Hinweise. Die Teams hatten anschließend fast vier Wochen Zeit, ihre Filmprojekte für die Präsentation im Rahmen der Konferenzwoche zu finalisieren. Gemeinsam wurde ein Feedbackfragebogen für das Publikum und ein Konzept für den Ablauf jeder Präsentation entwickelt.

Die **Präsentation** der Projekte fand im Rahmen der Konferenzwoche vor etwa 30–40 externen Zuschauer_innen statt. Nach der Präsentation erhielten die Zuschauer_innen fünf Minuten Zeit für eine Flüsterrunde mit ihren Nachbar_innen, um anschließend Fragen an das Team zu stellen bzw. die Feedbackbögen auszufüllen. Insgesamt stießen die Filme auf durchweg positive Resonanz beim Publikum. Auffällig war ein sehr wertschätzender Feedbackton. Gleich im Anschluss an die Präsentation wurde vom Seminarteam ein **Praxisworkshop** angeboten. Etwa 50 Erstsemesterstudierende und Gäste der Konferenzwoche ließen sich in das Filmemachen mit dem Mobiltelefon einführen. Nach Vorführung eines 11 min Informationsfilms wurden in Arbeitsgruppen praktische Übungen gemacht und kurze Filme gedreht. Zum Abschluss wurden fünf Videos gezeigt und besprochen. Die Zuschauer_innen blieben fast alle eine Stunde länger, weil sie an dem Thema „Filmen mit dem Mobiltelefon" großes Interesse und viele Fragen hatten.

22.4 Evaluation des Seminarkonzeptes

Das zuvor dargestellte Seminarkonzept wird im Folgenden aus drei Perspektiven bewertet und diskutiert. Der erste Abschnitt (Abschn. 22.4.1) skizziert knapp die wesentlichen Inhalte der von den Studierenden entwickelten Filme. Dem schließen sich zwei Reflexionen an: Die erste (Abschn. 22.4.2) stellt dar, wie die Studierenden im Laufe der Arbeit im Semesterverlauf ihren eigenen Lernprozess reflektierten. Empirische Grundlage dafür sind die Projektberichte der Gruppen. Die zweite Reflexion beleuchtet die Perspektive des Seminarleiters (Abschn. 22.4.3).

22.4.1 Kurzfilme

Die sieben Kurzfilme der Studierenden als Seminarergebnis sind zwischen 4 und 8 min lang und thematisieren den Klimawandel, haben jedoch alle einen unterschiedlichen Schwerpunkt. Die Filme sind unter https://www.dropbox.com/sh/14x91mpodktyswv/AAD_xQYUQWwLNnn2yPVy5fuLa?dl=0 verfügbar.

Der Film *Bäume wachsen nicht im Himmel* thematisiert die Auswirkungen von Lebensmitteltransporten auf das Klima. Im ersten Teil ist der Protagonist umgeben von Bildern der Verschmutzung, kontrastierend mit der Vision einer unberührten, sauberen Natur. Die Lösung dieser Problematik bietet das Produkt „GrünRaum“, ein Miniaturgarten für die eigene Wohnung, mit dem regionales und saisonales Gemüse immer verfügbar ist. Ebenfalls im Bereich Verkehr anzusiedeln ist der Film *Fliegen:* Anfangs werden die Vorteile beschrieben, der Spaß am Fliegen an sich, die Möglichkeit, jeden Ort der Welt zu erreichen, ohne viel Zeit oder Geld zu investieren. Diesem Bild werden Aussagen des Postwachstumsökonomen Niko Paech gegenübergestellt, der die Umweltfolgen dieser Art der Mobilität erläutert. Der Film *Climate Caring Clan* thematisiert die falschen Versprechungen hinsichtlich mehr Klimaschutz der „schmutzigen“ Industrien und der Problematik, dass sich bei vielen das Wissen um den Klimawandel nicht in entsprechendes Verhalten umsetzt. Um dieses Dilemma zu durchbrechen, erzählen vorbildliche „Klimaretter“, was sie tun, um umweltfreundlicher zu leben. In *Climate Change? Social Change!* wird hervorgehoben, wie sozialer Wandel helfen kann, den Klimawandel aufzuhalten. Dafür werden gemeinsames Upcycling sowie unterschiedliche Sharing-Konzepte vorgestellt und deren Praktikabilität anhand von positiven Passanteninterviews unterstrichen. Der zu große ökologische Fußabdruck eines durchschnittlichen Deutschen bildet beim Film *Lass Deine Träume die Nacht überdauern* die grundlegende Problematik. Anhand eines stilisierten Tagesablaufs werden Möglichkeiten porträtiert, wie der individuelle CO_2-Ausstoß im Alltag gesenkt werden kann. *Less Plastic is Fantastic* ist die Kernaussage eines weiteren Films. Die Omnipräsenz von Kunststoffen im Alltag wird durch den dargestellten Versuch, einen Tag kein Plastik zu berühren, verdeutlicht. Der nachfolgende informierende Teil differenziert zwischen „gutem“ und „schlechtem“ Plastik und stellt schließlich den Verpackungsmüll in den Fokus. Als Lösung wird das

Konzept verpackungsfreier Läden veranschaulicht. Eine andere Perspektive schließlich liegt dem Film *Laughing Faces Against Bad Vibes* zugrunde. Die Protagonistin stellt ihr Heimatland Gambia vor, mithilfe von Interviews mit Experten und Gambiern werden die negativen Folgen des Klimawandels für das westafrikanische Land skizziert. Die dennoch positive und lebensfrohe Einstellung der Einwohner steht am Ende des Films.

22.4.2 Reflexionen der Studierenden zum Lernprozess

Für diesen Teil wurden sieben Projektberichte mit Beiträgen von insgesamt 25 Studierenden ausgewertet, wobei der Umfang der persönlichen Reflexionen variiert. Die Analyse orientiert sich am 6-Phasen-Schema der *thematic analysis* nach Braun und Clarke (2006).

Ein wichtiger Themenbereich, den die Studierenden in ihren Berichten aufgreifen, ist Film und Technik. Viele haben ihre Fähigkeiten im Bereich des Filmemachens durch das Seminar ausgebaut, beispielsweise bei der Kameraführung oder dem Schreiben eines Storyboards. Häufiger wird allerdings genannt, dass den Studierenden der (Zeit-) Aufwand, der selbst für einen kurzen Film vonnöten ist, erst durch das Seminar bewusst geworden ist und dass es eine Herausforderung darstellt, aus einer großen Menge an Filmmaterial die Szenen herauszufiltern, die am prägnantesten wirken und einen stimmigen Film ergeben. Gleichzeitig waren einige überrascht davon, wie wenig technische Ausstattung notwendig ist und dass schon Smartphones ausreichen, um einen eindrucksvollen Kurzfilm zu realisieren. Auch im Umgang mit Schnittprogrammen, Anwendungen und technischen Hilfsmitteln haben sich die Studierenden weitergebildet, ebenso haben sie viel über die Macht von Geschichten gelernt und wie man durch das Erzählformat des Storytelling Menschen erreichen kann.

Daran schließt sich die Erkenntnis einiger an, dass neue Medien eine geeignete Möglichkeit sind, um Gedanken und Ideen mit anderen zu teilen, und dass Filme als Kommunikationsmittel immer mehr an Bedeutung gewinnen. Dabei erleichtert das Filmemachen auch den Produzierenden den Zugang zu zunächst befremdlichen Themen und sie erkennen, dass die Zuschauer_innen zu Verhaltensänderungen angeregt werden können, insbesondere, wenn konkrete Lösungsvorschläge porträtiert werden.

In vielen Reflexionen wird hervorgehoben, dass durch dieses Bemühen und die inhaltliche Recherche für den Film eine tiefer gehende Auseinandersetzung mit den Themen Klimawandel und Nachhaltigkeit stattgefunden hat, als dies für eine rein schriftliche Ausarbeitung der Fall gewesen wäre. Insbesondere dieser Aspekt lässt auf die Eignung des Filmemachens als Instrument für HBNE schließen. Auffällig ist zudem, dass die beschriebenen Verhaltensänderungen im eigenen Alltag umso konkreter waren, je greifbarer und alltagsbezogener die Lösungsvorschläge im Kurzfilm der eigenen Gruppe dargestellt wurden. Zwei Gruppen stechen dabei besonders heraus: Zum einen *Less Plastic is Fantastic,* deren Mitglieder ihren Plastikverpackungsverbrauch reduziert haben, zum andern *Lass Deine Träume die Nacht überdauern,* deren Mitglieder bemüht sind, ihren CO_2-Ausstoß im Alltag zu senken. Diese Beobachtungen decken sich mit den in

Abschn. 22.2 skizzierten Erkenntnissen. Einen Wandel im Bewusstsein bemerkten jedoch unabhängig von der Gruppenzugehörigkeit viele der Studierenden, sowohl in Bezug auf ihr eigenes Verhalten als auch im Bezug auf das anderer.

Ein weiterer Punkt, den viele der Studierenden aufgreifen, sind die im Seminar angeeigneten Kompetenzen, die sie sowohl in ihrem weiteren Studium als auch im späteren Beruf einsetzen können. Dabei sind die angesprochenen Aspekte vielfältig. Beispielsweise geht es um die Fähigkeit wesentliche Zusammenhänge zu erarbeiten, für andere aufzubereiten und um das Vermitteln bestimmter Botschaften. Auch die kreative Aufarbeitung eines bestimmten Themas erachten viele Studierende als wichtig. Insbesondere in der Kinder- und Jugendarbeit – sowohl im schulischen Kontext als auch in der offenen Arbeit – sehen einige das Potenzial, das Filmprojekte bieten können, um der Zielgruppe einen Zugang zu Themen wie dem Klimawandel oder Nachhaltigkeit zu ermöglichen.

Am häufigsten und ausführlichsten beschäftigten sich die Studierenden in ihren Reflexionen allerdings mit der Arbeit in einer Gruppe. In erster Linie wird eine intensive, regelmäßige und zielorientierte Kommunikation als essenziell für gelingende Teamarbeit angesehen. Auch die Fähigkeit, Kompromisse einzugehen und Kritik zu üben sowie anzunehmen, erachten die Studierenden als wichtig. Darüber hinaus haben sie gelernt, dass eine an den jeweiligen Stärken ausgerichtete Aufgabenteilung die Arbeit effektiver machen kann und dass gutes Zeitmanagement, Absprachen – auch mithilfe moderner Kommunikationsmittel – und Zuverlässigkeit aller Gruppenmitglieder erheblich zum Gelingen eines gemeinsamen Projektes beitragen können.

22.4.3 Reflexion des Lehrenden

Ausgangpunkt war die These, dass im Prozess des Filmemachens im Team zu einem Thema, das alle berührt, die Einzelnen durch einen intensiven Lernprozess geführt werden, der ihre Selbstverantwortung stärkt (sie in die Position der „Regie“ bringt, in der TZI die „Chairperson“) und sie in eine starke Verbindung sowohl mit dem Thema wie der Gruppe bringt. Dabei sollten sie Lösungen für nachhaltigkeitsbezogene Probleme finden, die eigene Wirksamkeit erfahren und den Mut finden, die Zukunft zu gestalten. Dass dies in weiten Teilen erfolgreich gelungen ist, zeigen die ausführlichen Projektberichte der Teams, die an vielen Stellen explizit darauf Bezug nehmen. Sie haben dazu vielfach aus ihrem Lern- und Forschungstagebuch zitiert, das ihnen entlang des Lernweges Hindernisse und deren Überwindung bewusst machen sollte.

Filmerstellung erfordert eine kontinuierliche Aufbereitung von Informationen für fremde Dritte. Die Erfahrungen verdeutlichten, dass die Lernprozesse dabei ähnlich intensiv sind wie etwa die Vorbereitung einer Vorlesung oder Präsentation. Die fachlichen Kompetenzen wurden durch soziale ergänzt. Alle sieben Gruppen berichten, dass sie Konflikte bewältigt und Rollen getauscht haben, also flexibel mit besonderen Schwierigkeiten umgegangen sind (in Verantwortung für das Bild, den Ton, den Inhalt, die Organisation, den Schnitt, das Gesamtergebnis etc.). Zur Erinnerung und Ermutigung wurde durch die Leitung bei jeder Sitzung Gelegenheit für ein Peercoaching gegeben, um dabei von anderen Feedback oder Ideen für die Lösung einer Frage zu bekommen. Da Filmemachen ein hochkomplexer Prozess mit vielen Variablen ist und die beteiligten Erstsemester, die bis auf eine Person noch nie einen Film gemacht hatten, tendenziell damit überfordert wurden (zumal unter dem alles überlagernden Notendruck), waren alle bereit, sich diesen Gesprächen zu stellen. Hieran zeigt sich, dass bewusst eingebaute unterstützende Rahmenbedingungen (hier auf der Basis von TZI-Konzepten) überhaupt erst Voraussetzungen für soziales Lernen schaffen.

22.5 Schlussfolgerungen

Die aktuelle Studierendengeneration kommuniziert ganz selbstverständlich per Film. Erkunden, Dokumentieren und Reflektieren des eigenen Lebensstils, wissenschaftliche Recherche, kreatives Gestalten von Erkenntnissen, wirkungsvolle ästhetische Präsentation und ein bewusstes Arbeiten im Team sorgen für eine hohe intrinsische Motivation und setzen Potenziale für wirksame Bildungsprozesse frei.

Das Fazit der beteiligten Erstsemesterstudierenden zu ihrem Einstieg in ihr Studium ist ermutigend (aus einem Projektbericht): „Durch Willenskraft, Fleiß und Zusammenarbeit kann man in extrem kurzer Zeit Sachen erreichen, von denen man vorher gar nicht erst geträumt hat. So kitschig es auch klingt, man kann die Welt verändern – oder zumindest seinen Beitrag dazu leisten.“

Dies motiviert uns, das Seminarkonzept weiter zu optimieren und auf der Basis der entstandenen Materialien auszubauen. Die in der Reflexion der Arbeit entstandene Hypothese ist: Ein gemeinsames großes Ziel im Team („Der Film“) setzt besondere Kräfte bei jedem Einzelnen frei, die zahlreiche Mikroentscheidungen für aktives Handeln positiv beeinflussen. Mögliche Folgen: leichterer Studieneinstieg, positive Rückkopplungseffekte auf dem Weg vom unbewussten zum bewussten und reflektierten Handeln, Bildung einer Gruppenidentität, fächerübergreifendes Denken, Sinnstiftung und Wertereflexion mit Konsequenzen für eine eigene nachhaltige Lebensgestaltung. Diese Potenziale, auf die unser Praxisbeispiel hinweist, gilt es durch weitere Forschung zu evaluieren. An empirischen Fallbeispielen dafür wird es hoffentlich nicht mangeln: Inzwischen gibt es schon Anfragen etwa aus Österreich, Ecuador oder den USA, das Verfahren für nachhaltige Bildungsprozesse an dortige Schulen und Hochschulen anzupassen und weiterzuentwickeln.

Literatur

Allam C (2008) Creative activity and its impact on student learning – issues of implementation. Innovations Educ Teach Int 45(3):281–288

Berry M, Schleser M (Hrsg) (2014) Mobile media making in an age of smartphones. Palgrave Macmillan, Basingstoke

Braun V, Clarke V (2006) Using thematic analysis in psychology. Qual Res Psychol 3(2):77–101
Cochrane T, Antonczak L (2013) A mobile learning community of practice: facilitating conceptual shifts in pedagogy. In: Hernández-Leo D, Ley T, Klamma R, Harrer A (Hrsg) Scaling up learning for sustained impact. 8th European Conference on Technology Enhanced Learning, EC-TEL 2013. Springer, Berlin, S 430–435
Cochrane TD, Antonczak L, Wagner DA (2013) Post-web 2.0 pedagogy: from student-generated content to international co-production enabled by mobile social media. Int J Mob Blended Learn 5(4):1–18
Coffman E (2009) Documentary and collaboration: placing the camera in the community. J Film Video 61(1):62–78
Dando CE, Chadwick JJ (2014) Enhancing geographic learning and literacy through filmmaking. J Geogr 113(2):78–84
Deutsche UNESCO-Kommission e. V. (2014) Roadmap zur Umsetzung des Weltaktionsprogramms „Bildung für nachhaltige Entwicklung“. Brandt, Bonn
Farau A, Cohn RC (1984) Gelebte Geschichte der Psychotherapie. Zwei Perspektiven. Klett-Cotta, Stuttgart
Frey F, Früh W (2014) Die Vielfalt der Erzählung: Eine Inhaltsanalyse zur Definition von „Narration“, „Geschichte“ und „Narrativität“ in wissenschaftlichen Fachzeitschriften. In: Früh W, Frey F (Hrsg) Narration und Storytelling. Theorie und empirische Befunde. Halem, Köln, S 14–62
Früh W (2014) Narration und Storytelling. In: Früh W, Frey F (Hrsg) Narration und Storytelling. Theorie und empirische Befunde. von Halem, Köln, S 63–119
Früh W, Frey F (2014) Einleitung. In: Früh W, Frey F (Hrsg) Narration und Storytelling. Theorie und empirische Befunde. von Halem, Köln, S 9–13
Grunwald A, Kopfmüller J (2006) Nachhaltigkeit. Campus, Frankfurt a. M.
Gutiérrez-Pérez J (2014) Latin American narratives of sustainability: opportunities for engagement through films. Int J Sustain Dev 17(2):160–175
Harari YN (2013) Eine kurze Geschichte der Menschheit, 3. Aufl. DVA, München
Harness H, Drossman H (2011) The environmental education through filmmaking project. Environ Educ Res 17(6):829–849
Howell RA (2014) Using the transtheoretical model of behavioural change to understand the processes through which climate change films might encourage mitigation action. Int J Sustain Dev 17(2):137–159
Humburg A, Fischer D, Marwege R, Michelsen G (2013) Welchen Journalismus braucht die Nachhaltigkeit? Bestandsaufnahme und Bedarfsanalyse in Wissenschaft und Praxis – Ergebnisse eines iterativen Delphis (INFU-Diskussionbeiträge 33/2013), Lüneburg
Keegan H, Bell F [MW1] (2011) YouTube as a repository: the creative practice of students as producers of open educational resources. European Journal of Open, Distance and E-Learning. https://usir.salford.ac.uk/19282. Zugegriffen: 20. Nov. 2017
Kelly P (2011) Avatar… and the "sustainabullies" of higher education. J Future Stud 15(3):103–116
Krathwohl DR (2002) A revision of Bloom's taxonomy: an overview. Theory Pract 41(4):212–218
Lindsay N, Harrell-Blair K, McDaniel L, Williams C, Reed D (2010) In practice: "green on the screen": promoting sustainability through a campus film series. About Campus 15(2):26–29
Loftus M, Tiernan P, Cherian S (2014) Students' readiness to move from consumers to producers of digital video content: a cross-cultural analysis of Irish and Indian students. Educ Inf Technol 19(3):569–582
McGreavy B, Lindenfeld L (2014) Entertaining our way to engagement? Climate change films and sustainable development values. Int J Sustain Dev 17(2):123–136
Meister JC (2014) Narratology. In: Hühn P, Pier J, Schmid W, Schönert J, Meister JC [MW2] (Hrsg) The living handbook of narratology. http://www.lhn.uni-hamburg.de/article/narratology. Zugegriffen: 12. Dez. 2016

Michelsen G (2016) Policy, politics and polity in higher education for sustainable development. In: Barth M, Michelsen G, Rieckmann M, Thomas I (Hrsg) Routledge handbook of higher education for sustainable development. Routledge, London, S 40–55

Michelsen G, Fischer D (2015) Bildung für nachhaltige Entwicklung. Hessische Landeszentrale für politische Bildung, Wiesbaden

Mieg HA, Bauer J, Bedenk S (2013) Being moved by moving images: the influence of filmmaking on sustainable consumption patterns. Gaia 22(3):187–194

Otte I, Prien-Ribcke S, Michelsen G (2014) Hochschulbildung auf der Höhe des 21. Jahrhunderts. In: Müller C von, Zinth CP (Hrsg) Managementperspektiven für die Zivilgesellschaft des 21. Jahrhunderts. Springer, Wiesbaden, S 183–203

Pyhel T (2013) Instrumente effektiver Nachhaltigkeitskommunikation. In: Pütz N, Schweer MK, Logemann N (Hrsg) Bildung für nachhaltige Entwicklung. Aktuelle theoretische Konzepte und Beispiele praktischer Umsetzung. Lang, Frankfurt a. M., S 183–205

Reinermann JL, Lubjuhn S (2011) „Let Me Sustain You". Die Entertainment-Education Strategie als Werkzeug der Nachhaltigkeitskommunikation. Medien Journal 2011(1):43–56

Reinermann JL, Lubjuhn S, Bouman M, Singhal A (2014) Entertainment-education: storytelling for the greater, greener good. Int J Sustain Dev 17(2):176–191

Reisch LA, Bietz S (2007) How to convince the unconvincibles? A mass mediated approach to communicate sustainable lifestyles to a low-interest target group. Int J Innov Sustain Dev 2(2):192–200

Schleser MRC (2012) Collaborative mobile phone filmmaking. In: Milne EJ, Mitchell C, de Lange N (Hrsg) Handbook of participatory video. Rowman & Littlefield, Lanham, S 397–411

Schwender C, Schulz WF, Kreeb M (Hrsg) (2008) Medialisierung der Nachhaltigkeit: Das Forschungsprojekt balance[f]: Emotionen und Ecotainment in den Massenmedien. Metropolis, Marburg

Sølvberg AM, Rismark M (2012) Learning spaces in mobile learning environments. Act Learn High Educ 13(1):23–33

Van Poeck K, Goeminne G, Vandenabeele J (2016) Revisiting the democratic paradox of environmental and sustainability education: sustainability issues as matters of concern. Environ Educ Res 22(6):806–826

Waycott J, Bennett S, Kennedy G, Dalgarno B, Gray K (2010) Digital divides? Student and staff perceptions of information and communication technologies. Comput Educ 54(4):1202–1211

WBGU – Wissenschaftlicher Beirat der Bundesregierung Globale Umweltveränderungen (2011) Gesellschaftsvertrag für eine Große Transformation. Hauptgutachten. WBGU, Berlin

23 Lernfilme in der Nachhaltigkeitsbildung mithilfe der Legetechnik – Erfolgsfaktoren aus technischer und didaktischer Perspektive

Marios Karapanos, Thomas Borchert, Linda Heise und André Schneider

Zusammenfassung

Der Beitrag stellt die Erfolgsfaktoren bei der Konzeption und Erstellung von Lernfilmen mithilfe der Legetechnik aus technischer, lernpsychologischer und methodisch-didaktischer Sicht dar. Er zeigt, dass sich durch den Einsatz dieser Methode die Chance ergibt, authentische und aktivierende Lernfilmformate für den Einsatz in der Nachhaltigkeitsbildung zu entwickeln und umzusetzen. Insbesondere die einfache und kostengünstige Produktion der Lernfilme eröffnet neue Potenziale für die Hochschullehre. Neben einer theoretischen Fundierung der Methode werden im vorliegenden Beitrag konkrete Handlungsempfehlungen für die Umsetzung in der Praxis gegeben.

M. Karapanos (✉)
Institut für Kommunikation, Kompetenz und Sport, Hochschule Mittweida, Mittweida, Deutschland
E-Mail: marios.karapanos@hs-mittweida.de

T. Borchert
Juniorprofessur für Empirische Bildungsforschung im Sport, Universität Leipzig, Leipzig, Deutschland
E-Mail: thomas.borchert@uni-leipzig.de

L. Heise · A. Schneider
Professur für Corporate Sustainability Management, Hochschule Mittweida, Mittweida, Deutschland
E-Mail: linda.heise@hs-mittweida.de

A. Schneider
E-Mail: andre.schneider@hs-mittweida.de

W. Leal Filho (Hrsg.), *Nachhaltigkeit in der Lehre*, Theorie und Praxis der Nachhaltigkeit, https://doi.org/10.1007/978-3-662-56386-1_23

Schlüsselwörter
Nachhaltigkeitsbildung · Legetechnik · Lernfilmproduktion · Didaktik · Erfolgsfaktoren

23.1 Einführung

Die Nachhaltigkeitsbildung gewinnt für die zukunftsorientierte Entwicklung unserer Gesellschaft zunehmend an Bedeutung. Ohne Bildung besteht keine Chance auf Partizipation, d. h. eine aktive Mitwirkung an der Gestaltung einer ökologisch verträglichen, ökonomisch leistungsfähigen und sozial gerechten Gesellschaft. Bildung avanciert damit zu einem Instrument des Wettbewerbs, spielt eine aktive Rolle bei der Schaffung einheitlicher geistiger Lebensgrundlagen und ersetzt überlieferte soziale Machtkonstellationen (vgl. Lenzen 2014, S. 86). Für die Ziele einer Bildung für nachhaltige Entwicklung ist es notwendig den Einzelnen dazu zu befähigen, das Leitbild eines nachhaltigen Wirtschaftens in der alltäglichen und auch beruflichen Lebenswelt aktiv und gestaltend umzusetzen. Mit Blick auf die Unternehmen bedeutet dies, dass sie – um zukunftsfähig und nachhaltig wirtschaften zu können – entsprechend ausgebildete Mitarbeiter_innen benötigen. Neben den weiterführenden bzw. den berufsbildenden Schulen fällt der Blick in diesem Zusammenhang vor allem auf die Hochschulen. Ihnen obliegt die Aufgabe, die Wirtschaft mit nachhaltigen und kompetenzbildenden Lernkonzepten zu unterstützen, die zukünftige Unternehmer_innen und Mitarbeiter_innen befähigen, das Konzept der Nachhaltigkeit in ihren Entscheidungen sowie der Umsetzung ihrer Aufgaben zu berücksichtigen (vgl. Arnold 2015, S. 79 f.). Dazu bedarf es einer berufsfeldorientierten Kompetenzentwicklung für ein nachhaltiges Wirtschaften.

In diesem Zusammenhang kommt neben dem Willen des Einzelnen nachhaltig zu handeln vor allem dem Faktor des Könnens eine wesentliche Bedeutung zu. Nachhaltig zu denken und zu handeln stellt jedoch eine Aufgabe dar, für deren Bewältigung es spezifischer Kompetenzen bedarf (vgl. Rohn und Bliesner 2008, S. 237 ff.). Entsprechend des Orientierungsrahmens für berufliche Bildung für eine nachhaltige Entwicklung (BMBF 2003) können dabei die folgenden nachhaltigkeitsrelevanten Kernkompetenzen identifiziert werden (vgl. Kettschau 2012, S. 15 f.; Tiemeyer 2009, S. 43):

- systemisches und vernetztes Denken
- Verfügbarkeit von berufsübergreifendem Wissen und seine konkrete Anwendung
- Fähigkeit zum Umgang mit Komplexität
- Verstehen kreislaufwirtschaftlicher Strukturen und Lebenszyklen
- soziale Sensibilität, interkulturelle Kompetenz und Bereitschaft zur globalen Perspektive individuellen Handelns

Jedoch können derartige Kompetenzen im Rahmen der Nachhaltigkeitsbildung nur erworben werden, wenn Regeln, Werte und Normen vom Individuum interiorisiert werden. Das bedeutet, dass Nachhaltigkeitsbildung nicht nur in soziale Kollaboration und

Kommunikation, sondern auch in tatsächliche und/oder geistige Handlungen eingebettet werden muss, die im besten Fall zu einem erfolgreichen Handlungsergebnis führen. Nur so kann es zu einer „neuen komplexen Abspeicherung von Wissen, Entscheidung, Handlungsergebnis, zusammen mit den zum Handlungserfolg führenden Werten“ (Erpenbeck und Sauter 2016, S. 186) kommen. Wissen allein ist keine Kompetenz und nachhaltigkeitsrelevante Kompetenzen lassen sich demnach nicht vermitteln (vgl. Arnold und Erpenbeck 2016, S. 3 ff.). Vielmehr bedarf es der „emotionalen Imprägnierung des Informations- und Handlungswissens“ (Erpenbeck und Sauter 2016, S. 8), sodass das Wissen „an sich“ vom Lernenden emotional durchdrungen und zum Wissen „für ihn“ wird (ebd.). Die Lernenden müssen demnach in realen Entscheidungssituationen handeln und in Projekten oder Planspielen Widersprüche, Konflikte oder Krisen, Werte, Emotionen und Motive interiorisieren, also schöpferisch verarbeiten und verinnerlichen (vgl. Erpenbeck und Sauter 2010).

Demnach werden in der akademischen Bildung völlig neu gestaltete Lernsysteme benötigt, die betriebliche Praxis und Lernen wieder enger zusammenführen und somit den Erwerb von nachhaltigkeitsrelevanten Kompetenzen ermöglichen. Die auf eine Kompetenzentwicklung ausgerichteten Lernsysteme müssen die veränderten Anforderungen eines nachhaltigen Wirtschaftens der Unternehmen an ihre Führungskräfte und Mitarbeiter_innen widerspiegeln. Hierzu gilt es auch das veränderte Informations- und Kommunikationsverhalten in der Gesellschaft zu berücksichtigen (vgl. Arnold und Erpenbeck 2016, S. 5 f.). In diesem Zusammenhang eignen sich insbesondere Blended-Learning-Arrangements, in denen E-Learning und Lernen in Gruppen oder in Workshops mit Elementen des Web 2.0 wie z. B. Videos, Blogs oder Wikis für die Erarbeitung gemeinsamer Gruppenergebnisse zielgerecht kombiniert werden (vgl. Kuhlmann und Sauter 2008, S. 34 ff.; Borchert et al. 2017, S. 46 f.).

Es ist zu konstatieren, dass sich das Internet in den letzten Jahren vom passiven zu einem durch die Nutzer_innen gestaltbaren digitalen Medium gewandelt hat. Entsprechend ermöglicht das Web 2.0 eine einfache Veröffentlichung von nutzergenerierten Inhalten oder Medien, welche sich auch für die Nutzung von Lehr-Lern-Szenarien an Hochschulen eignen. Insbesondere durch die weite Verbreitung von Digitalkameras, Smartphones, Notebooks und auch Tablets sowie deren technische Möglichkeiten gestaltet sich für Lehrende die Erstellung von Materialien für den Unterricht (z. B. Videos) immer einfacher (vgl. Schlöffel et al. 2017).

Videos bieten die Möglichkeit, verschiedene Darstellungsformen, wie beispielsweise statische und bewegte Bilder, Ton oder Texte, miteinander zu kombinieren. Zudem sind sie zeit- und ortsunabhängig nutzbar (vgl. Borchert und Schlöffel 2017b, S. 65). Daraus ergibt sich der Vorteil einer hohen Anschaulichkeit sowie der authentischen Darstellung von nicht unmittelbar zugänglichen Objekten. Mithilfe der Visualisierung in den Lernfilmen wird eine Auseinandersetzung mit dem Gegenstand der Lehre erleichtert, die Lernenden werden emotional angesprochen, aktiviert und die Erinnerungsfähigkeit gesteigert (vgl. Arnold et al. 2015, S. 188 f.; Schön und Ebner 2014, S. 42).

Die Erstellung von Lernfilmen in der Nachhaltigkeitsbildung ist jedoch meist mit hohem Konzeptions- und Produktionsaufwand verbunden, wenn nicht reguläre Vorträge aufgezeichnet werden (vgl. Arnold et al. 2015, S. 189; HRK 2014, S. 22 f.; Spannagel 2014, S. 41). Jedoch wurde mit den Videos von Common Craft zu Anfang des Jahrtausends eine ganz neue Produktionsform von Videos populär – die Legetechnik (vgl. Schön und Ebner 2014; Schön und Ebner 2013; LeFever 2012). Diese gilt als besonders einfach zu handhaben und auch kostengünstig (vgl. e-teaching.org 2015). Bei der Videoproduktion mittels Legetechnik wird der gesprochene Text durch Papierausschnitte – die mithilfe der Hände in das Bild hineingelegt, verschoben und hinausgenommen werden – oft auf sehr einfache, symbolische Weise illustriert (vgl. Schön und Ebner 2014, S. 42).

Der Beitrag stellt die relevanten Faktoren bei der Konzeption und Erstellung von Lernfilmen mithilfe der Legetechnik aus technischer und didaktischer Sicht dar. Ferner wird auf die Möglichkeiten verwiesen, die sich durch den Einsatz dieser Methode ergeben, authentische und aktivierende Videoformate für Lehrangebote für die Nachhaltigkeit kostengünstig zu entwickeln und umzusetzen.

23.2 Lernfilme, Videos, Animationen

In der Literatur zum multimedialen Lernen wird häufig nicht vom Lernen mit Filmen, sondern allgemeiner vom Lernen mit Animationen oder Videos gesprochen. Animation dient hierbei als Oberbegriff, der bildhafte Darstellungen beschreibt, die ihre Struktur oder andere Eigenschaften im Zeitverlauf so verändern, dass dabei der Eindruck eines kontinuierlichen Wandels hervorgerufen wird (vgl. Lowe und Schnotz 2008). Videos können als eine Sonderform von Animationen verstanden werden, die sich dadurch abgrenzen, dass sie nicht am Computer erzeugt werden, sondern durch Aufzeichnung der Realität entstehen (vgl. Niegemann et al. 2008). In Anbetracht entstandener Mischformen und fotorealistischer 3-D-Animationen, wie man sie aus Hollywood-Produktionen kennt, erscheint diese strenge Differenzierung nicht mehr zeitgemäß (vgl. Niegemann et al. 2008). Deutlich wird dies auch beim Versuch, Lernfilme, die unter Anwendung der Legetechnikmethode produziert wurden, in dieses Schema einzuordnen. Zwar entstehen sie technisch in der Regel durch Aufzeichnung mittels Kamera, ließen sich aber auch mithilfe von Animationssoftware vollständig am Computer realisieren – und das sogar ohne visuell erkennbare Unterschiede. Auch ähneln sie in der Bildwirkung eher klassischen 2-D-Animationen, nur mit dem Unterschied, dass die zu sehenden Bildelemente nicht computertechnisch, sondern händisch animiert werden. Definitorisch ebenso schwer zu trennen scheinen die Begriffe Video und Film. Die historische Unterscheidung anhand des Aufzeichnungsmaterials ist obsolet. Beide Begriffe bezeichnen heute audiovisuelle Produktionen, die Unterscheidung erfolgt eher kontext- und inhaltsbezogen. In diesem Zusammenhang weist der Begriff des Lehrfilms in Fach- und Alltagssprache eine lange Tradition auf, ist aber zum einen durch den Begriff Video im Lehr-/Lernkontext fast vollständig verdrängt. Zum anderen ist der Terminus Lehrvideo hinsichtlich der

Kompetenzentwicklung semantisch und gedanklich zu kurz gegriffen. Dies wird deutlich, wenn es darum geht, das Verhältnis der Lehrenden und Lernenden zueinander zu bestimmen (vgl. Erpenbeck und Sauter 2007, S. 13). Hier steht vor allem der Fähigkeitserwerb zum selbst organisierten, kreativen Handeln im Vordergrund, der es dem Lernenden ermöglicht, sich selbst in eine offene Zukunft hineinzuentwerfen (vgl. Erpenbeck und Sauter 2016, S. 147). Dem folgend, wird im vorliegenden Beitrag von Lernfilmen gesprochen, jedoch sind beide Begriffe im Sinne der terminologischen Anschlussfähigkeit an vorhandene Evidenzen als synonym zu verstehen.

Die Ergebnisse verschiedener Untersuchungen, die sich direkt (u. a. Koumi 2006) oder indirekt (u. a. Hattie 2009) mit den Effekten von Lernvideos im Kontext von schulischem oder universitärem Lernen beschäftigt haben, verweisen auf die enormen Potenziale dieser Technologie (u. a. Ertelt 2007). Jedoch lassen sich Lernprozesse nicht mit der simplen Implementierung neuer Technologien weiterentwickeln und sind zudem keine didaktischen Selbstläufer. Vielmehr bedarf es erheblicher Anpassungs- und Syntheseleistungen seitens des Lehrenden sowie der sinnvollen Integration in entsprechende (universitäre und schulische) Lernkonzeptionen (vgl. Borchert et al. 2017, S. 51).

23.3 Lernfilmproduktion mithilfe der Legetechnik

Bei der Lernfilmproduktion mittels der Lege- bzw. Flachfigurentechnik wird der gesprochene Text durch handgezeichnete oder gedruckte Papierausschnitte, die mithilfe der Hände in das Bild hineingelegt, verschoben und hinausgenommen werden, oft auf sehr einfache, symbolische Weise illustriert (vgl. Schön und Ebner 2014, S. 42). Die bewegten Papierobjekte werden dabei auf einem flachen, meist weißen Hintergrund abgefilmt und anschließend mit einem gesprochenen Text unterlegt. Anstatt des weißen Hintergrunds sind auch farbig gestaltete Bilder denkbar.

Bei dieser Variante des Lernfilms sind Handbewegungen sehr häufig zu sehen, da die Papierausschnitte nicht wie in einem Trickfilm animiert werden, sondern in der Regel durch die Hände selbst verschoben werden (vgl. Schön und Ebner 2014, S. 42; e-teaching.org 2015). Durch das Zusammenschieben und Entfernen aller Objekte wird oftmals der Szenenwechsel angezeigt. Letztendlich werden die Filme durch eine senkrecht über der Bildfläche montierte Videokamera aufgezeichnet.

Die Produktion von Lernfilmen mithilfe der Legetechnik ist besonders einfach und kostengünstig. Die benötigten Objekte können bereits im Vorfeld produziert werden, in der Regel sind es gezeichnete oder gedruckte Figuren aus Papier, die ausgeschnitten werden. Jedoch können die Objekte auch aus beweglichen Einzelteilen bestehen, was den Aufwand zwar auf der einen Seite erhöht, auf der anderen Seite aber deren Einsatz deutlich variabler gestaltet.

In Tab. 23.1 wird der zeitliche Aufwand bei der Erstellung eines Lernfilms mit der Legetechnik dargestellt. Diese Angaben beruhen auf Erfahrungswerten eines Forschungsprojektes an der Hochschule Mittweida (vgl. Schneider et al. 2016), in dessen

Tab. 23.1 Zeitlicher Aufwand bei der Erstellung eines Lernfilms mit der Legetechnik. (Eigene Darstellung)

Zeitlicher Aufwand pro Video (Länge ca. 3 min)	
Arbeitsaufgabe	Aufwand in Std.
Konzeption und Planung	6
Sprechertext	3
Bildideen sammeln	1
Zeichnen (je nach Übung und Wiederverwertung einzelner Bilder	20
Einsprechen	1
Dreh	6
Schnitt und Vertonung	4
Rendern	2
Gesamt	43

Rahmen mehrere Videos mit einer Länge von drei bis fünf Minuten produziert wurden. Wichtig ist an dieser Stelle zu betonen, dass sich die angegebenen Arbeitsstunden auf die beteiligten Akteure aufteilen und das Zeichnen der Lege-Elemente den größten Anteil der zeitlichen Ressourcen einnimmt. Somit können ausgedruckte Papierausschnitte viel Zeit einsparen.

23.4 Technische und lernpsychologische Rahmenbedingungen

Die Digitalisierung hat das Lehren und Lernen mit Filmen auf technischer Ebene enorm vereinfacht. Mit dem Ausbau des Breitbandinternets wurde die Knappheit an Distributionskanälen für Medieninhalte weitgehend überwunden. Brauchte es zu Zeiten der Analogtechnik für die Produktion von Lernfilmen eine umfangreiche technische Ausstattung, deren Bedienung Spezialwissen erforderte, genügen heute theoretisch schon ein Smartphone und ein paar leicht zu bedienende Apps.

Die integrierten Kameras moderner Smartphones und Tablets bringen bereits akzeptable Bildergebnisse hervor. Mit digitalen Spiegelreflexkameras aus dem Einstiegssegment lassen sich professionell anmutende Bewegtbildsequenzen erzeugen. Gleiches gilt im Wesentlichen für die sich anschließenden Glieder der Produktionskette wie Schnitt und Vertonung, die auch mit sehr einfacher Endgeräteausstattung und softwareseitig sogar mit kostenfreien Open-Source-Anwendungen respektive der auf einem PC-System vorinstallierten Standardsoftware realisierbar sind. So plädieren auch Hansch et al. (2015) in puncto Lernfilmproduktion für Leichtgewichtigkeit und Kosteneffizienz, weil aus ihrer Sicht teurere Produktionen gegenüber solchen, die sparsam gehalten sind, kaum didaktischen Mehrwert liefern. Die internetbasierte Distribution über Streamingplattformen und soziale Medien erlaubt Lehrenden die praktisch kostenfreie und plattformübergreifende

Verbreitung ihrer Lernfilme, ohne eigene Infrastruktur dafür bereitstellen zu müssen. Mit der Nutzung von Streamingplattformen erübrigen sich dabei nicht nur Fragen nach einer geeigneten technischen Codierung, Bereitstellung und Archivierung. Sie erlauben bei entsprechender Publikmachung auch eine Nutzung über den eigentlichen Adressatenkreis hinaus. Durch ihre einfache Zugänglichkeit und strukturelle Offenheit sind Streamingplattformen in diesem Punkt den eher geschlossen konzipierten Learning-Management-Systemen der Bildungsinstitutionen (z. B. OPAL, Moodle) überlegen und fungieren somit auch als Multiplikatoren bei der Nutzung von Videolernressourcen. Ferner werden Student_innen durch die Nutzung von Streamingplattformen zum einen dazu angeregt, themenverwandte Videos selbstständig zu recherchieren und habitualisiert für den Lernprozess heranzuziehen (vgl. Chtouki et al. 2012). Zum anderen werden kollaborative Lehr-Lern-Szenarien möglich, die mehr und mehr Eingang in die Hochschullehre finden.

Gleichzeitig verfügen immer mehr Menschen über Endgeräte zum Abruf und zur Wiedergabe von Filmen. Nach Zahlen der JIM-Studie besitzen 95 % der Jugendlichen zwischen 12 und 19 Jahren in Deutschland ein eigenes Smartphone, 98 % haben im Haushalt Zugang zu einem Desktop-Computer oder Laptop (vgl. Feierabend et al. 2016). Befragungen unter Studierenden zeigen eine vergleichbar gute Ausstattung (vgl. Grosch und Gidion 2011; Zawacki-Richter 2015). Untersuchungen zur studienbezogenen Mediennutzung weisen zudem auf die hohe Akzeptanz gegenüber dem Medium Film als Lernmittel hin (vgl. Grosch und Gidion 2011; Karapanos und Fendler 2015).

Während damit aus technischer Sicht gegenwärtig kaum noch Argumente gegen den Einsatz von Filmen in der Lehre sprechen, muss die Bewertung aus lernpsychologischer Sicht differenzierter erfolgen. Im Gegensatz zu statisch dargebotenen Inhalten wie Texten und Bildern sind Filme als dynamische Medien flüchtig, was zu höheren kognitiven Anforderungen beim Lernen führen kann (vgl. Merkt und Schwan 2016). Eine frühe Kritik am videogestützten Lernen bezog sich auf vorgefasste Einstellungen zum Medium. Demnach würden Lernfilme gegenüber Texten aufgrund von Vorerfahrungen mit dem Medium Fernsehen als einfacher rezipierbar betrachtet, was zu einer geringeren kognitiven Anstrengungsbereitschaft im Lernprozess und damit zu geringeren Lernfortschritten führe (vgl. Salomon 1984). Auch wenn die Befürchtung naheliegt, Lernfilme würden zu einer eher passiven Rezeptionshaltung einladen, zeigen neuere Studien, dass dieser Effekt nicht durchgängig darstellbar ist (vgl. Kaltenböck und Zumbach 2012). Gegenwärtig wird das Lernen mit Filmen vor allem vor dem Hintergrund zweier einflussreicher Theorien diskutiert: der „Cognitive Load Theory“ (CLT, vgl. Sweller et al. 1998) und der „Cognitive Theory of Multimedia Learning“ (CTML, vgl. Mayer 2009). Beide Theorien fußen auf der Grundannahme eines in seiner Verarbeitungskapazität limitierten menschlichen Arbeitsgedächtnisses (vgl. Baddeley 1986). Die CLT unterscheidet bei der Bewältigung von Lernaufgaben drei Formen kognitiver Belastung: die intrinsische, die extrinsische und die lernbezogene. Die intrinsische Belastung entsteht unmittelbar aus der Interaktion von Vorwissen und Komplexitätsgrad des Lerninhalts und ist damit situativ kaum beeinflussbar. Die extrinsische Belastung hingegen resultiert aus der Art der

Präsentation des Lerninhalts. Eine kognitionsadäquate Darstellung und eine gute didaktische Aufbereitung mindern dabei die extrinsische Belastung und können das Lernen begünstigen. Die lernbezogene Belastung ist eine Folge der Konstruktion neuer Wissensstrukturen und deren Integration in das Langzeitgedächtnis – also dessen, was Lernen eigentlich darstellt. Da alle drei Belastungen als additive Komponenten einer Gesamtbelastung zu verstehen sind, lässt sich aus der CLT die Forderung ableiten, Lernmedien so zu gestalten, dass eine kognitive Überlastung beim Lernen vermieden wird.

Gegenstand der CTML ist das Lernen mit Texten und Bildern. Die Theorie geht davon aus, dass die Kombination von Text und Bild zu besseren Lernergebnissen führt als das Lernen mit Texten allein. Dem zugrunde liegt ein kognitives Modell, das eine getrennte Verarbeitung bildhafter und verbaler Repräsentationen in zwei getrennten Kanälen des Arbeitsgedächtnisses vorsieht (vgl. Paivio 1986; Baddeley 1986), wobei diese mithilfe mentaler Transformationsprozesse ineinander überführt und zu einer gemeinsamen mentalen Repräsentation integriert werden können. Da die Kapazität beider Kanäle begrenzt ist, kann durch eine simultane Ansprache beider Kanäle z. B. durch Bilder und korrespondierenden gesprochenen Text das Lernen besser ermöglicht werden als durch den Text allein. Das Lernen mit Filmen unterscheidet sich dabei nicht grundlegend vom Lernen mit statischen Bildern, da Wahrnehmung und Verarbeitung vergleichbar verlaufen (vgl. Lowe und Schnotz 2008). Deshalb eignet sich die CTML auch für die Beschreibung und Analyse videogestützten Lernens.

Beide Theorien sind umfangreich empirisch gesichert (vgl. Kirschner 2002; Mayer 2009). Aus den Ergebnissen lassen sich allgemeine Gestaltungsprinzipien für Lernmedien ableiten, die auch auf Lernfilme anwendbar sind (vgl. Betrancourt 2005; Mayer 2009). Die wichtigsten Empfehlungen dabei sind 1) für Erläuterungen gesprochenem statt geschriebenem Text den Vorzug zu geben, 2) die redundante Präsentation eines gesprochenen Textes in geschriebener Form zu vermeiden, weil dies zu einer höheren kognitiven Belastung führen kann, 3) bildhafte und verbale Information simultan zu präsentieren, um eine gleichzeitige Verarbeitung im Arbeitsgedächtnis zu ermöglichen, 4) komplexe Vorgänge in geeigneter Weise aufzuteilen und sequenziert zu zeigen, um eine kognitive Überlastung zu vermeiden, 5) zur Lenkung der Aufmerksamkeit wichtige Elemente grafisch hervorzuheben, um Lernende bei der Selektion relevanter Bildinhalte zu unterstützen, 6) den Komplexitäts-/Realitätsgrad so zu wählen, dass eine gute Passung zu Lernzielen und kognitiver Kapazität der Lernenden entsteht, wobei 7) von einer realistischen Darstellung abgewichen werden kann, wenn dies die Erreichung des Lernziels unterstützt.

Vor dem Hintergrund der beiden skizzierten Theorien lassen sich Lernfilme, die nach der Legetechnikmethode erstellt werden, bei adäquater Umsetzung sehr leicht in Einklang mit den beschriebenen Empfehlungen bringen. Durch den klar strukturierten Bildaufbau, der aus einer meist weißen Hintergrundfläche und daraufgelegten Papierausschnitten besteht, lässt sich die Aufmerksamkeit des Lernenden gezielt auf einzelne Objekte und Objektrelationen lenken. Die Reduktion auf schematische Illustrationen bei der Gestaltung der Papierausschnitte unterstützt die Fokussierung durch das Weglassen irrelevanter Bilddetails. Die synchrone Präsentation eines Papierausschnitts mit einem gesprochenen Text nutzt beide Kanäle des Arbeitsgedächtnisses und erleichtert so den Aufbau eines mentalen Modells des Objekts. Dabei fungiert der Papierausschnitt gleichzeitig durch seine reduzierte Gestaltung in der Folge als Symbol für das repräsentierte Objekt selbst. Durch räumliches Anordnen und Neuarrangieren auf der Hintergrundfläche lassen sich statische und dynamische Relationen zwischen Objekten als Relationen ihrer Symbole abbilden. Das händische Legen, Verschieben und Wegnehmen der Papierausschnitte zwingt dabei zu einer gewissen Sparsamkeit, was die Dynamik des Films begrenzt und einer Überforderung der Lernenden entgegenwirkt. Das sequenzielle Einbringen und die räumliche Manipulation von Papierausschnitten unterstützen bereits auf konzeptioneller Ebene die sinnvolle Auftrennung und Sequenzierung komplexer Gegenstandsbereiche. Legetechnikfilme verzichten in der Regel auf umfangreiche schriftliche Textinhalte, womit Redundanzen zum Gesprochenen vermieden werden.

23.5 Erfolgsfaktoren

Eine lebendige Lehre zeichnet sich aus durch methodische Vielfalt und sinngeleitete didaktische Konzeption (vgl. Sander 2016). Der Videoeinsatz in der Lehre bringt allgemein viele Potenziale mit sich, da die Lernenden über zwei Wahrnehmungskanäle gleichzeitig angesprochen werden (vgl. Handke und Schäfer 2012, S. 221) und speziell die Do-it-yourself-Produktion der Legetechniklernfilme fördert die Konzentration auf den Inhalt, denn sie wirken authentisch und anfassbar statt maschinell und steril (vgl. Loviscach 2012, S. 25). Aus diesem Grund wird in den folgenden Abschnitten dargestellt, unter welchen technischen und didaktischen Bedingungen diese Art der Lernfilmproduktion ihre Potenziale ausschöpfen kann.

23.5.1 Technische Erfolgsfaktoren

Bei der Produktion von Lernfilmen mithilfe der Legetechnik müssen einige technische Faktoren berücksichtigt werden. So wird Papier mit einer Grammatur von mindestens 100 g/qm für die Papierausschnitte empfohlen, welche im Film in den Bildausschnitt hineingelegt und verschoben werden. Somit kann dem Flattern der Blätter und dem daraus entstehenden Schattenwurf, den es zu vermeiden gilt, entgegengewirkt werden. Ebenso ist die Größe der im Film dargestellten Figuren zu berücksichtigen, welche ungefähr A4-groß sein sollten. Entsprechend empfiehlt es sich, die Settings, in die sich mögliche Protagonisten begeben, in A3-Größe zu zeichnen. Unproblematisch sind selbst gezeichnete Illustrationen, die so einfach wie möglich gehalten werden sollten (vgl. Schön und Ebner 2013, S. 30 ff.). Die verwendeten Lege-Elemente können ebenso ausgedruckt werden, in diesem Fall ist jedoch das Urheberrecht zu berücksichtigen. Lizenzfreie ClipArts oder Vorlagen können über Bildportale gefunden werden.

Neben den in der Legetechnik herkömmlichen Papierausschnitten gibt es außerdem die Möglichkeit, Real-Elemente zusätzlich zu verwenden, wie beispielsweise Karten, Modelle, einen Kompass oder ähnliches. Dabei müssen jedoch die Proportionen beachtet und untereinander angepasst werden (vgl. Sander 2016).

Für die Aufnahme dieser Lernfilme ist es möglich, mobile Endgeräte oder eine der üblichen zahlreichen Kameras mit Filmfunktion zu nutzen. Weiterhin werden für die Produktion ein Headset oder Mikrofon für Audioaufnahmen, ausreichende Beleuchtung, ein weißer, glatter sowie sauberer Untergrund, die Lege-Elemente und ein PC mit einem einfachen Videobearbeitungsprogramm benötigt. Für den eigentlichen Dreh ist es zusätzlich sinnvoll, Schmuck und Uhren abzulegen, da diese den Lernenden beispielsweise durch eine Reflexion des Lichts ablenken können (vgl. Sander 2016).

Bei der Erstellung der Audiospur gibt es ebenfalls mehrere Möglichkeiten. So können die Textpassagen direkt bei der Filmerstellung, im Nachhinein oder auch vorher als Tonspur eingesprochen werden. Wird der Sprechertext bereits vor dem eigentlichen Dreh eingesprochen, kann sich das Team beim Hineinlegen und Verschieben der Lege-Elemente daran orientieren. Der Vorteil der Vor- und Nachvertonung liegt außerdem darin, dass der oder die Sprechende sich auf das Lesen des Textes konzentrieren kann. Dadurch entsteht jedoch auch ein Mehraufwand, da Bild und Ton anschließend mit einem Videobearbeitungsprogramm verknüpft werden müssen. Als hilfreiche Alternative sind an dieser Stelle Screenvideoprogramme zu nennen; diese zeichnen sich durch ihre leichte Handhabung aus und ermöglichen es, den Film abzuspielen und parallel dazu die Textpassagen über ein Headset einzusprechen. Das Programm fügt Bild- und Tonspur automatisch zusammen, wobei jedoch die Aufnahmequalität sinken kann (vgl. Sander 2016). In diesem Zuge ist wichtig zu erwähnen, dass Lernfilme keine HD-Qualität aufweisen müssen. Dennoch ist zu beachten, dass alle wichtigen Elemente zu erkennen und lesbar sind, auch in einem kleinen Abspielformat wie beispielsweise auf mobilen Endgeräten. Auch aus diesem Grund ist eine gute, gleichmäßige Beleuchtung unabdingbar. Ebenso sollten Wackeln, sichtbare Schnitte, Zooms oder Kameraschwenks vermieden und wenn möglich mit einem Stativ gearbeitet werden. Wird in der Filmproduktion geschnitten, sollten im gesamten Video die gleichen Übergänge gewählt und Effekte nur gezielt eingesetzt werden (vgl. Schön und Ebner 2013, S. 35 ff.).

23.5.2 Didaktische Erfolgsfaktoren

Der Einsatz von Lernfilmen, die mithilfe der Legetechnik produziert werden, bietet vielfältige Möglichkeiten. So können diese beispielsweise den Einstieg in ein Thema geben, Abläufe, Prozesse und Strukturen darstellen oder Inhalte auf eine prägnante und ansprechende Art vermitteln. Einen der wichtigsten Aspekte stellt in diesem Kontext die didaktische Reduktion des Lernstoffes dar. Dabei stehen Lehrenden zwei Optionen zur Verfügung. Zum einen können die Lerninhalte auf das Wesentliche reduziert und adäquat aufbereitet werden, um das Interesse und die Motivation der Rezipient_innen zu wecken, sodass sie selbstständig anschließend den Stoff vertiefen. Zum anderen können möglichst viele Lerninhalte schnell präsentiert werden (vgl. Sander 2016).

Wie bei jeder Vermittlung und allen Formen der Codierung von Lerninhalten ist es besonders wichtig, der Zielgruppe entsprechende geeignete Einsatzszenarien zu konzipieren sowie die Inhalte passend aufzubereiten (vgl. Reinmann 2015, S. 54). Lernfilme sind nur dann didaktisch sinnvoll einsetzbar, wenn der Schwierigkeitsgrad an die Zielgruppe angepasst wird (vgl. Handke und Schäfer 2012, S. 225). Zur Inhaltsvermittlung bedarf es einer guten Erklärung. In diesem Kontext gilt: „Eine gute Erklärung ist eine gute Geschichte“ (Schön und Ebner 2013, S. 20). Geschichten wiederum benötigen Figuren oder auch Handlungsträger und sollten sich in erzählten Welten abspielen, die sich aufgrund ihres Realitäts-, Zeit- und Ortsbezugs eindeutig bestimmen lassen (vgl. Reinmann 2015, S. 45). Durch die tutorielle Begleitung und Unterhaltung kann eine Leitfigur als eine Art Identifikationsfläche für die Lernenden dienen (vgl. Stoecker 2013, S. 105). Vage, noch ungeordnete Vorstellungen können durch das Erzählen von Geschichten in menschliche Erfahrungen eingeordnet werden. Weitere Empfehlungen für die Audiogestaltung sind: globale und lokale Kohärenz, sprachliche Einfachheit, alltagssprachliche Formulierungen, die Bereitstellung von Topikinformationen, die Angleichung an die Sprech- und Hörgewohnheiten der Rezipienten sowie die Personalisierung bzw. die direkte Ansprache der Lernenden (vgl. Reinmann 2015, S. 45). Sowohl für den gesamten Prozess als auch für die Inhalte wird bei der Filmerstellung ein Drehbuch empfohlen. Klar, einfach und unmissverständlich sollte auch der Titel gehalten werden. Ebenso spielen Einführung und Schluss eine wichtige Rolle, da die Rezipienten nach den ersten Sekunden die richtigen Erwartungen bzw. eine entsprechende Vorstellung von dem Lernfilm haben sollten und eine kurze Zusammenfassung am Ende zu empfehlen ist.

Evident nachteilig erweist sich beim filmgestützten Lernen gegenüber dem Lernen mit Texten, dass filmische Inhalte sich nicht durch eine Volltextsuche erschließen lassen. Speziell längere Lernfilme sollten deshalb durch Inhaltsverzeichnisse mit Sprungmarken ergänzt werden (vgl. Merkt und Schwan 2016). Noch besser ist die sinnvolle Auftrennung in mehrere Episoden, da zeitliche Kompaktheit einen wichtigen Akzeptanzfaktor darstellt.

Guo et al. (2014) untersuchten die Betrachtungsdauer von Videos in MOOCs und ermittelten einen Durchschnitt von ca. sechs Minuten. Diese Länge bestätigen laut Handke ebenso die YouTube-Nutzungsstatistiken (vgl. Handke 2015, S. 63). In diesem Sinne empfehlen auch Schön und Ebner eine Länge von zwei bis fünf Minuten für Lernfilme (vgl. Schön und Ebner 2013, S. 29).

Gestaltungsempfehlungen gilt es auch bei der Darstellung von bildhaft codierten Informationen zu berücksichtigen. Dabei kann zwischen logischen und darstellenden Bildern unterschieden werden. Darstellende Bilder weisen eine Ähnlichkeit zu dem abgebildeten Gegenstand auf, logische Bilder hingegen sind abstrakt und eignen sich für die Darstellung quantitativer und qualitativer Beziehungen (vgl. Schnotz 1994, S. 97). Dass grafische Elemente schnell zu unterscheiden sowie klar erkennbar sein müssen und eine deutliche Trennung von Hintergrund und Figur berücksichtigt werden sollte, besagen die syntaktischen Gestaltungskriterien. Außerdem nehmen Rezipient_innen Darstellungen so wahr, dass prägnante, einfache Strukturen entstehen. Visuell ähnliche Merkmale wie auch Komponenten, welche nah beieinanderliegen, werden zudem von Betrachtenden schnell als zusammengehörig wahrgenommen. Einen Einfluss auf das Verständnis von Bildern haben außerdem die semantischen Gestaltungskriterien, da diese die Bedeutung von Bildzeichen sowie Darstellungscodes beinhalten. So eignen sich geometrische Merkmale wie Längen oder Winkel, um quantitative Unterschiede darzustellen, qualitative Differenzen hingegen werden durch Farben verdeutlicht. Zu den pragmatischen Gestaltungskriterien zählen wiederum Steuercodes, welche den oder die Lernenden durch Verwendung von Bildzeichen wie Pfeilen, Beschriftungen, Hervorhebungen und Vergrößerungen beeinflussen können. Dabei sind der Zweck des Bildeinsatzes sowie eine daraufhin ausgerichtete Verwendung wichtig (vgl. Reinmann 2015, S. 47 ff.).

Drei Kategorien können zusammenfassend als zu berücksichtigende Gestaltungskriterien genannt werden (vgl. Reinmann 2015, S. 54):

- Um Aufmerksamkeit und Wahrnehmung zu erleichtern, eignen sich handwerklich gut gestaltete Filme – syntaktische Kriterien.
- Sehgewohnheiten und Darstellungscodes der Lernenden sollten einbezogen werden – semantische Kriterien.
- Lernenden muss erläutert werden, wie und wozu der Film genutzt wird – pragmatische Kriterien.

Sind Lernfilme noch nicht in einen Kontext eingebettet, stellen sie lediglich grundlegende Elemente dar und sind linear gestaltet. So sollten diese mit passenden und inhaltlich aufeinander abgestimmten Elementen in einen entsprechenden Zusammenhang gebracht werden (vgl. Handke und Schäfer 2012, S. 221 f.). Um zu vermeiden, dass die audiovisuelle Darstellung der Inhalte von den Lernenden mit Unterhaltung assoziiert wird, sollten Lernfilme in explizit auf das Lernen ausgerichtete Umgebungen eingebettet sowie mit weiteren Formen der Inhaltsdarstellung verbunden bzw. angereichert werden. Werden Lernfilme in dieser Art in den entsprechenden Lernkontext integriert, gibt es für ihre Einbindung zwei Möglichkeiten. Erfolgt die Einbindung nach der sukzessiven Integration, wird der Film in einer linearen Präsentationsabfolge bereitgestellt, also beispielsweise nach/vor Texten oder Abbildungen. Wird der Lernfilm mit anderen Präsentationsformen gleichzeitig auf einer Bildschirmseite bereitgestellt, wird von der simultanen Integration gesprochen. Der Vorteil dieser Einbindung liegt in der Herstellung von direkten Bezügen mit weiteren Informationsquellen, sodass die Lernenden die Möglichkeit haben, die Reihenfolge selbst zu bestimmen (vgl. Reinmann 2015, S. 54). Zunächst sollte geklärt werden, welche Funktion die Lernfilme haben, d. h. ob diese beispielsweise einleiten, Wissen vermitteln, informieren oder auch zusammenfassen sollen. Erst nach Beantwortung dieser Aspekte können Überlegungen über die Art der Einbindung der Filme getroffen werden. Zudem gibt es die Möglichkeit, die Lernenden nach oder während der Rezeption zu aktivieren und entsprechende interaktive Elemente oder Aufgaben wie Arbeitsaufträge oder Beobachtungsaufgaben einzufügen. Wichtig ist dieses methodische Vorgehen sowohl im Film als auch im gesamten Lehr-Lern-Szenario zu berücksichtigen (vgl. Sander 2016).

Dem Videoeinsatz in der Lehre steht häufig der Einwand entgegen, dass diese lediglich in eine Richtung wirken und eine Möglichkeit für schnelle Rückfragen fehlt. Im Rahmen von reinen Online-Szenarien kann die Bereitstellung eines Forums oder eine Kommentarfunktion eine zeitnahe Rückmeldung unterstützen (vgl. Loviscach 2012, S. 33). Bei weiteren Lehr-Lern-Szenarien bieten Präsenzphasen zusätzlich die Möglichkeit für Rückfragen und einen Austausch über das Erlernte.

23.6 Schlussfolgerungen

Zur Produktion von Lernfilmen stehen heute zahlreiche verschiedene Stile und Techniken zur Verfügung. Im Beitrag wurde mit der Legetechnik ein Ansatz vorgestellt, bei dem flache, ausgeschnittene Objekte aus Pappe oder dickerem Papier horizontal auf eine Fläche gelegt, bewegt und mit einer senkrecht darüber angebrachten Kamera gefilmt werden. Die Lernfilme, die mithilfe der Legetechnik erstellt wurden, eignen sich besonders zur Vermittlung von abstrakten Themen.

Ein wesentlicher Vorteil der Legetechnik liegt im einfachen Produktionsablauf und geringen -aufwand, da für die Erstellung kein spezielles Equipment und keine umfangreichen Kenntnisse in der Filmproduktion notwendig sind. Zur Vermittlung der Inhalte benötigen die Legetechnikfilme jedoch gute Erklärungen und emotional aktivierende Erzählungen, was mithilfe des Digital Storytelling erfolgen kann (vgl. Herbst und Musiolik 2016; Eick 2014; Alexander 2011). Zudem ist auch zu beachten, dass Änderungen oder Korrekturen im Nachhinein kaum möglich sind und eventuell neu aufgezeichnet werden müssen. Demnach sollten die Filme immer sehr sorgfältig aus didaktischer, inhaltlicher und technischer Sicht geplant werden.

Literatur

Alexander B (2011) The new digital storytelling: creating narratives with new media. Praeger, Santa Barbara

Arnold R (2015) Bildung nach Bologna Die Anregungen der europäischen Hochschulreform. Springer, Wiesbaden

Arnold R, Erpenbeck J (2016) Wissen ist keine Kompetenz. Dialoge zur Kompetenzreifung, 3. Aufl. Schneider, Baltmannsweiler

Arnold P, Kilian L, Thillosen A, Zimmer G (2015) Handbuch E-Learning. Lehren und Lernen mit digitalen Medien. 4., erw. Aufl. Bertelsmann, Bielefeld

Baddeley AD (1986) Working memory. Clarendon, Oxford

Betrancourt M (2005) The animation and interactivity principles in multimedia learning. In: Mayer RE (Hrsg) The Cambridge handbook of multimedia learning. Cambridge University Press, New York, S 287–296

Borchert T, Schlöffel R (2017a) How qualified PE teacher using a web-based video analysis service for a skill-based training?! – First results of the EQUEL-study. Vortrag bei der jährlichen European Teacher Education Network Conference (ETEN), 20.–22. April 2017. Göteborg, Schweden

Borchert T, Schlöffel R (2017b) How can a blended learning environment enhance job-related competencies of in-service physical educators? –development and implementation of a web-based video analysis service (EQUEL). J Eur Teach Educ Netw 12:64–72

Borchert T, Schlöffel R, Fritzenberg M (2017) Blended Learning im Sportstudium: Zwischen akademischer Persistenz und berufsfeldorientierter Kompetenzentwicklung. In: Neumann P, Balz E (Hrsg) Sportlehrerausbildung heute. Ideen und Innovationen. Czwalina, Hamburg, S 50–60

Bundesministerium für Bildung und Forschung (BMBF) (2003) Erste bundesweite Fachtagung „Berufsbildung für eine nachhaltige Entwicklung", 26. und 27. März 2003 in Osnabrück. Bonn

Chtouki Y, Harroud H, Khalidi M, Bennani S (2012) The impact of YouTube videos on the student's learning. 2012 International Conference on Information Technology Based Higher Education and Training (ITHET), Istanbul. https://doi.org/10.1109/ITHET.2012.6246045

e-teaching.org (2015) Legetechnik. http://www.e-teaching.org/technik/aufbereitung/animation/legetechnik/. Zugegriffen: 23. Apr. 2017

Eick D (2014) Digitales Erzählen Die Dramaturgie der neuen Medien. UVK, Konstanz

Erpenbeck J, Sauter W (2007) Kompetenzentwicklung im Netz: New Blended Learning mit Web 2.0. Luchterhand, München

Erpenbeck J, Sauter W (2010) Kompetenzentwicklung ermöglichen. Studienbrief Nr. EB 01520 des Master-Fernstudienganges Erwachsenenbildung der TU Kaiserslautern. Unveröffentlichtes Manuskript. Kaiserslautern

Erpenbeck J, Sauter W (2016) Stoppt die Kompetenzkatastrophe! Wege in eine neue Bildungswelt. Springer, Berlin

Ertelt A (2007) On-screen videos as an effective learning tool. The effect of instructional design variants and practice on learning achievements, retention, transfer, and motivation. Dissertation, Universität Freiburg i. Br. http://bit.ly/2oiP8lM. Zugegriffen: 23. Apr. 2017

Feierabend S, Plankenhorn T, Rathgeb T (2016) JIM-Studie 2016. Jugend, Information, (Multi-) Media. Basisstudie zum Medienumgang 12- bis 19-Jähriger in Deutschland. Medienpädagogischer Forschungsverbund Südwest, Stuttgart

Grosch M, Gidion G (2011) Mediennutzungsgewohnheiten im Wandel Ergebnisse einer Befragung zur studiumsbezogenen Mediennutzung. KIT Scientific Publishing, Karlsruhe

Guo PJ, Kim J, Rubin R (2014) How video production affects student engagement: an empirical study of MOOC videos. Proceedings of the First ACM Conference on Learning @ Scale, Atlanta, Georgia, USA, S 41–50. https://doi.org/10.1145/2556325.2566239

Handke J (2015) Handbuch Hochschullehre Digital Leitfaden für eine moderne und mediengerechte Lehre. Tectum, Marburg

Handke J, Schäfer AM (2012) E-Learning, E-Teaching und E-Assessment in der Hochschullehre. Eine Anleitung. Oldenbourg, München

Hansch A, Hillers L, McConachie K, Newman C, Schildhauer T, Schmidt JP (2015) Video and online learning: critical reflections and findings from the field. HIIG Discussion Paper Series 2015-02. http://dx.doi.org/10.2139/ssrn.2577882. Zugegriffen: 5. Nov. 2017

Hattie JAC (2009) Visible learning: a synthesis of over 800 meta-analyses relating to achievement. Routledge, London

Herbst DG, Musiolik TH (2016) Digital Storytelling. Spannende Geschichten für interne Kommunikation, Werbung und PR. UVK, Konstanz

Hochschulrektorenkonferenz (HRK) (2014) Potenziale und Probleme von MOOCs. Eine Einordnung im Kontext der digitalen Lehre. Beiträge zur Hochschulpolitik 2/2014. Bonn

Kaltenböck V, Zumbach J (2012) Attribution und Kognition beim Lernen mit Film und Text. Psychol Österr 5:470–477

Karapanos M, Fendler J (2015) Lernbezogenes Mediennutzungsverhalten von Studierenden der Ingenieurswissenschaften. Eine geschlechterkomparative Studie. JOTED 3(1)

Kettschau I (2012) Kompetenzmodellierung in der Beruflichen Bildung für eine Nachhaltige Entwicklung (BBNE). Haushalt in Bildung und Forschung 1(1):1–20

Kirschner PA (2002) Cognitive load theory: implications of cognitive load theory on the design of learning. Learn Instr 12(1):1–10. https://doi.org/10.1016/S0959-4752(01)00014-7

Koumi J (2006) Designing video and multimedia for open and flexible learning. Routledge, London

Kuhlmann AM, Sauter W (2008) Innovative Lernsysteme. Kompetenzentwicklung mit Blended Learning und Social Software. Springer, Berlin

LeFever L (2012) The art of explanation: making your ideas, products, and services easier to understand. Wiley, New York

Lenzen D (2014) Bildung statt Bologna. Ullstein, Berlin

Loviscach J (2012) Videoerstellung für und Erfahrungen mit dem ICM. In: Handke J, Sperl A (Hrsg) Das *Inverted Classroom Model*. Begleitband zur ersten deutschen ICM-Konferenz. Oldenbourg, München, S 25–37

Lowe R, Schnotz W (2008) A unified view of learning from animated and static graphics. In: Lowe R, Schnotz W (Hrsg) Learning with animation: research implications for design. Cambridge University Press, Cambridge, S 304–356

Mayer RE (2009) Multimedia learning, 2. Aufl. Cambridge University Press, Cambridge

Merkt M, Schwan S (2016) Lernen mit digitalen Videos. Der Einfluss einfacher interaktiver Kontrollmöglichkeiten. Psychol Rundsch 67(2):94–101. https://doi.org/10.1026/0033-3042/a000301

Niegemann HM, Domagk S, Hessel S, Hein A, Hupfer M, Zobel A (2008) Kompendium multimediales Lernen. Springer, Berlin

Paivio A (1986) Mental representations: a dual coding approach. Oxford University Press, New York

Reinmann G (2015) Studientext Didaktisches Design. http://gabi-reinmann.de/wp-content/uploads/2013/05/Studientext_DD_Sept2015.pdf. Zugegriffen: 28. März 2017

Rohn H, Bliesner A (2008) Kompetenzentwicklung zum Nachhaltigen Wirtschaften. UmweltWirtschaftsForum (uwf) 16(4):237–243

Salomon G (1984) Television is "easy" and print is "tough": the differential investment of mental effort in learning as a function of perceptions and attributions. J Educ Psychol 76(4):647–658. https://doi.org/10.1037/0022-0663.76.4.647

Sander B (2016) Lehrfilmerstellung mit Legetechnik. https://dbs-lin.ruhr-uni-bochum.de/lehreladen/e-learning-technik-in-der-lehre/praesentationstechniken/lehrfilmerstellung-mit-legetechnik/. Zugegriffen: 28. März 2017

Schlöffel R, Weber K, Borchert T (2017) Using tablets to foster motivation, conceptions of movement and reflective competencies in school children during PE lessons. Vortrag bei der jährlichen European Teacher Education Network Conference (ETEN), 20.–22. April 2017. Göteborg, Schweden

Schneider A, Jahn V, Heise L (2016) Digitalisierung der Lehre als Chance zur Ermöglichung dualer Karrieren studierender Spitzensportler. In: Pfau W, Baetge C, Bendelier SM, Kramer C, Stöter J (Hrsg) Teaching Trends 2016. Digitalisierung in der Hochschule: Mehr Vielfalt in der Lehre. Waxmann, Münster, S 63–72

Schnotz W (1994) Wissenserwerb mit logischen Bildern. In: Weidenmann B (Hrsg) Wissenserwerb mit Bildern. Instruktionale Bilder in Printmedien, Film/Video und Computerprogrammen. Huber, Bern, S 95–147

Schön S, Ebner M (2013) Gute Lernvideos … so gelingen Web-Videos zum Lernen! Books on Demand, Norderstedt

Schön S, Ebner M (2014) Zeig doch mal! Tipps für die Erstellung von Lernvideos in Lege- und Zeichentechnik. ZFHE 9(3):41–49

Spannagel C (2014) Flipped Classrooms: Raum für Interaktionen schaffen. In: Klotmann E, Köck C, Lindner M, Oberländer N, Sucker J, Winkler B (Hrsg) Der vhsMOOC 2013. Wecke den Riesen auf. Bertelsmann, Bielefeld, S 41–42

Stoecker D (2013) eLearning – Konzept und Drehbuch. Handbuch für Medienautoren und Projektleiter, 2. Aufl. Springer, Berlin

Sweller J, van Merrienboer JJG, Paas FGWC (1998) Cognitive architecture and instructional design. Educ Psychol Rev 10(3):251–296. https://doi.org/10.1023/A:1022193728205

Tiemeyer E (2009) Kompetenzorientierung im Rahmen einer beruflichen Bildung für nachhaltiges Wirtschaften – Einordnung und Handlungsebenen. In: Tiemeyer E (Hrsg) Europäische Kompetenzentwicklung zum nachhaltigen Wirtschaften in der Ernährungsbranche. Herausforderungen, Projektergebnisse und Transferkonzept. NA beim BIBB, Bonn, S 40–52

Zawacki-Richter O (2015) Zur Mediennutzung im Studium – unter besonderer Berücksichtigung heterogener Studierender. Zeitschrift für Erziehungswissenschaft 18(3):527–549. https://doi.org/10.1007/s11618-015-0618-6

Weiterbildungsmaterialien zu den Themen Energie, BWL und Klimawandel gefördert durch das Bundesumweltministerium

24

Johannes Kals und Johanna Kunzendorff

Zusammenfassung

Der Klimawandel und die Energiewende fordern die Betriebswirtschaftslehre als Ganze heraus. Ein umfassender Ansatz einer energieorientierten BWL systematisiert die Herausforderungen und entwickelt die Methoden (den „Werkzeugkasten") funktions- und branchenübergreifend weiter. Das Projekt „RessourceAdapt" stellt Lehr- und Weiterbildungsmaterial zu diesem umfassenden Ansatz sowie zum Klimawandel für Unternehmen, Nichtregierungsorganisationen und Graduiertenschulen bereit. Zielgruppen sind Studierende und ausgebildete Betriebswirte, die sich mit dem Thema Energie auseinandersetzen sollen, aber auch Ingenieure und andere Berufsgruppen, die mehr über BWL und die betrieblichen Funktionen lernen wollen. Neue Medien und Formate erreichen die Zielgruppen auf innovative Weise: Tutorials, Dokumentationen mit Unternehmenspartnern und perspektivisch sogar Spielfilmanteile sind in Realisierung bzw. Planung.

Schlüsselwörter

Energieorientierte BWL · Klimawandel · Weiterbildungen · Energiemanagement Carbon Accounting

J. Kals (✉) · J. Kunzendorff
Hochschule Ludwigshafen am Rhein, Ludwigshafen, Deutschland
E-Mail: johannes.kals@hs-lu.de

J. Kunzendorff
E-Mail: johanna.kunzendorff@hs-lu.de

W. Leal Filho (Hrsg.), *Nachhaltigkeit in der Lehre,* Theorie und Praxis der Nachhaltigkeit, https://doi.org/10.1007/978-3-662-56386-1_24

24.1 Das Projekt

24.1.1 Gegenstand und Rahmendaten

Eine Suche auf der Seite der Hochschulrektorenkonferenz nach Studiengängen im Bereich Energie und Nachhaltigkeit zeigt folgende Ergebnisse: Von insgesamt 18.917 Studienangeboten (grundständig und weiterführend) sind 723 ein Angebot im Bereich Energie und 78 im Energiemanagement. Die Suche nach anderen Angeboten mit Bezug zu Energie – Umweltschutz 95, Umweltmanagement 84, Nachhaltigkeit 143 – zeigt, dass energie- und nachhaltigkeitsbezogene Themen in der Lehre an deutschen Hochschulen nachgefragt werden (Stiftung zur Förderung der Hochschulrektorenkonferenz o. J.). Das Projekt RessourceAdapt (Ressourcenorientiertes Energiemanagement und Klimawandel – eine Weiterbildung für Entscheider) greift diese Nachfrage auf und entwickelt Lehrmaterial für Aus- und Weiterbildung zu den Themen Klimawandel und energieorientierte BWL. Es ist gefördert durch das Bundesumweltministerium (BMUB) im Rahmen der Deutschen Anpassungsstrategie an den Klimawandel (DAS) mit einer zweijährigen Laufzeit (02/2016–01/2018). Die Verbundpartner sind die Hochschule Ludwigshafen und das Forschungs- und Dienstleistungsunternehmen UDATA GmbH, deren Portfolio unter anderem die Abschätzung der Klimafolgen für Ökosysteme sowie Umweltbildung umfasst. Das Lehrmaterial steht für die Zielgruppen Hochschulen/Graduiertenschulen, Unternehmen und Non-Governmental-Organisations (NGOs) bereit. Die Trainings werden mit Pilotpartnern getestet, weiterentwickelt und schlussendlich auf die Bedürfnisse der jeweiligen Institution angepasst. Der breite Ansatz bietet Themenbereiche wie die Analyse von energierelevanten Prozessen in Logistik, Facility-Management oder Produktion. Das Potenzial versteckte Energiekosten aufzuzeigen und Einsparmöglichkeiten zu erkennen ist für Betriebswirtschaftler grundlegende Aufgabe, die damit zusammenhängende Reduktion von CO_2-Emissionen positiver Effekt für das Unternehmen und seine unternehmerische Ausrichtung, z. B. auf Nachhaltigkeit. Die Abbildung in der energiebezogenen Kostenrechnung und dem Controlling sowie die Verankerung von Energie und Nachhaltigkeit in Wirtschaftlichkeitsrechnung, Strategie und Unternehmensethik sind in der Lehre Hebel, um künftigen Betriebswirtschaftlern Wissen und ein Bewusstsein zu vermitteln, welches durch sie in Unternehmen und Organisationen hineingetragen wird und Wirkung zeigen kann.

Alle Themen des Lehrmaterials werden auch im Hinblick auf ihren Beitrag zu Klimaanpassung betrachtet. Die Homepage www.ressourceadapt.org macht die Ergebnisse ohne Passwort oder Anmeldeformalitäten für jeden Interessierten verfügbar. Das Copyright unter Creative Commons erlaubt jede Verwendung unter Angabe der Quelle, auch die Veränderung, Anpassung und Weiterentwicklung des Materials. Das Lehrmaterial hebt Nachhaltigkeit als Querschnittsthema der BWL-Lehre hervor. Der Fokus auf Energie trägt dazu bei, nachhaltiger zu wirtschaften.

24.1.2 Ziel und Zielgruppen

Das Ziel (etwas pathetisch ausgedrückt: die Vision) ist ambitioniert: Jeder Betriebswirt soll sich (mindestens) eine Stunde mit diesen Inhalten auseinandersetzen – relativ zeitnah, denn der Klimawandel drängt. Das bedeutet,

- die energieorientierte BWL in allen entsprechenden Studiengängen zu verankern,
- alle Betriebswirte im aktiven Berufsleben zu erreichen
- sowohl im deutschen Sprachraum als auch international.

Ausgehend von dieser einen Stunde kann dann der Einzelne entscheiden, was er wie weit vertieft, um seine Karrierechancen zu verbessern und gleichzeitig einen Beitrag für Klimaschutz und -anpassung leisten zu können. Praktisch alle betrieblichen Funktionen haben einen Energiebezug, in Kals (2015) sind über 20 *„business domains"* behandelt. Auch wenn nicht jeder Personalwirtschaftler, Marketingfachmann usw. mit energiebezogenen Problemstellungen konfrontiert ist, die Personalwirtschaft oder das Marketing als Funktionen sind es. Das Energie-Controlling oder der Energieeinkauf in Unternehmen sind Beispiele für neu entstandene, eigenständige, 100-Prozent-Arbeitsfelder.

Darüber hinaus wenden sich die Lehraktivitäten im Sinne der Citizen Science an Bürger, um zu zeigen: Die Energiewende kann gelingen und ist langfristig unabdingbar für eine nachhaltige Lebensweise in unserem „Global Village". Tab. 24.1 strukturiert zusammenfassend.

Es geht bei diesem Ansatz also nicht primär um die Energiebranche/Energiewirtschaft, sondern vielmehr um alle Unternehmen, die Energie benötigen. Um wahrgenommen zu

Tab. 24.1 Zielgruppen der Weiterbildungen. (Eigene Darstellung)

Zielgruppe	Deutschsprachiger Raum	International
Studierende in Studiengangen mit Schwerpunkt (aber nicht ausschließlich) BWL	Überblick energieorientierte BWL und Vertiefung gemäß Studiengangausrichtung (Rechnungswesen/Controlling, SCM/Logistik ...)	Verbreitung über Veröffentlichungen und neue Medien wie MOOC, E-Leaming, Apps
Berufstätige, Profis	Eine Stunde Beschäftigung mit Veröffentlichungen, Videos, Präsentationen. Nach Bedarf in beliebige Tiefe gehen. Schulungen mit Zertifikat, Weiterbildungsanbieter und Graduate Schools	Wie links nebenstehend, auf Englisch mit landesspezifischen inhaltlichen Anpassungen
Bürger, als Multiplikatoren: Energieagenturen, NGOs, Energiegenossenschaften, Volkshochschulen (VHS), andere Ehrenamtler usw.	Popularwissenschaftliche Veröffentlichungen, YouTube-Videos, Gamification-Apps, Infotainment. Bei Berufstätigen: Über das Weiterbildungsgesetz, Studium Generale usw.	Wie links auf Englisch und auf weitere Sprachen übertragen

werden, bieten sich Schlagworte und Markenbildungen an, „energieorientierte BWL" wendet sich jedoch bei Weitem nicht nur an Betriebswirte: Energie ist vor allem ein technisches Thema und auch Ingenieure, Naturwissenschaftler und andere können profitieren. Zwar setzt das erarbeitete Material einige Grundlagen voraus, beispielsweise in Organisation, Kostenrechnung oder Investitionsrechnung. Dies ist jedoch Wissen, das auch Ingenieuren zu empfehlen ist, die Karriere machen wollen – und das die meisten Führungskräfte auch ohne wirtschaftliche Grundausbildung längst „on the Job" erworben haben.

24.2 Was ist die energieorientierte BWL und weshalb ist sie nötig?

24.2.1 Megatrends als Herausforderung und Chance

Angesichts des Klimawandels scheint der Gedanke naheliegend, alle Funktionen der BWL daraufhin zu überprüfen,

- welche neuen Herausforderungen hinzugekommen sind,
- wie weit die vorhandenen Instrumente zu überarbeiten sind und
- ob neue Methoden im „Werkzeugkasten" des Faches zu ergänzen sind.

Die Herausforderungen macht Abb. 24.1 mit Megatrends deutlich (sie umfassen verschiedene Bereiche wie Gesellschaft, Wirtschaft, Technik, Politik und wirken über Jahrzehnte).

Die BWL muss sich beispielsweise auf die Volatilität schwankender Strompreise einstellen, mit Auswirkungen auf die Energiebeschaffung und Produktion durch das Lastmanagement (Demand-Side-Management) (Simon 2017, S. 261 f.). Neue Regelungen im Energiemarkt und zur Energieeffizienz sind in einem Rechtskataster zu berücksichtigen (Ljutfiji und Meß 2013, S. 20). Legitimitätsdruck entsteht über Offenlegungspflichten, beispielsweise aufgrund EU-Verordnung oder Global Reporting Initiative (GRI). Erfreulicherweise lassen auch Fortschritte der Energietechnik, der IT und wachsendes öffentliches Bewusstsein neue Möglichkeiten entstehen.

Vorhandene Instrumente sind deshalb zu ergänzen, beispielsweise eine Lebenszyklus-Betrachtung bei der Investitionsrechnung, zustandsabhängige Instandhaltung zur Verbesserung der Energieeffizienz oder die Verfeinerung der Kennzahlensysteme im Energie-Controlling.

Und auch neue Instrumente/Methoden sind beispielhaft zu nennen, eine Kohlenstoff-Rechnung (Carbon Accounting) (Bellassen und Cochran 2016, S. 2), Industrie 4.0 zur Energiedatenerfassung und die Verarbeitung ungeahnter Datenmengen mit In-Memory Datenbanken (IMDB).

Der so begründete Ansatz der energiebezogenen BWL ist

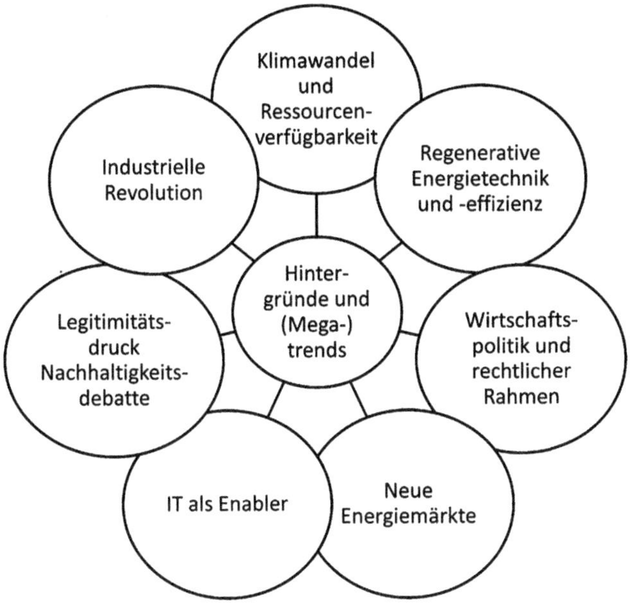

Abb. 24.1 Wichtige Megatrends

- funktionsübergreifend (wie oben angedeutet),
- interdisziplinär (betrachtet Schnittstellen zu Naturwissenschaften/Klimawandel, Technik, Politik, Recht usw.),
- branchenübergreifend (beispielsweise über neue Netzwerke bei Energiegewinnung und -beschaffung),
- international.

Ein solcher Ansatz und das unten vorgestellte Gesamtsystem sollen helfen, in einer komplexen, unübersichtlichen und oftmals zergliederten Welt einen Überblick zu erlangen.

24.2.2 Überblick über die energieorientierte BWL

Was muss die BWL leisten, um die oben dargestellten Megatrends und die damit einhergehenden Herausforderungen zu meistern? Das in Abb. 24.2 dargestellte Modell zur energieorientierten BWL fasst dies zusammen.

Zunächst liefern Bilanzen die technischen Informationen zu Aspekten wie Nachhaltigkeit, Energie, Umwelt oder auch CO_2-Emissionen (Kals 2014, S. 109–111). Wie viel Energie wird beispielsweise für einen Herstellungsprozess in einem Unternehmen benötigt (Energieeintrag) und wie wird diese Energie dann verwendet (als Strom, Wärme

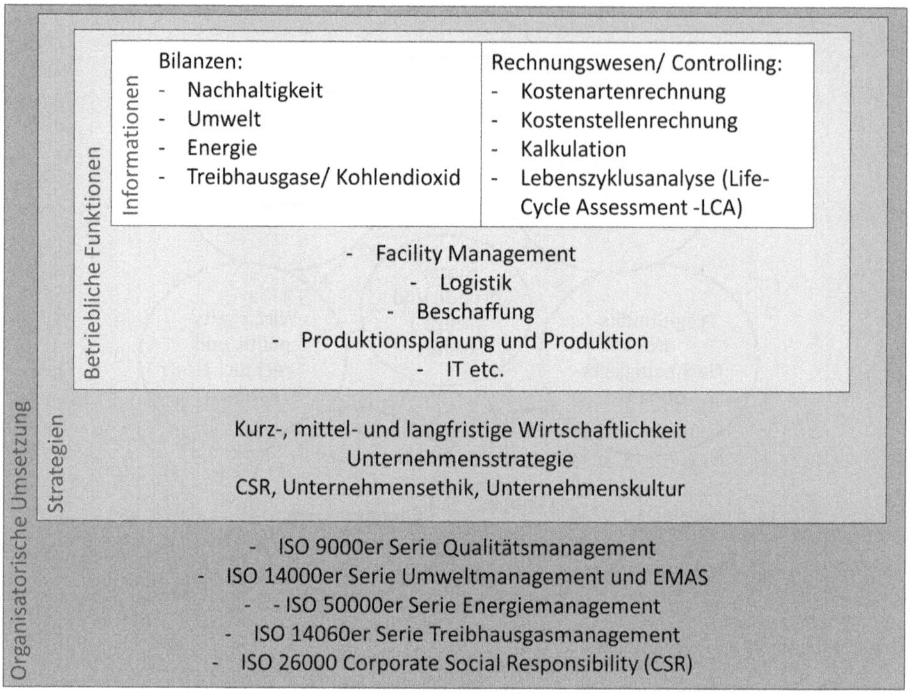

Abb. 24.2 Modell Energieorientierte BWL. (übersetzt aus Kals 2015, S. 234)

oder Verluste)? Anhand dieser Parameter kann dann gemessen werden, in welchem Prozess – zum Beispiel nach dem Austausch einer Maschine – Energie eingespart werden könnte, so dass CO_2-Emissionen sinken. Diese Bilanzen müssen allerdings viel enger an das betriebliche Rechnungswesen und das Controlling gekoppelt werden (Schmidt et al. 2017, S. 27). Beispiele für diese Kopplung geben die Lehreinheiten „Bilanzen" sowie „Energiebuchhaltung und Energiecontrolling". Die Einheit „Energiekennzahlen" zeigt darüber hinaus den Aufbau von Kennzahlensystemen für Energie (*Energy Performance Indicators,* EnPI).

Diese Informationen bilden die Basis für die betrieblichen Funktionen, die Energie benötigen. Letztlich sind alle Funktionen betroffen, aber Funktionen wie das Facility-Management, die Logistik oder die Produktion haben einen offensichtlicheren Zusammenhang mit Energie als die Personalwirtschaft oder das Marketing.

Bei der Bewertung von Maßnahmen sind drei Ebenen zu unterscheiden:

- Wirtschaftlichkeitsrechnungen (wiederum differenziert in kurz-, mittel und langfristige), die bei Energieinvestitionen zu beachten sind
- Diese Investitionen müssen eingebettet sein in die Unternehmensstrategie.

- Das strategische Handeln wiederum basiert auf der Corporate Social Responsibility/der Unternehmensethik/der Unternehmenskultur, also den grundlegenden Werten, die ein Unternehmen oder eine Organisation für sich definiert haben oder faktisch leben.

Dies alles muss organisatorisch umgesetzt werden. Dabei helfen die DIN EN ISO Serien von Qualität über Umwelt, Energie bis hin zu Treibhausgasen/Kohlendioxid.

24.2.3 Ausgewählte Inhalte und Highlights

Im Folgenden werden einige Beispiele erläutert, die das oben vorgestellte System der energieorientierten BWL und seine Inhalte verdeutlichen:

Im Bereich Facility-Management geht es um die Verwaltung und Bewirtschaftung von Gebäuden eines Betriebes oder einer Organisation inklusive deren technischen Anlagen. Energie ist die Hauptressource des Facility-Managements und die Frage nach Energieeffizienz und Energieeinsparung stellt sich hier in jedem Unternehmen, auch kleinen Dienstleistern sowie in Privathaushalten – somit entsteht ein persönlicher Bezug für jeden Hörer. Die Kenntnis verschiedener Energieformen, wie sie beim Facility-Management auftreten, ist auch für Betriebswirte eine wichtige Kompetenz. Folgende Fragen machen das exemplarisch deutlich: Was bedeutet Heizwärmebedarf von 15 kWh pro Quadratmeter und Jahr in einem Passivhaus? Wie erreichen Passivhäuser diesen sehr guten Wert? Und was ist der Energieinhalt eines Energieträgers und wie wird er als Brennwertfaktor berechnet? Was sind Plus-Energie-Häuser und welche Rolle können Immobilien in „Smart-Energy-Grids" spielen? Was bedeutet das für die Kosten in meinem Unternehmen? Fragen, auf die die Lerneinheit Facility-Management antwortet.

Bei der Logistik und dem Supply-Chain-Management (SCM) steckt die Energie (genauer gesagt der Energieträger) im Tank. Wie lassen sich nun die CO_2-Emissionen berechnen? Welche Diskussionspunkte gibt es bei der Festlegung der Koeffizienten? Welcher Faktor für Emissionen in großer Höhe bei Flugreisen ist angemessen? Die Einheit „Logistik" erklärt weiterhin, was ein Verbrauch von 15 kWh pro 100 km von Elektrofahrzeugen umgerechnet auf Benzin oder Diesel bedeutet. Es werden der Wirkungsgrad angesprochen und Vergleiche zwischen Verbrennungsmotoren und Elektromotoren hergestellt (Kals 2015, S. 191). Überlegungen zu den zu wählenden Transportmitteln für den Transport von Produkten und die damit zusammenhängenden Auswirkungen auf die Umwelt sind auch für zukünftige und bereits ausgebildete Betriebswirte wichtige Fragestellungen, um Kosten und Umweltauswirkungen bilanzieren zu können (Wannenwetsch 2014, S. 243–245). Die etablierte, öffentlich geförderte Homepage www.ecotransit.de liefert interaktiv den Vergleich von Transportalternativen (IVE mbH o. J.) – ohne das hier vermittelte Know-how lässt sich das Ergebnis aber nicht in ausreichender Tiefe verstehen.

Bei der Produktion und der Produktionsplanung sticht für Betriebswirte ein Aspekt hervor: Muss eine Maschine ersetzt werden, wie rechnen sie? Viele Unternehmen (und besonders auch Gebietskörperschaften) vergleichen lediglich die Anschaffungskosten, das niedrigste Angebot erhält den Zuschlag. Doch wie sieht die Lebenszyklusbetrachtung aus? Welchen Anteil haben die Energiekosten? – Es können bei elektrischen Antrieben, Heizung-/Klimatechnik 60 bis 95 % sein. Total Cost of Ownership und Life-Cycle Costs sind richtig zu berechnen und müssen ihren angemessenen Platz in der Investitionsentscheidung finden (Kals 2010, S. 169–172).

Diese Überlegungen führen aus den betrieblichen Funktionen hinaus in die Ebene der Strategien. Hat ein Unternehmen Nachhaltigkeit in seiner Unternehmensstrategie verankert und betreibt es nicht nur Greenwashing? Prüfsteine sind die oben angerissenen Methoden, die weitgehend quantifizierte, rechenhafte Ergebnisse liefern (Kals 2016, S. 195–197). Da sich immer mehr Unternehmen – auch durch den öffentlichen Druck – zu mehr Nachhaltigkeit bekennen, sind auch die Betriebswirte und andere Berufsgruppen gefordert, ihr Handwerk um diese Aspekte zu erweitern.

Die Praxis zeigt aber auch einige Herausforderungen und Hürden, die bei diesem Thema als Lehrfach entstehen und die einen langen Atem erfordern. Auf Hochschulseite ist das Lehrfach noch ein „Newcomer", als Wahlpflicht mit und ohne Notennachweis in der Prüfungsordnung verankert. Studierende sind aus einer Mischung zwischen Zeitökonomie und Gewohnheit weniger engagiert ohne Klausur. Im Gegensatz dazu stehen allerdings die hohen Anfragen nach Bachelor- und Masterarbeiten, die vermuten lassen, dass das Thema Energie und Nachhaltigkeit in der BWL von vielen als relevant für ihre Zukunft angesehen wird.

Die Zusammenarbeit mit Unternehmen im Rahmen des Projektes RessourceAdapt zeigt ganz andere Herausforderungen: Das Platzieren der Inhalte als Weiterbildungen in Unternehmen trifft im ersten Schritt auf großes Interesse. Doch der betriebswirtschaftliche Ansatz zu Energie wird dann bei Unternehmen als *nice-to-have* abgespeichert. Da keine rechtlichen, gesetzlichen oder regulatorischen Anforderungen mit der hier beschriebenen Weiterbildung verbunden sind, bleibt das Thema dann hinter anderen zurück: Wachstum und die bilanzielle Darstellung der Unternehmensergebnisse halbjährlich oder sogar quartalsmäßig treiben Unternehmen an. Energie ist in vielen Unternehmen ein durchlaufender Posten, der sich nicht oder nur wenig verändert mit weniger als fünf Prozent der jährlichen Kosten. Daher ist die Notwendigkeit, sich mit dem Thema Energie auseinanderzusetzen und ggf. etwas im Unternehmen zu verändern, nicht sofort verstanden.

24.2.4 Zur Entstehung und Motivation

Inhaltlich basiert das System auf den Erfahrungen und Forschungen des Autors, der bereits in den 1980er-Jahren über „umweltorientiertes Produktionscontrolling" promovierte. Eine Zeit, in der von der Kombination zwischen Umwelt und BWL als Beschäftigungsfeld für junge Leute entschieden abgeraten wurde. Tatsächlich entstanden dann erste Stellen in diesem Bereich und der Autor hat nach seiner Promotion in der Umweltmanagementberatung gearbeitet. Die Lehrtätigkeiten als Professor für „BWL, insbesondere Produktionswirtschaft,

Materialwirtschaft und Logistik“ waren immer mehr geprägt von ökologieorientierten Nachhaltigkeitsproblemen. Mit dem Bologna-Prozess ergab sich die Möglichkeit, Energiemanagement in den Fokus der Professur zu rücken, woraus Veröffentlichungen und das hier thematisierte Projekt RessourceAdapt entstanden. Die Professur des Autors heißt deshalb seit 2015 „BWL, insbesondere Nachhaltigkeit und Energiemanagement“. Der Anspruch der Lehr- und Forschungstätigkeit ist, ein übergreifendes, ausbaufähiges Gesamtsystem „energieorientierte BWL“ mit weltweitem *cutting-edge know-how* anzubieten und in der Nachhaltigkeitslehre zu verankern. In der Literatur findet sich bisher nichts Vergleichbares. Die neuesten Trends entstehen oftmals in der Praxis, beispielsweise im Zusammenspiel von Verbrauchern, Versorgern und IT als „Enabler“. Der Kontakt zu führenden Unternehmen im Mutterland der Energiewende hilft, diesem Anspruch zu entsprechen.

24.2.5 Weiterentwicklungen

Ausgehend von dem erläuterten System der energieorientierten BWL entwickeln und testen die Verfasser in der Lehre und im Austausch mit Unternehmen wie SAP oder BASF weitere Inhalte, um sie veröffentlichungsreif zu machen. Folgende drei Hauptstränge lassen sich identifizieren:

- Digitalisierung und IT als „Enabler“
- Vorschläge für eine nachhaltige Globalisierung
- persönliche Sinnfindung

Die Digitalisierung spielt eine Schlüsselrolle für die Energiewende und auch eine umfassende nachhaltige Wirtschaftsweise (Industrial Ecology). Hier gilt es, die Möglichkeiten zumindest exemplarisch deutlich zu machen:

- Digitalisierung, Industrie 4.0, das Internet der Dinge ermöglichen perspektivisch eine Ökobilanzierung über ganze Wertschöpfungsnetzwerke (Kals 2017, S. 344 f.).
- Die technische Steuerung über Leitwarten dient als Modell für betriebswirtschaftliche Planung mittels Management Cockpits und Digital Boardrooms. Viele Planungszyklen werden sich so beschleunigen, dass sie faktisch in eine dezentrale Steuerung übergehen. Eine kleine Revolution der Methodik und des Denkens steht den Unternehmen hier bevor im Rahmen der großen Industriellen Revolution 4.0.
- Nicht zuletzt treibt die Digitalisierung die Umwälzungen in der Energiebranche an. IT als „Enabler“ erlaubt insbesondere ein Lastmanagement (Demand-Side-Management), sodass trotz schwankender Einspeisung aus Wind- und Solaranlagen die Netze stabil bleiben (Synwoldt 2016, S. 303 f.). Die Rollen verwischen: „Micro-Generation“ über das Erneuerbare-Energien-Gesetz führt zu Prosumern, Unternehmen sind gleichzeitig Produzenten und Konsumenten von Energie.

Nachhaltige Globalisierung dient als Stichwort, um Ideen zusammenzutragen, die eine Skizze der Welt zeigen, wie sie sein könnte und auch muss – um ein langfristiges, friedvolles Leben der Menschheit auf der Erde zu ermöglichen. Im Grunde sind es recht einfache, in Wissenschaft und teils auch Politik etablierte Erkenntnisse. Wir haben jedoch ein Umsetzungsproblem. In Demokratien hilft es, Lernenden diese Denkmuster an die Hand zu geben. Zwei wichtige Beispiele:

- Ernst-Ulrich von Weizsäcker wiederholt 2012 in einem Interview für die Badische Zeitung seine Aussage, dass „… eine Ökonomie, die dafür sorgt, dass die Preise die ökologische Wahrheit sagen, etwas ungeheuer Vernünftiges“ ist (Badische Zeitung 8. März 2012). Er nimmt damit den Gedanken einer Internalisierungsabgabe auf, die externe Kosten in das interne Rechnungswesen des wirtschaftlich Handelnden hineinträgt. Wirtschaftshistorisch als Pigou-Steuer bezeichnet, wurde sie von Nobelpreisträger Ronald Coase verfochten. Konkret sind Treibhausgase zu bepreisen, wie es mit CO_2-Zertifikatehandel im Prinzip geschieht – jedoch krankt der Ansatz am Preisverfall der *Emission Allowance Units* (EAU).
- Öffentlicher Armut in Form von Staatsverschuldungen steht ein grotesker privater Reichtum gegenüber: Vor einigen Jahren besaßen etwa 250 Menschen die Hälfte der Vermögenswerte der Welt, dann wurde die Zahl nach Berechnungen von Oxfam zweistellig (Handelsblatt GmbH 2016) und schließlich im Jahr 2016 einstellig (Kwasniewski 2017). Eine globalisierte Welt braucht globale Regeln, insbesondere im Finanzbereich (Koch 2017, S. 198). Ohne hier eine politisch gefärbte Diskussion führen zu wollen: Die Schließung von Steueroasen ist eine relativ unstrittige Forderung, die durch Vorschläge zur systematischen, weltweiten Besteuerung von Kapitelverkehr, -erträgen und -vermögen zu ergänzen ist.

Persönliche Sinnfindung ist ein Wunsch, den Veranstaltungsteilnehmer an dieser Stelle wie von selbst einbringen: Was kann ich tun? Für Studierende insbesondere der BWL liegen mehrere Handlungsfelder auf der Hand:

- Vertiefung des Energie- und Nachhaltigkeits-Know-hows, um es beruflich einzusetzen.
- Nachhaltiger Konsum *(consumerism)* von Mobilität, Wohnen, Reisen, Ernährung usw.
- Weitertragen der Erkenntnisse im privaten Umfeld, bis hin zu politischer Betätigung (im beruflichen Umfeld ist die Entsprechung Lobbyismus).

Das Besondere an solcher Art Diskussionen an Hochschulen liegt im wissenschaftlichen Ansatz: Theoriebildung fußt auf unumgänglichen Werturteilen im Basisbereich, also Entscheidungen über Gegenstandsbereich, Zielsetzung oder Menschenbild. Die Teilnehmer werden aufgefordert, sich ihre persönlichen Werte bewusst zu machen und sie zu konkretisieren. Das können humanistische Werte sein, wie sie im Grundgesetz oder der Menschenrechtscharta der UN festgeschrieben sind. Es kann sich aber auch um metaphysische, religiöse Werte handeln, die eine transzendente Perspektive über den Tod hinaus eröffnen – die Wissenschaftstheorie ist da liberal. Der hier vertretene Ansatz wissenschaftlicher Ethik hilft also der Weiterentwicklung der persönlichen Moral, Impulsgeber ist dabei die Vision der Nachhaltigkeit.

24.3 Didaktische Vermittlung – jenseits der „Vor-Lesung"

Innovative, digitale Formate ergänzen die Vorlesung, um so die Neigungen und Kenntnisse der Studierenden als Digital Natives zu nutzen. Statt den Studierenden in anderthalbstündigen Vorlesungen „frontal" den Stoff näher zu bringen, setzt der Autor in seiner Lehrtätigkeit zusehends auf vertiefende Übungen, Blended Learning (Mischung von Präsenz- und Fernstudium) und Inverted Classroom (Studierende tragen selber vor). Die Studierenden erarbeiten sich Themen selbstständig oder in Gruppen mit den online bereitgestellten Materialien. Eine fast vollständige Vorlesung als Videomitschnitt ist Angebot und gleichzeitig Hilfestellung. (Hier gibt es aufgrund der Datenmenge technische Probleme, will man nicht YouTube nutzen. Die pragmatische Lösung ist ein leistungsstarker USB-Stick.) Im Gegensatz zur Präsenzveranstaltung können die Lernenden den Vortragenden stoppen, Passagen wiederholen, parallel aus anderen Quellen recherchieren – und das ohne starres Zeitgerüst zum Wunschtermin. Es ist anzumerken, dass diese Freiheit Studierende in Disziplin und Lernorganisation fordert und manchmal überfordert.

Lernen und Weiterbildung mit den online verfügbaren Materialien aus dem Projekt RessourceAdapt gestaltet sich ähnlich. Unterschiedliche Medienformate stehen zum Selbststudium bereit: Über tausend Präsentationsfolien bilden das Rückgrat. Sie sind in einfachem, leicht zu änderndem Format gehalten und mit umfangreichen Notizen einschließlich Quellennachweisen versehen. Kurze Videos erklären den Gesamtzusammenhang oder einzelne Aspekte aus den Präsentationen. Ergänzt vertiefen und sichern Übungen inklusive Lösungen den Stoff. Interessiert sich ein Unternehmen oder eine Organisation für die Weiterbildungen, kann es Teile davon für Inhouse-Schulungen benutzen oder das Projekt anfragen, die Trainings durchzuführen. Dozenten an Hochschulen oder im Unternehmen können einzelne Folien oder größere Zusammenhänge verwenden, verändern, anpassen und einpassen für ihre Zwecke.

Erweiterungen außerhalb des Projekts sind geplant, wie die Erstellung eines Massive Open Online Course (MOOC), den die Beijing Normal University anbieten möchte. Neue und bisher wenig realisierte Formate sind Storytelling oder die innovative Idee eines E-Learning-Dokudramas: Die oberste Ebene ist ein längerer Spielfilm oder eine Sequenz von zusammenhängenden Kurzfilmen in Dokusoap-Manier. Laiendarsteller oder sogar Studierende thematisieren die zu vermittelnden Inhalte, z. B. steigende Stromkosten in Unternehmen, die Exkursion zu einem Kraftwerk oder die Technik von Wärmepumpen. Die Dialoge enthalten wichtige Informationen zum Thema, das dann in angegliederten Theorie-Inputs vertieft und über Übungen und Testfragen direkt nach der Szene abgefragt wird. Wichtig ist eine durchgehende Geschichte (Plot), Konstanz bei den Darstellern (Stars) und hoher Unterhaltungswert (Infotainment).

Mobile Smartphone-basierte Anwendungen sind eine weitere Option, Wissen zu vermitteln (Gamification) (Otto 2014, S. 73 f.). Lernspiele als App-Anwendung sehen verschiedene erreichte Level in einem Spiel vor, die das Thema immer intensiver erklären (siehe Abb. 24.3).

Unter Vorbehalt des rechtlichen Rahmens der Prüfungsordnung: Wer „Level x" erreicht hat, bekommt die Credits für eine Veranstaltung. Eine sehr effiziente Art der Prüfung, die sicher aufgrund der Missbrauchsmöglichkeiten noch mit einer Präsenzprüfung zu ergänzen sein wird (siehe Abb. 24.4).

Diese Pläne sind nicht einfach zu realisieren: Eine elegant aufbereitete Lernapp kann leicht einen sechsstelligen Betrag kosten und begegnet vielen Fallstricken im überregulierten und -administrierten Hochschulalltag.

Abb. 24.3 Oberfläche der *uRnature*-Lernapp zum Klimawandel. (UDATA o. J.)

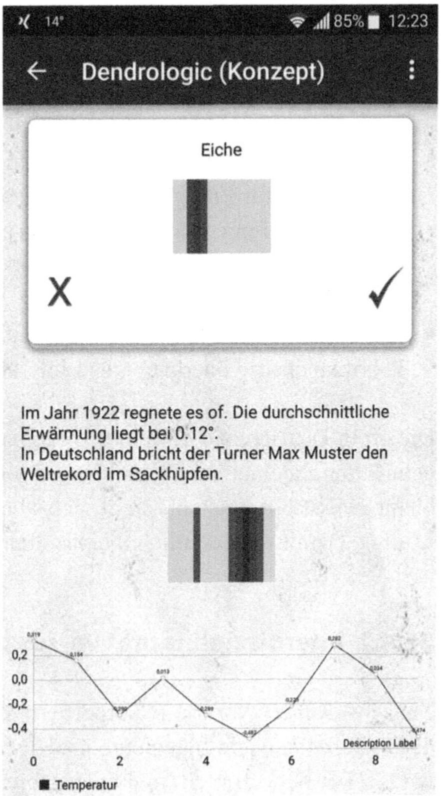

Abb. 24.4 Testfrage im Rahmen der Lernapp *uRnature*. (UDATA o. J.)

24.4 Schlussfolgerungen und Erfahrungen

Im Laufe eines guten Jahrzehnts Lehrerfahrung in diesem Bereich lassen sich spezifische Schlussfolgerungen und vertiefend-zusammenfassende Erfahrungen ableiten.

24.4.1 Berufsqualifizierung in den Vordergrund

In der Experimentierphase der Vorlesung zur Nachhaltigkeit mit dem Schwerpunkt Energie für Betriebswirte hat der Verfasser folgenden Aufbau gewählt: Zunächst die Voraussetzungen („Theorie"), also Klimawandel, Energietechnik, wirtschaftspolitisch-rechtliche Rahmenbedingungen. Dann folgten die Anwendungsfelder und Inhalte der energieorientierten BWL („Praxis"). Das hat sich nicht bewährt, im Laufe der ersten Vorlesungen entglitt das Interesse der Zuhörer, die fragten: Wozu dient das? Was nutzt mir das für meinen Beruf/Berufseinstieg? Heute steht am Anfang eine Präsentation über neue Berufsfelder und die Chancen von Bewerbern, die über dieses neue Know-how verfügen.

Diese Präsentation kann auch als Video auf der Projekthomepage angesehen werden. Der weitere Einstieg in den Lehrstoff gelingt dann über die praktischen Probleme und Chancen der Unternehmen. Beispiele sind:

- der zunehmende Zwang zum Reporting über die Global Reporting Initiative (GRI) als Begründung für Energiebilanzierung und Carbon Controlling
- die Verschärfung der Energieeinsparverordnung (EnEV) als Druck im Facility-Management, einschließlich des Verständnisses von Energieausweisen bei privater Miete oder Immobilienkauf
- ISO-Normen als Mindestbedingung dafür, in Automobilbereich, Maschinenbau oder Pharmaindustrie überhaupt als Lieferant infrage zu kommen

Die oft in Deutschland gewählte Vorgehensweise „erst Theorie, dann Praxis" ist hier also gemäß der allgemeinen Empfehlung der Didaktik umgekehrt. Wenn ein praktisches Problembewusstsein entsteht, stellt sich automatisch die Frage nach einer systematischen Lösung. Damit wird deutlich: Nichts dient der Praxis mehr als eine gute Theorie.

24.4.2 Interdisziplinarität versus Überforderung

Zunächst werden Vorurteile kolportiert: Viele Betriebswirte scheuen die technische Seite der Produktion, viele Ingenieure sind Technikfreaks, vergolden die Kontakte und können K-O-S-T-E-N noch nicht mal buchstabieren. Jenseits von Vorurteilen finden sich jedoch in vielen Unternehmen tatsächlich erhebliche Hürden zwischen dem kaufmännischen und den technischen Bereichen, die Zusammenarbeit könnte zum Wohle des Ganzen vielerorts besser sein.

Viele BWL-Studierende scheinen sich bei der Entscheidung FÜR ihr Fach implizit auch GEGEN andere entschieden zu haben (anstelle sich als Knotenpunkt und Schnittstellenspezialist für ihr zukünftiges Unternehmen ausbilden zu lassen):

- CO_2 – Chemie in der 10. abgewählt.
- Arbeitszahl einer Wärmepumpe – klingt zu technisch.
- EnEV – ist was für Juristen.

Über Klimawandel, Nachhaltigkeit und Energie lassen sich die Studierenden auch in diese Felder hineinlocken, sodass sie sich unbefangen und erfolgreich in die Grundideen der anderen Disziplinen einfinden:

- CO_2 – ist das, was aus der Sprudelflasche kommt, wie das Video zu CO_2 in unserem täglichen Leben auf http://www.ressourceadapt.org/download zeigt (Hochschule Ludwigshafen und UDATA o. J.).

- Wärmepumpe – funktioniert wie ein Kühlschrank, den man mit der Tür nach außen in eine Fensteröffnung stellt.
- EnEV – ist hilfreich, um auch persönlich Geld beim Wohnen zu sparen.

Erfahrungsgemäß ist jede Gruppe neu zu gewinnen für die „fremden" Felder. Die Trittstufen sind Aha-Erlebnisse und Erfolgserlebnisse.

24.4.3 Generation Y – Sinn und Work-Life-Balance

Die Generation Y (1980 bis 1999 geboren) sowie die Generation Z (Millenials, geboren 1995 bis 2010) stellen manch älteren Dozenten oder Chef arg auf die Probe: Karriere nur, wenn die Work-Life-Balance stimmt. Die Arbeit soll Spaß machen, Zeiten flexibel sein, Hierarchien flach und jenseits des reinen Geldverdienens ein höherer Sinn aufblitzen (Y, englisch gesprochen *„why?"*). Autos allgemein und schwere Dienstwagen im Besonderen haben in diesen Generationen ihre Bedeutung als Statussymbole weitgehend verloren (Calmbach et al. 2016, S. 150–155).

Damit ergeben sich gute Voraussetzungen für Nachhaltigkeit in der Lehre. Insbesondere der Energiebereich bietet Berufschancen in vielfältiger Weise, in Start-ups und Großkonzernen, in Controlling, Logistik, Facility-Management usw. Energieorientierte BWL trifft auf wohlwollendes Interesse, manchmal Begeisterung, und ist ein gern gewähltes Feld für Bachelor- und Masterarbeiten, oftmals in der Praxis.

In der gesellschaftlich-wirtschaftlichen Gesamtdiskussion erscheint der eingeschränkte Ehrgeiz der Generation Y und Z vielfach als Gefahr für die Wettbewerbsfähigkeit (Albert et al. 2015, S. 4). Die Argumentation lässt sich aber auch umdrehen: Die Jungen mit ihren veränderten Werten gehen voran auf dem Wert zu einer nachhaltigen Wirtschafts- und Lebensweise, die Nico Paech als Postwachstumsökonomie (Paech 2012, S. 114) bezeichnet.

24.4.4 Digital Natives – Häppchen versus Systematik

Die heutige Studierendengeneration ist mit Internet und Smartphone groß geworden, als Digital Natives sind sie Eingeborene der digitalen Welt. Eine Hochschulveranstaltung konkurriert mit Hollywoodfilmen, die ein bis zwei Millionen kosten – pro Minute. Kein leichter Stand für Dozenten, aber letztlich ist es die wirkliche Begegnung, die Farbenspiele auf dem Bildschirm schlägt.

Wie weit sollen sich jetzt der tertiäre Bildungsbereich und Lehrende auf die Prägung auf Info-Häppchen, Unterhaltung und Bedienung einlassen? Manche Kollegen trauern wehmütig bis wütend dem Humboldtschen Bildungsideal nach. Das hier vorgestellte Projekt dient auch dazu, hier Kompromisse zu finden. Einige Schlussfolgerungen:

- Infotainment, Gamification, Videos sind Teil der hier vorgestellten Konzepte (s. o.). Am Anfang und immer wieder an strategischen Stellen kann z. B. über kleine Videos die Aufmerksamkeit gesteigert (oder zurückgeholt) werden. Unternehmensbeispiele sind wie kleine Exkursionen, richtige Unternehmensbesuche und Gastvorträge von Praktikern ergänzen das Konzept.
- Jedoch sind diese neuen Medien und anschaulichen Elemente in ein Gesamtsystem einzubinden und – wie erläutert – mit Theorie zu hinterlegen. Auch das Üben bleibt letztlich notwendig und erfordert Disziplin, ob auf Papier oder als Online-Spiel getarnt. Es ist ein Gebot der Fairness, auf geeignete implizite oder explizite Weise den Studierenden frühzeitig deutlich zu machen, dass bei allen leicht verdaulichen Appetithäppchen und der ansprechenden Präsentation des Hauptgangs das Verdauen der geistigen Nahrung erforderlich ist.
- Bilder (zunehmend auch in der bewegten Variante als Videos) verbessern Anschaulichkeit und Motivation, Lückentexte als Skripte wirken gegen das Wegduseln. Der große Sprung beim E-Learning besteht auch darin, die *One-way*-Vorlesung in vorgelagertes Selbststudium zu verlagern.
- Dieses selbststeuernde Konzept mit teils freier Wahl, wann und wo die Studierenden sich einarbeiten, entspricht dem Medienverhalten der Digital Natives. Je weiter die Studierenden fortgeschritten sind (Master und letzte Semester Bachelor), desto besser funktioniert das. Viele Studierende bekommen – um es ehrlich zu konstatieren – viel Übung im Bulimielernen: Bestimmte Inhalte für die Klausur punktgenau vorbereiten, um dann schnell zu vergessen und die Gedächtniskapazität fürs Nächste freizuräumen. Das hier umrissene Konzept steuert dagegen, indem es frühzeitig im Semester eine Beschäftigung einfordert.

24.4.5 Chancen herausstellen statt Risiken betonen

Vieles spricht dafür, dass der Klimawandel als das größte Verbrechen der Menschheitsgeschichte gelten wird – einer Geschichte, die eben durch die globale Erwärmung zum Ende kommen könnte. Wenige Generationen haben die Zerstörung in egoistischem Interesse verursacht und nur ein knappes Zeitfenster bleibt zur Vermeidung der schlimmsten Folgen. Die Dozentengeneration trägt eine für den Einzelnen erdrückende Bürde und schaut in einen Abgrund beim Durchdenken der wahrscheinlichen Szenarien.

In Veranstaltungen ist es deshalb geboten, auch Betroffenheit zu erzeugen: Die IPCC-Emissionsszenarien mit den realen Emissionen vergleichen, um zu erkennen, dass wir auf 5 Grad Erwärmung zusteuern. Ein Schulatlas mit Isothermen (Linien gleicher Temperatur) macht deutlich, dass Freiburg so warm werden kann wie Algier. Aber Schrecken als Grundtenor einer Veranstaltung stößt ab: Die Grundstimmung der Vorlesung soll durch die Chancen für die globale Wirtschaft, für Unternehmen und für den einzelnen Studierenden bestimmt sein! Studierende können sich auch dafür begeistern, dass wir alle technischen Möglichkeiten für eine Energiewende haben. Sie ist Teil einer globalen nachhaltenden Lebens- und Wirtschaftsweise, die in der internationalen Diskussion immer mehr Anhänger findet, Lebenszufriedenheit statt materielles Wachstum, Leapfrogging der Entwicklungs- und Schwellenländer in eine regenerative Energieversorgung, Jobs über die Agrarwende – die Liste lässt sich verlängern. Menschen lassen sich über diese Perspektiven der Nachhaltigkeit in der Lehre begeistern.

Literatur

Albert M, Hurrelmann K, Quenzel G (2015) Jugend 2015. 17. Shell Jugendstudie. http://www.shell.de/ueber-uns/die-shell-jugendstudie.html. Zugegriffen: 27. März 2017

Badische Zeitung (8. März 2012) Interview mit Ernst–Ulrich von Weizsäcker: Energie muss verteuert werden. www.badische-zeitung.de/wirtschaft-3/ernst-ulrich-von-weizsaecker-energie-muss-verteuert-werden–56707446.

Bellassen V, Cochran I (2016) Introduction: key notions and trade-offs involved in MRVing emissions. In: Bellassen V, Stephan N (Hrsg) Accounting for carbon: monitoring, reporting and verifying emissions in the climate economy. Cambridge University Press, Cambridge, S 1–18

Calmbach M, Borgstedt S, Borchard I, Thomas PM, Flaig BB (2016) Wie ticken Jugendliche 2016? Lebenswelten von Jugendlichen im Alter von 14 bis 17 Jahren in Deutschland. Springer, Wiesbaden

Handelsblatt GmbH (2016) Oxfam: Die 62 Reichsten haben so viel wie die halbe Weltbevölkerung. Wirtschaftswoche. www.wiwo.de/politik/ausland/oxfam-die-62-reichsten-haben-so-viel-wie-die-halbe-weltbevoelkerung-/12843182.html

Hochschule Ludwigshafen, UDATA (o. J.) CO_2. http://www.ressourceadapt.org/download/. Zugegriffen: 14. März 2017

IVE mbH – Ingenieurgesellschaft für Verkehrs-und Eisenbahnwesen mbH (o. J.) Berechnungsparameter. http://www.ecotransit.de/calculation.de.html. Zugegriffen: 16. März 2017

Kals J (2010) Betriebliches Energiemanagement. Eine Einführung. Kohlhammer, Stuttgart

Kals J (2014) Energiebilanzen in Unternehmen und Wertnetzen. In: Gleich R (Hrsg) Energiecontrolling. Energiekosten systematisch steuern und senken. Haufe, Freiburg i. Br., S 105–124

Kals J (2015) ISO 50001 energy management systems: what managers need to know about energy and business administration. Business Expert Press, New York

Kals J (2016) Ressourceneffizientes Energiemanagement. In: Thomaschewski D, Völker R (Hrsg) Nachhaltige Unternehmensentwicklung. Kohlhammer, Stuttgart, S 189–199

Kals J (2017) Materialwirtschaft, Beschaffung und Logistik. In: Matzen FJ, Tesch R (Hrsg) Industrielle Energiestrategie. Springer, Wiesbaden, S 337–359

Koch E (2017) Globalisierung: Wirtschaft und Politik. Chancen – Risiken – Antworten, 2. Aufl. Springer, Wiesbaden

Kwasniewski N (2017) Acht Superreiche besitzen angeblich so viel wie die halbe Menschheit. Spiegel. www.spiegel.de/wirtschaft/soziales/oxfam-8-milliardaere-sind-reicher-als-3-6-milliarden-menschen-a-1129932.html. Zugegriffin: 16. Jan. 2017

Ljutfiji B, Meß R (2013) Die DIN EN ISO 50001. Anforderungen und Hinweise, 2. Aufl. TÜV Media, Köln

Otto D (2014) Let's play! Using simulation games as a sustainable way to enhance students' motivation and collaboration in open and distance learning. In: Azeiteiro UM, Leal Filho W, Caeiro S (Hrsg) E-learning and education for sustainability. Lang, Frankfurt a. M., S 73–82

Paech N (2012) Befreiung vom Überfluss. Auf dem Weg in die Postwachstumsökonomie. oekom, München

Schmidt M, Spieth H, Bauer J, Haubach C (2017) Ansätze zur betrieblichen Ressourceneffizienz. In: Schmidt M (Hrsg) 100 Betriebe für Ressourceneffizienz. Bd 1. Praxisbeispiele aus der produzierenden Wirtschaft. Springer, Berlin, S 27–38

Simon R (2017) Nachfrageseitige Flexibilitätsoptionen. Demand-Side-Management, Energiespeicher und Regelenergie. In: Matzen FJ, Tesch R (Hrsg) Industrielle Energiestrategie. Springer, Wiesbaden, S 255–273

Stiftung zur Förderung der Hochschulrektorenkonferenz (o. J.) Erweiterte Studiengangsuche. www.hochschulkompass.de/studium/suche/erweiterte-suche.html. Zugegriffen: 12. Apr. 2017

Synwoldt C (2016) Dezentrale Energieversorgung mit regenerativen Energien. Technik, Märkte, kommunale Perspektiven. Springer, Wiesbaden

UDATA (o. J.) uRnature. www.urnature.info. Zugegriffen: 27. März 2017

Wannenwetsch H (2014) Integrierte Materialwirtschaft, Logistik und Beschaffung, 5., neu bearb Aufl. Springer, Berlin

Nachhaltigkeit in der Designausbildung: Potenziale für transdisziplinäre Forschung

25

Matthias Held

Zusammenfassung

Design steht in der Wahrnehmung von außen und auch in seinem Selbstverständnis als Profession heute zwischen zwei Polen. Einerseits dient es der Entwicklung immer neuer Produkte und Dienstleistungen, zwar meist mit dem Anspruch des Erzielens von Verbesserungen, mitunter aber auch nur mit dem Resultat der oberflächlichen Kosmetik oder Variation zur Steigerung des Konsums. Andererseits hat es sich zu einer ernsthaften Disziplin entwickelt, die einen Beitrag zur Bearbeitung und bestenfalls zur Lösung der drängenden Probleme unserer Zeit zu leisten bereit ist, darunter auch die Transformation zu einer nachhaltigen Gesellschaft. Der Beitrag beschreibt zunächst einige der Rollen, die Design in seiner relativ kurzen Historie eingenommen hat, und deren Niederschlag in der gegenwärtigen Designausbildung. Die unterschiedliche Adressierung von Problemstellungen der Nachhaltigkeit wird dabei anhand von Beispielen aufgezeigt. Designpraktiken und -strategien, die Nutzer in den Mittelpunkt rücken und in den Designprozess integrieren, weisen Schnittmengen mit der transdisziplinären Forschung auf. Diese Überschneidungen werden identifiziert und Potenziale des Designs für einen fruchtbaren Beitrag in diesem Forschungsmodus herausgearbeitet.

M. Held (✉)
Hochschule für Gestaltung Schwäbisch Gmünd,
Schwäbisch Gmünd, Deutschland
E-Mail: matthias.held@hfg-gmuend.de

W. Leal Filho (Hrsg.), *Nachhaltigkeit in der Lehre,* Theorie und Praxis der Nachhaltigkeit, https://doi.org/10.1007/978-3-662-56386-1_25

Schlüsselwörter
Design · Designausbildung · Design Thinking · Transdisziplinäre Forschung

25.1 Einleitung

Der Ressourcen- und Energieverbrauch von Produkten wird größtenteils bereits in der Designphase festgelegt; die Gestaltung intelligenter Serviceleistungen kann Produkte ganz oder teilweise ersetzen. Design scheint also für eine nachhaltige Entwicklung eine wichtige Rolle zu spielen – oder zumindest spielen zu können. Der Blick auf die Designausbildung in Deutschland zeigt eine heterogene Bildungslandschaft mit knapp 400 Studienprogrammen. Der Aspekt der Nachhaltigkeit steht bei oberflächlicher Betrachtung nur bei sehr wenigen Programmen im Mittelpunkt. Dennoch zeigen Arbeiten der Studierenden, aber auch der Agenturen und Designabteilungen, wie sie beispielsweise beim Bundespreis Ecodesign sichtbar werden, ein hohes Maß an Sensibilität für ökologische und soziale Belange und auch an Kompetenz in deren Bearbeitung. Es scheint also doch eine Auseinandersetzung mit diesen Themen im Rahmen der Lehre und der gestalterischen Praxis zu geben. Grund genug, um einen genaueren Blick auf das Design und die Designausbildung zu werfen und deren Haltungen, Praktiken und Potenziale im Kontext der Nachhaltigkeit zu ergründen.

25.2 Genese

„Es gibt Berufe, die mehr Schaden anrichten als der des Industriedesigners, aber viele sind es nicht" (Papanek 1971, S. 7). Mit diesem sicherlich bewusst provokanten Satz eröffnet Victor Papanek Anfang der 70er-Jahre sein Buch *Design for the real world.* Er kritisiert darin die Rolle des Designs als bloßes Mittel zur Verkaufsförderung von überflüssigen oder sogar gefährlichen Produkten ohne den Anspruch einer Verbesserung, aber mit zunehmend negativen Auswirkungen auf die Umwelt. Industriedesign werde an Verlogenheit nur übertroffen von der Werbung, die Menschen dazu bringe, „Dinge zu kaufen, die sie nicht brauchen, mit Geld, das sie nicht haben, um andere zu beeindrucken, denen das gleichgültig ist." Papaneks Buch erscheint ein Jahr vor dem Bericht des Club of Rome *Die Grenzen des Wachstums* und fällt damit in die Zeit eines erwachenden Bewusstseins für die Endlichkeit der Ressourcen und für die negativen Auswirkungen ungehemmten Wirtschaftswachstums. Seine Kritik ist an ein Industriedesign US-amerikanischer Prägung und damit an eine relativ junge Profession gerichtet, die sich erst nach dem Ende des Zweiten Weltkriegs als Berufsstand etabliert hat und die in den USA durch Designer wie Raymond Loewy und seine als *Streamlining* charakterisierten Entwürfe für Verkehrsmittel, aber auch für unterschiedliche Gebrauchsgüter geprägt wurde und öffentliche Beachtung erlangt hat. Die von Papanek gescholtenen Gegenstände und

Ergebnisse der Designtätigkeit sind u. a. die amerikanischen „Straßenkreuzer" der 50er- und 60er-Jahre, meist mit futuristisch-opulent anmutenden Formen versehen, die trotz imposanter Außenmaße, massiver Bauweise und entsprechendem Gewicht und Spritverbrauch den Insassen sehr wenig Schutz bieten – von den Fußgängern ganz zu schweigen. Er verweist auf die jährlich weltweit über eine Million Verkehrstoten und auf die fehlende Bereitschaft der Designer_innen, dieses Problem zum Hauptgegenstand ihrer Entwicklungen zu machen. Mit Blick auf die Designausbildung merkt Papanek an, die Designer seien eine „gefährliche Brut" und die für ihr Handeln erforderlichen Fähigkeiten würden den jungen Menschen willfährig vermittelt. Er fordert die Designer auf, sich den wirklichen Bedürfnissen und Problemen der Menschen zuzuwenden, z. B. durch Gestaltung für Entwicklungsländer und benachteiligte Gruppen und durch die Einbeziehung der Forschung in ihre Tätigkeit.

Die Reaktion der so Gescholtenen fällt drastisch aus und Papanek wird zeitweilig aus der Industrial Designers Society of America ausgeschlossen. Gleichzeitig verschafft ihm sein Werk aber eine breite Aufmerksamkeit und führt zu zahlreichen Einladungen an Universitäten in Europa. Schließlich wird er auch in den USA rehabilitiert und 1976 zum Studiengangsleiter an das Kansas City Art Institute berufen.

Doch nicht nur vonseiten der Praxis, auch aus der Lehre regt sich zunächst Widerspruch gegen Papaneks Thesen, wenngleich aus anderen Gründen. So teilt der Gestalter und Designtheoretiker Gui Bonsiepe zwar Papaneks kritische Analyse der Rolle der damaligen Designpraxis, nicht jedoch seine gestalterischen Folgerungen daraus. Er kritisiert das von Papanek propagierte Design, das sich von gängigen industriellen Prozessen und Verfahrensweisen abwendet, als „Bombast aus Pappe" (Bonsiepe 1973). Später führt er in einem Interview mit James Fathers dazu weiter aus, Papanek zeige wenig Interesse an der Industrialisierung und der Entwicklung von Ökonomien. Design als „Do-it-yourself-Design" jedoch abseits von Unternehmen und der Wirtschaft zu stellen, sei wenig effektiv (Fathers 2003). Neben diesem Hinweis auf die geringe Wirkmächtigkeit von Papaneks Ansatz mag Bonsiepes Replik auch dem Umstand geschuldet sein, dass die Gestaltungsausbildung in Deutschland zu diesem Zeitpunkt bereits weiter ausdifferenziert war als in den USA und dass sie Teile der Forderungen Papaneks bereits eingelöst hatte – jedoch mit Unterschieden in den Schlussfolgerungen und in den eingesetzten gestalterischen Mitteln.

Bonsiepe hat, als Absolvent und Dozent der Hochschule für Gestaltung (HfG) Ulm, an der die Designausbildung in Deutschland nach dem Zweiten Weltkrieg prägenden Ausbildungsstätte, gelernt und gelehrt. Die von Inge Scholl und ihrem späteren Mann Otl Aicher mitinitiierte Hochschule hatte von Beginn an den Anspruch, die Entwicklung einer freiheitlichen, demokratischen Gesellschaft und einer industriellen Kultur durch Design positiv zu beeinflussen und mit zu gestalten. Inge Scholls Geschwister Sophie und Hans waren in der Widerstandsbewegung „Weiße Rose" aktiv und wurden durch die Nationalsozialisten hingerichtet. Die Geschwister-Scholl-Stiftung als Trägerin wollte mit der HfG nach der traumatischen Erfahrung der Naziherrschaft eine Stätte der Aufklärung schaffen. Die ersten Jahre unter dem Gründungsrektor Max Bill, einem

Bauhaus-Schüler, waren noch stark geprägt vom Anschluss an die Ideen des Werkbundes und an die Lehre des Bauhauses. Dies wurde auch durch die Bezeichnung „Hochschule für Gestaltung" verdeutlicht, die das Bauhaus in Dessau ebenfalls im Titel geführt hatte. Nach Bills Ausscheiden wurden unter dem folgenden Rektoratskollegium mit Otl Aicher und später unter Rektor Tomás Maldonado Bezüge zur Kunst aus der Ausbildung verbannt, vermehrt wissenschaftliche Bezugsfächer in die Designausbildung integriert und die Zusammenarbeit mit Partnern aus der Wirtschaft in den „Entwicklungsgruppen" forciert. Die Abkehr von der Kunst und dem Kunsthandwerk und die Hinwendung zur industriellen Produktion und zu einer wissenschaftlichen, analytischen und objektivierbaren Herangehensweise, die nicht die Designer_innen als Autor_innen eines Werkes in den Mittelpunkt stellt, sondern die Nutzer_innen und deren Bedürfnisse, war das Primat dieser Designausbildung. Die Gestaltung sollte dabei zwar die Ressourcen einer aufstrebenden Industrie und Wirtschaft nutzen, sich jedoch nicht von deren kommerziellen Interessen vereinnahmen lassen, sondern selbstbewusst und kritisch zur Entwicklung einer sozialen, offenen und „besseren" Zukunft beitragen.

Um nochmals auf das in Papaneks kritischer Bemerkung angesprochene Beispiel der Gestaltung von Kraftfahrzeugen zurückzukommen, ging es in Ulm nicht um das „Styling" und die gestalterische Überhöhung der Anmutung eines Fahrzeugs, sondern um die Lösung von Verkehrsproblemen durch entsprechende Fahrzeugkonzepte. Der Material und Gewicht reduzierende Entwurf der Hamburger Hochbahn von 1962 oder das visionäre Konzept eines Großraum-Vans, erst Jahre später durch den Renault Espace in ähnlicher Form realisiert, sind Beispiele dieser Entwicklungen. Design zur Erzielung oberflächlicher Produktkosmetik zur Verkaufsförderung oder ganz allgemein Dekoratives waren in Ulm verpönt. Durch die auf einwandfreie Funktion und industrielle Produzierbarkeit hin ausgerichtete Gestaltung sollte die reine „gute Form" als Essenz nahezu zwangsläufig hervortreten (Rinker et al. 2003).

Das Ulmer Modell diente nach der Schließung der HfG Ulm 1968 auch als Blaupause für die Entwicklung der Curricula an anderen Hochschulen, die teils wie die Hochschule für Gestaltung Offenbach (1970) oder die Hochschule für Gestaltung Schwäbisch Gmünd (1971) die Bezugnahme auf Ulm nicht zuletzt auch in ihrer Namensgebung zum Ausdruck brachten. Durch den hohen Anteil ausländischer Studierender an der HfG Ulm wurde das Lehrkonzept jedoch auch in andere Länder exportiert, u. a. an Hochschulen in Japan, Indien und Brasilien wurde der Ulmer Ansatz von Absolvent_innen der HfG fortgeführt und weiterentwickelt.

Im Zuge der Funktionalismuskritik der 70er-Jahre wurde der strenge Ansatz der HfG Ulm und der in ihrer Tradition stehenden Institutionen jedoch auch zunehmend infrage gestellt. Der in den schlichten und zurückgenommenen Produkten zum Ausdruck kommende Funktionalismus wurde als zu bloßem Formalismus erstarrtes Dogma kritisiert. Mit der Postmoderne entstand zu Beginn der 80er-Jahre eine Gegenbewegung, die sich auch programmatisch in einigen Ausbildungsstätten für Design und Architektur niederschlug. Design als kultureller Beitrag, als Produzent zeichenhafter Artefakte rückte in den Mittelpunkt. Die Designer_innen wurden zu Schöpfer_innen von „Werken", die sich durch ihre Kuriosität und Neuartigkeit sofort als „Designobjekte" zu erkennen gaben, sich dadurch von gängigen Gebrauchsgütern abhoben und die sich Kriterien der Gebrauchstauglichkeit und Funktionalität ganz oder vollständig entzogen. Die Heterogenität der Designausbildung blieb in der Folgezeit durch die unterschiedlichen Traditionen und Auffassungen der Hochschulen erhalten.

25.3 Rollen des Designs

Dieser Umstand weist auf ein generelles Charakteristikum des Designs hin, nicht nur in der Ausbildung, sondern auch in der gestalterischen Praxis und in der Forschung: Design ist als Feld nicht sehr scharf umrissen, vielmehr bestehen unterschiedliche Auffassungen davon, was Design sei, was es zu leisten habe, ob überhaupt und wenn ja, welche Methoden dazu erforderlich seien und folglich auch welche Fähigkeiten und welcher inhaltliche Kanon in der Lehre auf welche Weise vermittelt werden sollten. Ferner wird Design an manchen Hochschulen als integriertes Design gelehrt, also als generalistische Disziplin; an der Mehrzahl der Hochschulen werden jedoch unterschiedliche Teilbereiche ausdifferenziert und unter Begriffen wie Kommunikationsgestaltung, Interaktionsgestaltung, Produktgestaltung, Interiordesign, Gamedesign oder Modedesign in grundständige Studienprogramme gefasst. Vor diesem Hintergrund ist es also kaum zulässig, von „der" Designausbildung zu sprechen. Zunächst müssen wir das Design und die Lehre selbst etwas differenzieren, um dann einen genaueren Blick auf die Nachhaltigkeit in der Ausbildung werfen zu können. Dies ist in der gebotenen Kürze kaum durchführbar und daher werde ich in der Folge nur eine vereinfachte Unterscheidung vornehmen, wohl wissend, dass diese nicht der tatsächlichen Vielgestaltigkeit der Hochschullandschaft im Design gerecht werden kann.

In der öffentlichen Wahrnehmung ist Design mit der Kreation von Produkten oder Artefakten befasst, die sich mitunter funktional, insbesondere aber ästhetisch vom Bekannten unterscheiden und neuartig sind. Der Soziologe Andreas Reckwitz legt dar, dass sich seit dem letzten Viertel des 20. Jahrhunderts in der gesamten westlich geprägten Gesellschaft die Ausbildung eines „Kreativitätsdispositivs" vollzieht, d. h. das Kreative wird in immer mehr Bereichen gefordert und gefördert. Damit einhergehend findet eine „Ästhetisierung", eine Ausdehnung und zunehmende Komplexität des Ästhetischen, statt (Reckwitz 2012, S. 20–38). Reckwitz identifiziert bestimmte Konstellationen der Moderne, die diese Entwicklung stützen und befördern und bezeichnet sie als „Ästhetisierungsagenten". Zumindest drei dieser Agenten sind eng mit dem Design verbunden: die Expansion der Kunst, die Medienrevolution und die Kapitalisierung mit der damit verbundenen Ausdifferenzierung und zunehmenden Fetischisierung der Warenwelt, d. h. „Waren werden – jenseits des bloßen Gebrauchs – zu eigenständigen Objekten für die sinnlichen Wahrnehmungen und subjektiven Gefühle der Nutzer, die bis zu ihrer Vergötterung reicht".

Design stützt diese Entwicklung und verdankt ihr auch seine zunehmende Präsenz. Im Vordergrund steht dabei das Neuartige, Kuriose, Interessante und sinnlich Reizvolle, der Designer oder die Designerin werden als Kreateure künstlerischer Couleur inszeniert und vom Publikum gefeiert. Sie befeuern dabei durch das stetige Schaffen neuer Attraktionen einen Konsum, der häufig mehr dem kurzfristigen wirtschaftlichen Erfolg als dem tatsächlichen Nutzen für die Verbraucher oder gar einer nachhaltigen Perspektive verpflichtet ist.

Im Gegensatz zu dieser in der breiten Öffentlichkeit noch immer dominanten Wahrnehmung von Design steht die andere Auffassung von Gestaltung als Tätigkeit mit dem Ziel der Verbesserung von Produkten, Situationen, Handlungs- und Wahrnehmungsvorgängen. Herbert Simon hat diesen Zugriff sehr weit gefasst definiert als „Handlungen die auf die Veränderung von bestehenden Gegebenheiten in bevorzugte zielen" (Simon 1996, S. 130).

Modus Operandi dieses Designprozesses ist das Projekt, also die zeitlich befristete Bearbeitung einer eingegrenzten Fragestellung, wobei die genaue Analyse und Definition der Problemstellung mit dem Fokus auf den relevanten beteiligten Nutzergruppen oder Stakeholdern die erste Hürde darstellt. Es folgen die Entwicklung, Darstellung und Bewertung von Entwürfen, Szenarien, Modellen, Simulationen zur Verbesserung und schließlich die Auswahl und Realisation der bevorzugten Lösung mit anschließender Evaluation. Dieser Prozess ist nicht linear, sondern iterativ und die Bearbeitung einer Phase führt häufig zu einer erneuten Überprüfung und Veränderung vorangegangener Schritte.

Das Design hat sich mit diesem Ansatz neue Aufgaben und Entwurfsgegenstände erschlossen, die über den Entwurf neuer Formen und Produkte weit hinausgehen und von Innovationsprozessen im Allgemeinen über Beiträge zur Entwicklung alternativer Lebens- und Konsumformen bis hin zur Beförderung neuer sozialer Praktiken reichen. Die spezifischen Qualitäten des Designs, seine Nutzerorientierung, seine Stärke in der Projektion von Szenarien, aber auch bei der Simulation und Modellentwicklung sind dabei ebenso gefragt wie seine integrative Funktion in der Zusammenführung mehrerer Disziplinen.

Unter Etiketten wie „Design Thinking" werden Designmethoden und Arbeitsweisen des Designs mittlerweile zunehmend auch von anderen Disziplinen eingesetzt. Design Thinking wurde erstmals, auch als Begriff, von der Designagentur IDEO eingeführt und in der Folge u. a. am Hasso Plattner Institute of Design der Universität Stanford gelehrt und erforscht. Der Begriff ist noch nicht einheitlich definiert und wird auch in unterschiedlicher Weise verwendet. Er beschreibt jedoch meist eine nutzerzentrierte Herangehensweise an Problemlösungen oder Innovationsaufgaben unter Verwendung entsprechender Designmethoden. Dabei fließen auch Aspekte der Teambildung und der Schaffung eines kreativen Raumes und Prozesses mit ein. Kritische Stimmen bemängeln am Design Thinking eine unzulässige Vereinfachung und Reduktion des Designprozesses auf bestimmte Methoden oder sehen ganz im Gegensatz dazu eine zu starke Betonung der Rolle des Designs in interdisziplinären Teams. Unbestritten ist jedoch, dass die über Design Thinking erfolgte Ausweitung der Anwendungsgebiete gestalterischer Herangehensweisen zur Vernetzung von Design mit anderen Disziplinen beigetragen hat und dass die Wahrnehmung von Design als Disziplin, die zur Lösung unterschiedlicher lebensweltlicher Fragestellungen beitragen kann, gesteigert wurde.

25.4 Nachhaltigkeit wird zum Gegenstand von Gestaltungsaufgaben

Durch die Befassung des Designs mit der Bearbeitung relevanter Themenstellungen war es nur konsequent, dass mit dem erwachenden Umweltbewusstsein auch Aspekte der Nachhaltigkeit in die gestalterische Praxis, in besonderem Maße aber auch in die Lehre einflossen.

Die größere Unabhängigkeit von den primär ökonomisch geprägten Fragestellungen aus der Wirtschaft macht es den Hochschulen und Forschungseinrichtungen wie beispielsweise dem Wuppertal Institut mitunter leichter als den im Wettbewerb stehenden Agenturen, Konzepte, Methoden und Werkzeuge für einen verantwortungsvolleren Umgang mit den Ressourcen zu entwickeln und diese den bestehenden Praktiken gegenüberzustellen. An der HfG Schwäbisch Gmünd wie auch an einigen anderen Hochschulen wurde dieser Aspekt als jeglicher gestalterischer Handlung zugrunde liegender Bestandteil integrativ in der Lehre verortet und nicht als eigenständige Expertise herausgestellt. An der Köln International School of Design (KISD) wurde 1992 durch Prof. Günter Horntrich der erste ausgewiesene Lehrstuhl für Design und Ökologie besetzt, um dem Aspekt der Ökologie eine noch stärkere Gewichtung und mehr Sichtbarkeit zu verschaffen. Mit der Gründung der ecosign/Akademie für Gestaltung 1994 stellte eine private Institution die Nachhaltigkeit als zentrales Element der Profilbildung in den Mittelpunkt ihrer Strategie.

Das Arbeiten und Lernen in Projektform ist ein wesentliches Merkmal der Designausbildung. Zwar werden auch spezifische theoretische und praktische Fähigkeiten in Seminaren und Vorlesungen vermittelt, die Zusammenführung und Erprobung geschieht jedoch meist in Projekten, häufig in Teamarbeit. Die Bearbeitung von Projekten beginnt meist in einer frühen Phase des Studiums und steigert sich in Komplexität und zeitlichem Umfang. Dabei werden auch gruppendynamische Prozesse und Fragen der Projektplanung thematisiert und eingeübt. Die Themenstellungen reichen von experimentellen freien Projekten bis hin zu sehr praxisnahen Kooperationsprojekten mit der Wirtschaft oder mit Institutionen. Daher finden sich auch die curricularen Inhalte zur Nachhaltigkeit sowohl in theoretischen Vorlesungen und Modulen als auch in den Projekten als Schwerpunkt der Projektarbeit oder als integrierter Teilaspekt.

Auch die Unternehmen und Designagenturen leisten wichtige Beiträge zur Entwicklung energie- und ressourcenschonender Prozesse, Materialien, Produktionsmethoden und Wertstoffkreisläufe. Geleitet von einem wachsenden Bewusstsein für die Problematik, nicht zuletzt aber auch motiviert durch politische Maßnahmen wie die EG-Ökoaudit oder die ISO 14.001 entwickelten gerade auch deutsche Firmen Verfahrensweisen und Werkzeuge zur besseren Berücksichtigung ökologischer Aspekte bereits in frühen Phasen der Produktplanung und -entwicklung und folglich auch im Design.

Im Band Die Geschichte „des Nachhaltigen Designs“ sind die wesentlichen Meilensteine und beispielhafte Produkte und Projekte dieser Entwicklung versammelt (Fuhs et al. 2013). Ferner werden aktuelle Positionen und unterschiedliche Zugänge zur Thematik der Nachhaltigkeit aus der Gestaltung heraus vorgestellt. Dabei wird deutlich, dass sich der Fokus von einer Optimierung der Produkte über das Denken in Systemzusammenhängen und Kreisläufen hin zu neuen Formen des Gebrauchs und Konsums stetig erweitert hat.

25.5 Förderung ökologischer Gestaltung in Lehre und Praxis

Für die Eigenwerbung der Designbüros und der Unternehmen sind Designpreise ein nicht unerheblicher Faktor. Für den Nachwuchs sind sie ein wichtiges Element der Orientierung und Profilierung. Der Aspekt der Nachhaltigkeit war bis vor Kurzem in den etablierten Designpreisen nicht ausreichend abgebildet und entsprechende Kriterien waren, sofern überhaupt berücksichtigt, nur selten explizit. Eine der wenigen Ausnahmen war der 2008 als Focus Green Award ausgeschriebene Internationale Designpreis des Landes Baden-Württemberg.

Um diese Lücke zu schließen und um die Bemühungen um nachhaltige Gestaltung in der Wirtschaft und in der Lehre zu fördern und bekannt zu machen, entwickelte das Internationale Designzentrum Berlin (IDZ) im Auftrag des Umweltbundesamtes und Bundesumweltministerium 2012 den Bundespreis Ecodesign. Durch die Zweistufigkeit des Auswahlverfahrens können erstmals die komplexen Sachverhalte zur Bewertung der Nachhaltigkeit fundiert überprüft werden. In einer Kriterienmatrix werden die wesentlichen Aspekte der Bewertung öffentlich und transparent gemacht. Sie dient gleichzeitig als Kontroll- und Korrekturmöglichkeit für die Teilnehmer_innen, um etwaige Schwachstellen im Vorfeld aufdecken und korrigieren zu können.

In der ersten Stufe des Wettbewerbs werden die Einreichungen zunächst nach ökologischen Kriterien bewertet. Unterstützt wird die Jury dabei von den Expert_innen des Umweltbundesamtes und von einem fachlichen Beirat. In der zweiten Runde findet die eigentliche Jurierung unter Einbezug sämtlicher gestalterischer Kriterien statt. Die Erweiterung des Spektrums der Einreichungen von der Optimierung von Produkten hin zur Substitution, zu Serviceleistungen und zu alternativen Formen des Konsums und des Gebrauchs ist eine wichtige Komponente und wird auch durch die drei Kategorien „Produkt“, „Service“ und „Konzept“ abgebildet. Die Kategorie „Nachwuchs“ richtet sich ferner an Studierende und Berufsanfänger_innen.

Der Bundespreis Ecodesign hat sich als alternativer Designpreis in kurzer Zeit etabliert. Er verschafft Unternehmen, die ihr Produktprogramm nachhaltig ausrichten, und Studierenden, die sich in ihren Projekten mit Fragen der Nachhaltigkeit auseinandersetzen, Sichtbarkeit und bestätigt sie in ihrem Tun.

25.6 Materialien für die Lehre

Verschiedene nationale und internationale Institutionen haben sich jüngst mit der Aufgabe beschäftigt, das verfügbare Wissen zum Thema Nachhaltigkeit für die Lehre im Design zu kanonisieren und damit mittelbar auch für die Praxis verfügbar zu machen:

Die internationale Organisation der Hochschulen für Design, Kunst und Medien „Cumulus" hat ihre erste Think-Tank-Publikation zum Thema Nachhaltigkeit mit dem Titel *Changing Paradigms: Designing for a Sustainable Future* als Leitfaden speziell für Studierende, aber auch für Designer_innen herausgegeben (Stebbing und Tischner 2015). Darin werden die Gründe für die Notwendigkeit einer nachhaltigen Ausrichtung der Designausbildung vorgestellt, die wesentlichen Methoden und Mittel aufgeführt und schließlich anhand von beispielhaften Arbeiten der Studierenden aus unterschiedlichen Ländern veranschaulicht.

Das Umweltbundesamt hat eine komplett überarbeitete und ergänzte Neuauflage des Handbuchs *Was ist Ecodesign?* als kostenloses E-Book in Deutsch und Englisch publiziert (Tischner und Moser 2015). Das Handbuch basiert auf einer durch Umweltbundesministerium und Umweltbundesamt geförderten Studie. Es wurden unterschiedliche Methoden und Werkzeuge zur ökologischen Gestaltung aus Lehre und Praxis gesammelt, anhand von Beispielen vorgestellt und in Form eines Ecodesignprozesses verfügbar gemacht. Dieser basiert auf dem bekannten Designprozess, es werden jedoch den einzelnen Phasen die jeweils relevanten Hilfsmittel zur Berücksichtigung ökologischer Faktoren zugeordnet. Darunter sind Analysemethoden, die bereits in frühen Stadien des Entwurfs Abschätzungen zu den genannten Kriterien ermöglichen, sowie die erforderlichen Zugänge zu Kenntnissen und Bewertungsmethoden über Materialien, Herstellungsverfahren und Wertstoffkreisläufe. Hauptziele des Ecodesigns sind Produkte, Systeme, Infrastrukturen und Dienstleistungen, die bei optimaler Erfüllung des gewünschten Nutzens eine minimale Menge an Ressourcen, Energie und Fläche benötigen, bei gleichzeitiger Minimierung des Schadstoffeinsatzes und -ausstoßes und der Abfälle – und das über den gesamten Produktlebenszyklus hinweg. Das Handbuch geht jedoch darüber hinaus und stellt auch radikalere Ansätze etwa der Share Economy und des Social Designs vor. Ferner werden mögliche Hemmnisse bei der Implementierung problematisiert und Argumentationshilfen geliefert.

Die erwähnten Werkzeuge werden kontinuierlich neu- und weiterentwickelt und an sich ändernde Bedingungen und neue Erkenntnisse angepasst. Beispielhaft für ein solches Tool kann die Bachelor-Thesis *Einfach trennbar* von Jessica Bulling und Patrick Palau an der HfG Schwäbisch Gmünd genannt werden (Bulling und Palau 2015). Sie entwickelten ein Hilfsmittel, mit dem Produkte unter besonderer Berücksichtigung ihrer angestrebten Lebensdauer zunächst in Kategorien eingeteilt und dann entsprechend gestaltet werden können. Die Spanne reicht von „Design for Composting“ über „Design for Recycling“ bis zum auf Langlebigkeit, einfache Reparatur und Wartung hin ausgerichteten „Design for Repair“. Die Methode wird durch einen analogen Fächer und durch einen digitalen Leitfaden auf einfache Weise zugänglich gemacht (Abb. 25.1).

Ein weiteres Beispiel ist die Master-Thesis von Tobias Albrecht und Philipp Ries. Sie entwickelten das „Recycling+ Modell“ (Albrecht und Ries 2017), mit dessen Hilfe sich Konzepte in frühen Phasen der Entwicklung relativ schnell auf ihre ökologische Tauglichkeit nach den Faktoren Effizienz, Konsistenz und Suffizienz bewerten lassen. Basierend auf dieser Methode gestalteten sie u. a. eine Dusche, die mit dem Prinzip der Zerstäubung arbeitet und bei einem vergleichbar angenehmen Duscherlebnis für die Nutzer_innen gegenüber bestehenden Systemen ca. 30 % Wasser einspart.

Als letztes Beispiel dieser Kategorie sei die Bachelorarbeit von Gabriel Brückner und Johanna Gedeon genannt. Sie beschäftigten sich mit dem Problem der „geplanten Obsoleszenz“, also der stillschweigend tolerierten oder gar absichtlich herbeigeführten Begrenzung der Lebensdauer eines Produktes (Brückner und Gedeon 2013). Ihr Entwurf eines Farbdruckers ist nicht nur durch die Nachfüllmöglichkeit der Patronen und einfache Wartbarkeit aller Verschleißteile im Gebrauch sehr effizient, sämtliche Komponenten sind durch modularen Aufbau auch mühelos austauschbar (Abb. 25.2).

Doch die gewaltigen Einsparungen, die für eine wirklich nachhaltige Entwicklung erforderlich wären, sind allein durch eine Optimierung der Produkte nicht zu erzielen. Vielmehr ist auch eine Änderung der Gebrauchsgewohnheiten erforderlich. Diese Erkenntnis führt zu weiteren Ansätzen: der Substitution von Produkten durch Serviceleistungen und der gemeinschaftlichen Nutzung von Objekten nach dem Grundsatz „Nutzen statt Besitzen“. Carsharing oder Carpooling und das zeitweilige Vermieten von Wohnraum sind dafür die bekanntesten und heute auch vielfach praktizierten Beispiele. Die digitale Vernetzung „intelligenter“ Produkte durch das „Internet der Dinge“ bietet dafür die nötige Infrastruktur und gleichzeitig die Möglichkeit für vertrauensbildende

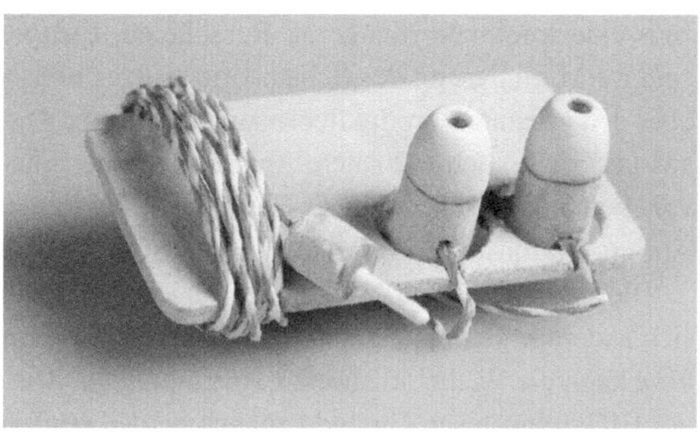

Abb. 25.1 Kompostierbarer Kopfhörer. (Foto: Bulling und Palau)

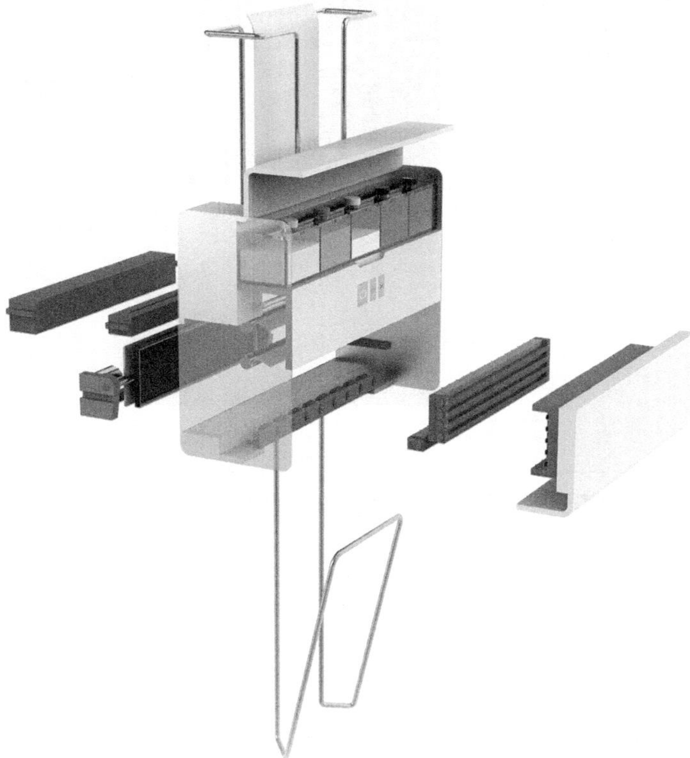

Abb. 25.2 Modularer Farbdrucker. (Darstellung: Brückner und Gedeon)

Maßnahmen innerhalb einer Nutzergruppe, etwa in Form von Bewertungen der Teilnehmenden. Häufig verschmelzen physisches Objekt und digital basierter Service zu einer untrennbaren Einheit, woraus sich neue Fragen an die Gestaltung solcher Produkt-Service-Hybride ergeben. In ihrer Bachelor-Thesis *waschbar* entwickelten Lena Brüch und Annika Breidenbach einen Produkt-Service-Hybrid, bestehend aus Waschmaschine und digitalem Service, der das Teilen von Waschmaschinen in einem Mehrfamilienhaus erleichtert und unterstützt (Brüch und Breidenbach 2015). Dadurch sind weniger Geräte erforderlich, die zudem besser ausgelastet und durch ihre unterschiedliche Kapazität auch effizienter eingesetzt werden können (Abb. 25.3).

Durch die Entwicklung solcher Szenarien entsteht Raum für neue Geschäftsmodelle, gleichzeitig stehen etablierte Unternehmen auf dem Prüfstand und laufen Gefahr, durch disruptive Innovationen verdrängt zu werden. So sind die Mobilitätsanbieter der Zukunft vielleicht nicht nur Fahrzeughersteller oder die Bahn, sondern Kommunen, Parkhausgesellschaften oder Kleinanbieter vernetzende Online-Plattformen.

Abb. 25.3 waschbar – Kollektive Nutzung von Waschmaschinen. (Foto: Breidenbach und Brüch)

25.7 Beförderung von Verhaltensänderungen

Nachhaltige Angebote können nur dann Wirkung entfalten, wenn sie von den Verbrauchern als solche nicht nur erkannt, sondern auch tatsächlich bevorzugt werden. Mussten erste ökologisch ausgerichtete Fahrzeuge wie der „Öko-Golf" Ende der 80er-Jahre noch mangels Nachfrage aus wirtschaftlichen Gründen wieder eingestellt werden, wurde der Toyota Prius 20 Jahre später zum Kassenschlager und zum Benchmark der Hybridfahrzeuge. Ist also jetzt die Wende geschafft? Wohl kaum, denn trotz einer wachsenden ökologischen Einstellung handeln die Käufer_innen nicht immer entsprechend. So zeigen sog. SUVs die höchsten Steigerungsraten aller Fahrzeugklassen und die durchschnittliche Leistung von Neufahrzeugen wächst stetig. Da die Fahrzeuge schwerer und stärker werden, sind Einsparungen etwa durch die Verbesserung der Motoren nur gering und verpuffen vollends in der Gesamtbetrachtung der Mobilität: In Deutschland ist in den letzten zwanzig Jahren zwar der Gesamtverbrauch der PKW an Treibstoffen in Summe leicht gesunken, dafür stieg der Verbrauch an Flugbenzin im gleichen Umfang. Ressourcen werden also nicht wirklich eingespart, sondern nur umverteilt. Dieser „Rebound-Effekt" zeigt sich in vielen Bereichen: An einer Stelle erzielte Einsparungen verpuffen durch mehr Konsum und erhöhte Ausgaben an anderer Stelle.

Die Frage stellt sich zu Recht, ob die auf Optimierung und Reduktion zielenden Ansätze ausreichen oder ob sie nur die Symptome bekämpfen, statt zu den Ursachen vorzudringen. Da wir, um zu einem nachhaltigen Wirtschaften zu kommen, unseren Verbrauch in Deutschland nicht nur nicht weiter steigern dürfen, sondern drastisch senken müssen, sind grundlegende Verhaltensänderungen notwendig. Doch wie können in einer liberalen Gesellschaft solche Transformationen ohne autoritären Habitus gelingen? Diese Frage führt zu einer weiteren Ansatzmöglichkeit für das Design, dem *„Design for Behaviour Change"*.

Der Psychologe B. J. Fogg hat an der Stanford University das „Persuasive Tech Lab“ gegründet und ein einfaches Modell entwickelt, mit dem er die Voraussetzungen für Verhaltensänderungen beschreibt. Um ein Verhalten zu befördern, braucht es demnach drei Elemente: Motivation, Befähigung und einen Auslöser. Beeinflussungen über unmittelbare positive Verstärkung sind, so Fogg, effektiver und nachhaltiger als Systeme der Bestrafung (Fogg 2002).

Tobias Martsch und Heiko Goller haben in ihrer Abschlussarbeit an der HfG Schwäbisch Gmünd (Goller und Martsch 2012) die Möglichkeiten der Anwendung von Foggs Modell und der operanten Konditionierung auf die Produktgestaltung untersucht und exemplarisch auf fünf Produkte angewendet (Abb. 25.4).

Sie zeigen auf, dass, wenn Gestaltung in diesem Sinne eingesetzt wird, Menschen mitunter tatsächlich zu einem nachhaltigeren Handeln animiert werden können – leider jedoch ebenso zum Gegenteil. Der schmale Grat von der positiven Beeinflussung zur

Abb. 25.4 Wassersäule signalisiert und begrenzt Verbrauch. (Foto: Goller und Martsch)

Manipulation und zur Propaganda und die Suche nach geeigneten Maßstäben für die Festlegung dessen, was als richtiges Handeln gelten und folglich befördert werden soll, wirft die Frage nach der politischen und ethischen Dimension des Designs auf.

Können und sollen die Designer_innen für die späteren Nutzer_innen entscheiden, was richtig ist, oder ist es nicht sinnvoller und angemessener, die Entwicklung gemeinsam mit den Betroffenen bzw. Nutznießer_innen durchzuführen, erwünschte Ziele erst im Prozess zu erarbeiten und dann mit adäquaten Maßnahmen anzustreben?

Diese Fragestellung führt zur Vorgehensweise der partizipativen Gestaltung und zum „Design for Social Innovation“, die dem Modus der transdisziplinären Forschung nahestehen.

25.8 Design und Forschung

Disziplinäre Grenzen stellen immer auch Erkenntnisgrenzen dar. Ein Gegenstand wird eben nur mit den Methoden der jeweiligen Disziplin wahrgenommen und untersucht. Damit entsteht jeweils nur ein Ausschnitt der Wirklichkeit. Fragen der Nachhaltigkeit weisen jedoch solche Grenzen nicht auf, sind vielgestaltig und vielschichtig und durch disziplinäre Vorgehensweise nur in Teilaspekten und nicht in ihrer vollen Komplexität und in ihren wechselseitigen Beziehungen zu erfassen. Interdisziplinäre Forschung versucht diese Grenzen zu überwinden.

Interdisziplinarität als strategische Vorgehensweise wird heute in der Forschung und Entwicklung in Unternehmen und zunehmend auch in der Forschungsförderung besonders der angewandten Forschung gefordert und gefördert. Die komplexer werdenden Probleme in einer globalisierten Welt scheinen immer weniger aus einer Disziplin heraus erfasst, in bearbeitbare Fragen gefasst und dann kompetent beantwortet werden zu können.

Die Frage nach den Vorteilen einer disziplinären versus einer interdisziplinären Vorgehensweise lässt sich nicht generell beantworten, sondern nur in Abhängigkeit von der jeweiligen Fragestellung. Insbesondere Probleme, die bereits in ihrer Beschreibung komplex, unscharf und schwer zu fassen sind, also sogenannte *„ill-defined problems“,* scheinen sich der Beschreibung und Bearbeitung aus lediglich einer einzelnen Disziplin heraus zu entziehen. Nahezu sämtliche große Probleme wie Umweltzerstörung, Klimawandel, demografischer Wandel und soziale Ungleichheit zählen zu dieser Kategorie. Die besondere Charakteristik dieser *„wicked problems“* wurde bereits Ende der 60er-Jahre beschrieben. Es handelt sich um „ein soziales oder kulturelles Problem, das schwer oder unmöglich zu lösen ist, da unvollständiges oder widersprüchliches Wissen darüber vorliegt, sehr viele Personen und Meinungen involviert sind, es große ökonomische Auswirkungen hat und es eng mit anderen Problemen verknüpft ist“ (Churchman 1967, S. 14).

Heute trifft die Dringlichkeit der Lösung solcher Problemstellungen auf eine Neuinterpretation der Aufgabe von Wissenschaft. Das klassische epistemische Ziel der Wissenschaft, zu beschreiben, zu erklären und zu prognostizieren, also erklärendes „Systemwissen“ zu schaffen, wird zunehmend (und das insbesondere bei Fragen gesellschaftlicher und nachhaltiger

Veränderungsprozesse) ergänzt um die Forderung nach anderen Zielen: Wissenschaft soll heute auch wünschenswerte Ziele zukünftiger gesellschaftlicher Entwicklung definieren und beschreiben, also „Zielwissen" entwickeln. Ferner sollen durch die Wissenschaft Methoden und Wege aufgezeigt werden, wie diese Ziele zu erreichen sind, also „Transformationswissen" geschaffen werden (Becker und Jahn 2000).

Damit kann jedoch nicht ein Anspruch an die Wissenschaft gemeint sein, zu definieren, was sein soll, sondern nur, was sein könnte, also mögliche Ziele, Handlungsoptionen und deren Konsequenzen aufzuzeigen. Denn eine qualitative Zielbestimmung bedarf der gesellschaftlichen Aushandlung von Werthierarchien, die beispielsweise durch einen politischen und ethischen Diskurs und demokratische Entscheidungsprozesse, nicht aber allein durch wissenschaftliche Methoden zu erreichen ist.

Die Forderung nach einer neuen Rolle der Wissenschaft geht einher mit der Forderung nach einer Gestaltung, die sich auch ihrer politischen Dimension bewusst ist und entsprechend agiert. Die Welt, in der wir leben, ist eine entworfene, wodurch Design – ob gewollt oder ungewollt und bewusst oder unbewusst – immer auch eine politische Dimension hat. Bereits Otl Aicher mahnt eine Rolle des Designs an, die sich an der „Welt als Entwurf" versucht (Aicher 1991, S. 199). Er proklamiert eine „Vernunft des Handelns", die dem Design innewohne und die andere Resultate erziele als die logischen Ableitungen der Wissenschaften. Der Gestalter und Autor Florian Pfeffer weist auf die heute veränderte Rolle der Gestaltung und auf zukünftige Aufgaben hin und fragt: „Kann Design mehr sein als eine blinde Innovationsmaschine, die uns sagt, was wir können, sondern auch ein kritischer Katalysator, der uns hilft, darüber zu sprechen, was wir wollen?" (Pfeffer 2014, S. 23).

Der vielleicht einflussreichste Protagonist eines sozial engagierten Designs, das sich der Beförderung einer nachhaltigen Kultur verschrieben hat, ist der italienische Gestalter Ezio Manzini, Mitbegründer des Netzwerkes DESIS – Design for Social Innovation and Sustainability, welches aus Reallaboren an Gestaltungshochschulen weltweit besteht. Ziel des „Design for Social Innovation" ist nach Manzini, in kollaborativer Weise neue Wege des Denkens, des Lebens und des Produzierens zu entwickeln. Er sieht die Rolle der Gestalter_innen in der Zukunft weniger in der eigenen Kreativleistung, sondern vielmehr in der Wirkung als Katalysatoren durch die Unterstützung und Begleitung von Prozessen mit lokalen Akteuren, die dabei alle selbst zu Designer_innen werden (Manzini 2015, S. 1–5). Die durchgängige Teilhabe der späteren Nutzer_innen, die Einbindung von Laien neben den Expert_innen in den gesamten Prozess und die interdisziplinäre Zusammenstellung der Gruppe sind auch wesentliche Charakteristiken transdisziplinärer Forschung. Überschneidungen der Gestaltung und der transdisziplinären Forschung treten hier deutlich zutage, was eine Betrachtung der Potenziale einer Kooperation aussichtsreich erscheinen lässt.

25.9 Transdisziplinäre Forschung

Transdisziplinarität geht als Form der Kooperation zwischen Disziplinen noch deutlich weiter als Interdisziplinarität. Hier werden nicht nur einzelne Phasen gemeinsam durchgeführt oder disziplinär erarbeitete Ergebnisse miteinander abgeglichen, vielmehr ist der gesamte Prozess darauf ausgerichtet, in einem Team aus unterschiedlichen Disziplinen und damit Perspektiven heraus bearbeitet zu werden.

Typisch ist ferner die Einbindung von Laien aus der Praxis, also von nicht-wissenschaftlichen Gruppen, die jedoch über Erfahrungswissen verfügen und somit voraussichtlich zur Lösung des Problems beitragen können, und auch von Personen, die unmittelbar von der Problemstellung betroffen sind. Damit geht die Hinwendung der transdisziplinären Forschung zu lebensweltlichen Problemen wie der Entwicklung nachhaltiger Konsumformen einher.

Die typische Vorgehensweise ist wie folgt: Ausgehend vom Problem und den Bedürfnissen der Beteiligten und Betroffenen wird ein möglichst umfassender und disziplinenübergreifender Problemzusammenhang hergestellt. Die wissenschaftliche Problembeschreibung folgt dabei keiner disziplinären Logik und Sprache und soll eine möglichst weitgehende Identifizierung der Betroffenen mit der Beschreibung ermöglichen. In den weiteren Prozessphasen wird sie stetig erweitert, korrigiert und angepasst. Dabei wird der Prozess als Projekt organisiert, bei welchem lediglich die Zielrichtung, nicht jedoch konkrete Ziele oder Forschungsphasen und -methoden im Einzelnen bereits definiert sind. In der weiteren Entwicklung werden die Stakeholder aus der Praxis dann nicht nur informiert und befragt, sie können vielmehr auch einen aktiven Part übernehmen – sei er deliberativ oder kollaborativ, also diskursorientiert oder handlungsorientiert. Hier werden Parallelen zur Methodik des „Design for Social Innovation“ und auch der partizipatorischen Gestaltung erkennbar, denn auch dort werden die Betroffenen als aktive Mitwirkende in den Entwicklungsprozess eingebunden, nicht nur als passive Subjekte der Analyse und Beobachtung, sondern als Mitentscheider_innen und Handelnde.

Probleme im Prozess können dadurch entstehen, dass die „Sprachen“ der Akteur_innen sehr unterschiedlich sind. Daher müssen zunächst eine gemeinsame Form der Kommunikation und ein geteiltes Problemverständnis hergestellt werden. Dazu bedarf es spezifischer Methoden u. a. der Reflexion von Motivation und Handlungsweisen der Beteiligten, der Moderation, aber auch der Kommunikation.

Einer höheren Akzeptanz der Ergebnisse bei der Gruppe der Betroffenen durch deren Beteiligung stehen mitunter Akzeptanzprobleme der jeweiligen wissenschaftlichen Community und bei anderen Außenstehenden gegenüber. Wie bei allen partizipatorischen und auf Einbindung der Betroffenen zielenden Prozessen ist darauf zu achten, dass es sich um echte Teilhabe handelt und nicht etwa nur um deren Vortäuschung, etwa um bereits getroffene Entscheidungen oder von einer einzelnen Gruppe entwickelte Zielvorstellungen zu legitimieren oder um etwaige Widerstände abzuschwächen.

Aus den vorangegangenen Charakterisierungen wird deutlich, dass transdisziplinäre Forschung nicht nur eine Zusammenfügung der Expertisen unterschiedlicher Disziplinen darstellt, sondern neben der jeweiligen disziplinären Verortung der Forschenden auch über eigene Methoden, Mittel und Prozesse verfügt und auch verfügen muss, um ihr Potenzial ausschöpfen zu können.

Design, wie wir es zuletzt beschrieben haben, scheint zahlreiche Schnittmengen mit der transdisziplinären Forschung aufzuweisen und bietet zudem spezifische Qualitäten, die zur Bearbeitung von Problematiken in diesem Forschungsmodus hilfreich sein können:

Designer_innen und Designforscher_innen sind an Alltagsproblematiken interessiert und routiniert in deren Bearbeitung. Gerade solche Problemstellungen sind es auch, die eine inter- oder transdisziplinäre Herangehensweise sinnvoll erscheinen lassen. Dazu zählen u. a. die Nachhaltigkeit, die Förderung und Begünstigung entsprechender Verhaltensänderungen im Konsum und Gebrauch und auch andere gesellschaftliche Transformationsprozesse wie beispielsweise der Umgang mit dem demografischen Wandel.

Der Designprozess selbst ist in der gestalterischen Praxis per se interdisziplinär, da nur im Zusammenspiel von gestalterischen mit technischen, wirtschaftlichen, ökologischen, psychologischen und weiteren Aspekten gute Lösungen entwickelt werden können. Die integrative und vermittelnde Funktion des Designs als Schnittstellendisziplin ist also bereits gegeben.

Gestalter_innen sind immer darauf bedacht, das Verstehen der Welt aus der Perspektive der anderen heraus zu begreifen und deren Wahrnehmung, Reaktionen und Handlungen zu prognostizieren. Sie sind auch trainiert darin, unterschiedliche Expertinnen und Experten und andere Beteiligte in die verschiedenen Phasen des Designprozesses einzubinden und deren Wissen, Erfahrung und Verständnis einfließen zu lassen. Dazu können sie auf eine Vielzahl von Methoden zurückgreifen, vom User-centered-Design bis zur partizipatorischen Gestaltung.

Das Entwerfen von Szenarien, die Darstellung und Simulation von Alternativen sind Charakteristika für Design und für projektbasierte Designforschung; gleichzeitig sind es Strategien, die transformative Forschung befördern.

Durch die Fähigkeit des Designs zu projizieren und zu visualisieren entsteht eine neue Kommunikationsebene zwischen den Disziplinen und zwischen Expert_innen und Laien. Genutzt wird nicht die disziplinäre Sprache, die dabei eher ein Hindernis darstellt, sondern für alle gleichermaßen zugängliche Formen der Darstellung und der Simulation. So wird es für eine heterogene Gruppe einfacher, mögliche Szenarien zukünftiger Wirklichkeit zu diskutieren, ein gemeinsames geteiltes Verständnis herzustellen und sich auf ein weiteres Vorgehen zu einigen. In der partizipatorischen Gestaltung werden solche Formen der Kommunikation und der Bearbeitung ganz bewusst in den verschiedenen Phasen des Gestaltungsprozesses eingesetzt, um disziplinäre, aber auch hierarchische Barrieren abzubauen. Dabei kann beispielsweise in einer frühen Projektphase implizites Wissen aus der Praxis expliziert und geteilt werden. Liz Sanders, eine Pionierin der partizipatorischen Gestaltung, weist darauf hin, dass dieses Vorgehen nicht nur eine Sammlung von Werkzeugen, Techniken und Methoden darstelle, sondern auch ein *„mind-set“* verlange: eine auf Empathie basierende Einstellung gegenüber den Beteiligten und gegenüber dem Gestaltungsprozess, die auf die Ermöglichung echter Teilhabe ziele (Sanders 2013, S. 77).

Die Vorgehensweise hat jedoch auch eine Reihe immanenter Probleme zu lösen. Die Prozesse sind langwierig und verlangen einen langen Atem und eine große Offenheit und Kompromissbereitschaft von allen Beteiligten. Sie sind meist nicht auf eine direkte ökonomische Verwertbarkeit hin ausgerichtet und folgen keinem klassischen Geschäftsmodell. Partner aus der Wirtschaft sind so schwerer zu gewinnen. Forschungsprojekte sind also stärker auf die staatliche Förderung angewiesen, entsprechende Förderlinien sind jedoch noch selten. Diese Problematik trifft insbesondere die Hochschulen für angewandte Wissenschaft (HAW), die neben den Kunsthochschulen das Gros der Designausbildung betreiben, denn die klassische Forschungsforderung an HAW verlangt ja gerade eine enge Kooperation mit der Wirtschaft und die Verwertung der Ergebnisse durch die Industriepartner.

Eine weitere Herausforderung für das Design ergibt sich dadurch, dass Design als Partner in der Forschung und damit auch in der transdisziplinären Forschung erst allmählich etabliert ist. Es wird von anderen Disziplinen als möglicher Partner teils noch nicht wahrgenommen oder es werden ihm aufgrund seiner Heterogenität andere, vermeintlich typischere Aufgaben und Expertisen zugeordnet. Die Zusammenarbeit findet dadurch noch zu selten statt. Kommt es doch dazu, so unterscheiden sich die Erwartungen häufig von den eigentlichen Potenzialen des Designs. Daher sollte immer zunächst geklärt werden, was Design im jeweiligen Projekt zu leisten in der Lage ist.

25.10 Schlussfolgerung

Design kann durch seine spezifischen Qualitäten, Methoden und Werkzeuge, aber auch durch seine Routine in der integrativen Bearbeitung lebensweltlicher Probleme zum Gelingen transformatorischer Prozesse einen Beitrag leisten. Dazu muss es sich noch deutlicher als bisher von seiner Rolle bei der Förderung eines hedonistischen Konsums distanzieren und seiner gesellschaftlichen Verantwortung stellen. Dies wird in der Designforschung und in der Lehre leichter zu bewerkstelligen sein als in der beruflichen Praxis, die stärker von ökonomischen Zwängen und der Funktion als Dienstleister geprägt ist. Daher kommt den Universitäten und akademischen Einrichtungen eine besondere Bedeutung bei der Erfüllung dieser Aufgabe zu. Design muss sich noch stärker mit anderen Disziplinen vernetzen und in inter- und transdisziplinären Teams einen Beitrag zur Entwicklung neuer Formen des Konsums und der gesellschaftlichen Entwicklung leisten. Nur so wird es sich auch in der Außenwahrnehmung als eine Disziplin positionieren können, die weniger zur Verstärkung der Probleme beiträgt als zu deren Bewältigung. Die Aufgabe der Gestalter_innen verschiebt sich dabei von der Autorenschaft kreativer oder innovativer Werke hin zu Moderation, Unterstützung und Katalyse einer kooperativen Entwicklung des – für andere – Wünschenswerten. Die Studierenden auf diesen Wandel vorzubereiten ist nicht zuletzt auch eine Herausforderung für die Lehre.

Literatur

Aicher O (1991) die welt als entwurf. Ernst & Sohn, Berlin

Albrecht T, Ries P (2017) Reaktion: Prävention. Masterarbeit, Hochschule für Gestaltung Schwäbisch Gmünd

Becker E, Jahn T (2000) Sozial-ökologische Transformationen – Theoretische und methodische Probleme transdisziplinärer Nachhaltigkeitsforschung. In: Brand KW (Hrsg) Nachhaltige Entwicklung und Transdisziplinarität. Analytica, Berlin, S 67–84

Bonsiepe G (1973) Bombast aus Pappe. Form 61:13–16

Brüch L, Breidenbach L (2015) waschbar. Bachelorarbeit, Hochschule für Gestaltung Schwäbisch Gmünd

Brückner G, Gedeon J (2013) Qualitätswerte in der Produktgestaltung. Bachelorarbeit, Hochschule für Gestaltung Schwäbisch Gmünd

Bulling J, Palau P (2015) Einfach trennbar. Die Trennbarkeit in der Gestaltung. Bachelorarbeit, Hochschule für Gestaltung Schwäbisch Gmünd

Churchman CW (1967) Wicked problems. Manag Sci 14(4):141–142

Fathers J (2003) Peripheral vision: an interview with Gui Bonsiepe charting a lifetime of commitment to design empowerment. Des Issues 19(4):44–56

Fogg BJ (2002) Persuasive technology: using computers to change what we think and do. Morgan Kaufmann, San Francisco

Fuhs KS, Brocchi D, Maxein M, Draser B (Hrsg) (2013) Die Geschichte des Nachhaltigen Designs. Welche Haltung braucht Gestaltung? VAS, Bad Homburg

Goller M, Martsch T (2012) Design for behaviour change. Bachelorarbeit, Hochschule für Gestaltung Schwäbisch Gmünd

Manzini E (2015) Design, when everybody designs. MIT Press, Cambridge

Papanek V (1971) Design for the real world: human ecology and social change. Pantheon, New York

Pfeffer F (2014) To Do: Die neue Rolle der Gestaltung in einer veränderten Welt. Strategien – Werkzeuge – Geschäftsmodelle. Hermann Schmidt, Mainz

Reckwitz A (2012) Die Erfindung der Kreativität. Zum Prozess gesellschaftlicher Ästhetisierung. Suhrkamp, Berlin

Rinker D, Quijano M, Reinhardt B (Hrsg) (2003) Ulmer Modelle – Modelle nach Ulm. Hatje Cantz, Stuttgart

Sanders EBN (2013) Perspectives on participation in design. In: Mareis C, Held M, Joost G (Hrsg) Wer gestaltet die Gestaltung? transcript, Bielefeld, S 65–78

Simon HA (1996) The sciences of the artificial, 3. Aufl. MIT Press, Cambridge

Stebbing P, Tischner U (Hrsg) (2015) Changing paradigms: designing for a sustainable future. Aalto University School of Arts, Design and Architecture, Helsinki

Tischner U, Moser H (2015) Was ist Ecodesign? Praxishandbuch für Ecodesign inklusive Toolbox. Umweltbundesamt, Berlin

Das Projektstudium „Lehre für eine nachhaltige Universität" an der Universität Kassel – eine interdisziplinäre Lehr- und Lernmethode zum Themenkomplex Nachhaltigkeit an der Hochschule

26

Nadine Chrubasik und Julia Fink

Zusammenfassung

Seit dem Sommersemester 2012 wird an der Universität Kassel das Projektstudium „Lehre für eine nachhaltige Universität" angeboten. Ziel des Projektstudiums ist es, die Nachhaltigkeit der Universität zu verbessern. Durch die aktive Beteiligung und Einbeziehung der Studierenden in die Entwicklung des hochschulinternen Umweltschutzes wird Studierenden Umweltbewusstsein und Sensibilisierung für nachhaltiges Handeln und den Umgang mit Ressourcen vermittelt. Durch die Kombination von Theorie und Praxis und den partizipativen Ansatz werden die Studierenden darüber hinaus optimal auf die Herausforderungen des Berufslebens vorbereitet. Das Projektstudium wird sowohl von den Studierenden als auch von den Dozent_innen als Bereicherung angesehen. Das Thema „Nachhaltigkeit" wird durch die Zusammenarbeit auf interdisziplinärer Ebene von vielen Seiten betrachtet und in das Umweltbewusstsein gerufen.

Schlüsselwörter

Nachhaltigkeit · Hochschullehre · Praxisorientierung · Sensibilisierung
Schlüsselkompetenzen

N. Chrubasik (✉)
Büro für Umweltkoordination, Universität Kassel,
Kassel, Deutschland
E-Mail: umwelt@uni-kassel.de

J. Fink
Graduiertenzentrum für Umweltforschung und -lehre, Universität Kassel,
Kassel, Deutschland
E-Mail: gradZ@uni-kassel.de

W. Leal Filho (Hrsg.), *Nachhaltigkeit in der Lehre,* Theorie und Praxis der Nachhaltigkeit, https://doi.org/10.1007/978-3-662-56386-1_26

26.1 Hintergrund

An der Universität Kassel sind Umwelt- und Nachhaltigkeitsbelange als Querschnittsthema über alle Fachbereiche hinweg verankert. Mit über 200 umweltbezogenen Lehrveranstaltungen pro Studienjahr, 19 umweltbezogenen Studiengängen, vielfältigen Promotionskollegs und weiterbildenden Studienprogrammen aus dem Umweltbereich nimmt die Universität Kassel eine gute Position in Sachen Umweltforschung und -lehre ein. Seit Anfang 2003 macht die Hochschulleitung die Profilbildung im Umweltbereich verstärkt zu ihrer Aufgabe: Ein Netzwerk für Umweltforschung und -lehre koordiniert und unterstützt alle Aktivitäten in den Bereichen Lehre, Forschung und Betrieb und diskutiert auch Fragen der Nachhaltigkeit an der Hochschule.

Das Graduiertenzentrum für Umweltforschung und -lehre (GradZ) ist Teil dieses Netzwerkes und übernimmt Aufgaben der Koordination und Weiterentwicklung der Umweltlehre. Ein wichtiges Ziel der Arbeit des Graduiertenzentrums ist die Stärkung des interdisziplinären Studierens und wissenschaftlichen Arbeitens an der Universität Kassel.

Ein Angebot des GradZ, ergänzend zur disziplinären Perspektive der Studienangebote der Universität Kassel, ist das Projektstudium „Lehre für eine nachhaltige Universität". Es wird seit 2012 als neue Lehr- und Lernform gemeinsam vom Graduiertenzentrum für Umweltforschung und -lehre und dem Büro für Umweltprofilentwicklung der Universität Kassel mit dem Ziel angeboten, die Nachhaltigkeit der Universität zu verbessern. Dafür sind gezielte Veränderungen und teilweise technische Maßnahmen in den Handlungsfeldern Energie, Verkehr, Abfall, Ressourcen und Konsum erforderlich.

26.2 Ziele

Die Konzepte und Ziele des Projektstudiums „Lehre für eine nachhaltige Universität" werden von den Studierenden erarbeitet und von Professorinnen und Professoren betreut. Im praxis- und anwendungsorientierten Projektstudium haben die Studierenden die Gelegenheit, das theoretisch erworbene Wissen direkt im universitätseigenen Betrieb anzuwenden und zu erproben. Die Studierenden sollen dazu befähigt werden, Gestaltungskompetenz zu entwickeln, in Teams zu arbeiten, Fachwissen anzuwenden, zu reflektieren und auch direkt, selbstbestimmt und verantwortungsvoll umzusetzen. Das Projektstudium gibt den Studierenden Raum für selbstorganisiertes und gemeinsames Lernen und übt den Umgang mit Komplexität.

Das Angebot wird für Studierende verschiedener Fachrichtungen in jedem Semester als Lehrveranstaltung angeboten. Es kann für die Dauer von einem oder mehreren Semestern belegt und mit Credit Points und Noten in den individuellen Studienplan aufgenommen werden. Zudem wird das Projekt für den disziplinübergreifenden Bereich der additiven Schlüsselkompetenzen für umwelt- und nachhaltigkeitsbezogenes Wissen und für das Zertifikatsprogramm UmweltWissen des Graduiertenzentrums für Umweltforschung und -lehre sowie für das Umweltrechtzertifikat, welches am Fachbereich Wirtschaftswissenschaften angeboten wird, angerechnet.

In den ersten Jahren nach der Einführung des Projektstudiums „Lehre für eine nachhaltige Universität“ musste zunächst bei den Studierenden wie auch bei den Dozent_innen Überzeugungsarbeit geleistet werden. Das Angebot wurde zunächst eher mäßig angenommen. Es gab nur wenige Dozent_innen, welche die besondere und neue Lehr- und Lernform ausprobieren wollten. Zunächst scheiterte die Beteiligung und Übernahme eines Projekts im Rahmen des Projektstudiums an der gewünschten interdisziplinären Zusammensetzung der Studierendengruppe. Auf viele Dozent_innen wirkte diese Vorgabe abschreckend, da sie sich mit unterschiedlichen Prüfungsanforderungen in den einzelnen Studiengängen zur Erlangung der Credit Points auseinandersetzen und diesen letztlich durch ein differenzierteres Angebot an Prüfungsformen begegnen mussten. So gab es vorerst pro Semester nur ein bis zwei Projekte, welche aber bereits nach zwei bis drei Semestern mangels Studierender wieder eingestellt wurden.

Da sich die meisten Projekte in den ersten Semestern einer Analyse- und/oder Erhebungsphase gewidmet haben, um Bedarfe ausmachen zu können, war und ist eine längere Projektdauer von nöten. Auch die Umsetzung der entwickelten Konzepte lässt sich meist nicht über ein Semester realisieren sowie auch die Bekanntmachung des Angebots, daher sind konstante und stabile Angebote notwendig. Nach fünf Jahren hat das Angebot einen guten Bekanntheitsgrad an der Universität erlangt und auch einige Dozent_innen sind nun bereits mehr als drei Semester mit einem fortwährenden Projekt dabei. Jedoch ist die Implementierung in den einzelnen Studiengängen noch lange nicht vollzogen, die Projektstudienangebote müssen mit ihrem Angebot noch in die einzelnen Curricula der Studiengänge integriert werden.

26.3 Umsetzungsmaßnahmen

In den nächsten Jahren soll eine breitere Verankerung des Projektstudiums in den Curricula aller Studiengänge angestrebt werden. Auch der Ausbau des Bereichs der Schlüsselkompetenzen bzw. eines Bereichs für freie Credit Points, welcher den Bachelor- und Masterstudierenden die Möglichkeit der Anerkennung ihres Engagements gibt, wird fokussiert. Dabei sollte es eine Vernetzung zwischen den Studiengängen geben, sodass sich die Projekte zunehmend interdisziplinär zusammensetzen können.

Einige Projekte setzen sich gerade durch diese interdisziplinäre Zusammensetzung mit den unterschiedlichen Themenbereichen auf dem Gebiet der Nachhaltigkeit mit der Universität Kassel auseinander, sie identifizieren Handlungsbedarfe und erarbeiten selbstständig Strategien und Maßnahmen. Das Spektrum der Diskussions- und Lösungsansätze ist weit gefasst und reicht von Mobilitätsmanagement über die Implementierung neuer Technik und Infrastruktur bis hin zu Verhaltensbeeinflussung über Kommunikation, Zielgruppenkampagnen, Mobilitätsmarketing, Imagemaßnahmen oder Wettbewerbe (z. B. zur CO_2-Einsparung, Entwicklung neuer Mobilitätsinfrastruktur).

Das Handlungsfeld Energie bedient beispielsweise das Projekt Sun-Skins; im Projekt setzen sich Studierende mit der Konzeption, dem Entwurf und der Entwicklung von zwei unterschiedlichen adaptiven Sonnenschutzsystemen mit solaraktiven Flächen auseinander.

Ziel soll es sein, einen funktionsfähigen Prototypen zu entwickeln, welcher sowohl einen Beitrag zur Verbesserung der Energieeffizienz für Bestandsgebäude der Universität Kassel leisten als auch zur universitätseigenen Stromerzeugung auf Basis von erneuerbaren Energien beitragen könnte.

Des Weiteren fand in einem einsemestrigen Projektseminar mit dem Titel „Uni, wie nachhaltig bist Du wirklich?" eine exemplarische Erhebung zur Außenwirkung und -darstellung der Universität Kassel im Umwelt- und Nachhaltigkeitsbereich statt. Dabei befassten sich die Studierenden mit den unterschiedlichen Handlungsfeldern im Bereich der Umweltkommunikation an der Universität im Allgemeinen und ihrer Transparenz sowie ihrer Wirkung nach außen. Ein Nebenprodukt der Erhebung sollte ein Ideencluster mit Lösungs- und Handlungsoptionen zur Stärkung des Umweltprofils der Universität Kassel insgesamt und der Netzwerkbildung zwischen den einzelnen Bereichen und Akteuren sein. Die Ergebnisse des Projekts wurden vom Nachhaltigkeitsmanagement im Betrieb und von der Kommission für ökologische Nachhaltigkeit begutachtet und fließen in die Kommunikationskampagne „Nachhaltige Universität" ein.

Da die Studierenden nicht nur Fachwissen erwerben und reflektieren, sondern auch umsetzbare Handlungsoptionen entwickeln sollen, werden sie aktiv an der Entwicklung des hochschulinternen Umweltschutzes beteiligt. Sie entwickeln Lösungen, Ideen und Vorschläge und stellen diese dem Universitätsbetrieb und der Verwaltung vor. Diese Vorgehensweise erhebt einen großen Anspruch an die Lehrenden, die das Projekt federführend betreuen. Zum einen sollten diese die Studierenden bei den erforderlichen Arbeitsvorgängen unterstützen, ihnen zum anderen aber auch notwendigerweise ein selbstorganisiertes Vorgehen ermöglichen.

Wie Singer-Brodowski (2016, S. 6) bereits ausführte, stellt selbstorganisiertes Nachhaltigkeitslernen große Anforderungen an die Haltung der Lehrenden, damit für Studierende eine Kompetenzentwicklung auf dem Gebiet der Selbstorganisation stattfinden kann. Lehrende sollten Lehr- und Lernprozesse initiieren, welche Studierenden Expertise, Selbststeuerung und Selbstverantwortung ermöglichen und übertragen.

Gerade zur Umsetzung von Nachhaltigkeitsprojekten bietet der Hochschulcampus als Mikrosystem vielseitige Möglichkeiten. Vorbild für das Projektstudium „Lehre für eine nachhaltige Universität" ist das seit Jahren erfolgreich durchgeführte Projektstudium „solarcampus". Prof. Dr. Klaus Vajen und Prof. Dr.-Ing. Anton Maas sowie weitere wissenschaftliche Mitarbeiter der Fachgebiete haben im Jahr 2011 für die Verstetigung des Projekts einen Leitfaden herausgebracht, in dem sie die Herausforderungen einer praxisnahen Lehrveranstaltung beschreiben.

Das Projektstudium „solarcampus" wird seit dem Jahr 2005 angeboten und seit 2007 mit dem Schwerpunkt „Energieeffizienz an der Universität Kassel" umgesetzt.

> Es ist als ergänzende Veranstaltung zum theoretisch-systematischen Lehrangebot unterschiedlicher Fachbereiche konzipiert und soll den teilnehmenden Studierenden die Möglichkeit geben, ihr erlerntes Wissen im ‚geschützten Umfeld' der Universität praktisch anzuwenden. Vereinfacht sollen die *solarcampus*-Teilnehmer ähnlich wie ein reales Ingenieurbüro agieren

> und sich auch so organisieren. Sie eignen sich somit Kenntnisse und Abläufe an, die vielfach auch in ihrem zukünftigen Arbeitsleben vorausgesetzt werden, im Rahmen von klassischen Vorlesungen aber nur unzureichend vermittelt werden können. Das Projekt stellt alle Beteiligten – Studierende, Dozenten und Universitätsverwaltung – vor besondere Herausforderungen, da von Beginn an absehbar war, dass es mehrere Studentengenerationen umfassen wird, gleichzeitig aber eine inhaltliche Kontinuität gewährleistet werden muss. Dementsprechend sind insbesondere die organisatorischen Anforderungen gestiegen und erfordern ein eigens entwickeltes Ablaufschema (Vajen et al. 2011, S. 2).

Im Rahmen des Projekts haben Studierende in einer ersten Phase Photovoltaikanlagen auf mehreren Dächern der Universität Kassel konzipiert und geplant sowie in einer zweiten Phase die Universität Kassel im Bereich Gebäudeenergieeffizienz beraten und Energieeinsparmaßnahmen entwickelt. Viele dieser Einsparmaßnahmen wurden bereits von der Universitätsverwaltung umgesetzt.

Das Projekt „solarcampus" stellte sich als „Selbstläufer" heraus, da die Studierenden, die am Projekt teilnahmen, mehrfach profitierten. Zum einen ermöglichte das disziplinübergreifende Konzept einen Erfahrungsaustausch innerhalb des Projekts und damit eine Erweiterung der Sichtweise auf andere Disziplinen und stellte damit den regulären Arbeitsalltag eines Arbeitsteams während des gesamten Planungs- und Umsetzungsprozesses in allen Belangen dar. Zum anderen lernten die Studierenden innerhalb eines interdisziplinären Teams selbstständig und eigenverantwortlich zu arbeiten, ihre Analyse und Dokumentationsfähigkeiten zu verbessern und zudem den Umgang mit potenziellen Auftraggebern. Gerade diese eigenständige Kommunikation ist ein besonderes Lernereignis, welches es zu fördern gilt.

Die zweite Grundlage wissenschaftlichen Arbeitens sei es, Fragen zu stellen – vor allem dann, wenn es um Empirie geht, schreibt Nuissl (2010, S. 18). Er sieht vor allem die Problematik darin, dass die Kunst, Fragen zu stellen, aus den Wissenschaften verschwunden scheint. Vielfach würden sich Studierende an Universitäten bis in die finalen Prüfungen hinein mit ausgearbeiteten Gliederungen präsentieren, ohne in der Lage zu sein anzugeben, auf welche Frage hin sie erstellt worden sind (ebd.).

Dies gilt es zu vermeiden, wir wollen selbstkritische Absolventen, die sich selbstbestimmt für einen späteren Beruf entscheiden und dort die im Studium erworbenen Fähigkeiten einbringen. Hinzu kommt, dass frühzeitig gilt, für einen nachhaltigeren Umgang mit Ressourcen zu sensibilisieren. Da diese Sensibilisierung bestimmten Prinzipien folgt, ist es nach Nuissl (2010, S. 59) wichtig, die Praxisorientierung, Handlungsorientierung und die Partizipation in der Erwachsenenbildung mitzudenken.

Auf der Grundlage verschiedener Untersuchungen differenzieren de Haan und Kuckartz in ihren Studien zur Umweltbewusstseinsbildung drei Größen des Umweltbewusstseins aus: Umweltwissen, Umwelteinstellungen und Umweltverhalten, wobei die eigentliche Zielgröße der Umweltbildung ihrer Meinung nach der in der Mitte befindliche Bereich der Kausalkette „die Einstellungen/Betroffenheit" ist. Der Bereich Umweltwissen/Umwelterfahrung spielt zwar in Form von Wissensvermittlung und Wahrnehmungsschulung durchaus eine Rolle, aber dies geschieht nicht um der Sache selbst willen, sondern mit der eher funktionalistischen bzw. teleologischen Perspektive auf „Umdenken“. Der in der Kausalkette den Einstellungen untergeordnete Bereich des Umweltverhaltens befindet sich eigentlich außerhalb der unmittelbaren Reichweite der Umweltbildung. Häufig gehört es aber dennoch zu den erklärten Zielsetzungen der Umweltbildung, auch das Verhalten zu ändern (de Haan und Kuckartz 1998, S. 13 ff.).

Wird das Umweltverhalten differenziert betrachtet, so zeigen Gerhard de Haan und Udo Kuckartz auf, dass das Verhalten gegenüber der Umwelt in bestimmten Lebenskategorien unterschiedlich sein kann. Die Erkenntnisse legen nahe, das Umweltverhalten in verschiedene Verhaltensbereiche aufzuteilen: Verkehrsverhalten, Einkaufsverhalten und Energieverhalten (de Haan und Kuckartz 1996, S. 260 ff.).

Auch im Projektstudium „Lehre für eine nachhaltige Universität“ ist es unter anderem langfristiges Ziel, durch kleine gezielte Verhaltensänderungen zu einer nachhaltigeren Entwicklung der Hochschule und zu einem nachhaltigeren Umgang mit den Ressourcen beizutragen.

Um den Studierenden zu signalisieren, dass ihre im Projektstudium entstandenen Ideen und erstellten Konzepte auch ernst genommen werden, erhalten sie nach jedem Semester die Möglichkeit, ihre Berichte mit den Handlungsvorschlägen im Universitätsbetrieb vorzustellen und einzureichen. Dadurch möchte die Universität Kassel ihrem Anspruch als „Umweltuniversität“ gerecht werden und überdies Kosten einsparen. Als mittel- oder langfristiges Ziel soll ein Nachhaltigkeitsmanagementsystem aufgebaut werden.

Das Nachhaltigkeitsmanagement im Betrieb wird als ein weiterer Eckpfeiler für eine nachhaltigere Universität eingeführt. Zum Sommersemester 2017 beabsichtigt die Universität Kassel eine Kommunikationskampagne zum Thema Nachhaltigkeit durchzuführen. Mit dieser Informations- und Kommunikationskampagne sollen das formulierte Nachhaltigkeitsleitbild, die integrierte Nachhaltigkeitsstrategie sowie die Strukturen und Akteure im Nachhaltigkeitsmanagement allen Beschäftigten und Studierenden bekannt gemacht werden. Die Beschäftigten und Studierenden sollen dabei für das Thema sensibilisiert und zur Mitwirkung an der Nachhaltigkeitsentwicklung der Universität motiviert werden (Stichwort Nutzerverhalten). In der Kommission für Ökologische Nachhaltigkeit, welche das Präsidium bei der Entwicklung einer Nachhaltigkeitsstrategie, dem Aufbau eines Nachhaltigkeitsmanagements und der Etablierung einer regelmäßigen Nachhaltigkeitsberichterstattung berät, wurde dazu eine identitäts- und profilbildende Kampagne mit entsprechenden Materialien erarbeitet, die die Nachhaltigkeitsentwicklung der Universität deutlicher sichtbar machen sollen.

Im Sommersemester 2017 sollen so neben dem Projektstudium „Lehre für eine nachhaltige Universität“ weitere Ideen gesammelt und nach einer entsprechenden Analyse durch den Betrieb umgesetzt werden. Auch diese Maßnahme soll dazu dienen, Studierende und Hochschulangehörige über Möglichkeiten nachhaltigeren Verhaltens im Hochschulbetrieb zu informieren, Verhaltensänderungen auszulösen und über die Bildungsaktivitäten hinaus einen systemischen Ansatz zur Etablierung von nachhaltigen, klimafreundlichen Maßnahmen einzuführen. Dabei werden alle Bildungsmaßnahmen in ein Gesamtkonzept eingebunden, das langfristig zu einer nachhaltigeren Universität führen soll. Das operative Projektziel ist ein interdisziplinärer Bildungsprozess, der am konkreten Gegenstand der Universität Einstellungs- und Verhaltensänderungen induziert. Durch Anreizsysteme kommt es hierbei zu einem Austausch von Wissen über die Grenzen der Fachdisziplinen hinaus, der neue, kreative Lösungen für die Universität liefern kann. Hierbei ist die partizipative Vorgehensweise der Hochschule immens wichtig, welche studentische Initiativen dazu aufruft, sich am Prozess zu beteiligen.

Im Hinblick auf transdisziplinäre Forschung ist diese Vorgehensweise der Zusammenarbeit der Disziplinen untereinander mit Akteuren aus der Lebenswelt ein geeignetes Mittel, um den Anforderungen von globalen Problemen begegnen zu können. Damit die Komplexität eines Problems erfasst werden kann, sind die relevanten sozialen und natürlichen Faktoren zu identifizieren und einzubeziehen, welche das Problem konstituieren und mögliche Lösungswege beeinflussen. Dazu sind empirische Erkenntnisse, technische Optionen, Wertorientierungen und Möglichkeiten der Regulierung zu erfassen und in ihrer gegenseitigen dynamischen Abhängigkeit zu berücksichtigen (Pohl und Hirsch Hadorn 2008, S. 7).

Da sich die thematische Ausrichtung des Projektstudiums „Lehre für eine nachhaltige Universität" bisher stark auf die ökonomische und ökologische Nachhaltigkeit beschränkt hat, soll zukünftig die Dimension der sozialen Nachhaltigkeit ergänzt werden. Dies schließt eine Erweiterung und damit ganzheitlichere Betrachtungsweise des Begriffs Nachhaltigkeit ein.

Damit sollen auch soziale, ökologische und ökonomische Werte berücksichtigt und Belastbarkeitsgrenzen von Systemen betrachtet werden, die global wichtig sind.

Die zukünftig angestrebten thematischen Handlungsfelder sind u. a. die Bildung für eine nachhaltige Entwicklung (BNE), die Universität und ihre Einbettung in der Region – die Uni als Impulsgeber, Barrierefreiheit, Chancengleichheit, Work-Life-Balance, Campus mit Kind, Gleichstellungsaspekte, Kinderuni sowie Partizipation und die Förderung von studentischen Initiativen.

26.4 Schlussfolgerungen

Die thematische Ausrichtung des Projektstudiums „Lehre für eine nachhaltige Universität" soll zukünftig um die soziale Dimension erweitert werden. Dabei muss der Begriff der Nachhaltigkeit und seine Umsetzung im Hochschulbetrieb kritisch reflektiert und weitergedacht werden. Die nachhaltige Entwicklung an Hochschulen sollte sich nicht auf die Dimension der ökonomischen und ökologischen Nachhaltigkeit beschränken, da Studierende und Mitarbeiter_innen insgesamt sensibilisiert und der Fokus auf alle drei Dimensionen gelegt werden sollte. Wichtige Themenbereiche greifen sonst zu kurz und die Entwicklung hin zu einer familiengerechten, inklusiven, interkulturellen, aber auch geschlechtergerechten und partizipativen Hochschule ist zum Scheitern verurteilt.

Da die Studierenden selbst aktiv und partizipativ über die Themenbereiche, die im Projektstudium „Lehre für eine nachhaltige Universität" im Vordergrund stehen sollen, mitentscheiden, stehen die Chancen gut, dass die erarbeiteten Ergebnisse auch an die entsprechenden Akteure weitergegeben werden. Darüber hinaus wäre es wünschenswert, wenn Studierende selbst Projekte initiieren oder Projektvorschläge einreichen, welche die soziale Nachhaltigkeit stärker in den Blick nehmen. Für eine universitäre Gemeinschaft ist eine positive Prägung der Umgebung ein wichtiges Element. Aus diesem Grund sollte das Umfeld einer Universität, an der jedes Jahr eine große Gruppe an Absolventen auf den Arbeitsmarkt entlassen wird, positiv und vorbildlich gestaltet sein. Die zukünftige Ausrichtung des Projektstudiums „Lehre für eine nachhaltige Universität" sollte sich demnach konsequent dem Aufbau von Strukturen widmen, welche ein konfliktarmes, angenehmes Miteinander fokussieren. Hier tragen engagierte Studierende maßgeblich zum Erfolg bei, da diese Entwicklung auf Augenhöhe „von Studierenden für Studierende" geschieht.

Gerade diese engagierten Studierenden gilt es zu unterstützen; ehrenamtliche studentische Initiativen sowie Veranstaltungen von Studierenden für Studierende stehen ebenfalls im Fokus der zukünftigen Ausrichtung der Hochschule. So sollen beispielsweise runde Tische etabliert werden, an denen alle Engagierten zusammenkommen können, um Ideen für die nachhaltige Entwicklung der Hochschule zu entwickeln.

Dadurch lässt sich die Hochschule insgesamt zu einer nachhaltigeren Institution entwickeln. Die Erhöhung der Transparenz des vorhandenen Angebots im Bereich der umweltbezogenen Lehre und Forschung sowie eine nach innen und außen wirkende Nachhaltigkeitskommunikation gehört dazu und ist Teil des langfristig angelegten Prozesses auf dem Weg zu einer „Nachhaltigen Universität".

Literatur

Haan G de, Kuckartz U (1996) Umweltbewußtsein. Denken und Handeln in Umweltkrisen. Westdeutscher Verlag, Opladen

Haan G de, Kuckartz U (1998) Umweltbildung und Umweltbewußtsein. Forschungsperspektiven im Kontext nachhaltiger Entwicklung. Leske + Budrich, Opladen

Nuissl E (2010) Empirisch forschen in der Weiterbildung. Studientexte für Erwachsenenbildung. Bertelsmann, Bielefeld

Pohl C, Hirsch Hadorn G (2008) Gestaltung transdisziplinärer Forschung. Sozialwissenschaften und Berufspraxis 31(1):5–22

Singer-Brodowski M (2016) Studierende als GestalterInnen einer Hochschulbildung für nachhaltige Entwicklung. Berliner Wissenschafts-Verlag, Berlin

Vajen K, Maas A, Emmerich P, Biechele B, Schlitzberger S (2011) *solarcampus* – Energieeffizienz an der Universität Kassel. Leitfaden zum Projektstudium. Hintergrund, Ablauf und Teilnahmebedingungen

27 Herausforderung transdisziplinäre Lehre: Aufbau des praxisorientierten Master-Studiengangs RASUM an der Hochschule Darmstadt

Silke Kleihauer und Martin Führ

Zusammenfassung

Nachhaltige Entwicklung bedeutet Veränderung. Menschen müssen diese Veränderungen in Wirtschaft und Gesellschaft auf den Weg bringen. Das dafür erforderliche „Handwerkszeug" zu vermitteln, ist Aufgabe der nachhaltigkeitsorientierten Hochschullehre. Sie hat die Studierenden zu befähigen, Problemstellungen disziplinenübergreifend zu erfassen, wobei die relevanten Akteur_innen von Anfang an einzubeziehen sind. Zu berücksichtigen sind dabei die Erkenntnisse und Methoden der Transformations- und der transformativen Forschung. Dementsprechend integriert der Masterstudiengang *„Risk Assessment and Sustainability Management"* (RASUM) der Hochschule Darmstadt – gestützt auf einen transdisziplinären Forschungsansatz – Orientierungswissen, Systemwissen und Transformationswissen in vier Strukturelementen, in deren Zusammenspiel es darum geht, transformatives Wissen zu gewinnen:

1. Normative Orientierung im Hinblick auf individuelle und organisationale Verantwortung: Vermittelt die Fähigkeit, normative (ethische und rechtliche) Anforderungen an Transformationsprozessen zu bestimmen und zu begründen.

S. Kleihauer (✉)
Wissenschaftliche Mitarbeiterin, Sonderforschungsgruppe Institutionenanalyse (sofia), Hochschule Darmstadt, Darmstadt, Deutschland
E-Mail: kleihauer@sofia-darmstadt.de

M. Führ
Prof. für Umwelt, Verfassungs- und Technikrecht, Hochschule Darmstadt, Darmstadt, Deutschland
E-Mail: fuehr@sofia-darmstadt.de

W. Leal Filho (Hrsg.), *Nachhaltigkeit in der Lehre,* Theorie und Praxis der Nachhaltigkeit, https://doi.org/10.1007/978-3-662-56386-1_27

2. Theorien und Methoden: Vermittelt Theorien und Methoden im Hinblick auf Fragen der Risikoabschätzung und des Nachhaltigkeitsmanagements.
3. Transdisziplinäre Integration: Vermittelt strategische und operative Fähigkeiten im Hinblick auf die Gestaltung gesellschaftlicher und betrieblicher Veränderungsprozesse und entwickelt gemeinsam mit den Praxisakteur_innen transformatives Wissen.
4. Disziplinen- und handlungsfeldübergreifende Verständigung: Vermittelt die Fähigkeit, unterschiedliche disziplinäre und professionelle „Denkstile" und Verhaltensmuster in der eigenen Wahrnehmung, aber auch bei den anderen Beteiligten in Forschung und Praxis zu erkennen, um mit diesen entsprechend zu kommunizieren und zu kooperieren.

Das Studienangebot führt die in den Strukturelementen erworbenen Fähigkeiten und Kenntnisse in einem auf zwei Semester angelegten Projekt mit Praxispartner_innen zusammen. Die bisherigen Rückmeldungen der Studierenden und der beteiligten Unternehmen an den Praxisprojekten zeigen, dass es im ersten Jahrgang durchaus gelungen ist, die gesetzten Ziele zu erreichen. Über Feedbackrunden mit Studierenden und Klausur-Tagungen mit den Lehrenden sind gute Strukturen für eine permanente Weiterentwicklung des Studiengangs aufgebaut.

Schlüsselwörter
Transformative Lehre · Integratives Risikomanagement
Proaktives Nachhaltigkeitsmanagement · Zukunftsorientierte Unternehmensführung
Akteurorientierung

27.1 Einleitung und Zielrichtung des Studiengangs

Dieser Beitrag beschreibt das Konzept des seit dem Wintersemester 2015/2016 an der Hochschule Darmstadt angeboten Masterstudiengangs *„Risk Assessment and Sustainability Management"* (RASUM). Dessen Entwicklung förderte der Europäische Sozialfond (ESF) in den Jahren 2011–2013.

Ausgangspunkt war der Befund, dass wesentliche Beiträge für einen Prozess hin zu einer Nachhaltigen Entwicklung von Unternehmen zu leisten sind. Dies kommt etwa in der Rio-Deklaration von 1992 zum Ausdruck, die in Art. 8 fordert „nicht nachhaltige Produktionsweisen und Konsumgewohnheiten abzubauen und zu beseitigen". Ein Ziel, das die Vereinten Nationen 2015 in den Sustainable Development Goals (SDG), insbesondere in Ziel 12, noch einmal bekräftigen. Dazu sind Veränderungen notwendig, die sowohl auf der organisationalen Mikroebene der Einzelakteur_innen und der Unternehmen als auch auf der Mesoebene (Interaktionen zwischen Unternehmen) und gesellschaftlichen

Makroebene angesiedelt sind. Die besondere Herausforderung in der Studiengangentwicklung bestand darin, ein transdisziplinäres Bildungsangebot zu schaffen. Dafür galt es, eine praxisbezogene, zugleich aber die Besonderheiten der beteiligten Fachdisziplinen sowie der unterschiedlichen unternehmerischen Anforderungen berücksichtigende inhaltliche Konzeption und didaktische Umsetzung zu entwickeln.

Das Konzept des Studiengangs stützt sich auf Erfahrungen der anwendungsorientierten Forschung; und zwar sowohl in Gestalt von Transformationsforschung als auch transformativer Forschung (Wissenschaftlicher Beirat der Bundesregierung Globale Umweltveränderungen [WBGU] 2011, S. 23). Mit der Umsetzung dieser Erfahrungen in einen Studiengang entspricht das Konzept den Vorschlägen des WBGU (2011, S. 375), Forschung und Bildung zu verknüpfen (Nölting et al. 2016, S. 136 f.). In Anlehnung an Schneidewind und Singer-Brodowski (2013, S. 75) geht es darum, im Studiengang eine „Transformative Literacy" zu vermitteln, also den Kranz an Kompetenzen, der notwendig ist, um Transformationsprozesse zu initiieren und zu gestalten.

Das Konzept[1] stützt sich auf Gespräche mit Vertreter_innen aus Unternehmen und anderen Organisationen sowie auf die Diskussionen in einem interdisziplinären Projektteam aus dem Studienbereich Sozial- und Kulturwissenschaften der Hochschule Darmstadt, ergänzt um Beiträge aus der Literatur zu den Inhalten und der didaktischen Konzeption des Studiengangs. Berücksichtigt sind dabei Erkenntnisse zu Theorie und Praxis inter- bzw. transdisziplinärer Lehre (für eine umfassende Darstellung siehe Kleihauer 2018).

Der Masterstudiengang RASUM zeichnet sich dadurch aus, dass er den Umgang mit Entscheidungssituationen unter Ungewissheit („Risiken", einschließlich der darin liegenden Chancen) in den Mittelpunkt der Betrachtung stellt. Er ist damit verortet im Zusammenspiel von Nachhaltiger Entwicklung, Risiko und Governance (Abschn. 27.2). Die Absolventen_innen sollen zukünftig in Wirtschaftsunternehmen oder anderen Organisationen Aufgaben im Bereich des Risiko- und Nachhaltigkeitsmanagement übernehmen; Abschn. 27.3 umreißt die Herausforderungen, vor denen Unternehmen damit stehen. Die sich daraus ergebenen Anforderungen an die Studiengangkultur formuliert Abschn. 27.4. Darauf aufbauend beschreibt Abschn. 27.5 die Struktur und die Inhalte des Curriculums. Ein Fazit in Abschn. 27.6 schließt den Beitrag ab.

[1]Federführend sowohl für die inhaltliche wie auch für die didaktische Konzeption war Dr. Silke Kleihauer, unterstützt durch Prof. Dr. Thomas Döring, Prof. Dr. Martin Führ, Pieter van der Veen (Room to act) und Dr. Michael Deneke (†, ehemals hochschuldidaktische Arbeitsstelle der TU-Darmstadt) sowie ab 2014 Dr. Bernd Wagner und Prof. Dr. Klaus-Peter Ahrend (HEAG). Im RASUM Team mitgewirkt haben außerdem Prof. Dr. Nicola Erny, Prof. Dr. Jan Schmidt, Prof. Dr. Dr. Kai Schuster und Prof. Dr. Bernd Steffensen.

27.2 Nachhaltige Entwicklung, Risiko und Governance

Nachhaltige Entwicklung erfordert auf globaler, nationaler wie auch auf der regionalen Ebene entsprechende Wirtschafts-, Arbeits- und Lebensmodelle. Aber weder die Akteur_innen in Wissenschaft und Politik noch die in Wirtschaft oder Zivilgesellschaft sind je für sich alleine in der Lage, die damit verbundenen Herausforderungen zu bewältigen. Entscheidend ist vielmehr ein Zusammenspiel der vorgenannten Akteur_innen, was jeweils entsprechende institutionelle Rahmenbedingungen erfordert. Mit anderen Worten: Sowohl auf gesellschaftlicher als auch auf organisationaler Ebene bedarf es entsprechender „Governance"-Strukturen.

Die gemeinsame Verantwortung ist dabei generationenübergreifend ausgerichtet und steht im Spannungsfeld zwischen ökologischer, sozialer und individueller Dimension sowie ökonomischen und sonstigen institutionellen Rahmenbedingungen. Die Frage nach „dem Verantwortbaren" entscheidet sich letztlich immer erst in konkreten Handlungszusammenhängen, die in der Regel durch miteinander konkurrierende Belange sowie oftmals äußerst komplexe Voraussetzungen und Bedingungen bestimmt sind (Sachverständigenrat für Umweltfragen, SRU 1994, Rn. 13).

Veränderungen in Richtung Nachhaltiger Entwicklung sind geprägt durch unsicheres Wissen und das (Un-) Wissen sowie das Nicht-Wissen über zukünftige Ereignisse und deren Wirkungen (siehe dazu aus ökonomischer Perspektive prägnant Chang 2014, S. 147): Unsicher ist sowohl der Eintritt eines Ereignisses (in Abhängigkeit vom Handeln oder Nicht-Handeln der Akteur_innen) als auch die Frage, ob und welche Auswirkungen damit verbunden sind, z. B. Ausmaß des möglichen Schadens oder Höhe des Nutzens einschließlich eventueller Folgewirkungen. Dabei betreffen die Auswirkungen den Urheber der Entscheidung, aber auch Dritte. Daher ist zu klären, welche Gemeinwohlbelange oder private Rechtsgüter davon in welcher Weise (positiv und negativ) betroffen sind. Zudem kann ein Konflikt zwischen den erwünschten Wirkungen auf der einen und den unerwünschten Wirkungen auf der anderen Seite bestehen; wobei jeweils sowohl – im engeren Sinne ökonomische – Effekte als auch Auswirkungen gegenüber Mensch und Umwelt zu betrachten sind (siehe dazu die Abbildung bei Führ 2014, Rn. 64).

Die bisherigen Erfahrungen zeigen, dass Handlungsfolgen eintreten können, die den Akteur_innen zum Zeitpunkt der Entscheidung nicht bewusst sind. Verantwortliches Handeln ist daher darauf angewiesen, vielfältige Unsicherheiten über die Auswirkungen unterschiedlicher Handlungsoptionen und über zukünftige soziale, kulturelle und technische Entwicklungen systematisch zu berücksichtigen und dabei zugleich Offenheit für weitere Lernprozesse zu bewahren, um die Gesellschaft im Sinne einer nachhaltigen Entwicklung mitzugestalten. Dies verlangt, „mit Ungewissheit auf eine Art und Weise umzugehen, die diese bearbeitbar macht, ohne das Ergebnis mit Gewissheit zu verwechseln" (Baecker 1994, S. 9). Derartige „Risikoabschätzungen" erlauben es, nicht nur die unerwünschten Wirkungen frühzeitig zu erkennen bzw. zu reduzieren, sondern auch die positiven Auswirkungen zu stärken, die mit den Veränderungsprozessen einhergehen. Insofern ist die Entwicklung von Nachhaltigkeitsprozessen eng verbunden mit dem Abwägen von „Chancen" und „Risiken". Damit haben Akteur_innen in einer Risiko-Situation aus der handlungsorientierten Perspektive im Kern drei Aspekte in den Blick zu nehmen, 1) Unsicherheit, 2) Wirkungen auf unterschiedliche Betroffene und Belange sowie 3) Zielkonflikte. Diese drei Aspekte beeinflussen die Wahrnehmung von Risiken und Chancen und die Entstehung der Entscheidungsgrundlage. Zudem verdeutlichen sie den Bedarf nach einem institutionellen Rahmen (Governance), der Veränderungsprozesse in Richtung einer nachhaltigeren Entwicklung unterstützt.

27.2.1 Risiken und Chancen – Perspektive der Akteur_innen

Akteur_innen bewerten Ereignisse als Risiken und Chancen aus ihrer jeweiligen Perspektive. Diese wird beeinflusst durch ihren professionellen Hintergrund sowie durch ihre privaten und jeweiligen organisationalen Kontexte mit den entsprechenden formalen und informalen normativen Anforderungen (Institutionen). Ändert sich die Perspektive, etwa der wirkungsseitige Bezugsrahmen oder der Zeithorizont, so ändert sich auch die Betrachtung des Handlungsraumes (mit den darin enthaltenen Möglichkeiten bzw. Risiken) sowie der damit wiederum verknüpften erwünschten und unerwünschten Wirkungen.

Aus der Perspektive desjenigen, der vor einer Entscheidungssituation steht, geht es folglich darum, Chancen wahrzunehmen und dabei negative Folgen für sich und andere Akteur_innen, aber auch für die Gesellschaft insgesamt zu vermeiden. Die Entscheidung erfolgt in einem Abwägungsprozess, der rechtliche, wirtschaftliche und organisationale Anforderungen berücksichtigt, in den aber auch gesellschaftliche Erwartungen und Werthaltungen mit einfließen.

Aus der Perspektive betroffener Dritter geht es um deren subjektive Belange, sie machen aber oftmals auch Belange der Allgemeinheit geltend; in prozeduraler Hinsicht geht es zudem darum, die eigene Perspektive in einem Verfahren einbringen zu können.

Aus der Sichtweise der Legislative und der Exekutive sollte es darum gehen, das Gemeinwohl durch eine nachhaltigere Entwicklung zu fördern und dabei die jeweils involvierten Grundrechte sowie andere als wichtig erachtete Werte zu berücksichtigen. Insofern können unterschiedliche Interessen und Denkstile (in Anlehnung an Fleck 1980) die Koordinaten der Risikobetrachtung und der Nachhaltigkeitsorientierung verschieben. Dies steht in Abhängigkeit zu normativen Kriterien, die bewusst oder unbewusst in die Betrachtungen einfließen und die Risikowahrnehmung und damit die „rationale Entscheidung" sowie das tatsächliche Risikoverhalten beeinflussen.

27.2.2 Entscheidungsgrundlage – Erweiterung des Systems

Entscheidungen unter Unsicherheit sind auf eine – so weit als möglich – fundierte Informationsgrundlage zu stellen, wozu in der Regel auch Vorstellungen über zukünftige Entwicklungen gehören. Will man heute Nachhaltigkeitspotenziale erschließen, muss man Strategien entwickeln, die die vielfältigen Unsicherheiten über die Wirkungen unterschiedlicher Handlungsoptionen und über zukünftige soziale und technische Entwicklungen berücksichtigen. In den Blick zu nehmen sind die erwünschten und unerwünschten Wirkungen („Chancen" und „Risiken").

Die Akteur_innen bilden ihre Entscheidungsgrundlage im jeweiligen subjektiven Wahrnehmungsraum. Diese ist abhängig vom betrachteten „System"; die bewusst oder unbewusst gesetzten Systemgrenzen sind dabei sowohl normativ als auch mental-kognitiv geprägt. Durch die Beteiligung verschiedener Akteur_innen besteht die Chance, unterschiedlicher Werthaltungen und Nachhaltigkeitsvorstellungen miteinander zu konfrontieren, um Zusammenhänge und Folgen sichtbar zu machen, die in einer reaktiven bzw. geschlossenen Unternehmenskultur (Pfister 2009, S. 127 ff.) unsichtbar bleiben.

So weit wie möglich geht es darum, faktische Unsicherheiten und normative Ambivalenzen aufzulösen. Außerdem empfiehlt es sich in der Regel, kontrastierende Informationen aufzuzeigen und unterschiedliche Werte miteinander zu konfrontieren, d. h. einander widersprechende Risikowahrnehmungen zunächst zu erkennen und bewusst zu machen (Denninger und Hohm 1990); dazu gehört auch, die Bildung von „Gegenmacht" zuzulassen, vielleicht sogar zu fördern. Aus einem solchen Prozess lässt sich ein umfassenderes Bild der Zukunftsvorstellungen gewinnen. Die Umsetzungsstrategien können dann die unterschiedlichen Perspektiven, aber auch die spezifischen Anreize und Hemmnisfaktoren besser berücksichtigen.

27.2.3 Involvement der Akteur_innen und Responsive Regulierung

Die Herausforderung aus der Governance-Perspektive besteht somit darin, für die Gewinnung der Entscheidungsgrundlage und die Verfahrensschritte bis hin zu der Abwägungsentscheidung sowie deren periodischen Fortschreibung entsprechende institutionelle Rahmenbedingungen bereitzustellen.

Denn ein Umsteuern in Richtung Nachhaltige Entwicklung verlangt eine proaktive Mitwirkung sowohl der Unternehmen als auch der sonstigen Akteur_innen der Zivilgesellschaft sowie staatlicher Stellen (Multistakeholder-Perspektive). Dazu bedarf es gesellschaftlicher und organisationaler Rahmenbedingungen (Governance) in Form sozialer Mechanismen, Rechtsnormen, monetärer Anreize etc., die Veränderungsprozesse in Richtung einer nachhaltigeren Entwicklung unterstützen: Ausgehend von der konkreten Handlungssituation der Akteur_innen und der Faktoren, die ihr Verhalten bestimmen, sind die Rahmenbedingungen entsprechend fortzuentwickeln (Responsive Regulierung). Es gilt, organisationale und gesellschaftliche, letztlich aber auch individuelle Lernprozesse zu initiieren, die es erlauben,

Risiken aus verschiedenen Perspektiven (integrativ) zu betrachten und auf dieser Basis von einem reaktiven Umgang mit Risiken (siehe etwa Europäische Umweltagentur 2013) zu einem proaktiven Herangehen zu gelangen. Aus der Perspektive gesellschaftlicher Regulierung besteht die Herausforderung somit darin, die Rahmenbedingungen so zu gestalten, dass die unterschiedlichen Akteur_innen in diesem Sinne zusammenwirken (Bizer und Führ 2015). Dies setzt voraus, dass sie in die Lernprozesse involviert sind; und zwar sowohl in ihrer jeweiligen Funktion als auch als verantwortlich handelndes Individuum.

27.3 Corporate Governance – Management von Risiken und Chancen

Eine zentrale Rolle bei den anstehenden Veränderungsprozessen kommt den Entscheidungsprozessen in und zwischen Unternehmen (Produktion, Distribution und Handel, Dienstleistungen, sonstige Intermediäre) zu (Beckmann und Schaltegger 2014, S. 322). Unternehmen stehen dabei vor der Herausforderung, neue Geschäftsfelder zu erschließen und zugleich ökologischen und gesellschaftlich-sozialen Nutzen zu generieren bzw. negative Folgen für Umwelt und Gesellschaft zu vermeiden; und dies unter den oben skizzierten Ungewissheitsbedingungen. Sie sind gefordert, ihren Beitrag zu einer Nachhaltigen Entwicklung zu leisten, mittlerweile zusammengefasst in dem Stichwort Corporate Social Responsibility (CSR) (zu den rechtlichen Implikationen siehe Rehbinder 2015). Dabei haben sie im status quo zunächst einmal rechtliche und organisatorische Anforderungen zu erfüllen (Compliance), die im Kern darauf abzielen, mit den unternehmensbezogenen Risiken umzugehen. Zugleich liegen darin Chancen, die die betriebswirtschaftlichen Zielgrößen beeinflussen. Denn gesellschaftliche Erwartungen und Werthaltungen schlagen sich im Marktverhalten der Kunden und in der Motivation der Beschäftigten nieder. Sie beeinflussen aber auch die zukünftigen rechtlichen Vorgaben.

Zu berücksichtigen sind schließlich drohende Reputationsverluste; und zwar sowohl bei Verstößen gegen Compliance-Vorgaben als auch im Hinblick auf weitergehende gesellschaftliche Erwartungen (Rossi 2014, S. V). Umgekehrt bietet sich damit die Möglichkeit, Reputationsgewinne zu erzielen. Wer hier neue Geschäftsfelder erschließen will, benötigt neben der Einhaltung von Mindeststandards aus der Compliance-Perspektive zusätzlich eine zukunftsorientierte Perspektive, die möglichst in die Kernaktivitäten des Unternehmens zu integrieren ist.

Unternehmen, die diese Chancen wahrnehmen wollen, stehen branchenunabhängig vor der Herausforderung, Unsicherheit, Komplexität und Ambivalenz zu bewältigen und die Anforderungen, die sich aus dem Leitbild der Nachhaltigen Entwicklung ergeben, in ihr Risikomanagement zu integrieren (World business council for sustainable development [WBCSD] 2017). Regulatorische Vorgaben, gesetzliche und branchenspezifische Standards, aber auch Aktionäre, Investoren und Mitarbeiter erhöhen den Druck auf Unternehmen, ein integriertes Risikomanagement als Gesamtsystem einzuführen. Mit der ISO 31.000, der ONR 49.000 und u. a. den Entwicklungen der Richtlinien des

Committee of Sponsoring Organizations of the Treadway Commission [COSO] (2004, 2013), dem *International Integrated Reporting Framework* (IRRC 2013) und den Standards der *Global Reporting Initiative* [GRI] (2016) liegen standardisierte Vorgehensweisen vor. Sie erlauben es, Ereignisse, Handlungen und Entwicklungen zu beurteilen, die Organisationen daran hindern können, die Zielsetzungen zu erreichen bzw., die es in umgekehrter Perspektive ermöglichen, diese zu übertreffen, und die Strategien erfolgreich umzusetzen (Abb. 27.1).

Risikomanagement als Instrument strategischer Unternehmensführung berücksichtigt im Sinne eines Frühwarnsystems die Anforderungen einer Nachhaltigen Entwicklung von Anfang an. Dies setzt allerdings voraus, sich von der klassischen Compliance-Orientierung und dem status quo-Denken zu lösen, um die zukünftigen Chancen als solche wahrzunehmen (Scharmer 2009, S. 83 ff.). Erst aus ihnen ergibt sich der Veränderungsbedarf. Zentral ist es, neue Geschäftsmodelle zu entwickeln, um so Marktchancen zu realisieren, die sich aus der Transformation in Richtung Nachhaltiger Entwicklung ergeben. Damit leistet das Unternehmen dann auch einen Beitrag zu gesellschaftlichen Werten. Die Herausforderung besteht darin, das darin liegende Zukunftspotenzial zu erkennen. Hilfreich dafür ist eine konstruktiv-offene Kultur im Unternehmen und seinem Umfeld (zukunftsorientierte Unternehmensführung, Abb. 27.2).

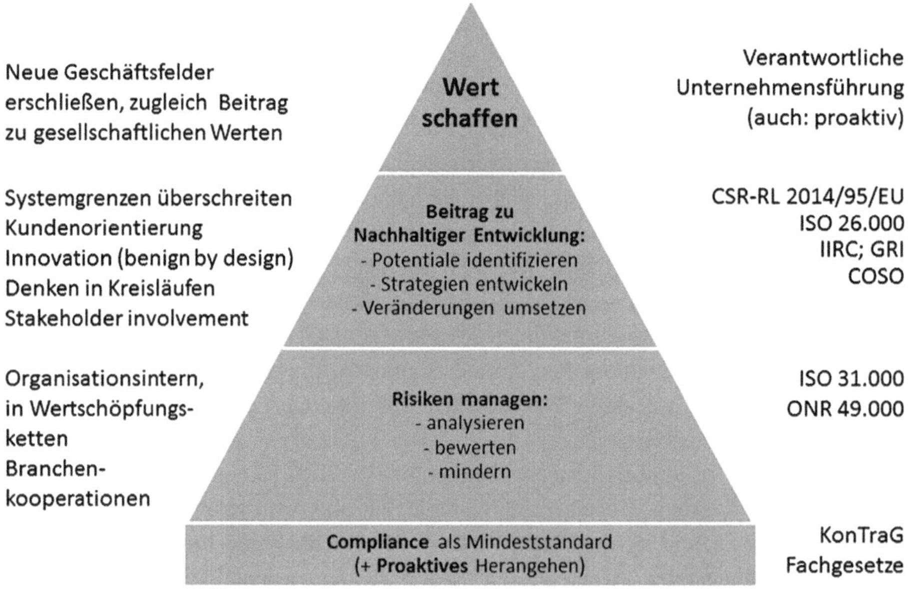

Abb. 27.1 „Klassische" GRC/CSR-Perspektive. (Eigene Darstellung)

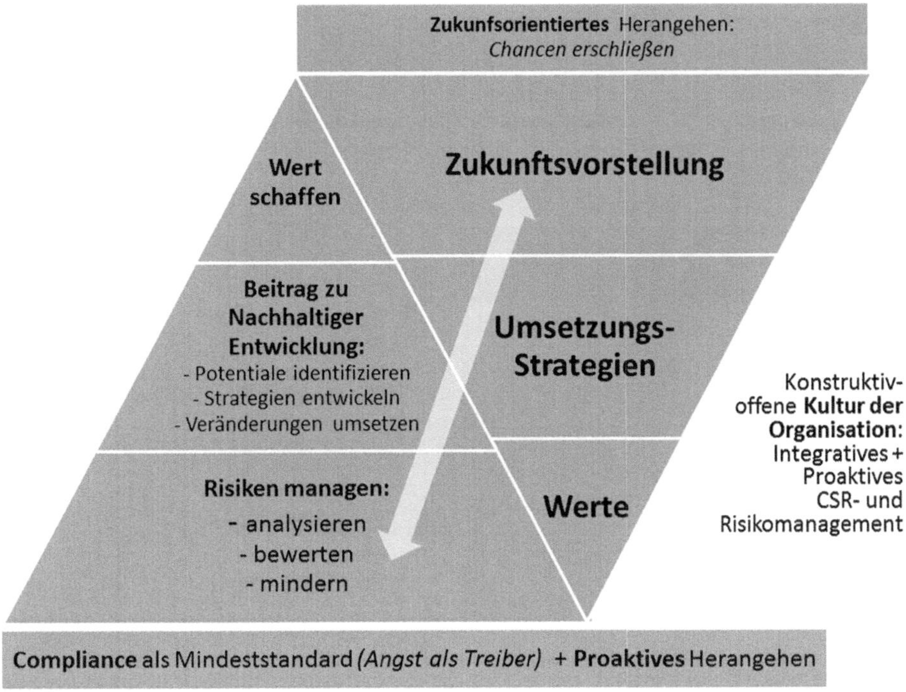

Abb. 27.2 Chancen erschließen durch ein proaktives Nachhaltigkeitsmanagement. (Eigene Darstellung)

27.4 Anforderungen an die Studiengangkultur

Der Masterstudiengang RASUM vermittelt mit dieser Zielrichtung keinen klassischen Fächerkanon, sondern die Fähigkeit, Prozesse in Organisationen, aber auch in der Gesellschaft insgesamt im Sinne einer Nachhaltigen Entwicklung mitzugestalten. Um dies zu erreichen, bedarf es nicht nur spezifischer Lernziele und Lerninhalte (siehe Abb. 27.3 und Abschn. 27.5) sondern auch einer Studiengangkultur, die dies unterstützt und fördert: Scholz (2011, S. 394 ff.) hat für die transdisziplinäre Lehre und Forschung den Ausdruck der „disziplinären Interdisziplinarität in transdisziplinären Prozessen" geprägt. Aus dieser Perspektive geht es darum, die disziplinären Problemlösungskompetenzen der Akteur_innen zu mobilisieren und gleichzeitig Problemlösungen nicht auf eine disziplinäre Fragestellung zu reduzieren (Hummel und Stieß 2009, S. 30 sowie Di Giulio et al. 2008). Dabei gilt es, das Wissen unterschiedlicher Akteur_innen aus Wissenschaft, Wirtschaft, Verwaltung und Zivilgesellschaft offen und kreativ zusammenzuführen, um praxistaugliche Handlungsoptionen zu entwickeln. Dafür benötigen Lehrende und Studierende Fähigkeiten, die nachfolgend mit den Begriffen der interpersonalen (Abschn. 27.4.1) und der intrapersonalen Kompetenz (Abschn. 4.2) beschrieben sind.

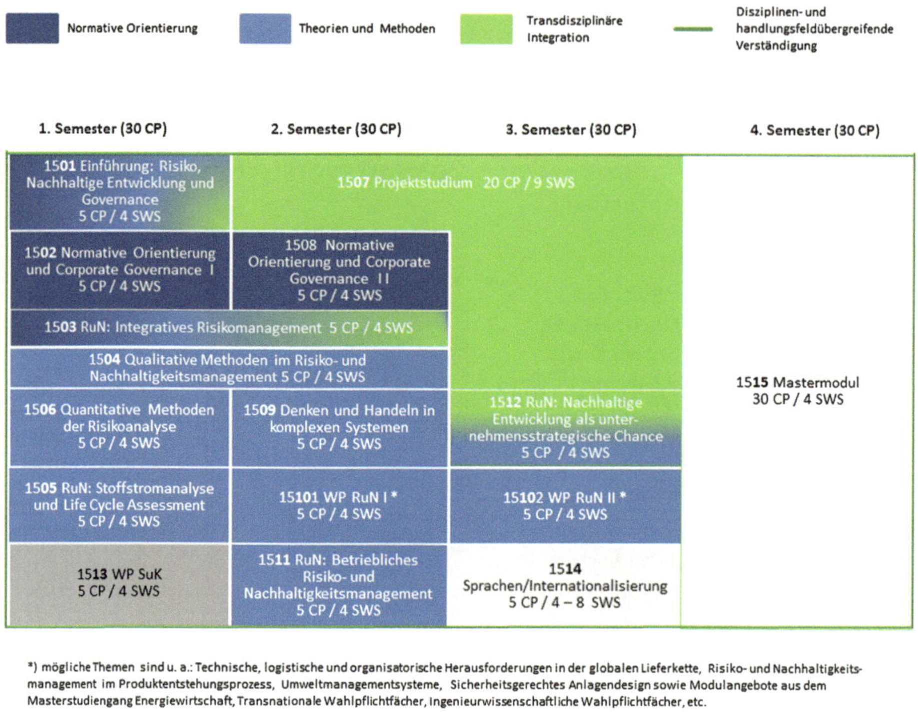

Abb. 27.3 Curriculum. (Eigene Darstellung)

Voraussetzung hierfür schaffen geeignete Lehrformen und eine veränderte Rolle der Lehrenden (Abschn. 27.4.3) ebenso wie die personale Zusammensetzung des Studiengangs, sowohl auf Seite der Lehrenden als auch auf Seite der Studierenden (Abschn. 27.4.4).

27.4.1 Interpersonale Kompetenz

In der transdisziplinären Forschung und entsprechend auch in der transdisziplinären Lehre geht es darum, Lösungs- bzw. Handlungsoptionen zu entwickeln, die praxistauglich sind. Im Mittelpunkt steht nicht, eine Forschungsfrage vorrangig daran auszurichten, dass diese anschlussfähig ist an das disziplinäre oder auch interdisziplinäre Wissenschaftssystem; der Fokus ist darauf gerichtet, Lösungs- und Handlungsoptionen für realweltliche Nachhaltigkeitsprozesse zu entwickeln. Eine wichtige Voraussetzung für transdisziplinäre Arbeitsprozesse ist daher die Fähigkeit, so miteinander zu kommunizieren und zu interagieren, dass ein Prozess entsteht, der es erlaubt, gemeinsam praxistaugliche Lösungs- bzw. Handlungsoptionen zu identifizieren. Dafür müssen Forscher_innen und Praxisakteur_innen erkennen, dass ihre disziplinäre Sprache keine gemeinsame Sprache ist und auch die eigene Weltanschauung und der eigene Denk- und

Kommunikationsstil individuell und fachspezifisch geprägt ist und grundsätzlich gleichwertig neben denen der anderen steht (Defila et al. 2000, S. 9 sowie Hirsch Hadorn et al. 2011, S. 79). Erforderlich ist hierfür eine „Kultur des Respekts" gegenüber anderen Ansätzen. Erst die Kultur einer Wertschätzung gegenüber anderen Disziplinen und Perspektiven, getragen von der Erkenntnis des Reichtums unterschiedlicher disziplinärer Betrachtungsweisen (Schneidewind 2013, S. 46.) und des außerwissenschaftlichen Erfahrungswissens, lässt ein gemeinsames kreatives Potenzial entstehen, um Veränderungsprozesse in Richtung Nachhaltiger Entwicklung zu gestalten.

27.4.2 Intrapersonale Kompetenz

Wer Lösungsoptionen bzw. Handlungsoptionen für komplexe Nachhaltigkeitsherausforderungen entwickeln will, benötigt ein breites Spektrum an Wissen aus verschiedenen Disziplinen und spezifisches Wissen für die jeweilige Fragestellung. Auf der personalen Ebene müssen folglich die Akteur_innen – und damit auch die Studierenden – 1) in der Lage sein, sich eigenständig in neue Themen einzuarbeiten und gleichzeitig mit den anderen Experten zusammenzuarbeiten, 2) lernen, Problemlösungen zum einen nicht auf disziplinäre Perspektiven zu reduzieren, zum anderen aber auch die unterschiedliche disziplinäre Lösungskompetenz gezielt einzubinden und 3) nicht zuletzt über entsprechende Methodenkenntnisse verfügen, um existierende Methoden sowie methodische Ansätze gezielt zu nutzen und auf die jeweilige Fragestellung anzupassen, weiterzuentwickeln und zu einem sinnvollen methodischen Vorgehen zu integrieren um entsprechende Lösungsansätze zu generieren.

Individuelle Unterstützung und Förderung erhalten die Studierenden im Masterstudiengang RASUM über ein Mentoren-Programm. Den Studierenden ist jeweils zugeordnet eine Mentorin oder ein Mentor, fachlich möglichst nah an der Ausgangsdisziplin angesiedelt.

27.4.3 Herausforderungen in der Lehre

Die Lehrenden stehen vor der Herausforderung, den Studierenden das zu vermitteln, was Scholz (2011), wie bereits erwähnt, als „disziplinäre Interdisziplinarität in transdisziplinären Prozessen" bezeichnet. Lehre muss hierfür disziplinäre Tiefe mit einem ganzheitlichen Blick und sozialpsychologischen Faktoren kombinieren und dabei zugleich Offenheit für weitere Lernprozesse bewahren. Die Lehrenden müssen also einerseits als Lehrpersonal agieren, andererseits die Studierenden aber bei deren Lernerfolg im Sinne eines Coaches begleiten. Mit dem Coaching verbunden ist der Respekt vor den bisherigen Erfahrungen der Studierenden und deren Einbezug in die Lehre. Eine Rückkopplung dieser Art ermöglicht bis zu einem gewissen Grade die Begegnung von Lehrenden und Studierenden „auf Augenhöhe". Die traditionelle Lehrkultur verschiebt sich zu einer

Lernkultur (Hiller 2012, S. 2). So verstandene Lehre vermittelt zum einen fachliches Wissen und fördert zum anderen Persönlichkeitsstrukturen, die die kreativen Potenziale freisetzen, um Nachhaltigkeitsprozesse in der Gesellschaft zu gestalten. Für die Lehrenden bedeutet dies zu einem gewissen Grade eine Umstellung und daher auch die Bereitschaft, sich auf die Anforderungen einer solchen „Lernkultur" einzulassen (Hiller 2012, S. 6).

Zu einer veränderten Rolle der Lehrenden gehören geeignete Lehr- und Lernformen, die es den Lehrenden zugleich ermöglichen, eine entsprechend veränderte Rolle einzunehmen (Nölting et al. 2016, S. 140 f.). Dies sind aktivierende Arbeitsformen, die Eigeninitiative und Teamfähigkeit fördern und in interdisziplinären und transdisziplinären Lernsettings stattfinden. Einen besonderen Stellenwert nimmt in RASUM das Projektstudium (Führ und Kleihauer, Kap. 10 in diesem Band) im zweiten und dritten Studiensemester ein. Alle Lehrveranstaltungen, bei denen sich dies aus fachlichen Gründen anbietet, stellen Bezüge zum Projektstudium her.

27.4.4 Personale Zusammensetzung

Der Studiengang muss diese Aspekte in seinen personalen Strukturen berücksichtigen, um die gewünschten Lernprozesse bei den Studierenden zu ermöglichen; sie muss zudem den Bezug zur Praxis schaffen. Daher ist im Masterstudiengang RASUM das Team der (hauptberuflich) Lehrenden um Lehrbeauftragte mit beruflicher Erfahrung ergänzt. Die Zulassungsvoraussetzungen für die Studierenden sind zudem so gewählt, dass sie aus unterschiedlichen Disziplinen in den Studiengang kommen. Dementsprechend arbeiten die Studierenden durchweg in interdisziplinären Teams.

27.5 Struktur und Inhalte des Curriculums

Die Qualifikationsziele von RASUM sind in den Besonderen Bestimmungen für die Prüfungsordnung (Hochschule Darmstadt [h_da] 2015, § 2 Abs. 4 BBPO) folgendermaßen formuliert. Die Studierenden können a) Entwicklungsprozesse

> in Technik und Gesellschaft in ihren sozialen, kulturellen, ökonomischen und ökologischen sowie regulativen Kontexten analysieren und im Hinblick auf den Umgang mit Risiken und Chancen (verstanden als Unsicherheit über zukünftige Ereignisse und deren Wirkungen) sowie den Kriterien der Nachhaltigen Entwicklung einordnen. b) Sie sind in der Lage, [diese Entwicklungsprozesse] zu bewerten und vor dem Hintergrund wissenschaftlicher Expertise einen Beitrag zur Strategieentwicklung und Entscheidungsfindung zu leisten. c) Sie können Transformationsprozesse Nachhaltiger Entwicklung initiieren und gestalten und dazu mit (internen und externen) Akteuren disziplinübergreifend kommunizieren und kooperieren [und] d) sie sind in der Lage, unterschiedliche Interessen, Denkstile, Wahrnehmungsraster und Handlungsmuster maßgeblicher Akteure innerhalb und außerhalb von Unternehmen und sonstigen Organisationen (individuell wie gruppenübergreifend) als solche zu erkennen und darauf zugeschnittene Kommunikations- und Kooperationsstrategien entwickeln und umsetzen.

Um die Passung zwischen Anforderungen in der Praxis und Studienangebot zu optimieren, ist RASUM durchgängig kompetenzorientiert (Wiek et al. 2011, S. 204) aufgebaut. Die Studieninhalte sind auf die zentralen Tätigkeitsfelder ausgerichtet.

Bezogen auf die jeweiligen Problem- und Handlungskonstellationen benötigen die Absolventen_innen Orientierungswissen, Systemwissen und Transformationswissen. Dieses Wissen ist konstitutiv für die Entwicklung von Transformationsprozessen (siehe etwa Hayn et al. 2003, S. 1; Hirsch Hadorn et al. 2011, S. 77; Pohl und Hirsch Hadorn 2006, S. 33 sowie Vilsmaier und Lang 2014, S. 99 f.). Es bildet in Verbindung mit den vorgenannten Qualifikationszielen die Strukturelemente des Studiengangs, deren Herleitung in den nachfolgenden Abschnitten erfolgt.

27.5.1 Normative Orientierung und Corporate Governance

Entwicklungsprozesse in Technik und Gesellschaft in ihrem sozialen, kulturellen, ökonomischen und ökologischen sowie regulativen Kontexten zu bewerten und vor dem Hintergrund wissenschaftlicher Expertise einen Beitrag zur Strategieentwicklung und Entscheidungsfindung zu leisten (Qualifikationsziel 2, § 2 Abs. 4 der BBPO), setzt voraus, rechtliche Anforderungen, gesellschaftliche Leitbilder und ethische Grundprinzipien zu kennen (Orientierungswissen), aus denen sich sowohl die individuelle als auch die organisationale Verantwortung ableitet.

Die Forderung, gesellschaftliches, organisationales und individuelles Handeln an den Kriterien Nachhaltiger Entwicklung auszurichten, hat spätestens mit dem Erdgipfel von Rio 1992 den Rahmen des ethischen Diskurses überschritten (SRU 1994, Rn. 11 ff.): Über die Funktion als globales politisches Leitbild, niedergelegt etwa in der „Agenda 21“ (Vereinte Nationen für Umwelt und Entwicklung 1992) und den SDG's (Vereinten Nationen 2015), fand sie Eingang in europäisches und nationales Verfassungsrecht (Art. 3 Abs. 3 EU-Vertrag, Art. 37 Charta der Grundrechte in der EU, Art. 20a GG), in viele sektorale Einzelregelungen, aber auch in globale Standards (u. a. Global Reporting Initiative [GRI] 2016; *International Labour Organization* [ILO] 2017; ISO 26000; *Organization for Economic Co-Operation and Development* [OECD] 2011; *United Nations Global Compact* [UN Global Compact] 2010), aus denen sich direkt und indirekt Anforderungen für Akteur_innen innerhalb und außerhalb von Unternehmen im Umgang mit Risiken ergeben. Dabei wirkt das Leitbild der Nachhaltigen Entwicklung bereits insofern integrativ als der damit verbundene normative Wert der Aufrechterhaltung ökologischer und sozialer Funktionsfähigkeit auf allen gesellschaftlichen Ebenen weitestgehend geteilt wird. Was „Nachhaltigkeit“ jedoch jeweils konkret bedeutet, lässt sich nicht eindeutig definieren. Aufgrund der normativen Ambivalenz, dem unsicheren Wissen über zukünftige Ereignisse und aufgrund der Komplexität ist es unmöglich, in jeder Hinsicht „richtige“ Entscheidungen zu treffen. Darüber hinaus geht es darum zu verstehen, dass normative Anforderungen in diskursiven Aushandlungsprozessen entstehen und daraus (Rechts-) Normen hervorgehen. Dabei sind Unternehmen, vor allem solche, die proaktive Strategien verfolgen, auf „Hilfestellungen“

(institutionelle Rahmenbedingungen) von Staat und Gesellschaft angewiesen. Alleine von den Unternehmen zu erwarten, dass sie nicht nachhaltige Produktions- und Vermarktungskonzepte über Bord werfen, wäre angesichts der (globalen und regionalen) Wettbewerbssituation wenig realistisch. Gerade proaktive unternehmerische Strategien sind oftmals darauf angewiesen, dass sie von Staat und Gesellschaft die notwendige Unterstützung erhalten, um die Anreize in Richtung Nachhaltiger Entwicklung zu verstärken und Hemmnisse abzubauen, wobei es im Kern nicht darum geht, Wachstum per se zu verhindern, sondern darum Gewinnmöglichkeiten zu entkoppeln von nicht nachhaltigen Produktions- und Konsumweisen (Ashford 2016 sowie Führ und Schenten 2017). Eine derartige Regulierung „antwortet" auf die Defizite und Schwächen, die sich aus dem institutionellen Design im status quo ergeben und schreibt diese in Richtung auf die normativen Steuerungsziele fort („Responsive Regulierung") (Bizer et al. 2002). Die Grenzen eigener Gestaltungsmacht zu erkennen und Strategien zu entwickeln, gemeinsam mit anderen Stakeholdern die Veränderung der gesellschaftlichen Rahmenbedingungen im vorgenannten Sinne voranzutreiben, ist eine zentrale Fähigkeit für Akteur_innen in proaktiven Unternehmen. Auf dieser Basis lassen sich dann auch Veränderungen der Rahmenbedingungen antizipieren und in der Unternehmensstrategie und bei der Fortschreibung organisationaler Governancestrukturen berücksichtigen. Diese betriebliche Perspektive einnehmen zu können, ist aber auch unabdingbar für alle, die in Parlament und Verwaltung, in Verbänden oder der Wissenschaft an legislativen Gestaltungsprozessen mitwirken. Denn nur so lassen sich die Auswirkungen veränderter Rahmenbedingungen auf das Verhalten der Akteur_innen abschätzen.

Die Lehrenden müssen also im Studiengang auch vermitteln, dass normative Vorgaben Ergebnisse von Gestaltungs- und Aushandlungsprozessen sind, die jederzeit wieder aufgenommen werden können. Im Hinblick auf die Kriterien Nachhaltiger Entwicklung wird es oftmals einen akuten Bedarf geben, die institutionellen Rahmenbedingungen auch im Hinblick auf die gesamtgesellschaftlichen Governancestrukturen fortzuentwickeln. Das Analyse-Instrumentarium dafür vermittelt der Studiengang auf der Basis der interdisziplinären Institutionenanalyse (Bizer und Führ 2014). Die Praxisprojekte bieten die Möglichkeit, diese Instrumente für konkrete Problem- bzw. Handlungskonstellationen anzuwenden.

Das erste Strukturelement lässt sich damit wie folgt charakterisieren: Das Strukturelement „Normative Orientierung" qualifiziert die Studierenden, Veränderungsbedarfe bezogen u. a. auf das Leitbild der Nachhaltigen Entwicklung zu bestimmen und zu begründen und auf diese Weise zu erkennen, welche Herausforderungen sich für Unternehmen und andere Organisationen ergeben. Dazu gehört auch die Erkenntnis, dass normative Anforderungen in diskursiven Aushandlungsprozessen entstehen und daraus (Rechts-) Normen hervorgehen, die ihrerseits veränderbar sind.

Die für dieses Strukturelement notwendigen Grundlagenkompetenzen erwerben die Studierenden in der Einführungsveranstaltung: „Risiko, Nachhaltige Entwicklung und Governance" und in den Modulen „Normative Orientierung und Corporate Governance" I und II (siehe Abb. 27.3).

27.5.2 Disziplinäre Theorien und Methoden

Entwicklungsprozesse in Technik und Gesellschaft in ihren sozialen, kulturellen, ökonomischen und ökologischen sowie regulativen Kontexten zu analysieren und im Hinblick auf den Umgang mit Risiken und Chancen (verstanden als Unsicherheit über zukünftige Ereignisse und deren Wirkungen) sowie den Kriterien der Nachhaltigen Entwicklung einzuordnen (Qualifikationsziel 1, § 2 Abs. 4 der BBPO), setzt Kenntnisse über naturwissenschaftlich/technische, ökonomische und sozialwissenschaftliche Methoden und Theorien voraus, um aus unterschiedlichen Perspektiven Probleme zu strukturieren und vielfältige Gestaltungsoptionen zu identifizieren sowie die damit verbundenen Wirkungen, einschließlich der darin enthaltenen Risiken und Chancen, zu analysieren (Systemwissen) und unter normativen Kriterien zu bewerten (Verknüpfung mit Normativer Orientierung).

Die integrative Behandlung von Risikophänomenen stellt sicher, kritische Risiken aktiv zu steuern und erst eine zukunftsorientierte Unternehmensführung lässt Marktchancen erkennen, die eine Nachhaltige Entwicklung unterstützen. Neben der betriebswirtschaftlichen- organisationalen Perspektive geht es darum, makroökonomische (politische) Zusammenhänge zu erkennen sowie Risiken aus industriellen Prozessen, Anlagen und Produkten (einschließlich der damit zusammenhängenden Dienstleistungen) für Gesundheit und Umwelt zu analysieren und zu bewerten. Außerdem sind Wahrnehmungs- und Entscheidungsprozesse zu verstehen. Und schließlich gilt es, auch die systemischen Auswirkungen und Rückkopplungen zu thematisieren. Zu berücksichtigen ist jeweils der Einfluss und die Mitwirkung der Akteur_innen innerhalb und außerhalb der jeweiligen Organisation sowie auch deren Bereitschaft, sich auf Veränderungen einzulassen.

Dementsprechend qualifiziert das zweite Strukturelement „Disziplinäre Theorien und Methoden“ die Studierenden, vielfältige Gestaltungsoptionen zu identifizieren und die damit verbundenen Wirkungen, einschließlich der darin enthaltenen Risiken und Chancen zu analysieren und unter normativen Kriterien zu bewerten, um auf dieser Grundlage an betrieblichen und gesellschaftlichen Veränderungsprozessen mitzuwirken.

Das Curriculum (siehe Abb. 27.3) vermittelt hierfür 1) betriebswirtschaftlich organisationale Grundlagen, 2) qualitative Methoden im Risiko- und Nachhaltigkeitsmanagement, 3) Quantitative Methoden der Risikoanalyse, 4) Grundlagen, in komplexen Situationen Entscheidungen unter Unsicherheit vorzubereiten und zu treffen sowie die Folgen des daraus resultierenden Handelns abzuschätzen sowie 5) Vertiefungen zu naturwissenschaftlich-technischen und betriebswirtschaftlich organisationale Zusammenhängen.

27.5.3 Praxisbezug: Transdisziplinäre Integration

Transformationsprozesse zu initiieren und zu gestalten und dazu mit (internen und externen) Akteur_innen disziplinübergreifend zu kommunizieren und zu kooperieren (Qualifikationsziel 3, § 2 Abs. 4 der BBPO) setzt Kenntnisse voraus, wie sich Prozesse in Richtung Nachhaltige Entwicklung in konkreten Handlungskonstellationen, aber auch in der Gesellschaft insgesamt realisieren lassen (Transformationswissen).

Tragfähige Lösungsoptionen lassen sich nur gemeinsam mit den relevanten Akteur_innen erarbeiten (transdisziplinärer Ansatz). Dabei geht es zum einen um kreative Lösungs- und Handlungsoptionen: Durch kooperative Prozesse ist es möglich, einen erweiterten Blick auf die Handlungszusammenhänge zu werfen und gemeinsame Lösungsansätze zu entwickeln. Zum anderen geht es um die Bereitschaft der relevanten Akteur_innen, die mit diesen Lösungs- und Handlungsoptionen verbundenen Veränderungen anzugehen. Es lassen sich die Hemmnisse herausarbeiten, die einem gemeinsamen Ziel bisher im Wege stehen und Anreize erkennen und gegebenenfalls verstärken, die es den Akteur_innen ermöglichen, sich auf die Veränderungsprozesse einzulassen.

In einem transformativen Prozess entwickeln Akteur_innen aus ihrem jeweils spezifischen Orientierungs-, System- und Transformationswissen ein gemeinsames „Transformatives Wissen" (Schneidewind und Singer-Brodowski 2013, S. 127). Dieses Wissen in Kombination mit strategischen und operativen Fähigkeiten erlaubt es, Veränderungsprozesse zu gestalten.

Das dritte Strukturelement „Transdisziplinäre Integration" qualifiziert somit die Studierenden, auf der Basis der gesellschaftlichen und betrieblichen Rahmenbedingungen praxistaugliche Gestaltungsoptionen zu entwickeln und dabei die Randbedingungen der Praxis zu berücksichtigen, indem sie die relevanten Akteur_innen in diesen Prozess von Anfang an mit einbeziehen.

Die Kenntnisse, einschließlich der Theorien und Methoden, die für diese Prozesse notwendig sind, erwerben die Studierenden größtenteils in den anderen Strukturelementen; das Strukturelement „Transdisziplinäre Integration" versetzt die Studierenden für konkrete Problem- bzw. Handlungskonstellationen in die Lage, eine Reihe von Analyse-Instrumentarien anzuwenden. Damit können sie – auch unter Einbezug realer Akteur_innen – die gesellschaftlichen und organisationalen Probleme bzw. Herausforderungen analysieren, Lösungsoptionen entwickeln und Veränderungsprozesse gestalten. Diese Aufgabe erfüllt im Studiengang insbesondere das Projektstudium (Führ und Kleihauer, Kap. 10 in diesem Band); die anderen Module vermitteln das notwendige methodische, analytische und kommunikative Rüstzeug für das Projektstudium.

27.5.4 Disziplinen- und handlungsfeldübergreifende Verständigung

Praxisprobleme im Kontext von Risiko- und Nachhaltigkeitsfragen zu lösen, erfordert das Zusammenwirken von Akteur_innen aus Unternehmen, Branchen oder Wertschöpfungsketten. Diese sind aber eingebettet in formale und informale institutionelle Rahmenbedingungen. Hierfür ist es notwendig, die unterschiedlichen Interessen, Denkstile, Wahrnehmungsraster und Handlungsmuster maßgeblicher Akteure innerhalb und außerhalb von Unternehmen und sonstigen Organisationen (individuell wie gruppenübergreifend) als solche zu erkennen und darauf zugeschnittene Kommunikations- und Kooperationsstrategien zu entwickeln und umzusetzen (Qualifikationsziel 4, § 2 Abs. 4 der BBPO).

Dazu qualifiziert das vierte Strukturelement „Disziplinen- und handlungsfeldübergreifende Verständigung“ die Studierenden, unterschiedliche disziplinäre „Denkstile“ als solche wahrzunehmen und spezifische professionelle Verhaltensmuster zu erkennen, um divergierende Positionen zu verstehen, zu vergleichen und kritisch zu hinterfragen. Dies erlaubt es, eine Verständigung zwischen beteiligten Akteuren zu ermöglichen und für gemeinsame Lösungen fruchtbar zu machen.

Das Strukturelement nimmt im Studiengang eine Sonderrolle ein, da die Studierenden diese Aspekte in allen Lehrveranstaltungen einüben. Sie lernen, sich in unterschiedlichen Disziplinen fachlich zu orientieren, die Möglichkeiten und Grenzen des jeweiligen Methodenarsenals einzuordnen und dies auf die jeweilige Problem- und Handlungskonstellation zu beziehen. Dies zu vermitteln, ist eine spezifische Herausforderung für die Lehrenden.

27.6 Schlussfolgerungen

Die vorgenannten Aspekte beschreiben verschiedene Herausforderungen, die mit einem transdisziplinären Studienprogramm verbunden sind. Im Frühjahr 2017 hat der erste Jahrgang das Studienprogramm abgeschlossen und bereitet sich auf die Master-Arbeit vor. Der zweite Jahrgang steht am Anfang des 2. Fachsemesters. Die bisherigen Erfahrungen zeigen, dass es sich um eine ambitionierte Zielsetzung handelt. Die Rückmeldungen aus an den Praxisprojekten beteiligten Unternehmen machen deutlich, dass es im ersten Jahrgang durchaus gelungen ist, diesen Anspruch einzulösen (RASUM-Symposium 2016, 2017).

Nicht unerwartet ist, dass es bei einzelnen Lehrveranstaltungen und bei der inhaltlichen Abstimmung noch Optimierungspotenziale gibt. Zudem wird deutlich, dass die Studierenden den Bezug zur Praxis und transformativer Forschung schätzen, den bisher nicht alle Lehrenden in gleicher Intensität herstellen können. Dies zeigen die jeweils zu Semesterende durchgeführten Feedbackrunden mit allen Studierenden des jeweiligen Jahrgangs.

Bewährt haben sich die ganztägigen Klausur-Tagungen, zu der alle Lehrenden, einschließlich der Lehrbeauftragten aus der Praxis, jeweils in einem Tagungshaus der Hochschule zusammenkommen, um sich über Inhalte, aber auch didaktische Konzepte und Erfahrungen auszutauschen. Sobald auch der 2. Jahrgang das Studienprogramm durchlaufen hat, besteht im Sommer 2018 Veranlassung, eine Zwischen-Evaluierung vorzunehmen und den Zuschnitt einzelner Module auf den Prüfstand zu stellen. Zu fragen ist auch, wie sich geeignete Formen für eine Weiterbildung der Lehrenden entwickeln lassen, die langfristig sowohl den Praxisbezug als auch die wissenschaftliche und didaktische Qualität gewährleisten.

Literatur

Ashford N (2016) De-[Constructing] Growth. Sustainability 2016(8):1140 (https://doi.org/10.3390/su8111140). http://www.mdpi.com/2071-1050/8/11/1140. Zugegriffen: 2. Apr. 2017

Baecker D (1994) Postheroisches Management: Ein Vademecum. Merve, Berlin

Beckmann M, Schaltegger S (2014) Unternehmerische Nachhaltigkeit. In: Heinrichs H, Michelsen G (Hrsg) Nachhaltigkeitswissenschaften. Springer, Heidelberg, S 321–367

Bizer K, Führ M (2014). Praktisches Vorgehen in der interdisziplinären Institutionenanalyse. Ein Kompaktleitfaden Nr. 14–7. Sofia-Diskussionsbeiträge zur Institutionenanalyse, Darmstadt

Bizer K, Führ M (2015) Sustainable behavioral governance: responsive regulation for innovation. In: Beckenbach F, Kahlenborn W (Hrsg) New perspectives for environmental policies through behavioral economics. Springer, Heidelberg, S 277–300

Bizer K, Führ M, Hüttig C (2002) Responsive Regulierung. Mohr und Siebeck, Tübingen

Chang H (2014) Economics: The users's guid: A Pelican introduction. Penguin, London

Committee of Sponsoring Organizations of the Treadway Commission (2004). Enterprise risk management – integrated framework. https://www.coso.org/documents/Framework%20Reference%20Secured.pdf. Zugegriffen: 2. Apr. 2017

Committee of Sponsoring Organizations of the Treadway Commission (2013). Demystifying sustainability risk: integrating the triple bottom line into an enterprise risk management program. https://www.coso.org/documents/COSO-ERM%20Demystifying%20Sustainability%20Risk_Full%20WEB.pdf. Zugegriffen: 2. Apr. 2017

Defila R, Di Giulio A, Drilling M (2000). Leitfaden – Allgemeine Wissenschaftspropädeutik für interdisziplinär-ökologische Studiengänge. Allgemeine Ökologie zur Diskussion gestellt, Nr. 4. Interfakultäre Koordinationsstelle für Allgemeine Ökologie, Universität Bern

Denninger E, Hohm KH (1990) Verfassungsrechtliche Anforderungen an die Normsetzung im Umwelt- und Technikrecht. Nomos, Baden-Baden

Di Giulio A, Künzli David C, Defila R (2008) Bildung für nachhaltige Entwicklung und interdisziplinäre Kompetenzen– Zum Profil von Lehrkräften. In: Bormann I, Haan G de (Hrsg) Kompetenzen der Bildung für nachhaltige Entwicklung – Operationalisierung, Messung, Rahmenbedingungen, Befunde. Springer, Wiesbaden, S 179–198

Europäische Umweltagentur (2013) Late lessons from early warnings: Science, precaution, innovation. EEA Report, 1/2013, Kopenhagen. http://www.eea.europa.eu/publications/late-lessons-2. Zugegriffen: 2. Apr. 2017

Fleck L (1980) Entstehung und Entwicklung einer wissenschaftlichen Tatsache. Suhrkamp, Frankfurt (Herausgegeben von Schnelle T, Schäfer L)

Führ M (2014) Technikrecht und Standardisierung. In: Wegener BW (Hrsg) Enzyklopädie Europarecht [EnzEuR], Bd 8. Europäische Querschnittpolitiken, § 4. Nomos, Baden-Baden

Führ M, Schenten J (2017) Sustainable production and consumption. In: Krämer L, Orlando E (Hrsg) Encyclopedia of environmental law – Principles of environmental law, (forthcoming). Elgar, Cheltenham

Global Reporting Initiative (2016) Consolidated set of GRI Sustainability Reporting Standards. https://www.globalreporting.org/standards/gri-standards-download-center/?g=48a825e5-3659-400c-adfc-b270bd860e27. Zugegriffen: 2. Apr. 2017

Hayn D, Nölting B, Voß JP (2003) Methodenfragen der Nachhaltigkeitsforschung – Normativ, integrativ, partizipativ – aber wie? In: Volkens A, Fischer C, Karmanski A, Bartel S (Hrsg) Orte nachhaltiger Entwicklung: Transdisziplinäre Perspektiven. Schriftenreihe Vereinigung für ökologische Wirtschaftsforschung VöW, Berlin, S 4–9

Hiller GG (2012) Anreize und Etablierung einer neuen Lehr-Lernkultur an Hochschulen. Zeitschrift für Hochschulentwicklung 7(3):1–15

Hirsch Hadorn G, Schmied B, Frischiknecht P (2011) Transdisciplinary elements in university education: The case of the environmental science programme at ETH Zurich. In Debru C (Hrsg) La transdisciplinarité: pourquoi, comment, où? Editions Hermann, Paris, S 73–102. https://www.ethz.ch/content/dam/ethz/special-interest/usys/department/documents/studium/umweltnaturwissenschaften/diverse/2011-Hirsch-etal-Transdisciplinary-elements-in-university-education.pdf. Zugegriffen: 2. Apr. 2017

Hochschule Darmstadt (2015) Besondere Bestimmungen für die Prüfungsordnung des Studiengangs Risk Assessment and Sustainability Management (RASUM). https://rasum.h-da.de/fileadmin/Studiengaenge/Rasum/Dokumente/SuK_RASUM_BBPO_2015.pdf. Zugegriffen: 2. Apr. 2017

Hummel D, Stieß I (2009) Soziale Ökologie und Transdisziplinarität in der universitären Lehre. Technikfolgenabschätzung – Theorie und Praxis 18(3): 25–31 (Dezember)

International Integrated Reporting Council (2013) The international integrated reporting framework. http://integratedreporting.org/resource/international-ir-framework. Zugegriffen: 2. Apr. 2017

International Labour Organization (2017) Tripartite declaration of principles concerning multinational enterprises and social policy. http://www.ilo.org/wcmsp5/groups/public/---ed_emp/---emp_ent/---multi/documents/publication/wcms_094386.pdf. Zugegriffen: 11. März 2018

Kleihauer S (2018) Konzeptentwicklung des Masterstudiengang Risk Assessment and Sustainability Management (RASUM). sofia-Diskussionsbeiträge i. V., Darmstadt

Nölting B, Pape J, Kunze B (2016) Nachhaltigkeitstransformation als Herausforderung für Hochschulen – Die Hochschule für nachhaltige Entwicklung Eberswalde auf dem Weg zu transdisziplinärer Lehre und Forschung. In: Filho L (Hrsg) Forschung für Nachhaltigkeit an deutschen Hochschulen. Springer, Wiesbaden, S 131–147

Organization for Economic Co-Operation and Development (2011) Guidelines for multinational enterprises. http://www.oecd.org/daf/inv/mne/48004323.pdf. Zugegriffen: 2. Apr. 2017

Pfister JA (2009) Managing organizational culture for effective internal control – From practice to theory. Springer, Heidelberg

Pohl C, Hirsch Hadorn G (2006) Gestaltungsprinzipien für die transdisziplinäre Forschung – Ein Beitrag des td-net. oekom, München

RASUM-Symposium (2016) Video-Mitschnitt der Vorträge. https://www.youtube.com/watch?v=EMrlHt99nMU. Zugegriffen: 11. März 2018

RASUM-Symposium (2017) Video-Mitschnitt der Vorträge. https://www.youtube.com/watch?v=H3Ae2_uxkRM. Zugegriffen: 11. März 2018

Rehbinder E (2015) Corporate Social Responsibility – von der gesellschaftspolitischen Forderung zur rechtlichen Verankerung. In: Deinert S, Schrader C, Stoll B (Hrsg) Corporate Social Responsibility (CSR): Die Richtlinie 2014/95/EU – Chancen und Herausforderungen. Reihe Gesellschaft und Nachhaltigkeit, Bd 4. University press GmbH, Kassel, S 10–37

Rossi M (2014) The business case for knowing chemicals in products and supply chains a publication in support of the saicm emerging policy issue of chemicals in products. http://drustage.unep.org/chemicalsandwaste/sites/unep.org.chemicalsandwaste/files/publications/UNEP%20CiP%20Business%20case_En.pdf. Zugegriffen: 2. Apr. 2017

Sachverständigenrat für Umweltfragen (1994) Umweltgutachten 1994 – Für eine dauerhaft-umweltgerechte Entwicklung. Drucksache 12/6995. http://www.umweltrat.de/SharedDocs/Downloads/DE/01_Umweltgutachten/1994_Umweltgutachten_Bundestagsdrucksache.html. Zugegriffen: 2. Apr. 2017

Scharmer CO (2009) Theorie U. Von der Zukunft her führen: Presencing als soziale Technik. Carl-Auer, Heidelberg

Schneidewind U, Singer-Brodowski M (2013) Transformative Wissenschaft – Klimawandel im deutschen Wissenschafts und Hochschulsystem. Metropolis, Marburg
Scholz RW (2011) Environmental literacy in science and society. From knowledge to decisions. Cambridge University Press, New York
United Nations Global Compact (2010) Blueprint for corporate sustainability leadership within the global compact. https://www.unglobalcompact.org/library/229. Zugegriffen: 2. Apr. 2017
Vereinte Nationen (2015) Beschluss der UN-Generalversammlung vom 25.9.2015: "Transforming our world: the 2030 agenda for sustainable development. https://sustainabledevelopment.un.org/?menu=1300. Zugegriffen: 2. Apr. 2017
Vereinte Nationen für Umwelt und Entwicklung (1992) Agenda 21. Rio de Janeiro. http://www.un.org/depts/german/conf/agenda21/agenda_21.pdf. Zugegriffen: 2. Apr. 2017
Vilsmaier U, Lang DJ (2014) Unternehmerische Nachhaltigkeit. In: Heinrichs H, Michelsen G (Hrsg) Nachhaltigkeitswissenschaften. Springer, Heidelberg, S 87–113
Wiek A, Withycombe L, Redman CL (2011) Key competencies in sustainability: a reference framework for academic program development. Sustain Sci 6(2):203–218
Wissenschaftlicher Beirat der Bundesregierung Globale Umweltveränderungen (2011) Hauptgutachten – Welt im Wandel Gesellschaftsvertrag für eine Große Transformation. WBGU, Berlin
World business council for sustainable development (2017) http://www.wbcsd.org/. Zugegriffen: 2. Apr. 2017

Introspektion und Bildung für nachhaltigen Konsum: Ein Lehr-Lern-Format zur systematischen Selbsterforschung in der Auseinandersetzung mit Argumenten zum Konsum tierischer Produkte (Leuphana Universität Lüneburg)

28

Pascal Frank und Daniel Fischer

Zusammenfassung

Der Konsum tierischer Produkte ist aufgrund der ökologischen Konsequenzen der Herstellung tierischer Lebensmittel ein bedeutsames Thema für eine hochschulische Bildung für nachhaltigen Konsum. Nichtsdestotrotz ist eine Thematisierung der Problematik in der Hochschullehre mit Schwierigkeiten verbunden, die vor allem auf deren affektiv-moralische Aufgeladenheit zurückzuführen ist. Der vorliegende Beitrag stellt ein Lehr-Lern-Format vor, welches an der Leuphana Universität Lüneburg entwickelt und im Wintersemester 16/17 erstmals mit Bachelor- und Masterstudierenden erprobt wurde. Das Seminar stellte einen Versuch dar, eine rein diskursive Beschäftigung mit dem Konsum tierischer Produkte um Zugänge zu affektiv-motivationalen Einflussfaktoren zu ergänzen, die im Rahmen der Beschäftigung mit Gründen für den Konsum tierischer Produkte aufkommen. Dies geschah durch den Einsatz von Achtsamkeitsmeditationen sowie die Vermittlung introspektiver Methoden (Forschungstagebücher, *elicitation interviews,* Interpretativ-Phänomenologische Analyse), um die eigenen Emotionen und Motivationen im Hinblick auf den Konsum tierischer Produkte selbstreflexiv beobachten und systematisch-kontrolliert analysieren zu können.

P. Frank (✉) · D. Fischer
Arbeitsgruppe Nachhaltiger Konsum & Nachhaltigkeitskommunikation (SuCo2), Institut für Umweltkommunikation (INFU), Leuphana Universität Lüneburg, Lüneburg, Deutschland
E-Mail: pascal.frank@leuphana.de

D. Fischer
E-Mail: daniel.fischer@leuphana.de

W. Leal Filho (Hrsg.), *Nachhaltigkeit in der Lehre,* Theorie und Praxis der Nachhaltigkeit, https://doi.org/10.1007/978-3-662-56386-1_28

Der Beitrag liefert empirische Hinweise darauf, dass das Lehr-Lern-Format bei Studierenden die Fähigkeit zur forschenden Auseinandersetzung mit Werthaltungen, Affekten und unreflektierten Handlungsroutinen fördern und dadurch den Erwerb von Gestaltungskompetenzen für nachhaltigen Konsum in Bezug auf den Konsum tierischer Produkte anregen konnte.

Schlüsselwörter
Konsum tierischer Produkte · Bildung für Nachhaltigen Konsum (BNK) · Emotionen Achtsamkeit · Introspektive Methoden

28.1 Hintergrund

Wenngleich die Auseinandersetzung mit Fragen einer nachhaltigen Entwicklung deutlich weiter zurückreicht, so lässt sich doch sagen, dass sich Hochschulen in Deutschland seit etwa einem Vierteljahrhundert zunehmend mit Fragen einer nachhaltigen Entwicklung beschäftigen. In dieser Zeit wurde experimentiert, konzeptionell gearbeitet und über Netzwerke versucht, Hochschulen und Universitäten in ganz Deutschland in eine Auseinandersetzung mit der Frage anzustoßen, welchen Beitrag der tertiäre Bildungssektor im Kontext einer nachhaltigen Entwicklung zu leisten vermag. Neben der Forschung, dem eigenen Betrieb (z. B. Ressourcenmanagement, Campusgestaltung) und dem Wirken in die Gesellschaft hinein spielte dabei die Lehre von Beginn an eine zentrale Rolle (Fischer et al. 2015). Mit dem Weltaktionsprogramm „Bildung für nachhaltige Entwicklung" (BNE, UNESCO 2014) wurde auf internationaler Ebene nun eine neue Phase in der Implementierung von BNE an Hochschulen eingeleitet, die auch national ihren Niederschlag findet (Michelsen 2016).

Eine Schlüsselrolle nehmen dabei Fragen eines nachhaltigen Konsums ein. Konsum gilt als ein zentraler Treiber nicht-nachhaltiger Entwicklung und wird daher häufig auch in der Konzeptionen einer BNE fokussiert. Ein weiterer Grund für die prominente Berücksichtigung von nachhaltigem Konsum lässt sich darin ausmachen, dass Konsum für Lernende einen alltagsnahen und lebensweltlichen Zugang zu Fragen einer nachhaltigen Entwicklung eröffnet und damit ein beliebter Inhalt für die Gestaltung von Lehr-Lern-Settings und die Thematisierung verschiedener Nachhaltigkeitsaspekte darstellt (siehe auch Fischer 2010). Vor diesem Hintergrund überrascht es nicht, dass insbesondere junge Menschen im Weltaktionsprogramm als eine „wichtige Zielgruppe in Konsumgesellschaften" angesprochen werden, der u. a. über die Gestaltung ihres zukünftigen Konsumverhaltens das Potential zugeschrieben wird, „nachhaltige Entwicklung stärker und schneller voranzubringen" (UNESCO 2014, S. 22). Besonders erfolgversprechend seien dabei Ansätze, die es jungen Menschen ermöglichen, dass sie „ihre eigenen Ideen und Maßnahmen für nachhaltigen Konsum und nachhaltigen Lebensstil teilen können" (ebd.). Unter dem Begriff Bildung für nachhaltigen Konsum (BNK) wird in einer Reihe nachhaltigkeitspolitischer Strategien eine verstärkte Auseinandersetzung mit Fragen eines nachhaltigen Konsums in Bildungskontexten gefordert. Beispiele hierfür auf der internationalen Ebene sind das 10-Jahresprogramm für nachhaltigen Konsum und nachhaltige Produktion (10YFP) (UNEP 2016) sowie die Nachhaltigkeitsentwicklungsziele (SDGs) der Vereinten Nationen, die im Ziel 4 explizit die Förderung nachhaltiger Lebensstile u. a. durch Bildung fordern (UN 2015). In Deutschland weist das Nationale Programm für Nachhaltigen Konsum (NP-NK) Bildung und BNK ausdrücklich als einen übergreifenden Handlungsansatz aus (BMUB 2016).

Die Bedeutung, die BNK – stets verstanden als eine inhaltliche Fokussierung einer allgemeinen BNE – in politischen Strategien beigemessen wird, spiegelt sich auch in der Bildungspraxis und der Bildungsforschung wider. So finden sich etwa in aktuellen hochschulischen Praxisbeispielen zahlreiche Bezüge zum nachhaltigen Konsum (vgl. etwa Weisser und Geibel 2016). Darüber hinaus hat sich auch international unter dem Begriff Higher Education for Sustainable Consumption eine Diskussion darüber entwickelt, wie hochschulische Lehr-Lern-Settings Studierende in eine Auseinandersetzung mit Fragen des nachhaltigen Konsums bringen können (vgl. etwa Adomßent et al. 2014). Übergreifendes Ziel einer hochschulischen BNK ist es dabei, den Erwerb von Schlüsselkompetenzen für nachhaltigen Konsum anzuregen, die es Studierenden ermöglichen, selbstbestimmt, eigenverantwortlich und reflexiv Herausforderungen in der individuellen Konsumpraxis und der Ausgestaltung gesellschaftlicher Konsum- und Produktionssysteme zu bewältigen (Fischer und Barth 2014).

Einen besonders relevanten Anknüpfungspunkt für BNK-Konzepte stellt dabei der Konsum tierischer Produkte dar. Vor allem die Massentierhaltung, welche in Deutschland Schätzungen zufolge für 98 % der Tierproduktion verantwortlich ist (Zösch und Schäfer 2010), haben aktuelle Studien als Hauptursache für Klimaerwärmung (FAO 2006), Wasserverbrauch (Mekonnen und Hoekstra 2012), Umkippen der Meere und allgemeine Gewässerverschmutzung (FAO 2006), Regenwaldabholzung (ebd.) sowie die Ausrottung anderer Spezies (WWF 2015) identifiziert. Tatsächlich problematisieren Wissenschaftler_innen seit Jahrzehnten die industrielle Tierproduktion aufgrund des ineffizienten Gebrauchs an Ressourcen wie Wasser, Land und Energie (vgl. Gossard und York 2003). Deshalb wird inzwischen argumentiert, dass eine deutliche Reduktion des Konsums tierischer Produkte für das Erreichen internationaler Klimaziele unerlässlich ist (Hedenus et al. 2014). Und obwohl in Deutschland die meisten Menschen den Schutz der Umwelt für wichtig erachten und zwei Drittel der Gesamtbevölkerung angibt, bereit zu sein, auch den persönlichen Konsum tierischer Produkte für dieses Ziel einzuschränken (Scholl et al. 2015), bleibt die Umsetzung dieser Absicht eine Seltenheit (Kleinhückelkotten et al. 2016). Vor diesem Hintergrund erscheint eine Auseinandersetzung mit dem Konsum tierischer Produkte im Kontext einer BNK naheliegend.

Der Konsum tierischer Produkte als Gegenstand von BNK ist allerdings mit mindestens zwei Herausforderungen verbunden. Erstens bleibt der Tierproduktkonsum auch im Hinblick auf dessen ökologische Konsequenzen durchaus kontrovers diskutiert. Um einige Beispiele zu erwähnen: Einige Autor_innen stimmen zwar mit der Kritik am Verzehr tierischer Lebensmittel darin überein, dass sie die negativen ökologischen Auswirkungen der

Massentierhaltung anerkennen (z. B. Idel 2012); leiten allerdings daraus keineswegs ein Plädoyer für eine vegetarische oder vegane Ernährungsweise ab, sondern sprechen sich stattdessen für den Verzehr lokaler tierischer Produkte aus. Während Hedenus et al. (2014) die Notwendigkeit der deutlichen Reduktion sämtlicher Tierprodukte für eine nachhaltige Entwicklung betonen, ist laut dem Forscherteam um Christian Peters (2016) eine lacto-vegetarische Ernährung im Hinblick auf ihre Landnutzung die ökologisch sinnvollste. Schließlich gibt es auch Wissenschaftler_innen, die im hohen globalen Fleischkonsum und der dafür notwendigen Intensivtierhaltung kein grundsätzliches Problem sehen, selbst wenn sie auch eine geringe Konsumeinschränkung und punktuelle Veränderungen im Produktionsbereich für ökologisch notwendig halten (z. B. Smil 2013). Diese kontroverse Ausgangslage macht es schwierig, einer Auseinandersetzung mit dem Konsum tierischer Produkte in der BNK eine klare handlungspraktische Ausrichtung zu geben.

Zweitens ist die Auseinandersetzung mit dem Konsum tierischer Produkte eng verwoben mit affektiv-motivationalen Prozessen. Einerseits ist der Fleischverzicht für die meisten Vegetarier_innen und Veganer_innen eine moralische Angelegenheit (Ruby 2012). Selbst viele Fleischkonsument_innen äußern eine Verbundenheit gegenüber Tieren und empfinden deren Leid als emotional belastend und moralisch abstoßend (Plous 1993). Andererseits sieht eine Vielzahl von Akteur_innen in der Verbreitung fleischfreier Ernährungspraktiken eine Gefahr für die westlichen Kernwerte individueller Konsum- und Lebensgestaltungsfreiheit, gemäß derer insbesondere der Fleischverzehr ein unumstößliches, persönliches Recht darstellt (Beekman 2000; Graça et al. 2015). Die Auseinandersetzung mit dem Konsum tierischer Produkte ist also hochgradig moralisch aufgeladen, was gemäß dem sozial-intuitiven Modell des Moralpsychologen Jonathan Haidt (2001) einer rationalen Auseinandersetzung mit der Thematik entgegenstehen kann.

Eine Vielzahl empirischer Untersuchungen zum Fleischkonsum bestätigt diese Prognose. Auf der einen Seite stellt zum Beispiel einer der Autoren dieses Beitrags, Pascal Frank (2017), dar, wie der Verzehr von totem Tier angesichts zuwiderlaufender moralischer Ansprüche und selbstidentitärer Konzepte emotionale Belastungen hervorrufen kann. Motiviert durch den Wunsch diese aufzulösen, greifen Akteur_innen auf Verdrängungs- und Rationalisierungsstrategien zurück, welche einer unvoreingenommen Auseinandersetzung mit Argumenten zur Thematik entgegenstehen (siehe auch Rothgerber 2014). Auf der anderen Seite liefern Petra Sneijder und Hedwig te Molder (2005) am Beispiel gesundheitsbezogener Fragestellungen zum Veganismus Hinweise darauf, wie Repräsentant_innen einer fleischfreien Ernährung ihre eigenen ideologischen Vorannahmen gegenüber konträrer Argumente immunisieren und dadurch stabilisieren. Die Quintessenz aus dem Gesagten ist, dass eine rein intellektuell-diskursive Auseinandersetzung mit dem Konsum tierischer Produkte die beteiligten Akteure in ihren affektiv-moralischen Vorannahmen eher bestärken und dementsprechend die Kontroverse eher polarisieren kann, als diese im Sinne einer BNK konstruktiv zu öffnen.

Wie lässt sich diesen Herausforderungen begegnen? Im vorliegenden Beitrag stellen wir ein an der Leuphana Universität Lüneburg durchgeführtes Seminarformat vor, das Studierenden reflexive Zugänge zu den emotionalen und motivationalen Prozessen eröffnet, welche die Auseinandersetzung mit Argumenten zum Konsum tierischer Produkte hervorbringt. Dafür werden sogenannte Achtsamkeitspraktiken (Kabat-Zinn 2005) als introspektive Zugangsmethode in das Seminar eingebunden. Wir werden im Folgenden zunächst begründen, wieso dies ein vielversprechender Zugang zu den affektiv-motivationalen Prozessen darstellt, welche die Seminarthematik begleiten. Darauf folgt eine Beschreibung der Seminarkonzeption sowie der institutionellen Rahmenbedingungen, in denen die Umsetzung des Seminars erfolgte. Auf Basis unserer eigenen Eindrücke sowie in Form von Reflexionstagebüchern festgehaltenen Rückmeldungen der Studierenden diskutieren wir die Möglichkeiten und Schwierigkeiten des Seminarformats und skizzieren Ansatzpunkte zu dessen Weiterentwicklung.

28.2 Achtsamkeit als introspektive Zugangsmethode

Das beschriebene Seminarformat verfolgt das Ziel, bei Studierenden eine reflexive Auseinandersetzung mit Emotionen und Motivationen anzuregen, welche im Umgang mit Argumenten zum Konsum tierischer Produkte aufkommen und die diskursive Auseinandersetzung beeinflussen. In der Umsetzung begegnet man dabei verschiedenen Schwierigkeiten: Autor_innen haben darauf hingewiesen, dass ein introspektiver Zugang zu unseren Emotionen und Motivationen alles andere als zuverlässig ist. So betont zum Beispiel der Psychologe Timothy Wilson (2004), dass viele Menschen über unzureichende Kenntnisse über ihre eigenen Handlungsgründe und Motivationen verfügen. Ebenso gibt es Hinweise darauf, dass der Zugang zu eigenen emotionalen Zuständen unzuverlässig ist (z. B. Haybron 2007). Untermauert wird diese spezifische Kritik durch eine generelle Skepsis gegenüber introspektiver Erkenntnisgewinnung. Diese lässt sich gemäß dem Philosophen David Chalmers (1999) auf vier Kernpunkte reduzieren: Demnach sind introspektive Verfahren charakterisiert durch „[1] einen fehleranfälligen Zugang zur Erfahrung; [2] die Vorstellung, dass Selbstbeobachtung das tatsächliche Erleben verändert; [3] die Unmöglichkeit, die Gesamtheit einer Erfahrung gleichzeitig zu erfassen und schließlich [4] die Möglichkeit von ‚großen Illusionen'", das heißt die Möglichkeit, sich in der eigenen Wahrnehmung und insbesondere in der Deutung der eigenen Erlebnisse zu täuschen. Außerdem betont Chalmers, dass die Kommunikation von Selbstbeobachtung über Sprache erfolgen muss, welche neue Fehleranfälligkeiten der Vermittlung introspektiver Einsichten mit sich bringt. Obwohl die vorgebrachten Kritikpunkte ernst zu nehmen sind, beziehen sie sich ausschließlich auf ungelernte Selbstbeobachtungen. Sie zeigen somit lediglich, dass der Zugang zu inneren Prozessen keineswegs selbstverständlich ist. Allerdings ist *alle* anfängliche Beobachtung „unklar", „verworren" und durch „widersprechende Stimmungen" (Fleck 1980, S. 121) getrieben. Wie für jede andere Form der Erkenntnisgewinnung auch gilt für die Selbstbeobachtung somit, dass es einer gewissen Systematik und eines Trainings bedarf, um brauchbare Einsichten hervorzubringen.

Achtsamkeitspraktiken stellen ein vielversprechendes Verfahren dar, um Individuen einen systematischen Zugang zu inneren Prozessen zu ermöglichen (Fox et al. 2012). Dem Psychologen David Craswell (2016) zufolge kann Achtsamkeit allgemein definiert werden als „Prozess des bewussten Erfahrens des gegenwärtigen Augenblicks" (S. 4, Übersetzung d. Autoren), wobei dieses Erfahren u. a. Körperempfindungen, Gefühle, Sinneswahrnehmungen oder Gedanken umfassen kann. Gemäß dem Forscherteam um Scott Bishop (2004) haben Achtsamkeitstechniken weiterhin zum Ziel, einen Zustand zu kultivieren, „in dem [insbesondere] Gedanken und Gefühle als mentale Ereignisse beobachtet werden, ohne sich mit diesen übermäßig zu identifizieren und ohne auf sie in automatischer, gewohnheitsmäßiger Weise zu reagieren" (ebd., S. 232, Übersetzung d. Autoren). Achtsamkeitspraktiken haben vor allem als therapeutische (speziell psychotherapeutische) Maßnahme enorme Beachtung erfahren (Craswell 2016). Annahme dabei ist, dass zum Beispiel Depressionen auf fehlender Achtsamkeit gegenüber den negativen Gedanken und Emotionen basieren, auf welche die betroffenen Akteure „in automatischer, gewohnheitsmäßiger Weise" reagieren und als Konsequenz in pathologische Negativspiralen verfallen. Die bewusste Wahrnehmung entsprechender Kognitionen soll helfen, sich von diesen distanzieren und dadurch den Negativspiralen bereits vor ihrer Entstehung entgegenwirken zu können.

Vier Arten von Hinweisen sprechen dafür, dass sich mittels Achtsamkeitstrainings tatsächlich das Gewahrsein für innere Prozesse kultivieren lässt. Erstens ist das therapeutische Potential von Achtsamkeitstrainings inzwischen umfassend belegt und ein gesteigertes Achtsamkeitslevel als ursächlich für die gesundheitlichen Veränderungen herausgestellt worden (ebd.). Zweitens gibt es qualitative Studien, welche die positiven Wirkungen von Achtsamkeitspraxktiken auf das innere Gewahrsein betonen. So hat zum Beispiel die Anthropologin Michal Pagis (2009) eine ethnographische Studie über *Vipassana-Meditationen* vorgelegt, welche zeigt, dass die Kultivierung introspektiver Fähigkeiten zu den Kernerfahrungen der Vipassana-Praktizierenden gehört. Kaum noch zu überblicken sind drittens die quantitativen Forschungsarbeiten zum Zusammenhang zwischen Achtsamkeitstraining und innerem Gewahrsein. Zwar sollte nicht unerwähnt bleiben, dass die gängigen quantitativen Messinstrumente für Achtsamkeit durchaus kontrovers diskutiert werden (vgl. Grossman 2008) und auch nicht alle Untersuchungen tatsächliche Verbesserungen introspektiver Leistungen als Folge von Achtsamkeitstrainings bestätigen (e.g. Falkenström 2010); dennoch lässt sich ein positiver Zusammenhang zwischen entsprechenden Trainings und der Entwicklung introspektiver Fähigkeiten nicht von der Hand weisen. Eine Metastudie macht zum Beispiel deutlich, dass Achtsamkeitspraktiken zu signifikanten Verbesserungen diverser, für Meditationstrainings spezifischer kognitive Leistungen führen können (Chiesa et al. 2011, S. 462). Fox et al. (2012) legen sogar nahe, dass Achtsamkeitstrainings die Verbalisierungsfähigkeit innerer Prozesse steigern können. Dies mag nicht zuletzt auf das Potential des Trainings zurückzuführen sein, effektive Gedächtnisleistungen zu steigern (Chiesa et al. 2011). Damit eignen sich Achtsamkeitstechniken auch, einem weiteren potentiellen Schwachpunkt ungeübter Introspektion entgegenzuwirken, nämlich der Gefahr, durch fehlerhafte Erinnerung die Zuverlässigkeit verbalisierter Selbstbeobachtung zu verringern (Tulving 1972). Substantielle Unterstützung finden diese Ergebnisse viertens durch die Hirnforschung. Die Neurophänomenologen Antoine Lutz, John Dunne und Richard Davidson (2007) verknüpften zum Beispiel verbalisierte Selbstbeobachtungen mit neurologischen Messungen und konnten nachweisen, dass in Meditation geübte Akteure genauere introspektive Aussagen liefern als ungeübte Akteure. Auch das Forscherteam um Han-Gue Jo (2015) konnte zeigen, dass in Meditation Geübte über eine zuverlässige Wahrnehmung selbst subtiler innerer Prozesse verfügen.

Aus diesen Gründen scheint auch gerechtfertigt, Achtsamkeitspraktiken zur Beobachtung der affektiv-motivationalen Prozesse zu nutzen, welche im Umgang mit Argumenten zum Konsum tierischer Produkte entstehen.

28.3 Seminargestaltung

Das hier vorgestellte Seminarformat thematisiert den Konsum tierischer Produkte. Entgegen üblicher Beschäftigungen mit der Thematik basiert das Seminarformat allerdings auf der Grundannahme, dass hierfür eine rein intellektuell-diskursive Beschäftigung mit verschiedenen Standpunkten und Argumenten zum Konsum tierischer Produkte nicht sinnvoll ist. Der Grund hierfür ist, dass moralisch sensible Themen – und der Konsum tierischer Produkte ist ein solches Thema – häufig durch starke affektiv-motivationale Prozesse begleitet werden. Diese wiederum beeinflussen den Umgang mit Argumenten und damit einhergehend der Ausbildung von Überzeugungen zum gegebenen Inhalt. Wo diese nichtrationalen Einflussfaktoren nicht thematisiert werden, läuft die diskursive Auseinandersetzung wie oben erläutert Gefahr, lediglich vorhandene Positionen zu manifestieren und im Falle des Konsums tierischer Produkte vorhandene Kontroversen weiter zu polarisieren, anstatt konstruktive Handlungsmöglichkeiten im Sinne einer nachhaltigen Entwicklung zu generieren. Hauptanliegen des Seminars ist es, diesem Problem entgegenzuwirken. Es zielt darauf ab, bei Studierenden die Fähigkeit zur forschenden Auseinandersetzung mit Werthaltungen, Affekten und unreflektierten Handlungsroutinen zu fördern und dadurch den Erwerb von Gestaltungskompetenzen für nachhaltigen Konsum anzuregen. Dafür rückt eine Beschäftigung mit den individuellen Emotionen und Motivationen in den Fokus, welche im Rahmen der Auseinandersetzung mit Argumenten zum Konsum tierischer Produkte bei den Studierenden aufkommen (siehe Abb. 28.1).

Zur Umsetzung dieses Vorhabens greift das Seminar auf Prinzipien des erfahrungsbasierten Lernens zurück, wie sie ursprünglich von David Kolb entwickelt wurden. Kolb formulierte in Rückbezug auf lerntheoretische Ansätze Deweys, Lewins und Piagets Lernen als einen Prozess, in dem Wissen durch die Transformation von Erfahrung entsteht (Kolb 1984, S. 38). Um Lernen zu verstehen, bedarf es daher nach Kolb eines Verständnisses vom Wesen und der Form menschlichen Wissens und der Prozesse, wie dieses Wissen entsteht. Konkrete und unmittelbare Erfahrungen bilden demnach die Grundlage für Beobachtungen und für Reflektionen, aus denen dann wiederum abstrakte

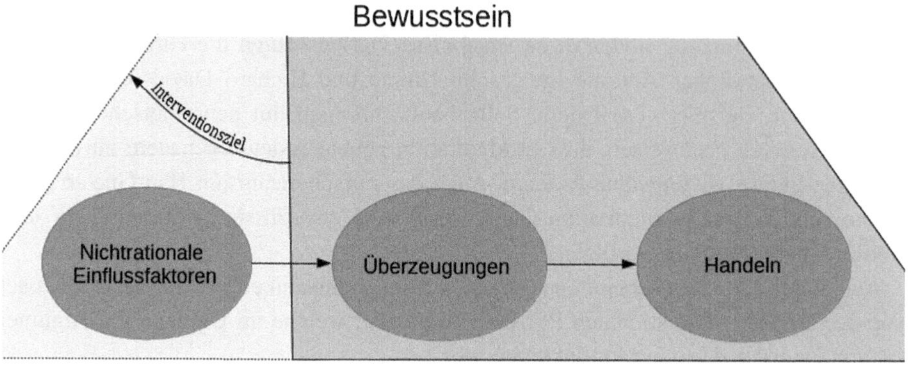

Abb. 28.1 Das Hauptanliegen des Seminars ist es, ein Bewusstsein für nichtrationale Einflussfaktoren zu entwickeln, welche die Ausbildung von Überzeugungen zum Konsum tierischer Produkte beeinflussen

Konzepte mit Relevanz für neue Handlungsmöglichkeiten hervorgehen können, die sich wiederum aktiv ausprobieren lassen (Kolb und Kolb 2005, S. 194). Erfahrungsbasiertes Lernen lässt sich somit als ein zirkulärer Prozess des Erfahrens, Reflektierens, Denkens und Handelns verstehen (ibid.). Für nachhaltigkeitsbezogene Lehr-Lern-Settings liegen inzwischen einige Beispiele vor, wie Prinzipien des erfahrungsbasierten Lernens als Grundlage für die Gestaltung kompetenzförderlicher methodisch-didaktischer Arrangements fruchtbar gemacht werden können (siehe z. B. Caniglia et al. 2016). Im aktuellen UNESCO-Bericht zu Lehr-Lern-Zielen einer BNE wird das erfahrungsbasierte Lernen in der Tradition Kolbs gar als ein „pädagogischer Schlüsselansatz" (UNESCO 2017, S. 55) in der BNE bezeichnet.

Vor diesem Hintergrund wurde ein dreiteiliges Seminarformat konzipiert, bestehend aus einem Diskussionsteil, einem Achtsamkeitsmeditationsteil und einem selbstreflexiven Methodentraining. Der Diskussionsteil gibt Studierenden die Möglichkeit, Argumente für und wider den Konsum tierischer Produkte auszutauschen. Hierfür werden im Vorfeld wissenschaftliche Texte zur Verfügung gestellt, welche unterschiedliche Standpunkte zur Thematik abdecken. Der disziplinäre Hintergrund dieser Texte ändert sich dabei mit jeder Seminarsitzung, d. h. der Konsum tierischer Produkte wird im Verlauf des Seminars aus ethischer, ökologischer, gesundheitlicher, sozialpsychologischer und kulturgeschichtlicher Perspektive beleuchtet. Im Anschluss an die Diskussion erfolgt dann ein Achtsamkeitsmeditationsteil. Dieser hat primär zum Ziel, die Introspektionsfähigkeiten der Studierenden zu entwickeln und einen Zustand des offenen Gewahrseins (Lippelt et al. 2014) zu kultivieren. Angelehnt an die vom Achtsamkeitsforscher Jon Kabat-Zinn (2005) entwickelten Achtsamkeitsmethode Mindfulness-Based Stress Reduction (MBSR) geschieht dies durch eine systematische Betrachtung der Sinnes- und Körperempfindungen, des Atems sowie der emotionalen Prozesse, welche sich dem Individuum im Moment der Meditationspraxis zeigen. Letztere gibt den Studierenden mithin auch Techniken an die Hand, um innere Prozesse im Umgang mit Argumenten zum Konsum tierischer Produkte gezielt beobachten zu können. Im selbstreflexiven Methodentraining lernen die Seminarteilnehmenden schließlich Verfahren kennen, um ihre introspektiven Einsichten zu verbalisieren und wissenschaftlich analysieren zu können. Ersteres geschieht mithilfe sogenannter Elicitation Interviews (Petitmengin 2007) sowie dem Verfassen von Forschungstagebüchern (Mayring 2002), in deren Rahmen die Teilnehmer über ihre Seminareindrücke bzw. an die Seminarthematik anknüpfende Erfahrungen aus dem Alltag reflektieren können. Als Analyseverfahren lernen die Studierenden die Interpretativ-Phänomenologische Analyse (IPA, Smith et al. 2009) kennen.

Das Seminarkonzept wurde im Wintersemester 2016/2017 an der Leuphana Universität Lüneburg in zwei Varianten umgesetzt. Erstens leitete Pascal Frank für Studienanfänger_innen eine zwei Semesterwochenstunden (SWS) umfassende Lehrveranstaltung unter dem Titel „Qualitative Zugänge zu Gerechtigkeitsvorstellungen am Beispiel des Konsums tierischer Produkte". Die Veranstaltung bestand aus insgesamt sieben Sitzungen à 210 min, welche im Abstand von zwei Wochen über den Zeitraum vom 17. Oktober 2016 bis 31. Januar 2017 abgehalten wurden. Dabei wurden jeweils 90 min dem Diskussionsteil, 60 min dem Achtsamkeitsmeditationsteil und weitere 60 min dem Methodentraining gewidmet. Die disziplinären Zugänge zum Konsum tierischer Produkte wurden mit den Studierenden in jeder Sitzung bestimmt und umfassten ethische, gesundheitliche, ökologische, sozialpsychologische und ernährungssoziologische bzw. kulturwissenschaftliche Perspektiven auf die Thematik. Das Achtsamkeitstraining bestand neben kurzen theoretischen Inputs vor allem in vielfältigen Praxiszugängen zur Kultivierung eines offenen Gewahrseins. Diese umfassten neben traditioneller Sitzmeditation im Stillen auch Gehmeditation, Körperübungen, Bodyscans, Atembetrachtungen und bewusste Sinnesempfindung (vgl. Kabat-Zinn 2005). Im Methodentraining wurden die Studierenden schließlich mit der Ausführung von Elicitation Interviews und der IPA vertraut gemacht. Nachdem diese zunächst theoretisch vorgestellt und allgemein eingeübt wurden, erfolgte deren Anwendung im Seminarverlauf auf spezifische Forschungsfragen, welchen sich die Teilnehmer in Kleingruppen widmeten. Als Prüfungsleistung sah das Seminar vor, dass sich die Studierenden in Kleingruppen zusammenfinden, um im Sinne des forschenden Lernens (Huber 2009) eigenständig Fragestellungen zur Seminarthematik zu entwickeln und diese empirisch zu beforschen.

Zweitens boten Pascal Frank und Daniel Fischer gemeinsam ein gleichnamiges Seminar mit geringerem Zeitumfang für Masterstudierende an. Die Veranstaltung bestand aus sechs Sitzung à 105 min. Diese verteilten sich jeweils auf eine einstündige Diskussion, eine halbstündige Meditation sowie eine viertelstündige Methodenreflexion. Aufgrund der begrenzten Zeit wurde in diesem Seminar auch auf die Vermittlung der Elicitation Interviews verzichtet, stattdessen beschränkten sich die Studierenden auf das Führen eines Forschungstagebuchs zur Generierung empirischen Materials. Wie auch im Bachelorseminar sollten die Studierenden selbständig Fragestellungen zum Zusammenhang zwischen affektiv-motivationalen Faktoren und dem Umgang mit Argumenten zum Konsum tierischer Produkte entwickeln, die sie dann auf Basis der eigenen Reflexionstagebücher mithilfe der IPA in Kleingruppen auswerteten.

28.4 Introspektion und Tierproduktkonsum: Eine vielversprechende Kombination für BNK?

Das zentrale Anliegen des Seminarformats ist es, die Fähigkeit zur Auseinandersetzung mit affektiv-motivationalen Prozessen im Umgang mit Argumenten zum Konsum tierischer Produkte zu fördern und dadurch den Erwerb von Gestaltungskompetenzen für nachhaltigen Konsum anzuregen. Abgesehen von den persönlichen Eindrücken der Dozenten und dem Feedback der Studierenden liegt in Form der Reflexionstagebücher, der Interviewtranskripte sowie der Forschungsergebnisse der Seminarteilnehmer_innen auch objektives Material vor, um einzuschätzen, inwiefern dieses Anliegen umgesetzt werden konnte.

Im Sinne des erfahrungsbasierten Lernens wurde den Studierenden zu Beginn des Seminars nicht mitgeteilt, welche affektiv-motivationalen Prozesse genau zu beobachten waren bzw. wie deren Beeinflussung des diskursiven Seminarteils im Detail aussehen würde. Die Einsichten in nichtrationale Einflussfaktoren sollten also ausschließlich auf Selbsterforschung basieren und wurden weder theoretisch unterfüttert noch gezielt angeleitet. Dies sorgte zu Beginn des Seminars für einige Verunsicherungen. Die selbstreflexive Beschäftigung mit konkreten emotionalen und motivationalen Prozessen in Form von Elicitation Interviews und Reflexionstagebüchern war für viele Studierende ungewohnt. Anstelle von präzisen Beschreibungen des subjektiven Erlebens während der Seminarsitzungen griffen Studierende während der Interviews häufig auf abstrakte Beschreibungen oder Deutungen der Situation zurück, was eine bekannte Schwierigkeit darstellt, wenn Personen erstmals ihr momentanes Erleben verbalisieren sollen (Petitmengin 2007). Auch der Fokus der Tagebucheinträge lag anfänglich auf einer theoretischen Auseinandersetzung mit bzw. Beurteilung der Argumente, welche im Diskussionsteil ausgetauscht wurden. Die Thematisierung der durch den Seminarinhalt aufkommenden affektiv-motivationalen Prozesse fiel einem Großteil der Seminarteilnehmenden schwer. Vor diesem Hintergrund überrascht es auch nicht, dass viele Studierende anfangs auch die Einbeziehung von Achtsamkeitspraktiken als irritierend empfanden und Schwierigkeiten dabei hatten, diese in Zusammenhang zu den Seminarinhalten zu bringen.

Mit zunehmender Seminardauer gelang es den Studierenden immer besser, ihr momentanes Erleben zu artikulieren und Emotionen und Motivationen im Umgang mit Argumenten in den Tagebüchern zu reflektieren. Dies spiegelte sich auch in den Forschungsprojekten wider, welche die Teilnehmenden in Gruppenarbeit verfolgten und in deren Rahmen Tagebücher und Interviews gezielt und methodisch kontrolliert analysiert wurden. Als Ergebnis dieser Analyse lagen detaillierte Beschreibungen der affektiv-motivationalen Prozesse vor, die die Teilnehmenden in der Auseinandersetzung mit verschiedenen Argumenten zum Konsum tierischer Produkte an sich beobachtet hatten. In der Zusammenschau lassen sich drei Typen von Beobachtungen unterscheiden, nämlich 1) die detaillierte Beobachtung spezifischer Emotionen in der Auseinandersetzung mit Argumenten zum Konsum tierischer Produkte, 2) allgemeine Beobachtungen über die

Bedeutung von affektiv-motivationalen Prozessen in dieser Auseinandersetzung und schließlich 3) Einsichten in kognitive Verzerrungen durch affektiv-motivationale Prozesse. Diese drei Typen sollen im Folgenden kurz erläutert werden.

1. Zwei Gruppen des Bachelor-Seminars befassten sich mit spezifischen Emotionen in der Auseinandersetzung mit Argumenten zum Konsum tierischer Produkte. Die erste Gruppe arbeitete dabei Ängste als eine wichtige Emotion heraus, welche Studierende im Rahmen des Seminars erfahren haben. Vor allem die Auseinandersetzung mit ökologischen, gesundheitlichen und ethischen Themen war für die Teilnehmer häufig mit Angst behaftet. Eine zweite Gruppe untersuchte die Emotionen, welche authentische Videoaufnahmen aus Schlachthäusern bei Akteuren auslösen. Dabei beobachtete die Gruppe ausnahmslos als negativ wahrgenommene Gefühle wie Ekel, Wut, Trauer und Mitleid. Die Gruppe hielt außerdem fest, dass auf die Verbalisierung dieser Emotionen sehr häufig eine Rechtfertigung des eigenen Essverhaltens folgte. Beide Gruppen bestätigen damit die in der in der psychologischen Literatur zum Fleischessen postulierte These, dass die Beschäftigung mit dem Konsum tierischer Produkte mit emotionalen Belastungen einher gehen kann, auf welche viele Akteure mit Verdrängungs- und Rationalisierungsstrategien reagieren (Frank 2017).
2. Im Master-Seminar widmeten sich zwei Gruppen der allgemeinen Bedeutung affektiv-motivationaler Prozesse in der Auseinandersetzung mit Argumenten zum Konsum tierischer Produkte. Auf Basis der Tagebücher arbeitete eine Gruppe heraus, dass die Seminarthematik bei vielen emotional stark aufgeladen ist. Die starke Emotionalität wurde dabei häufig als hinderlich wahrgenommen, um sich in Debatten mit konträren Standpunkten und deren Argumenten konstruktiv auseinanderzusetzen. Stattdessen beobachtete die Gruppe anfänglich eine Tendenz zur Polarisierung in solchen Auseinandersetzungen, ein Phänomen, welches in der Kognitionspsychologie als ‚Einstellungspolarisierung' bezeichnet wird (Lord et al. 1979). Eine andere Gruppe konnte allerdings bei einigen Seminarteilnehmenden feststellen, dass die zu Beginn vertretenen Positionen im Vollzug der Beschäftigung mit weiteren Argumenten in Frage gestellt wurden. Dies empfanden die Studierenden häufig als verunsichernd und führte in den Worten der Seminargruppe zu einer „inneren Zerrissenheit" mit Blick auf den ‚richtigen' Standpunkt.
3. Eng verknüpft mit den geschilderten Ergebnissen der beiden vorherigen Typen sind die Einsichten in kognitive Verzerrungen, welche von den Studierenden im Seminar teilweise beobachtet wurden. Eine Gruppe stellte zum Beispiel die Tendenz unter Vegetariern und Veganern fest, sich gegenüber Fleischessern moralisch überlegen zu fühlen und dieses Gefühl insbesondere dadurch zu legitimieren, den eigenen Standpunkt für bewusster und elaborierter zu betrachten. Dies beeinflusste wiederum negativ die Bereitschaft, sich mit konträren Argumenten zu befassen. Ähnliche Beobachtungen berichtet eine weitere Gruppe, die sich intensiv mit solchen Überzeugungen beschäftigte, welche durch die Auseinandersetzung mit Argumenten im Seminarverlauf scheinbar unberührt blieben. Hier zeigte sich die Tendenz, dass solche Überzeugungen

eine Art Immunität gegenüber konträren Argumenten hatten, d. h. Gegenargumente ungeachtet ihrer epistemischen Qualität die vorhandenen Überzeugungen nicht berührten. Noch einen Schritt weiter gingen die Ausarbeitungen einer Gruppe, welche in der Auseinandersetzung mit Argumenten zum Konsum tierischer Produkte identitätsgefährdende Momente entdeckten. Solche wahrgenommenen Identitätsgefährderungen konstituieren in der Folge starke Motivationen gegen eine offene Beschäftigung mit Positionen, die dem eigenen Standpunkt zuwiderlaufen. Die drei beschriebenen Gruppen gelangten dementsprechend allesamt zu Einsichten, welche in einer Reihe von kognitionspsychologischen Theorien diskutiert werden – z. B. die kognitive Dissonanz (Festinger 1957), die Verteidigungsmotivation (Masterson und Crawford 1982), die psychologische Reaktanz (Brehm 1966) oder der Bestätigungsfehler (Nickerson 1998).

Zusammenfassend bestätigte sich also einerseits die Vorannahme, dass die diskursive Auseinandersetzung mit dem Konsum tierischer Produkte im Sinne des sozial-intuitiven Modells stark von affektiv-motivationalen Prozessen beeinflusst wird; andererseits ist es möglich, durch die Einbeziehung selbstreflexiver Elemente ein Gewahrsein für diese Prozesse zu kultivieren. Gemäß den Ergebnissen der studentischen Forschungsprojekte spielen hierfür außerdem die Achtsamkeitsmeditationen eine wichtige Rolle. Diese geben Studierenden nicht nur wirksame Techniken an die Hand, innere Ereignisse gezielter wahrnehmen und ‚aushalten' zu können, sie stellen zugleich Methoden dar, um mit diesen Prozessen offener und wohlwollender bei sich selbst und bei anderen umzugehen. Auf der einen Seite haben Studierende also die Achtsamkeitspraktiken als Zugangsweg zu persönlichen Werten und Emotionen erfahren, auf der anderen Seite ermöglicht der transparentere und offenere Bezug zu inneren Prozessen ein höheres Verständnis auch gegenüber anderen Positionen und schafft somit gemäß Aussagen vieler Studierender eine Grundlage für eine konstruktive Auseinandersetzung mit der Thematik des Konsums tierischer Produkte. Insofern lässt sich resümieren, dass die Seminare die Fähigkeit zur Auseinandersetzung mit affektiv-motivationalen Prozessen im Umgang mit Argumenten zum Konsum tierischer Produkte fördern und dadurch den Erwerb von Gestaltungskompetenzen für nachhaltigen Konsum – gemessen an Tagebüchern und Kleinforschungsprojekten der Studierenden – anregen konnte.

Es bleibt allerdings auch festzuhalten, dass das vorliegende empirische Material nur bedingt tauglich ist, um den Zusammenhang zwischen Achtsamkeitstraining und der Wahrnehmungsfähigkeit innerer Prozesse bzw. deren Zuverlässigkeit zu erfassen. Zum Beispiel berichten einige Studierende zwar in den Tagebüchern, dass sie sich aufgrund des Seminars intensiver mit dem Thema „Konsum tierischer Produkte" auseinandersetzten; daraus lässt sich aber nicht ableiten, ob dies durch die diskursiven oder selbstreflexiven Seminarelemente angestoßen wurde bzw. ob die Auseinandersetzung die Betrachtung affektiv-motivationaler Faktoren beinhaltet. Auch die häufig anzutreffende Einschätzung der Studierenden, dass das Achtsamkeitstraining introspektive Fähigkeiten kultiviert, kann kritisch betrachtet werden. Wenn nämlich Introspektion grundsätzlich nicht als zuverlässige Quelle zur Erfassung innerer Zustände angesehen wird (z. B. Wilson 2004), können introspektive Eindrücke kaum herangezogen werden, um diesem Zweifel entgegenzutreten. Um verlässliche Aussagen über die Bedeutung des Achtsamkeitstrainings im Rahmen des Seminars zu erhalten, wäre es folglich notwendig, ähnliche Seminarformate mit Kontrollgruppen zu vergleichen, in welchen solche Trainings nicht angeboten werden.

Sicher ist, dass auch ein Achtsamkeitstraining keine Gewähr für Einsichten in kognitive Verzerrungen bietet, die beispielsweise in der Beschäftigung mit dem Konsum tierischer Produkte einhergehen. Viele Tagebucheinträge demonstrieren, dass Studierende zum Teil eine einseitige Beschäftigung mit den Seminarinhalten pflegten. Vor allem sich vegetarisch oder vegan ernährende Studierende neigten dazu, den Fleischkonsum befürwortende Argumente entweder besonders kritisch oder gar nicht zu behandeln, während Argumente für einen Fleischverzicht wohlwollender akzeptiert wurden. Vor allem – aber nicht ausschließlich – bei Bachelor-Studierenden zeigte sich diese Tendenz zu Bestätigungsfehlern (Nickerson 1998) und Verteidigungsmotivationen (Masterson und Crawford 1982), die sich teilweise bis zum Ende des Seminars durchzog.

Um der Möglichkeit des Ausweichens bzw. der affirmativ-konfirmatorischen Beschäftigung mit Argumenten entgegenzuwirken, sind für einen weiteren Seminardurchlauf im Sommersemester 17 einige Änderungen des ursprünglichen Konzepts vorgesehen. Die wichtigste Veränderung wird sein, dass keine Argumentvielfalt in der Beschäftigung mit Positionen zum Konsum tierischer Produkte angestrebt wird. Stattdessen sollen Studierende im Hinblick auf vorgebrachte Argumente zu einem Konsens gelangen. Damit wird der beobachteten Tendenz einiger Studierender entgegengewirkt, sich in der Vielzahl vorgebrachter Argumente auf unreflektierte Weise derjenigen anzunehmen, die der eigenen Position entsprechen. Die Konsensbildung zielt demgegenüber darauf ab, vertiefte Reflexionsprozesse über nichtrationale Einflussfaktoren anzuregen, welche die Akzeptanz oder Zurückweisung konkreter Argumente beeinflussen. Wenn nötig, sollen während des Seminars gemeinsame Recherchen angestellt werden, um ggf. fehlende Hintergrundinformationen zur Beurteilung des Arguments einzuholen. Solche Rechercheprozesse werden später ebenso reflektiert wie die affektiv-motivationalen Prozesse, die im Laufe der Debatte entstehen.

28.5 Schlussfolgerungen

Der Ansatz des hier beschriebenen Seminarkonzepts stellt Studierende vor die Aufgabe, sich zu kontroversen Themen mit verschiedenen Argumenten auseinander zu setzen, ähnlich wie dies in der BNE am Beispiel von Dilemmata und Polylemmata als didaktischer Ansatz etabliert ist (Stoltenberg und Burandt 2014). Es ging jedoch nicht darum, anhand dieser Auseinandersetzung kognitive Fähigkeiten etwa im Bereich Bewertungskompetenz zu schulen. Stattdessen stellte das Seminarkonzept Raum und Anleitung zur Verfügung, damit die Studierenden ihre Erfahrungen im Erleben dieser Auseinandersetzung durch die komplementär angelegten introspektiven Phasen im Seminar selbst zum Gegenstand wissenschaftlicher Beobachtung machen konnten. Wesentlich dabei waren die Schulung des Gewahrseins und die methodisch geleitete Erforschung der eigenen emotionalen und affektiven Prozesse, die im Anschluss an die Introspektion gemeinsam reflektiert wurde. Das in diesem Beitrag vorgestellte experimentelle Lehr-Lern-Format leistet mit dieser Schwerpunktsetzung nach unserer Auffassung hierzu einen doppelten Beitrag. Zum ersten rückt es die Auseinandersetzung mit emotionalen und motivationalen Facetten in den Mittelpunkt hochschuldidaktischer Arbeit für eine nachhaltige Entwicklung. Affektiv-motivationale Aspekte sind zwar in der gegenwärtigen hochschulischen BNK konzeptionell angelegt, führen aber bislang in den konkreten didaktischen Ansätzen zur Kompetenzförderung und der empirischen Forschung zur Kompetenzmessung weitgehend ein Schattendasein. (Zlatkin-Troitschanskaia und Seidel 2011). Zum zweiten erschließt das dargestellte Seminarkonzept ein Handlungsfeld, das angesichts der mit populären Begriffen wie „post-truth" (Wort des Jahres 2016 des Oxford English Dictionary) bzw. „post-faktisch" (Wort des Jahres 2016 der Gesellschaft für deutsche Sprache) markierten Verschiebungen in öffentlichen Diskussionen eine hohe Relevanz für die hochschulische BNE aufweist. Die so bezeichneten Verschiebungen werden dadurch charakterisiert, dass weniger die wissenschaftliche Belastbarkeit von Aussagen über den Einfluss auf öffentliche Diskurse entscheiden, sondern vielmehr die affektive und emotionale Resonanz, die sie auszulösen vermögen. „Wahr" ist in dieser Perspektive nicht nur das, was belegbar ist, sondern das, was mit den vorherrschenden Überzeugungen und Werten der Menschen korrespondiert (vgl. Lubchenco 2017). Für Fragen der Kommunikation, Partizipation und Bildung im Kontext nachhaltiger Entwicklung stellen die postulierten post-faktischen Tendenzen massive Herausforderungen dar. Sie fordern Lehrende und Lernende dazu heraus, sich reflexiv mit der Frage auseinanderzusetzen, wie Emotionen und affektive Prozesse die Wissensbildung zu Fragen nachhaltigen Konsums beeinflussen. Das beschriebene Seminarformat stellt unserer Ansicht nach einen vielversprechenden Versuch dar, sich dieser Herausforderung zu stellen.

Literatur

Adomßent M, Fischer D, Godemann J, Herzig C, Otte I, Rieckmann M, Timm J-M (2014) Emerging areas in research on higher education for sustainable development, management education, sustainable consumption and perspectives from central and Eastern Europe. J Clean Prod 62(1):1–7

Beekman V (2000) You are what you eat: meat, novel protein foods and consumptive freedom. J Agric Environ Ethics 12:185–196

Bishop SR, Lau M, Shapiro S, Carlson L, Anderson ND, Carmody J, Segal ZV, Abbey S, Speca M, Velting D, Devins G (2004) Mindfulness: a proposed operational definition in clinical psychology. Sci Pract 11(3):230–241

BMUB – Bundesministerium für Umwelt, Bau, Naturschutz und Reaktorsicherheit (2016) Nationales Programm für nachhaltigen Konsum. Berlin

Brehm JW (1966) Theory of psychological reactance. Academic Press, New York

Caniglia G, John B, Kohler M, Bellina L, Wiek A, Rojas C, Lang D (2016) An experience-based learning framework. Int J Sustain High Educ 17(6):827–852

Chalmers D (1999) First person methodologies in the science of consciousness. Consciousness Bulletin, University of Arizona. http://consc.net/papers/firstperson.html. Zugegriffen: 12. März 2017

Chiesa A, Calati R, Serretti A (2011) Does mindfulness training improve cognitive abilities? A systematic review of neuropsychological findings. Clin Psychol Rev 31(3):449–464

Craswell D (2016) Mindfulness interventions. Annu Rev Psychol 68:491–516

Falkenström F (2010) Studying mindfulness in experienced meditators: a Quasi-experimental approach. Pers Individ Differ 48(3):305–310

Festinger L (1957) A theory of cognitive dissonance. Stanford University Press, Stanford

Fischer D (2010) Sustainable consumption – mapping the Terrain. An exploratory review of contested themes and their representation in consumer education. Int J Environ Cult Econ Soc Sustain 6(3):207–226

Fischer D, Barth M (2014) Key competencies for and beyond sustainable consumption: an educational contribution to the debate. GAiA 23(S1):193–200. https://doi.org/10.14512/gaia.23.S1.7

Fischer D, Jenssen S, Tappeser V (2015) Getting an empirical hold of the sustainable university: a comparative analysis of evaluation frameworks across 12 contemporary sustainability assessment tools. Assess Eval High Educ 40(6):785–800

Fleck L (1980) Entstehung und Entwicklung einer wissenschaftlichen Tatsache. Einführung in die Lehre vom Denkstil und Denkkollektiv. Suhrkamp, Frankfurt a. M. (Erstveröffentlichung 1935)

Food and Agriculture Organization of the United Nations (FAO) (2006) Livestock's long shadow. Environmental issues and options. Rome

Fox K, Zakarauskas P, Dixon M, Ellamil M, Thompson E, Christoff K (2012) Meditation experience predicts introspective accuracy. PLoS ONE 7(9):1–9

Frank P (2017) Warum wir Tiere essen (obwohl wir sie mögen) – sozialpsychologische Erklärungsansätze für das Fleischparadox. In Straub J, Ruppel PS (Hrsg) Kerosinfrei und vegan: das ökologische Selbst. Psychosozial 40(2):1–21

Gossard MH, York R (2003) Social structural influences on meat consumption. Hum Ecol Rev 10(1):1–9

Graça J, Calheiros MM, Oliveira A (2015) Attached to meat? (Un)willingness and intentions to adopt a more plant-based diet. Appetite 95:113–125

Grossman P (2008) On measuring mindfulness in psychosomatic and psychological research. J Psychosom Res 64:405–408

Haidt J (2001) The emotional dog and its rational tail: a social intuitionist approach to moral judgement. Psychol Rev 108(4):814–834

Haybron D (2007) Do we know how happy we are? on some limits of affective introspection and recall. Noûs 41:394–428

Hedenus F, Wirsenius S, Johansson D (2014) The importance of reduced meat and dairy consumption for meeting stringent climate change targets. Clim Change 124:79–91

Huber L (2009) Warum Forschendes Lernen nötig und möglich ist. In: Huber L, Hellmer J, Schneider F (Hrsg) Forschendes Lernen im Studium. Universitätsverlag, Bielefeld, S 9–35

Idel A (2012) Die Kuh ist kein Klima-Killer. Metropolis-Verlag, Marburg

Jo H-G, Hinterberger T, Wittmann M, Schmidt S (2015) Do meditators have higher awareness of their intentions to act? Cortex 65:149–158

Kabat-Zinn J (2005) Wherever you go, there you are: mindfulness meditation for everyday life. Hachette Books, New York

Kleinhückelkotten S, Neitzke H-P, Moser S (2016) Repräsentative Erhebung von Pro-Kopf-Verbräuchen natürlicher Ressourcen in Deutschland (nach Bevölkerungsgruppen) (Texte 39/2016). Umweltbundesamt für Mensch und Umwelt, Dessau-Roßlau

Kolb DA (1984) Experiential learning: experience as the source of learning and development. Prentice-Hall, Upper Saddle River

Kolb AY, Kolb DA (2005) Learning styles and learning spaces: enhancing experiential learning in higher education. Acad Manag Learn Educ 4(2):193–212

Lippelt DP, Hommel B, Colzato LS (2014) Focused attention, open monitoring and loving kindness meditation: effects on attention, conflict monitoring, and creativity – a review. Front Psychol 5:1–5

Lord CG, Ross L, Lepper MR (1979) Biased assimilation and attitude polarization: the effects of prior theories on subsequently considered evidence. J Pers Soc Psychol 37:2098–2109

Lubchenco J (2017) Environmental science in a post-truth world. Front Ecol Environ 15(1):3

Lutz A, Dunne JD, Davidson RJ (2007) Meditation and the neuroscience of consciousness. In: Zelazo P, Moscovitch M, Thompson E (Hrsg) Cambridge Handbook of Consciousness. Cambridge University Press, Cambridge, S 499–554

Masterson FA, Crawford M (1982) The defense motivation system: a theory of avoidance behavior. Behav Brain Sci 5(4):661–675

Mayring P (2002) Einführung in die qualitative Sozialforschung. Beltz, Weinheim

Mekonnen M, Hoekstra A (2012) A global assessment of the water footprint of farm animal products. Ecosystems 15:401–415

Michelsen G (2016) Policy, politics and polity in higher education for sustainable development. In: Barth M, Michelsen G, Rieckmann M, Thomas I (Hrsg) Routledge handbook of higher education for sustainable development. Routledge, London, S 40–55

Nickerson RS (1998) Confirmation bias: a ubiquitous phenomenon in many guises. Rev Gen Psychol 2(2):175–220

Pagis M (2009) Embodied self-reflexivity. Soc Psychol Q 72(3):265–283

Peters CJ et al (2016) Carrying capacity of U.S. Agricultural land: ten diet scenarios. Elementa, 4. doi: http://doi.org/10.12952/journal.elementa.000116

Petitmengin C (2007) Describing one's subjective experience in the second person: an interview method for the science of consciousness. Phenomenol Cogn Sci 5(3):229–269

Plous S (1993) Psychological mechanisms in the human use of animals. J Soc Issues 49:11–52

Rothgerber H (2014) Efforts to overcome vegetarian-induced dissonance among meat eaters. Appetite 79:32–41

Ruby M (2012) Vegetarianism. A blossoming field of study. Appetite 58(1):141–150

Scholl G, Gossen M, Holzhauer B, Schipperges M (2015) Umweltbewusstsein in Deutschland 2014. Ergebnisse einer repräsentativen Bevölkerungsumfrage. BMUB, Berlin

Smil V (2013) Should we eat meat? Evolution and consequences of modern carnivory. Wiley-Blackwell, West Sussex

Smith JA, Flowers P, Larkin M (2009) Interpretative phenomenological analysis: theory method and research. Sage, London

Sneijder P, Te Molder HFM (2005) Moral logic and logical morality: attributions of responsibility and blame in online discourse on veganism. Discourse Soc 16(5):675–696

Stoltenberg U, Burandt S (2014) Bildung für eine nachhaltige Entwicklung. In: Heinrichs H, Michelsen G (Hrsg) Nachhaltigkeitswissenschaften. Springer, Berlin, S 567–594

Tulving E (1972) Episodic and semantic memory in Organization of memory. Academic Press, New York

UN – United Nations (2015) Transforming our World: The 2030 Agenda for Sustainable Development: Resolution Adopted by the General Assembly on 25 September 2015. New York

UNEP – United Nations Environment Programme (2016). 10 Year Framework of Programmes on Sustainable Consumption and Production (10YFP) – Programme Consultation and Current Status. New York

UNESCO – United Nations Educational, Scientific and Cultural Organization (2014) Roadmap zur Umsetzung des Weltaktionsprogramms "Bildung für nachhaltige Entwicklung". Paris

UNESCO (2017) Education for sustainable development goals: learning objectives. Paris

Weisser P, Geibel J (2016) Zukunftsfähige Hochschulen gestalten: Beispiele des Gelingens aus Lehre, Governance, Betrieb und Forschung. Netzwerk, Berlin

Wilson TD (2004) Strangers to ourselves. Discovering the adaptive unconscious. Harvard University Press, Cambridge

World Wildlife Fund (WWF) (2015) Impact of Habitat Loss on Species. http://wwf.panda.org/about_our_earth/species/problems/habitat_loss_degradation. Zugegriffen: 12. März 2017

Zlatkin-Troitschanskaia O, Seidel T (2011) Kompetenz und ihre Erfassung – das neue „Theorie-Empirie-Problem" der empirischen Bildungsforschung? In: Zlatkin-Troitschanskaia O (Hrsg) Stationen Empirischer Bildungsforschung. Traditionslinien und Perspektiven. VS Verlag, Wiesbaden, S 218–233

Zösch S, Schäfer D (2010) Tiere essen – Anmerkungsteil zur Sachlage in Deutschland. Kiepenheuer & Witsch, Köln